Octava edición
Curso 2024-2025

ÍNDICE

Prólogo.. 3
Análisis del examen de Física de la PEBAU............................. 4
Cómo hacer el examen de Física de la PEBAU......................... 4
Errores frecuentes de los alumnos.. 5
Estructura de este libro.. 7
Cómo estudiar Física... 7
Contacto... 8
Tema 1: Dinámica y energía.. 9
    Formulario... 9
    Cuestiones.. 12
    Problemas.. 29
Tema 2: Gravitación... 64
    Formulario... 64
    Cuestiones.. 66
    Problemas.. 85
Tema 3: Campo eléctrico.. 126
    Formulario... 126
    Cuestiones.. 127
    Problemas.. 149
Tema 4: Campo magnético... 183
    Formulario... 183
    Cuestiones.. 185
    Problemas.. 208
Tema 5: Ondas... 239
    Formulario... 239
    Cuestiones.. 242
    Problemas.. 265
Tema 6: Óptica... 307
    Formulario... 307
    Cuestiones.. 312
    Problemas.. 335
Tema 7: Física nuclear.. 370
    Formulario... 370
    Cuestiones.. 372
    Problemas.. 392
Tema 8: Física cuántica.. 425
    Formulario... 425
    Cuestiones.. 427
    Problemas.. 442
Formulario completo... 473

PRÓLOGO

OCTAVA EDICIÓN. CURSO 2024-2025.

¡ ÚNICO EN SU ESPECIE !
Es el único libro para la preparación del examen de Física de la PEBAU exclusivo de Andalucía.

¡ TOTALMENTE ACTUALIZADO !
Cada año, en septiembre, aparece una nueva edición que recoge los ejercicios de los años anteriores, incluyendo las últimas convocatorias publicadas.

¡ SIEMPRE MEJORANDO !
Cada edición recoge las mejores aportaciones de los lectores, tanto sugerencias como correcciones de erratas.

¡ AUMENTA EL NÚMERO DE APROBADOS !
Ya he ayudado a aprobar a 1833 alumnos.

Esta es la guía definitiva para la preparación del examen de Física de la PEBAU (antigua Selectividad) y para los exámenes de Física de 2º de Bachillerato. Este libro es fruto de más de 30 años de experiencia y de año y medio de duro trabajo. Esta es una extensa recopilación de problemas y cuestiones de Física de la PEBAU de Andalucía. Contiene 480 ejercicios (problemas y cuestiones) de los últimos años, 60 de cada tema. Los problemas y las cuestiones están resueltos con rigor científico y siguiendo las recomendaciones de la Ponencia de Física de Andalucía, que es la que realiza estas pruebas.

Aclaración: aparecen en este libro las cuestiones y los problemas de todos los exámenes disponibles oficialmente en la fecha de publicación de este libro.

ANÁLISIS DEL EXAMEN DE FÍSICA DE LA PAU

Para el 2025, se prevén algunos cambios:
- No habrá dos exámenes tipo opción A y opción B.
- Habrá que estudiar todo el temario para conseguir la máxima calificación.
- Habrá algunas opciones a escoger.
- Los errores gramaticales y ortográficos restan hasta un 10 %.
- Los exámenes constan de tres tipos de preguntas: cerradas, semiconstruidas y abiertas.

CÓMO HACER EL EXAMEN DE FÍSICA DE LA PAU

- Las cuestiones teóricas las hay de dos tipos: conceptos físicos y cuestiones teórico-prácticas. Los conceptos físicos hay que razonarlos y memorizarlos. Las cuestiones teórico-prácticas son operaciones con fórmulas físicas sin utilizar números, es decir, sólo las letras de las magnitudes. Ejemplo: averigua cómo cambia g si el radio de la Tierra se triplica.
- En los últimos años, los profesores de la ponencia prefieren preguntas más cerradas a preguntas más abiertas. Por ejemplo: prefieren preguntas del tipo: "Un satélite artificial describe una órbita circular alrededor de la Tierra. La velocidad de escape desde esa órbita es la mitad que la velocidad de escape desde la superficie terrestre. ¿A qué altura se encuentra el satélite?" a preguntas del tipo: "Velocidad de escape".
- En las cuestiones teóricas de tipo clásico, aunque no lo pidan explícitamente, es conveniente definir el concepto que se está tratando, hacer algún dibujo relacionado con el concepto y dar las características del concepto que se trata. Por ejemplo: si la cuestión es: "Principio de conservación de la energía", enunciamos el principio, hacemos la representación de la energía frente a la distancia y damos las condiciones en las que se conserva.
- Los problemas tienen que tener obligatoriamente las siguientes partes y se debe escribir el nombre de cada parte en el examen:
  a) Datos: todos los datos del enunciado de forma abreviada, con sus magnitudes correspondientes.
  b) Dibujo: un dibujo esquemático de lo que está ocurriendo en el problema y donde aparezcan las magnitudes físicas implicadas.
  c) Principio físico: enunciar el principio físico o la ley física que rige el fenómeno. Es la explicación física de lo que está ocurriendo en el problema.
  d) Método de resolución: debe indicarse brevemente cómo se va a resolver el problema. No hay que escribir la fórmula en esta fase, sino indicar el procedimiento.
  e) Resolución: operaciones con fórmulas y cálculos numéricos.
  f) Comentario: algún comentario sobre el resultado obtenido o sobre algún razonamiento que nos pidan.
- Si el enunciado dice calcula razonadamente, hay que hacer especial énfasis en la explicación. Siempre hay que explicarlo, pero si nos dicen que lo expliquemos razonadamente, hay que hacerlo con énfasis. Para ello están los apartados de: principio físico, método de resolución y comentario.
- Cuando tengamos una fórmula, no se deben sustituir los datos hasta que la incógnita esté totalmente despejada y en función de los datos que tenemos. A estas alturas, el alumno debe despejar y después sustituir y no al contrario. Esto es recomendable, pero no obligatorio.
- Los datos se escribirán siempre en unidades internacionales, para evitar el error frecuente de sustituir en la fórmula en unidades no internacionales.

ERRORES FRECUENTES DE LOS ALUMNOS

* Generales:
- Limitarse a hacer cálculos, sin explicar nada. Lo correcto es incluir varios apartados: datos, dibujo, principio físico (leyes y teorías), método de resolución, resolución y comentario.
- Sumar los módulos de las magnitudes vectoriales. Lo correcto es: calcular los módulos de las magnitudes vectoriales (siempre positivos), transformar los módulos en vectores y sumar la $\vec{i}$ con la $\vec{i}$, la $\vec{j}$ con la $\vec{j}$ y la $\vec{k}$ con la $\vec{k}$.
- No escribir las unidades. Lo correcto es: escribir las unidades de todas las magnitudes que se calculen al final de cada cálculo y no mientras se sustituye en la fórmula.
- No utilizar unidades internacionales. Lo correcto es: saberse las unidades internacionales de cada magnitud y sustituirlas en las fórmulas.
- Expresarse mal, sobre todo en las cuestiones. Lo correcto es: expresarse correctamente, con frases sencillas (sujeto + verbo + complementos) y usando tecnicismos. Ejemplo: la ley de conservación de la energía dice que la energía total de un sistema aislado permanece constante.
- Escribir la teoría con tus propias palabras. Lo correcto es: escribir las cuestiones de la manera más parecida a como aparecen en este libro. Pueden utilizarse otras expresiones, pero sin caer en expresiones coloquiales, sin usar la mediocridad y sin perder rigor científico.
- Utilizar constantes que no nos dan en el problema. Lo correcto es: utilizar <u>exclusivamente</u> constantes y datos que nos den en el problema.
- No tener bien configurada la calculadora para las unidades de ángulo. Lo correcto es: si el ángulo está en grados, la calculadora debe estar en modo DEG (MODE MODE 1). Si el ángulo está en radianes, la calculadora debe estar en modo RAD (MODE MODE 2).
- No dibujar la flecha del vector en el dibujo de las magnitudes vectoriales. Lo correcto es: dibujar esas flechas en cada dibujo del problemas. Ejemplo: $\vec{P}$.
- Hacer los dibujos pequeños, poco claros y sin las principales magnitudes implicadas. Lo correcto es: hacer los dibujos claros, medianos o grandes y con las principales magnitudes implicadas.

* Del tema 1. Dinámica y energía:
- No escribir el trabajo de rozamiento con signo negativo. Lo correcto es: escribirlo con signo negativo.
- Al calcular el trabajo de una fuerza en un plano inclinado, confundir el ángulo del plano inclinado con el ángulo que forma la fuerza correspondiente con la dirección y el sentido del desplazamiento. Lo correcto es: hacer el dibujo y averiguar esos dos ángulos, que pueden ser iguales o distintos.
- Confundir el principio de conservación de la energía con el principio de conservación de la energía mecánica. Lo correcto es saber que: la energía se conserva siempre y la energía mecánica se conserva cuando el trabajo de las fuerzas no conservativas es cero.

* Del tema 2. Gravitación:
- En los satélites, confundir altura del satélite, h, con radio de la órbita del satélite, r. Lo correcto es: saber que la altura es la distancia del satélite a la superficie del planeta y el radio de la órbita es la distancia del satélite al centro del planeta.
- Confundir el radio de la órbita de un satélite, r, con el radio de la Tierra, R_T. Lo correcto es: saber que el radio de la órbita es: $r = R_T + h$.

- Confundir masa con peso. Lo correcto es: la masa de un cuerpo es constante en todos los planetas. El peso del cuerpo depende del planeta.
- Pensar que g es constante con la altura. Lo correcto es: saber que g cambia con la altura de esta forma: $g = g_0 \cdot \left(\dfrac{R_T}{R_T + h}\right)^2$
- En los movimientos circulares, hablar de fuerza centrífuga y no de fuerza centrípeta. Lo correcto es: no hablar nunca de fuerza centrífuga, sólo de fuerza centrípeta, cuya expresión es:
$$F_C = \dfrac{m \cdot v^2}{r}$$
- Confundir magnitudes escalares con magnitudes vectoriales. Lo correcto es: saber que: F, g, v y a son vectoriales: primero se calculan sus módulos en positivo y después se pasan a vectores; W, Ec, Ep, E_M y V son escalares y pueden tomar valores positivos o negativos, excepto la Ec.
- Alargar el problema cuando nos pidan $\vec{F}$ y $\vec{g}$, calculando las dos por separado. Lo correcto es: calcular $\vec{F}$ o $\vec{g}$ por el principio de superposición y luego calcular la otra magnitud mediante la relación: $\vec{F} = m \cdot \vec{g}$
- Escribir directamente las fórmulas de la velocidad orbital, $v_{orb.}$, la velocidad de escape, v_e, o la energía mecánica, E_M. Lo correcto es: deducir estas fórmulas. Además, son deducciones sencillas.

* Del tema 3. Campo eléctrico:
- Sustituir la carga con signo negativo para calcular magnitudes vectoriales como la fuerza $\vec{F}$ o el campo $\vec{E}$. Lo correcto es: los módulos de las magnitudes vectoriales son siempre positivos. El vector puede tener signo negativo o alguna componente negativa, pero el módulo es siempre positivo. Ejemplo: F = 3 N; $\vec{F} = -3 \cdot \vec{i}$ N.

* Del tema 4. Campo magnético:
- No dibujar correctamente los vectores. Lo correcto es: saber que $\vec{v}, \vec{B}$ y $\vec{F}$ son normalmente perpendiculares. $\vec{v}$ se obtiene por la regla del tornillo.
- No dibujar correctamente la f.e.m. inducida. Lo correcto es: aplicar la regla de la mano derecha a la $\vec{B}_{ind}$: el pulgar apunta a la $\vec{B}_{ind}$ y los demás dedos apuntan a la dirección y sentido de la f.e.m. Inducida.
- Escribir directamente la fórmula de la fuerza por unidad de longitud ejercida entre dos hilos conductores paralelos. Lo correcto es: deducirla a partir de: $\vec{F}_m = I \cdot \vec{B} \times \vec{L}$

* Del tema 5. Ondas:
- Confundir una onda armónica con una onda estacionaria. Lo correcto es: que sus expresiones son distintas:
    Onda armónica: $y = A \cdot \text{sen}(\pm \omega \cdot t \pm k \cdot x \pm \varphi_0)$
    Onda estacionaria: $y = 2 \cdot A \cdot \text{sen}(k \cdot x) \cdot \text{sen}(\omega \cdot t)$ o bien $y = 2 \cdot A \cdot \text{sen}(k \cdot x) \cdot \cos(\omega \cdot t)$ o bien $y = 2 \cdot A \cdot \cos(k \cdot x) \cdot \text{sen}(\omega \cdot t)$ o bien $y = 2 \cdot A \cdot \cos(k \cdot x) \cdot \cos(\omega \cdot t)$.
- No poner el signo correcto del término en x. Lo correcto es: que el signo es negativo si la onda se mueve hacia la derecha y positivo si se mueve hacia la izquierda.
- No saber definir lo que son puntos en fase. Lo correcto es: que dos puntos de una onda están en fase cuando están en el mismo estado de vibración.

* Del tema 6: Óptica:
  – En las lentes, confundir la distancia objeto con la distancia imagen y con la distancia imagen-objeto. Lo correcto es: que la distancia objeto es s, que la distancia imagen es s' y la distancia imagen objeto es – s + s', según las normas DIN.
  – En las lentes, confundir los signos de las distancias. Lo correcto es: que las distancias hacia la derecha y hacia arriba son positivas y que las distancias hacia la izquierda y hacia abajo son negativas, según las normas DIN.
  – En las lentes, no hacer el trazado de rayos. Lo correcto es: dibujar los rayos para la formación de la imagen.
  – En las lentes, dibujar sólo dos rayos. Lo correcto es: dibujar los tres rayos. Ésto no es un error pero sí una recomendación.
  – En la refracción, no dibujar bien hacia dónde se desvía el rayo. Lo correcto es: que el rayo se desvía hacia el medio con mayor índice de refracción.

* Del tema 7: Física nuclear:
  – Utilizar el número de Avogadro cuando no te lo dan. Lo correcto es: usar el dato que te den, normalmente la equivalencia entre umas (u) y kilogramos (kg).

* Del tema 8: Física cuántica:
  – No saber transformar electronvoltios en julios. Lo correcto es: que un electronvoltio es la energía que adquiere una partícula con la carga elemental (la de un electrón) cuando se le somete a una d.d.p. de un voltio. La transformación es:

$$1\ eV = 1\ eV \cdot \frac{1'6 \cdot 10^{-19} C \cdot 1 V}{1 eV} \cdot \frac{1 J}{1 C \cdot 1 V} = 1'6 \cdot 10^{-19}\ J$$

ESTRUCTURA DE ESTE LIBRO

Está dividido en ocho temas, los ocho temas oficiales. En cada tema hay tres secciones: formulario, cuestiones y problemas. Hay 30 cuestiones y 30 problemas en cada tema. Los problemas y las cuestiones están ordenados anticronológicamente, es decir, los primeros son los más recientes. Aparecen en este libro las cuestiones y los problemas de los exámenes de Selectividad aparecidos hasta la publicación de este libro.

Como hay contenidos nuevos desde el curso pasado, se han añadido dos secciones nuevas: problemas y cuestiones de movimiento armónico simple (M.A.S.) en el tema de ondas y problemas y cuestiones de espejos esféricos en el tema de óptica.

CÓMO ESTUDIAR FÍSICA

a) Las cuestiones: hay que razonarlas y memorizarlas. Hay que escribirlas de la manera más parecida a como aparecen en este libro. La mejor forma de memorizar es leer varias veces e intentar repetir lo que se ha leído sin mirar el texto.

b) Los problemas: hay que leer el enunciado dos veces por lo menos. Leemos y entendemos la resolución. Una vez hecho esto, con un folio tapamos la resolución e intentamos hacer el problema con bolígrafo y papel. La Física se aprende haciendo un número enorme de problemas. Una vez que los hayamos hecho, le damos varias vueltas, haciéndolos otra vez por el mismo procedimiento. Regla de las tres vueltas: si hacemos el listado de problemas tres veces, los sabremos hacer a la perfección.

CONTACTO

* Página web: para ver otros títulos de la colección:

librosdeciencias.com

* Correo electrónico de contacto: para hacer sugerencias e informar sobre errores:

correo@librosdeciencias.com

* Canal de experimentos de Youtube en español:

EXPERIMENTOS DE FÍSICA Y QUÍMICA
Busque en Youtube: "Experimentos de Física y Química canal". Subscríbase.

* Canal de experimentos de Youtube en inglés:

PHYSICS AND CHEMISTRY EXPERIMENTS
Enlace en el canal anterior en español. Subscríbase.

* Amazon: para hacer valoraciones y comentarios sobre esta obra, a ser posible, positivos:

Amazon.es

Gracias.

TEMA 1: DINÁMICA Y ENERGÍA

FORMULARIO DE DINÁMICA Y ENERGÍA

Cinemática

* Movimiento rectilíneo uniforme (MRU):
  - Velocidad, v: $v = \dfrac{e}{t}$ $\left(\dfrac{m}{s}\right)$

siendo:
v: velocidad (m/s)
e: espacio recorrido (m)
t: tiempo (s)

  - Espacio, e: $e = v \cdot t$ (m)
  - Tiempo, t: $t = \dfrac{e}{v}$ (s)

* Movimientos acelerado y desacelerado:
  - Velocidad en función del tiempo, v: $v = v_0 \pm a \cdot t$ $\left(\dfrac{m}{s}\right)$

siendo:
v: velocidad (m/s)
v_0: velocidad inicial (m/s)
a: aceleración (m/s^2)
t: tiempo (s)

  - Velocidad en función del espacio, v: $v^2 = v_0^2 \pm 2 \cdot a \cdot e$ $\left(\dfrac{m}{s}\right)$

siendo:
v: velocidad (m/s)
v_0: velocidad inicial (m/s)
a: aceleración (m/s^2)
e: espacio recorrido (m)

  - Espacio, e: $e = v_0 \cdot t \pm \dfrac{1}{2} \cdot a \cdot t^2$ (m)

siendo:
e: espacio recorrido (m)
v_0: velocidad inicial (m/s)
t: tiempo (s)
a: aceleración (m/s^2)

Dinámica

* Plano inclinado:
$P_x = m \cdot g \cdot \operatorname{sen} \alpha$ (N)
$P_y = m \cdot g \cdot \cos \alpha$ (N)
$F_R = \mu \cdot N = \mu \cdot m \cdot g \cdot \cos \alpha$ (N)
$\operatorname{sen} \alpha = \dfrac{h}{e}$ (sin unidades)

siendo:
    P_x: componente x del peso (N)
    m: masa (kg)
    g: aceleración de la gravedad = 9'8 m/s²
    α: ángulo del plano inclinado (grados)
    P_y: componente y del peso (N)
    F_R: fuerza de rozamiento (N)
    μ: coeficiente de rozamiento (sin unidades)
    N: normal (N)
    h: altura del plano inclinado (m)
    e: espacio recorrido en el plano inclinado (m)

Trabajo y energía

* Conservación de la energía mecánica: $Ec_A + Ep_A = Ec_B + Ep_B$

siendo:
    Ec_A: energía cinética en el punto inicial (J)
    Ep_A: energía potencial en el punto inicial (J)
    Ec_B: energía cinética en el punto final (J)
    Ep_B: energía potencial en el punto final (J)

* Conservación de la energía en sistemas con rozamiento: $Ec_A + Ep_A + W_{FNC} = Ec_B + Ep_B$

siendo: W_{FNC}: trabajo de las fuerzas no conservativas (J)

* Otras fórmulas:
  - Fuerza de rozamiento, F_R: $F_R = \mu \cdot N$ (N)

siendo:
    F_R: fuerza de rozamiento (N)
    μ: coeficiente de rozamiento (sin unidades)
    N: normal (N)

  - Aceleración normal o centrípeta, a_C: $a_C = \dfrac{v^2}{r}$ $\left(\dfrac{m}{s^2}\right)$

siendo:
    a_c: aceleración centrípeta o aceleración normal (m/s²)
    v: velocidad (m/s)
    r: radio de la curva (m)

  - Fuerza centrípeta, F_C: $F_C = \dfrac{m \cdot v^2}{r}$ (N)

siendo:
    F_C: fuerza centrípeta (N)
    m: masa (kg)
    v: velocidad (m/s)
    r: radio de la curva (m)

  - Trabajo, W: $W = F \cdot e \cdot \cos \alpha$ (J)

siendo:
    W: trabajo (J)
    F: fuerza (N)
    e: espacio recorrido (m)
    α: ángulo entre la fuerza F y el sentido de desplazamiento (grados)

- Energía cinética, Ec: $Ec = \frac{1}{2} \cdot m \cdot v^2$ (J)

siendo:
    Ec: energía cinética (J)
    m: masa (kg)
    v: velocidad (m/s)

- Energía potencial gravitatoria, Ep: $Ep = m \cdot g \cdot h$ (J)

siendo:
    Ep: energía potencial gravitatoria (J)
    m: masa (kg)
    h: altura (m)

- Energía potencial elástica, Ep: $Ep = \frac{1}{2} \cdot k \cdot x^2$ (J)

siendo:
    Ep: energía potencial elástica (J)
    k: constante elástica del muelle (N/m)
    x: elongación (m)

- Trabajo de rozamiento, W_R: $W_R = F_R \cdot e \cdot \cos 180° = -F_R \cdot e$ (J)

siendo:
    W_R: trabajo de rozamiento (J)
    F_R: fuerza de rozamiento (N)
    e: espacio recorrido (m)

- Movimientos circulares: $\sum F = \frac{m \cdot v^2}{r}$

siendo:
    F: fuerza (N)
    m: masa (kg)
    v: velocidad (m/s)
    r: radio de la curva (m)

- Trabajo total, W_T: $W_T = W_{FC} + W_{FNC} = -\Delta Ep + W_{FNC} = \Delta Ec$ (J)

siendo:
    W_{FC}: trabajo de las fuerzas conservativas (J)
    W_{FNC}: trabajo de las fuerzas no conservativas (J)
    ΔEp: incremento de energía potencial (J)
    ΔEc: incremento de energía cinética (J)

- Trabajo de las fuerzas no conservativas, W_{FNC}: $W_{FNC} = \Delta E_M$ (J)

siendo:
    ΔE_M: incremento de energía mecánica (J)

CUESTIONES DE DINÁMICA Y ENERGÍA

2024

1) Razone si son verdaderos los siguientes enunciados: i) El trabajo total realizado por las fuerzas no conservativas es igual a la variación de la energía mecánica. ii) Siempre que actúen fuerzas no conservativas la energía mecánica varía.

i) Verdadero. Según el teorema de las fuerzas vivas: $W_T = \Delta E_c$

La relación entre el trabajo de las fuerzas conservativas y la energía potencial es: $W_{FC} = -\Delta E_p$

Luego: $W_T = W_{FC} + W_{FNC} = -\Delta E_p + W_{FNC} = \Delta E_c \Rightarrow W_{FNC} = \Delta E_c + \Delta E_p = \Delta E_M$

ii) Falso. La energía mecánica varía siempre que el trabajo de las fuerzas no conservativas sea distinto de cero. Esto puede ocurrir si no actúan fuerzas conservativas o bien si actúan varias fuerzas no conservativas y se anulan entre sí. Ejemplo: un camión moviéndose a velocidad constante por una carretera recta:

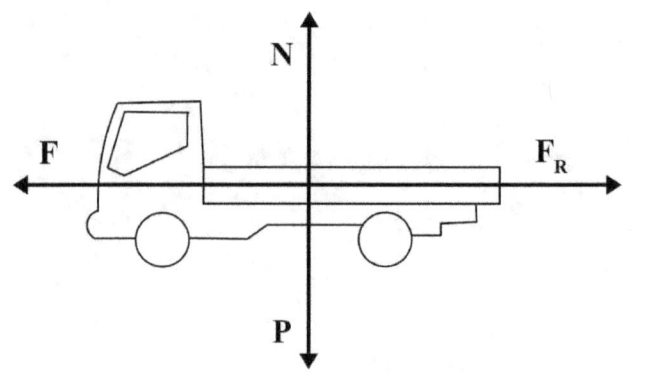

$F = F_R \Rightarrow \sum \vec{F} = 0 \Rightarrow v = cte \Rightarrow$

$\Rightarrow \Delta E_c = 0$

$\Delta h = 0 \Rightarrow \Delta E_p = 0$

Luego: $\Delta E_M = \Delta E_c + \Delta E_p = 0 + 0 = 0$

Las fuerzas no conservativas se anulan entre sí

---

2) Sobre una partícula que describe una trayectoria cerrada actúan distintas fuerzas. Razone si son verdaderos los siguientes enunciados: i) El trabajo de las fuerzas conservativas es mayor que cero. ii) El trabajo de la fuerza de rozamiento, que actúa en sentido opuesto al desplazamiento, es mayor que cero.

i) Falso. Es nulo. Las fuerzas conservativas son aquellas cuyo trabajo sólo depende de las posiciones inicial y final de la partícula. Para una trayectoria cerrada, las posiciones inicial y final coinciden, luego la variación de energía potencial es cero y el trabajo también:
$$W_{FC} = -\Delta E_p = E_{pA} - E_{pB} = 0 \quad \text{y también:} \quad W_{FC} = \oint \vec{F} \cdot d\vec{r} = 0$$

ii) Falso. El trabajo de la fuerza de rozamiento es siempre negativo, porque es energía que se le resta a la partícula, generalmente transformándose en calor.
$$W_R = F_R \cdot e \cdot \cos \alpha = F_R \cdot e \cdot \cos 180° = -F_R \cdot e$$

2023

3) Dos cuerpos idénticos de masa *m* caen partiendo del reposo desde alturas *h* y *2h*, respectivamente. Razone mediante consideraciones energéticas la relación entre: i) sus velocidades al llegar al suelo; ii) sus energías cinéticas al llegar al suelo.

i) * Balance de energía: tomaremos como referencia de energía potencial el suelo, luego: Ep = m·g·h:

$$Ec_A + Ep_A = Ec_B + Ep_B \Rightarrow 0 + m \cdot g \cdot h_A = \frac{1}{2} \cdot m \cdot v_B^2 + 0 \Rightarrow$$

$$\Rightarrow g \cdot h_A = \frac{v_B^2}{2} \Rightarrow v_B^2 = 2 \cdot g \cdot h_A \Rightarrow v_B = \sqrt{2 \cdot g \cdot h_A}$$

* Velocidad del primer cuerpo: $h_A = h \Rightarrow v_{B1} = \sqrt{2 \cdot g \cdot h}$

* Velocidad del segundo cuerpo: $h_A = 2 \cdot h \Rightarrow v_{B2} = \sqrt{2 \cdot g \cdot 2 \cdot h}$

* Relación entre las velocidades:

$$\frac{v_{B2}}{v_{B1}} = \frac{\sqrt{2 \cdot g \cdot 2 \cdot h}}{\sqrt{2 \cdot g \cdot h}} = \sqrt{2}$$

ii) Relación entre sus energías cinéticas:

$$\frac{Ec_2}{Ec_1} = \frac{\frac{1}{2} \cdot m \cdot v_{B2}^2}{\frac{1}{2} \cdot m \cdot v_{B1}^2} = \frac{v_{B2}^2}{v_{B1}^2} = 2$$

---

4) Razone si son ciertas las siguientes afirmaciones: i) La variación de energía mecánica de un cuerpo es siempre diferente de cero si sobre él actúan fuerzas no conservativas. ii) La variación de energía cinética de un cuerpo es siempre nula si las fuerzas no conservativas que actúan sobre el cuerpo no realizan trabajo.

i) Falso. Las fuerzas conservativas son aquellas cuyo trabajo no depende de la trayectoria, sino de las posiciones inicial y final.
* Balance de energía si existen fuerzas conservativas y no conservativas:

$$Ec_A + Ep_A + W_{FNC} = Ec_B + Ep_B \Rightarrow W_{FNC} = Ec_B - Ec_A + Ep_B - Ep_A = \Delta Ec + \Delta Ep = \Delta E_M$$

En presencia de fuerzas no conservativas, la variación de energía mecánica puede ser cero o puede no serlo. Sería cero cuando los trabajos de las fuerzas no conservativas se anulasen. Por ejemplo: un coche moviéndose a velocidad constante por una carretera horizontal.

$$W_{FNC} = W_F + W_R = 0 \Rightarrow W_F = -W_R$$

ii) Falso. Es igual al opuesto de la variación de energía potencial.

$$W_{FNC} = \Delta Ec + \Delta Ep \quad ; \quad \text{si } W_{FNC} = 0 \Rightarrow 0 = \Delta Ec + \Delta Ep \Rightarrow \Delta Ec = -\Delta Ep$$

El enunciado sería correcto si no hubiera variación de energía potencial. Por ejemplo: en un plano horizontal. Cuando $W_{FNC} = 0$, se conserva la energía mecánica del sistema.

2022

5) i) Defina los conceptos de energía cinética, energía potencial y energía mecánica e indique la relación que existe entre ellas cuando sólo actúan fuerzas conservativas. ii) Explique razonadamente cómo se modifica dicha relación si intervienen además fuerzas no conservativas.

i) La energía cinética es la energía que tiene un cuerpo gracias a su movimiento. La energía potencial es aquella que tiene un cuerpo gracias a su posición; puede ser potencial gravitatoria o potencial elástica. La energía potencial gravitatoria es aquella que tiene un cuerpo por tener una altura con respecto al nivel de referencia (nivel cero). La energía potencial elástica es aquella que tiene un cuerpo elástico por estar alargado o comprimido. La energía mecánica es la suma de las energías cinética y potencial.

$$\text{Expresiones: } Ec = \frac{1}{2} \cdot m \cdot v^2 \quad ; \quad Ep_G = m \cdot g \cdot h \quad ; \quad Ep_E = \frac{1}{2} \cdot k \cdot x^2 \quad ; \quad E_M = Ec + Ep$$

siendo: m: masa (kg)
v: velocidad (m/s)
g: aceleración de la gravedad (= 9'8 m/s^2)
k: constante elástica (N/m)

Según el principio de conservación de la energía mecánica: "Si en un sistema sólo actúan fuerzas conservativas, la energía mecánica se conserva".

$E_{MA} = E_{MB} \Rightarrow Ec_A + Ep_A = Ec_B + Ep_B \Rightarrow Ep_A - Ep_B = Ec_B - Ec_A \Rightarrow$

$\Rightarrow -(Ep_B - Ep_A) = Ec_B - Ec_A \Rightarrow -\Delta Ep = \Delta Ec \Rightarrow 0 = \Delta Ec + \Delta Ec = \Delta E_M$

Es decir, cuando la energía cinética aumenta o disminuye, la potencial hace lo contrario.

ii) Si intervienen fuerzas no conservativas:

$Ec_A + Ep_A + W_{FNC} = Ec_B + Ep_B \Rightarrow Ep_A - Ep_B + W_{FNC} = Ec_B - Ec_A \Rightarrow$

$\Rightarrow -(Ep_B - Ep_A) + W_{FNC} = Ec_B - Ec_A \Rightarrow -\Delta Ep + W_{FNC} = \Delta Ec \Rightarrow W_{FNC} = \Delta Ec + \Delta Ec = \Delta E_M$

Es decir, el trabajo de todas las fuerzas no conservativas es el incremento en la energía mecánica.

6) i) Enuncie el teorema de las fuerzas vivas o teorema de la energía cinética. ii) Explique qué son las fuerzas conservativas y qué relación tienen con la energía potencial.

i) "El trabajo total realizado sobre un cuerpo es igual a la variación de la energía cinética".

$$W_T = W_{FC} + W_{FNC} = -\Delta Ep + W_{FNC} = \Delta Ec$$

$$W_{AB} = \int_A^B \vec{F} \cdot d\vec{r} = \int_A^B m \cdot \vec{a} \cdot d\vec{r} = \int_A^B m \cdot \frac{d\vec{v}}{dt} \cdot d\vec{r} = \int_A^B m \cdot \frac{d\vec{r}}{dt} \cdot d\vec{v} = \int_A^B m \cdot \vec{v} \cdot d\vec{v} =$$

$$= m \cdot \left[\frac{v^2}{2}\right]_A^B = \frac{1}{2} \cdot m \cdot v_B^2 - \frac{1}{2} \cdot m \cdot v_A^2 = \Delta Ec$$

Si el trabajo es positivo, la energía cinética aumenta; si el trabajo es negativo, la energía cinética disminuye.

ii) Las fuerzas conservativas son aquellas cuyo trabajo no depende de la trayectoria, sino de las posiciones inicial y final.

$$W_{AB} = -\Delta Ep = Ep_A - Ep_B = \int_A^B \vec{F} \cdot d\vec{r}$$

Si los puntos A y B son iguales: $W_{AB} = -\Delta Ep = Ep_A - Ep_A = \int_A^A \vec{F} \cdot d\vec{r} = \oint \vec{F} \cdot d\vec{r} = 0$

Las fuerzas conservativas son las que provocan un cambio en la energía potencial: $W_{FC} = -\Delta Ep$
Las fuerzas conservativas tienen la capacidad de devolver todo el trabajo que se realiza contra ellas.

---

7) Dos bloques de masas m y 3m se sueltan en la parte superior de un plano inclinado sin rozamiento. Justifique razonadamente la relación entre: i) las energías cinéticas y ii) las velocidades de ambos bloques cuando llegan a la parte inferior del plano inclinado.

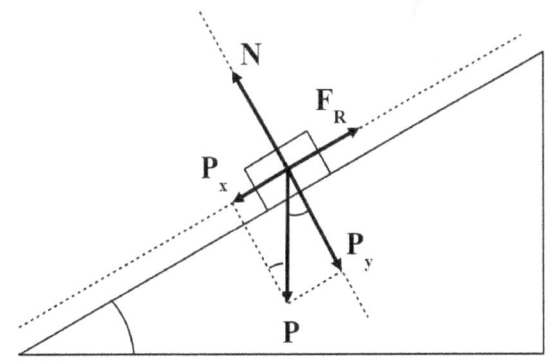

Cuerpo cayendo por un plano inclinado

Conservación de la energía mecánica: "En sistemas en los que sólo hay fuerzas conservativas, la energía mecánica se conserva":

$$Ec_A + Ep_A = Ec_B + Ep_B$$

$$0 + m \cdot g \cdot h_A = \frac{1}{2} \cdot m \cdot v^2 + 0$$

$$v = \sqrt{2 \cdot g \cdot h_A}$$

i) * Para el primer cuerpo: $Ec_{B1} = m \cdot g \cdot h_A$

* Para el segundo cuerpo: $Ec_{B2} = 3 \cdot m \cdot g \cdot h_A$

* Relación entre ambas: $\dfrac{Ec_{B2}}{Ec_{B1}} = \dfrac{3 \cdot m \cdot g \cdot h_A}{m \cdot g \cdot h_A} = 3$

ii) * Para el primer cuerpo: $v_{B1} = \sqrt{2 \cdot g \cdot h_A}$

* Para el segundo cuerpo: $v_{B2} = \sqrt{2 \cdot g \cdot h_A}$

* Relación entre ambas: $\dfrac{v_{B2}}{v_{B1}} = \dfrac{\sqrt{2 \cdot g \cdot h_A}}{\sqrt{2 \cdot g \cdot h_A}} = 1$

La velocidad al final del plano inclinado es independiente de la masa.

2021

8) Un cuerpo es lanzado verticalmente hacia arriba desde una altura h con una energía cinética igual a la potencial en dicho punto, tomando como origen de energía potencial el suelo. Explique razonadamente, utilizando consideraciones energéticas: i) La relación entre la altura inicial y la altura máxima que alcanza el cuerpo. ii) La relación entre la velocidad inicial y la velocidad con la que llega al suelo.

Llamemos punto A al inicial y punto B al de la altura máxima. Supondremos despreciable el rozamiento con el aire. En estas condiciones, como sólo hay fuerzas conservativas, la energía mecánica se conserva. Si suponemos que no se aleja demasiado de la superficie de la Tierra: $Ep = m \cdot g \cdot h$
i) $Ec_A + Ep_A = Ec_B + Ep_B$. Según el enunciado: $Ec_A = Ep_A$. Al alcanzar la altura máxima: $Ec_B = 0$.

Luego: $2 \cdot Ep_A = Ep_B \Rightarrow 2 \cdot m \cdot g \cdot h_A = m \cdot g \cdot h_B \Rightarrow h_A = \dfrac{h_B}{2}$

ii) Llamemos punto C al suelo: $Ec_A + Ep_A = Ec_C + Ep_C$;   Como $Ep_C = 0 \Rightarrow$

$\Rightarrow 2 \cdot Ec_A = Ec_C \Rightarrow 2 \cdot \dfrac{1}{2} \cdot m \cdot v_A^2 = \dfrac{1}{2} \cdot m \cdot v_C^2 \Rightarrow v_A^2 = \dfrac{v_C^2}{2} \Rightarrow v_A = \dfrac{v_C}{\sqrt{2}}$

---

9) Discuta razonadamente la veracidad de las siguientes frases: i) El trabajo realizado por una fuerza conservativa para desplazar un cuerpo es nulo si la trayectoria es cerrada. ii) En el descenso de un objeto por un plano inclinado con rozamiento, la disminución de su energía potencial se corresponde con el aumento de su energía cinética.

i) Correcto. Las fuerzas conservativas son aquellas cuyo trabajo no depende de la trayectoria, sino de las posiciones inicial y final.

$$W_{AB} = -\Delta E_p = E_{pA} - E_{pB} = \int_A^B \vec{F} \cdot d\vec{r}$$

Si los puntos A y B son iguales: $W_{AB} = -\Delta E_p = E_{pA} - E_{pA} = \int_A^A \vec{F} \cdot d\vec{r} = \oint \vec{F} \cdot d\vec{r} = 0$

ii) Incorrecto. La energía mecánica no se conserva por la presencia de la fuerza de rozamiento, que es una fuerza disipativa. La energía potencial se convierte en energía cinética y en trabajo de rozamiento. La energía potencial disminuye y la energía cinética aumenta.

---

10) Razone la veracidad de las siguientes afirmaciones:
i) Es necesario que la resultante de todas las fuerzas que actúan sobre un cuerpo sea nula para que la energía mecánica se conserve.
ii) Cuando sobre un cuerpo actúan sólo fuerzas conservativas, se conserva la energía mecánica.

i) Falso. Es cierto que, si la resultante es nula, la energía mecánica se conserva. Pero no es necesario. Lo que sí es necesario es que el trabajo de las fuerzas no conservativas se anule: $W_{FNC} = 0$. Ésto puede ocurrir en dos casos: cuando no existen fuerzas no conservativas o bien cuando las fuerzas no conservativas se anulan entre sí. Las típicas fuerzas no conservativas son la fuerza de avance y la fuerza de rozamiento. Ejemplo: un satélite dándole vueltas a un planeta; no existen fuerzas conservativas, sólo una fuerza conservativa: la atracción gravitatoria.

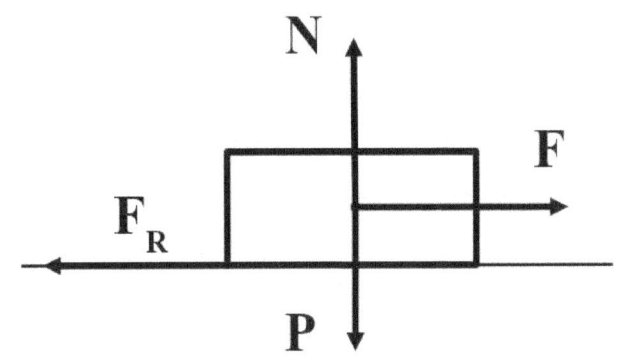

Ejemplo: un cuerpo moviéndose en un plano horizontal gracias a una fuerza de avance horizontal.

$N = P$

$W_{FNC} = W_F + W_R = 0 \Rightarrow W_F = -W_R \Rightarrow$

$\Rightarrow F = F_R$

Cuerpo en plano horizontal

ii) Correcto. Según el principio de conservación de la energía mecánica: "Si en un sistema sólo actúan fuerzas conservativas, la energía mecánica se conserva".

$E_{MA} = E_{MB} \Rightarrow E_{cA} + E_{pA} = E_{cB} + E_{pB} \Rightarrow E_{pA} - E_{pB} = E_{cB} - E_{cA} \Rightarrow$
$\Rightarrow -(E_{pB} - E_{pA}) = E_{cB} - E_{cA} \Rightarrow -\Delta E_p = \Delta E_c \Rightarrow 0 = \Delta E_c + \Delta E_c = \Delta E_M$

Es decir, cuando la energía cinética aumenta o disminuye, la potencial hace lo contrario.

2020

11) Defina los conceptos de fuerza conservativa y fuerza no conservativa. Ponga un ejemplo de cada una de ellas.

Las fuerzas conservativas son aquellas cuyo trabajo no depende de la trayectoria, sólo dependen de las posiciones inicial y final. Ejemplo: la fuerza gravitatoria. En las fuerzas no conservativas, el trabajo sí depende de la trayectoria.
Ejemplo: la fuerza de rozamiento. Las fuerzas no conservativas o fuerzas disipativas disipan la energía mecánica del sistema.

Propiedades de las fuerzas conservativas:

- En los campos conservativos, se define una función escalar llamada energía potencial. La energía potencial es la energía almacenada en el cuerpo cuando sobre él actúan fuerzas conservativas. Sólo las fuerzas conservativas modifican la energía potencial de un cuerpo:

$$W_{AB} = -\Delta Ep$$

- El trabajo realizado por una fuerza conservativa en un circuito cerrado es cero:

$$W_{A \Rightarrow A} = \oint \vec{F} \cdot d\vec{r} = \int_A^A \vec{F} \cdot d\vec{r} = 0$$

- Si en un sistema sólo actúan fuerzas conservativas, la energía mecánica se conserva.
- Cuando un cuerpo se mueve de manera espontánea gracias a una fuerza conservativa, la energía potencial disminuye.

---

12) Se lanza hacia arriba por un plano inclinado con rozamiento un bloque con una velocidad inicial v_0. Razone cómo varían: la energía cinética, la energía potencial y la energía mecánica del bloque i) durante el ascenso y ii) durante el descenso hasta la posición de partida.

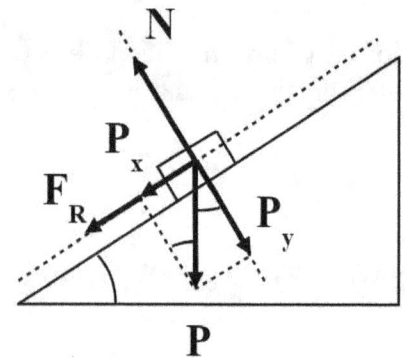
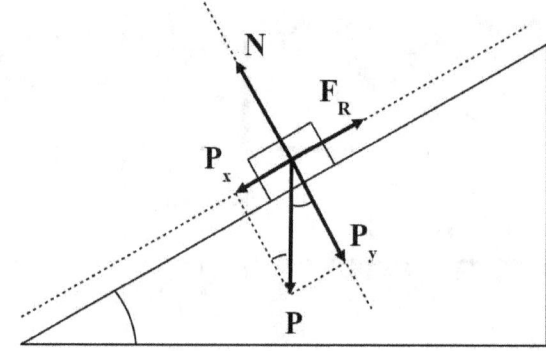

Cuando sube   Cuando baja

* Expresiones de las energías: $Ec = \frac{1}{2} \cdot m \cdot v^2$; $Ep = m \cdot g \cdot h$; $E_M = Ec + Ep$

i) En el ascenso: la energía potencial aumenta, pues aumenta la altura. La energía cinética disminuye, pues el cuerpo va perdiendo velocidad por la acción de la P_x. La energía mecánica no se conserva, sino que disminuye gracias al rozamiento. La energía cinética inicial se transforma en energía potencial y en trabajo de rozamiento.

ii) En el descenso: la energía potencial disminuye, pues disminuye la altura. La energía cinética aumenta, pues aumenta la velocidad, ya que la resultante tiene el mismo sentido que el movimiento. La energía mecánica no se conserva, sino que disminuye gracias al rozamiento. La energía potencial inicial se transforma en energía cinética y en trabajo de rozamiento.

13) ¿Se cumple siempre que el aumento de energía cinética es igual a la disminución de energía potencial? Justifique la respuesta.

No, no se cumple siempre. Eso sólo se cumple cuando se conserva la energía mecánica y la energía mecánica se conserva cuando el trabajo de las fuerzas no conservativas vale cero:

$$W_T = W_{FC} + W_{FNC} = -\Delta E_p + W_{FNC} = \Delta E_c \quad ; \quad W_{FC} = -\Delta E_p \quad ; \quad W_{FNC} = \Delta E_c + \Delta E_p = \Delta E_M$$

$$\text{Si } W_{FNC} = 0 \Rightarrow \Delta E_c + \Delta E_p = 0 \Rightarrow \Delta E_c = -\Delta E_p$$

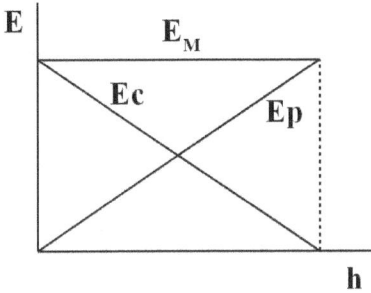

$W_{FNC} = 0$ en dos casos:
a) Cuando no existen fuerzas no conservativas.
b) Cuando las fuerzas no conservativas se anulan entre sí. Por ejemplo: cuando un coche se mueve en línea recta a velocidad constante:

$$F = F_R \text{ y } W_{FNC} = W_F + W_R = 0$$

Variación de los distintos tipos de energía con la distancia

---

14) Defina el concepto de energía mecánica de una partícula y explique cómo varía si sobre ella actúa una fuerza: i) Conservativa. ii) No conservativa.

La energía mecánica es la suma de la energía cinética y la potencial:
$$E_M = E_c + E_p = \frac{1}{2} \cdot m \cdot v^2 + m \cdot g \cdot h$$

La energía cinética es aquella que tiene un cuerpo gracias a su movimiento y la energía potencial es aquella que tiene un cuerpo gracias a su posición.

Las fuerzas conservativas son aquellas cuyo trabajo no depende de la trayectoria, sólo de las posiciones inicial y final.

Ejemplos: la fuerza peso y la fuerza elástica. Las fuerzas no conservativas son aquellas que sí dependen de la trayectoria recorrida. Ejemplos: la fuerza motriz y la fuerza de rozamiento.

i) Si sólo actúan fuerzas conservativas sobre el sistema, la energía mecánica permanece constante:

$$W_T = W_{FC} + W_{FNC} = -\Delta E_p + W_{FNC} = \Delta E_c \quad ; \quad W_{FC} = -\Delta E_p \quad ; \quad W_{FNC} = \Delta E_c + \Delta E_p = \Delta E_M$$

Si sólo existen fuerzas conservativas: $W_{FNC} = 0$, luego:

$-\Delta E_p + 0 = \Delta E_c \Rightarrow 0 = \Delta E_p + \Delta E_c = \Delta E_M \Rightarrow E_M$ = constante: la energía mecánica se conserva.

ii) Si actúan fuerzas no conservativas: $W_{FNC} \neq 0$, luego:

$-\Delta E_p + W_{FNC} = \Delta E_c \Rightarrow W_{FNC} = \Delta E_p + \Delta E_c = \Delta E_M \neq 0 \Rightarrow$

$\Rightarrow E_M \neq$ constante: la energía mecánica no se conserva.

2019

15) Conteste razonadamente: ¿Puede ser negativa la energía cinética de una partícula? ¿Y la energía potencial? En caso afirmativo, explique el significado físico del signo. ¿Se cumple siempre que el aumento de energía cinética es igual a la disminución de energía potencial?

La energía cinética es: $E_c = \frac{1}{2} \cdot m \cdot v^2$; la energía potencial es: $E_p = m \cdot g \cdot \Delta h$ y la energía mecánica es: $E_M = E_c + E_p$. La energía cinética nunca puede ser negativa, pues la velocidad al cuadrado nunca lo es, ni la masa tasmpoco. La energía potencial sí puede serlo.

La energía potencial es la energía almacenada en el cuerpo cuando sobre él actúan fuerzas conservativas. El trabajo de las fuerzas conservativas es la variación cambiada de signo de la energía potencial: $W_{FC} = -\Delta E_p = E_{pA} - E_{pB} = \int_A^B \vec{F} \cdot d\vec{r}$

Para tener una energía potencial en un punto, debemos establecer una referencia, un origen de potencial, un punto en el que su energía potencial valga cero. El trabajo que realiza el campo para pasar del punto A al punto de referencia R es: $W_{A \Rightarrow R} = \int_A^B \vec{F} \cdot d\vec{r} = -\Delta E_p = E_{pA} - E_{pR} = E_{pA} - 0 = E_{pA}$

Por consiguiente: la energía potencial en un punto es el trabajo que realiza una fuerza conservativa para llevar una partícula desde un punto hasta el punto de referencia, donde la energía potencial vale cero. Una energía potencial negativa en un punto significa que tiene menor energía potencial que en el nivel de referencia. Eso a su vez significa que el cuerpo no se movería espontáneamente desde ese punto hasta el nivel de referencia.

El aumento de energía cinética es igual a la disminución de energía potencial solamente cuando la energía se conserva. La energía se conserva cuando el trabajo de las fuerzas no conservativas es nulo. Esto, a su vez, ocurre en dos casos: cuando sólo hay fuerzas conservativas o bien cuando las fuerzas no conservativas se anulan entre sí. Ejemplo: un coche que se mueve a velocidad constante por un plano horizontal: $F_{motriz} = F_R$.

$W_T = W_{FC} + W_{FNC} = -\Delta E_p + W_{FNC} = \Delta E_c$; $W_{FC} = -\Delta E_p$; $W_{FNC} = \Delta E_c + \Delta E_p = \Delta E_M$

Si sólo existen fuerzas conservativas: $W_{FNC} = 0$, luego:

$-\Delta E_p + 0 = \Delta E_c \Rightarrow 0 = \Delta E_p + \Delta E_c = \Delta E_M \Rightarrow E_M$ = constante: la energía mecánica se conserva.

---

16) Tenemos una fuerza no conservativa actuando sobre una partícula de masa m que está en un campo gravitatorio. i) ¿Existe alguna relación entre el trabajo realizado por la fuerza no conservativa y la energía mecánica de la masa? ii) ¿Y entre el trabajo total de las fuerzas y la energía cinética? Justifique las respuestas.

i) Sí que existe:

$W_T = W_{FC} + W_{FNC} = -\Delta E_p + W_{FNC} = \Delta E_c$; $W_{FC} = -\Delta E_p$; $W_{FNC} = \Delta E_c + \Delta E_p = \Delta E_M$

El trabajo de la fuerza no conservativa es igual a la variación de energía mecánica.

ii) Sí que existe. Es el teorema de las fuerzas vivas:

$$W_T = W_{FC} + W_{FNC} = -\Delta Ep + W_{FNC} = \Delta Ec$$

$$W_{AB} = \int_A^B \vec{F} \cdot d\vec{r} = \int_A^B m \cdot \vec{a} \cdot d\vec{r} = \int_A^B m \cdot \frac{d\vec{v}}{dt} \cdot d\vec{r} = \int_A^B m \cdot \frac{d\vec{r}}{dt} \cdot d\vec{v} = \int_A^B m \cdot \vec{v} \cdot d\vec{v} =$$

$$= m \cdot \left[\frac{v^2}{2}\right]_A^B = \frac{1}{2} \cdot m \cdot v_B^2 - \frac{1}{2} \cdot m \cdot v_A^2 = \Delta Ec$$

El trabajo realizado sobre una partícula coincide con su incremento de energía cinética. Si el trabajo es positivo, la energía cinética aumenta; si el trabajo es negativo, la energía cinética disminuye.

---

17) Conteste razonadamente a las siguientes preguntas: i) Una partícula se desplaza bajo la acción de una fuerza. ¿Puede asegurarse que esta fuerza realiza trabajo? ii) Una partícula, inicialmente en reposo, se desplaza bajo la acción de una fuerza conservativa. ¿Aumenta o disminuye su energía potencial? ¿Y la energía cinética?

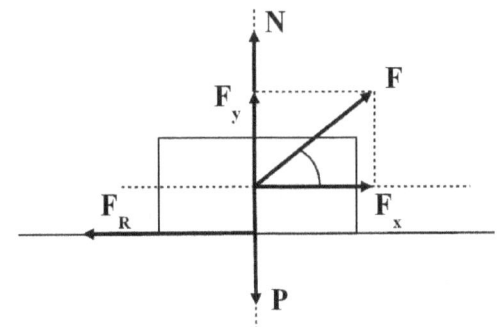

i) No puede asegurarse.
* Primer caso:
La definición de trabajo es: $W = F \cdot e \cdot \cos \alpha$
Si la fuerza forma 90° con el sentido de desplazamiento, el trabajo es nulo, pues:

$$\cos 90° = 0$$

* Segundo caso: un cuerpo que se mueve en una superficie equipotencial gracias a una fuerza conservativa. Por ejemplo: un satélite.

$W_{AB} = m \cdot (V_A - V_B)$: como la superficie es equipotencial: $V_A = V_B \Rightarrow W_{AB} = 0$

* Tercer caso: no hay desplazamiento: $e = 0 \Rightarrow W = F \cdot e \cdot \cos \alpha = F \cdot 0 \cdot \cos \alpha = 0$

ii) $W_{FC} = \int_A^B \vec{F} \cdot d\vec{r} = -\Delta Ep = Ep_A - Ep_B$

Como la fuerza tiene el mismo sentido que el desplazamiento, la energía potencial disminuye. Ejemplo: un cuerpo en caída libre.
Como sólo actúa una fuerza conservativa, la energía mecánica se conserva. Esto significa que: si aumenta la energía potencial, disminuye la energía cinética y si disminuye la energía potencial, aumenta la energía cinética. Al partir del reposo y comenzar a moverse, su energía cinética aumenta, luego su energía potencial disminuye.

$$W_T = W_{FC} + W_{FNC} = -\Delta Ep + W_{FNC} = \Delta Ec$$

$$\text{Si } W_{FNC} = 0 \Rightarrow -\Delta Ep = \Delta Ec \Rightarrow \Delta E_M = 0 \Rightarrow E_M = cte$$

18) Una partícula que se encuentra en reposo empieza a moverse por la acción de una fuerza conservativa. i) ¿Cómo se modifica su energía mecánica? ii) ¿Y su energía potencial? Justifique las respuestas.

i) $W_T = W_{FC} + W_{FNC} = -\Delta Ep + W_{FNC} = \Delta Ec$; $W_{FC} = -\Delta Ep$; $W_{FNC} = \Delta Ec + \Delta Ep = \Delta E_M$

Si sólo existen fuerzas conservativas: $W_{FNC} = 0$, luego:

$-\Delta Ep + 0 = \Delta Ec \Rightarrow 0 = \Delta Ep + \Delta Ec = \Delta E_M \Rightarrow \Delta E_M$ = constante: la energía mecánica se conserva.

ii) Según la expresión: $W_{FC} = -\Delta Ep$, las fuerzas conservativas tienden a disminuir el valor de la energía potencial. Las fuerzas no conservativas no afectan a la energía potencial.

---

19) Conteste razonadamente: i) ¿Puede asociarse una energía potencial a una fuerza de rozamiento? ii) ¿Qué tiene más sentido físico: la energía potencial en un punto o la variación de energía potencial entre dos puntos?

i) La fuerza de rozamiento es una fuerza disipativa y por tanto no se le puede asociar una energía potencial, ya que el trabajo realizado para llevar un cuerpo desde un punto A hasta otro punto B depende de la trayectoria y no exclusivamente de las posiciones inicial y final. Es lo contrario de lo que ocurre con las fuerzas conservativas; por eso, a esos puntos se les puede asociar una energía que solamente depende de la posición y que llamamos energía potencial.

ii) Tiene más sentido hablar de energía potencial entre dos puntos porque la energía potencial se define como una integral definida, es decir, como un incremento entre dos puntos:

$$W_{FC} = -\Delta Ep = Ep_A - Ep_B = \int_A^B \vec{F} \cdot d\vec{r}$$

Las fuerzas conservativas son aquellas cuyo trabajo no depende de la trayectoria, sólo dependen de las posiciones inicial y final. En los campos conservativos, se define una función escalar llamada energía potencial.

La energía potencial es la energía almacenada en el cuerpo cuando sobre él actúan fuerzas conservativas. El trabajo de las fuerzas conservativas es la variación cambiada de signo de la energía potencial. Para tener una energía potencial en un punto, debemos establecer un origen de potencial, un punto en el que su energía potencial valga cero. El trabajo que realiza el campo para pasar del punto A al punto de referencia R es: $W_{A \Rightarrow R} = \int_A^B \vec{F} \cdot d\vec{r} = -\Delta Ep = Ep_A - Ep_R = Ep_A - 0 = Ep_A$

Por consiguiente: la energía potencial en un punto es el trabajo que realiza una fuerza conservativa para llevar una partícula desde un punto hasta el punto de referencia, donde la energía potencial vale cero.

Si el cero de energía potencial lo establecemos en la superficie de la Tierra, la expresión de la energía potencial es: $Ep = m \cdot g \cdot h$. Si lo establecemos en el infinito, la energía potencial en un punto es:

$$Ep = -\frac{G \cdot M \cdot m}{r}$$

2018

20) Analice las siguientes proposiciones, razonando si son verdaderas o falsas: (i) sólo las fuerzas conservativas realizan trabajo; (ii) si sobre una partícula únicamente actúan fuerzas conservativas la energía cinética de la partícula no varía.

i) Falso. El trabajo se define como: W = F·e·cos α, siendo F la fuerza, e el espacio y α el ángulo que forma la fuerza con la dirección y sentido del desplazamiento. Esta definición es independiente del tipo de fuerza. Las fuerzas conservativas son aquellas cuyo trabajo depende solamente de las posiciones inicial y final del cuerpo y no depende de la trayectoria. Ejemplo: la fuerza gravitatoria.

ii) Falso.
$$W_T = W_{FC} + W_{FNC} = -\Delta E_p + W_{FNC} = \Delta E_c \quad ; \quad W_{FC} = -\Delta E_p \; ; \; W_{FNC} = \Delta E_c + \Delta E_p = \Delta E_M$$
Si sólo actúan fuerzas conservativas: $W_{FNC} = 0 \Rightarrow \Delta E_c + \Delta E_p = 0 \Rightarrow \Delta E_M = 0$

La que no varía es la energía mecánica, es decir, si sólo actúan fuerzas conservativas, la energía mecánica se conserva.

---

21) Fuerzas conservativas y energía potencial. Ponga un ejemplo de fuerza conservativa y otro de fuerza no conservativa.

Las fuerzas conservativas son aquellas cuyo trabajo no depende de la trayectoria, sólo dependen de las posiciones inicial y final. Ejemplo: la fuerza gravitatoria. En las fuerzas no conservativas, el trabajo sí depende de la trayectoria. Ejemplo: la fuerza de rozamiento. El trabajo realizado por una fuerza conservativa en un circuito cerrado es cero: $W_{A\Rightarrow A} = \oint \vec{F} \cdot d\vec{r} = \int_A^A \vec{F} \cdot d\vec{r} = 0$. En los campos conservativos, se define una función escalar llamada energía potencial. La energía potencial es la energía almacenada en el cuerpo cuando sobre él actúan fuerzas conservativas. El trabajo de las fuerzas conservativas es la variación cambiada de signo de la energía potencial:

$$W_{FC} = \int_A^B \vec{F} \cdot d\vec{r} = -\Delta E_p = E_{pA} - E_{pB}$$

Para tener una energía potencial en un punto, debemos establecer un origen de potencial, un punto en el que su energía potencial valga cero. El trabajo que realiza el campo para pasar del punto A al punto de referencia R es: $W_{A\Rightarrow R} = \int_A^B \vec{F} \cdot d\vec{r} = -\Delta E_p = E_{pA} - E_{pR} = E_{pA} - 0 = E_{pA}$

Por consiguiente: la energía potencial en un punto es el trabajo que realiza una fuerza conservativa para llevar una partícula desde un punto hasta el punto de referencia, donde la energía potencial vale cero.

2015

22) La energía cinética de una partícula sobre la que actúa una fuerza conservativa se incrementa en 500 J. Razone cuáles son las variaciones de la energía mecánica y de la energía potencial de la partícula.

$W_T = W_{FC} + W_{FNC} = -\Delta E_p + W_{FNC} = \Delta E_c$; $W_{FC} = -\Delta E_p$; $W_{FNC} = \Delta E_c + \Delta E_p = \Delta E_M$

Si sobre una partícula actúan exclusivamente fuerzas conservativas, su energía mecánica permanece constante, luego: $\Delta E_M = 0$. La energía cinética se transforma en energía potencial. La energía cinética aumenta y la energía potencial disminuye:

$$W_{FNC} = \Delta E_c + \Delta E_p = \Delta E_M = 0 \Rightarrow \Delta E_c + \Delta E_p = 0 \Rightarrow \Delta E_p = -\Delta E_c = -500 \text{ J}$$

Las fuerzas conservativas son las que modifican la energía potencial: $W_{FC} = -\Delta E_p$

2014

23) a) Conservación de la energía mecánica. b) Un objeto desciende con velocidad constante por un plano inclinado. Explique, con la ayuda de un esquema, las fuerzas que actúan sobre el objeto. ¿Es constante su energía mecánica? Razone la respuesta.

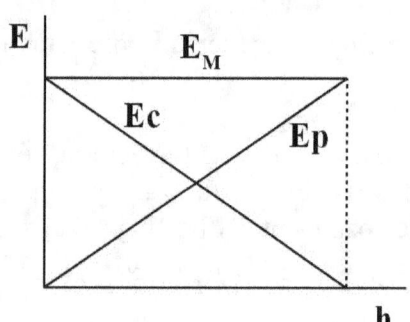

a) La energía mecánica es la suma de las energías cinética y potencial:
$$E = E_c + E_p$$
Según estas expresiones:
$W_T = W_{FC} + W_{FNC} = -\Delta E_p + W_{FNC} = \Delta E_c$
$W_{FC} = -\Delta E_p$; $W_{FNC} = \Delta E_c + \Delta E_p = \Delta E_M$
la energía mecánica se conservará cuando el trabajo de las fuerzas no conservativas sea cero.

Esto puede ocurrir en dos casos: cuando sólo actúan fuerzas conservativas o cuando los trabajos de las fuerzas no conservativas se anulan entre sí. Esto ocurre por ejemplo cuando un coche avanza a velocidad constante por un plano horizontal: la fuerza de avance iguala a la fuerza de rozamiento y $W_{FNC} = 0$.

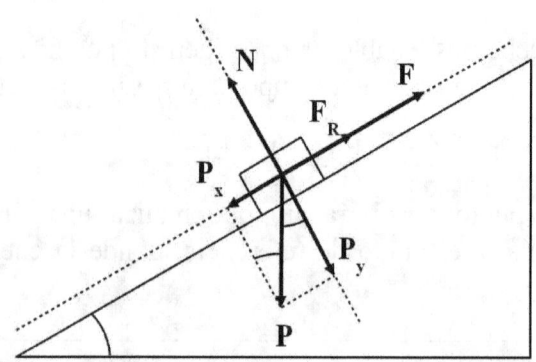

b) Según la primera ley de Newton, para que el cuerpo descienda con velocidad constante, la resultante debe ser cero, es decir: $P_x = F + F_R$. Su energía mecánica no es constante porque hay un trabajo de rozamiento distinto de cero:
$W_T = W_{FC} + W_{FNC} = -\Delta E_p + W_{FNC} = \Delta E_c$
$W_{FC} = -\Delta E_p$; $W_{FNC} = \Delta E_c + \Delta E_p = \Delta E_M$
Como $W_{FNC} \neq 0 \Rightarrow \Delta E_M \neq 0$, luego $E_{MA} \neq E_{MB}$ y la energía mecánica no permanece constante.

24) Si la energía mecánica de una partícula es constante, ¿debe ser necesariamente nula la fuerza resultante que actúa sobre la misma? Razone la respuesta.

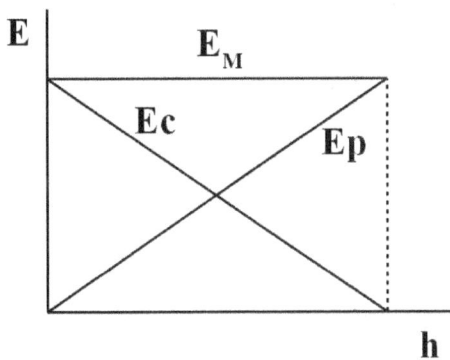

No tiene por qué.

$$W_T = W_{FC} + W_{FNC} = -\Delta E_p + W_{FNC} = \Delta E_c$$

$$W_{FC} = -\Delta E_p \;;\; W_{FNC} = \Delta E_c + \Delta E_p = \Delta E_M$$

Si la energía mecánica es constante:

$$E_{MA} = E_{MB} \Rightarrow \Delta E_M = 0 \Rightarrow W_{FNC} = 0$$

Para que la energía mecánica sea constante, es decir, para que se conserve la energía mecánica, el trabajo de las fuerzas no conservativas debe ser cero obligatoriamente. Esto puede ocurrir en varios casos:
− Cuando la resultante sea nula. Por ejemplo: en un plano horizontal: $R = 0 \Rightarrow N = P$ y $F = F_R$.
− Cuando el trabajo de la fuerza de avance iguale al trabajo de rozamiento. Por ejemplo: en un plano inclinado: $W_F + W_R = 0$.
− Cuando no existan fuerzas no conservativas en el sistema: $F_{NC} = 0$.

2013

25) Un objeto se lanza hacia arriba por un plano inclinado con rozamiento. Explique cómo cambian las energías cinética, potencial y mecánica del objeto durante el ascenso.

La energía cinética es: $E_c = \frac{1}{2} \cdot m \cdot v^2$; la energía potencial es: $E_p = m \cdot g \cdot h$; el trabajo de rozamiento es: $W_R = F_R \cdot e \cdot \cos \beta = -\mu \cdot m \cdot g \cdot \cos \alpha \cdot e$; la energía mecánica es: $E_M = E_c + E_p$.

Como el trabajo de las fuerzas no conservativas (el trabajo de la fuerza de rozamiento) es distinto de cero, la energía mecánica no se conserva; se conserva la energía.

La energía cinética disminuye; la energía potencial aumenta, el trabajo de rozamiento aumenta y la energía mecánica disminuye. La energía cinética inicial se transforma en energía potencial y en trabajo de rozamiento.

2012

26) Si sobre una partícula actúan tres fuerzas conservativas de distinta naturaleza y una no conservativa, ¿cuántos términos de energía potencial hay en la ecuación de la energía mecánica de esa partícula? ¿Cómo aparece en dicha ecuación la contribución de la fuerza no conservativa?

Habrá tres términos de energía potencial, puesto que a la energía potencial sólo contribuyen las fuerzas conservativas y no las no conservativas.

$$W_T = W_{FC} + W_{FNC} = -\Delta E_p + W_{FNC} = \Delta E_c \;;\; W_{FC} = -\Delta E_p \;;\; W_{FNC} = \Delta E_c + \Delta E_p = \Delta E_M$$

En el caso que nos ocupa: $W_{FNC} = \Delta E_c + \Delta E_{p1} + \Delta E_{p2} + \Delta E_{p3} = \Delta E_M \Rightarrow F_{NC} \cdot e \cdot \cos \beta = \Delta E_M$
siendo e el espacio recorrido y β el angulo que forma la fuerza no conservativa con la dirección y sentido del desplazamiento. El trabajo de la fuerza no conservativa es igual a la variación de energía mecánica.

2011

27) Se lanza hacia arriba por un plano inclinado un bloque con una velocidad v_0. Razone cómo varían su energía cinética, su energía potencial y su energía mecánica cuando el cuerpo sube y, después, baja hasta la posición de partida. Considere los casos: i) que no haya rozamiento; ii) que lo haya.

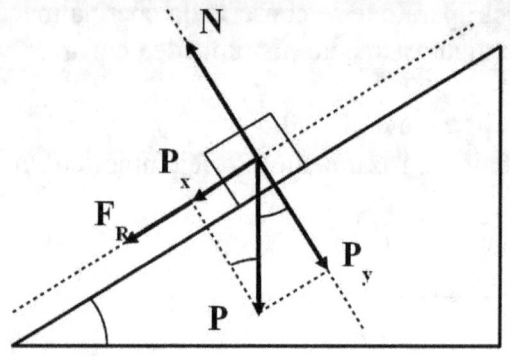 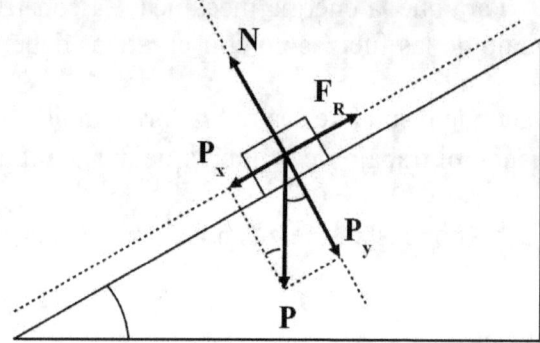

$W_T = W_{FC} + W_{FNC} = -\Delta E_p + W_{FNC} = \Delta E_c$; $W_{FC} = -\Delta E_p$; $W_{FNC} = \Delta E_c + \Delta E_p = \Delta E_M$

• Cuando sube sin rozamiento: $W_{FNC} = 0 \Rightarrow \Delta E_M = 0 \Rightarrow$ la energía mecánica permanece constante; al subir, aumenta su energía potencial, pues aumenta su altura ($E_p = m \cdot g \cdot h$); como la energía potencial aumenta y la energía mecánica se conserva, la energía cinética disminuye: $\Delta E_c = -\Delta E_p$.

• Cuando sube con rozamiento: al subir, aumenta su energía potencial, pues aumenta su altura ($E_p = m \cdot g \cdot h$); la energía cinética que tenía al principio va disminuyendo, transformándose en energía potencial y en trabajo de rozamiento; la energía mecánica disminuye porque se transforma en trabajo de rozamiento.

• Cuando baja sin rozamiento: $W_{FNC} = 0 \Rightarrow \Delta E_M = 0 \Rightarrow$ la energía mecánica permanece constante; al bajar, disminuye su energía potencial pues disminuye su altura ($E_p = m \cdot g \cdot h$); como la energía potencial disminuye y la energía mecánica se conserva, la energía cinética aumenta: $\Delta E_c = -\Delta E_p$.

• Cuando baja con rozamiento: al bajar, disminuye su energía potencial, pues disminuye su altura ($E_p = m \cdot g \cdot h$); la energía potencial que tenía al principio va disminuyendo, transformándose en energía cinética y en trabajo de rozamiento; la energía mecánica disminuye porque se transforma en trabajo de rozamiento.

2009

28) Un automóvil desciende por un tramo pendiente con el freno accionado y mantiene constante su velocidad. Razone los cambios energéticos que se producen.

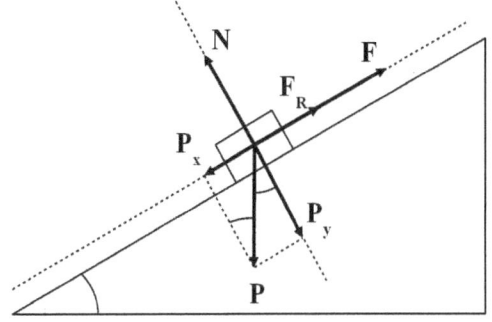

Según la primera ley de Newton, todo cuerpo permanece en su estado de reposo o movimiento rectilíneo uniforme a no ser que se le aplique una fuerza resultante distinta de cero. Es decir, que si se mueve con velocidad constante, la resultante es cero.

La energía cinética es: $Ec = \frac{1}{2} \cdot m \cdot v^2$; la energía potencial es: $Ep = m \cdot g \cdot h$; el trabajo de rozamiento es: $W_R = F_R \cdot e \cdot \cos \beta = - \mu \cdot m \cdot g \cdot \cos \alpha \cdot e$; la energía mecánica es: $E_M = Ec + Ep$. La energía cinética permanece constante porque la velocidad permanece constante. La energía potencial disminuye porque la altura disminuye. El trabajo de rozamiento aumenta porque la distancia recorrida aumenta. La energía mecánica disminuye porque la cinética permanece constante y la potencial disminuye.

$W_T = W_{FC} + W_{FNC} = - \Delta Ep + W_{FNC} = \Delta Ec$; $W_{FC} = - \Delta Ep$; $W_{FNC} = \Delta Ec + \Delta Ep = \Delta E_M$

Como $\Delta Ec = 0$ ⇒ $W_{FNC} = \Delta Ec + \Delta Ep = 0 + \Delta Ep = \Delta Ep = \Delta E_M$

Como el trabajo de rozamiento es distinto de cero, la energía mecánica no se conserva.
$W_{FNC} = W_F + W_R = \Delta Ep$. W_F es el trabajo de la fuerza de frenado.

---

29) En un instante t_1, la energía cinética de una partícula es 30 J y su energía potencial 12 J. En un instante posterior, t_2, la energía cinética de la partícula es de 18 J. i) Si únicamente actúan fuerzas conservativas sobre la partícula, ¿cuál es su energía potencial en el instante t_2? ii) Si la energía potencial en el instante t_2 fuese 6 J, ¿actuarían fuerzas no conservativas sobre la partícula?

i) Si únicamente actúan fuerzas conservativas sobre la partícula, se conserva la energía mecánica:
$Ec_1 + Ep_1 = Ec_2 + Ep_2$ ⇒ $30 + 12 = 18 + Ep_2$ ⇒ $Ep_2 = 30 + 12 - 18 = 42 - 18 = 24$ J

ii) Para que la energía mecánica se conserve en este sistema, la energía potencial final debe ser 24 J. Como es de 6 J, eso significa que ha habido una pérdida de energía debido a las fuerzas no conservativas, probablemente por el rozamiento:

$W_T = W_{FC} + W_{FNC} = - \Delta Ep + W_{FNC} = \Delta Ec$; $W_{FC} = - \Delta Ep$

$W_{FNC} = \Delta Ec + \Delta Ep = \Delta E_M = E_{M2} - E_{M1} = (Ec_2 + Ep_2) - (Ec_1 + Ep_1) = (18 + 6) - (30 + 12) =$

$= 24 - 42 = -18$ J

Se han perdido 18 J en concepto de rozamiento. El trabajo de rozamiento es siempre negativo porque la fuerza de rozamiento siempre se opone al movimiento; esto implica que el trabajo de rozamiento es energía que pierde el sistema.

2008

30) Desde el borde de un acantilado de altura h se deja caer libremente un cuerpo. ¿Cómo cambian sus energías cinética y potencial? Justifique la respuesta.

La energía cinética es: $Ec = \frac{1}{2} \cdot m \cdot v^2$; la energía potencial es: $Ep = m \cdot g \cdot h$ y la energía mecánica es: $E_M = Ec + Ep$. Consideremos dos casos:

* Sin rozamiento: la energía mecánica se conserva. La energía potencial disminuye, pues disminuye la altura y se transforma en energía cinética, que aumenta.

$W_T = W_{FC} + W_{FNC} = -\Delta Ep + W_{FNC} = \Delta Ec$; $W_{FC} = -\Delta Ep$; $W_{FNC} = \Delta Ec + \Delta Ep = \Delta E_M = 0 \Rightarrow$

$\Rightarrow \Delta Ec = -\Delta Ep$

* Con rozamiento: la energía mecánica no se conserva, pero sí la energía. La energía potencial disminuye, pues disminuye la altura; la energía cinética aumenta, pues aumenta la velocidad; la energía mecánica disminuye, porque hay pérdidas por rozamiento.

$W_T = W_{FC} + W_{FNC} = -\Delta Ep + W_{FNC} = \Delta Ec$; $W_{FC} = -\Delta Ep$; $W_{FNC} = \Delta Ec + \Delta Ep = \Delta E_M$

PROBLEMAS DE DINÁMICA Y ENERGÍA

2024

1) Un bloque de masa 150 kg desliza por una superficie horizontal con rozamiento. El bloque se mueve hacia la derecha con velocidad inicial 3 m·s⁻¹. Sobre el bloque actúa una fuerza de módulo 20 N dirigida hacia la izquierda y que forma un ángulo de 30º sobre la horizontal, recorriendo 25 m hasta detenerse. i) Realice un esquema de las fuerzas ejercidas sobre el bloque. ii) Calcule las variaciones de energía cinética, potencial y mecánica del bloque en el trayecto descrito. iii) Calcule el trabajo realizado por cada una de las fuerzas aplicadas sobre el bloque. g = 9'8 m·s⁻².

Datos: Dibujo:

m = 150 kg
v_A = 3 m/s
F = 20 N
α = 30º
e = 25 m
¿ΔEc, ΔEp, $ΔE_M$?
¿W?
g = 9'8 m·s⁻²

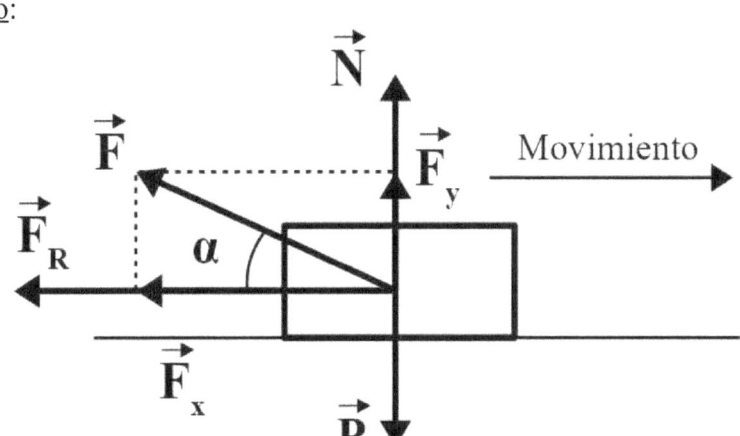

Principio físico: si no hay fuerzas a favor del movimiento es porque el cuerpo se mueve por inercia, que es la tendencia que tiene el cuerpo a seguir como estaba.

Método de resolución: utilizaremos las fórmulas de las energías y del trabajo. Relacionaremos el trabajo de rozamiento con la energía mecánica.

Resolución: * Variación de energía cinética:

$$\Delta Ec = Ec_B - Ec_A = 0 - \frac{1}{2} \cdot m \cdot v_0^2 = -\frac{1}{2} \cdot 150 \cdot 3^2 = \boxed{-675 \text{ J}}$$

* Variación de energía potencial: ΔEp = m·g·Δh = 150·9'8·0 = 0 J

* Variación de energía mecánica: $ΔE_M$ = ΔEc + ΔEp = −675 + 0 = $\boxed{-675 \text{ J}}$

* Trabajo de las fuerzas perpendiculares al movimiento: $\boxed{W_P = W_N = W_{Fy} = 0}$ pues cos 90º = 0.

* Trabajos de F y F_x: W_F = F·e·cos α = 20·25·cos 150º = $\boxed{-433 \text{ J}}$

W_{Fx} = F_x·e·cos α = 20·cos 30º·25·cos 180º = $\boxed{-433 \text{ J}}$

* Trabajo de la fuerza de rozamiento:

$W_T = W_{FC} + W_{FNC} = -\Delta E_p + W_{FNC} = \Delta E_c \Rightarrow W_{FNC} = \Delta E_c + \Delta E_p = \Delta E_M = W_F + W_{FR} \Rightarrow$

$\Rightarrow W_{FR} = \Delta E_M - W_F = -675 - (-433) = -675 + 433 = \boxed{-242 \text{ J}}$

Comentario: las fuerzas opuestas al movimiento producen trabajos negativos, pues se trata de energía que se le resta a la energía que lleva el cuerpo.

2) Un bloque de masa 5 kg se lanza hacia arriba con una velocidad inicial de 7 m·s⁻¹ por un plano inclinado 20° respecto a la horizontal y sin rozamiento. El bloque asciende hasta una altura de 2 m y, a continuación, se desplaza por un plano horizontal con rozamiento. i) Realice un esquema de las fuerzas ejercidas sobre el bloque en cada superficie. ii) Calcule la velocidad del bloque cuando llega al final del plano inclinado. iii) Calcule el trabajo realizado por la fuerza de rozamiento desde el instante inicial hasta que el cuerpo se detiene. g = 9'8 m·s⁻².

Datos:

Dibujo:

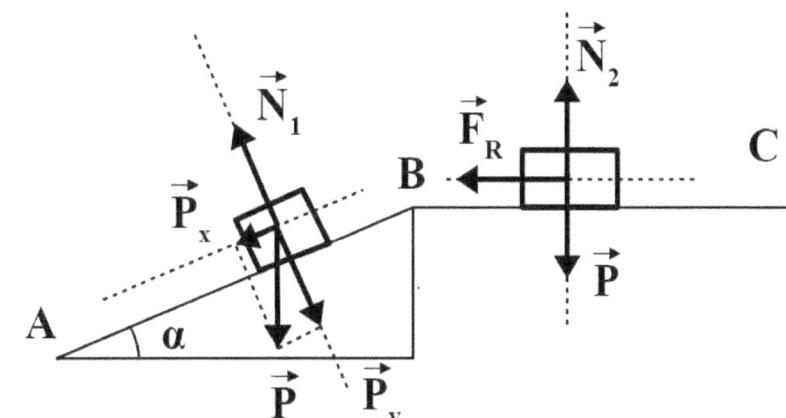

$m = 5$ kg
$v_A = 7$ m/s
$\alpha = 20°$
$h = 2$ m
¿v_B, F_R?
$g = 9'8$ m·s⁻²

Principio físico: principio de conservación de la energía: en todo sistema aislado, la energía total permanece constante. Principio de conservación de la energía mecánica: en todo sistema en el que sólo actúan fuerzas conservativas, la energía mecánica permanece constante.

Método de resolución: utilizaremos el principio de conservación de la energía y el de la energía mecánica.

Resolución: * Velocidad al final del plano:

$Ec_A + Ep_A = Ec_B + Ep_B$ ⇒ $\frac{1}{2} \cdot m \cdot v_A^2 + 0 = \frac{1}{2} \cdot m \cdot v_B^2 + m \cdot g \cdot h$ ⇒ $v_A^2 = v_B^2 + 2 \cdot g \cdot h$ ⇒

⇒ $v_B^2 = v_A^2 - 2 \cdot g \cdot h$ ⇒ $v_B = \sqrt{v_A^2 - 2 \cdot g \cdot h} = \sqrt{7^2 - 2 \cdot 9'8 \cdot 2} = \boxed{3'13 \frac{m}{s}}$

* Trabajo de la fuerza de rozamiento en el plano horizontal:

$W_T = W_{FC} + W_{FNC} = -\Delta Ep + W_{FNC} = 0 + W_{FNC} = \Delta Ec$ ⇒ $W_{FNC} = \Delta Ec = W_{FR}$ ⇒

⇒ $W_{FR} = Ec_C - Ec_B = 0 - \frac{1}{2} \cdot m \cdot v_B^2 = -\frac{1}{2} \cdot 5 \cdot 3'13^2 = \boxed{-24'5 \text{ J}}$

Comentario: solamente hay trabajo de rozamiento en el plano horizontal, pues en el plano inclinado el rozamiento es despreciable.

2023

3) Un cuerpo de 5 kg desciende con velocidad constante desde una altura de 15 m por un plano inclinado con rozamiento que forma 30° con respecto a la horizontal. Sobre el cuerpo actúa una fuerza de 20 N paralela al plano y dirigida en sentido ascendente. i) Realice un esquema con las fuerzas que actúan sobre el cuerpo. ii) Determine razonadamente el trabajo realizado por cada una de las fuerzas hasta que el cuerpo llega al final del plano. g = 9'8 m·s⁻².

Datos: Dibujo:

m = 5 kg
v = cte
h = 15 m
α = 30°
F = 20 N
¿W?
g = 9'8 m·s⁻²

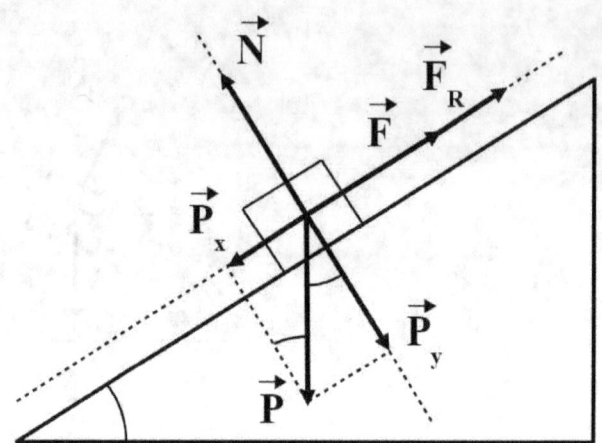

Principio físico: primera ley de Newton: un cuerpo permanece en su estado de reposo o de movimiento rectilíneo uniforme a no ser que se le aplique una fuerza resultante distinta de cero.

Método de resolución: usaremos la fórmula del trabajo físico y el teorema de las fuerzas vivas.

Resolución: * Espacio recorrido: $\sen \alpha = \dfrac{h}{e} \Rightarrow e = \dfrac{h}{\sen \alpha} = \dfrac{15}{\sen 30°} = 30$ m

* Trabajo de las fuerzas perpendiculares al desplazamiento: $W_N = W_{Py} = 0$

* Trabajo de la fuerza peso: $W_P = W_{FC} = -\Delta E_p = -m \cdot g \cdot \Delta h = -5 \cdot 9'8 \cdot (-15) =$ $\boxed{735 \text{ J}}$

* Trabajo de la fuerza F: $W_F = F \cdot e \cdot \cos \gamma = 20 \cdot 30 \cdot \cos 180° =$ $\boxed{-600 \text{ J}}$

* Trabajo de la fuerza de rozamiento:

$v = \text{cte} \Rightarrow P_x = F + F_R \Rightarrow F_R = P_x - F = m \cdot g \cdot \sen \alpha - F = 5 \cdot 9'8 \cdot \sen 30° - 20 = 4'5$ N

$W_R = F_R \cdot e \cdot \cos \beta = 4'5 \cdot 30 \cdot \cos 180° =$ $\boxed{-135 \text{ J}}$

* Trabajo de P_x: $W_{Px} = P_x \cdot e \cdot \cos \beta = m \cdot g \cdot \sen \alpha \cdot e \cdot \cos \beta = 5 \cdot 9'8 \cdot \sen 30° \cdot 30 \cdot \cos 0° =$ $\boxed{735 \text{ J}}$

Comentario: α es el ángulo del plano inclinado y β es el que forma la fuerza con el sentido de desplazamiento.

4) Un cuerpo de 2 kg asciende con velocidad constante por un plano inclinado 30° con respecto a la horizontal. Además de la fuerza de rozamiento, sobre el cuerpo actúa una fuerza de 10 N paralela a dicho plano. i) Realice un esquema con las fuerzas que actúan sobre el cuerpo. ii) Determine mediante consideraciones energéticas el trabajo realizado por cada una de las fuerzas cuando el cuerpo asciende una altura de 10 m. g = 9'8 m s^{-2}

Datos: Dibujo:

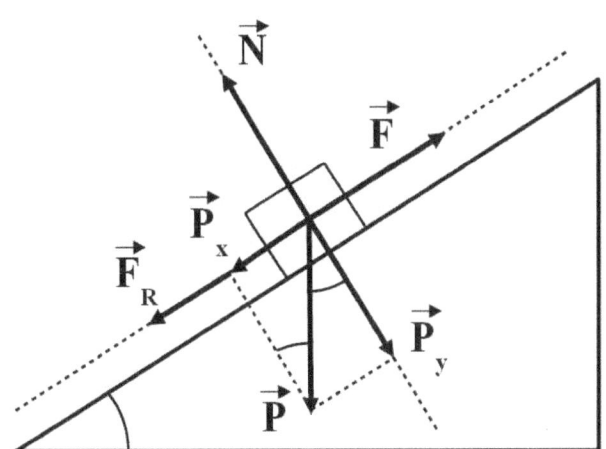

m = 2 kg
v = cte
α = 30°
F = 10 N
¿W?
h = 10 m
g = 9'8 m·s^{-2}

Principio físico: primera ley de Newton: "Un cuerpo permanece en su estado de reposo o de movimiento rectilíneo uniforme a no ser que se le aplique una fuerza resultante distinta de cero".

Método de resolución: relacionaremos el trabajo de las fuerzas conservativas con la energía potencial y el trabajo de las fuerzas no conservativas con la energía mecánica.

Resolución: * Espacio recorrido: $\text{sen }\alpha = \dfrac{h}{e} \Rightarrow e = \dfrac{h}{\text{sen }\alpha} = \dfrac{10}{\text{sen }30°} = 20$ m

* Trabajo de las fuerzas perpendiculares al desplazamiento: $\boxed{W_N = W_{Py} = 0}$

* Trabajo de la fuerza de rozamiento:

$v = $ cte $\Rightarrow F = P_x + F_R \Rightarrow F_R = F - P_x = F - m \cdot g \cdot \text{sen }\alpha = 10 - 2 \cdot 9'8 \cdot \text{sen }30° = 0'2$ N

$W_R = F_R \cdot e \cdot \cos\beta = 0'2 \cdot 20 \cdot \cos 180° = \boxed{-4 \text{ J}}$

* Incremento de energía mecánica: $\Delta E_M = \Delta Ec + \Delta Ep = 0 + m \cdot g \cdot \Delta h = 2 \cdot 9'8 \cdot 10 = 196$ J

* Trabajo de la fuerza peso: $W_P = W_{FC} = -\Delta Ep = -m \cdot g \cdot \Delta h = -2 \cdot 9'8 \cdot 10 = \boxed{-196 \text{ J}}$

* Trabajo de la fuerza F: $Ec_A + Ep_A + W_{FNC} = Ec_B + Ep_B \Rightarrow W_{FNC} = Ec_B - Ec_A + Ep_B - Ep_A =$

$= \Delta Ec + \Delta Ep = \Delta E_M \Rightarrow W_F + W_R = \Delta E_M \Rightarrow W_F = \Delta E_M - W_R = 196 - (-4) = \boxed{200 \text{ J}}$

Comentario: el trabajo de las fuerzas perpendiculares al sentido del desplazamiento es cero, pues:
$W_i = F_i \cdot e \cdot \cos 90° = 0$

5) Un cuerpo de 5 kg desliza con una velocidad inicial de 6 m s^{-1} por una superficie horizontal de 5 m de longitud y coeficiente de rozamiento 0'2. A continuación, asciende por un plano inclinado sin rozamiento que forma 30° con la horizontal. i) Realice un esquema con las fuerzas que actúan sobre el cuerpo cuando desliza por la superficie horizontal y por el plano inclinado. Utilizando consideraciones energéticas, determine: ii) la velocidad con la que el cuerpo llega al final de la superficie horizontal; iii) la altura máxima a la que asciende el cuerpo por el plano inclinado. g = 9'8 m s^{-2}

Datos:

Dibujo:

m = 5 kg
v_A = 6 m/s
e_1 = 5 m
μ = 0'2
α = 30°
¿v, $h_{máx.}$?
g = 9'8 m·s^{-2}

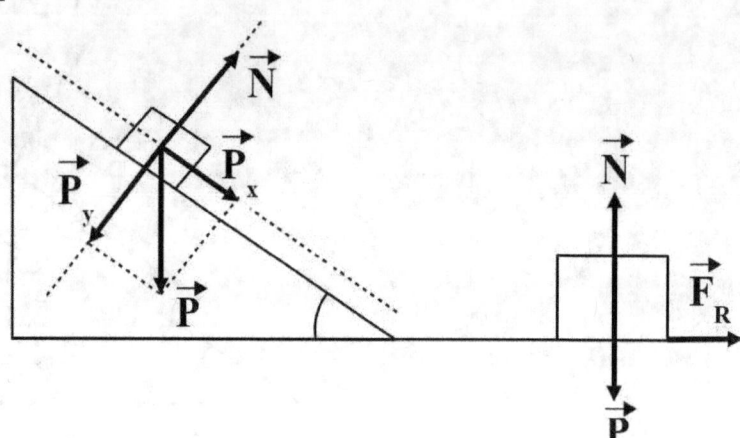

Principio físico: principio de conservación de la energía: "En un sistema aislado, la energía total permanece constante".

Método de resolución: utilizaremos dos veces el principio de conservación de la energía.

Resolución: * Velocidad al final del plano horizontal:

$Ec_A + Ep_A + W_{FNC} = Ec_B + Ep_B$ ⇒ $\frac{1}{2} \cdot m \cdot v_A^2 + 0 + W_{R1} = \frac{1}{2} \cdot m \cdot v_B^2 + 0$ ⇒

⇒ $\frac{1}{2} \cdot m \cdot v_A^2 - \mu \cdot m \cdot g \cdot e_1 = \frac{1}{2} \cdot m \cdot v_B^2$ ⇒ $\frac{v_A^2}{2} - \mu \cdot g \cdot e_1 = \frac{v_B^2}{2}$ ⇒ $v_A^2 - 2 \cdot \mu \cdot g \cdot e_1 = v_B^2$ ⇒

⇒ $v_B = \sqrt{v_A^2 - 2 \cdot \mu \cdot g \cdot e_1} = \sqrt{6^2 - 2 \cdot 0'2 \cdot 9'8 \cdot 5} = \boxed{4'05 \frac{m}{s}}$

* Relación del espacio con la altura: sen α = $\frac{h}{e_2}$ ⇒ $e_2 = \frac{h}{sen\, \alpha} = \frac{h}{sen\, 30°} = 2 \cdot h$

* Altura máxima alcanzada:

$Ec_B + Ep_B = Ec_C + Ep_C \Rightarrow \quad \frac{1}{2} \cdot m \cdot v_B^2 + 0 = 0 + m \cdot g \cdot h \Rightarrow$

$\Rightarrow \quad \frac{1}{2} \cdot m \cdot v_B^2 = m \cdot g \cdot h \Rightarrow \quad \frac{v_B^2}{2} = g \cdot h \Rightarrow v_B^2 = 2 \cdot g \cdot h \Rightarrow$

$\Rightarrow \quad h = \dfrac{v_B^2}{2 \cdot g} = \dfrac{4'05^2}{2 \cdot 9'8} = \boxed{0'837 \text{ m}}$

Comentario: el cuerpo no tiene una fuerza constante que lo mueva, sino que se mueve por inercia.

6) Un cuerpo de 10 kg desliza, con una velocidad inicial de 3 m s⁻¹, por una superficie horizontal con coeficiente de rozamiento 0'2. i) Realice un esquema de las fuerzas que actúan sobre el cuerpo. ii) Determine mediante consideraciones energéticas la distancia que recorre el cuerpo hasta detenerse y el trabajo realizado por la fuerza de rozamiento. g = 9'8 m s⁻²

Datos: Dibujo:

m = 10 kg
v_A = 3 m/s
µ = 0'2
¿e, W_R?
g = 9'8 m·s⁻²

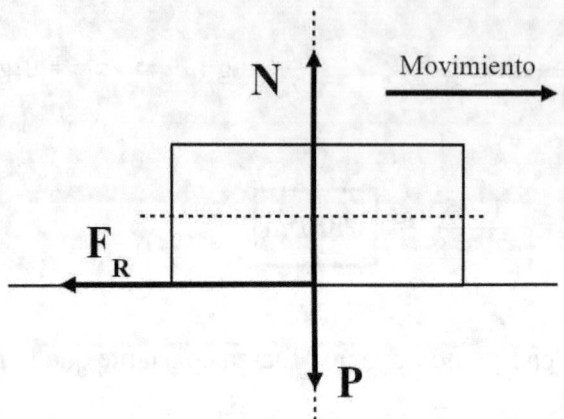

Principio físico: el cuerpo se mueve por inercia, que es la tendencia que tienen los cuerpos a seguir en su estado de reposo o de movimiento.

Método de resolución: haremos un balance de energía para calcular el trabajo de rozamiento. Calcularemos el espacio recorrido a partir de la fórmula del trabajo de rozamiento.

Resolución: * Trabajo de la fuerza de rozamiento:

$Ec_A + Ep_A + W_{FNC} = Ec_B + Ep_B$ ⇒ $W_{FNC} = Ec_B - Ec_A + Ep_B - Ep_A =$

$= 0 - \frac{1}{2} \cdot m \cdot v_A^2 + 0 - 0$ ⇒ $W_{FNC} = W_R = -\frac{1}{2} \cdot m \cdot v_A^2 = -\frac{1}{2} \cdot 10 \cdot 3^2 = \boxed{-45 \text{ J}}$

* Fuerza de rozamiento: $F_R = \mu \cdot m \cdot g = 0'2 \cdot 10 \cdot 9'8 = 19'6$ N

* Distancia que recorre el cuerpo hasta pararse:

$$W_R = F_R \cdot e \cdot \cos \beta = -F_R \cdot e \Rightarrow e = -\frac{W_R}{F_R} = -\frac{-45}{19'6} = \boxed{2'30 \text{ m}}$$

Comentario: al haber una fuerza disipativa (la fuerza de rozamiento), la velocidad del cuerpo disminuye hasta pararse.

2022

7) Sobre un cuerpo de 3 kg, que está inicialmente en reposo sobre un plano horizontal, actúa una fuerza de 12 N paralela al plano. El coeficiente de rozamiento entre el cuerpo y el plano es 0'2. Determine, mediante consideraciones energéticas: i) El trabajo realizado por la fuerza de rozamiento tras recorrer el cuerpo una distancia de 10 m. ii) La velocidad del cuerpo después de recorrer los 10 m. g = 9'8 m·s^{-2}.

Datos:

m = 3 kg
v_0 = 0
F = 12 N
µ = 0'2
¿W_R?
e = 10 m
¿v?
g = 9'8 m/s^2

Dibujo:

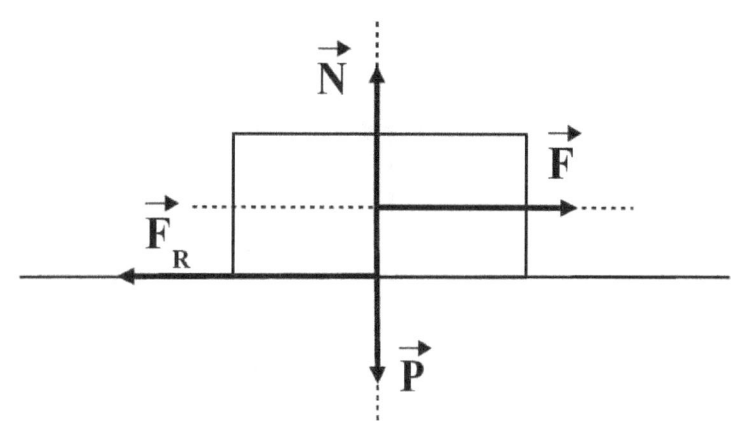

Principio físico: segunda ley de Newton: cuando se le aplica una fuerza resultante a un cuerpo, éste adquiere una aceleración que es directamente proporcional a la resultante e inversamente proporcional a la masa.

Método de resolución: haremos un balance de energía.

Resolución: * Trabajo realizado por la fuerza de rozamiento:

$$W_R = -F_R \cdot e = -\mu \cdot m \cdot g \cdot e = -0'2 \cdot 3 \cdot 9'8 \cdot 10 = \boxed{-58'8 \text{ J}}$$

* Velocidad a los 10 m:

$Ec_A + Ep_A + W_{FNC} = Ec_B + Ep_B \Rightarrow 0 + 0 + W_F + W_R = \dfrac{1}{2} \cdot m \cdot v^2 + 0 \Rightarrow$

$\Rightarrow F \cdot e + W_R = \dfrac{m \cdot v^2}{2} \Rightarrow 2 \cdot (F \cdot e + W_R) = m \cdot v^2 \Rightarrow v^2 = \dfrac{2 \cdot (F \cdot e + W_R)}{m} \Rightarrow$

$\Rightarrow v = \sqrt{\dfrac{2 \cdot (F \cdot e + W_R)}{m}} = \sqrt{\dfrac{2 \cdot (12 \cdot 10 - 58'8)}{3}} = \boxed{6'39 \ \dfrac{m}{s}}$

Comentario: el trabajo de rozamiento es negativa porque es energía que se le quita al sistema, al cuerpo.

8) Un bloque de 2 kg asciende con una velocidad inicial de 8 m·s⁻¹ por un plano inclinado que forma un ángulo de 30° con la horizontal hasta detenerse momentáneamente. A continuación, el bloque desciende hasta llegar al punto de partida. El coeficiente de rozamiento entre el bloque y el plano es 0'2. Determine mediante consideraciones energéticas: i) La altura máxima a la que llega el bloque. ii) La velocidad con la que regresa el bloque al punto de partida.

Datos: Dibujo:

m = 2 kg
v = 8 m/s
α = 30°
μ = 0'2
¿h?
¿v?
g = 9'8 m·s⁻²

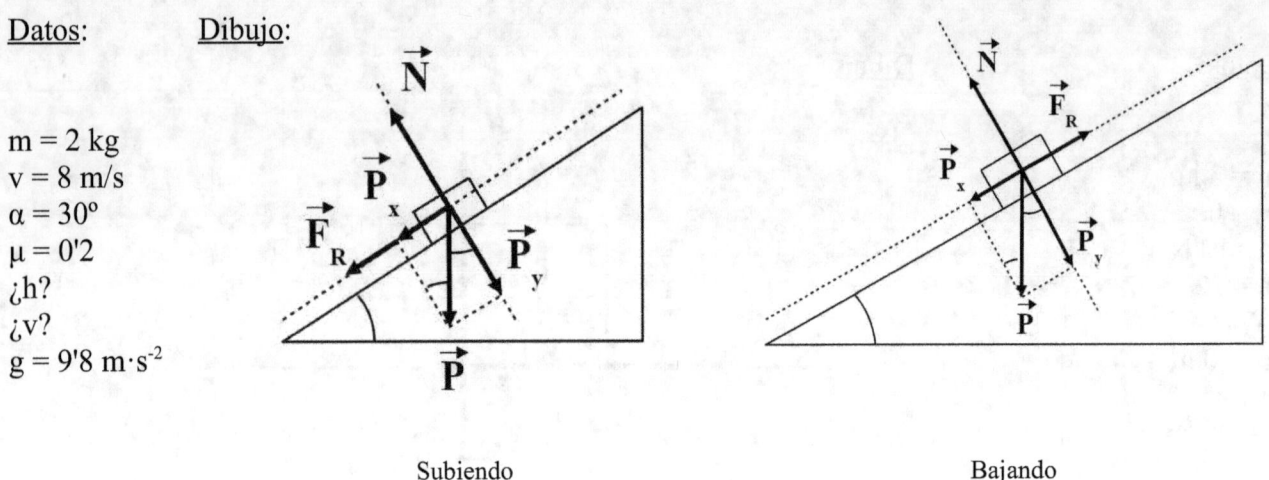

Subiendo   Bajando

Principio físico: el cuerpo se mueve por inercia, ya que tiene una velocidad inicial y no tiene ninguna fuerza en el sentido de avance. Conservación de la energía mecánica: "En un sistema aislado, la energía total permanece constante".

Método de resolución: haremos un balance de energía.

Resolución: * Espacio recorrido: $\text{sen } \alpha = \dfrac{h}{e} \Rightarrow e = \dfrac{h}{\text{sen } \alpha}$

* Altura máxima alcanzada:

$Ec_A + Ep_A + W_{FNC} = Ec_B + Ep_B \Rightarrow \dfrac{1}{2} \cdot m \cdot v_A^2 + 0 - \mu \cdot m \cdot g \cdot \cos \alpha \cdot e = 0 + m \cdot g \cdot h \Rightarrow$

$\Rightarrow \dfrac{1}{2} \cdot m \cdot v_A^2 - \mu \cdot m \cdot g \cdot \cos \alpha \cdot \dfrac{h}{\text{sen } \alpha} = m \cdot g \cdot h \Rightarrow \dfrac{v_A^2}{2} - \dfrac{\mu \cdot g \cdot \cos \alpha \cdot h}{\text{sen } \alpha} = g \cdot h \Rightarrow$

$\Rightarrow v_A^2 \cdot \text{sen } \alpha - 2 \cdot \mu \cdot g \cdot \cos \alpha \cdot h = 2 \cdot g \cdot h \cdot \text{sen } \alpha \Rightarrow v_A^2 \cdot \text{sen } \alpha = 2 \cdot \mu \cdot g \cdot \cos \alpha \cdot h + 2 \cdot g \cdot h \cdot \text{sen } \alpha \Rightarrow$

$\Rightarrow v_A^2 \cdot \text{sen } \alpha = 2 \cdot g \cdot h \cdot (\mu \cdot \cos \alpha + \text{sen } \alpha) \Rightarrow h = \dfrac{v_A^2 \cdot \text{sen } \alpha}{2 \cdot g \cdot (\mu \cdot \cos \alpha + \text{sen } \alpha)} =$

$= \dfrac{8^2 \cdot \text{sen } 30°}{2 \cdot 9'8 \cdot (0'2 \cdot \cos 30° + \text{sen } 30°)} = \boxed{2'43 \text{ m}}$

* Velocidad con la que regresa al punto de partida:

$$Ec_B + Ep_B + W_{FNC} = Ec_A + Ep_A \Rightarrow 0 + m \cdot g \cdot h - \mu \cdot m \cdot g \cdot \cos \alpha \cdot e = \frac{1}{2} \cdot m \cdot v_A^2 + 0 \Rightarrow$$

$$\Rightarrow m \cdot g \cdot h - \mu \cdot m \cdot g \cdot \cos \alpha \cdot \frac{h}{sen\,\alpha} = \frac{1}{2} \cdot m \cdot v_A^2 \Rightarrow g \cdot h - \frac{\mu \cdot g \cdot \cos \alpha \cdot h}{sen\,\alpha} = \frac{v_A^2}{2} \Rightarrow$$

$$\Rightarrow 2 \cdot g \cdot h \cdot sen\,\alpha - 2 \cdot \mu \cdot g \cdot \cos \alpha \cdot h = v_A^2 \cdot sen\,\alpha \Rightarrow 2 \cdot g \cdot h \cdot (sen\,\alpha - \mu \cdot \cos \alpha) = v_A^2 \cdot sen\,\alpha \Rightarrow$$

$$\Rightarrow v_A^2 = \frac{2 \cdot g \cdot h \cdot (sen\,\alpha - \mu \cdot \cos \alpha)}{sen\,\alpha} \Rightarrow v_A = \sqrt{\frac{2 \cdot g \cdot h \cdot (sen\,\alpha - \mu \cdot \cos \alpha)}{sen\,\alpha}} =$$

$$\Rightarrow v_A = \sqrt{\frac{2 \cdot 9'8 \cdot 2'43 \cdot (sen\,30° - 0'2 \cdot \cos 30°)}{sen\,30°}} = \boxed{5'59 \; \frac{m}{s}}$$

Comentario: para calcular la velocidad con la que llega al punto A, se podría haber hecho también un balance de energía entre el punto A y el punto A, pues serían coincidentes. El trabajo de rozamiento sería doble, pues coinciden el de subida con el de bajada.

9) Un cuerpo de 0'5 kg, inicialmente en reposo, asciende por un plano inclinado 30° con respecto a la horizontal por el efecto de una fuerza de 4 N paralela a dicho plano. El coeficiente de rozamiento del cuerpo con la superficie es 0'2. i) Calcule el trabajo realizado por cada una de las fuerzas que intervienen cuando el cuerpo ha recorrido una distancia de 2 m. ii) Determine, mediante consideraciones energéticas, la velocidad del cuerpo después de recorrer esa distancia. $g = 9'8 \text{ m·s}^{-2}$.

Datos: Dibujo:

m = 0'5 kg
v_A = 0
α = 30°
F = 4 N
μ = 0'2
¿W?
e = 2 m
¿v_B?
g = 9'8 m/s²

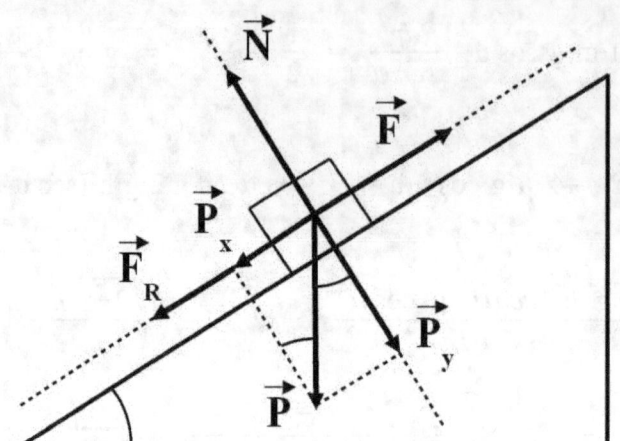

Principio físico: principio de conservación de la energía: "En un sistema aislado, la energía total permanece constante". Segunda ley de Newton: cuando se aplica una fuerza sobre un cuerpo, se le imprime una aceleración.

Método de resolución: haremos un balance de energía.

Resolución: * Trabajo realizado por cada fuerza: $W_F = F \cdot e \cdot \cos β = 4 \cdot 2 \cdot \cos 0° = \boxed{8 \text{ J}}$

$W_N = N \cdot e \cdot \cos β = N \cdot e \cdot \cos 90° = \boxed{0 \text{ J}}$; $W_P = P \cdot e \cdot \cos β = m \cdot g \cdot e \cdot \cos β = 0'5 \cdot 9'8 \cdot 2 \cdot \cos 240° = \boxed{-4'9 \text{ J}}$

$W_{Px} = P_x \cdot e \cdot \cos 180° = m \cdot g \cdot e \cdot \text{sen } α \cdot \cos 180° = 0'5 \cdot 9'8 \cdot 2 \cdot \text{sen } 30° \cdot (-1) = \boxed{-4'9 \text{ J}}$; $\boxed{W_{Py} = 0}$

$W_R = F_R \cdot e \cdot \cos β = μ \cdot m \cdot g \cdot \cos α \cdot e \cdot \cos β = 0'2 \cdot 0'5 \cdot 9'8 \cdot \cos 30° \cdot 2 \cdot \cos 180° = \boxed{-1'70 \text{ J}}$

* Altura después de 2 m: sen α = $\dfrac{h}{e}$ ⇒   h = e·sen α = 2·sen 30° = 1 m

* Velocidad después de 2 m:

$Ec_A + Ep_A + W_{FNC} = Ec_B + Ep_B$ ⇒ $0 + 0 + W_F + W_R = \dfrac{1}{2} \cdot m \cdot v_B^2 + m \cdot g \cdot h$ ⇒

⇒ $\dfrac{1}{2} \cdot m \cdot v_B^2 = W_F + W_R - m \cdot g \cdot h$ ⇒ $v_B = \sqrt{\dfrac{2 \cdot (W_F + W_R - m \cdot g \cdot h)}{m}} =$

$= \sqrt{\dfrac{2 \cdot (8 - 1'70 - 0'5 \cdot 9'8 \cdot 1)}{0'5}} = \boxed{2'37 \ \dfrac{m}{s}}$

Comentario: las fuerzas perpendiculares al movimiento no ejercen trabajo.

10) Un cuerpo de masa 5 kg se encuentra inicialmente en reposo en la parte superior de una rampa sin rozamiento que forma 45° con la horizontal. El cuerpo desciende por la rampa recorriendo una distancia de 10 m y, cuando llega al final de la misma, recorre 20 m sobre una superficie horizontal rugosa hasta que se detiene. Determine, utilizando consideraciones energéticas: i) la velocidad con la que llega el cuerpo al final de la rampa; ii) el coeficiente de rozamiento entre el cuerpo y la superficie horizontal. g = 9'8 m·s⁻².

Datos:

m = 5 kg
$v_A = 0$
α = 45°
e_1 = 10 m
e_2 = 20 m
¿v_B?
¿μ?

Dibujo:

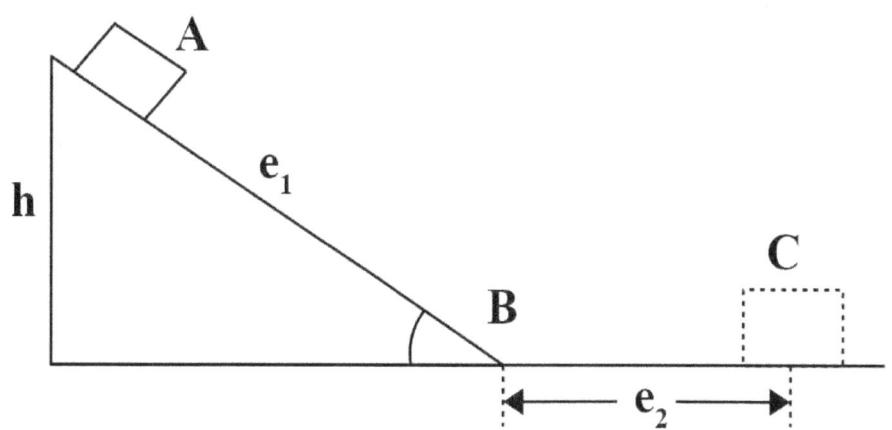

Principio físico: principio de conservación de la energía mecánica: "En un sistema que sólo tiene fuerzas conservativas, la energía mecánica permanece constante". Principio de conservación de la energía: "En un sistema aislado, la energía total permanece constante".

Método de resolución: haremos dos balances de energía.

Resolución: * Altura inicial: $\sen \alpha = \dfrac{h}{e_1}$ ⇒ h = e_1·sen α = 10·sen 45° = 7'07 m

* Velocidad en el punto B:

$Ec_A + Ep_A = Ec_B + Ep_B$ ⇒ $0 + m \cdot g \cdot h = \dfrac{1}{2} \cdot m \cdot v_B^2 + 0$ ⇒ $v_B = \sqrt{2 \cdot g \cdot h} =$

= $\sqrt{2 \cdot 9'8 \cdot 7'07}$ = $\boxed{11'8 \; \dfrac{m}{s}}$

* Coeficiente de rozamiento:

$Ec_B + Ep_B + W_{FNC} = Ec_C + Ep_C$ ⇒ $\dfrac{1}{2} \cdot m \cdot v_B^2 + 0 - \mu \cdot m \cdot g \cdot e_2 = 0 + 0$ ⇒ $\dfrac{v_B^2}{2} = \mu \cdot g \cdot e_2$ ⇒

⇒ μ = $\dfrac{v_B^2}{2 \cdot g \cdot e_2}$ = $\dfrac{11'8^2}{2 \cdot 9'8 \cdot 20}$ = $\boxed{0'355}$

Comentario: la fuerza de rozamiento es una fuerza disipativa, es decir, no conservativa.

2021

11) Un cuerpo de masa 2 kg desliza por una superficie horizontal de coeficiente de rozamiento 0'2 con una velocidad inicial de 6 m·s⁻¹. Cuando ha recorrido 5 m sobre el plano horizontal, comienza a subir por un plano inclinado sin rozamiento que forma un ángulo de 30° con la horizontal. Utilizando consideraciones energéticas, determine: i) La velocidad con la que comienza a subir el cuerpo por el plano inclinado. ii) La distancia que recorre por el plano inclinado hasta alcanzar la máxima altura. g = 9'8 m·s⁻².

Datos:

$m = 2$ kg
$\mu = 0'2$
$v_A = 6$ m/s
$e_1 = 5$ m
$\alpha = 30°$
¿v?
¿e_2?
$g = 9'8$ m·s⁻²

Dibujo:

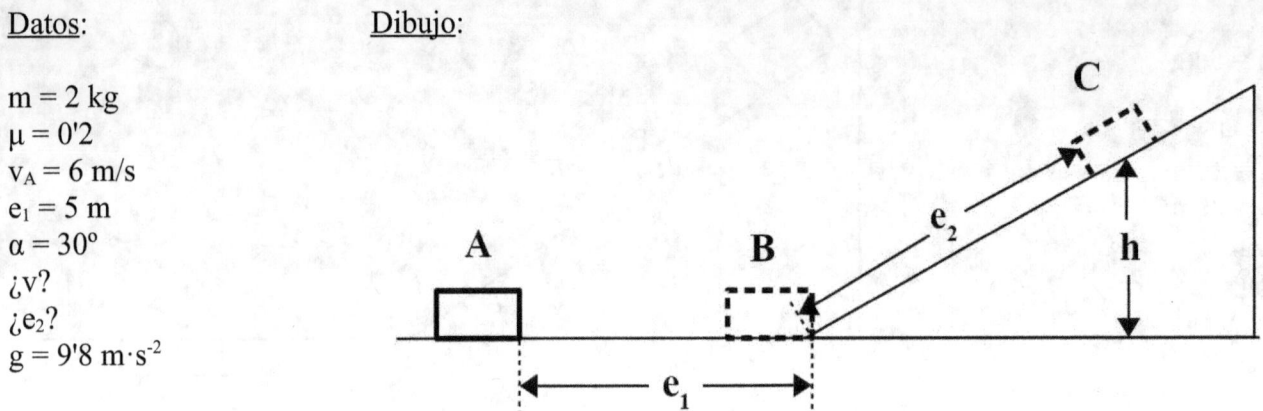

Principio físico: principio de conservación de la energía: "En un sistema aislado, la energía total permanece constante". Principio de conservación de la energía mecánica: "En sistemas en los que hay exclusivamente fuerzas conservativas, la energía mecánica permanece constante".

Método de resolución: haremos dos balances de energías.

Resolución: * Velocidad en la base del plano: $Ec_A + Ep_A + W_{FNC} = Ec_B + Ep_B$ ⇒

⇒ $\frac{1}{2} \cdot m \cdot v_A^2 + 0 - \mu \cdot m \cdot g \cdot e_1 = \frac{1}{2} \cdot m \cdot v_B^2$ ⇒ $v_A^2 - 2 \cdot \mu \cdot g \cdot e_1 = v_B^2$ ⇒

⇒ $v_B = \sqrt{v_A^2 - 2 \cdot \mu \cdot g \cdot e_1} = \sqrt{6^2 - 2 \cdot 0'2 \cdot 9'8 \cdot 5} = \boxed{4'05 \ \frac{m}{s}}$

* Distancia recorrida en el plano inclinado: $Ec_B + Ep_C = Ec_C + Ep_C$ ⇒

⇒ $\frac{1}{2} \cdot m \cdot v_B^2 + 0 = 0 + m \cdot g \cdot h$ ⇒ $v_B^2 = 2 \cdot g \cdot h$; Al ser: $sen \ \alpha = \frac{h}{e_2}$ ⇒ $h = e_2 \cdot sen \ \alpha$

Luego: $v_B^2 = 2 \cdot g \cdot e_2 \cdot sen \ \alpha$ ⇒ $e_2 = \frac{v_B^2}{2 \cdot g \cdot sen \ \alpha} = \frac{4'05^2}{2 \cdot 9'8 \cdot sen \ 30°} = \boxed{1'67 \ m}$

Comentario: la energía se conserva en el primer tramo y la energía mecánica en el segundo, donde no hay rozamiento.

12) Un objeto de 2 kg, inicialmente en reposo, asciende por un plano inclinado de 30° con respecto a la horizontal debido a la acción de una fuerza de 30 N paralela a dicho plano. El coeficiente de rozamiento entre el bloque y el plano es 0'1. i) Dibuje todas las fuerzas que actúan sobre el objeto y calcule sus módulos. ii) Mediante consideraciones energéticas, determine la variación de energía cinética, potencial y mecánica cuando el objeto ha ascendido una altura de 1'5 m. g = 9'8 m·s^{-2}.

Datos:

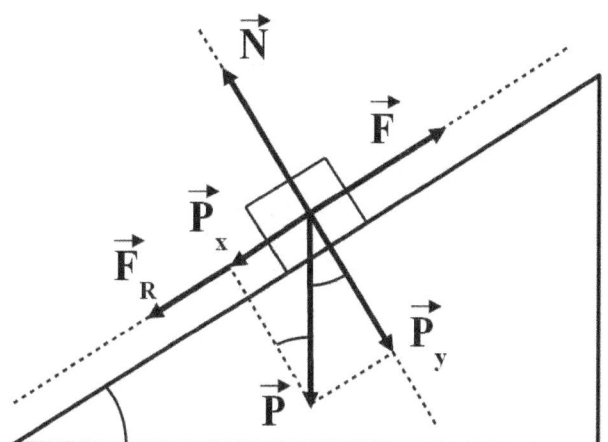

m = 2 kg
v_0 = 0
α = 30°
F = 30 N
μ = 0'1
¿Fuerzas?
¿ΔEc, ΔEp, ΔE$_M$?
h = 1'5 m
g = 9'8 m·s^{-2}

Principio físico: segunda ley de Newton: "Cuando sobre un cuerpo actúa una fuerza F, se le comunica una aceleración directamente proporcional a la fuerza e inversamente proporcional a la masa".

Método de resolución: usaremos las fórmulas de las fuerzas correspondientes y usaremos el principio de conservación de la energía.

Resolución: * Módulos de las fuerzas: P = m·g = 2·9'8 = $\boxed{19'6 \text{ N}}$

P_x = m·g·sen α = 2·9'8·sen 30° = $\boxed{9'8 \text{ N}}$;   N = P_y = m·g·cos α = 2·9'8·cos 30° = $\boxed{17 \text{ N}}$

F_R = μ·N = 0'1·17 = $\boxed{1'7 \text{ N}}$

* Espacio recorrido: sen α = $\dfrac{h}{e}$ ⇒ e = $\dfrac{h}{\text{sen } \alpha}$ = $\dfrac{1'5}{\text{sen } 30°}$ = 3 m

* Variación de energía potencial: ΔEp = m·g·h = 2·9'8·1'5 = $\boxed{29'4 \text{ J}}$

* Variación de energía mecánica: Ec_A + Ep_A + W_{FNC} = Ec_B + Ep_B ⇒

⇒ W_{FNC} = Ec_B − Ec_A + Ep_B − Ep_A = ΔEc + ΔEp = ΔE$_M$ ⇒

⇒ ΔE$_M$ = W_{FNC} = W_F + W_R = F·e − μ·m·g·cos α·e = 30·3 − 0'1·2·9'8·cos 30°·3 = $\boxed{84'9 \text{ J}}$

* Variación de energía cinética: ΔE$_M$ = ΔEc + ΔEp   ⇒   ΔEc = ΔE$_M$ − ΔEp = 84'9 − 29'4 = $\boxed{55'5 \text{ J}}$

Comentario: como las fuerzas a favor del movimiento superan a las fuerzas en contra, el movimiento es rectilíneo acelerado (MRUA). Podríamos haberlo hecho usando la cinemática y la dinámica, pero el enunciado dice que hay que usar consideraciones energéticas.

13) Un objeto de 3 kg de masa desciende, partiendo del reposo, desde una altura de 1'5 m por un plano inclinado de coeficiente de rozamiento 0'1 que forma un ángulo de 45° con la horizontal. Posteriormente, continúa moviéndose por una superficie horizontal de coeficiente de rozamiento 0'2 hasta detenerse. i) Dibuje las fuerzas que actúan sobre el objeto cuando desciende por el plano inclinado y al moverse en la superficie horizontal y calcule los módulos de las fuerzas de rozamiento. ii) Mediante consideraciones energéticas, calcule la distancia que recorre el objeto en la superficie horizontal hasta detenerse. g = 9'8 m·s^{-2}

Datos: Dibujo:

m = 3 kg
v_0 = 0
h = 1'5 m
μ_1 = 0'1
α = 45°
μ_2 = 0'2
¿F_{R1}, F_{R2}?
¿e_2?
g = 9'8 m/s²

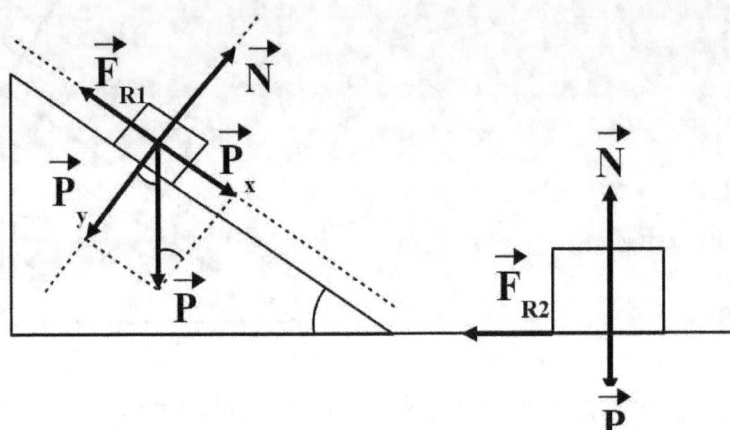

Principio físico: principio de conservación de la energía: "En un sistema aislado, la energía total permanece constante".

Método de resolución: usaremos la fórmula de la fuerza de rozamiento y haremos un balance de energía.

Resolución: * Módulos de las fuerzas de rozamiento:

$$F_{R1} = \mu_1 \cdot m \cdot g \cdot \cos\alpha = 0'1 \cdot 3 \cdot 9'8 \cdot \cos 45° = \boxed{2'08 \text{ N}} \quad ; \quad F_{R2} = \mu_2 \cdot m \cdot g = 0'2 \cdot 3 \cdot 9'8 = \boxed{5'88 \text{ N}}$$

* Longitud del plano inclinado:

$$\text{sen } \alpha = \frac{h}{e_1} \Rightarrow e_1 = \frac{h}{\text{sen }\alpha} = \frac{1'5}{\text{sen }45°} = 2'12 \text{ m}$$

* Distancia recorrida en el plano horizontal:

$$Ec_A + Ep_A + W_{FNC} = Ec_B + Ep_B \Rightarrow 0 + m \cdot g \cdot h + W_{R1} + W_{R2} = 0 + 0 \Rightarrow$$

$$\Rightarrow m \cdot g \cdot h - F_{R1} \cdot e_1 - F_{R2} \cdot e_2 = 0 \Rightarrow m \cdot g \cdot h - F_{R1} \cdot e_1 = F_{R2} \cdot e_2 \Rightarrow$$

$$\Rightarrow e_2 = \frac{m \cdot g \cdot h - F_{R1} \cdot e_1}{F_{R2}} = \frac{3 \cdot 9'8 \cdot 1'5 - 2'08 \cdot 2'12}{5'88} = \boxed{6'75 \text{ m}}$$

Comentario: el trabajo de rozamiento es negativo porque la fuerza de rozamiento lleva signo contrario al movimiento y cos α = cos 180° = – 1.

14) Un cuerpo de masa 1 kg desciende, partiendo del reposo, por un plano inclinado con rozamiento que forma 30° con la horizontal, desde una altura de 0'5 m. A continuación, desliza por una superficie horizontal con rozamiento hasta detenerse después de recorrer 3 m en la superficie horizontal. i) Realice un dibujo con las fuerzas que actúan sobre el cuerpo cuando desliza sobre el plano inclinado y sobre la superficie horizontal. ii) Utilizando consideraciones energéticas, determine el coeficiente de rozamiento entre el cuerpo y las superficies, considerando que es el mismo en el plano horizontal y en el plano inclinado. g = 9'8 m·s⁻²

Datos:

m = 1 kg
$v_0 = 0$
α = 30°
h = 0'5 m
e_2 = 3 m
¿μ?
g = 9'8 m/s²

Dibujo:

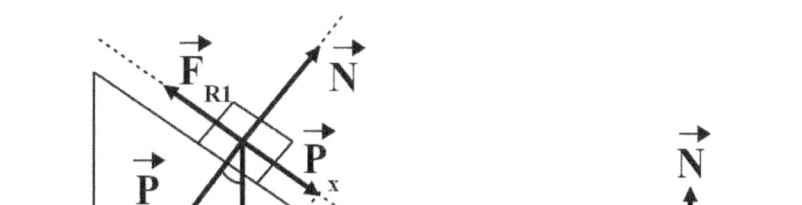

Principio físico: principio de conservación de la energía: "En un sistema aislado, la energía total permanece constante".

Método de resolución: haremos un balance de energía.

Resolución: * Longitud del plano inclinado:

$$\operatorname{sen} \alpha = \frac{h}{e_1} \Rightarrow e_1 = \frac{h}{\operatorname{sen} \alpha} = \frac{0'5}{\operatorname{sen} 30°} = 1 \text{ m}$$

* Coeficiente de rozamiento:

$Ec_A + Ep_A + W_{FNC} = Ec_B + Ep_B \Rightarrow 0 + m \cdot g \cdot h + W_{R1} + W_{R2} = 0 + 0 \Rightarrow$

$\Rightarrow m \cdot g \cdot h - \mu \cdot m \cdot g \cdot \cos \alpha \cdot e_1 - \mu \cdot m \cdot g \cdot e_2 = 0 \Rightarrow m \cdot g \cdot h = \mu \cdot m \cdot g \cdot \cos \alpha \cdot e_1 + \mu \cdot m \cdot g \cdot e_2 \Rightarrow$

$\Rightarrow h = \mu \cdot \cos \alpha \cdot e_1 + \mu \cdot e_2 \Rightarrow h = \mu \cdot (\cos \alpha \cdot e_1 + e_2) \Rightarrow \mu = \dfrac{h}{\cos \alpha \cdot e_1 + e_2} =$

$= \dfrac{0'5}{\cos 30° \cdot 1 + 3} = \boxed{0'129}$

Comentario: el coeficiente de rozamiento es adimensional y suele estar comprendido entre 0 y 1.

2020

15) Un bloque de 2 kg de masa asciende con una velocidad inicial de 5 m·s⁻¹ por un plano inclinado que forma un ángulo de 30° con la horizontal. El coeficiente de rozamiento entre el bloque y el plano es de 0'3. i) Represente un esquema con todas las fuerzas que actúan sobre el bloque durante la subida. ii) Determine, mediante consideraciones energéticas, la distancia que recorre el bloque por el plano hasta detenerse. iii) Determine el trabajo realizado por la fuerza de rozamiento en ese desplazamiento. g = 9'8 m·s⁻².

Datos: Dibujo:

m = 2 kg
v_0 = 5 m/s
α = 30°
μ = 0'3
¿e?
¿W_R?
g = 9'8 m·s⁻²

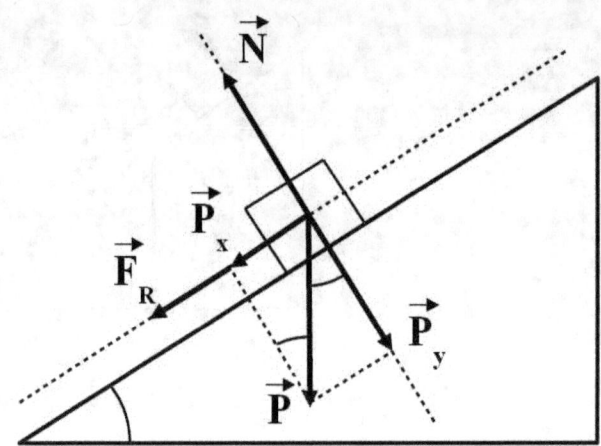

Principio físico: el cuerpo se mueve gracias a que tiene una velocidad inicial, por inercia (primera ley de Newton). Conservación de la energía mecánica: "En un sistema aislado, la energía total permanece constante".

Método de resolución: haremos un balance de energía y usaremos la fórmula del trabajo de rozamiento en un plano inclinado.

Resolución: * Espacio recorrido: $\operatorname{sen} \alpha = \dfrac{h}{e} \Rightarrow h = e \cdot \operatorname{sen} \alpha$

$Ec_A + Ep_A + W_{FNC} = Ec_B + Ep_B \Rightarrow \dfrac{1}{2} \cdot m \cdot v_A^2 + 0 - \mu \cdot m \cdot g \cdot \cos \alpha \cdot e = 0 + m \cdot g \cdot h \Rightarrow$

$\Rightarrow v_A^2 - 2 \cdot \mu \cdot g \cdot \cos \alpha \cdot e = 2 \cdot g \cdot e \cdot \operatorname{sen} \alpha \Rightarrow v_A^2 = 2 \cdot \mu \cdot g \cdot \cos \alpha \cdot e + 2 \cdot g \cdot e \cdot \operatorname{sen} \alpha \Rightarrow$

$\Rightarrow e = \dfrac{v_A^2}{2 \cdot g \cdot (\mu \cdot \cos \alpha + \operatorname{sen} \alpha)} = = \dfrac{5^2}{2 \cdot 9'8 \cdot (0'3 \cdot \cos 30° + \operatorname{sen} 30°)} = \boxed{1'68 \text{ m}}$

* Trabajo de la fuerza de rozamiento:

$W_R = F_R \cdot e \cdot \cos \beta = - \mu \cdot m \cdot g \cdot \cos \alpha \cdot e = - 0'3 \cdot 2 \cdot 9'8 \cdot \cos 30° \cdot 1'68 = \boxed{-8'55 \text{ J}}$

Comentario: α es el ángulo del plano inclinado y β es el ángulo entre la fuerza de rozamiento y el sentido de desplazamiento. Como β = 180° ⇒ cos β = − 1. El trabajo de rozamiento es negativo porque es energía que se le resta al cuerpo.

16) Para mover con velocidad constante un bloque de 5 kg de masa por una superficie horizontal con rozamiento, se aplica una fuerza constante de 20 N que forma un ángulo de 60° con la horizontal. i) Dibuje en un esquema todas las fuerzas que actúan sobre el bloque. ii) Calcule el coeficiente de rozamiento entre el bloque y la superficie. iii) Determine el trabajo realizado por cada una de las fuerzas cuando el bloque se desplaza 2 m. g = 9'8 m·s^{-2}.

Datos:

v = cte
m = 5 kg
F = 20 N
α = 60°
¿μ?
¿Trabajos?
e = 2 m
g = 9'8 m·s^{-2}

Dibujo:

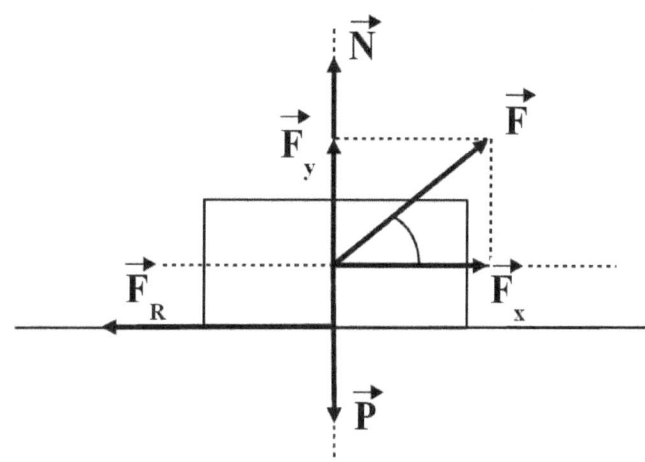

Principio físico: primera ley de Newton: "Todo cuerpo permanece en su estado de reposo o de movimiento rectilíneo uniforme a no ser que se le aplique una fuerza resultante distinta de cero".

Método de resolución: usaremos la primera ley de Newton y las fórmulas de los trabajos.

Resolución: * Coeficiente de rozamiento: $\sum \vec{F}=0 \Rightarrow F_x = F_R$

Al ser: $N + F_y = P \Rightarrow N = P - F_y = m \cdot g - F \cdot \text{sen } \alpha = 5 \cdot 9'8 - 20 \cdot \text{sen } 60° = 31'7$ N

$F_x = F_R \Rightarrow F \cdot \cos \alpha = \mu \cdot N \Rightarrow \mu = \dfrac{F \cdot \cos \alpha}{N} = \dfrac{20 \cdot \cos 60°}{31'7} = \boxed{0'315}$

* Trabajos:

$$W_F = F \cdot e \cdot \cos \alpha = 20 \cdot 2 \cdot \cos 60° = \boxed{20 \text{ J}}$$

$$W_N = N \cdot \cos 90° = \boxed{0 \text{ J}} \; ; \; W_P = P \cdot \cos 270° = \boxed{0 \text{ J}}$$

$$W_R = F_R \cdot e \cdot \cos 180° = -\mu \cdot N \cdot e = -0'315 \cdot 31'7 \cdot 2 = \boxed{-20 \text{ J}}$$

Comentario: los trabajos de las fuerzas perpendiculares al movimiento son nulos.

17) Un cuerpo de 0'5 kg se lanza hacia arriba por un plano inclinado, que forma 30° con la horizontal, con una velocidad inicial de 5 m·s⁻¹. El coeficiente de rozamiento es 0'2. i) Dibuje en un esquema las fuerzas que actúan sobre el cuerpo, cuando sube y cuando baja por el plano. Determine, mediante consideraciones energéticas: ii) La altura máxima que alcanza el cuerpo. iii) La velocidad con la que vuelve al punto de partida. g = 9'8 m·s⁻².

Datos: Dibujo:

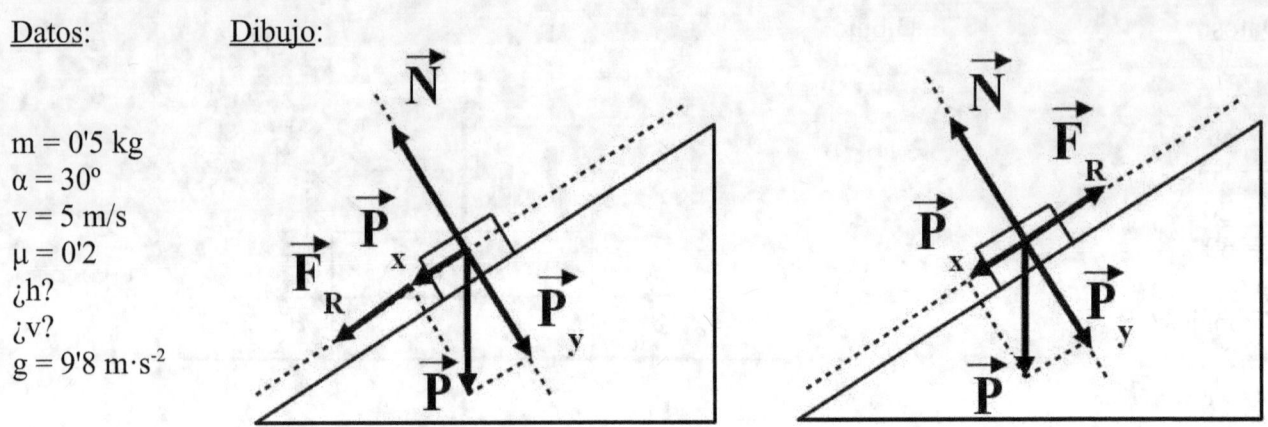

m = 0'5 kg
α = 30°
v = 5 m/s
μ = 0'2
¿h?
¿v?
g = 9'8 m·s⁻²

Principio físico: en un sistema aislado, la energía total permanece constante. Al cuerpo se le aplica una fuerza instantánea inicial y se mueve por inercia.

Método de resolución: haremos un balance de energía.

Resolución: * Altura máxima alcanzada: $\operatorname{sen}\alpha = \dfrac{h}{e} \Rightarrow e = \dfrac{h}{\operatorname{sen}\alpha}$

$Ec_A + Ep_A + W_{FNC} = Ec_B + Ep_B \Rightarrow \dfrac{1}{2}\cdot m\cdot v^2 + 0 - \mu\cdot m\cdot g\cdot \cos\alpha\cdot e = 0 + m\cdot g\cdot h \Rightarrow$

$\Rightarrow \dfrac{v^2}{2} - \mu\cdot g\cdot\cos\alpha\cdot \dfrac{h}{\operatorname{sen}\alpha} = g\cdot h \Rightarrow v^2\cdot\operatorname{sen}\alpha - 2\cdot\mu\cdot g\cdot\cos\alpha\cdot h = 2\cdot g\cdot h\cdot\operatorname{sen}\alpha \Rightarrow$

$\Rightarrow v^2\cdot\operatorname{sen}\alpha = 2\cdot\mu\cdot g\cdot\cos\alpha\cdot h + 2\cdot g\cdot h\cdot\operatorname{sen}\alpha = 2\cdot g\cdot h\cdot(\mu\cdot\cos\alpha + \operatorname{sen}\alpha) \Rightarrow$

$\Rightarrow h = \dfrac{v^2\cdot sen\alpha}{2\cdot g\cdot(\mu\cdot\cos\alpha + sen\alpha)} = \dfrac{5^2\cdot sen 30°}{2\cdot 9'8\cdot(0'2\cdot\cos 30° + sen 30°)} = \boxed{0'947\ m}$

* Velocidad al regresar: $Ec_A + Ep_A + W_{FNC} = Ec_B + Ep_B$ $\Rightarrow$

$$\Rightarrow 0 + m\cdot g\cdot h - \mu\cdot m\cdot g\cdot \cos\alpha\cdot \frac{h}{sen\,\alpha} = \frac{1}{2}\cdot m\cdot v^2 + 0 \Rightarrow$$

$$\Rightarrow 2\cdot g\cdot h\cdot sen\,\alpha - 2\cdot \mu\cdot g\cdot \cos\alpha\cdot h = v^2\cdot sen\,\alpha \Rightarrow v = \sqrt{\frac{2\cdot g\cdot h\cdot (sen\,\alpha - \mu\cdot \cos\alpha)}{sen\,\alpha}} =$$

$$= \sqrt{\frac{2\cdot 9'8\cdot 0'947\cdot (sen\,30° - 0'2\cdot \cos 30°)}{sen\,30°}} = \boxed{3'48\ \frac{m}{s}}$$

<u>Comentario</u>: es lógico que la velocidad al llegar abajo sea menor que la de lanzamiento porque se ha perdido energía por rozamiento. Al bajar, hemos tomado el punto A como el de máxima altura y el punto B como la base del plano.

18) Un bloque de 5 kg de masa desliza, partiendo del reposo, por un plano inclinado que forma un ángulo de 30° con la horizontal desde una altura de 10 m. El coeficiente de rozamiento entre el bloque y el plano es de 0'2. i) Represente en un esquema todas las fuerzas que actúan sobre el bloque durante la bajada. ii) Determine el trabajo realizado por la fuerza de rozamiento en ese desplazamiento. iii) Calcule mediante consideraciones energéticas la velocidad con la que llega a la base del plano inclinado. g = 9'8 m·s^{-2}.

Datos: Dibujo:

m = 5 kg
v_0 = 0
α = 30°
h = 10 m
μ = 0'2
¿W_R?
¿v?
g = 9'8 m·s^{-2}

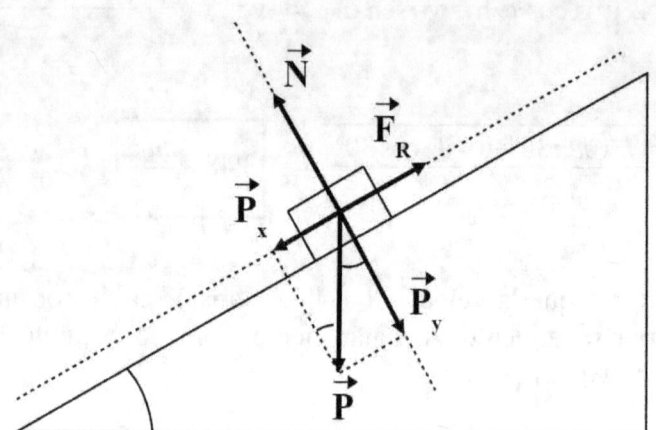

Principio físico: conservación de la energía: en un sistema aislado, la energía total se conserva.

Método de resolución: usaremos la fórmula del trabajo y haremos un balance de energía.

Resolución: * Trabajo de rozamiento: $\sen \alpha = \dfrac{h}{e} \Rightarrow e = \dfrac{h}{sen\,\alpha} = \dfrac{10}{sen\,30°} = 20$ m

$$W_R = F_R \cdot e \cdot \cos \beta = \mu \cdot m \cdot g \cdot \cos \alpha \cdot e \cdot \cos \beta = - \mu \cdot m \cdot g \cdot \cos \alpha \cdot e = - 0'2 \cdot 5 \cdot 9'8 \cdot \cos 30° \cdot 20 = \boxed{-170\ J}$$

* Velocidad con la que llega a la base del plano inclinado:

$Ec_A + Ep_A + W_{FNC} = Ec_B + Ep_B \Rightarrow Ec_A + Ep_A + W_R = Ec_B + Ep_B \Rightarrow$

$\Rightarrow 0 + m \cdot g \cdot h + W_R = \dfrac{1}{2} \cdot m \cdot v^2 + 0 \Rightarrow 2 \cdot m \cdot g \cdot h + 2 \cdot W_R = m \cdot v^2 \Rightarrow$

$\Rightarrow v^2 = \dfrac{2 \cdot (m \cdot g \cdot h + W_R)}{m} \Rightarrow v = \sqrt{\dfrac{2 \cdot (m \cdot g \cdot h + W_R)}{m}} = \sqrt{\dfrac{2 \cdot (5 \cdot 9'8 \cdot 10 - 170)}{5}} = \boxed{11'3\ \dfrac{m}{s}}$

Comentario: el signo negativo del trabajo de rozamiento es debido a que β, el ángulo que forma con el desplazamiento, es de 180° y el coseno de 180° es – 1.

2019

19) Se quiere subir un objeto de 1000 kg una altura de 40 m usando una rampa que presenta un coeficiente de rozamiento con el objeto de 0'3. Calcule: i) El trabajo necesario para ello si la rampa forma un ángulo de 10° con la horizontal. ii) El trabajo necesario si la rampa forma un ángulo de 20°. Justifique la diferencia encontrada en ambos casos. g = 9'8 m·s⁻²

Datos: Dibujo:

m = 1000 kg
h = 40 m
µ = 0'3
¿W?
α = 10°
¿W?
α = 20°
g = 9'8 m·s⁻²

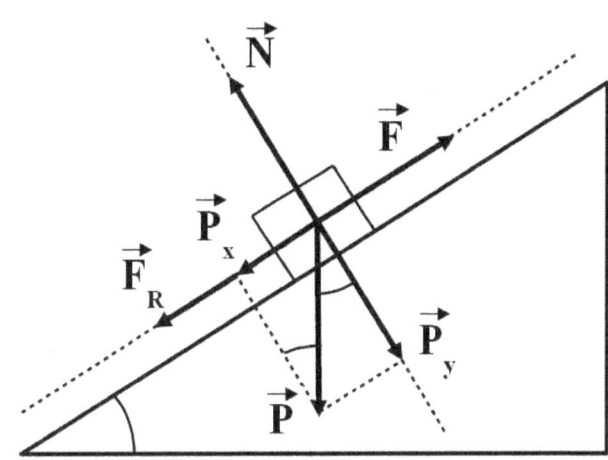

Principio físico: conservación de la energía: en un sistema aislado, la energía total permanece constante.

Método de resolución: usaremos la segunda ley de Newton y el principio de conservación de la energía.

Resolución: * Trabajo para un ángulo de 10°: $sen\ \alpha = \dfrac{h}{e}$ ⇒ $e = \dfrac{h}{sen\ \alpha} = \dfrac{40}{sen\ 10°} = 230$ m

$Ec_A + Ep_A + W_{FNC} = Ec_B + Ep_B$ ⇒ $Ec_A + Ep_A + W_F + W_R = Ec_B + Ep_B$ ⇒

⇒ $W_F = Ec_B + Ep_B - Ec_A - Ep_A - W_R = \Delta Ec + \Delta Ep - (-\mu \cdot m \cdot g \cdot \cos\alpha \cdot e) =$

$= 0 + 1000 \cdot 9'8 \cdot 40 + 0'3 \cdot 1000 \cdot 9'8 \cdot \cos 10° \cdot 230 =$ $\boxed{1'06 \cdot 10^6\ J}$

* Trabajo para un ángulo de 20°: $sen\ \alpha = \dfrac{h}{e}$ ⇒ $e = \dfrac{h}{sen\ \alpha} = \dfrac{40}{sen\ 20°} = 117$ m

$Ec_A + Ep_A + W_{FNC} = Ec_B + Ep_B$ ⇒ $Ec_A + Ep_A + W_F + W_R = Ec_B + Ep_B$ ⇒

⇒ $W_F = Ec_B + Ep_B - Ec_A - Ep_A - W_R = \Delta Ec + \Delta Ep - (-\mu \cdot m \cdot g \cdot \cos\alpha \cdot e) =$

$= 0 + 1000 \cdot 9'8 \cdot 40 + 0'3 \cdot 1000 \cdot 9'8 \cdot \cos 20° \cdot 117 =$ $\boxed{7'15 \cdot 10^5\ J}$

Comentario: un cuerpo no sube espontáneamente un plano inclinado, luego se le aplica una fuerza paralela al plano hacia arriba. A falta de datos para calcular la aceleración, supondremos que sube a velocidad constante. El trabajo disminuye al aumentar el ángulo porque, aunque la fuerza necesaria es mayor, el espacio disminuye y el producto F·e es menor.

20) Por un plano inclinado 30° respecto a la horizontal asciende, con velocidad constante, un bloque de 100 kg por acción de una fuerza paralela a dicho plano. Se sabe que el coeficiente de rozamiento entre el bloque y el plano es 0'2. i) Determine el aumento de energía potencial del bloque en un desplazamiento de 20 m. ii) Dibuje en un esquema las fuerzas que actúan sobre el bloque y calcule el trabajo realizado por la fuerza paralela en ese desplazamiento. g = 9'8 m·s⁻².

Datos: Dibujo:

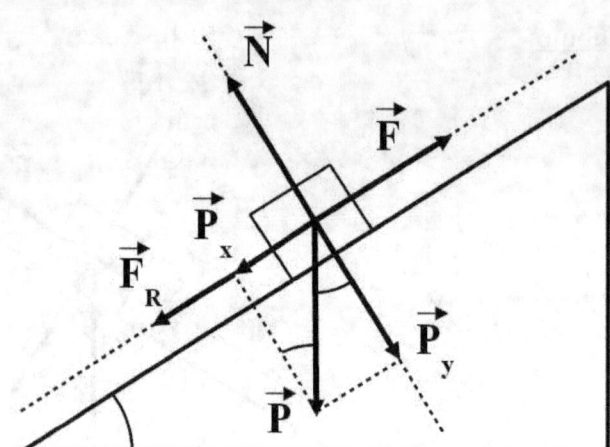

$\alpha = 30°$
v = cte
m = 100 kg
$\mu = 0'2$
¿ΔEp?
e = 20 m
¿W?
g = 9'8 m·s⁻²

Principio físico: primera ley de Newton: todo cuerpo permanece en su estado de movimiento rectilíneo uniforme si la resultante de las fuerzas es nulo.

Método de resolución: usaremos la primera ley de Newton, la fórmula de la energía potencial y haremos un balance de energía.

Resolución: * Incremento de energía potencial: sen $\alpha = \dfrac{h}{e}$ ⇒ h = e·sen α = 20·sen 30° = 10 m

$$\Delta Ep = m \cdot g \cdot h = 100 \cdot 9'8 \cdot 10 = \boxed{9800 \text{ J}}$$

* Trabajo realizado por la fuerza paralela: $Ec_A + Ep_A + W_{FNC} = Ec_B + Ep_B$ ⇒

⇒ $Ec_A + Ep_A + W_F + W_R = Ec_B + Ep_B$ ⇒ $W_F = Ec_B + Ep_B - Ec_A - Ep_A - W_R =$

= $\Delta Ec + \Delta Ep - (-\mu \cdot m \cdot g \cdot \cos \alpha \cdot e) = 0 + \Delta Ep + \mu \cdot m \cdot g \cdot \cos \alpha \cdot e = 9800 + 0'2 \cdot 100 \cdot 9'8 \cdot \cos 30° \cdot 20 =$

= $\boxed{1'32 \cdot 10^4 \text{ J}}$

Comentario: el trabajo de la fuerza de rozamiento es negativo porque se opone al movimiento. El incremento de energía cinética es nulo porque la velocidad es constante.

21) Por un plano inclinado que forma un ángulo de 30° con la horizontal se lanza hacia arriba un bloque de 10 kg con una velocidad inicial de 5 m·s⁻¹. El coeficiente de rozamiento entre el plano y el bloque es 0'1. A partir del balance de energías, determine: i) La altura máxima que alcanzará en su ascenso. ii) La velocidad al regresar al punto de partida. g = 9'8 m·s⁻².

Datos: Dibujo:

$\alpha = 30°$
m = 10 kg
v_0 = 5 m/s
$\mu = 0'1$
¿$h_{máx.}$?
¿v?
g = 9'8 m·s⁻²

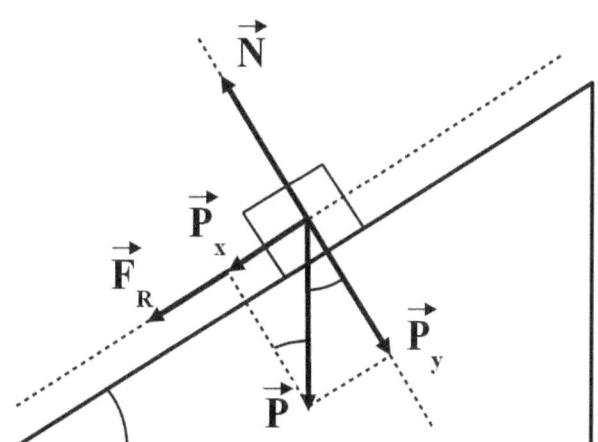

Principio físico: en un sistema aislado, la energía total permanece constante. Al cuerpo se le aplica una fuerza instantánea inicial y se mueve por inercia.

Método de resolución: haremos un balance de energía.

Resolución: * Altura máxima alcanzada: $\sen \alpha = \dfrac{h}{e} \Rightarrow e = \dfrac{h}{\sen \alpha}$

$Ec_A + Ep_A + W_{FNC} = Ec_B + Ep_B \Rightarrow \dfrac{1}{2} \cdot m \cdot v^2 + 0 - \mu \cdot m \cdot g \cdot \cos \alpha \cdot e = 0 + m \cdot g \cdot h \Rightarrow$

$\Rightarrow \dfrac{v^2}{2} - \mu \cdot g \cdot \cos \alpha \cdot \dfrac{h}{\sen \alpha} = g \cdot h \Rightarrow v^2 \cdot \sen \alpha - 2 \cdot \mu \cdot g \cdot \cos \alpha \cdot h = 2 \cdot g \cdot h \cdot \sen \alpha \Rightarrow$

$\Rightarrow v^2 \cdot \sen \alpha = 2 \cdot \mu \cdot g \cdot \cos \alpha \cdot h + 2 \cdot g \cdot h \cdot \sen \alpha = 2 \cdot g \cdot h \cdot (\mu \cdot \cos \alpha + \sen \alpha) \Rightarrow$

$\Rightarrow h = \dfrac{v^2 \cdot \sen \alpha}{2 \cdot g \cdot (\mu \cdot \cos \alpha + \sen \alpha)} = \dfrac{5^2 \cdot \sen 30°}{2 \cdot 9'8 \cdot (0'1 \cdot \cos 30° + \sen 30°)} = \boxed{1'09 \text{ m}}$

* Velocidad al regresar: $Ec_A + Ep_A + W_{FNC} = Ec_B + Ep_B \Rightarrow Ec_A + Ep_A + 2\cdot W_R = Ec_B + Ep_B \Rightarrow$

$$\Rightarrow \frac{1}{2}\cdot m\cdot v_1^2 + 0 - 2\cdot \mu\cdot m\cdot g\cdot \cos\alpha\cdot \frac{h}{sen\,\alpha} = \frac{1}{2}\cdot m\cdot v_2^2 + 0 \Rightarrow$$

$$\Rightarrow v_1^2\cdot sen\,\alpha - 4\cdot \mu\cdot g\cdot h\cdot \cos\alpha = v_2^2\cdot sen\,\alpha \Rightarrow v_2 = \sqrt{\frac{v_1^2\cdot sen\,\alpha - 4\cdot \mu\cdot g\cdot h\cdot \cos\alpha}{sen\,\alpha}} =$$

$$= \sqrt{\frac{5^2\cdot sen\,30º - 4\cdot 0'1\cdot 9'8\cdot 1'09\cdot \cos 30º}{sen\,30º}} = \boxed{4'20\ \frac{m}{s}}$$

<u>Comentario</u>: es lógico que la velocidad al llegar abajo sea menor que la de lanzamiento porque se ha perdido energía por rozamiento. En el segundo balance, los puntos A y B son los mismos: la base del plano. El rozamiento en la subida es exactamente igual que en la bajada.

22) Un objeto de 3 kg, inicialmente en reposo, asciende por un plano inclinado de 30° respecto a la horizontal por la acción de una fuerza paralela al plano de 200 N. El coeficiente de rozamiento entre el objeto y el plano es de 0'2. Calcule: i) El trabajo que realiza la fuerza cuando recorre 5 m a lo largo del plano inclinado. ii) La velocidad que alcanza al final del trayecto usando consideraciones energéticas. g = 9'8 m·s⁻².

Datos: Dibujo:

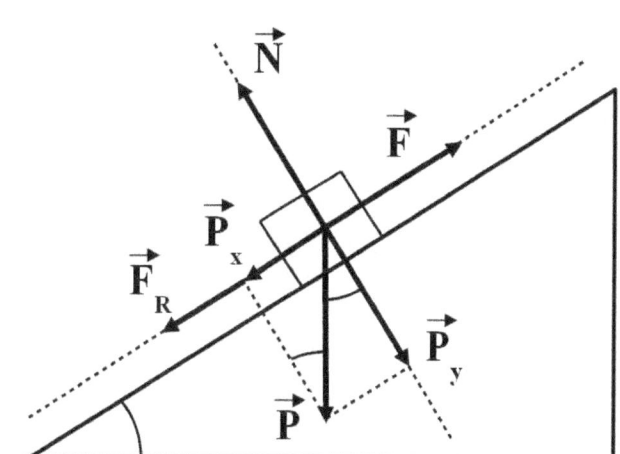

m = 3 kg
$v_0 = 0$
α = 30°
F = 200 N
μ = 0'2
¿W?
e = 5 m
¿v?
g = 9'8 m·s⁻²

Principio físico: segunda ley de Newton: cuando se le aplica una fuerza a un cuerpo, se le comunica una aceleración directamente proporcional a la fuerza e inversamente proporcional a la masa.

Método de resolución: usaremos la fórmula del trabajo y haremos un balance de energía.

Resolución: * Trabajo que realiza la fuerza: $W_F = F \cdot e \cdot \cos \beta = 200 \cdot 5 \cdot \cos 0° =$ $\boxed{1000 \text{ J}}$

* Velocidad al final del trayecto: $\operatorname{sen} \alpha = \dfrac{h}{e}$ ⇒ h = e·sen α = 5·sen 30° = 2'5 m

$Ec_A + Ep_A + W_{FNC} = Ec_B + Ep_B$ ⇒ $0 + 0 + W_F + W_R = \dfrac{1}{2} \cdot m \cdot v^2 + m \cdot g \cdot h$ ⇒

⇒ $W_F - \mu \cdot m \cdot g \cdot \cos \alpha \cdot e = \dfrac{1}{2} \cdot m \cdot v^2 + m \cdot g \cdot h$ ⇒ $2 \cdot W_F - 2 \cdot \mu \cdot m \cdot g \cdot \cos \alpha \cdot e = m \cdot v^2 + 2 \cdot m \cdot g \cdot h$ ⇒

⇒ v = $\sqrt{\dfrac{2 \cdot W_F - 2 \cdot \mu \cdot m \cdot g \cdot \cos \alpha \cdot e - 2 \cdot m \cdot g \cdot h}{m}}$ =

= $\sqrt{\dfrac{2 \cdot 1000 - 2 \cdot 0'2 \cdot 3 \cdot 9'8 \cdot \cos 30° \cdot 5 - 2 \cdot 3 \cdot 9'8 \cdot 2'5}{3}}$ = $\boxed{24'5 \ \dfrac{m}{s}}$

Comentario: las fuerzas no conservativas son la fuerza de avance y el trabajo de rozamiento. El trabajo de rozamiento es negativo porque la fuerza de rozamiento se opone al movimiento.

23) Se quiere hacer subir un objeto de 100 kg una altura de 20 m. Para ello se usa una rampa que forma un ángulo de 30° con la horizontal. Determine: i) El trabajo necesario para subir el objeto si no hay rozamiento. ii) El trabajo necesario para subir el objeto si el coeficiente de rozamiento es 0'2. g = 9'8 m/s².

Datos: Dibujo:

m = 100 kg
h = 20 m
α = 30°
¿W? μ = 0
¿W? μ = 0'2
g = 9'8 m/s²

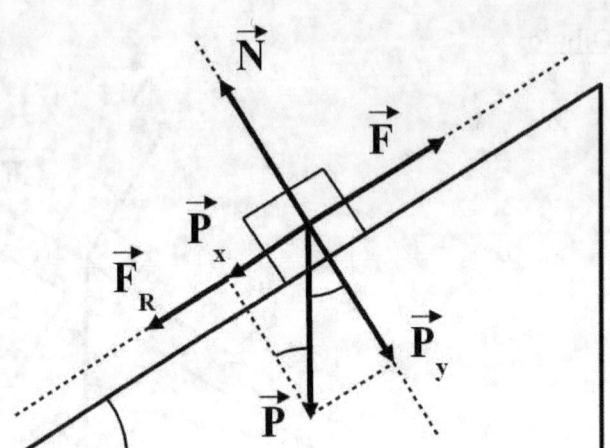

Principio físico: conservación de la energía: en un sistema aislado, la energía total permanece constante.

Método de resolución: aplicaremos el principio de conservación de la energía mecánica cuando no hay rozamiento y el de la energía cuando lo hay. Suponemos que sube a velocidad constante.

Resolución: $\text{sen }\alpha = \dfrac{h}{e} \Rightarrow e = \dfrac{h}{\text{sen }\alpha} = \dfrac{20}{\text{sen }30°} = \dfrac{20}{0'5} = 40$ m

i) $Ec_A + Ep_A + W_{FNC} = Ec_B + Ep_B$; $\dfrac{1}{2}\cdot m\cdot v_A^2 + 0 + W_F + W_{FR} = \dfrac{1}{2}\cdot m\cdot v_B^2 + m\cdot g\cdot h_B \Rightarrow$

$\Rightarrow W_F + W_{FR} = m\cdot g\cdot h_B + \dfrac{1}{2}\cdot m\cdot (v_B^2 - v_A^2)$

Si v = constante: $v_A = v_B \Rightarrow W_F + 0 = m\cdot g\cdot h_B \Rightarrow W_F = m\cdot g\cdot h_B = 100\cdot 9'8\cdot 20 = \boxed{1'96\cdot 10^4 \text{ J}}$

ii) $Ec_A + Ep_A + W_{FNC} = Ec_B + Ep_B$; $\dfrac{1}{2}\cdot m\cdot v_A^2 + 0 + W_F + W_{FR} = \dfrac{1}{2}\cdot m\cdot v_B^2 + m\cdot g\cdot h_B \Rightarrow$

$\Rightarrow W_F + W_{FR} = m\cdot g\cdot h_B \Rightarrow W_F - \mu\cdot m\cdot g\cdot \cos\alpha\cdot e = m\cdot g\cdot h_B \Rightarrow$

$\Rightarrow W_F = m\cdot g\cdot h_B + \mu\cdot m\cdot g\cdot \cos\alpha = 100\cdot 9'8\cdot 20 + 0'2\cdot 100\cdot 9'8\cdot \cos 30°\cdot 40 = \boxed{2'64\cdot 10^4 \text{ J}}$

Comentario: hemos supuesto velocidad constante, pues no disponemos de datos para calcular la aceleración.

2018

24) Un objeto de 2 kg con una velocidad inicial de 5 m·s^{-1} se desplaza 20 cm por una superficie horizontal para, a continuación, comenzar a ascender por un plano inclinado 30°. El coeficiente de rozamiento entre el objeto y ambas superficies es 0'1. Dibuje en un esquema las fuerzas que actúan sobre el objeto en ambas superficies y calcule la altura máxima que alcanza el objeto mediante consideraciones energéticas. g = 9'8 m·s^{-2}.

Datos: Dibujo:

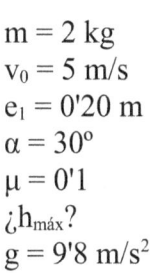

m = 2 kg
v$_0$ = 5 m/s
e$_1$ = 0'20 m
α = 30°
μ = 0'1
¿h$_{máx}$?
g = 9'8 m/s^2

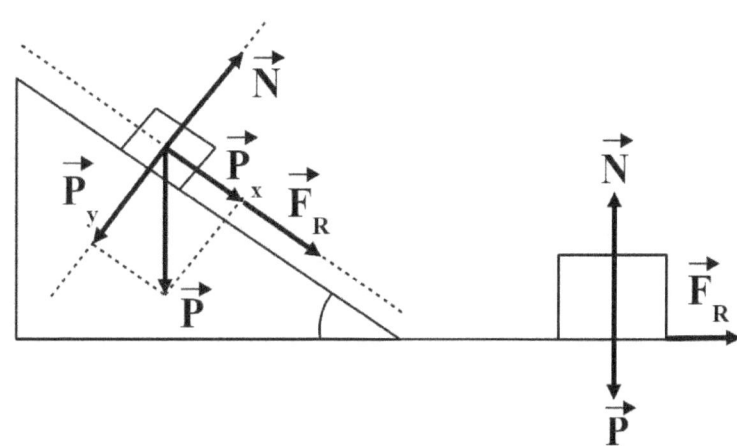

Principio físico: principio de conservación de la energía: la energía total de un sistema aislado permanece constante.

Método de resolución: usaremos el principio de conservación de la energía.

Resolución: Ec$_A$ + Ep$_A$ + W$_{FNC}$ = Ec$_B$ + Ep$_B$; $\frac{1}{2}·m v^2 + 0 + F_R·e_1·\cos β + F_R·e_2·\cos β = m·g·h$;

$$\frac{1}{2}·m·v^2 - μ·m·g·e_1 - μ·m·g·\cos α·e_2 = m·g·h \quad ; \quad \text{sen } α = \frac{h}{e_2} \Rightarrow e_2 = \frac{h}{sen\, α}$$

$$\frac{1}{2}·v^2 - μ·g·e_1 - μ·g·\cos α · \frac{h}{sen\, α} = g·h \quad ; \quad \frac{1}{2}·v^2 - μ·g·e_1 = μ·g·\cos α · \frac{h}{sen\, α} + g·h$$

$$h = \frac{\frac{1}{2}·v^2 - μ·g·e_1}{g·\left(1 + μ·\frac{\cos α}{sen\, α}\right)} = \frac{\frac{1}{2}·5^2 - 0'1·9'8·0'20}{9'8·\left(1 + 0'1·\frac{\cos 30°}{sen\, 30°}\right)} = \boxed{1'07 \text{ m}}$$

Comentario: sin no hubiera rozamiento, la altura máxima alcanzada sería mayor.

25) Un cuerpo de 20 kg de masa se encuentra inicialmente en reposo en la parte más alta de una rampa que forma un ángulo de 30° con la horizontal. El cuerpo desciende por la rampa recorriendo 15 m, sin rozamiento, y cuando llega al final de la misma recorre 20 m por una superficie horizontal rugosa hasta que se detiene. Calcule el coeficiente de rozamiento entre el cuerpo y la superficie horizontal haciendo uso de consideraciones energéticas. g = 9'8 m·s^{-2}.

Datos: Dibujo:

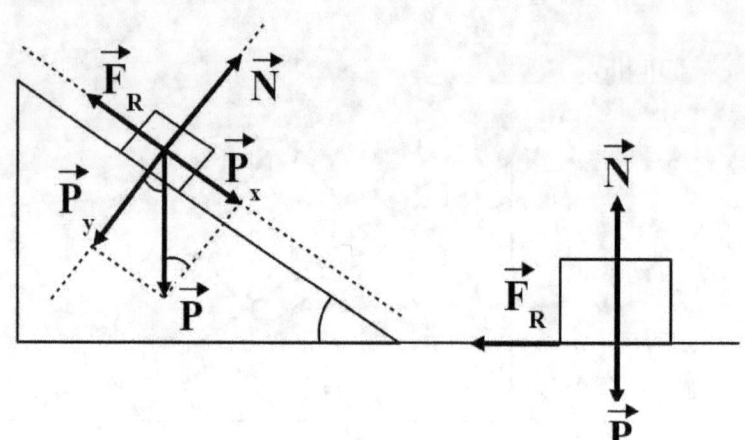

m = 20 kg
v_0 = 0
α = 30°
e_1 = 15 m
e_2 = 20 m
¿μ?
g = 9'8 m/s^2

Principio físico: principio de conservación de la energía: la energía total de un sistema aislado permanece constante.

Método de resolución: usaremos el principio de conservación de la energía.

Resolución: * Coeficiente de rozamiento:

$$Ec_A + Ep_A + W_{FNC} = Ec_B + Ep_B \quad ; \quad 0 + m \cdot g \cdot h + F_R \cdot e_2 \cdot \cos \beta = 0$$

$$m \cdot g \cdot h - \mu \cdot m \cdot g \cdot e_2 = 0 \quad ; \quad m \cdot g \cdot h = \mu \cdot m \cdot g \cdot e_2 \quad ; \quad h = \mu \cdot e_2 \quad ; \quad \text{sen } \alpha = \frac{h}{e_1} \Rightarrow h = e_1 \cdot \text{sen } \alpha$$

$$e_1 \cdot \text{sen } \alpha = \mu \cdot e_2 \quad ; \quad \mu = \frac{e_1 \cdot sen\, \alpha}{e_2} = \frac{15 \cdot sen\, 30°}{20} = \boxed{0'375}$$

Comentario: β es el ángulo que forma la fuerza de rozamiento con el sentido del movimiento y vale 180°. La fuerza de rozamiento siempre se opone al movimiento y el trabajo de rozamiento es siempre negativo, pues es energía que se le sustrae al sistema.

26) Sobre un bloque de 10 kg, inicialmente en reposo sobre una superficie horizontal rugosa, se aplica una fuerza de 40 N que forma un ángulo de 60º con la horizontal. El coeficiente de rozamiento entre el bloque y la superficie vale 0'2. Realice un esquema indicando las fuerzas que actúan sobre el bloque y calcule la variación de energía cinética del bloque cuando éste se desplaza 0'5 m. g = 9'8 m·s^{-2}.

Datos:　　　Dibujo:

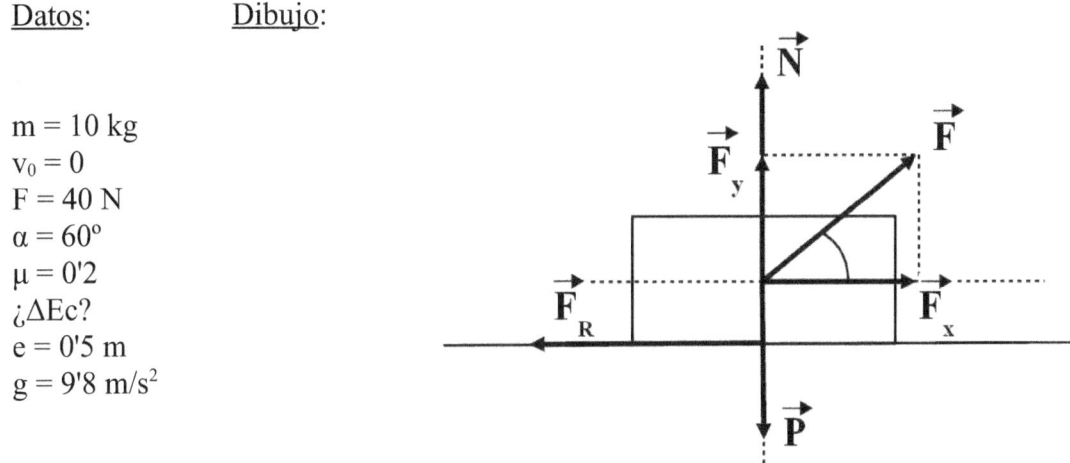

m = 10 kg
v_0 = 0
F = 40 N
α = 60º
μ = 0'2
¿ΔEc?
e = 0'5 m
g = 9'8 m/s^2

Principio físico: segunda ley de Newton: cuando a un cuerpo se le aplica una fuerza resultante distinta de cero, se le aplica una aceleración en la misma dirección y sentido que la resultante.

Método de resolución: aplicaremos el teorema de las fuerzas vivas y calcularemos la normal por dinámica.

Resolución: * Fuerzaq normal:

$$\Delta Ec = W_T = W_F + W_R = F \cdot e \cdot \cos \alpha - F_R \cdot e$$

$$N + F_y = P \Rightarrow N = P - F_y = m \cdot g - F \cdot \sen \alpha = 10 \cdot 9'8 - 40 \cdot \sen 60º = 63'4 \text{ N}$$

* Fuerza de rozamiento: $F_R = \mu \cdot N = 0'2 \cdot 63'4 = 12'7$ N

* Variación de la energía cinética:

$$\Delta Ec = F \cdot e \cdot \cos \alpha - F_R \cdot e = 40 \cdot 0'5 \cdot \cos 60º - 12'7 \cdot 0'5 = \boxed{3'65 \text{ J}}$$

Comentario: cuando la fuerza de avance forma un ángulo por encima de la horizontal, la normal no es igual al peso, sino que es menor, pues hay que restarle la componente F_y de la fuerza.

27) Un bloque de 1 kg de masa asciende por un plano inclinado que forma un ángulo de 30° con la horizontal. La velocidad inicial del bloque es de 10 m·s⁻¹ y el coeficiente de rozamiento entre las superficies del bloque y el plano inclinado es 0'3. Determine mediante consideraciones energéticas: (i) La altura máxima a la que llega el bloque; (ii) el trabajo realizado por la fuerza de rozamiento. g = 9'8 m·s⁻².

Datos: Dibujo:

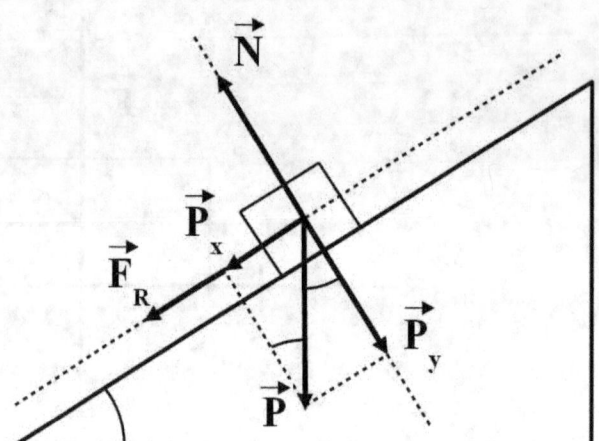

m = 1 kg
α = 30°
v_0 = 10 m/s
μ = 0'3
¿$h_{máx.}$?
¿W_R?
g = 9'8 m/s²

Principio físico: al darle un impulso inicial, el bloque se mueve por inercia. La energía se conserva.

Método de resolución: aplicaremos el principio de conservación de la energía.

Resolución: $Ec_A + Ep_A + W_{FNC} = Ec_B + Ep_B$; $\frac{1}{2} \cdot m \cdot v_0^2 + 0 - F_R \cdot e = 0 + m \cdot g \cdot h$;

$$sen\,\alpha = \frac{h}{e} \Rightarrow e = \frac{h}{sen\,\alpha} \quad ; \quad \frac{1}{2} \cdot m \cdot v_0^2 - \mu \cdot m \cdot g \cdot cos\,\alpha \cdot \frac{h}{sen\,\alpha} = m \cdot g \cdot h$$

$$\frac{1}{2} \cdot v_0^2 = g \cdot h + \mu \cdot g \cdot cos\,\alpha \cdot \frac{h}{sen\,\alpha} \quad ; \quad h = \frac{\frac{1}{2} v_0^2}{g + \mu g \cdot \frac{cos\,\alpha}{sen\,\alpha}} = \frac{\frac{1}{2} \cdot 10^2}{9'8 + 0'3 \cdot 9'8 \cdot \frac{cos\,30°}{sen\,30°}} = \boxed{3'36 \text{ m}}$$

$$e = \frac{h}{sen\,\alpha} = \frac{3'36}{sen\,30°} = 6'72 \text{ m}$$

$W_R = F_R \cdot e \cdot cos\,\beta = \mu \cdot m \cdot g \cdot e \cdot cos\,\alpha \cdot cos\,\beta = 0'3 \cdot 1 \cdot 9'8 \cdot 6'72 \cdot cos\,30° \cdot cos\,180° = \boxed{-17'1 \text{ J}}$

Comentario: el signo negativo del trabajo de rozamiento es debido a que la fuerza de rozamiento se opone al movimiento. Significa que ese trabajo va a consumir en parte la energía del cuerpo.

2017

28) Un bloque de 2 kg se lanza hacia arriba por una rampa rugosa (μ = 0'3), que forma un ángulo de 30° con la horizontal, con una velocidad inicial de 6 m·s⁻¹. Calcule la altura máxima que alcanza el bloque respecto del suelo. g = 9'8 m·s⁻².

Datos:

m = 2 kg
μ = 0'3
α = 30°
v₀ = 6 m/s
¿h?
g = 9'8 m·s⁻²

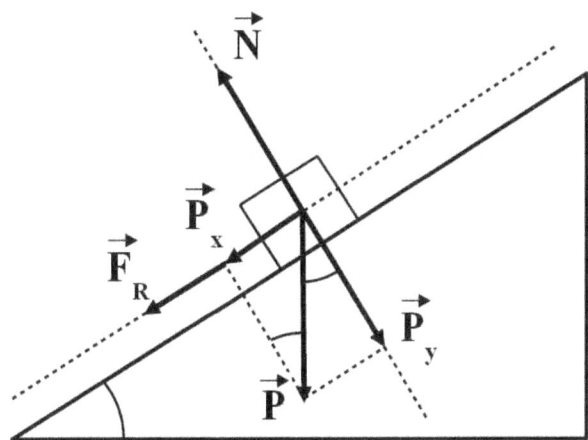

Principio físico: el cuerpo se mueve por inercia. Tiene un movimiento rectilíneo desacelerado, pues hay una resultante en sentido contrario a su movimiento. Principio de conservación de la energía: la energía total de un sistema aislado permanece constante.

Método de resolución: aplicaremos el principio de conservación de la energía.

Resolución: $Ec_A + Ep_A + W_{FNC} = Ec_B + Ep_B$; $\frac{1}{2} \cdot m \cdot v_0^2 + 0 - F_R \cdot e = 0 + m \cdot g \cdot h$;

$$\text{sen } \alpha = \frac{h}{e} \Rightarrow e = \frac{h}{sen \, \alpha} \quad ; \quad \frac{1}{2} \cdot m \cdot v_0^2 - \mu \cdot m \cdot g \cdot \cos \alpha \cdot \frac{h}{sen \, \alpha} = m \cdot g \cdot h \quad ;$$

$$\frac{1}{2} \cdot v_0^2 = g \cdot h + \mu \cdot g \cdot \cos \alpha \cdot \frac{h}{sen \, \alpha}$$

$$h = \frac{\frac{1}{2} v_0^2}{g + \mu g \cdot \frac{\cos \alpha}{sen \, \alpha}} = \frac{\frac{1}{2} 6^2}{9'8 + 0'3 \cdot 9'8 \cdot \frac{\cos 30°}{sen \, 30°}} = \boxed{1'21 \text{ m}}$$

Comentario: como la energía se conserva, la energía cinética inicial se transforma en energía potencial y en trabajo de rozamiento.

29) Un cuerpo de 3 kg se lanza hacia arriba con una velocidad de 20 m·s⁻¹ por un plano inclinado 60° con la horizontal. Si el coeficiente de rozamiento entre el bloque y el plano es 0'3, calcule la distancia que recorre el cuerpo sobre el plano durante su ascenso y el trabajo realizado por la fuerza de rozamiento, comentando su signo. g = 9'8 m·s⁻².

Datos: Dibujo:

m = 3 kg
v_0 = 20 m/s
α = 60°
μ = 0'3
¿e?
¿W_R?
g = 9'8 m/s²

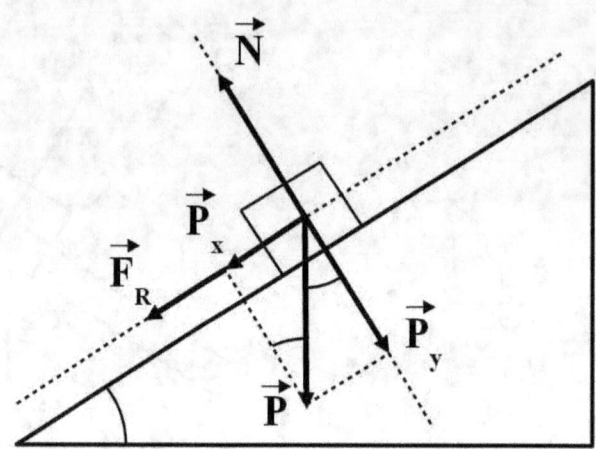

Principio físico: al darle un impulso inicial, el bloque se mueve por inercia. La energía se conserva.

Método de resolución: aplicaremos el principio de conservación de la energía.

Resolución: $Ec_A + Ep_A + W_{FNC} = Ec_B + Ep_B$; $\frac{1}{2} \cdot m \cdot v_0^2 + 0 - F_R \cdot e = 0 + m \cdot g \cdot h$;

$$\text{sen } \alpha = \frac{h}{e} \Rightarrow h = e \cdot \text{sen } \alpha \quad ; \quad \frac{1}{2} \cdot m \cdot v_0^2 - \mu \cdot m \cdot g \cdot \cos \alpha \cdot e = m \cdot g \cdot e \cdot \text{sen } \alpha$$

$$\frac{1}{2} \cdot v_0^2 = g \cdot e \cdot \text{sen } \alpha + \mu \cdot g \cdot \cos \alpha \cdot e \quad ; \quad e = \frac{\frac{v_o^2}{2}}{g \cdot (sen\,\alpha + \mu \cdot \cos\alpha)} = \frac{v_o^2}{2g \cdot (sen\,\alpha + \mu \cdot \cos\alpha)}$$

$$e = \frac{20^2}{2 \cdot 9'8 \cdot (sen\,60° + 0'3 \cdot \cos 60°)} = \boxed{20'1 \text{ m}}$$

$W_R = F_R \cdot e \cdot \cos \beta = \mu \cdot m \cdot g \cdot e \cdot \cos \alpha \cdot \cos \beta = 0'3 \cdot 3 \cdot 9'8 \cdot 20'1 \cdot \cos 60° \cdot \cos 180° = \boxed{-88'6 \text{ J}}$

Comentario: el signo negativo del trabajo de rozamiento es debido a que la fuerza de rozamiento se opone al movimiento. Significa que ese trabajo va a consumir en parte la energía del cuerpo.

2016

30) Un bloque de 5 kg desliza por una superficie horizontal mientras se le aplica una fuerza de 30 N en una dirección que forma 60º con la horizontal. El coeficiente de rozamiento entre la superficie y el cuerpo es 0'2. a) Dibuje en un esquema las fuerzas que actúan sobre el bloque y calcule el valor de dichas fuerzas. b) Calcule la variación de energía cinética del bloque en un desplazamiento de 0'5 m. g = 9'8 m·s^{-2}.

Datos: Dibujo:

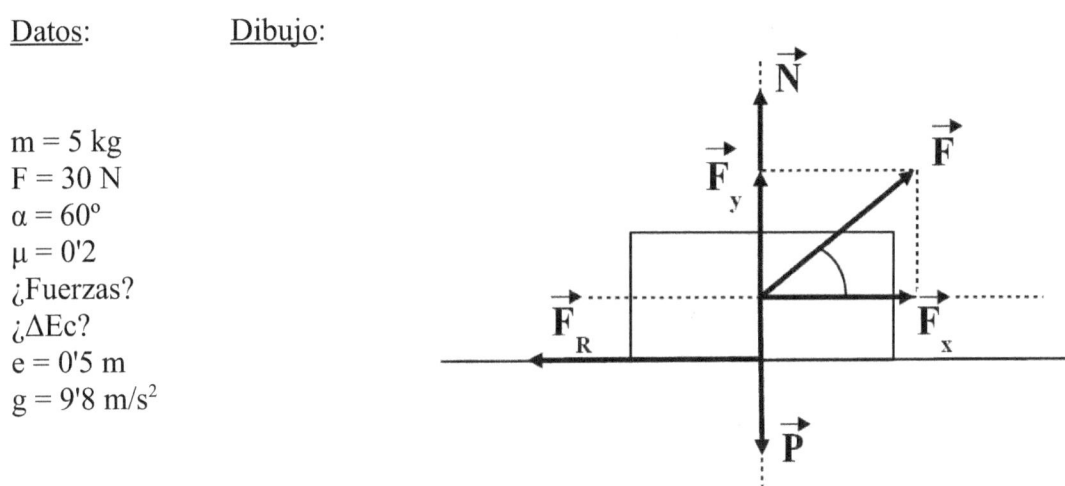

m = 5 kg
F = 30 N
α = 60º
μ = 0'2
¿Fuerzas?
¿ΔEc?
e = 0'5 m
g = 9'8 m/s^2

Principio físico: segunda ley de Newton: cuando a un cuerpo se le aplica una fuerza resultante distinta de cero, se le aplica una aceleración en la misma dirección y sentido que la resultante.

Método de resolución: usaremos el teorema de las fuerzas vivas y calcularemos la normal por dinámica.

Resolución: * Fuerzas: P = m·g = 5·9'8 = $\boxed{49\ N}$; F_x = F·cos α = 30·cos 60º = $\boxed{15\ N}$

F_y = F·sen α = 30·sen 60º = $\boxed{26\ N}$; N = P − F_y = m·g − F·sen α = 5·9'8 − 30·sen 60º = $\boxed{23\ N}$

F_R = μ·N = 0'2·23 = $\boxed{4'6\ N}$

* Variación de energía cinética del bloque (teorema de las fuerzas vivas):

$$\Delta Ec = W_T = W_F + W_R = F \cdot e \cdot \cos \alpha - F_R \cdot e = 30 \cdot 0'5 \cdot \cos 60º - 4'6 \cdot 0'5 = \boxed{5'2\ J}$$

Comentario: cuando la fuerza de avance forma un ángulo por encima de la horizontal, la normal no es igual al peso, sino que es menor, pues hay que restarle la componente F_y de la fuerza.

TEMA 2: GRAVITACIÓN

FORMULARIO DE GRAVITACIÓN

* Tercera ley de Kepler: $\dfrac{T^2}{r^3}$ = constante

siendo:
T: período de revolución (s)
r: radio de giro (m)

* Ley de Newton de la gravitación universal: $F_G = G \cdot \dfrac{M \cdot m}{r^2}$ (N)

siendo:
F_G: fuerza de la gravedad (N)
G: constante de gravitación universal = $6'67 \cdot 10^{-11}\ \dfrac{N \cdot m^2}{kg^2}$
M, m: masas (kg)
r: distancia entre los centros de gravedad (m)

* Campo gravitatorio, g: $g = \dfrac{F_G}{m} = \dfrac{\frac{G \cdot M \cdot m}{r^2}}{m} = \dfrac{G \cdot M}{r^2}$ $\left(\dfrac{m}{s^2}\right)$

siendo:
g: campo gravitatorio (m/s^2)
F_G: fuerza de la gravedad (N)
m: masa (kg)

* Energía potencial gravitatoria, Ep_G: $Ep_G = -\dfrac{G \cdot M \cdot m}{r}$ (J)

siendo:
Ep_G: energía potencial gravitatoria (J)

* Potencial gravitatorio en un punto, V: $V = \dfrac{Ep_G}{m} = \dfrac{\frac{-G \cdot M \cdot m}{r}}{m} = -\dfrac{G \cdot M}{r}$ $\left(\dfrac{J}{kg}\right)$

siendo:
V: potencial gravitatorio (J/kg)

* Principio de superposición:

  – Para la fuerza: $\vec{F} = \vec{F}_1 + \vec{F}_2 + \vec{F}_3 + \ldots$ (N)

siendo:
F: fuerza total (N)
$F_1, F_2, \ldots$: fuerzas parciales (N)

- Para el campo: $\vec{g} = \vec{g}_1 + \vec{g}_2 + \vec{g}_3 + \ldots$ $\left(\dfrac{m}{s^2}\right)$

siendo: g: campo gravitatorio total (m/s²)
   $g_1, g_2, g_3, \ldots$: campos gravitatorios parciales (m/s²)

- Para la energía potencial: $Ep = Ep_1 + Ep_2 + Ep_3 + \ldots$ (J)

siendo: Ep: energía potencial gravitatoria total (J)
   $Ep_1, Ep_2, Ep_3, \ldots$: energías potenciales gravitatorias (J)

- Para el potencial: $V = V_1 + V_2 + V_3 + \ldots$ $\left(\dfrac{J}{kg}\right)$

siendo: V: potencial gravitatorio total (J/kg)

* Energía mecánica de un satélite o planeta, E_M: $E_M = Ec + Ep = \dfrac{1}{2} \cdot m \cdot v^2 - \dfrac{G \cdot M \cdot m}{r}$ (J)

siendo: E_M: energía mecánica del satélite (J)
   Ec: energía cinética del satélite (J)
   Ep: energía potencial gravitatoria del satélite (J)

* Fuerza centrípeta, F_C: $F_C = \dfrac{m \cdot v^2}{r}$ (N)

siendo: F_C: fuerza centrípeta (N)

* Velocidad orbital, $v_{orb.}$: $F_G = F_C$; $\dfrac{G \cdot M \cdot m}{r^2} = \dfrac{m \cdot v^2}{r}$ $\Rightarrow$ $v_{orb.} = \sqrt{\dfrac{G \cdot M}{r}}$ $\left(\dfrac{m}{s}\right)$

siendo: F_G: fuerza de la gravedad (N)
   F_C: fuerza centrípeta (N)
   $v_{orb.}$: velocidad orbital (m/s)

* Velocidad orbital, $v_{orb.}$: $v_{orb} = \dfrac{2 \cdot \pi \cdot r}{T}$

siendo: r: radio de la órbita (m)
   T: período (s)

* Velocidad de escape, v_e: $Ec_A + Ep_A = Ec_B + Ep_B$ $\Rightarrow$ $\dfrac{1}{2} \cdot m \cdot v_e^2 - \dfrac{G \cdot M \cdot m}{R_T} = 0 + 0$ $\Rightarrow$

$\Rightarrow v_e = \sqrt{\dfrac{2 \cdot G \cdot M_T}{R_T}}$ $\left(\dfrac{m}{s}\right)$

siendo: v_e: velocidad de escape (m/s)
   R_T: radio de la Tierra = $6'37 \cdot 10^6$ m
   M_T: masa de la Tierra = $5'97 \cdot 10^{24}$ kg

* Momento angular: $\vec{L} = m \cdot \vec{r} \times \vec{v}$ (kg·m²/s)

CUESTIONES DE GRAVITACIÓN

2024

1) i) Deduzca razonadamente la expresión de la velocidad de escape de un cuerpo desde la superficie de un planeta. ii) La masa y el radio de la Tierra son 81 y 3'67 veces la masa y el radio de la Luna, respectivamente. ¿Qué relación existe entre las velocidades de escape desde las superficies de la Tierra y la Luna? Razone su respuesta.

i) * Deducción de la velocidad de escape:

$$Ec_A + Ep_A = Ec_B + Ep_B \Rightarrow \frac{1}{2} \cdot m \cdot v_e^2 - \frac{G \cdot M_P \cdot m}{R_P} = 0 + 0 \Rightarrow \frac{1}{2} \cdot m \cdot v_e^2 = \frac{G \cdot M_P \cdot m}{R_P} \Rightarrow$$

$$\Rightarrow v_e = \sqrt{\frac{2 \cdot G \cdot M_P}{R_P}}$$

ii) * Relación entre las velocidades de escape:

$$\frac{v_{eT}}{v_{eL}} = \frac{\sqrt{\frac{2 \cdot G \cdot M_T}{R_T}}}{\sqrt{\frac{2 \cdot G \cdot M_L}{R_L}}} = \sqrt{\frac{M_T \cdot R_L}{M_L \cdot R_T}} = \sqrt{\frac{81 \cdot M_L \cdot R_L}{M_L \cdot 3'67 \cdot R_L}} = \sqrt{\frac{81}{3'67}} = 4'70$$

---

2) Dos satélites, A y B, describen órbitas circulares concéntricas alrededor de la Tierra. Razone cuál de los dos tiene mayor energía cinética en las siguientes situaciones: i) sus masas son iguales y el radio orbital de A es mayor que el de B; ii) los dos satélites están en la misma órbita y la masa de A es menor que la de B.

i) * Deducción de la velocidad orbital:

$$F_G = F_C \Rightarrow G \cdot \frac{M \cdot m}{r^2} = \frac{m \cdot v^2}{r} \Rightarrow \frac{G \cdot M}{r} = v^2 \Rightarrow v = \sqrt{\frac{G \cdot M}{r}} = \sqrt{\frac{G \cdot M}{R+h}}$$

* Energía cinética del satélite: $Ec = \frac{1}{2} \cdot m \cdot v^2 = \frac{1}{2} \cdot m \cdot \frac{G \cdot M}{r} = \frac{G \cdot M \cdot m}{2 \cdot r}$

* Relación entre sus energías cinéticas: $\dfrac{Ec_B}{Ec_A} = \dfrac{\frac{G \cdot M \cdot m}{2 \cdot r_B}}{\frac{G \cdot M \cdot m}{2 \cdot r_A}} = \dfrac{r_A}{r_B}$

Al ser $r_A > r_B \Rightarrow \dfrac{r_A}{r_B} > 1 \Rightarrow \dfrac{Ec_B}{Ec_A} > 1 \Rightarrow Ec_B > Ec_A$

ii) * Relación entre sus energías cinéticas: $\dfrac{Ec_B}{Ec_A} = \dfrac{\dfrac{G \cdot M \cdot m_B}{2 \cdot r}}{\dfrac{G \cdot M \cdot m_A}{2 \cdot r}} = \dfrac{m_B}{m_A}$

Al ser $m_A < m_B$ ⇒ $\dfrac{m_B}{m_A} > 1$ ⇒ $\dfrac{Ec_B}{Ec_A} > 1$ ⇒ $Ec_B > Ec_A$

2023

3) Un satélite de masa m orbita a una altura h sobre un planeta de masa M y radio R. i) Deduzca la expresión de la velocidad orbital del satélite y exprese el resultado en función de M, R y h. ii) ¿Cómo cambia su velocidad si la masa del planeta se duplica? ¿Y si se duplica la masa del satélite?

i) En un satélite, la fuerza de atracción del planeta es compensada por la inercia del movimiento circular. De esta forma obtendremos la velocidad orbital:

$F_G = F_C$ ⇒ $G \cdot \dfrac{M \cdot m}{r^2} = \dfrac{m \cdot v^2}{r}$ ⇒ $\dfrac{G \cdot M}{r} = v^2$ ⇒ $v = \sqrt{\dfrac{G \cdot M}{r}} = \sqrt{\dfrac{G \cdot M}{R+h}}$

ii) $\dfrac{v_2}{v_1} = \dfrac{\sqrt{\dfrac{G \cdot 2 \cdot M}{R+h}}}{\sqrt{\dfrac{G \cdot M}{R+h}}} = \sqrt{2}$ ⇒ $v_2 = \sqrt{2} \cdot v_1$

Si se duplica la masa del planeta, la velocidad orbital se hace $\sqrt{2}$ veces mayor.
Si se duplica la masa del satélite, la velocidad orbital no se altera, pues ésta no depende de la masa del satélite.

---

4) i) Escriba la expresión del potencial gravitatorio creado por una masa puntual M, indicando las magnitudes que aparecen en la misma. ii) Razone el signo del trabajo realizado por la fuerza gravitatoria cuando una masa m, inicialmente en reposo en las proximidades de M, se desplaza por acción del campo gravitatorio.

i) * Potencial gravitatorio: $V = -\dfrac{G \cdot M}{r}$

siendo: V: potencial gravitatorio $\left(\dfrac{J}{kg}\right)$

G: constante de gravitación universal = $6'67 \cdot 10^{-11} \ \dfrac{N \cdot m^2}{kg^2}$

M: masa que crea el campo (kg)
r: distancia del punto a la masa M (m)

ii) La relación entre el trabajo y la energía potencial es:

$$W_{AB} = -\Delta E_p = E_{pA} - E_{pB} = -\frac{G \cdot M \cdot m}{r_A} + \frac{G \cdot M \cdot m}{r_B} = G \cdot M \cdot m \cdot \left(\frac{1}{r_B} - \frac{1}{r_A}\right)$$

Si el proceso es espontáneo, el trabajo es positivo:

$$W_{AB} > 0 \Rightarrow \frac{1}{r_B} - \frac{1}{r_A} > 0 \Rightarrow \frac{1}{r_B} > \frac{1}{r_A} \Rightarrow r_A > r_B$$

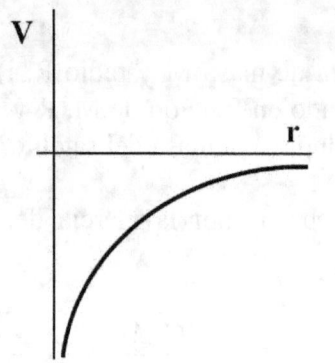

Cuando una masa m se desplaza espontáneamente en el seno de un campo gravitatorio, lo hace hacia potenciales decrecientes, disminuyendo su energía potencial y acercándose a la masa M que crea el campo.

Gráfica V frente a r

---

5) Un satélite artificial describe una órbita circular alrededor de la Tierra. La velocidad de escape desde la órbita es la cuarta parte de la velocidad de escape desde la superficie terrestre. i) Deduzca la relación que existe entre el radio de la órbita y el radio terrestre. ii) Determine la relación entre la aceleración de la gravedad en la superficie terrestre y en la órbita del satélite.

i) * Deducción de la velocidad de escape:

$$Ec_A + Ep_A = Ec_B + Ep_B \Rightarrow \frac{1}{2} \cdot m \cdot v_e^2 - \frac{G \cdot M_T \cdot m}{r} = 0 + 0 \Rightarrow \frac{1}{2} \cdot m \cdot v_e^2 = \frac{G \cdot M_T \cdot m}{r} \Rightarrow$$

$$\Rightarrow v_e = \sqrt{\frac{2 \cdot G \cdot M_T}{r}}$$

* Relación entre el radio de la órbita y el radio terrestre:

$$\frac{v_{e2}}{v_{e1}} = \frac{1}{4} \Rightarrow \frac{\sqrt{\dfrac{2 \cdot G \cdot M_T}{r}}}{\sqrt{\dfrac{2 \cdot G \cdot M_T}{R_T}}} = \frac{1}{4} \Rightarrow \sqrt{\frac{R_T}{r}} = \frac{1}{4} \Rightarrow \frac{R_T}{r} = \frac{1}{16} \Rightarrow r = 16 \cdot R_T$$

ii) * Relación entre la aceleración de la gravedad en la superficie terrestre y en la órbita del satélite:

$$\frac{g}{g_0} = \frac{\frac{G \cdot M}{r^2}}{\frac{G \cdot M}{R_T^2}} = \frac{R_T^2}{r^2} = \frac{R_T^2}{16^2 \cdot R_T^2} = \frac{1}{256} \Rightarrow g = \frac{g_0}{256}$$

La aceleración de la gravedad se hace 256 veces menor en la órbita.

---

6) Una masa puntual m se encuentra en las inmediaciones de otra masa puntual M. Razone cómo se modifica la energía potencial gravitatoria cuando: i) las dos masas se acercan; ii) aumenta el valor de la masa m.

i) La expresión de la energía potencial gravitatoria es: $E_p = -\dfrac{G \cdot M \cdot m}{r}$

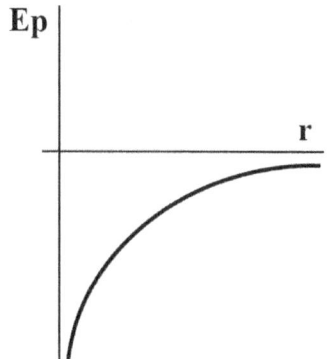

Cuando las dos masas se acercan, r disminuye. Como r está en el denominador y la expresión tiene signo negativo, entonces, al disminuir r, la energía potencial disminuye.

Energía potencial frente a distancia

ii) Si aumenta el valor de la masa m, la energía potencial se hace más negativa, luego disminuye la energía potencial.

---

7) Deduzca la relación entre la velocidad orbital y la velocidad de escape de un satélite que se encuentra orbitando a una distancia r del centro de la Tierra.

* Velocidad orbital:

$$F_G = F_C \Rightarrow \frac{G \cdot M_T \cdot m}{r^2} = \frac{m \cdot v_{orb.}^2}{r} \Rightarrow \frac{G \cdot M_T}{r} = v_{orb.}^2 \Rightarrow v_{orb.} = \sqrt{\frac{G \cdot M_T}{r}}$$

* Velocidad de escape:

$$Ec_A + Ep_A = Ec_B + Ep_B \Rightarrow \frac{1}{2} \cdot m \cdot v_{orb.}^2 + \frac{1}{2} \cdot m \cdot v_e^2 - \frac{G \cdot M_T \cdot m}{r} = 0 + 0 \Rightarrow$$

$$\Rightarrow \frac{1}{2} \cdot m \cdot v_e^2 = \frac{G \cdot M_T \cdot m}{r} - \frac{1}{2} \cdot m \cdot v_{orb.}^2 \Rightarrow \frac{v_e^2}{2} = \frac{G \cdot M_T}{r} - \frac{v_{orb.}^2}{2} \Rightarrow$$

$$\Rightarrow v_e^2 = \frac{2 \cdot G \cdot M_T}{r} - v_{orb.}^2 = \frac{2 \cdot G \cdot M_T}{r} - \frac{G \cdot M_T}{r} = \frac{G \cdot M_T}{r} \Rightarrow v_e = \sqrt{\frac{G \cdot M_T}{r}}$$

* Relación entre ambas velocidades: $\dfrac{v_{orb.}}{v_e} = \dfrac{\sqrt{\dfrac{G \cdot M_T}{r}}}{\sqrt{\dfrac{G \cdot M_T}{r}}} = 1$

Ambas velocidades son iguales.

---

8) Dos satélites A y B describen órbitas circulares alrededor de la Tierra. Razone cuál de los dos satélites tiene mayor energía cinética en cada una de las situaciones siguientes: i) las masas de ambos son idénticas y el radio de la órbita del satélite A es mayor que el de B; ii) los radios de sus órbitas son iguales pero la masa del satélite B es mayor que la de A.

i) El satélite B tendrá mayor energía cinética.

* Velocidad orbital del satélite:

$$F_G = F_C \Rightarrow \frac{G \cdot M_T \cdot m}{r^2} = \frac{m \cdot v^2}{r} \Rightarrow \frac{G \cdot M_T}{r} = v^2 \Rightarrow v = \sqrt{\frac{G \cdot M_T}{r}}$$

* Energía cinética del satélite: $Ec = \dfrac{1}{2} \cdot m \cdot v^2 = \dfrac{1}{2} \cdot m \cdot \dfrac{G \cdot M_T}{r} = \dfrac{G \cdot M_T \cdot m}{2 \cdot r}$

* Radio de la órbita: $r = \dfrac{G \cdot M_T \cdot m}{2 \cdot Ec}$

Si $m_A = m_B$ y $r_A > r_B \Rightarrow \dfrac{G \cdot M_T \cdot m_A}{2 \cdot Ec_A} > \dfrac{G \cdot M_T \cdot m_B}{2 \cdot Ec_B} \Rightarrow \dfrac{1}{Ec_A} > \dfrac{1}{Ec_B} \Rightarrow Ec_B > Ec_A$

ii) El satélite B tendrá mayor energía cinética.

* Masa del satélite: $m = \dfrac{2 \cdot Ec \cdot r}{G \cdot M_T}$

Si $r_A = r_B$ y $m_B > m_A \Rightarrow \dfrac{2 \cdot Ec_B \cdot r_B}{G \cdot M_T} > \dfrac{2 \cdot Ec_A \cdot r_A}{G \cdot M_T} \Rightarrow Ec_B > Ec_A$

9) Un planeta tiene una masa igual a 27 veces la masa de la Tierra, su radio es 3 veces el terrestre. i) Determine la relación entre los valores de la aceleración de la gravedad en la superficie de este planeta y la que tenemos en la superficie de la Tierra. ii) Obtenga la relación entre las velocidades de escape desde la superficie de ambos planetas.

i) * Relación entre las aceleraciones de la gravedad:

$$\frac{g_P}{g_T} = \frac{\dfrac{G \cdot M_P}{R_P^2}}{\dfrac{G \cdot M_T}{R_T^2}} = \frac{M_P \cdot R_T^2}{M_T \cdot R_P^2} = \frac{27 \cdot M_T \cdot R_T^2}{M_T \cdot (3 \cdot R_P)^2} = \frac{27 \cdot M_T \cdot R_T^2}{M_T \cdot 9 \cdot R_P^2} = \frac{27}{9} = 3$$

ii) * Velocidad de escape:

$$Ec_A + Ep_A = Ec_B + Ep_B \Rightarrow \frac{1}{2} \cdot m \cdot v_e^2 - \frac{G \cdot M \cdot m}{R} = 0 + 0 \Rightarrow \frac{1}{2} \cdot m \cdot v_e^2 = \frac{G \cdot M \cdot m}{R} \Rightarrow$$

$$\Rightarrow v_e = \sqrt{\frac{2 \cdot G \cdot M}{R}}$$

* Relación entre las velocidades de escape:

$$\frac{v_{eP}}{v_{eT}} = \frac{\sqrt{\dfrac{2 \cdot G \cdot M_P}{R_P}}}{\sqrt{\dfrac{2 \cdot G \cdot M_T}{R_T}}} = \sqrt{\frac{M_P \cdot R_T}{M_T \cdot R_P}} = \sqrt{\frac{27 \cdot M_T \cdot R_T}{M_T \cdot 3 \cdot R_T}} = \sqrt{\frac{27}{3}} = \sqrt{9} = 3$$

---

10) Una partícula se mueve en un campo gravitatorio uniforme. i) ¿Aumenta o disminuye su energía potencial gravitatoria al moverse en la dirección y sentido del campo? ii) ¿Y si se moviera en una dirección perpendicular al campo? Razone sus respuestas.

i) Disminuye. La variación de la energía potencial gravitatoria es:

$$\Delta Ep = -\int_A^B \vec{F} \cdot d\vec{r} = -\int_A^B \frac{-G \cdot m_1 \cdot m_2}{r^2} \vec{u}_r \cdot dr\, \vec{u}_r = G \cdot m_1 \cdot m_2 \int_A^B \frac{1}{r^2} \cdot dr = G \cdot m_1 \cdot m_2 \cdot \left[-\frac{1}{r}\right]_A^B =$$

$$= -G \cdot m_1 \cdot m_2 \cdot \left(\frac{1}{r_B} - \frac{1}{r_A}\right) = Ep_B - Ep_A$$

Al moverse en la dirección y sentido del campo: $r_B < r_A \Rightarrow \dfrac{1}{r_B} > \dfrac{1}{r_A} \Rightarrow$

$$\Rightarrow \frac{1}{r_B} - \frac{1}{r_A} > 0 \Rightarrow -G \cdot m_1 \cdot m_2 \cdot \left(\frac{1}{r_B} - \frac{1}{r_A}\right) < 0 \Rightarrow \Delta Ep < 0$$

ii) Permanecería constante. Si se mueve perpendicularmente al campo:

$r_B = r_A \Rightarrow \dfrac{1}{r_B} = \dfrac{1}{r_A} \Rightarrow$

$\Rightarrow \dfrac{1}{r_B} - \dfrac{1}{r_A} = 0 \Rightarrow -G \cdot m_1 \cdot m_2 \cdot \left(\dfrac{1}{r_B} - \dfrac{1}{r_A}\right) = 0 \Rightarrow \Delta Ep = 0$

---

11) i) Escriba las expresiones del campo y el potencial gravitatorio creados por una masa puntual e indique las unidades en el S.I. para cada una de las magnitudes que intervienen. ii) Explique la relación que existe entre los campos gravitatorios a una distancia r y $2r$.

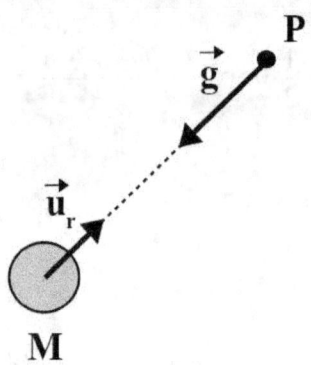

Campo gravitatorio creado por una masa puntual

i) * Expresión del campo gravitatorio:

$$\vec{g} = \dfrac{\vec{F}_G}{m} = \dfrac{\dfrac{-G \cdot M \cdot m}{r^2} \cdot \vec{u}_r}{m} = -\dfrac{G \cdot M}{r^2} \cdot \vec{u}_r$$

El vector $\vec{u}_r$ es el vector unitario en la dirección entre la masa M y el punto P. Su sentido va desde la masa M hasta el punto P. En módulo:

$$g = \dfrac{G \cdot M}{r^2}$$

* Expresión del potencial gravitatorio: $V = \dfrac{Ep}{m} = \dfrac{\dfrac{-G \cdot M \cdot m}{r}}{m} = -\dfrac{G \cdot M}{r}$

siendo: G: constante de gravitación universal = $6'67 \cdot 10^{-11}\ \dfrac{N \cdot m^2}{kg^2}$

M: masa que produce el campo o el potencial (kg)
r: distancia de la masa al punto P (m)
F_G: fuerza de la gravedad (N)
Ep: energía potencial (J)
m: masa (kg)

ii) * Relación entre los módulos de los dos campos gravitatorios:

$$\dfrac{g_2}{g_1} = \dfrac{\dfrac{G \cdot M}{(2 \cdot r)^2}}{\dfrac{G \cdot M}{r^2}} = \dfrac{\dfrac{G \cdot M}{4 \cdot r^2}}{\dfrac{G \cdot M}{r^2}} = \dfrac{1}{4}$$

---

12) Dos satélites de igual masa se encuentran en órbitas de igual radio alrededor de la Tierra y de Marte. Sabiendo que la masa de la Tierra es 9 veces la masa de Marte: i) deduzca la expresión de sus periodos orbitales y la relación entre ambos; ii) determine la relación entre las energías cinéticas de los satélites.

i) * Período en función del radio orbital:

$$F_G = F_C \Rightarrow \frac{G \cdot M \cdot m}{r^2} = \frac{m \cdot v^2}{r} \Rightarrow \frac{G \cdot M}{r} = v^2$$

$$T = \frac{2 \cdot \pi \cdot r}{v} \Rightarrow v = \frac{2 \cdot \pi \cdot r}{T} \Rightarrow v^2 = \frac{4 \cdot \pi^2 \cdot r^2}{T^2}$$

Igualando ambas expresiones: $\frac{G \cdot M}{r} = \frac{4 \cdot \pi^2 \cdot r^2}{T^2} \Rightarrow G \cdot M \cdot T^2 = 4 \cdot \pi^2 \cdot r^3 \Rightarrow$

$$\Rightarrow T = \sqrt{\frac{4 \cdot \pi^2 \cdot r^3}{G \cdot M}}$$

* Relación entre ambos períodos: $\dfrac{T_M}{T_T} = \dfrac{\sqrt{\dfrac{4 \cdot \pi^2 \cdot r^3}{G \cdot M_M}}}{\sqrt{\dfrac{4 \cdot \pi^2 \cdot r^3}{G \cdot M_T}}} = \sqrt{\dfrac{M_T}{M_M}} = \sqrt{\dfrac{9 \cdot M_M}{M_M}} = \sqrt{9} = 3$

ii) * Relación entre las energías cinéticas de los satélites:

$$\frac{Ec_M}{Ec_T} = \frac{\frac{1}{2} \cdot m \cdot v_M^2}{\frac{1}{2} \cdot m \cdot v_T^2} = \frac{v_M^2}{v_T^2} = \frac{\frac{G \cdot M_M}{r}}{\frac{G \cdot M_T}{r}} = \frac{M_M}{M_T} = \frac{M_M}{9 \cdot M_M} = \frac{1}{9}$$

2022

13) En una determinada región del espacio, existen dos puntos A y B en los que el potencial gravitatorio es el mismo. i) ¿Podemos concluir que los campos gravitatorios en A y en B son iguales? ii) ¿Cuál sería el trabajo realizado por el campo gravitatorio al desplazar una masa m desde A hasta B?

i) No. El potencial gravitatorio es un escalar y el campo gravitatorio es un vector.

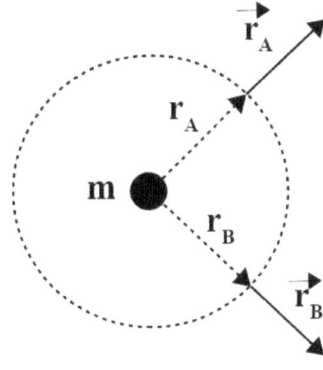

Mismo potencial y distintos campos

Si suponemos que el campo gravitatorio está provocado por una sola masa puntual, M:

$$V_A = V_B \Rightarrow \frac{G \cdot M}{r_A} = \frac{G \cdot M}{r_B} \Rightarrow r_A = r_B$$

Es decir, los puntos A y B están a la misma distancia de la masa m y están en la misma superficie equipotencial.

Para que los campos gravitatorios sean iguales:

$$\vec{g}_A = \vec{g}_B \Rightarrow \frac{G \cdot M}{r_A^2} \cdot \vec{r}_A = \frac{G \cdot M}{r_B^2} \cdot \vec{r}_B \quad ; \text{ al ser: } r_A = r_B \Rightarrow \vec{r}_A = \vec{r}_B$$

ii) Sería nulo, puesto que el trabajo para mover una masa en una superficie equipotencial es nulo:

$$W_{AB} = m \cdot (V_A - V_B) = m \cdot 0 = 0$$

---

14) Deduzca la expresión de la energía mecánica de un satélite de masa m que orbita a una altura h de la superficie de un planeta de masa M y radio R. Exprese el resultado en función de m, M, R y h.

En un satélite, la fuerza de atracción del planeta es compensada por la inercia del movimiento circular. De esta forma obtendremos la velocidad orbital:

$$F_G = F_C \Rightarrow G \cdot \frac{M \cdot m}{r^2} = \frac{m \cdot v^2}{r} \Rightarrow \frac{G \cdot M}{r} = v^2 \Rightarrow v = \sqrt{\frac{G \cdot M}{r}}$$

La energía mecánica es la suma de las energías cinética y potencial:

$$E_M = E_c + E_p = \frac{1}{2} \cdot m \cdot v^2 - \frac{G \cdot M \cdot m}{r} = \frac{1}{2} \cdot m \cdot \frac{G \cdot M}{r} - \frac{G \cdot M \cdot m}{r} =$$

$$= \frac{G \cdot M \cdot m}{2 \cdot r} - \frac{G \cdot M \cdot m}{r} = - \frac{G \cdot M \cdot m}{2 \cdot r} = - \frac{G \cdot M \cdot m}{2 \cdot (R + h)}$$

---

15) Dos cuerpos de masas m y 2m están separados una distancia d. Razone, con la ayuda de un esquema, si se anula el campo o el potencial gravitatorio en algún punto del segmento que los une.

El potencial gravitatorio no puede anularse, pero el campo gravitatorio, sí. El campo gravitatorio es un vector. Según el principio de superposición, el efecto total de varias masas es la suma de los efectos individuales. Luego: $\vec{g}_T = \vec{g}_1 + \vec{g}_2$. El campo gravitatorio es siempre atractivo, va en la dirección y sentido de la masa que lo produce. Se puede encontrar un punto donde se anulen ambos campos:

$$\vec{g} = \vec{g}_1 + \vec{g}_2 = 0 \Rightarrow \vec{g}_1 = -\vec{g}_2 \Rightarrow$$

$$\Rightarrow g_1 = g_2 \Rightarrow \frac{G \cdot m}{r_1^2} = \frac{G \cdot 2 \cdot m}{r_2^2} \Rightarrow$$

$$\Rightarrow \frac{1}{r_1^2} = \frac{2}{(d_0 - r_1)^2} \Rightarrow$$

$\Rightarrow \quad \dfrac{1}{r_1} = \dfrac{\sqrt{2}}{d_0 - r_1} \quad \Rightarrow \quad d_0 - r_1 = \sqrt{2} \cdot r_1 \quad \Rightarrow \quad d_0 = r_1 + \sqrt{2} \cdot r_1 \quad \Rightarrow \quad r_1 = \dfrac{d_0}{1 + \sqrt{2}}$

El potencial gravitatorio es un escalar. El potencial gravitatorio nunca se puede anular por el principio de superposición, porque su valor es siempre negativo y la suma de varios números negativos es otro número negativo. Sólo vale cero en el infinito.

---

16) Un planeta gira en torno a una estrella de masa igual a la mitad de la masa del Sol, describiendo una órbita de radio igual a la mitad del radio orbital del planeta Tierra alrededor del Sol. Discuta razonadamente cuál de los dos planetas tarda más tiempo en dar una vuelta completa en su correspondiente órbita.

* Período en función del radio orbital:

$$F_G = F_C \quad \Rightarrow \quad \dfrac{G \cdot M \cdot m}{r^2} = \dfrac{m \cdot v^2}{r} \quad \Rightarrow \quad \dfrac{G \cdot M}{r} = v^2$$

$$T = \dfrac{2 \cdot \pi \cdot r}{v} \quad \Rightarrow \quad v = \dfrac{2 \cdot \pi \cdot r}{T} \quad \Rightarrow \quad v^2 = \dfrac{4 \cdot \pi^2 \cdot r^2}{T^2}$$

Igualando ambas expresiones: $\dfrac{G \cdot M}{r} = \dfrac{4 \cdot \pi^2 \cdot r^2}{T^2} \quad \Rightarrow \quad G \cdot M \cdot T^2 = 4 \cdot \pi^2 \cdot r^3 \quad \Rightarrow$

$$\Rightarrow \quad T = \sqrt{\dfrac{4 \cdot \pi^2 \cdot r^3}{G \cdot M}}$$

* Datos: $M_E = \dfrac{M_S}{2}$; $r_P = \dfrac{r_T}{2}$

* Para la Tierra y el Sol: $T_1 = \sqrt{\dfrac{4 \cdot \pi^2 \cdot r_T^3}{G \cdot M_S}}$

* Para el otro planeta y la estrella: $T_2 = \sqrt{\dfrac{4 \cdot \pi^2 \cdot r_P^3}{G \cdot M_E}} = \sqrt{\dfrac{4 \cdot \pi^2 \cdot \left(\dfrac{r_T}{2}\right)^3}{G \cdot \dfrac{M_S}{2}}} = \sqrt{\dfrac{4 \cdot \pi^2 \cdot r_T^3}{4 \cdot G \cdot M_S}}$

* Relación entre ambas: $\dfrac{T_2}{T_1} = \dfrac{\sqrt{\dfrac{4 \cdot \pi^2 \cdot r_T^3}{4 \cdot G \cdot M_S}}}{\sqrt{\dfrac{4 \cdot \pi^2 \cdot r_T^3}{G \cdot M_S}}} = \dfrac{1}{\sqrt{4}} = \dfrac{1}{2} \quad \Rightarrow \quad T_1 = 2 \cdot T_2$

La Tierra tarda el doble de tiempo en dar la vuelta que el otro planeta.

17) Dos partículas de masas m y 4m están separadas una distancia d. Determine razonadamente en qué punto se ha de colocar una tercera partícula de masa m para que se encuentre en equilibrio.

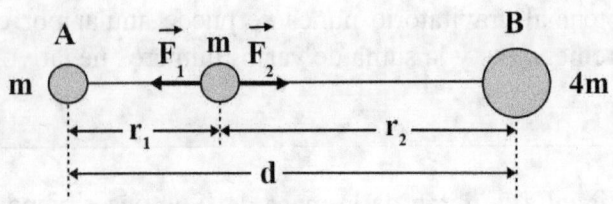

Dos masas m y 4m

Según la primera ley de Newton, para que se encuentre la tercera masa en equilibrio, la resultante sobre ella debe ser cero. Según el principio de superposición:

$$\vec{F}_1 + \vec{F}_2 = 0 \quad \Rightarrow \quad \vec{F}_1 = -\vec{F}_2 \quad \Rightarrow \quad F_1 = F_2$$

$$\frac{G \cdot m \cdot m}{r_1^2} = \frac{G \cdot 4 \cdot m \cdot m}{r_2^2} \quad \Rightarrow \quad \frac{1}{r_1^2} = \frac{4}{r_2^2} \quad \Rightarrow \quad \frac{r_2^2}{r_1^2} = 4 \quad \Rightarrow \quad \left(\frac{r_2}{r_1}\right)^2 = 4 \quad \Rightarrow$$

$$\Rightarrow \quad \frac{r_2}{r_1} = 2 \quad \Rightarrow \quad \frac{d - r_1}{r_1} = 2 \quad \Rightarrow \quad \frac{d}{r_1} - 1 = 2 \quad \Rightarrow \quad \frac{d}{r_1} = 3 \quad \Rightarrow \quad r_1 = \frac{d}{3}$$

$$r_2 = d - r_1 = d - \frac{d}{3} = \frac{2 \cdot d}{3}$$

---

18) Deduzca la expresión de la velocidad orbital de un satélite y razone si es verdadera o falsa la siguiente afirmación: Cuanto mayor sea la masa de un satélite, orbitando a una determinada altura, más tardará en dar una vuelta completa en su órbita.

* Deducción de la velocidad orbital:

$$F_G = F_C \quad \Rightarrow \quad \frac{G \cdot M \cdot m}{r^2} = \frac{m \cdot v^2}{r} \quad \Rightarrow \quad \frac{G \cdot M}{r} = v^2 \quad \Rightarrow \quad v = \sqrt{\frac{G \cdot M}{r}}$$

* Período en función del radio orbital:

$$F_G = F_C \quad \Rightarrow \quad \frac{G \cdot M \cdot m}{r^2} = \frac{m \cdot v^2}{r} \quad \Rightarrow \quad \frac{G \cdot M}{r} = v^2$$

$$T = \frac{2 \cdot \pi \cdot r}{v} \quad \Rightarrow \quad v = \frac{2 \cdot \pi \cdot r}{T} \quad \Rightarrow \quad v^2 = \frac{4 \cdot \pi^2 \cdot r^2}{T^2}$$

Igualando ambas expresiones: $\quad \dfrac{G \cdot M}{r} = \dfrac{4 \cdot \pi^2 \cdot r^2}{T^2} \quad \Rightarrow \quad G \cdot M \cdot T^2 = 4 \cdot \pi^2 \cdot r^3 \quad \Rightarrow$

$$\Rightarrow \quad T = \sqrt{\frac{4 \cdot \pi^2 \cdot r^3}{G \cdot M}}$$

La oración no es correcta, pues el período orbital no depende de la masa del satélite.

19) Responda razonadamente a las siguientes cuestiones: i) ¿Puede ser negativo el trabajo realizado por una fuerza gravitatoria? ii) ¿Puede ser negativa la energía potencial gravitatoria?

i) Sí, si la fuerza gravitatoria tiene sentido contrario al desplazamiento. Esto ocurre por ejemplo cuando se lanza un cuerpo hacia arriba.

$$W_{AB} = \int_A^B \vec{F} \cdot d\vec{r} = -\Delta Ep = Ep_A - Ep_B$$

Si la fuerza tiene el mismo sentido que el desplazamiento, $\vec{F}$ y $d\vec{r}$ tienen el mismo signo y la integral: $\int_A^B \vec{F} \cdot d\vec{r}$ es positiva, luego el trabajo es positivo. Si tienen sentidos opuestos, $\vec{F}$ y $d\vec{r}$ tienen sentidos contrarios y el trabajo es negativo. Otra forma de verlo: si se deja caer un cuerpo: W > 0 y $Ep_A > Ep_B$, siendo $h_A > h_B$. Si se lanza un cuerpo hacia arriba: W < 0 y $Ep_A < Ep_B$, siendo $h_A > h_B$.

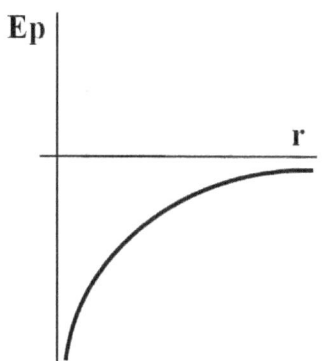

ii) Si se toma como referencia el infinito, donde la energía potencial es cero, la energía potencial es siempre negativa.

$$\Delta Ep = -W_{AB} = -\int_A^B \vec{F} \cdot d\vec{r} = -\int_A^B \frac{-G \cdot M \cdot m}{r^2} \cdot dr = \left[-\frac{G \cdot M \cdot m}{r} \right]_A^B = -\frac{G \cdot M \cdot m}{r_B} + \frac{G \cdot M \cdot m}{r_A} =$$

$$= Ep_B - Ep_A$$

Tomando como referencia el infinito: r_A tiende a infinito, luego: $-\dfrac{G \cdot M \cdot m}{r_A} = 0 \Rightarrow$

$\Rightarrow Ep_A = 0 \Rightarrow Ep = -\dfrac{G \cdot M \cdot m}{r}$: la energía potencial gravitatoria es siempre negativa si el punto de referencia es el infinito.

---

20) Un planeta B tiene la mitad de masa que otro planeta A y la velocidad de escape del planeta B es el triple que la de A. Deduzca la expresión de la velocidad de escape y determine razonadamente la relación entre los radios de ambos planetas.

* Deducción de la velocidad de escape: hacemos un balance de energía mecánica:

$$Ec_A + Ep_A = Ec_B + Ep_B \Rightarrow \frac{1}{2} \cdot m \cdot v^2 - \frac{G \cdot M_P \cdot m}{R_P} = 0 + 0 \Rightarrow \frac{1}{2} \cdot m \cdot v_e^2 = \frac{G \cdot M_P \cdot m}{R_P} \Rightarrow$$

$$\Rightarrow v_e = \sqrt{\frac{2 \cdot G \cdot M_P}{R_P}}$$

* Datos: $M_B = \dfrac{M_A}{2}$; $v_{eB} = 3 \cdot v_{eA}$

* Relación entre los radios de los planetas:

$v_{eB} = 3 \cdot v_{eA} \Rightarrow \sqrt{\dfrac{2 \cdot G \cdot M_B}{R_B}} = 3 \cdot \sqrt{\dfrac{2 \cdot G \cdot M_A}{R_A}} \Rightarrow \dfrac{M_B}{R_B} = \dfrac{9 \cdot M_A}{R_A} \Rightarrow$

$\Rightarrow \dfrac{\frac{M_A}{2}}{R_B} = \dfrac{9 \cdot M_A}{R_A} \Rightarrow \dfrac{M_A}{2 \cdot R_B} = \dfrac{9 \cdot M_A}{R_A} \Rightarrow R_A = 18 \cdot R_B$

El radio del planeta A es 18 veces mayor que el del planeta B.

---

21) Dos satélites artificiales describen órbitas circulares alrededor de un planeta de masa M de forma que el radio de la órbita del primer satélite es cuatro veces mayor que el radio de la órbita del segundo. Responda razonadamente: i) ¿Qué relación existe entre las velocidades orbitales de ambos satélites? ii) ¿Qué relación existe entre sus períodos orbitales?

i) * Deducción de la velocidad orbital:

$$F_G = F_C \Rightarrow \dfrac{G \cdot M \cdot m}{r^2} = \dfrac{m \cdot v^2}{r} \Rightarrow \dfrac{G \cdot M}{r} = v^2 \Rightarrow v = \sqrt{\dfrac{G \cdot M}{r}}$$

* Datos: $r_1 = 4 \cdot r_2$

* Relación entre sus velocidades orbitales: $\dfrac{v_2}{v_1} = \dfrac{\sqrt{\dfrac{G \cdot M}{r_2}}}{\sqrt{\dfrac{G \cdot M}{r_1}}} = \sqrt{\dfrac{r_1}{r_2}} = \sqrt{\dfrac{4 \cdot r_2}{r_2}} = \sqrt{4} = 2$

ii) * Deducción del período en función del radio orbital:

$$F_G = F_C \Rightarrow \dfrac{G \cdot M \cdot m}{r^2} = \dfrac{m \cdot v^2}{r} \Rightarrow \dfrac{G \cdot M}{r} = v^2 \Rightarrow$$

$$T = \dfrac{2 \cdot \pi \cdot r}{v} \Rightarrow v = \dfrac{2 \cdot \pi \cdot r}{T} \Rightarrow v^2 = \dfrac{4 \cdot \pi^2 \cdot r^2}{T^2}$$

Igualando ambas expresiones: $\dfrac{G \cdot M}{r} = \dfrac{4 \cdot \pi^2 \cdot r^2}{T^2} \Rightarrow G \cdot M \cdot T^2 = 4 \cdot \pi^2 \cdot r^3 \Rightarrow$

$\Rightarrow T = \sqrt{\dfrac{4 \cdot \pi^2 \cdot r^3}{G \cdot M}}$

* Relación entre los períodos orbitales: $\dfrac{T_2}{T_1} = \dfrac{\sqrt{\dfrac{4\cdot\pi^2\cdot r_2^3}{G\cdot M}}}{\sqrt{\dfrac{4\cdot\pi^2\cdot r_1^3}{G\cdot M}}} = \sqrt{\dfrac{r_2^3}{r_1^3}} = \sqrt{\dfrac{r_2^3}{(4\cdot r_2)^3}} = \sqrt{\dfrac{r_2^3}{64\cdot r_2^3}} = \dfrac{1}{8}$

2021

22) Razone si la siguiente afirmación es verdadera o falsa: "Si un planeta tiene el doble de masa y la mitad del radio que otro planeta, su velocidad de escape será el doble".

Correcto. La velocidad de escape es la velocidad mínima para lanzar un cuerpo desde la superficie de un planeta hasta el infinito. Según el principio de conservación de la energía mecánica: en sistemas en los que sólo hay fuerzas conservativas, la energía mecánica total permanece constante.

Podemos hacer un balance de energía mecánica:

$Ec_A + Ep_A = Ec_B + Ep_B \Rightarrow \dfrac{1}{2}\cdot m\cdot v^2 - \dfrac{G\cdot M\cdot m}{R_T} = 0 + 0 \Rightarrow \dfrac{1}{2}\cdot m\cdot v_e^2 = \dfrac{G\cdot M\cdot m}{R_T} \Rightarrow$

$\Rightarrow v_e = \sqrt{\dfrac{2\cdot G\cdot M}{R_T}}$; $v_{e1} = \sqrt{\dfrac{2\cdot G\cdot M_1}{R_{P1}}}$; $v_{e2} = \sqrt{\dfrac{2\cdot G\cdot M_2}{R_{P2}}} = \sqrt{\dfrac{2\cdot G\cdot 2\cdot M_1}{\dfrac{R_{P1}}{2}}} = \sqrt{\dfrac{2\cdot G\cdot 4\cdot M_1}{R_{P1}}}$

Dividiendo ambas: $\dfrac{v_{e2}}{v_{e1}} = \dfrac{\sqrt{\dfrac{2\cdot G\cdot 4\cdot M_1}{R_{P1}}}}{\sqrt{\dfrac{2\cdot G\cdot M_1}{R_{P1}}}} = \sqrt{4} = 2$

---

23) Razone la veracidad o falsedad de la siguiente afirmación: "Si en un punto del espacio cerca de dos masas el campo gravitatorio es nulo, también lo será el potencial gravitatorio".

Falso. El campo gravitatorio es la fuerza por unidad de masa y el potencial es la energía potencial por unidad de masa. Ambos tienen una expresión similar para su módulo:

$$g = \dfrac{G\cdot M}{r^2} \quad y \quad V = -\dfrac{G\cdot M}{r}$$

Cabría pensar que si uno se anula, se anula el otro, pero no es así. El campo es un vector y el potencial es un escalar. El campo y el potencial totales vienen dados por el principio de superposición: el efecto conjunto de varias masas es la suma de los efectos individuales:

$$\vec{g} = \sum \vec{g}_i = \vec{g}_1 + \vec{g}_2 + \vec{g}_3 + \ldots \quad ; \quad V = \sum V_i = V_1 + V_2 + V_3 + \ldots$$

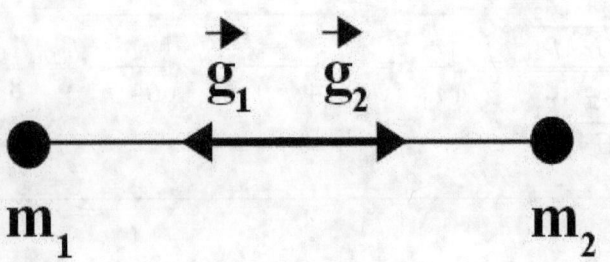

Si el campo se anula es porque los vectores se anulan entre sí; el vector campo es siempre atractivo, es decir, en la dirección y sentido de la masa que lo produce. El potencial gravitatorio es siempre negativo, excepto en el infinito, donde vale cero; nunca puede anularse por el efecto conjunto de varias masas.

---

24) Represente gráficamente las líneas del campo gravitatorio y las superficies equipotenciales creadas por una masa puntual M. Responda razonadamente: i) ¿Se pueden cortar dos líneas de campo? ii) ¿Cómo varía el potencial gravitatorio al alejarnos de la masa M?

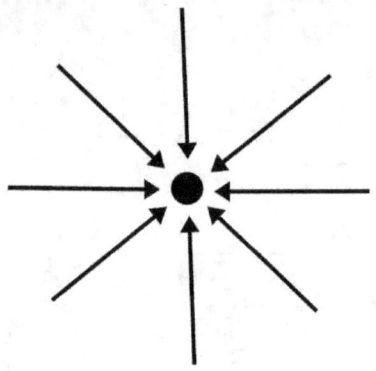

Líneas de campo gravitatorio

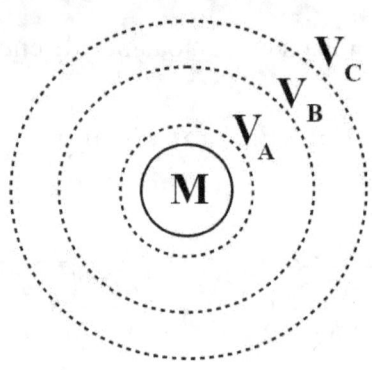

Superficies equipotenciales

El campo gravitatorio es la perturbación del espacio provocada por la presencia de una masa. Las superficies equipotenciales son aquellas que unen puntos del espacio con el mismo potencial. El potencial gravitatorio es la energía potencial por unidad de masa en un punto del espacio. Las líneas de campo tienen disposición radial. Las superficies equipotenciales son esferas concéntricas.

i) No se pueden cortar dos líneas de campo porque tienen disposición radial. Las líneas de campo se trazan siguiendo la dirección y la fuerza de una masa de prueba de 1 kg. Si se cortaran, eso significaría que para un mismo punto hay dos valores distintos del vector campo, $\vec{g}$.

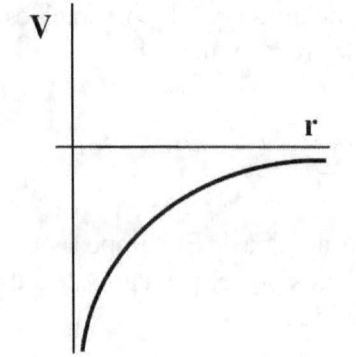

Potencial gravitatorio frente a distancia

ii) El potencial gravitatorio tiene la expresión:
$$V = -\frac{G \cdot M}{r}$$

Es decir, tiene siempre signo negativo y aumenta al aumentar la distancia r.

25) El planeta A tiene dos veces más masa que el planeta B y radio cuatro veces menor. Determine la relación entre las velocidades de escape desde las superficies de ambos planetas.

* Deducción de la velocidad de escape mediante un balance de energía:

$$Ec_A + Ep_A = Ec_B + Ep_B \Rightarrow \frac{1}{2} \cdot m \cdot v_e^2 - \frac{G \cdot M_P \cdot m}{R_P} = 0 + 0 \Rightarrow \frac{1}{2} \cdot m \cdot v_e^2 = \frac{G \cdot M_P \cdot m}{R_P} \Rightarrow$$

$$\Rightarrow \frac{v_e^2}{2} = \frac{G \cdot M_P}{R_P} \Rightarrow v_e^2 = \frac{2 \cdot G \cdot M_P}{R_P} \Rightarrow v_e = \sqrt{\frac{2 \cdot G \cdot M_P}{R_P}}$$

* Relación entre las velocidades de escape:

$$\frac{v_{eA}}{v_{eB}} = \frac{\sqrt{\frac{2 \cdot G \cdot M_{PA}}{R_{PA}}}}{\sqrt{\frac{2 \cdot G \cdot M_{PB}}{R_{PB}}}} = \frac{\sqrt{\frac{2 \cdot G \cdot 2 \cdot M_{PB}}{\frac{R_{PB}}{4}}}}{\sqrt{\frac{2 \cdot G \cdot M_{PB}}{R_{PB}}}} = \frac{\sqrt{\frac{2 \cdot G \cdot 8 \cdot M_{PB}}{R_{PB}}}}{\sqrt{\frac{2 \cdot G \cdot M_{PB}}{R_{PB}}}} = \sqrt{8} = 2 \cdot \sqrt{2}$$

La velocidad de escape en el planeta A es $2 \cdot \sqrt{2}$ mayor que en el planeta B.

---

26) Una partícula se mueve en un campo gravitatorio constante y uniforme. Discuta la veracidad de las afirmaciones: i) Si la partícula se mueve en la dirección y sentido del campo, su energía potencial aumenta y si lo hace perpendicularmente, no varía. ii) En ambos casos, la energía cinética no cambia.

En un campo gravitatorio uniforme, la intensidad del campo gravitatorio es constante, las líneas de campo son paralelas y el potencial gravitatorio disminuye en el sentido del vector campo gravitatorio.

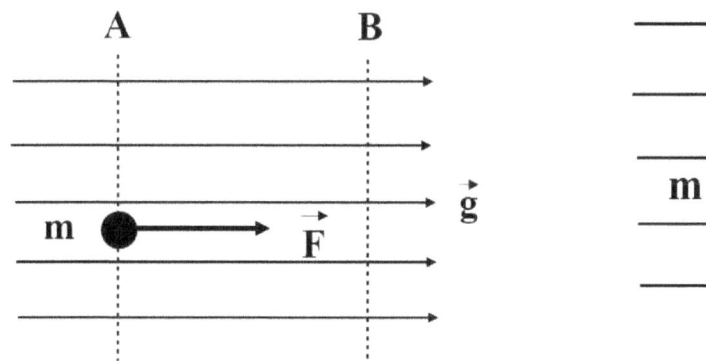
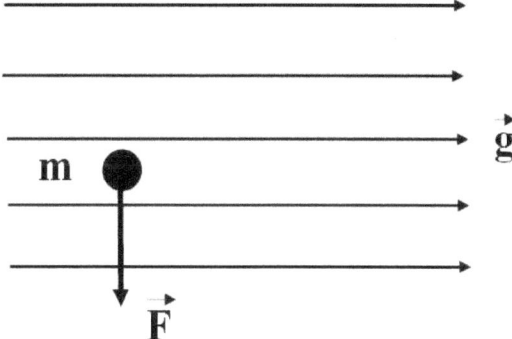

Moviéndose en la dirección del campo   Moviéndose perpendicularmente al campo

i) Parcialmente falso. Su energía potencial disminuye cuando va en la dirección y en el sentido del campo y permanece constante si se mueve perpendicularmente: $W_{AB} = -\Delta Ep = Ep_A - Ep_B$

En la dirección y en el sentido del campo, para que el proceso sea espontáneo:

$$W_{AB} > 0 \Rightarrow Ep_A - Ep_B > 0 \Rightarrow Ep_A > Ep_B \Rightarrow \text{la energía potencial disminuye.}$$

En un campo uniforme, las superficies equipotenciales son planos perpendiculares a las líneas de campo. Al moverse perpendicularmente a las líneas de campo, se mueve en una superficie equipotencial, luego su trabajo es cero y su incremento de energía potencial también es cero.

ii) Parcialmente falso. Sólo existen fuerzas conservativas, luego la energía mecánica se conserva.

Si se mueve en la dirección y en el sentido del campo, la energía potencial disminuye, luego la energía cinética aumenta:

$$E_M = \text{constante} \Rightarrow \Delta Ep = -\Delta Ec \Rightarrow \text{si Ep disminuye, Ec aumenta.}$$

Si se mueve en una dirección perpendicular a las líneas de campo, se mueve en una superficie equipotencial, luego:

$$V = \text{constante, Ep = constante, Ec = constante, } E_M = \text{constante, } \Delta Ep = 0, \Delta Ep = 0, \Delta E_M = 0$$

---

27) Razone la veracidad o falsedad de la siguiente afirmación: "Al acercar dos masas aumenta la fuerza de atracción entre ellas, pero disminuye su energía potencial".

Verdadero. Según la ley de la gravitación universal de Newton: "La fuerza con la que se atraen dos masas es directamente proporcional al producto de sus masas e inversamente proporcional al cuadrado de la distancia que las separa": $F = G \cdot \dfrac{M \cdot m}{r^2}$.

Como r está en el denominador, al disminuir r aumenta la fuerza de atracción.

La energía potencial gravitatoria es el trabajo necesario para acercar dos masas desde el infinito hasta una distancia r entre ellas: $Ep = -G \cdot \dfrac{M \cdot m}{r}$. Como r está en el denominador y la fórmula tiene signo negativo, al disminuir r, también disminuye la energía potencial.

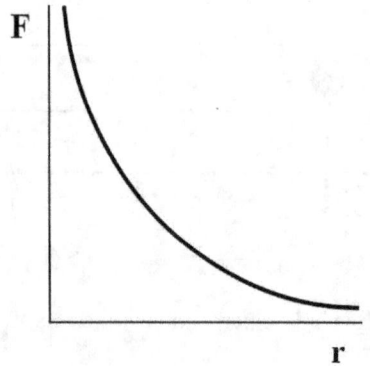

Fuerza frente a distancia

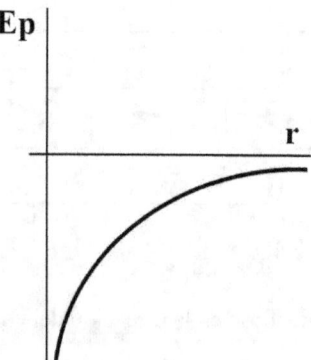

Energía potencial frente a distancia

28) Razone la veracidad o falsedad de la siguiente afirmación: Dos masas de valor m y 4m separadas una distancia d, generarán un campo gravitatorio nulo en un punto entre ambas situado a una distancia d/3 de la masa más pequeña".

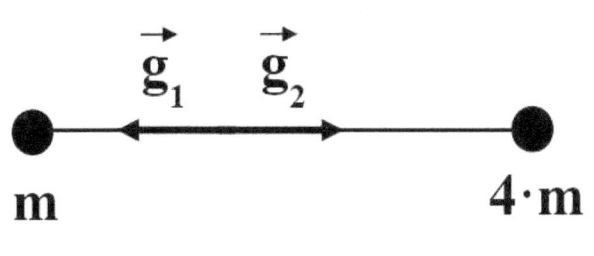

Verdadero. Aplicando el principio de superposición:

$$\vec{g} = \vec{g}_1 + \vec{g}_2 = 0 \Rightarrow \vec{g}_1 = -\vec{g}_2 \Rightarrow$$

$$\Rightarrow g_1 = g_2 \Rightarrow \frac{G \cdot m_1}{r_1^2} = \frac{G \cdot m_2}{r_2^2} \Rightarrow$$

$$\Rightarrow \frac{G \cdot m}{r_1^2} = \frac{G \cdot 4 \cdot m}{r_2^2} \Rightarrow \frac{1}{r_1^2} = \frac{4}{r_2^2} \Rightarrow \frac{1}{r_1^2} = \frac{4}{(d-r_1)^2} \Rightarrow$$

$$\Rightarrow \left(\frac{d-r_1}{r_1}\right)^2 = 4 \Rightarrow \frac{d-r_1}{r_1} = 2 \Rightarrow d - r_1 = 2 \cdot r_1 \Rightarrow d = 2 \cdot r_1 + r_1 = 3 \cdot r_1 \Rightarrow r_1 = \frac{d}{3}$$

---

29) Dos satélites idénticos, A y B, están en órbita alrededor de la Tierra, siendo sus órbitas de distinto radio: $R_A = 3 \cdot R_B$. Determine la relación entre sus velocidades orbitales y justifique cuál de las dos se mueve a mayor velocidad.

* Deducción de la velocidad orbital:

$$F_G = F_C \Rightarrow \frac{G \cdot M \cdot m}{r^2} = \frac{m \cdot v^2}{r} \Rightarrow \frac{G \cdot M}{r} = v^2 \Rightarrow v = \sqrt{\frac{G \cdot M}{r}}$$

* Relación entre sus velocidades orbitales:

$$\frac{v_A}{v_B} = \frac{\sqrt{\frac{G \cdot M}{R_A}}}{\sqrt{\frac{G \cdot M}{R_B}}} = \frac{\sqrt{\frac{G \cdot M}{3 \cdot R_B}}}{\sqrt{\frac{G \cdot M}{R_B}}} = \frac{1}{\sqrt{3}} \Rightarrow v_B = \sqrt{3} \cdot v_A$$

* Justificación de la mayor velocidad: como $\sqrt{3} > 1 \Rightarrow v_B > v_A$

Por otro lado, como: $v = \sqrt{\frac{G \cdot M}{r}}$, la velocidad orbital es inversamente proporcional a la distancia. Es decir, a mayor distancia orbital, menor velocidad orbital. Como: $R_A > R_B \Rightarrow v_A < v_B$

---

30) Un satélite orbita alrededor del planeta A y otro satélite alrededor del planeta B. El planeta A tiene cuatro veces más masa que el planeta B. Determine la relación entre las velocidades orbitales de los dos satélites si éstos orbitan a la misma distancia del centro de cada planeta.

* Deducción de la velocidad orbital:

$$F_G = F_C \Rightarrow \frac{G \cdot M \cdot m}{r^2} = \frac{m \cdot v^2}{r} \Rightarrow \frac{G \cdot M}{r} = v^2 \Rightarrow v = \sqrt{\frac{G \cdot M}{r}}$$

* Relación entre sus velocidades orbitales:

$$\frac{v_A}{v_B} = \frac{\sqrt{\dfrac{G \cdot M_A}{R_A}}}{\sqrt{\dfrac{G \cdot M_B}{R_B}}} = \frac{\sqrt{\dfrac{G \cdot 4 \cdot M_B}{r}}}{\sqrt{\dfrac{G \cdot M_B}{r}}} = \sqrt{4} = 2 \Rightarrow v_A = 2 \cdot v_B$$

PROBLEMAS DE GRAVITACIÓN

2024

1) Se desea poner alrededor de Júpiter un satélite artificial en órbita circular estacionaria (igual periodo que el planeta). Un día en Júpiter es 0'41 veces el día terrestre y la masa de Júpiter es 318 veces la de la Tierra. Determine: i) El radio orbital alrededor de Júpiter. ii) La relación que existe entre los radios orbitales de dos satélites que orbitan estacionariamente alrededor de la Tierra y de Júpiter.
G = 6'67·10⁻¹¹ N·m²·kg⁻²; $M_{Júpiter}$ = 1'9·10²⁷ kg; T_{Tierra} = 24 h.

Datos:

$T_J = 0'41 \cdot T_T$
$M_J = 318 \cdot M_T$
¿r_J?
¿r_J / r_T?
G = 6'67·10⁻¹¹ N·m²·kg⁻²
$M_{Júpiter}$ = 1'9·10²⁷ kg
T_{Tierra} = 24 h

Dibujo:

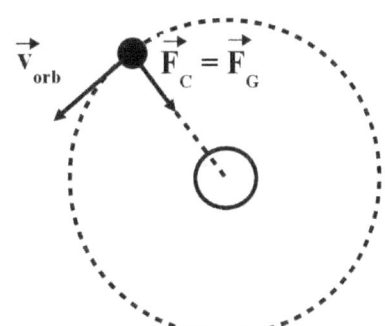

Principio físico: un satélite se mantiene en órbita por un equilibrio entre la inercia y la atracción gravitatoria.

Método de resolución: igualaremos la fuerza gravitatoria con la centrípeta y usaremos la expresión del período para obtener el radio de giro del satélite.

Resolución: * Período de Júpiter: $T_J = 0'41 \cdot T_T = 0'41 \cdot 24 \cdot 3600 = 3'54 \cdot 10^4$ s

* Radio orbital del satélite: $F_G = F_C \Rightarrow \dfrac{G \cdot M_J \cdot m}{r^2} = \dfrac{m \cdot v^2}{r} \Rightarrow \dfrac{G \cdot M_J}{r} = v^2$

$$T_J = \dfrac{2 \cdot \pi \cdot r}{v} \Rightarrow v = \dfrac{2 \cdot \pi \cdot r}{T_J} \Rightarrow v^2 = \dfrac{4 \cdot \pi^2 \cdot r^2}{T_J^2}$$

Igualando ambas expresiones: $\dfrac{G \cdot M_J}{r} = \dfrac{4 \cdot \pi^2 \cdot r^2}{T_J^2} \Rightarrow G \cdot M_J \cdot T_J^2 = 4 \cdot \pi^2 \cdot r_J^3 \Rightarrow$

$\Rightarrow r_J = \sqrt[3]{\dfrac{G \cdot M_J \cdot T_J^2}{4 \cdot \pi^2}} = \sqrt[3]{\dfrac{6'67 \cdot 10^{-11} \cdot 1'9 \cdot 10^{27} \cdot (3'54 \cdot 10^4)^2}{4 \cdot \pi^2}} = \boxed{1'59 \cdot 10^8 \text{ m}}$

* Relación entre los radios orbitales:

$\dfrac{r_J}{r_T} = \dfrac{\sqrt[3]{\dfrac{G \cdot M_J \cdot T_J^2}{4 \cdot \pi^2}}}{\sqrt[3]{\dfrac{G \cdot M_T \cdot T_T^2}{4 \cdot \pi^2}}} = \sqrt[3]{\dfrac{M_J \cdot T_J^2}{M_T \cdot T_T^2}} = \sqrt[3]{\dfrac{318 \cdot M_T \cdot 0'41^2 \cdot T_T^2}{M_T \cdot T_T^2}} = \sqrt[3]{318 \cdot 0'41^2} = \boxed{3'77}$

Comentario: el radio del satélite de Júpiter es mayor que el de la Tierra al tener Júpiter mayor masa y mayor período orbital.

2) Dos masas puntuales de 10 y 5 kg están situadas en los puntos A(0,3) m y B(4,0) m, respectivamente. i) Realice un esquema del campo gravitatorio producido por cada una de las masas en el punto C(4,3) m y calcule su valor en dicho punto. ii) Determine el trabajo necesario para desplazar una tercera masa de 4 kg desde el punto C hasta el punto O(0,0) m. Discuta el signo del trabajo. G = 6'67·10⁻¹¹ N·m²·kg⁻².

Datos: Dibujo:

m_1 = 10 kg → A(0,3) m
m_2 = 5 kg   → B(4,0) m
¿ $\vec{g}$?   → C(4,3) m
m_3 = 4 kg
¿W_{CO}?
O(0,0) m
G = 6'67·10⁻¹¹ N·m²·kg⁻²

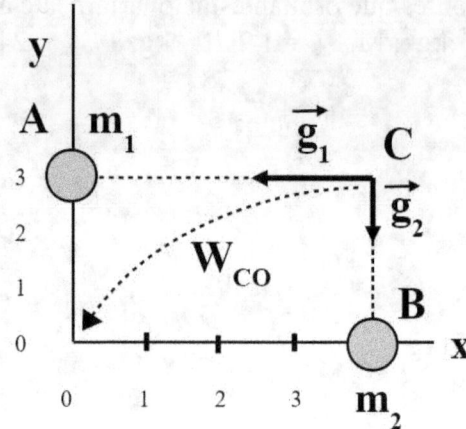

Principio físico: el campo gravitatorio es la perturbación del espacio provocada por la presencia de una masa.

Método de resolución: usaremos la fórmula del campo gravitatorio y el principio de superposición.

Resolución: * Módulos de los campos gravitatorios:

$$g_1 = \frac{G \cdot m_1}{r_1^2} = \frac{6'67 \cdot 10^{-11} \cdot 10}{4^2} = 4'17 \cdot 10^{-11} \ \frac{m}{s^2} \ ; \ g_2 = \frac{G \cdot m_2}{r_2^2} = \frac{6'67 \cdot 10^{-11} \cdot 5}{3^2} = 3'71 \cdot 10^{-11} \ \frac{m}{s^2}$$

* Vectores campos gravitatorios: $\vec{g}_1 = -4'77 \cdot 10^{-11} \cdot \vec{i} \ \frac{m}{s^2}$; $\vec{g}_2 = -3'71 \cdot 10^{-11} \cdot \vec{j} \ \frac{m}{s^2}$

* Vector campo total: $\vec{g}_T = \vec{g}_1 + \vec{g}_2 =$ $\boxed{-4'77 \cdot 10^{-11} \cdot \vec{i} - 3'71 \cdot 10^{-11} \cdot \vec{j} \ \frac{m}{s^2}}$

* Módulo del campo total: $g_T = \sqrt{(-4'77 \cdot 10^{-11})^2 + (-3'71 \cdot 10^{-11})^2} =$ $\boxed{6'04 \cdot 10^{-11} \ \frac{m}{s^2}}$

* Energía potencial en el punto C:

$$Ep_C = Ep_{C1} + Ep_{C2} = -\frac{G \cdot m_1 \cdot m_3}{r_{AC}} - \frac{G \cdot m_2 \cdot m_3}{r_{BC}} = -G \cdot m_3 \cdot \left(\frac{m_1}{r_{AC}} + \frac{m_2}{r_{BC}}\right) =$$

$$= -6'67 \cdot 10^{-11} \cdot 4 \cdot \left(\frac{10}{4} + \frac{5}{3}\right) = -1'11 \cdot 10^{-9} \ J$$

* Energía potencial en el origen:

$$Ep_O = Ep_{O1} + Ep_{O2} = -\frac{G \cdot m_1 \cdot m_3}{r_{AO}} - \frac{G \cdot m_2 \cdot m_3}{r_{BO}} = -G \cdot m_3 \cdot \left(\frac{m_1}{r_{AO}} + \frac{m_2}{r_{BO}}\right) =$$

$$= -6'67 \cdot 10^{-11} \cdot 4 \cdot \left(\frac{10}{3} + \frac{5}{4}\right) = -1'22 \cdot 10^{-9} \text{ J}$$

* Trabajo necesario: $W_{CO} = -\Delta Ep = Ep_C - Ep_O = -1'11 \cdot 10^{-9} - (-1'22 \cdot 10^{-9}) =$

$= -1'11 \cdot 10^{-9} + 1'22 \cdot 10^{-9} = \boxed{1'10 \cdot 10^{-10} \text{ J}}$

Comentario: el trabajo positivo indica que el proceso es espontáneo.

2023

3) Recientemente, la NASA envió la nave ORION-Artemis a las proximidades de la Luna. Sabiendo que la masa de la Tierra es 81 veces la de la Luna y la distancia entre sus centros es 3'84·10⁵ km: i) calcule en qué punto, entre la Tierra y la Luna, la fuerza ejercida por ambos cuerpos sobre la nave es cero; ii) determine la energía potencial de la nave en ese punto sabiendo que su masa es de 5000 kg. G = 6'67·10⁻¹¹ N·m²·kg⁻²; M_T = 5'98·10²⁴ kg.

Datos:

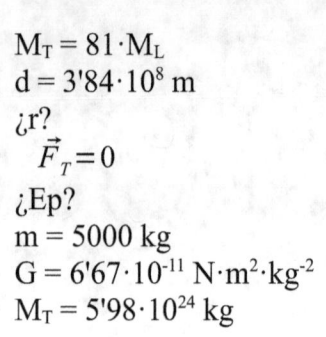

$M_T = 81 \cdot M_L$
d = 3'84·10⁸ m
¿r?
$\vec{F}_T = 0$
¿Ep?
m = 5000 kg
G = 6'67·10⁻¹¹ N·m²·kg⁻²
M_T = 5'98·10²⁴ kg

Dibujo:

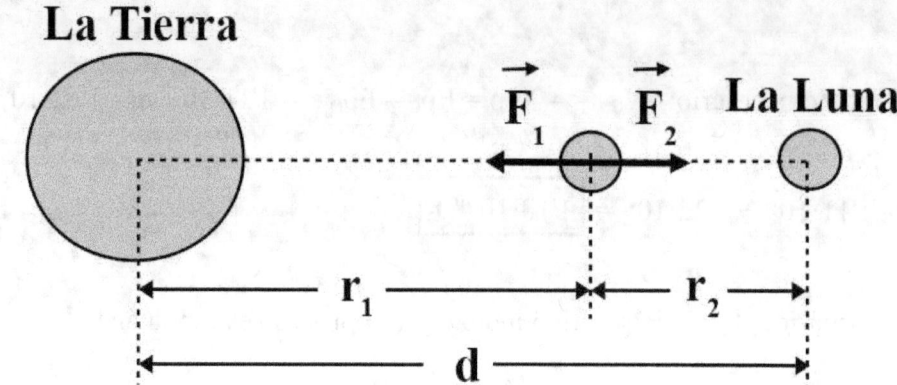

Principio físico: principio de superposición: el efecto conjunto de varias masas es la suma de los efectos individuales.

Método de resolución: aplicaremos el principio de superposición para la fuerza y para la energía potencial.

Resolución: * Relación entre las distancias: d = r₁ + r₂

* Distancia a la Luna:

$$\sum \vec{F} = 0 \quad \Rightarrow \quad \vec{F}_1 + \vec{F}_2 = 0 \quad \Rightarrow \quad \vec{F}_1 = -\vec{F}_2 \quad \Rightarrow \quad F_1 = F_2 \quad \Rightarrow$$

$$\Rightarrow \quad \frac{G \cdot M_T \cdot m}{r_1^2} = \frac{G \cdot M_L \cdot m}{r_2^2} \quad \Rightarrow \quad \frac{M_T}{r_1^2} = \frac{M_L}{r_2^2} \quad \Rightarrow \quad \frac{M_T}{M_L} = \left(\frac{r_1}{r_2}\right)^2 \quad \Rightarrow$$

$$\Rightarrow \quad \sqrt{\frac{M_T}{M_L}} = \frac{r_1}{r_2} \quad \Rightarrow \quad \sqrt{\frac{M_T}{M_L}} = \frac{d - r_2}{r_2} \quad \Rightarrow \quad \sqrt{\frac{M_T}{M_L}} = \frac{d}{r_2} - 1 \quad \Rightarrow$$

$$\Rightarrow \quad \frac{d}{r_2} = 1 + \sqrt{\frac{M_T}{M_L}} \quad \Rightarrow \quad \frac{r_2}{d} = \frac{1}{1 + \sqrt{\frac{M_T}{M_L}}} \quad \Rightarrow \quad r_2 = \frac{d}{1 + \sqrt{\frac{M_T}{M_L}}} = \frac{3'84 \cdot 10^8}{1 + \sqrt{81}} = \boxed{3'84 \cdot 10^7 \text{ m}}$$

* Distancia a la Tierra: r₁ = d − r₂ = 3'84·10⁸ − 3'84·10⁷ = $\boxed{3'46 \cdot 10^8 \text{ m}}$

* Energía potencial de la nave:

$$Ep = Ep_T + Ep_L = -\frac{G \cdot M_T \cdot m}{r_1} - \frac{G \cdot M_L \cdot m}{r_2} =$$

$$= -\frac{6'67 \cdot 10^{-11} \cdot 5'98 \cdot 10^{24} \cdot 5000}{3'46 \cdot 10^8} - \frac{6'67 \cdot 10^{-11} \cdot 5'98 \cdot 10^{24} \cdot 5000}{81 \cdot 3'84 \cdot 10^7} = \boxed{-6'41 \cdot 10^9 \text{ J}}$$

Comentario: la energía potencial es siempre negativa, pues se toma como referencia el infinito, donde la energía potencial vale cero.

4) Un planeta tiene un radio de 5000 km y la gravedad en su superficie es 8'2 m·s⁻². Este planeta orbita en torno a una estrella que tiene una masa de 8·10³¹ kg. Determine: i) la masa del planeta; ii) la velocidad de escape desde su superficie; iii) el radio de la órbita en el que la energía mecánica del planeta tiene un valor de -8'15·10³³ J. G = 6'67·10⁻¹¹ N·m²·kg⁻².

Datos:

$R_P = 5·10^6$ m
$g_P = 8'2$ m/s²
$M_E = 8·10^{31}$ kg
¿M_P?
¿v_e?
¿r?
$E_M = -8'15·10^{33}$ J
$G = 6'67·10^{-11}$ N·m²·kg⁻²

Dibujo:

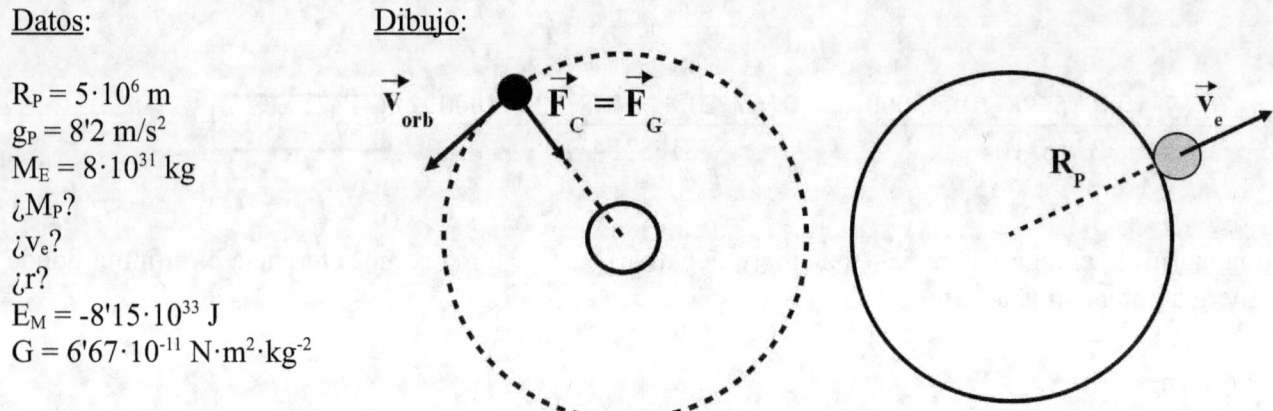

Principio físico: un satélite se mantiene en órbita por un equilibrio entre la inercia y la atracción gravitatoria. La velocidad de escape es la velocidad inicial mínima necesaria para lanzar un objeto desde la superficie de un planeta y llevarlo hasta el infinito.

Método de resolución: la masa del planeta la obtendremos a partir de la aceleración de la gravedad; deduciremos la velocidad de escape; el radio de la órbita se obtendrá a partir de la expresión de la energía potencial.

Resolución: * Masa del planeta:

$$g_P = \frac{G·M_P}{R_P^2} \Rightarrow M_P = \frac{g_P·R_P^2}{G} = \frac{8'2·(5·10^6)^2}{6'67·10^{-11}} = \boxed{3'07·10^{24} \text{ kg}}$$

* Velocidad de escape desde la superficie:

$$Ec_A + Ep_A = Ec_B + Ep_B \Rightarrow \frac{1}{2}·m·v_e^2 - \frac{G·M_P·m}{R_P} = 0+0 \Rightarrow \frac{1}{2}·m·v_e^2 = \frac{G·M_P·m}{R_P} \Rightarrow$$

$$\Rightarrow \frac{v_e^2}{2} = \frac{G·M_P}{R_P} \Rightarrow v_e^2 = \frac{2·G·M_P}{R_P} \Rightarrow v_e = \sqrt{\frac{2·G·M_P}{R_P}} =$$

$$= \sqrt{\frac{2·6'67·10^{-11}·3'07·10^{24}}{5·10^6}} = \boxed{9050 \ \frac{m}{s}}$$

* Radio de la órbita:

$$E_M = -\frac{G·M_E·M_P}{2·r} \Rightarrow r = -\frac{G·M_E·M_P}{2·E_M} = -\frac{6'67·10^{-11}·8·10^{31}·3'07·10^{24}}{2·(-8'15·10^{33})} = \boxed{1'01·10^{12} \text{ m}}$$

Comentario: la energía mecánica gravitatoria es siempre negativa.

5) Dos masas de 5 kg se encuentran en los puntos A(0,2) y B(2,0) m. Determine razonadamente: i) el valor de la intensidad del campo gravitatorio en el punto C(0,0) m; ii) el potencial gravitatorio en el mismo punto; iii) el trabajo realizado por la fuerza gravitatoria para desplazar una masa de 3 kg desde C hasta el punto D(2,2) m. Justifique el resultado obtenido. $G = 6'67 \cdot 10^{-11}$ N·m²·kg⁻².

Datos:

$m_1 = m_2 = m = 5$ kg
A(0,2) m
B(2,0) m
¿g?
¿V?
¿W_{CD}?
$m_3 = 3$ kg
D(2,2) m
$G = 6'67 \cdot 10^{-11}$ N·m²·kg⁻²

Dibujo:

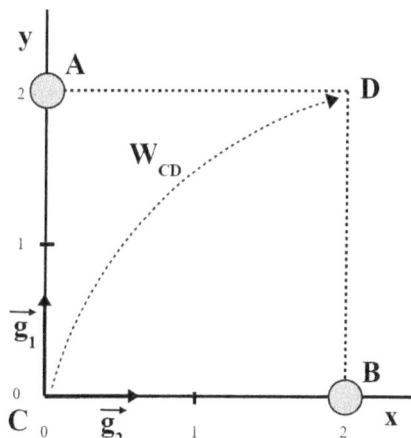

Principio físico: el campo gravitatorio es la perturbación del espacio provocada por la presencia de una masa. El potencial gravitatorio es la energía potencial por unidad de masa.

Método de resolución: usaremos el principio de superposición y la relación entre el trabajo y la variación de la energía potencial.

Resolución: * Módulos de los campos gravitatorios:

$$g_1 = g_2 = \frac{G \cdot m}{r_{AC}^2} = \frac{6'67 \cdot 10^{-11} \cdot 5}{2^2} = 8'34 \cdot 10^{-11} \frac{m}{s^2}$$

* Vectores campos gravitatorios: $\vec{g}_1 = 8'34 \cdot 10^{-11} \cdot \vec{j} \quad \frac{m}{s^2}$; $\vec{g}_2 = 8'34 \cdot 10^{-11} \cdot \vec{i} \quad \frac{m}{s^2}$

* Campo gravitatorio total: $\vec{g}_T = \vec{g}_1 + \vec{g}_2 = 8'34 \cdot 10^{-11} \cdot \vec{i} + 8'34 \cdot 10^{-11} \cdot \vec{j} \quad \frac{m}{s^2}$

$$g_T = \sqrt{g_{Tx}^2 + g_{Ty}^2} = \sqrt{(8'34 \cdot 10^{-11})^2 + (8'34 \cdot 10^{-11})^2} = \boxed{1'18 \cdot 10^{-10} \frac{m}{s^2}}$$

* Potencial gravitatorio: $V_C = V_{C1} + V_{C2} = -\frac{G \cdot m_1}{r_{AC}} - \frac{G \cdot m_2}{r_{BC}} =$

$$= -\frac{6'67 \cdot 10^{-11} \cdot 5}{2} - \frac{6'67 \cdot 10^{-11} \cdot 5}{2} = \boxed{-3'33 \cdot 10^{-10} \frac{J}{kg}}$$

* Trabajo necesario: $W_{CD} = -\Delta E_p = -m_3 \cdot \Delta V = m_3 \cdot (V_C - V_D) = \boxed{0 \text{ J}}$

Comentario: el trabajo es cero porque los puntos C y D están en la misma superficie equipotencial. Los potenciales V_C y V_D son iguales porque las masas m_1 y m_2 son iguales y las distancias r_{AC}, r_{BC}, r_{AD} y r_{BD} son iguales.

6) El satélite español Paz, que se lanzó en febrero de 2018, tiene una masa de 1400 kg y se mantiene en una órbita circular a una velocidad de 7'6 km·s⁻¹. i) Determine razonadamente el radio de la órbita. ii) ¿Cuántas vueltas dará alrededor de la Tierra en 1 día? iii) Calcule la diferencia de energía potencial del satélite en su órbita con respecto a la que tendría en la superficie terrestre.
G = 6'67·10⁻¹¹ N m² kg⁻²; R_T = 6370 km; M_T = 5'98·10²⁴ kg

Datos:

m = 1400 kg
$v_{orb.}$ = 7600 m/s
¿r?
¿N?
¿ΔEp?
G = 6'67·10⁻¹¹ N·m²·kg⁻²
R_T = 6'37·10⁶ m
M_T = 5'98·10²⁴ kg

Dibujo:

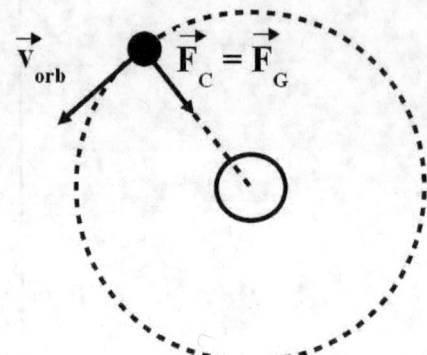

Principio físico: un satélite se mantiene en órbita por un equilibrio entre la inercia y la atracción gravitatoria.

Método de resolución: igualaremos la fuerza de la gravedad con la fuerza centrípeta, usaremos la fórmula del período y la de la energía potencial gravitatoria.

Resolución: * Radio de la órbita: $F_G = F_C \Rightarrow \dfrac{G \cdot M_T \cdot m}{r^2} = \dfrac{m \cdot v^2}{r} \Rightarrow \dfrac{G \cdot M_T}{r} = v^2 \Rightarrow$

$\Rightarrow r = \dfrac{G \cdot M_T}{v^2} = \dfrac{6'67 \cdot 10^{-11} \cdot 5'98 \cdot 10^{24}}{7600^2} = \boxed{6'91 \cdot 10^6 \text{ m}}$

* Período orbital: $T = \dfrac{2 \cdot \pi \cdot r}{v} = \dfrac{2 \cdot \pi \cdot 6'91 \cdot 10^6}{7600} = 5713 \text{ s}$

* Número de vueltas en un día: N = 1 $\dfrac{vuelta}{5713\,s} \cdot \dfrac{3600\,s}{1\,h} \cdot \dfrac{24\,h}{1\,día} = \boxed{15'1 \text{ vueltas}}$

* Diferencia de energías potenciales:

$\Delta Ep = Ep_B - Ep_A = -\dfrac{G \cdot M_T \cdot m}{r} + \dfrac{G \cdot M_T \cdot m}{R_T} = G \cdot M_T \cdot m \cdot \left(\dfrac{1}{R_T} - \dfrac{1}{r}\right) =$

$= 6'67 \cdot 10^{-11} \cdot 5'98 \cdot 10^{24} \cdot 1400 \cdot \left(\dfrac{1}{6'37 \cdot 10^6} - \dfrac{1}{6'91 \cdot 10^6}\right) = \boxed{6'85 \cdot 10^9 \text{ J}}$

Comentario: en los satélites, la fuerza dirigida hacia el centro de la trayectoria (fuerza centrípeta) es la fuerza de la gravedad.

7) Dos masas puntuales de 10 y 5 kg están situadas en los puntos A(0,3) y B(4,0) m, respectivamente. i) Represente el campo gravitatorio producido por cada una de las masas en el punto C(4,3) m y calcule el campo gravitatorio en dicho punto. ii) Calcule el potencial gravitatorio en el punto C. iii) Determine el trabajo que realiza la fuerza gravitatoria para desplazar una masa de 4 kg desde C hasta el punto D(0,0) m. Discuta el signo del trabajo obtenido. G = 6'67·10⁻¹¹ N m² kg⁻²

Datos:

m_1 = 10 kg
m_2 = 5 kg
A(0,3) m
B(4,0) m
C(4,3) m
¿g, V?
W_{CD}
m_3 = 4 kg
D(0,0) m
G = 6'67·10⁻¹¹ N·m²·kg⁻²

Dibujo:

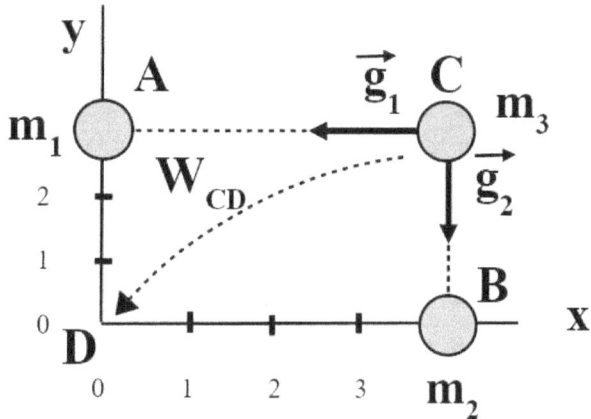

Principio físico: el campo gravitatorio es la perturbación del espacio provocada por una masa. El potencial gravitatorio es la energía potencial por unidad de masa.

Método de resolución: calcularemos los módulos de los campos y los pasaremos a vectores; utilizaremos el principio de superposición varias veces. Relacionaremos el trabajo con el incremento de la energía potencial.

Resolución: * Módulos de los campos gravitatorios:

$$g_1 = \frac{G \cdot m_1}{r^2_{AC}} = \frac{6'67 \cdot 10^{-11} \cdot 10}{4^2} = 4'17 \cdot 10^{-11} \ \frac{m}{s^2}$$

$$g_2 = \frac{G \cdot m_2}{r^2_{BC}} = \frac{6'67 \cdot 10^{-11} \cdot 5}{3^2} = 3'71 \cdot 10^{-11} \ \frac{m}{s^2}$$

* Vectores campos gravitatorios:

$$\vec{g}_1 = -4'17 \cdot 10^{-11} \cdot \vec{i} \ \frac{m}{s^2} \quad ; \quad \vec{g}_2 = -3'71 \cdot 10^{-11} \cdot \vec{j} \ \frac{m}{s^2}$$

* Campo gravitatorio total:

$$\vec{g} = \vec{g}_1 + \vec{g}_2 = \boxed{-4'17 \cdot 10^{-11} \cdot \vec{i} - 3'71 \cdot 10^{-11} \cdot \vec{j} \ \frac{m}{s^2}}$$

$$g = \sqrt{g_1^2 + g_2^2} = \sqrt{(-4'17 \cdot 10^{-11})^2 + (-3'71 \cdot 10^{-11})^2} = \boxed{5'58 \cdot 10^{-11} \ \frac{m}{s^2}}$$

* Potencial gravitatorio en el punto C:

$$V_C = V_{C1} + V_{C2} = -\frac{G \cdot m_1}{r_{AC}} - \frac{G \cdot m_2}{r_{BC}} = -\frac{6'67 \cdot 10^{-11} \cdot 10}{4} - \frac{6'67 \cdot 10^{-11} \cdot 5}{3} = \boxed{-2'78 \cdot 10^{-10} \; \frac{J}{kg}}$$

* Energía potencial en el punto C:

$$Ep_C = Ep_{C1} + Ep_{C2} = -\frac{G \cdot m_1 \cdot m_3}{r_{AC}} - \frac{G \cdot m_2 \cdot m_3}{r_{BC}} = -G \cdot m_3 \cdot \left(\frac{m_1}{r_{AC}} + \frac{m_2}{r_{BC}} \right) =$$

$$= -6'67 \cdot 10^{-11} \cdot 4 \cdot \left(\frac{10}{4} + \frac{5}{3} \right) = -1'11 \cdot 10^{-9} \; J$$

* Energía potencial en el punto D:

$$Ep_D = Ep_{D1} + Ep_{D2} = -\frac{G \cdot m_1 \cdot m_3}{r_{AD}} - \frac{G \cdot m_2 \cdot m_3}{r_{BD}} = -G \cdot m_3 \cdot \left(\frac{m_1}{r_{AD}} + \frac{m_2}{r_{BD}} \right) =$$

$$= -6'67 \cdot 10^{-11} \cdot 4 \cdot \left(\frac{10}{3} + \frac{5}{4} \right) = -1'22 \cdot 10^{-9} \; J$$

* Trabajo para desplazar la masa:

$$W_{CD} = -\Delta Ep = Ep_C - Ep_D = -1'11 \cdot 10^{-9} + 1'22 \cdot 10^{-9} = \boxed{1'1 \cdot 10^{-10} \; J}$$

Comentario: el trabajo positivo indica que el proceso es espontáneo.

8) Un satélite de 1000 kg en órbita alrededor de la Tierra da 12 vueltas al día. Determine razonadamente: i) el radio de la órbita; ii) la velocidad orbital; iii) la energía mecánica del satélite en dicha órbita. Razone el signo obtenido. G = 6'67·10⁻¹¹ N m² kg⁻²; M_T = 5'98·10²⁴ kg.

Datos: Dibujo:

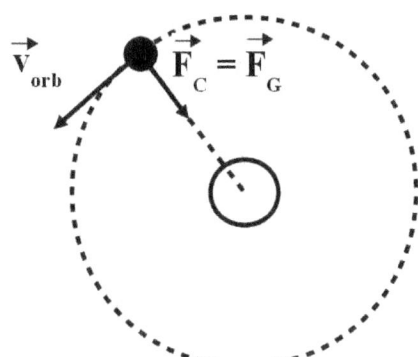

m = 1000 kg
N = 12 vueltas
t = 1 día
¿r, $v_{orb.}$, E_M?
G = 6'67·10⁻¹¹ N·m²·kg⁻²

Principio físico: un satélite se mantiene en órbita por un equilibrio entre la inercia y la atracción gravitatoria.

Método de resolución: igualaremos la fuerza de la gravedad con la fuerza centrípeta, usaremos la relación de la velocidad con el período y deduciremos la expresión de la energía mecánica.

Resolución: * Período orbital: $T = \dfrac{24\,h}{12\,vueltas} \cdot \dfrac{3600\,s}{1\,h} = 7200\,\dfrac{s}{vuelta}$

$$F_G = F_C \Rightarrow \dfrac{G \cdot M_T \cdot m}{r^2} = \dfrac{m \cdot v^2}{r} \Rightarrow \dfrac{G \cdot M_T}{r} = v^2$$

$$T = \dfrac{2 \cdot \pi \cdot r}{v} \Rightarrow v = \dfrac{2 \cdot \pi \cdot r}{T} \Rightarrow v^2 = \dfrac{4 \cdot \pi^2 \cdot r^2}{T^2}$$

Igualando ambas expresiones: $\dfrac{G \cdot M_T}{r} = \dfrac{4 \cdot \pi^2 \cdot r^2}{T^2} \Rightarrow G \cdot M_T \cdot T^2 = 4 \cdot \pi^2 \cdot r^3 \Rightarrow$

$\Rightarrow r = \sqrt[3]{\dfrac{G \cdot M_T \cdot T^2}{4 \cdot \pi^2}} = \sqrt[3]{\dfrac{6'67 \cdot 10^{-11} \cdot 5'98 \cdot 10^{24} \cdot 7200^2}{4 \cdot \pi^2}} = \boxed{8'06 \cdot 10^6 \text{ m}}$

* Velocidad orbital: $v = \dfrac{2 \cdot \pi \cdot r}{T} = \dfrac{2 \cdot \pi \cdot 8'06 \cdot 10^6}{7200} = \boxed{7034\,\dfrac{m}{s}}$

* Energía mecánica: $E_M = E_c + E_p = \dfrac{1}{2} \cdot m \cdot v^2 - \dfrac{G \cdot M_T \cdot m}{r} = \dfrac{1}{2} \cdot m \cdot \dfrac{G \cdot M_T}{r} - \dfrac{G \cdot M_T \cdot m}{r} =$

$= -\dfrac{G \cdot M_T \cdot m}{2 \cdot r} = -\dfrac{6'67 \cdot 10^{-11} \cdot 5'98 \cdot 10^{24} \cdot 1000}{2 \cdot 8'06 \cdot 10^6} = \boxed{-2'47 \cdot 10^{10} \text{ J}}$

Comentario: el período es el tiempo que tarda el cuerpo en dar una vuelta completa.

9) Dos masas puntuales de 1 y 4 kg están situadas en los puntos A(-3,1) y B(0,3) m, respectivamente. i) Realice un esquema y calcule la intensidad del campo gravitatorio en el punto C(0,0) m. ii) Calcule el potencial gravitatorio en el punto C. iii) Calcule el trabajo necesario para llevar una tercera masa de 2 kg desde C hasta el punto D(3,0) m. Justifique el signo del trabajo y razone si su valor depende de la trayectoria seguida. G = 6'67·10⁻¹¹ N m² kg⁻²

Datos:

$m_1 = 1$ kg
$m_2 = 4$ kg
A(-3,1) m
B(0,3) m
¿g?
C(0,0) m
$m_3 = 2$ kg
D(3,0) m
G = 6'67·10⁻¹¹ N·m²·kg⁻²

Dibujo:

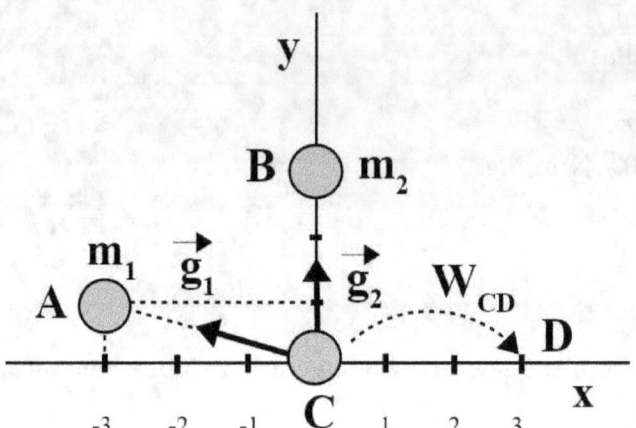

Principio físico: el campo gravitatorio es la perturbación del espacio provocada por una masa. El potencial gravitatorio es la energía potencial por unidad de masa.

Método de resolución: calcularemos los módulos de los campos y los pasaremos a vectores; utilizaremos el principio de superposición varias veces. Relacionaremos el trabajo con el incremento de la energía potencial.

Resolución: * Módulos de los campos gravitatorios:

$$g_1 = \frac{G \cdot m_1}{r_{AC}^2} = \frac{6'67 \cdot 10^{-11} \cdot 1}{(-3)^2 + 1^2} = \frac{6'67 \cdot 10^{-11}}{10} = 6'67 \cdot 10^{-12} \ \frac{m}{s^2}$$

$$g_2 = \frac{G \cdot m_2}{r_{BC}^2} = \frac{6'67 \cdot 10^{-11} \cdot 4}{3^2} = 2'96 \cdot 10^{-11} \ \frac{m}{s^2}$$

* Vectores campos gravitatorios:

$$\vec{g}_1 = -g_1 \cdot \cos\alpha \cdot \vec{i} + g_1 \cdot \text{sen}\alpha \cdot \vec{j} = -6'67 \cdot 10^{-12} \cdot \frac{3}{\sqrt{10}} \cdot \vec{i} + 6'67 \cdot 10^{-12} \cdot \frac{1}{\sqrt{10}} \cdot \vec{j} =$$

$$= -2 \cdot 10^{-12} \cdot \vec{i} + 6'67 \cdot 10^{-13} \cdot \vec{j} \ \frac{m}{s^2} \quad ; \quad \vec{g}_2 = 2'96 \cdot 10^{-11} \cdot \vec{j} \ \frac{m}{s^2}$$

* Campo gravitatorio total en el punto C: $\vec{g} = \vec{g}_1 + \vec{g}_2 = \boxed{-2 \cdot 10^{-12} \cdot \vec{i} + 3'03 \cdot 10^{-11} \cdot \vec{j}} \; \frac{m}{s^2}$

$$g = \sqrt{g_1^2 + g_2^2} = \sqrt{(-2'12 \cdot 10^{-12})^2 + (3'03 \cdot 10^{-11})^2} = \boxed{3'04 \cdot 10^{-11}} \; \frac{m}{s^2}$$

* Potencial gravitatorio en el punto C:

$$V_C = V_{C1} + V_{C2} = -\frac{G \cdot m_1}{r_{AC}} - \frac{G \cdot m_2}{r_{BC}} = -\frac{6'67 \cdot 10^{-11} \cdot 1}{\sqrt{10}} - \frac{6'67 \cdot 10^{-11} \cdot 4}{3} = \boxed{-1'10 \cdot 10^{-10}} \; \frac{J}{kg}$$

* Energía potencial en el punto C:

$$Ep_C = Ep_{C1} + Ep_{C2} = -\frac{G \cdot m_1 \cdot m_3}{r_{AC}} - \frac{G \cdot m_2 \cdot m_3}{r_{BC}} = -G \cdot m_3 \cdot \left(\frac{m_1}{r_{AC}} + \frac{m_2}{r_{BC}}\right) =$$

$$= -6'67 \cdot 10^{-11} \cdot 2 \cdot \left(\frac{1}{\sqrt{10}} + \frac{4}{3}\right) = -2'20 \cdot 10^{-10} \; J$$

* Nuevas distancias: $r_{AD} = \sqrt{6^2 + 1^2} = 6'08$ m ; $r_{BD} = \sqrt{3^2 + 3^2} = 4'24$ m

* Energía potencial en el punto D:

$$Ep_D = Ep_{D1} + Ep_{D2} = -\frac{G \cdot m_1 \cdot m_3}{r_{AD}} - \frac{G \cdot m_2 \cdot m_3}{r_{BD}} = -G \cdot m_3 \cdot \left(\frac{m_1}{r_{AD}} + \frac{m_2}{r_{BD}}\right) =$$

$$= -6'67 \cdot 10^{-11} \cdot 2 \cdot \left(\frac{1}{6'08} + \frac{4}{4'24}\right) = -1'48 \cdot 10^{-10} \; J$$

* Trabajo para desplazar la masa:

$$W_{CD} = -\Delta Ep = Ep_C - Ep_D = -2'20 \cdot 10^{-10} + 1'48 \cdot 10^{-10} = \boxed{-7'20 \cdot 10^{-11} \; J}$$

Comentario: el trabajo negativo indica que el proceso es no espontáneo.

10) El satélite meteorológico chino FY-3 tiene una masa de 2300 kg y orbita alrededor de la Tierra con un periodo de 102'85 minutos. Determine razonadamente: i) la altura de la órbita de FY-3; ii) la velocidad orbital; iii) la energía que hay que suministrar a FY-3 desde su órbita para que escape del campo gravitatorio terrestre. $G = 6'67 \cdot 10^{-11}$ N m² kg⁻²; $R_T = 6370$ km; $M_T = 5'98 \cdot 10^{24}$ kg

Datos: Dibujo:

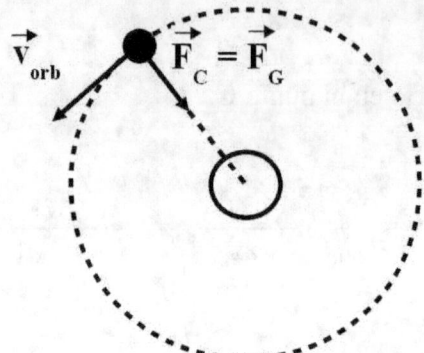

m = 2300 kg
T = 102'85 min = 6171 s
¿h, v$_{orb.}$, E?
$G = 6'67 \cdot 10^{-11}$ N·m²·kg⁻²
$R_T = 6'37 \cdot 10^6$ m
$M_T = 5'98 \cdot 10^{24}$ kg

Principio físico: un satélite se mantiene en órbita por un equilibrio entre la inercia y la atracción gravitatoria.

Método de resolución: igualaremos la fuerza de la gravedad con la fuerza centrípeta, relacionaremos la velocidad orbital con el período y haremos un balance de energía.

Resolución: * Radio de la órbita: $F_G = F_C \Rightarrow \dfrac{G \cdot M_T \cdot m}{r^2} = \dfrac{m \cdot v^2}{r} \Rightarrow \dfrac{G \cdot M_T}{r} = v^2$

$$T = \dfrac{2 \cdot \pi \cdot r}{v} \Rightarrow v = \dfrac{2 \cdot \pi \cdot r}{T} \Rightarrow v^2 = \dfrac{4 \cdot \pi^2 \cdot r^2}{T^2}$$

Igualando ambas expresiones: $\dfrac{G \cdot M_T}{r} = \dfrac{4 \cdot \pi^2 \cdot r^2}{T^2} \Rightarrow G \cdot M_T \cdot T^2 = 4 \cdot \pi^2 \cdot r^3 \Rightarrow$

$\Rightarrow r = \sqrt[3]{\dfrac{G \cdot M_T \cdot T^2}{4 \cdot \pi^2}} = \sqrt[3]{\dfrac{6'67 \cdot 10^{-11} \cdot 5'98 \cdot 10^{24} \cdot 6171^2}{4 \cdot \pi^2}} = 7'27 \cdot 10^6$ m

* Altura de la órbita: $r = R_T + h \Rightarrow h = r - R_T = 7'27 \cdot 10^6 - 6'37 \cdot 10^6 = \boxed{9 \cdot 10^5 \text{ m} = 900 \text{ km}}$

* Velocidad orbital: $v = \dfrac{2 \cdot \pi \cdot r}{T} = \dfrac{2 \cdot \pi \cdot 7'27 \cdot 10^6}{6171} = \boxed{7402 \ \dfrac{m}{s}}$

* Energía que hay que suministrar: $Ec_A + Ep_A + W_{FNC} = Ec_B + Ep_B \Rightarrow$

$\Rightarrow \dfrac{1}{2} \cdot m \cdot v^2 - \dfrac{G \cdot M_T \cdot m}{r} + W_{FNC} = 0 + 0 \Rightarrow W_{FNC} = \dfrac{G \cdot M_T \cdot m}{r} + \dfrac{1}{2} \cdot m \cdot v^2 =$

$= \dfrac{6'67 \cdot 10^{-11} \cdot 5'98 \cdot 10^{24} \cdot 2300}{7'27 \cdot 10^6} + \dfrac{1}{2} \cdot 2300 \cdot 7402^2 = \boxed{1'89 \cdot 10^{11} \text{ J}}$

Comentario: para que escape del campo gravitatorio terrestre, hay que llevar al satélite hasta el infinito.

2022

11) Dos masas de 2 y 4 kg se sitúan en los puntos A(2,0) m y B(0,3) m, respectivamente. i) Determine el campo y el potencial gravitatorio en el origen de coordenadas. ii) Calcule el trabajo realizado por la fuerza gravitatoria para trasladar una tercera masa de 1 kg desde el origen de coordenadas hasta el punto C(2,3) m. G = 6'67·10⁻¹¹ N·m²·kg⁻².

Datos:

m_1 = 2 kg
m_2 = 4 kg
A(2,0) m
B(0,3) m
¿g, V?
¿W_{OC}?
m_3 = 1 kg
C(2,3) m
G = 6'67·10⁻¹¹ N·m²·kg⁻²

Dibujo:

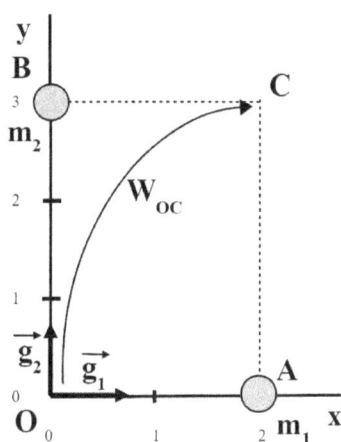

Principio físico: el campo gravitatorio es la perturbación del espacio provocada por la presencia de una masa.

Método de resolución: aplicaremos el principio de superposición: el efecto conjunto de varias masas es la suma de los efectos individuales.

Resolución: * Módulos de los campos gravitatorios:

$$g_1 = \frac{G \cdot m_1}{r_{OA}^2} = \frac{6'67 \cdot 10^{-11} \cdot 2}{2^2} = 3'33 \cdot 10^{-11} \; \frac{m}{s^2}$$

$$g_2 = \frac{G \cdot m_2}{r_{OB}^2} = \frac{6'67 \cdot 10^{-11} \cdot 4}{3^2} = 2'96 \cdot 10^{-11} \; \frac{m}{s^2}$$

* Vectores campos gravitatorios: $\vec{g}_1 = 3'33 \cdot 10^{-11} \cdot \vec{i} \; \frac{m}{s^2}$; $\vec{g}_2 = 2'96 \cdot 10^{-11} \cdot \vec{j} \; \frac{m}{s^2}$

* Campo gravitatorio total: $\boxed{\vec{g} = 3'33 \cdot 10^{-11} \cdot \vec{i} + 2'96 \cdot 10^{-11} \cdot \vec{j} \; \frac{m}{s^2}}$

$$g = \sqrt{g_x^2 + g_y^2} = \sqrt{(3'33 \cdot 10^{-11})^2 + (2'96 \cdot 10^{-11})^2} = \boxed{4'45 \cdot 10^{-11} \; \frac{m}{s^2}}$$

* Potencial total en el origen de coordenadas:

$$V = V_1 + V_2 = -\frac{G \cdot m_1}{r_{OA}} - \frac{G \cdot m_2}{r_{OB}} = -\frac{6'67 \cdot 10^{-11} \cdot 2}{2} - \frac{6'67 \cdot 10^{-11} \cdot 4}{3} = \boxed{-1'56 \cdot 10^{-10} \ \frac{J}{kg}}$$

* Energías potenciales en los puntos O y C:

$$Ep_O = Ep_{O1} + Ep_{O2} = -\frac{G \cdot m_1 \cdot m_3}{r_{OA}} - \frac{G \cdot m_2 \cdot m_3}{r_{OB}} = -G \cdot m_3 \cdot \left(\frac{m_1}{r_{OA}} + \frac{m_2}{r_{OB}}\right) =$$

$$= -6'67 \cdot 10^{-11} \cdot 1 \cdot \left(\frac{2}{2} + \frac{4}{3}\right) = -1'56 \cdot 10^{-10} \ J$$

$$Ep_C = Ep_{C1} + Ep_{C2} = -\frac{G \cdot m_1 \cdot m_3}{r_{AC}} - \frac{G \cdot m_2 \cdot m_3}{r_{BC}} = -G \cdot m_3 \cdot \left(\frac{m_1}{r_{AC}} + \frac{m_2}{r_{BC}}\right) =$$

$$= -6'67 \cdot 10^{-11} \cdot 1 \cdot \left(\frac{2}{3} + \frac{4}{2}\right) = -1'78 \cdot 10^{-10} \ J$$

* Trabajo para trasladar la masa m_3:

$$W_{OC} = -\Delta Ep = Ep_O - Ep_C = -1'56 \cdot 10^{-10} + 1'78 \cdot 10^{-10} = \boxed{2'20 \cdot 10^{-11} \ J}$$

Comentario: el signo positivo del trabajo indica que el proceso es espontáneo.

12) Dos masas iguales de 2 kg están situadas en los puntos A(1,0) m y B(-1,0) m. i) Calcule la fuerza gravitatoria sobre una masa M de 1 kg situada en el punto C(0,1) m. ii) Determine el trabajo realizado por la fuerza gravitatoria cuando la masa M se desplaza hasta el origen de coordenadas.
$G = 6'67 \cdot 10^{-11}$ N·m²·kg⁻².

Datos:

Dibujo:

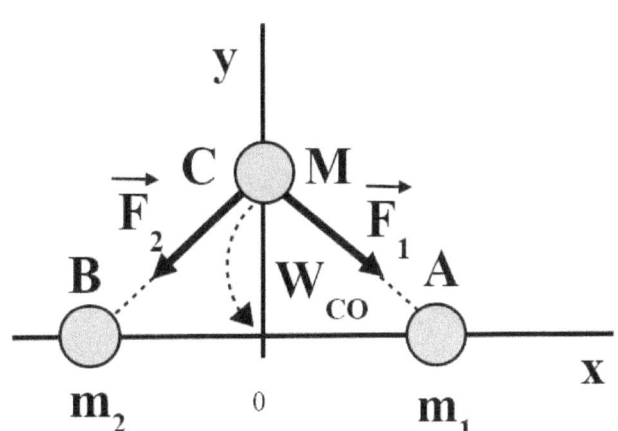

$m_1 = m_2 = 2$ kg
A(1,0) m
B(-1,0) m
¿F?
M = 1 kg
C(0,1) m
¿W_{CO}?
$G = 6'67 \cdot 10^{-11}$ N·m²·kg⁻²

Principio físico: el campo gravitatorio es la perturbación del espacio provocada por una masa. Principio de superposición: "El efecto conjunto de varias masas es la suma de los efectos individuales".

Método de resolución: usaremos el teorema de Pitágoras, la ley de gravitación universal, el principio de superposición y la relación entre el trabajo y la variación de energía potencial.

Resolución: * Distancias: $r_{AC} = r_{BC} = \sqrt{1^2 + 1^2} = \sqrt{2}$ m

* Módulos de las fuerzas: $F_1 = F_2 = \dfrac{G \cdot m_1 \cdot M}{r_{AC}^2} = \dfrac{6'67 \cdot 10^{-11} \cdot 2 \cdot 1}{2} = 6'67 \cdot 10^{-11}$ N

* Fuerza total: $\vec{F} = \vec{F}_1 + \vec{F}_2 = -2 \cdot F \cdot sen\,\alpha \cdot \vec{j} = -2 \cdot 6'67 \cdot 10^{-11} \cdot sen\,45º \cdot \vec{j} =$

= $\boxed{-9'43 \cdot 10^{-11} \cdot \vec{j}\ \text{N}}$; $\boxed{F = 9'43 \cdot 10^{-11}\ \text{N}}$

* Energía potencial en el punto C:

$Ep_C = Ep_{C1} + Ep_{C2} = -\dfrac{G \cdot M \cdot m_1}{r_{AC}} - \dfrac{G \cdot M \cdot m_2}{r_{BC}} = -2 \cdot \dfrac{6'67 \cdot 10^{-11} \cdot 1 \cdot 2}{\sqrt{2}} = -1'89 \cdot 10^{-10}$ J

$Ep_O = Ep_{O1} + Ep_{O2} = -\dfrac{G \cdot M \cdot m_1}{r_{AO}} - \dfrac{G \cdot M \cdot m_2}{r_{BO}} = -2 \cdot \dfrac{6'67 \cdot 10^{-11} \cdot 1 \cdot 2}{1} = -2'67 \cdot 10^{-10}$ J

* Trabajo necesario: $W_{CO} = -\Delta Ep = Ep_C - Ep_O = -1'89 \cdot 10^{-10} + 2'67 \cdot 10^{-10} = \boxed{7'80 \cdot 10^{-11}\ \text{J}}$

Comentario: debido a la simetría, las componentes x de ambas fuerzas se anulan, luego sólo hay que tener en cuenta las componentes y, que son iguales. Trabajo positivo, proceso espontáneo.

13) Un satélite tarda 4 horas en dar una vuelta completa alrededor de un planeta con una velocidad orbital de 5000 m/s. Calcule razonadamente: i) el radio de la órbita y la masa del planeta; ii) la velocidad de escape desde la órbita. $G = 6'67 \cdot 10^{-11} \ N \cdot m^2 \cdot kg^{-2}$.

Datos: Dibujo:

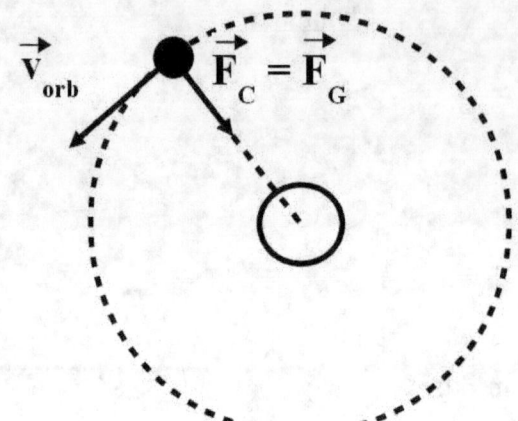

$T = 4 \ h = 14.400 \ s$
$v = 5000 \ m/s$
¿r, M_P?
¿v_e?
$G = 6'67 \cdot 10^{-11} \ N \cdot m^2 \cdot kg^{-2}$

Principio físico: un satélite se mantiene en órbita por un equilibrio entre la inercia y la atracción gravitatoria. La velocidad de escape es la velocidad inicial mínima necesaria para lanzar un objeto desde la superficie de un planeta y llevarlo hasta el infinito.

Método de resolución: usaremos la fórmula del período, igualaremos la fuerza gravitatoria con la fuerza centrípeta y haremos un balance de energía.

Resolución: * Radio de la órbita: $T = \dfrac{2 \cdot \pi \cdot r}{v} \Rightarrow r = \dfrac{T \cdot v}{2 \cdot \pi} = \dfrac{14400 \cdot 5000}{2 \cdot \pi} = \boxed{1'15 \cdot 10^7 \ m}$

* Masa del planeta: $F_G = F_C \Rightarrow \dfrac{G \cdot M_P \cdot m}{r^2} = \dfrac{m \cdot v^2}{r} \Rightarrow \dfrac{G \cdot M_P}{r} = v^2 \Rightarrow$

$\Rightarrow M_P = \dfrac{v^2 \cdot r}{G} = \dfrac{5000^2 \cdot 1'15 \cdot 10^7}{6'67 \cdot 10^{-11}} = \boxed{4'31 \cdot 10^{24} \ kg}$

* Velocidad de escape:

$Ec_A + Ep_A = Ec_B + Ep_B \Rightarrow \dfrac{1}{2} \cdot m \cdot v^2 + \dfrac{1}{2} \cdot m \cdot v_e^2 - \dfrac{G \cdot M_P \cdot m}{r} = 0 + 0 \Rightarrow$

$\Rightarrow \dfrac{1}{2} \cdot v_e^2 = \dfrac{G \cdot M_P}{r} - \dfrac{1}{2} \cdot v^2 \Rightarrow v_e^2 = \dfrac{2 \cdot G \cdot M_P}{r} - v^2 \Rightarrow v_e = \sqrt{\dfrac{2 \cdot G \cdot M_P}{r} - v^2} =$

$= \sqrt{\dfrac{2 \cdot 6'67 \cdot 10^{-11} \cdot 4'31 \cdot 10^{24}}{1'15 \cdot 10^7} - 5000^2} = \boxed{5000 \ \dfrac{m}{s}}$

Comentario: el satélite tendría dos velocidades y dos energías cinéticas: la orbital y la de escape.

14) Dos masas de 1 y 3 kg se encuentran situadas en los puntos A(1,0) m y B(6,0) m, respectivamente. Calcule: i) el potencial gravitatorio en el origen de coordenadas; ii) el campo gravitatorio en el origen de coordenadas y iii) la fuerza gravitatoria que actuará sobre una partícula de 0'5 kg situada en el origen de coordenadas. $G = 6'67 \cdot 10^{-11}$ N·m²·kg⁻².

Datos:

$m_1 = 1$ kg
$m_2 = 3$ kg
A(1,0) m
B(6,0) m
¿V?
¿g?
¿F?
$m_3 = 0'5$ kg
$G = 6'67 \cdot 10^{-11}$ N·m²·kg⁻²

Dibujo:

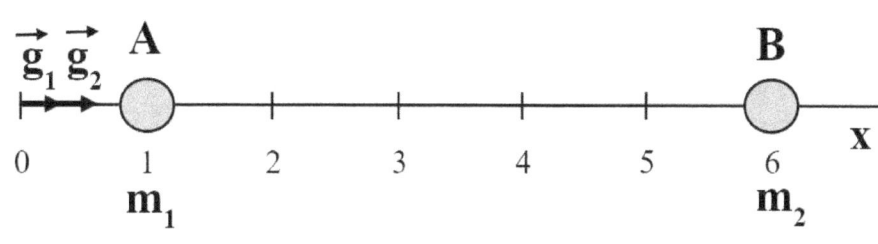

Principio físico: el potencial gravitatorio es la energía potencial por unidad de masa. El campo gravitatorio es la perturbación del espacio provocada por una masa. La fuerza gravitatoria viene definida por la ley de Newton de la gravitación universal.

Método de resolución: usaremos el principio de superposición al potencial y al campo gravitatorio. El campo gravitatorio lo relacionaremos con la fuerza gravitatoria mediante la segunda ley de Newton.

Resolución: * Potencial gravitatorio total:

$$V = V_1 + V_2 = -\frac{G \cdot m_1}{r_1} - \frac{G \cdot m_2}{r_2} = -G \cdot \left(\frac{m_1}{r_1} + \frac{m_2}{r_2}\right) = -6'67 \cdot 10^{-11} \cdot \left(\frac{1}{1} + \frac{3}{6}\right) = \boxed{-10^{-10} \ \frac{J}{kg}}$$

* Campo gravitatorio total en el origen:

$$\vec{g} = \vec{g}_1 + \vec{g}_2 = g_1 \cdot \vec{i} + g_2 \cdot \vec{i} = (g_1 + g_2) \cdot \vec{i} = \left(\frac{G \cdot m_1}{r_1^2} + \frac{G \cdot m_2}{r_2^2}\right) \cdot \vec{i} =$$

$$= G \cdot \left(\frac{m_1}{r_1^2} + \frac{m_2}{r_2^2}\right) \cdot \vec{i} = 6'67 \cdot 10^{-11} \cdot \left(\frac{1}{1^2} + \frac{3}{6^2}\right) \cdot \vec{i} = \boxed{7'23 \cdot 10^{-11} \cdot \vec{i} \ \frac{N}{kg}}$$

$$\boxed{g = 7'23 \cdot 10^{-11} \ \frac{N}{kg}}$$

* Fuerza gravitatoria: $\vec{F} = m \cdot \vec{g} = 0'5 \cdot 7'23 \cdot 10^{-11} \cdot \vec{i} = \boxed{3'62 \cdot 10^{-11} \cdot \vec{i} \ N}$

$$\boxed{F = 3'62 \cdot 10^{-11} \ N}$$

Comentario: el potencial es una magnitud escalar y el campo y la fuerza son magnitudes vectoriales.

15) Se desea colocar un satélite en órbita alrededor de la Tierra de forma que su período orbital sea de 6 horas. Calcule razonadamente: i) ¿A qué altura sobre la superficie debe estar? ii) ¿Cuál será su velocidad orbital? $G = 6'67 \cdot 10^{-11}$ N·m²·kg⁻²; $M_T = 5'98 \cdot 10^{24}$ kg; $R_T = 6370$ km.

Datos:

$T = 6$ h $= 21.600$ s
¿h?
¿v?
$G = 6'67 \cdot 10^{-11}$ N·m²·kg⁻²
$M_T = 5'98 \cdot 10^{24}$ kg
$R_T = 6'37 \cdot 10^6$ m

Dibujo:

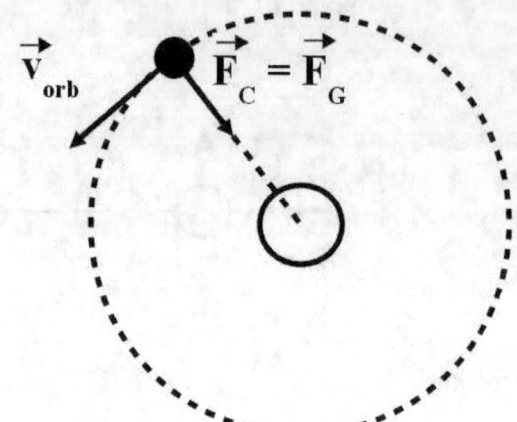

Principio físico: un satélite se mantiene en órbita por un equilibrio entre la inercia y la atracción gravitatoria.

Método de resolución: igualaremos la fuerza gravitatoria con la fuerza centrípeta y usaremos la fórmula del período orbital.

Resolución: * Altura del satélite:

$$F_G = F_C \Rightarrow \frac{G \cdot M_T \cdot m}{r^2} = \frac{m \cdot v^2}{r} \Rightarrow \frac{G \cdot M_T}{r} = v^2$$

$$T = \frac{2 \cdot \pi \cdot r}{v} \Rightarrow v = \frac{2 \cdot \pi \cdot r}{T} \Rightarrow v^2 = \frac{4 \cdot \pi^2 \cdot r^2}{T^2}$$

Igualando ambas expresiones: $\dfrac{G \cdot M_T}{r} = \dfrac{4 \cdot \pi^2 \cdot r^2}{T^2} \Rightarrow G \cdot M_T \cdot T^2 = 4 \cdot \pi^2 \cdot r^3 \Rightarrow$

$$\Rightarrow r = \sqrt[3]{\frac{G \cdot M_T \cdot T^2}{4 \cdot \pi^2}} = \sqrt[3]{\frac{6'67 \cdot 10^{-11} \cdot 5'98 \cdot 10^{24} \cdot 21600^2}{4 \cdot \pi^2}} = 1'68 \cdot 10^7 \text{ m}$$

$r = R_T + h \Rightarrow h = r - R_T = 1'68 \cdot 10^7 - 6'37 \cdot 10^6 = \boxed{1'04 \cdot 10^7 \text{ m}}$

* Velocidad orbital: $v = \dfrac{2 \cdot \pi \cdot r}{T} = \dfrac{2 \cdot \pi \cdot 1'68 \cdot 10^7}{21600} = \boxed{4887 \ \dfrac{m}{s}}$

Comentario: a cada altura del satélite le corresponde una velocidad orbital.

16) Una partícula de masa m desconocida se encuentra en el origen de coordenadas. Sabiendo que la componente x del campo gravitatorio en el punto A(2,2) m creada por dicha masa en $-1'18\cdot 10^{-11}$ N/kg, determine: i) el valor de la masa m; ii) el trabajo que realiza el campo gravitatorio para llevar una partícula de masa M = 5 kg desde el punto B(4,0) m al punto A(2,2) m. $G = 6'67\cdot 10^{-11}$ N·m²·kg⁻².

Datos:

A(2,2) m
$g_x = 1'18\cdot 10^{-11}$ N/kg
¿m?
¿W_{BA}?
M = 5 kg
B(4,0) m
$G = 6'67\cdot 10^{-11}$ N·m²·kg⁻²

Dibujo:

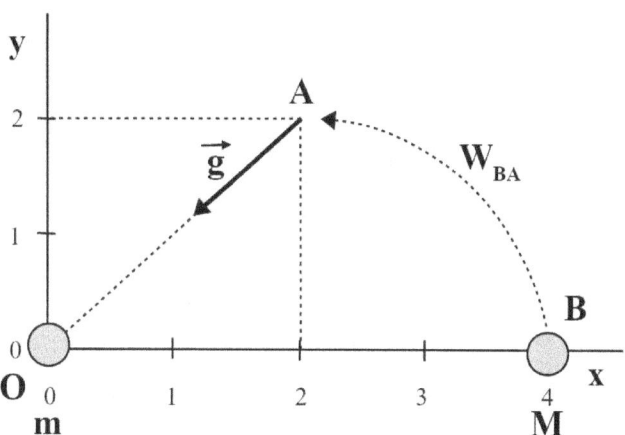

Principio físico: el campo gravitatorio es la perturbación del espacio provocada por una masa. El trabajo gravitatorio es la energía necesaria para trasladar una masa desde una distancia infinita hasta una distancia r.

Método de resolución: calcularemos la masa a partir de la fórmula de la componente x del campo gravitatorio. Calcularemos el trabajo necesario a partir de su relación con la energía potencial.

Resolución: * Distancia de A al origen: $r_A = \sqrt{2^2 + 2^2} = \sqrt{8} = 2'83$ m

* Valor de la masa m:

$$\vec{g}_x = g\cdot \cos\alpha\cdot \vec{i} = -\frac{G\cdot m}{r_A^2}\cdot \cos\alpha\cdot \vec{i} \Rightarrow g_x = \frac{G\cdot m\cdot \cos\alpha}{r_A^2} \Rightarrow m = \frac{g_x\cdot r_A^2}{G\cdot \cos\alpha} =$$

$$= \frac{1'18\cdot 10^{-11}\cdot 8}{6'67\cdot 10^{-11}\cdot \cos 45°} = \boxed{2 \text{ kg}}$$

* Trabajo del campo gravitatorio:

$$W_{BA} = -\Delta Ep = Ep_B - Ep_A = -\frac{G\cdot M\cdot m}{r_B} + \frac{G\cdot M\cdot m}{r_A} = G\cdot M\cdot m\cdot \left(\frac{1}{r_A} - \frac{1}{r_B}\right) =$$

$$= 6'67\cdot 10^{-11}\cdot 5\cdot 2\cdot \left(\frac{1}{2'83} - \frac{1}{4}\right) = \boxed{6'89\cdot 10^{-11} \text{ J}}$$

Comentario: el trabajo positivo indica que el proceso es espontáneo.

17) De un planeta se desconoce su masa, aunque se sabe que la gravedad en su superficie es la misma que en la superficie de la Tierra y que su radio es un 80 % del radio terrestre. i) Determine la masa del planeta. ii) Calcule la velocidad de escape del planeta.
G = 6'67·10⁻¹¹ N·m²·kg⁻²; M_T = 5'98·10²⁴ kg; R_T = 6370 km.

Datos: Dibujo:

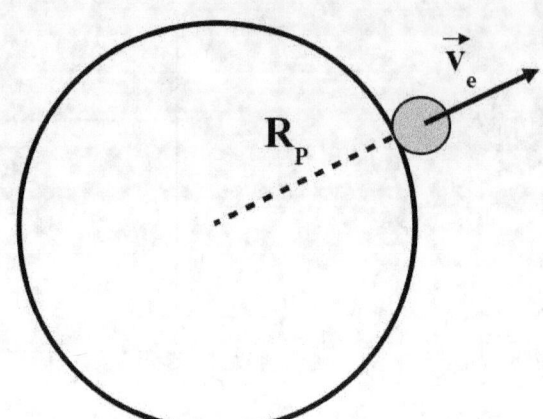

$g_P = g_T$
$R_P = 0'80 \cdot R_T$
¿M_P?
¿v_e?
$G = 6'67 \cdot 10^{-11}$ N·m²·kg⁻²
$M_T = 5'98 \cdot 10^{24}$ kg
$R_T = 6'37 \cdot 10^6$ m

Principio físico: el campo gravitatorio es la perturbación del espacio provocada por una masa. La velocidad de escape es la velocidad inicial mínima necesaria para lanzar un objeto desde la superficie de un planeta y llevarlo hasta el infinito.

Método de resolución: calcularemos la masa del planeta igualando los campos gravitatorios y haremos un balance de energía.

Resolución: * Masa del planeta: $g_P = g_T \Rightarrow \dfrac{G \cdot M_P}{R_P^2} = \dfrac{G \cdot M_T}{R_T^2} \Rightarrow \dfrac{M_P}{R_P^2} = \dfrac{M_T}{R_T^2} \Rightarrow$

$\Rightarrow \dfrac{M_P}{(0'80 \cdot R_T)^2} = \dfrac{M_T}{R_T^2} \Rightarrow \dfrac{M_P}{0'80^2} = M_T \Rightarrow M_P = 0'80^2 \cdot M_T = 0'80^2 \cdot 5'98 \cdot 10^{24} = \boxed{3'83 \cdot 10^{24} \text{ kg}}$

* Velocidad de escape: $Ec_A + Ep_A = Ec_B + Ep_B \Rightarrow \dfrac{1}{2} \cdot m \cdot v_e^2 - \dfrac{G \cdot M_P \cdot m}{R_P} = 0 + 0 \Rightarrow$

$\Rightarrow \dfrac{1}{2} \cdot v_e^2 = \dfrac{G \cdot M_P}{R_P} \Rightarrow v_e^2 = \dfrac{2 \cdot G \cdot M_P}{R_P} \Rightarrow v_e = \sqrt{\dfrac{2 \cdot G \cdot M_P}{R_P}} =$

$= \sqrt{\dfrac{2 \cdot 6'67 \cdot 10^{-11} \cdot 3'83 \cdot 10^{24}}{0'80 \cdot 6'37 \cdot 10^6}} = \boxed{10013 \ \dfrac{m}{s}}$

Comentario: la velocidad de escape es directamente proporcional a la masa del planeta e inversamente proporcional al radio del planeta.

18) Un satélite de 600 kg se encuentra en órbita a una altura de 630 km sobre la superficie terrestre. Calcule razonadamente: i) la velocidad a la que orbita y ii) la energía mecánica del satélite en su órbita.
G = 6'67·10⁻¹¹ N·m²·kg⁻²; M_T = 5'98·10²⁴ kg; R_T = 6370 km.

Datos:

m = 600 kg
h = 6'3·10⁵ m
¿v?
¿E_M?
G = 6'67·10⁻¹¹ N·m²·kg⁻²
M_T = 5'98·10²⁴ kg
R_T = 6'37·10⁶ m

Dibujo:

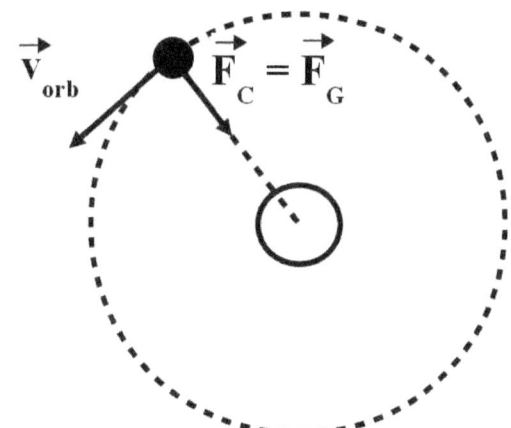

Principio físico: un satélite se mantiene en órbita por un equilibrio entre la inercia y la atracción gravitatoria.

Método de resolución: igualaremos la fuerza gravitatoria con la fuerza centrípeta para obtener la velocidad orbital y deduciremos una expresión para la energía mecánica.

Resolución: * Radio orbital: r = R_T + h = 6'37·10⁶ + 6'3·10⁵ = 7·10⁶ m

* Velocidad orbital: $F_G = F_C \Rightarrow \dfrac{G \cdot M_T \cdot m}{r^2} = \dfrac{m \cdot v^2}{r} \Rightarrow \dfrac{G \cdot M_T}{r} = v^2 \Rightarrow$

$\Rightarrow v = \sqrt{\dfrac{G \cdot M_T}{r}} = \sqrt{\dfrac{6'67 \cdot 10^{-11} \cdot 5'98 \cdot 10^{24}}{7 \cdot 10^6}} = \boxed{7549 \; \dfrac{m}{s}}$

* Energía mecánica: $E_M = E_c + E_p = \dfrac{1}{2} \cdot m \cdot v^2 - \dfrac{G \cdot M_T \cdot m}{r} = \dfrac{1}{2} \cdot m \cdot \dfrac{G \cdot M_T}{r} - \dfrac{G \cdot M_T \cdot m}{r} =$

$= - \dfrac{G \cdot M_T \cdot m}{2 \cdot r} = - \dfrac{6'67 \cdot 10^{-11} \cdot 5'98 \cdot 10^{24} \cdot 600}{2 \cdot 7 \cdot 10^6} = \boxed{-1'71 \cdot 10^{10} \; J}$

Comentario: podríamos haber calculado las energías cinética y potencial por separado y luego sumarlas, pero hemos preferido obtener una expresión para la energía mecánica.

2021

19) Conociendo la gravedad y la velocidad de escape en la superficie de Marte, calcule: i) El radio de Marte. ii) La masa de Marte. $g_{Marte} = 3'7\ m\cdot s^{-2}$, $v_{escape} = 5\cdot 10^3\ m\cdot s^{-1}$, $G = 6'67\cdot 10^{-11}\ N\cdot m^2\cdot kg^{-2}$.

Datos: Dibujo:

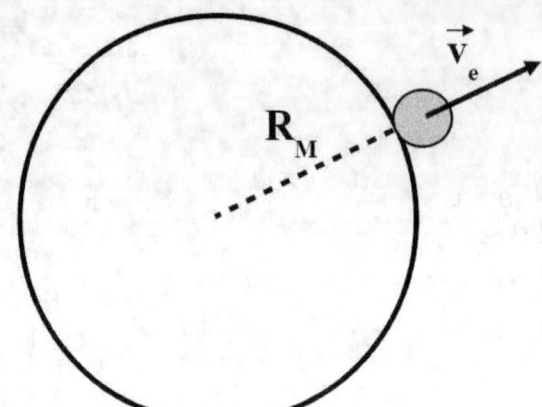

$g_{Marte} = 3'7\ m\cdot s^{-2}$
$v_{escape} = 5\cdot 10^3\ m\cdot s^{-1}$
$G = 6'67\cdot 10^{-11}\ N\cdot m^2\cdot kg^{-2}$
¿R_M?
¿M_M?

Principio físico: la velocidad de escape es la velocidad mínima necesaria para lanzar un objeto desde la superficie de un planeta y llevarlo hasta el infinito.

Método de resolución: a partir de las expresiones de la velocidad de escape y del campo gravitatorio, obtendremos las expresiones de la masa y del radio de Marte.

Resolución: * Velocidad de escape: $Ec_A + Ep_A = Ec_B + Ep_B$ $\Rightarrow$

$$\Rightarrow \frac{1}{2}\cdot m\cdot v_e^2 - \frac{G\cdot M_P\cdot m}{R_P} = 0 + 0 \Rightarrow v_e = \sqrt{\frac{2\cdot G\cdot M_M}{R_M}}$$

* Gravedad en Marte: $g_M = \dfrac{G\cdot M_M}{R_M^2}$

* Radio de Marte: $G\cdot M_M = g_M\cdot R_M^2 \Rightarrow v_e = \sqrt{\dfrac{2\cdot g_M\cdot R_M^2}{R_M}} = \sqrt{2\cdot g_M\cdot R_M} \Rightarrow$

$$\Rightarrow v_e^2 = 2\cdot g_M\cdot R_M \Rightarrow R_M = \frac{v_e^2}{2\cdot g_M} = \frac{(5\cdot 10^3)^2}{2\cdot 3'7} = \boxed{3'38\cdot 10^6\ m}$$

* Masa de Marte: $M_M = \dfrac{g_M\cdot R_M^2}{G} = \dfrac{3'7\cdot (3'38\cdot 10^6)^2}{6'67\cdot 10^{-11}} = \boxed{6'34\cdot 10^{23}\ kg}$

Comentario: también podría haberse despejado primero R_M en la expresión de g_M.

20) Dos masas $m_1 = 10$ kg y $m_2 = 10$ kg se encuentran situadas en los puntos A(0,0) m y B(0,2) m, respectivamente. i) Dibuje el campo gravitatorio debido a las dos masas en el punto C(1,1) m y determine su valor. ii) Calcule el trabajo que realiza la fuerza gravitatoria cuando una tercera masa $m_3 = 1$ kg se desplaza desde el punto D(1,0) m hasta el punto C(1,1) m. $G = 6'67 \cdot 10^{-11}$ N·m²·kg⁻².

Datos:

Dibujo:

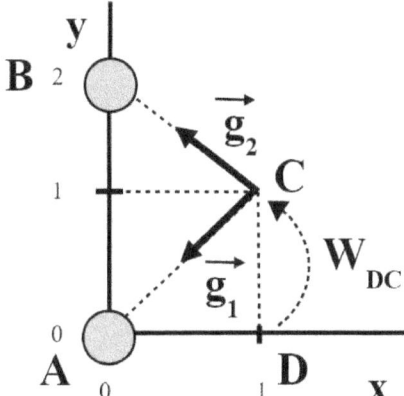

$m = m_1 = m_2 = 10$ kg
A(0,0) m
B(0,2) m
¿g?
C(1,1) m
$m_3 = 1$ kg
¿W_{DC}?
D(1,0) m
$G = 6'67 \cdot 10^{-11}$ N·m²·kg⁻².

Principio físico: el campo gravitatorio es la perturbación del espacio provocada por una masa. Principio de superposición: "El efecto conjunto de varias masas es la suma de los efectos individuales".

Método de resolución: aplicaremos el principio de superposición y la relación entre el trabajo y la variación de energía potencial.

Resolución: * Módulos de los campos gravitatorios:

$$g_1 = g_2 = \frac{G \cdot m}{r^2} = \frac{6'67 \cdot 10^{-11} \cdot 10}{1^2 + 1^2} = \frac{6'67 \cdot 10^{-11} \cdot 10}{2} = 3'33 \cdot 10^{-10} \ \frac{m}{s^2}$$

* Vectores campos gravitatorios:

$$\vec{g_1} = -g_1 \cdot \cos\alpha \cdot \vec{i} - g_1 \cdot sen\alpha \cdot \vec{j} = -3'33 \cdot 10^{-10} \cdot \cos 45° \cdot \vec{i} - 3'33 \cdot 10^{-10} \cdot sen 45° \cdot \vec{j} =$$

$$= -2'35 \cdot 10^{-10} \cdot \vec{i} - 2'35 \cdot 10^{-10} \cdot \vec{j}$$

$$\vec{g_2} = -g_2 \cdot \cos\alpha \cdot \vec{i} + g_2 \cdot sen\alpha \cdot \vec{j} = -3'33 \cdot 10^{-10} \cdot \cos 45° \cdot \vec{i} + 3'33 \cdot 10^{-10} \cdot sen 45° \cdot \vec{j} =$$

$$= -2'35 \cdot 10^{-10} \cdot \vec{i} + 2'35 \cdot 10^{-10} \cdot \vec{j}$$

* Campo gravitatorio total:

$$\vec{g} = \vec{g_1} + \vec{g_2} = -2 \cdot 2'35 \cdot 10^{-10} \cdot \vec{i} = -4'7 \cdot 10^{-10} \cdot \vec{i} \quad \frac{m}{s^2} \quad ; \quad \boxed{g = 4'7 \cdot 10^{-10} \ \frac{m}{s^2}}$$

* Energía potencial en el punto D:

$$Ep_D = Ep_{D1} + Ep_{D2} = -\frac{G \cdot m_1 \cdot m_3}{r_{D1}} - \frac{G \cdot m_2 \cdot m_3}{r_{D2}} = -G \cdot m \cdot m_3 \cdot \left(\frac{1}{r_{D1}} + \frac{1}{r_{D2}}\right) =$$

$$= -6'67 \cdot 10^{-11} \cdot 10 \cdot 1 \cdot \left(\frac{1}{1} + \frac{1}{\sqrt{5}}\right) = -9'65 \cdot 10^{-10} \text{ J}$$

* Energía potencial en el punto C:

$$Ep_C = Ep_{C1} + Ep_{C2} = -\frac{G \cdot m_1 \cdot m_3}{r_{C1}} - \frac{G \cdot m_2 \cdot m_3}{r_{C2}} = -G \cdot m \cdot m_3 \cdot \left(\frac{1}{r_{C1}} + \frac{1}{r_{C2}}\right) =$$

$$= -6'67 \cdot 10^{-11} \cdot 10 \cdot 1 \cdot \left(\frac{1}{\sqrt{2}} + \frac{1}{\sqrt{2}}\right) = -9'43 \cdot 10^{-10} \text{ J}$$

* Trabajo para transportar la masa de D a C:

$$W_{DC} = -\Delta Ep = Ep_D - Ep_C = -9'65 \cdot 10^{-10} \text{ J} + 9'43 \cdot 10^{-10} = \boxed{-2'2 \cdot 10^{-11} \text{ J}}$$

Comentario: el signo negativo del trabajo indica que el proceso es no espontáneo.

21) Dos masas puntuales $m_1 = 2$ kg y $m_2 = 4$ kg están situadas en los puntos A(-3,0) y B(0,1) m, respectivamente. Calcule razonadamente: i) El campo gravitatorio en el punto C(0,-1) m. ii) La fuerza que ejercerá el campo sobre una masa $m_3 = 0'5$ kg situada en ese punto. $G = 6'67 \cdot 10^{-11}$ N·m²·kg⁻².

Datos:

$m_1 = 2$ kg
$m_2 = 4$ kg
A(-3,0) m
B(0,1) m
¿g?
C(0,-1) m
¿F?
$m_3 = 0'5$ kg
$G = 6'67 \cdot 10^{-11}$ N·m²·kg⁻²

Dibujo:

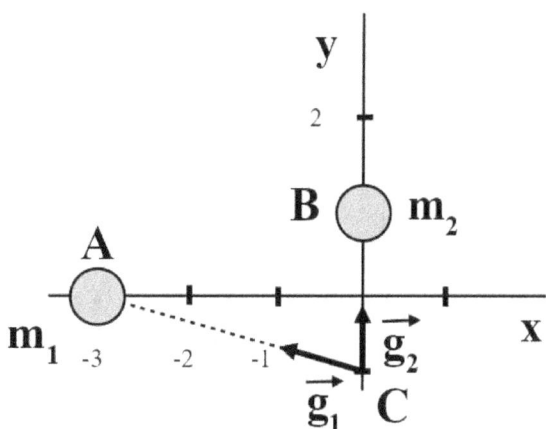

Principio físico: el campo gravitatorio es la perturbación del espacio provocada por la presencia de una masa.

Método de resolución: principio de superposición: el efecto conjunto de varias masas es la suma de los efectos individuales.

Resolución: * Módulos de los campos gravitatorios:

$$g_1 = \frac{G \cdot m_1}{r^2_{AC}} = \frac{6'67 \cdot 10^{-11} \cdot 2}{3^2 + 1^2} = \frac{6'67 \cdot 10^{-11} \cdot 2}{10} = 1'33 \cdot 10^{-11} \; \frac{m}{s^2}$$

$$g_2 = \frac{G \cdot m_2}{r^2_{BC}} = \frac{6'67 \cdot 10^{-11} \cdot 4}{2^2} = 6'67 \cdot 10^{-11} \; \frac{m}{s^2}$$

* Vectores campos gravitatorios:

$$\vec{g}_1 = -g_1 \cdot \cos\alpha \cdot \vec{i} + g_1 \cdot \mathrm{sen}\alpha \cdot \vec{j} = -1'33 \cdot 10^{-11} \cdot \frac{3}{\sqrt{10}} \cdot \vec{i} + 1'33 \cdot 10^{-11} \cdot \frac{1}{\sqrt{10}} \cdot \vec{j} =$$

$$= -1'26 \cdot 10^{-11} \cdot \vec{i} + 4'21 \cdot 10^{-12} \cdot \vec{j} \; \frac{m}{s^2} \quad ; \quad \vec{g}_2 = 6'67 \cdot 10^{-11} \cdot \vec{j} \; \frac{m}{s^2}$$

* Campo gravitatorio total:

$$\vec{g} = \vec{g}_1 + \vec{g}_2 = \boxed{-1'26 \cdot 10^{-11} \cdot \vec{i} + 7'09 \cdot 10^{-11} \cdot \vec{j} \quad \frac{m}{s^2}}$$

$$g = \sqrt{g_x^2 + g_y^2} = \sqrt{(-1'26 \cdot 10^{-11})^2 + (7'09 \cdot 10^{-11})^2} = \boxed{7'20 \cdot 10^{-11} \; \frac{m}{s^2}}$$

* Fuerza sobre la masa m₃:

$$\vec{F} = m_3 \cdot \vec{g}_C = 0'5 \cdot (-1'26 \cdot 10^{-11} \cdot \vec{i} + 7'09 \cdot 10^{-11} \cdot \vec{j}) = -6'30 \cdot 10^{-12} \cdot \vec{i} + 3'54 \cdot 10^{-11} \cdot \vec{j} \quad N$$

$$F = \sqrt{F_x^2 + F_y^2} = \sqrt{(-6'30 \cdot 10^{-12})^2 + (3'54 \cdot 10^{-11})^2} = \boxed{3'60 \cdot 10^{-11} \; N}$$

Comentario: podría haberse calculado la fuerza total sumando las fuerzas individuales, pero este procedimiento es más rápido, pues ya teníamos el campo total, $\vec{g}$.

22) La masa de la Luna es 0'012 veces la masa de la Tierra y el radio lunar es 0'27 veces el radio de la Tierra. Calcule: i) La aceleración de la gravedad en la superficie de la Luna. ii) La velocidad de escape de un objeto desde la superficie de la Luna. g = 9'8 m·s^{-2}; R$_T$ = 6370 km.

Datos: Dibujo:

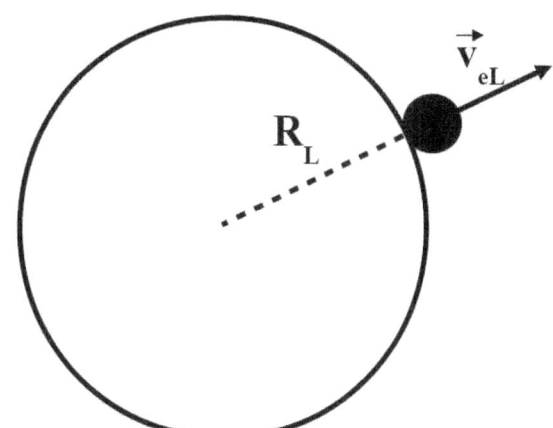

$M_L = 0'012 \cdot M_T$
$R_L = 0'27 \cdot R_T$
¿g_L?
¿v_{eL}?
$g_T = 9'8$ m·s^{-2}
$R_T = 6'37 \cdot 10^6$ m

Principio físico: el campo gravitatorio es la perturbación del espacio provocada por una masa. La velocidad de escape es la velocidad mínima necesaria para lanzar un cuerpo desde la superficie de un planeta y que llegue hasta el infinito.

Método de resolución: usaremos las expresiones del campo gravitatorio y de la velocidad de escape.

Resolución: * Aceleración de la gravedad en la superficie de la Luna:

$$g_L = \frac{G \cdot M_L}{R_L^2} = \frac{G \cdot 0'012 \cdot M_T}{(0'27 \cdot R_T)^2} = \frac{0'012}{0'27^2} \cdot \frac{G \cdot M_T}{R_T^2} = \frac{0'012}{0'27^2} \cdot g_T = \frac{0'012}{0'27^2} \cdot 9'8 = \boxed{1'61 \ \frac{m}{s^2}}$$

* Velocidad de escape: $Ec_A + Ep_A = Ec_B + Ep_B \Rightarrow$

$$\Rightarrow \frac{1}{2} \cdot m \cdot v_e^2 - \frac{G \cdot M_L \cdot m}{R_L} = 0 + 0 \Rightarrow v_e = \sqrt{\frac{2 \cdot G \cdot M_L}{R_L}}$$

$$g_L = \frac{G \cdot M_L}{R_L^2} \Rightarrow G \cdot M_L = g_L \cdot R_L^2 \Rightarrow v_e = \sqrt{\frac{2 \cdot G \cdot M_L}{R_L}} = \sqrt{\frac{2 \cdot g_L \cdot R_L^2}{R_L}} = \sqrt{2 \cdot g_L \cdot R_L} =$$

$$= \sqrt{2 \cdot g_L \cdot 0'27 \cdot R_T} = \sqrt{2 \cdot 1'61 \cdot 0'27 \cdot 6'37 \cdot 10^6} = \boxed{2353 \ \frac{m}{s}}$$

Comentario: como no conocíamos M_L ni R_L, hemos tenido que hacer varias operaciones algebraicas para poner la velocidad de escape en función de g_L y de R_T.

23) Dos masas puntuales m₁ = 8 kg y m₂ = 12 kg están situadas en los puntos A(0,0) m y B(2,0) m, respectivamente. i) Determine el punto entre las dos masas donde se anula el campo gravitatorio. ii) Calcule el trabajo que realiza la fuerza gravitatoria cuando una tercera masa m₃ = 2 kg se desplaza desde el infinito hasta el punto C(2,2) m. G = 6'67·10⁻¹¹ N·m²·kg⁻².

Datos:

$m_1 = 8$ kg
$m_2 = 12$ kg
$A(0,0)$ m
$B(2,0)$ m
¿r_1, r_2?
¿W?
$m_3 = 2$ kg
$C(2,2)$ m
$G = 6'67 \cdot 10^{-11}$ N·m²·kg⁻²

Dibujo:

Principio físico: el campo gravitatorio es la perturbación del espacio provocada por la presencia de una masa.

Método de resolución: principio de superposición: el efecto conjunto de varias masas es la suma de los efectos individuales.

Resolución: * Punto donde se anula el campo gravitatorio:

$$\vec{g} = \vec{g}_1 + \vec{g}_2 = 0 \Rightarrow \vec{g}_1 = -\vec{g}_2 \Rightarrow g_1 = g_2 \Rightarrow \frac{G \cdot m_1}{r_1^2} = \frac{G \cdot m_2}{r_2^2} \Rightarrow$$

$$\Rightarrow \frac{m_1}{r_1^2} = \frac{m_2}{r_2^2} \Rightarrow \frac{m_1}{r_1^2} = \frac{m_2}{(d-r_1)^2} \Rightarrow \left(\frac{d-r_1}{r_1}\right)^2 = \frac{m_2}{m_1} \Rightarrow$$

$$\Rightarrow \frac{d-r_1}{r_1} = \sqrt{\frac{m_2}{m_1}} \Rightarrow d - r_1 = r_1 \cdot \sqrt{\frac{m_2}{m_1}} \Rightarrow d = r_1 + r_1 \cdot \sqrt{\frac{m_2}{m_1}} \Rightarrow$$

$$\Rightarrow r_1 = \frac{d}{1+\sqrt{\frac{m_2}{m_1}}} = \frac{2}{1+\sqrt{\frac{12}{8}}} = \boxed{0'9 \text{ m}} \; ; \; r_2 = d - r_1 = 2 - 0'9 = \boxed{1'1 \text{ m}}$$

* Trabajo realizado: $W = -\Delta Ep = Ep_\infty - Ep_C = -Ep_{AC} - Ep_{BC} = \frac{G \cdot m_1 \cdot m_3}{r_{AC}} + \frac{G \cdot m_2 \cdot m_3}{r_{BC}} =$

$= G \cdot m_3 \cdot \left(\frac{m_1}{r_{AC}} + \frac{m_2}{r_{BC}}\right) = 6'67 \cdot 10^{-11} \cdot 2 \cdot \left(\frac{8}{\sqrt{8}} + \frac{12}{2}\right) = \boxed{1'18 \cdot 10^{-9} \text{ J}}$

Comentario: como el trabajo es positivo, el proceso es espontáneo.

24) Dos masas $m_1 = 10$ kg y $m_2 = 30$ kg se encuentran situadas en los puntos A(0,0) m y B(4,3) m, respectivamente. i) Dibuje el campo gravitatorio debido a las dos masas en el punto C(0,3) m y determine su valor. ii) Calcule el trabajo que realiza la fuerza gravitatoria cuando una tercera masa $m_3 = 2$ kg se desplaza desde el punto C(0,3) m hasta el punto D(4,0) m. $G = 6'67 \cdot 10^{-11}$ N·m²·kg⁻².

Datos:

$m_1 = 10$ kg
$m_2 = 30$ kg
A(0,0) m
B(4,3) m
¿g?
C(0,3) m
¿W_{CD}?
$m_3 = 2$ kg
C(0,3) m
D(4,0) m
$G = 6'67 \cdot 10^{-11}$ N·m²·kg⁻²

Dibujo:

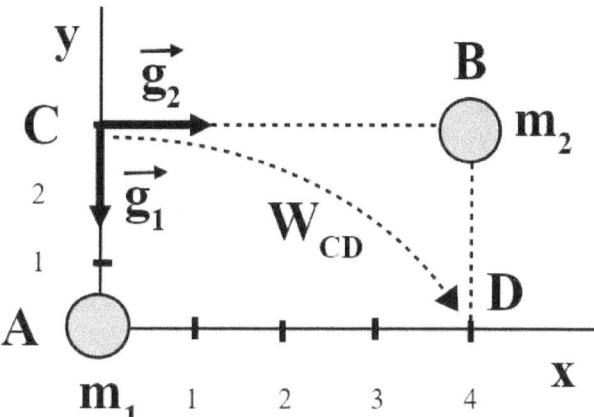

Principio físico: el campo gravitatorio es la perturbación del espacio provocada por la presencia de una masa.

Método de resolución: principio de superposición: el efecto conjunto de varias masas es la suma de los efectos individuales.

Resolución: * Módulos de los campos gravitatorios:

$$g_1 = \frac{G \cdot m_1}{r_{AC}^2} = \frac{6'67 \cdot 10^{-11} \cdot 10}{3^2} = 7'41 \cdot 10^{-11} \ \frac{m}{s^2}$$

$$g_2 = \frac{G \cdot m_2}{r_{BC}^2} = \frac{6'67 \cdot 10^{-11} \cdot 30}{4^2} = 1'25 \cdot 10^{-10} \ \frac{m}{s^2}$$

* Vectores campos gravitatorios: $\vec{g}_1 = -7'41 \cdot 10^{-11} \cdot \vec{j} \ \frac{m}{s^2}$; $\vec{g}_2 = 1'25 \cdot 10^{-10} \cdot \vec{i} \ \frac{m}{s^2}$

* Campo gravitatorio total: $\vec{g} = \vec{g}_1 + \vec{g}_2 = 1'25 \cdot 10^{-10} \cdot \vec{i} - 7'41 \cdot 10^{-11} \cdot \vec{j} \ \frac{m}{s^2}$

$$g = \sqrt{g_x^2 + g_y^2} = \sqrt{(1'25 \cdot 10^{-10})^2 + (-7'41 \cdot 10^{-11})^2} = \boxed{1'45 \cdot 10^{-10} \ \frac{m}{s^2}}$$

* Energía potencial en el punto C:

$$Ep_C = Ep_{C1} + Ep_{C2} = - \frac{G \cdot m_1 \cdot m_3}{r_{AC}} - \frac{G \cdot m_2 \cdot m_3}{r_{BC}} = - G \cdot m_3 \cdot \left(\frac{m_1}{r_{AC}} + \frac{m_2}{r_{BC}} \right) =$$

$$= - 6'67 \cdot 10^{-11} \cdot 2 \cdot \left(\frac{10}{3} + \frac{30}{4} \right) = - 1'44 \cdot 10^{-9} \text{ J}$$

* Energía potencial en el punto D:

$$Ep_D = Ep_{D1} + Ep_{D2} = - \frac{G \cdot m_1 \cdot m_3}{r_{AD}} - \frac{G \cdot m_2 \cdot m_3}{r_{BD}} = - G \cdot m_3 \cdot \left(\frac{m_1}{r_{AD}} + \frac{m_2}{r_{BD}} \right) =$$

$$= - 6'67 \cdot 10^{-11} \cdot 2 \cdot \left(\frac{10}{4} + \frac{30}{3} \right) = - 1'67 \cdot 10^{-9} \text{ J}$$

* Trabajo para llevar la masa m_3 del punto C al D:

$$W_{CD} = - \Delta Ep = Ep_C - Ep_D = - 1'44 \cdot 10^{-9} + 1'67 \cdot 10^{-9} = \boxed{2'30 \cdot 10^{-10} \text{ J}}$$

Comentario: como el trabajo es positivo, el proceso es espontáneo.

25) Se pretende poner en órbita un satélite artificial que diariamente dará 10 vueltas a la Tierra. i) ¿A qué altura sobre la superficie terrestre se situará? ii) ¿Cuál será la velocidad del satélite?
$G = 6'67 \cdot 10^{-11}$ N·m²·kg⁻², $M_T = 5'98 \cdot 10^{24}$ kg; $R_T = 6370$ km.

Datos: Dibujo:

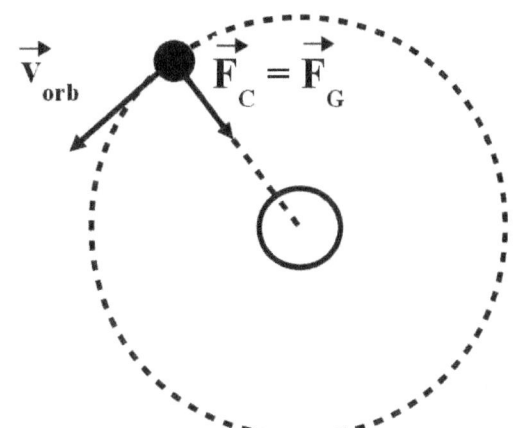

N = 10 vueltas
¿h?
¿v?
$G = 6'67 \cdot 10^{-11}$ N·m²·kg⁻²
$M_T = 5'98 \cdot 10^{24}$ kg
$R_T = 6'37 \cdot 10^{6}$ m

Principio físico: un satélite se mantiene en órbita por un equilibrio entre la inercia y la atracción gravitatoria.

Método de resolución: calcularemos el período e igualaremos la fuerza de la gravedad con la fuerza centrípeta.

Resolución: * Período del satélite: $T = \dfrac{24\,h}{10\,vueltas} \cdot \dfrac{3600\,s}{1\,h} = 8640 \dfrac{s}{vuelta}$

* Altura del satélite: $F_G = F_C \Rightarrow \dfrac{G \cdot M_T \cdot m}{r^2} = \dfrac{m \cdot v^2}{r} \Rightarrow \dfrac{G \cdot M_T}{r} = v^2$

$T = \dfrac{2 \cdot \pi \cdot r}{v} \Rightarrow v = \dfrac{2 \cdot \pi \cdot r}{T} \Rightarrow v^2 = \dfrac{4 \cdot \pi^2 \cdot r^2}{T^2}$

Igualando ambas expresiones: $\dfrac{G \cdot M_T}{r} = \dfrac{4 \cdot \pi^2 \cdot r^2}{T^2} \Rightarrow G \cdot M_T \cdot T^2 = 4 \cdot \pi^2 \cdot r^3 \Rightarrow$

$\Rightarrow r = \sqrt[3]{\dfrac{G \cdot M_T \cdot T^2}{4 \cdot \pi^2}} = \sqrt[3]{\dfrac{6'67 \cdot 10^{-11} \cdot 5'98 \cdot 10^{24} \cdot 8640^2}{4 \cdot \pi^2}} = 9'10 \cdot 10^{6}$ m

$r = R_T + h \Rightarrow h = r - R_T = 9'10 \cdot 10^{6} - 6'37 \cdot 10^{6} = \boxed{2'73 \cdot 10^{6}\ m}$

* Velocidad del satélite: $v = \dfrac{2 \cdot \pi \cdot r}{T} = \dfrac{2 \cdot \pi \cdot 9'10 \cdot 10^{6}}{8640} = \boxed{6618\ \dfrac{m}{s}}$

Comentario: el período es el tiempo que tarda el satélite en dar una vuelta completa.

26) Un satélite artificial de 800 kg de masa se sitúa en una órbita de radio cuatro veces el radio de la Tierra. i) Determine su período orbital. ii) Calcule la energía necesaria para ponerlo en la órbita desde la superficie terrestre, despreciando la rotación de la Tierra.
$G = 6'67 \cdot 10^{-11} \ N \cdot m^2 \cdot kg^{-2}$, $M_T = 5'98 \cdot 10^{24}$ kg; $R_T = 6370$ km.

Datos:

m = 800 kg
r = 4·R_T
¿T?
¿W_{FNC}?
$G = 6'67 \cdot 10^{-11} \ N \cdot m^2 \cdot kg^{-2}$
$M_T = 5'98 \cdot 10^{24}$ kg
$R_T = 6'37 \cdot 10^6$ m

Dibujo:

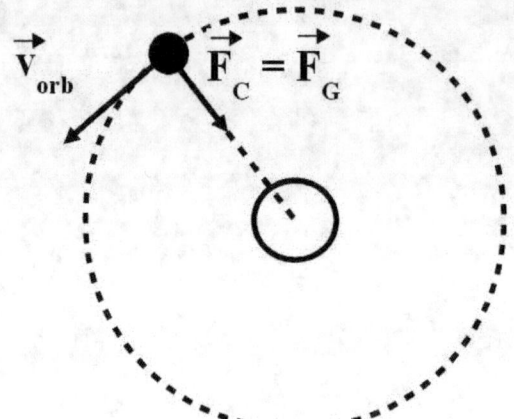

Principio físico: un satélite se mantiene en órbita por un equilibrio entre la inercia y la atracción gravitatoria.

Método de resolución: igualaremos la fuerza de la gravedad con la fuerza centrípeta y haremos un balance de energía.

Resolución: * Período orbital:

$$F_G = F_C \ \Rightarrow \ \frac{G \cdot M_T \cdot m}{r^2} = \frac{m \cdot v^2}{r} \ \Rightarrow \ \frac{G \cdot M_T}{r} = v^2$$

$$T = \frac{2 \cdot \pi \cdot r}{v} \ \Rightarrow \ v = \frac{2 \cdot \pi \cdot r}{T} \ \Rightarrow \ v^2 = \frac{4 \cdot \pi^2 \cdot r^2}{T^2}$$

Igualando ambas expresiones: $\frac{G \cdot M_T}{r} = \frac{4 \cdot \pi^2 \cdot r^2}{T^2} \ \Rightarrow \ G \cdot M_T \cdot T^2 = 4 \cdot \pi^2 \cdot r^3 \ \Rightarrow$

$$\Rightarrow T = \sqrt{\frac{4 \cdot \pi^2 \cdot r^3}{G \cdot M_T}} = \sqrt{\frac{4 \cdot \pi^2 \cdot (4 \cdot 6'37 \cdot 10^6)^3}{6'67 \cdot 10^{-11} \cdot 5'98 \cdot 10^{24}}} = \boxed{4'05 \cdot 10^4 \ s = 11'2 \ h}$$

* Energía necesaria para ponerlo en la órbita:

$$Ec_A + Ep_A + W_{FNC} = Ec_B + Ep_B \Rightarrow 0 - \frac{G \cdot M_T \cdot m}{R_T} + W_{FNC} = \frac{1}{2} \cdot m \cdot v^2 - \frac{G \cdot M_T \cdot m}{r} \Rightarrow$$

$$\Rightarrow W_{FNC} = \frac{1}{2} \cdot m \cdot \frac{G \cdot M_T}{r} + \frac{G \cdot M_T \cdot m}{R_T} - \frac{G \cdot M_T \cdot m}{r} = \frac{G \cdot M_T \cdot m}{R_T} - \frac{G \cdot M_T \cdot m}{2 \cdot r} =$$

$$= G \cdot M_T \cdot m \cdot \left(\frac{1}{R_T} - \frac{1}{2 \cdot r} \right) = 6'67 \cdot 10^{-11} \cdot 5'98 \cdot 10^{24} \cdot 800 \cdot \left(\frac{1}{6'37 \cdot 10^6} - \frac{1}{2 \cdot 4 \cdot 6'37 \cdot 10^6} \right) =$$

$$= \boxed{4'38 \cdot 10^{10} \text{ J}}$$

Comentario: la energía necesaria para ponerlo en órbita es el trabajo realizado por una fuerza no conservativa. Por ejemplo: la fuerza de los cohetes. Entendemos que el satélite se pone en órbita, con su velocidad orbital correspondiente.

2020

27) Dos masas de 10 kg se encuentran situadas en los puntos (0,0) m y (4,0) m. i) Represente en un esquema el campo gravitatorio creado por las dos masas en el punto (4,4) m y calcule su valor. ii) Si colocamos una masa de 5 kg en ese punto, ¿cuál será la fuerza que experimentará?
$G = 6'67 \cdot 10^{-11}$ N·m²·kg⁻².

Datos: Dibujo:

$m_1 = m_2 = 10$ kg
A (0,0) m
B (4,0) m
C (4,4) m
¿g?
$m_3 = 5$ kg
¿F?
$G = 6'67 \cdot 10^{-11}$ N·m²·kg⁻²

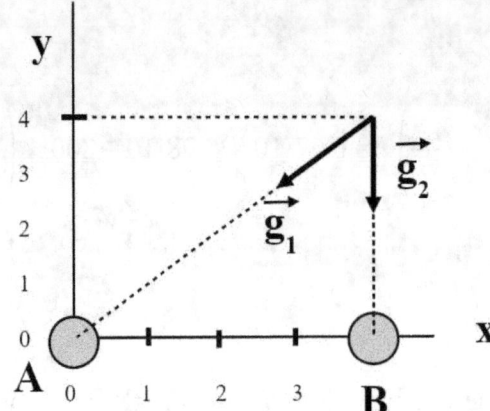

Principio físico: el campo gravitatorio es la perturbación del espacio provocada por una masa. Principio de superposición: "El efecto conjunto de varias masas es la suma de los efectos individuales".

Método de resolución: aplicaremos el principio de superposición y la relación entre la fuerza y el campo gravitatorio.

Resolución: * Módulos de los campos gravitatorios:

$$g_1 = \frac{G \cdot m_1}{r_1^2} = \frac{6'67 \cdot 10^{-11} \cdot 10}{4^2 + 4^2} = \frac{6'67 \cdot 10^{-11} \cdot 10}{32} = 2'08 \cdot 10^{-11} \; \frac{m}{s^2}$$

$$g_2 = \frac{G \cdot m_2}{r_2^2} = \frac{6'67 \cdot 10^{-11} \cdot 10}{4^2} = \frac{6'67 \cdot 10^{-11} \cdot 10}{16} = 4'16 \cdot 10^{-11} \; \frac{m}{s^2}$$

* Vectores campos gravitatorios:

$$\vec{g_1} = -g_1 \cdot \cos\alpha \cdot \vec{i} - g_1 \cdot sen\alpha \cdot \vec{j} = -2'08 \cdot 10^{-11} \cdot \cos 45º \cdot \vec{i} - 2'08 \cdot 10^{-11} \cdot sen 45º \cdot \vec{j} =$$

$$= -1'47 \cdot 10^{-11} \cdot \vec{i} - 1'47 \cdot 10^{-11} \cdot \vec{j}$$

$$\vec{g_2} = -g_2 \cdot \vec{j} = -4'16 \cdot 10^{-11} \cdot \vec{j} \quad \frac{m}{s^2}$$

* Campo gravitatorio total:

$$\boxed{\vec{g}=\vec{g}_1+\vec{g}_2=-1'47\cdot10^{-11}\cdot\vec{i}-5'63\cdot10^{-11}\cdot\vec{j} \quad \frac{m}{s^2}}$$

$$g=\sqrt{(-1'47\cdot10^{-11})^2+(-5'63\cdot10^{-11})^2}=\boxed{5'82\cdot10^{-11} \; \frac{m}{s^2}}$$

* Fuerza que experimentará la masa m_3:

$$\vec{F}=m_3\cdot\vec{g}=5\cdot(-1'47\cdot10^{-11}\cdot\vec{i}-5'63\cdot10^{-11}\cdot\vec{j})=\boxed{-7'35\cdot10^{-11}\cdot\vec{i}-2'82\cdot10^{-10}\cdot\vec{j} \quad N}$$

$$F=\sqrt{(-7'35\cdot10^{-11})^2+(-2'82\cdot10^{-10})^2}=\boxed{2'91\cdot10^{-10} \; N}$$

Comentario: se podría haber obtenido la fuerza total mediante el principio de superposición, pero este procedimiento requiere menos cálculos.

28) Un satélite de 500 kg describe una órbita circular alrededor de la Tierra con un período de 16 h. i) Determine la altura a la que se encuentra el satélite de la superficie terrestre. ii) Calcule la energía mecánica del satélite en la órbita. G = 6'67·10⁻¹¹ N·m²·kg⁻², M_T = 5'98·10²⁴ kg, R_T = 6370 km.

Datos: Dibujo:

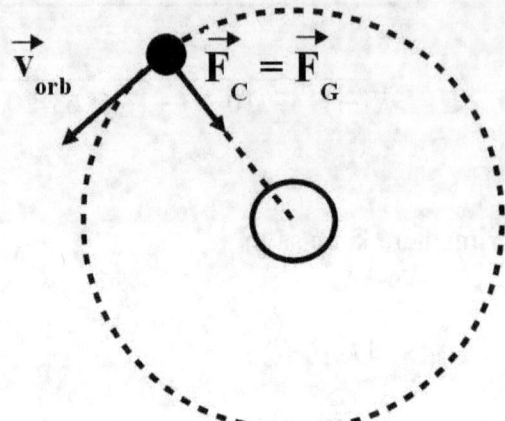

m = 500 kg
T = 16 h
¿h?
¿E_M?
G = 6'67·10⁻¹¹ N·m²·kg⁻²
M_T = 5'98·10²⁴ kg
R_T = 6370 km

Principio físico: un satélite se mantiene en órbita por un equilibrio entre la inercia y la atracción gravitatoria.

Método de resolución: igualaremos la fuerza de la gravedad con la fuerza centrípeta.

Resolución: * Altura del satélite: $F_G = F_C \Rightarrow \dfrac{G \cdot M_T \cdot m}{r^2} = \dfrac{m \cdot v^2}{r} \Rightarrow \dfrac{G \cdot M_T}{r} = v^2$

$$T = \dfrac{2 \cdot \pi \cdot r}{v} \Rightarrow v = \dfrac{2 \cdot \pi \cdot r}{T} \Rightarrow v^2 = \dfrac{4 \cdot \pi^2 \cdot r^2}{T^2}$$

Igualando ambas expresiones: $\dfrac{G \cdot M_T}{r} = \dfrac{4 \cdot \pi^2 \cdot r^2}{T^2} \Rightarrow G \cdot M_T \cdot T^2 = 4 \cdot \pi^2 \cdot r^3 \Rightarrow$

$\Rightarrow r = \sqrt[3]{\dfrac{G \cdot M_T \cdot T^2}{4 \cdot \pi^2}} = \sqrt[3]{\dfrac{6'67 \cdot 10^{-11} \cdot 5'98 \cdot 10^{24} \cdot (16 \cdot 3600)^2}{4 \cdot \pi^2}} = 3'22 \cdot 10^7$ m

$r = R_T + h \Rightarrow h = r - R_T = 3'22 \cdot 10^7 - 6'37 \cdot 10^6 = \boxed{2'58 \cdot 10^7 \text{ m}}$

* Energía mecánica del satélite: $E_M = E_c + E_p = \dfrac{1}{2} \cdot m \cdot v^2 - \dfrac{G \cdot M_T \cdot m}{r} =$

$= \dfrac{1}{2} \cdot m \cdot \dfrac{G \cdot M_T}{r} - \dfrac{G \cdot M_T \cdot m}{r} = -\dfrac{G \cdot M_T \cdot m}{2 \cdot r} = -\dfrac{6'67 \cdot 10^{-11} \cdot 5'98 \cdot 10^{24} \cdot 500}{2 \cdot 3'22 \cdot 10^7} = \boxed{-3'10 \cdot 10^9 \text{ J}}$

Comentario: la energía mecánica es la suma de las energías cinética y potencial.

29) Dos masas puntuales de 5 kg y 10 kg están situadas en los puntos (0,0) m y (1,0) m, respectivamente. i) Represente y determine el punto entre las dos masas donde el campo gravitatorio es cero. ii) Calcule el trabajo necesario para trasladar una masa de 4 kg desde el punto (3,0) m hasta el punto (-2,0) m. G = 6'67·10⁻¹¹ N·m²·kg⁻².

Datos:

m_1 = 5 kg
m_2 = 10 kg
A (0,0) m
B (1,0) m
¿r_1, r_2? $\vec{g}=0$
¿W_{CD}?
m_3 = 4 kg
C (3,0) m
D (-2,0) m
G = 6'67·10⁻¹¹ N·m²·kg⁻²

Dibujo:

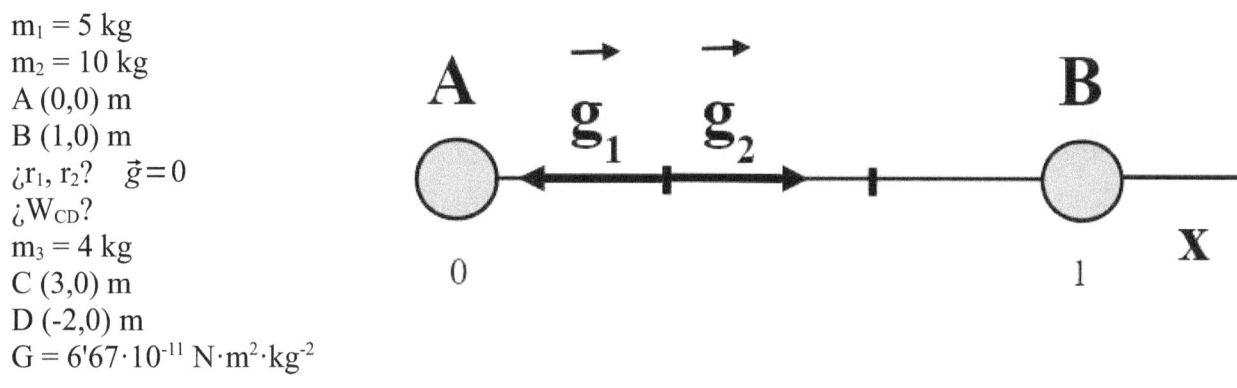

Principio físico: el campo gravitatorio es la perturbación del espacio provocada por una masa. Principio de superposición: "El efecto conjunto de varias masas es la suma de los efectos individuales".

Método de resolución: como el campo gravitatorio es vectorial, para que el campo total sea cero, ambos vectores deben ser del mismo módulo y dirección y opuestos. El trabajo lo relacionaremos con el incremento de la energía potencial.

Resolución: * Distancia r_1: $\vec{g}=\vec{g}_1+\vec{g}_2=0 \Rightarrow g_1 = g_2 \Rightarrow \dfrac{G\cdot m_1}{r_1^2} = \dfrac{G\cdot m_2}{r_2^2} \Rightarrow$

$\Rightarrow \dfrac{m_1}{r_1^2} = \dfrac{m_2}{r_2^2} \Rightarrow \dfrac{m_1}{r_1^2} = \dfrac{m_2}{(d_0-r_1)^2} \Rightarrow \dfrac{m_1}{m_2} = \dfrac{r_1^2}{(d_0-r_1)^2} \Rightarrow$

$\Rightarrow \sqrt{\dfrac{m_1}{m_2}} = \dfrac{r_1}{d_0-r_1} \Rightarrow d_0\cdot\sqrt{\dfrac{m_1}{m_2}}-r_1\cdot\sqrt{\dfrac{m_1}{m_2}} = r_1 \Rightarrow d_0\cdot\sqrt{\dfrac{m_1}{m_2}}=r_1+r_1\cdot\sqrt{\dfrac{m_1}{m_2}} \Rightarrow$

$\Rightarrow r_1 = \dfrac{d_0\cdot\sqrt{\dfrac{m_1}{m_2}}}{1+\sqrt{\dfrac{m_1}{m_2}}} = \dfrac{1\cdot\sqrt{\dfrac{5}{10}}}{1+\sqrt{\dfrac{5}{10}}} = \boxed{0'414\ \text{m}}$; $r_2 = d_0 - r_1 = 1 - 0'414 = \boxed{0'586\ \text{m}}$

* Campo gravitatorio en el punto C:

$E_{PC} = E_{PC1} + E_{PC2} = -\dfrac{G\cdot m_1\cdot m_3}{r_{C1}} - \dfrac{G\cdot m_2\cdot m_3}{r_{C2}} = -\dfrac{6'67\cdot 10^{-11}\cdot 5\cdot 4}{3} - \dfrac{6'67\cdot 10^{-11}\cdot 10\cdot 4}{2} =$

$= -1'78\cdot 10^{-9}$ J

* Campo gravitatorio en el punto D:

$$Ep_D = Ep_{D1} + Ep_{D2} = -\frac{G \cdot m_1 \cdot m_3}{r_{D1}} - \frac{G \cdot m_2 \cdot m_3}{r_{D2}} = -\frac{6'67 \cdot 10^{-11} \cdot 5 \cdot 4}{2} - \frac{6'67 \cdot 10^{-11} \cdot 10 \cdot 4}{3} =$$

$= -1'56 \cdot 10^{-9}$ J

* Trabajo para trasladar la masa m_3:

$$W_{CD} = -\Delta Ep = Ep_C - Ep_D = -1'78 \cdot 10^{-9} + 1'56 \cdot 10^{-9} = \boxed{-2'2 \cdot 10^{-10} \text{ J}}$$

Comentario: el signo negativo del trabajo indica que el proceso es no espontáneo.

30) Un satélite artificial de 500 kg de masa describe una órbita circular en torno a la Tierra a una velocidad de 4000 m·s⁻¹. i) Compruebe si se trata de un satélite geoestacionario. ii) Determine la energía mecánica del satélite.
G = 6'67·10⁻¹¹ N·m²·kg⁻², M_T = 5'98·10²⁴ kg, Período de rotación terrestre = 24 horas.

Datos:

m = 500 kg
v = 4000 m/s
¿E_M?
G = 6'67·10⁻¹¹ N·m²·kg⁻²
M_T = 5'98·10²⁴ kg
Período de rotación terrestre = 24 horas

Dibujo:

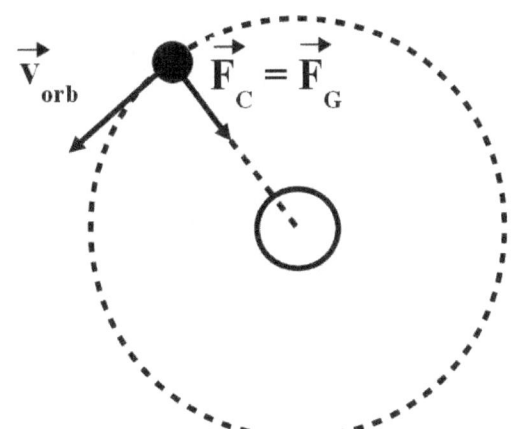

Principio físico: un satélite se mantiene en órbita por un equilibrio entre la inercia y la atracción gravitatoria. Un satélite geoestacionario es aquel cuyo período de revolución es de 24 h y, por tanto, está siempre en la misma vertical respecto a la Tierra.

Método de resolución: calcularemos el período del satélite y deduciremos la fórmula de la energía mecánica.

Resolución: * Radio de giro del satélite:

$$F_G = F_C \Rightarrow \frac{G \cdot M_T \cdot m}{r^2} = \frac{m \cdot v^2}{r} \Rightarrow \frac{G \cdot M_T}{r} = v^2 \Rightarrow$$

$$\Rightarrow r = \frac{G \cdot M_T}{v^2} = \frac{6'67 \cdot 10^{-11} \cdot 5'98 \cdot 10^{24}}{4000^2} = 2'49 \cdot 10^7 \text{ m}$$

* Período del satélite: $T = \frac{2 \cdot \pi \cdot r}{v} = \frac{2 \cdot \pi \cdot 2'49 \cdot 10^7}{4000} = 3'91 \cdot 10^4 \text{ s} = \frac{3'91 \cdot 10^4}{3600} = 10'9 \text{ h}$

* Energía mecánica del satélite: $E_M = E_c + E_p = \frac{1}{2} \cdot m \cdot v^2 - \frac{G \cdot M_T \cdot m}{r} =$

$$= \frac{1}{2} \cdot m \cdot \frac{G \cdot M_T}{r} - \frac{G \cdot M_T \cdot m}{r} = -\frac{G \cdot M_T \cdot m}{2 \cdot r} = -\frac{6'67 \cdot 10^{-11} \cdot 5'98 \cdot 10^{24} \cdot 500}{2 \cdot 2'49 \cdot 10^7} = \boxed{-4 \cdot 10^9 \text{ J}}$$

Comentario: como el período no es de 24 h, el satélite no es geoestacionario.

TEMA 3: CAMPO ELÉCTRICO

FORMULARIO DE CAMPO ELÉCTRICO

* Fuerza eléctrica (ley de Coulomb): $F_E = \dfrac{K \cdot Q \cdot q}{r^2}$ (N)

siendo:
$\quad\quad$ F_E: fuerza eléctrica o fuerza electrostática (N)

$\quad\quad$ K: constante electrostática = $9 \cdot 10^9$ $\left(\dfrac{N \cdot m^2}{C^2}\right)$

$\quad\quad$ Q, q: cargas (C)
$\quad\quad$ r: distancia entre las cargas (m)

* Campo eléctrico, E: $\quad E = \dfrac{F_E}{q} = \dfrac{\frac{K \cdot Q \cdot q}{r^2}}{q} = \dfrac{K \cdot Q}{r^2}$ $\left(\dfrac{N}{C}\right)$ o $\left(\dfrac{V}{m}\right)$

siendo:
$\quad\quad$ E: campo eléctrico (N/C o V/m)
$\quad\quad$ F_E: fuerza eléctrica (N)

* Relación entre la fuerza y el campo eléctrico: $\quad \vec{F} = Q \cdot \vec{E}$ $\quad$ (N)

* Energía potencial eléctrica, Ep_E : $\quad Ep_E = \dfrac{K \cdot Q \cdot q}{r}$ $\quad$ (J)

* Potencial eléctrico en un punto, V: $\quad V = \dfrac{Ep_E}{q} = \dfrac{\frac{K \cdot Q \cdot q}{r}}{q} = \dfrac{K \cdot Q}{r}$ $\quad$ (V) o $\left(\dfrac{J}{C}\right)$

* Principio de superposición:

$\quad$ – Para la fuerza: $\vec{F} = \vec{F}_1 + \vec{F}_2 + \vec{F}_3 + ...$ $\quad$ (N)

siendo:
$\quad\quad$ F: fuerza total (N)
$\quad\quad$ $F_1, F_2, ...$: fuerzas parciales (N)

$\quad$ – Para el campo: $\vec{E} = \vec{E}_1 + \vec{E}_2 + \vec{E}_3 + ...$ $\quad \left(\dfrac{N}{C}\right)$

siendo:
$\quad\quad$ E: campo eléctrico total (N/C o V/m)
$\quad\quad$ $E_1, E_2, E_3, ...$: campos eléctricos parciales (N/C)

$\quad$ – Para la energía potencial: $Ep = Ep_1 + Ep_2 + Ep_3 + ...$ $\quad$ (J)

$\quad$ – Para el potencial: $V = V_1 + V_2 + V_3 + ...$ $\quad$ (V) o $\left(\dfrac{J}{C}\right)$

* Momento angular: $\quad \vec{L} = m \cdot \vec{r} \times \vec{v}$ $\quad$ (kg·m²/s)

CUESTIONES DE CAMPO ELÉCTRICO

2024

1) i) Explique qué es una superficie equipotencial. ¿Qué forma tienen las superficies equipotenciales del campo eléctrico creado por una carga puntual? ii) Razone el trabajo realizado por la fuerza eléctrica sobre una carga que se desplaza por una superficie equipotencial.

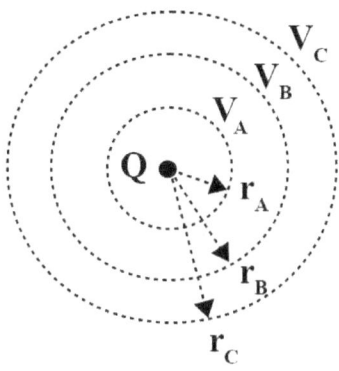

Superficies equipotenciales

i) Una superficie equipotencial es aquella cuyos puntos tienen todos el mismo valor del potencial. Para el caso de una carga puntual, las superficies equipotenciales son esferas concéntricas. A cada esfera le corresponde un radio y un potencial.
* Propiedades de las superficies equipotenciales:
- El trabajo necesario para desplazar una carga de un punto a otro de una superficie equipotencial es nulo.
- No se pueden cortar, pues eso significaría que habría algún punto con dos potenciales distintos.
- Son perpendiculares a las líneas de campo.
- Las superficies equipotenciales de dos cargas se deforman en la zona intermedia.

ii) El trabajo realizado al mover una carga por una superficie equipotencial vale cero:

* Primer método: $W = Q \cdot (V_A - V_B) = Q \cdot 0 = 0$

* Segundo método: $W = \vec{F}_E \cdot \vec{r} = F_E \cdot r \cdot \cos \alpha = F_E \cdot r \cdot \cos 90º = 0$

La fuerza eléctrica y el vector desplazamiento son perpendiculares, luego su producto escalar es cero.

2023

2) En una región del espacio hay un campo eléctrico uniforme. Una carga eléctrica negativa entra en dicha región con una velocidad $\vec{v}$, en la misma dirección y sentido del campo, deteniéndose tras recorrer una distancia d. Razone si es positivo, negativo o nulo el valor de: i) el trabajo realizado por el campo eléctrico; ii) la variación de la energía cinética, potencial y mecánica.

Un campo eléctrico uniforme se representa con líneas rectas paralelas con flechas apuntando hacia el mismo lado. El módulo del campo eléctrico es el mismo en todos los puntos. El potencial eléctrico disminuye en el sentido de las flechas.

Campo eléctrico uniforme

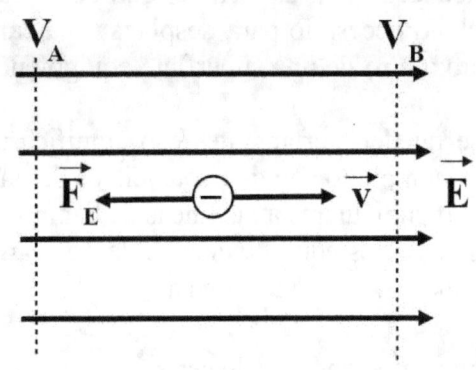

i) La carga se desplaza de izquierda a derecha, luego: $V_A > V_B$

* Trabajo del campo eléctrico: $W_{AB} = Q \cdot (V_A - V_B)$

Como $V_A > V_B \Rightarrow V_A - V_B > 0$

Como la carga es negativa, $Q < 0$

Luego el signo del trabajo es negativo:

$$W_{AB} = (-) \cdot (+) = (-)$$

Carga negativa en el mismo sentido que el campo

ii) * Relación entre el trabajo y la energía potencial: $W_{AB} = -\Delta E_p$

La variación de energía potencial es positiva porque tiene signo opuesto al trabajo.

* Conservación de la energía mecánica: $\Delta E_p = -\Delta E_c$

La variación de energía cinética es negativa porque tiene signo opuesto a la variación de energía potencial. La variación de energía mecánica es cero porque la energía mecánica es constante, pues sólo existen fuerzas conservativas.

---

3) Una carga q positiva está separada una distancia d de otra carga Q. i) Razone, ayudándose de un esquema, cuál debe ser el signo de Q para que el campo eléctrico se anule en algún punto del segmento que las une. ii) Razone cuál debe ser el signo de Q para que se anule el potencial eléctrico en algún punto del segmento que las une.

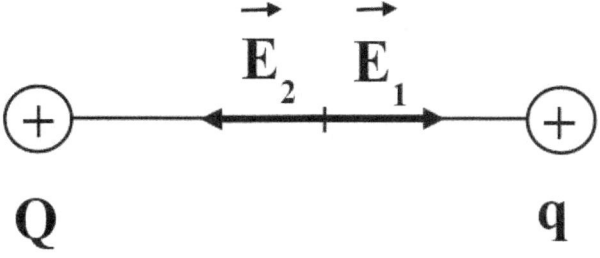

Campo eléctrico entre dos cargas

i) Q debe ser también positiva para que el campo eléctrico en medio se anule. Ésto es debido a que el campo eléctrico es vectorial y a que las cargas positivas son fuentes de campo, es decir, el campo que producen va hacia fuera.

ii) Negativa. Según el principio de superposición, los potenciales se suman. El potencial es un escalar.

$$V_T = V_1 + V_2 \quad ; \quad V_1 = \frac{K \cdot Q}{r_1} \quad ; \quad V_2 = \frac{K \cdot q}{r_1}$$

$$V_T = 0 \quad \Rightarrow \quad V_1 + V_2 = 0 \quad \Rightarrow \quad V_1 = -V_2 \quad \Rightarrow \quad Q = -q$$

Como tienen signos opuestos y q es positiva, Q debe ser negativa.

---

4) Un electrón penetra en una región en la que existe un campo eléctrico uniforme $\vec{E}$, con una velocidad inicial $\vec{v}_0$ paralela a dicho campo, deteniéndose después de recorrer una distancia d.
i) Justifique y represente los vectores velocidad, campo y fuerza eléctrica. ii) Deduzca la expresión de la distancia recorrida en función de la masa del electrón, la carga, la velocidad inicial y el módulo del campo eléctrico.

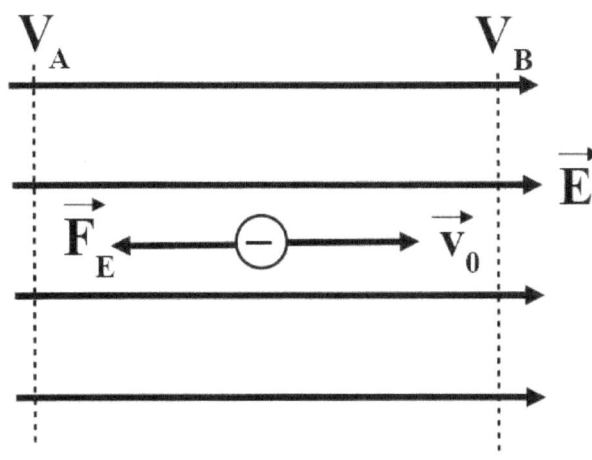

Carga negativa frenándose

i) El vector campo eléctrico, $\vec{E}$, tiene la misma dirección y el mismo sentido que las líneas de campo.

El vector fuerza eléctrica, $\vec{F}_E$, tiene la misma dirección pero sentido opuesto al vector campo, $\vec{E}$, ya que la carga es negativa y la relación entre los dos vectores es: $\vec{F}_E = Q \cdot \vec{E}$

El vector velocidad inicial, $\vec{v}_0$, tiene sentido opuesto a $\vec{F}_E$ debido a que el movimiento es desacelerado.

ii) * Diferencia de potencial entre A y B:

$$-\Delta E_p = \Delta E_c \Rightarrow -(E_{p_2} - E_{p_1}) = E_{c_2} - E_{c_1} \Rightarrow -(Q \cdot V_2 - Q \cdot V_1) = 0 - \frac{1}{2} \cdot m \cdot v_0^2 \Rightarrow$$

$$\Rightarrow -Q \cdot (V_2 - V_1) = -\frac{1}{2} \cdot m \cdot v_0^2 \Rightarrow Q \cdot (V_2 - V_1) = \frac{1}{2} \cdot m \cdot v_0^2 \Rightarrow$$

$$\Rightarrow V_2 - V_1 = \frac{m \cdot v_0^2}{2 \cdot Q} = V_B - V_A \Rightarrow V_A - V_B = -\frac{m \cdot v_0^2}{2 \cdot Q}$$

* Distancia recorrida: $V_A - V_B = E \cdot r \Rightarrow r = \frac{V_A - V_B}{E} = -\frac{m \cdot v_0^2}{2 \cdot Q \cdot E}$

Como la carga Q es negativa, la distancia r sale positiva, como tiene que ser.

---

5) Una carga positiva q se encuentra próxima a una carga negativa Q. Razone si aumenta o disminuye la energía potencial eléctrica de q en las siguientes situaciones: i) si se aleja de Q siguiendo una línea de campo; ii) si se mueve en torno a Q siguiendo una trayectoria circular.

i) Aumenta. La energía potencial eléctrica entre dos cargas aumenta con la distancia. Ésto se puede demostrar gráfica y analíticamente.
* Gráficamente:

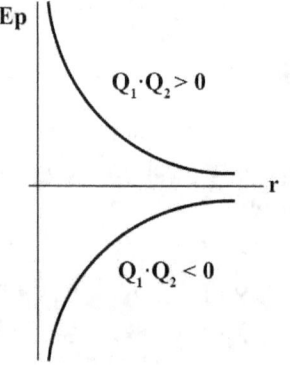

Energía potencial frente a distancia

Como una carga es positiva y la otra es negativa:

$$Q \cdot q < 0 \text{ o bien: } Q_1 \cdot Q_2 < 0$$

Este caso es el de la rama inferior de la gráfica. En ella se aprecia que la Ep de estas dos cargas es siempre negativa y que aumenta con la distancia.

* Analíticamente: como la carga Q es negativa: $Q = -|Q|$

$$E_p = \frac{K \cdot Q \cdot q}{r} = \frac{K \cdot (-|Q|) \cdot q}{r} = -\frac{K \cdot |Q| \cdot q}{r}$$

Como el cociente es siempre negativo y r está en el denominador, al aumentar la distancia, aumenta la energía potencial.
ii) Permanece constante. Al moverse en una trayectoria circular en torno a Q, se mueve en una superficie equipotencial. Por lo tanto: $\Delta V = 0 \Rightarrow \Delta E_p = q \cdot \Delta V = 0$

2022

6) Dos cargas puntuales de igual valor y signo contrario se encuentran separadas una distancia d. Explique, con ayuda de un esquema, si el campo eléctrico puede anularse en algún punto próximo a las dos cargas.

Las tres posibilidades son:

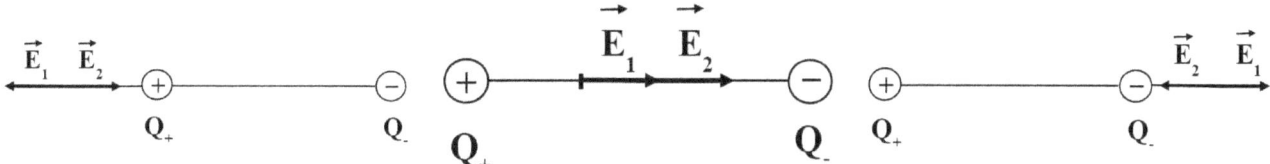

i) Campo a la izquierda de las cargas   ii) Campo en medio   iii) Campo a la derecha de las cargas

Es decir, pueden anularse a la izquierda de las dos cargas o a la derecha de las dos cargas, puesto que las cargas positivas son fuentes de campo y las negativas son sumideros de campo. Ocurrirá el caso i cuando $|Q_-| > Q_+$, pues la mayor carga se compensa con la mayor distancia y ocurrirá el caso iii cuando $|Q_-| < Q_+$. Como las dos cargas son iguales en valor absoluto, no hay ningún punto del espacio donde se verifiquen las condiciones del enunciado.

Para el caso i por ejemplo:

$$\vec{E} = \vec{E}_1 + \vec{E}_2 = 0 \Rightarrow \vec{E}_1 = -\vec{E}_2 \Rightarrow E_1 = E_2 \Rightarrow \frac{K \cdot Q_+}{r_+^2} = \frac{K \cdot |Q_-|}{r_-^2} \Rightarrow$$

$$\Rightarrow \frac{Q_+}{r_+^2} = \frac{|Q_-|}{r_-^2}$$

---

7) i) Realice un esquema justificado de las líneas de campo y las superficies equipotenciales creadas por una carga puntual negativa y ii) explique cómo varían el campo y el potencial eléctrico en función de la distancia a dicha carga.

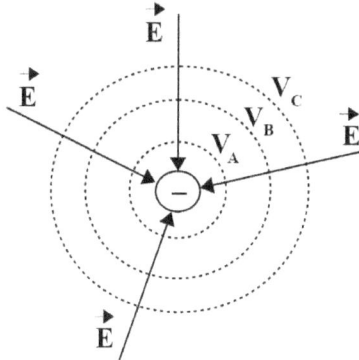

i) Una superficie equipotencial es aquella cuyos puntos tienen todos el mismo valor del potencial. Para el caso de una carga puntual, las superficies equipotenciales son esferas concéntricas. A cada esfera le corresponde un radio y un potencial.

Las líneas de campo son perpendiculares a todas las superficies equipotenciales. Las cargas negativas son sumideros de campo eléctrico, luego las líneas de campo tienen el sentido desde el infinito a la carga.

Superficies equipotenciales y líneas de campo

ii) * Módulo del campo eléctrico: $E = \dfrac{K \cdot Q}{r^2}$

* Módulo del potencial eléctrico: $V = \dfrac{K \cdot Q}{r}$

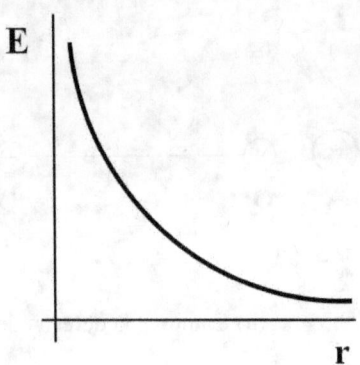

Campo eléctrico frente a distancia

Potencial eléctrico frente a distancia

El campo es inversamente proporcional al cuadrado de la distancia, luego decrece rápidamente a medida que crece la distancia, trazando una hipérbola.

El potencial eléctrico es inversamente proporcional a la distancia, luego aumenta o disminuye al crecer la distancia dependiendo de que la carga sea negativa o positiva, respectivamente. También traza una hipérbola.

---

8) Dos cargas positivas de valores q y 4q se encuentran separadas una distancia d. i) Explique, con la ayuda de un esquema, si puede ser nulo el campo eléctrico en algún punto del segmento que las une. ii) En caso afirmativo, determine dicho punto en función de la distancia d.

i) Sí, hay un punto en el segmento que une ambas cargas donde se anula el campo porque los vectores campo eléctrico tienen igual módulo y sentidos contrarios.

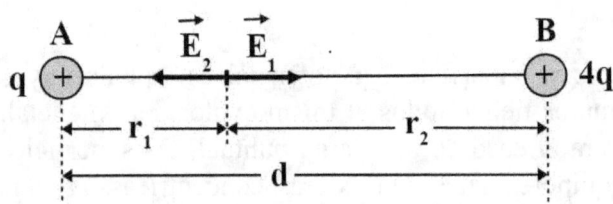

ii) Según el principio de superposición, para que el campo total sea nulo:

$\vec{E}_1 + \vec{E}_2 = 0 \quad \Rightarrow \quad \vec{E}_1 = -\vec{E}_2 \quad \Rightarrow \quad E_1 = E_2$

Campo creado por dos cargas q y 4q

$\dfrac{K \cdot q}{r_1^2} = \dfrac{K \cdot 4 \cdot q}{r_2^2} \quad \Rightarrow \quad \dfrac{1}{r_1^2} = \dfrac{4}{r_2^2} \quad \Rightarrow \quad \dfrac{r_2^2}{r_1^2} = 4 \quad \Rightarrow \quad \left(\dfrac{r_2}{r_1}\right)^2 = 4 \quad \Rightarrow$

$\Rightarrow \quad \dfrac{r_2}{r_1} = 2 \quad \Rightarrow \quad \dfrac{d - r_1}{r_1} = 2 \quad \Rightarrow \quad \dfrac{d}{r_1} - 1 = 2 \quad \Rightarrow \quad \dfrac{d}{r_1} = 3 \quad \Rightarrow \quad r_1 = \dfrac{d}{3}$

$$r_2 = d - r_1 = d - \frac{d}{3} = \frac{2 \cdot d}{3}$$

---

9) Razone la veracidad o falsedad de la siguiente afirmación: El trabajo que realiza el campo eléctrico sobre una partícula cargada que se mueve sobre una superficie equipotencial siempre es positivo.

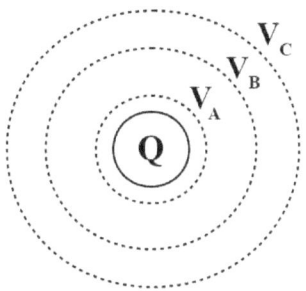

Superficies equipotenciales

Falso.
    Las superficies equipotenciales son planos curvos en los que los valores de los potenciales en todos los puntos son iguales.
    El campo eléctrico produce fuerzas eléctricas, que son conservativas.
    El trabajo producido por una fuerza conservativa y necesario para mover una carga de un punto a otro de una superficie equipotencial es cero: $W = Q \cdot (V_A - V_B) = Q \cdot 0 = 0$

2021

10) Dos partículas idénticas con carga q y masa m se encuentran separadas por una distancia d. A continuación, se mantiene fija una de las partículas y se deja que la otra se aleje hasta duplicar la distancia inicial con la primera. i) Determine el módulo de la velocidad que adquiere la partícula en el punto final. ii) Determine cómo cambiaría el módulo de la velocidad obtenida en el apartado anterior si se duplica el valor de las cargas.

i) Como las dos cargas son de igual signo, se repelerán. Según la tercera ley de Newton, ambas fuerzas (acción y reacción) son iguales en módulo y de sentidos opuestos.

    Como la fuerza y la aceleración no son constantes, sino que dependen de la distancia, es mejor hacerlo por conservación de la energía más que por dinámica.

$$Ec_A + Ep_A = Ec_B + Ep_B \Rightarrow 0 + \frac{K \cdot q^2}{d} = \frac{1}{2} \cdot m \cdot v^2 + \frac{K \cdot q^2}{2 \cdot d} \Rightarrow$$

$$\Rightarrow \frac{K \cdot q^2}{d} - \frac{K \cdot q^2}{2 \cdot d} = \frac{1}{2} \cdot m \cdot v^2 \Rightarrow \frac{2 \cdot K \cdot q^2 - K \cdot q^2}{2 \cdot d} = \frac{1}{2} \cdot m \cdot v^2 \Rightarrow$$

$$\Rightarrow \frac{K \cdot q^2}{2 \cdot d} = \frac{1}{2} \cdot m \cdot v^2 \Rightarrow v^2 = \frac{K \cdot q^2}{d \cdot m} \Rightarrow v = \sqrt{\frac{K \cdot q^2}{d \cdot m}} \Rightarrow v_1 = q \cdot \sqrt{\frac{K}{d \cdot m}}$$

b) Si se duplica el valor de las cargas: $Ec_A + Ep_A = Ec_B + Ep_B \Rightarrow$

$$0 + \frac{K \cdot (2 \cdot q)^2}{d} = \frac{1}{2} \cdot m \cdot v^2 + \frac{K \cdot (2 \cdot q)^2}{2 \cdot d} \Rightarrow 0 + \frac{4 \cdot K \cdot q^2}{d} = \frac{1}{2} \cdot m \cdot v^2 + \frac{4 \cdot K \cdot q^2}{2 \cdot d} \Rightarrow$$

$$\Rightarrow \frac{4 \cdot K \cdot q^2}{d} - \frac{2 \cdot K \cdot q^2}{d} = \frac{1}{2} \cdot m \cdot v^2 \Rightarrow \frac{2 \cdot K \cdot q^2}{d} = \frac{1}{2} \cdot m \cdot v^2 \Rightarrow v^2 = \frac{4 \cdot K \cdot q^2}{d \cdot m} \Rightarrow$$

$$\Rightarrow v = \sqrt{\frac{4 \cdot K \cdot q^2}{d \cdot m}} \Rightarrow v_2 = q \cdot \sqrt{\frac{4 \cdot K}{d \cdot m}}$$

* Relación entre las velocidades: $\dfrac{v_2}{v_1} = \dfrac{\sqrt{\dfrac{4 \cdot K \cdot q^2}{d \cdot m}}}{\sqrt{\dfrac{K \cdot q^2}{d \cdot m}}} = \sqrt{4} = 2$

---

11) Se lanza un electrón perpendicularmente a las líneas de un campo electrostático uniforme. i) Razone cómo es la trayectoria seguida por el electrón dentro de ese campo y dibújela. ii) Razone cómo varían su energía cinética y su energía potencial durante su movimiento.

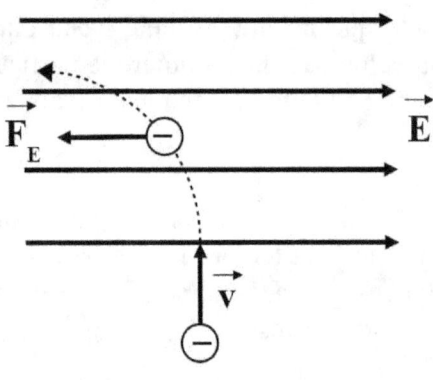

Electrón que penetra perpendicularmente

i) Al entrar en el campo eléctrico uniforme, experimentará una fuerza dada por:
$$\vec{F}_E = Q \cdot \vec{E}$$

Como la carga es negativa, los vectores fuerza y campo eléctrico tienen signos opuestos, luego el electrón se moverá hacia el lado opuesto al señalado por el campo.

La trayectoria será una parábola, pues la fuerza eléctrica es constante y perpendicular a la velocidad.

* Aceleración: $F_E = Q \cdot E$; $F_E = m \cdot a \Rightarrow Q \cdot E = m \cdot a \Rightarrow a = \dfrac{Q \cdot E}{m}$

* Ecuación de la trayectoria: $y = v \cdot t \Rightarrow t = \dfrac{y}{v}$

$$x = \frac{1}{2} \cdot a \cdot t^2 = \frac{1}{2} \cdot \frac{Q \cdot E}{m} \cdot t^2 = \frac{1}{2} \cdot \frac{Q \cdot E}{m} \cdot \left(\frac{y}{v}\right)^2 = \frac{Q \cdot E}{2 \cdot m \cdot v^2} \cdot y^2 = k \cdot y^2$$

Siendo k una constante. $x = k \cdot y^2$ es la ecuación de una parábola de eje horizontal.

ii) Al moverse hacia el sentido opuesto al señalado por el vector campo, $\vec{E}$, los potenciales aumentan y la energía potencial del electrón disminuye al ser la carga negativa, pues: $\Delta Ep = \Delta V/Q$. Como sólo actúan fuerzas conservativas, se conserva la energía mecánica, por lo que, al disminuir la energía potencial, aumenta la energía cinética.

$$E_M = \text{contante} \quad \Rightarrow \quad \Delta E_M = 0 \quad \Rightarrow \quad \Delta Ec + \Delta Ep = 0 \quad \Rightarrow \quad \Delta Ec = -\Delta Ep$$

---

12) Razone si son ciertas las siguientes afirmaciones: i) En una región del espacio donde hay un campo electrostático uniforme, el potencial electrostático es constante. ii) Si se deja una partícula con carga negativa en reposo en un campo electrostático, se moverá hacia la dirección donde el potencial disminuye.

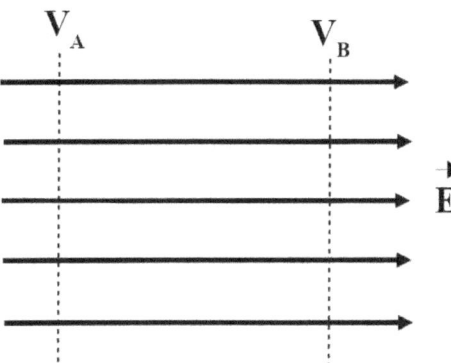

i) Falso. Lo que es constante es el campo electrostático, tanto en módulo como en dirección y sentido. El potencial electrostático disminuye en el sentido señalado por el vector campo, $\vec{E}$.

En un campo electrostático, las superficies equipotenciales son planos perpendiculares a las líneas de campo.

Campo eléctrico uniforme con superficies equipotenciales

ii) Falso. Partiendo del reposo, las cargas negativas se mueven espontáneamente en el sentido de potenciales crecientes.

* Trabajo para mover la carga: $W_{12} = -\Delta Ep = Ep_1 - Ep_2 = Q \cdot (V_1 - V_2)$

Para que la carga se mueva espontáneamente: $W_{12} > 0 \quad \Rightarrow \quad Q \cdot (V_1 - V_2) > 0$

Podemos escribir una carga negativa así: $Q = -|Q|$. Luego:

$$Q \cdot (V_1 - V_2) = -|Q| \cdot (V_1 - V_2) > 0 \quad \Rightarrow \quad -(V_1 - V_2) > \frac{0}{|Q|} = 0 \quad \Rightarrow \quad V_1 - V_2 < 0 \quad \Rightarrow \quad V_1 < V_2$$

Es decir, el potencial final tiene que ser mayor que el inicial. Luego se moverá desde B hasta A.

---

13) Tenemos dos partículas cargadas idénticas separadas una distancia d. i) ¿Puede ser nulo el campo eléctrico en algún punto próximo a ellas? ii) ¿Y el potencial electrostático? Razone las respuestas.

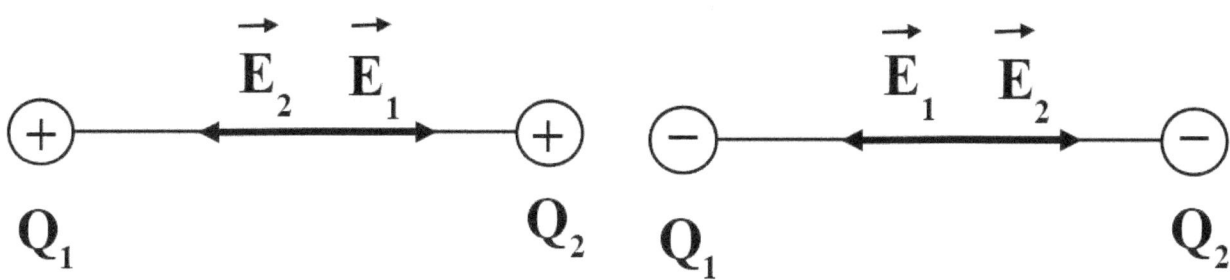

Campo eléctrico entre dos cargas positivas   Campo eléctrico entre dos cargas negativas

i) Sí, en el centro. Las cargas positivas son fuentes de campo y las cargas negativas son sumideros de campo. Ésto determina el sentido del campo eléctrico creado por cada carga: las positivas hacia afuera y las negativas hacia dentro. Como el campo eléctrico es un vector, podrá anularse según el principio de superposición cuando haya otro vector de igual módulo, de igual dirección y de sentido contrario. Ésto ocurre justo en el centro entre las dos cargas:

$$\vec{E} = \vec{E}_1 + \vec{E}_2 = 0 \Rightarrow \vec{E}_1 = -\vec{E}_2 \Rightarrow E_1 = E_2 \Rightarrow \frac{K \cdot Q_1}{r_1^2} = \frac{K \cdot Q_2}{r_2^2} \Rightarrow$$

$$\Rightarrow \frac{Q_1}{r_1^2} = \frac{Q_2}{r_2^2} \Rightarrow \frac{1}{r_1^2} = \frac{1}{r_2^2} \Rightarrow r_1^2 = r_2^2 \Rightarrow r_1 = r_2$$

Al ser: $d = r_1 + r_2 = 2 \cdot r_1 = 2 \cdot r_2 \Rightarrow r_1 = r_2 = \dfrac{d}{2}$

ii) No, en ningún punto. El potencial electrostático es un escalar. Para anularse el potencial total, según el principio de superposición, el potencial creado por una carga debe ser positivo y el otro negativo. Como ambas cargas son idénticas incluso en signo, los potenciales creados por ambas cargas tienen el mismo signo, luego nunca se anularán.

$$V = V_1 + V_2 = 0 \Rightarrow V_1 = -V_2 \Rightarrow \frac{K \cdot Q_1}{r_1} = -\frac{K \cdot Q_2}{r_2} \Rightarrow \frac{Q_1}{r_1} = -\frac{Q_2}{r_2}$$

Como las distancias r_1 y r_2 son siempre positivas, para que se cumpla la igualdad anterior, el signo de Q_1 debe ser opuesto al de Q_2, lo cual va en contra del enunciado. Luego no hay ningún punto próximo a ellas donde se anule el potencial electrostático.

2020

14) Responda razonadamente a las siguientes cuestiones: i) ¿Puede ser negativo el trabajo realizado por una fuerza eléctrica? ii) ¿Puede ser negativa la energía potencial eléctrica?

i) Sí, puede ser. La fuerza eléctrica es conservativa. El trabajo eléctrico para desplazar una carga Q desde el punto 1 al punto 2 es:

$$W_{12} = -\Delta E_p = E_{p1} - E_{p2} = Q \cdot (V_1 - V_2)$$

Hay dos posibilidades para que el trabajo sea negativo:

a) $Q > 0$ y $V_1 - V_2 < 0 \Rightarrow V_1 < V_2$: la carga es positiva y se mueve hacia potenciales crecientes. En la figura: $V_1 = V_B$ y $V_2 = V_A$.

b) $Q < 0$ y $V_1 - V_2 > 0 \Rightarrow V_1 > V_2$: la carga es negativa y se mueve hacia potenciales decrecientes. En la figura: $V_1 = V_A$ y $V_2 = V_B$.

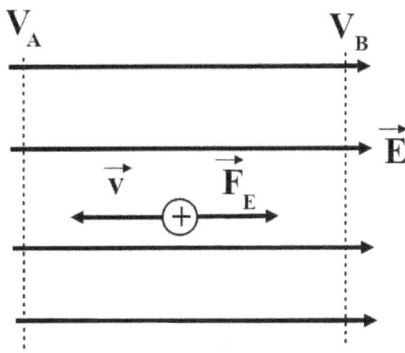
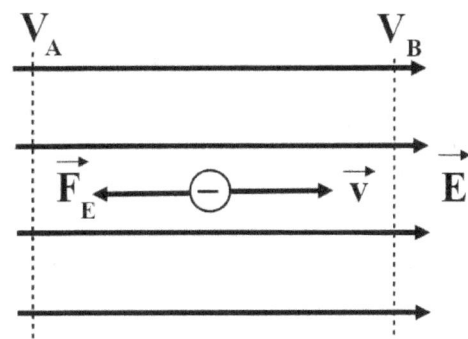

Carga positiva   Carga negativa

Un trabajo negativo significa que el proceso es no espontáneo. En ambos casos anteriores, la carga tiene una velocidad inicial que se opone al sentido de la fuerza eléctrica.

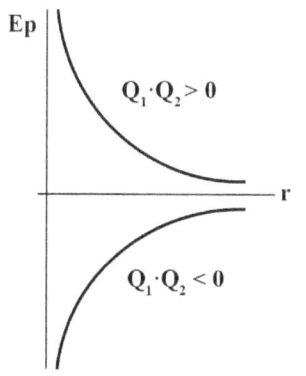

ii) Sí, puede ser.
La energía potencial eléctrica es el trabajo necesario para separar una distancia infinita a dos cargas que se encuentran inicialmente a una distancia r. Su expresión es: $E_p = K \cdot \dfrac{Q_1 \cdot Q_2}{r}$.

La energía potencial es una magnitud escalar, luego se calcula sustituyendo las cargas con sus signos correspondientes.

Según esto, la energía potencial es negativa cuando las cargas tienen signos opuestos, es decir: $Q_1 \cdot Q_2 < 0$. En la rama inferior de la gráfica, la E_p es siempre negativa.

---

15) Dos cargas distintas Q y q, separadas una distancia d, producen un potencial eléctrico cero en un punto P situado en la línea que une ambas cargas. Discuta razonadamente la veracidad de las siguientes afirmaciones: i) Las cargas deben tener el mismo signo. ii) El campo eléctrico debe ser nulo en P.
i) Falso. Para que el potencial eléctrico sea nulo, V_1 y V_2 deben tener el mismo módulo y tener signos opuestos. Para tener signos opuestos, las cargas deben tener signos opuestos. Como el potencial es un escalar, se calcula sustituyendo las cargas con sus signos correspondientes. Aplicando el principio de superposición:

$$V = V_1 + V_2 = K \cdot \dfrac{Q}{r_1} + K \cdot \dfrac{q}{r_2} = K \cdot \dfrac{Q}{r_1} + K \cdot \dfrac{q}{d-r_1} = 0 \Rightarrow \dfrac{Q}{r_1} = -\dfrac{q}{d-r_1}$$

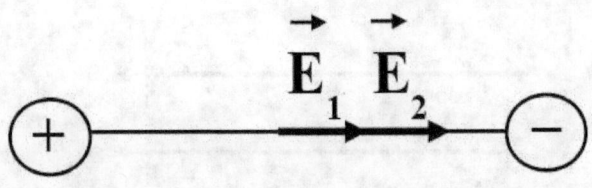

ii) Falso. El que el potencial eléctrico sea nulo no implica que el campo eléctrico sea nulo, pues el potencial es escalar y el campo es vectorial.

Como se observa en la figura, los campos $\vec{E}_1$ y $\vec{E}_2$ tienen las mismas dirección y sentido, luego no se anulan entre las dos cargas.

El campo eléctrico en el punto P sería:

$$\vec{E}=\vec{E}_1+\vec{E}_2 = K\cdot\frac{Q}{r_1}\cdot\vec{i} + K\cdot\frac{|q|}{r_2}\cdot\vec{i} = K\cdot\frac{Q\cdot r_2 + |q|\cdot r_1}{r_1\cdot r_2}\cdot\vec{i}$$

Según la expresión del apartado i): $\quad \dfrac{Q}{r_1} = \dfrac{|q|}{r_2} \;\Rightarrow\; Q\cdot r_2 = |q|\cdot r_1 \;\Rightarrow$

$$\Rightarrow \vec{E} = K\cdot\frac{|q|\cdot r_1 + |q|\cdot r_1}{r_1\cdot r_2}\cdot\vec{i} = K\cdot\frac{2\cdot|q|\cdot r_1}{r_1\cdot r_2}\cdot\vec{i} = K\cdot\frac{2\cdot|q|}{r_2}\cdot\vec{i}$$

---

16) Una partícula cargada se desplaza en la dirección y sentido de un campo eléctrico, de forma que su energía potencial aumenta. Deduzca de forma razonada, y apoyándose en un esquema, el signo que tiene la carga.

La fuerza eléctrica es conservativa. El trabajo eléctrico para desplazar una carga Q desde el punto 1 al punto 2 es: $W_{12} = -\Delta E_p = E_{p_1} - E_{p_2} = Q\cdot(V_1 - V_2)$

Como la energía potencial aumenta: $E_{p_1} < E_{p_2} \;\Rightarrow\; E_{p_1} - E_{p_2} < 0 \;\Rightarrow\; W_{12} < 0$

Hay dos posibilidades para que el trabajo sea negativo:

a) $Q > 0$ y $V_1 - V_2 < 0 \;\Rightarrow\; V_1 < V_2$: la carga es positiva y se mueve hacia potenciales crecientes. En la figura: $V_1 = V_B$ y $V_2 = V_A$.
b) $Q < 0$ y $V_1 - V_2 > 0 \;\Rightarrow\; V_1 > V_2$: la carga es negativa y se mueve hacia potenciales decrecientes. En la figura: $V_1 = V_A$ y $V_2 = V_B$.

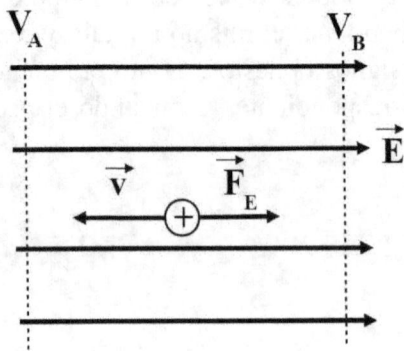

Carga positiva

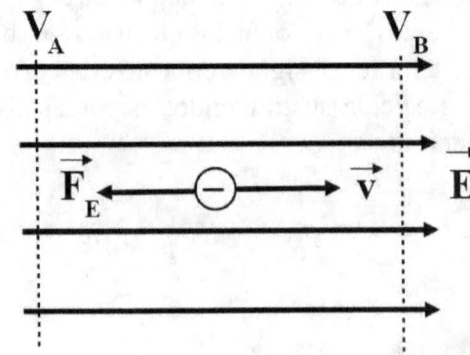

Carga negativa

Como el enunciado dice que se desplaza en la dirección y el sentido del campo, se trata de la segunda posibilidad y la carga es negativa.

---

17) Una partícula con carga positiva se encuentra dentro de un campo eléctrico uniforme. i) ¿Aumenta o disminuye su energía potencial eléctrica al moverse en la dirección y sentido del campo? ii) ¿Y si se moviera en una dirección perpendicular a dicho campo? Razone las respuestas.

Un campo eléctrico uniforme es aquel en el que el campo eléctrico tiene un valor constante en todos sus puntos. Las líneas de campo son paralelas.

i) El potencial eléctrico disminuye en el sentido de las líneas de campo. Si se mueve en este sentido, el potencial disminuye y la energía potencial también, pues el potencial es la energía potencial por unidad de carga. Supongamos un punto A a la izquierda y un punto B a la derecha:

$$W_{AB} = \int_A^B \vec{F}_E \cdot d\vec{r} = -\Delta Ep = Ep_A - Ep_B$$

Como $\vec{F}_E$ y $d\vec{r}$ tienen la misma dirección y sentido, entonces:

$\int_A^B \vec{F}_E \cdot d\vec{r} > 0 \Rightarrow Ep_A - Ep_B > 0 \Rightarrow Ep_A > Ep_B \Rightarrow$ su energía potencial disminuye.

ii) Los puntos A y B están ahora en la misma línea perpendicular al campo, están en la misma línea equipotencial.. Si la carga se mueve en dirección perpendicular al campo, $\vec{F}_E$ y $d\vec{r}$ y su producto escalar es cero, luego:

$W_{AB} = \int_A^B \vec{F}_E \cdot d\vec{r} = 0 \Rightarrow Ep_A = Ep_B \Rightarrow$ su energía potencial permanece constante.

2019

18) Justifique la veracidad o falsedad de las siguientes afirmaciones: i) Cuando se aproximan dos cargas eléctricas del mismo signo la energía potencial electrostática aumenta. ii) En un punto del espacio donde el campo eléctrico es nulo también lo es el potencial eléctrico.

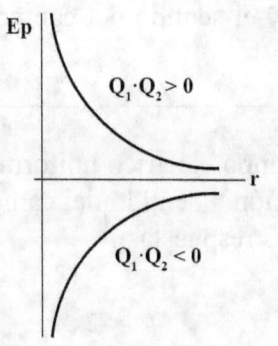

i) Verdadero. Como se observa en la figura, en la rama superior, a menor distancia, mayor energía potencial. Como las dos cargas son de igual signo, su producto será siempre positivo, la energía potencial será siempre positiva.

La energía potencial se define como el trabajo necesario para mover una carga desde el infinito hasta la distancia r: $Ep = \dfrac{K \cdot Q_1 \cdot Q_2}{r}$

ii) No tiene por qué. El campo eléctrico es un vector y el potencial es un escalar. Aunque sus expresiones son parecidas: $E = K \cdot \dfrac{Q}{r^2}$; $V = K \cdot \dfrac{Q}{r}$, el que una valga cero no significa necesariamente que también lo valga la otra. Según el principio de superposición, el efecto conjunto de varias cargas es la suma de los efectos individuales: $\vec{E} = \sum \vec{E}_i = \vec{E}_1 + \vec{E}_2$; $V = \sum V_i = V_1 + V_2$.

El campo eléctrico es nulo cuando la suma vectorial de todos los vectores campo es cero. El potencial es cero cuando se compensa el potencial creado por una carga positiva con el creado por otra negativa, sin vectores.

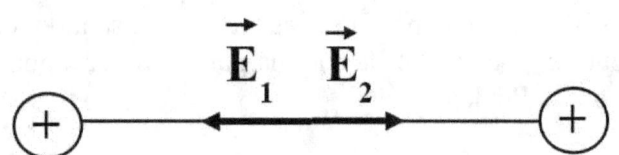

Por ejemplo: el campo eléctrico en la mitad del segmento entre dos cargas positivas iguales es nulo, pero el potencial es el doble del de uno de ellos.

$$\vec{E} = \vec{E}_1 + \vec{E}_2 = 0 \quad ; \quad V = K \cdot \dfrac{Q}{d_0/2} + K \cdot \dfrac{Q}{d_0/2} = \dfrac{2 \cdot K \cdot Q}{d_0} + \dfrac{2 \cdot K \cdot Q}{d_0} = \dfrac{4 \cdot K \cdot Q}{d_0}$$

---

19) Una carga eléctrica puntual con valor Q se encuentra en el vacío. i) Escriba la expresión matemática del potencial eléctrico en un punto genérico situado a una distancia r de la carga e indique el significado de cada una de las magnitudes que aparecen en la expresión. ii) Si el potencial aumenta al alejarnos de la carga, indique razonadamente el signo de la misma.

i) $V = \dfrac{K \cdot Q}{r}$. V es el potencial eléctrico, se mide en voltios. Es la energía potencial por unidad de carga acumulada en un punto del espacio: $V = \dfrac{Ep}{q}$. El potencial es una propiedad del espacio y es independiente de la carga q que se coloque en ese punto. Es un escalar. Es positivo para una carga positiva y negativo para una carga negativa. K es la constante eléctrica, cuyo valor depende del medio. En el vacío: $K = 9 \cdot 10^9 \; \dfrac{N \cdot m^2}{C^2}$. r es la distancia del punto considerado a la carga que produce el campo eléctrico. Se mide en metros.

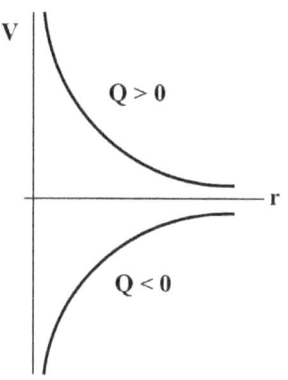

ii) El signo de la carga es negativo.

Al alejarnos de la carga, aumenta la distancia r. Como se aprecia en la imagen, en la rama inferior, al aumentar la distancia, aumenta el potencial. V disminuye con la distancia si la carga es positiva, pues r está en el denominador. Si la carga es negativa, la variación es la contraria.

$$V = \frac{K \cdot Q}{r}$$

---

20) Una carga eléctrica negativa se desplaza en un campo eléctrico uniforme desde un punto A hasta un punto B por la acción de la fuerza de dicho campo. Dibuje en un esquema la situación y responda razonadamente a las siguientes cuestiones: i) ¿Cómo variará su energía potencial? ii) ¿En qué punto será mayor su potencial eléctrico?

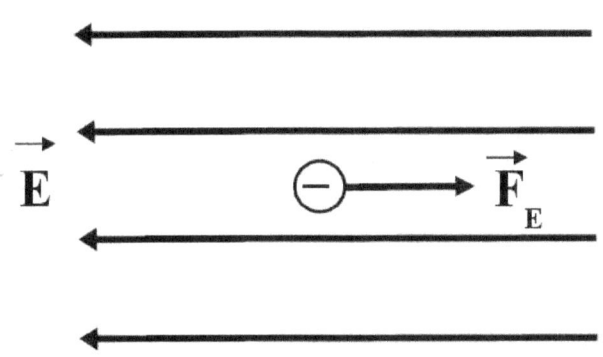

Un campo eléctrico uniforme es aquel en el que las líneas de campo son paralelas. La intensidad de campo es constante en todos los puntos.

La relación entre la fuerza y el campo es: $\vec{F} = Q \cdot \vec{E}$. Si la carga es positiva, ambos vectores tienen la misma dirección y el mismo sentido. Si la carga es negativa, ambos vectores tienen la misma dirección y sentidos contrarios.

i) Relación entre el trabajo y la energía potencial: $W_{AB} = -\Delta E_p = E_{pA} - E_{pB}$

Para que el proceso sea espontáneo: $W_{AB} > 0 \Rightarrow E_{pA} - E_{pB} > 0 \Rightarrow E_{pA} > E_{pB}$: es decir, las cargas se mueven en el sentido de energía potencial decreciente.

ii) Para que la carga se mueva espontáneamente: $W_{AB} = Q \cdot (V_A - V_B) > 0$; $Q < 0$

Podemos escribir una carga negativa así: $Q = -|Q|$. Luego:

$Q \cdot (V_A - V_B) = -|Q| \cdot (V_A - V_B) > 0 \Rightarrow -(V_A - V_B) > \frac{0}{|Q|} = 0 \Rightarrow V_A - V_B < 0 \Rightarrow V_A < V_B$: el potencial final tiene que ser mayor que el inicial.

Al cambiar de signo una inecuación, cambia su sentido. Es decir, las cargas negativas se mueven espontáneamente en el sentido de potenciales crecientes. En el punto B es mayor su potencial eléctrico.

2018

21) Una partícula cargada positivamente se mueve en la misma dirección y sentido de un campo eléctrico uniforme. Responda razonadamente a las siguientes cuestiones: (i) ¿Se detendrá la partícula?; (ii) ¿se desplazará la partícula hacia donde aumenta su energía potencial?

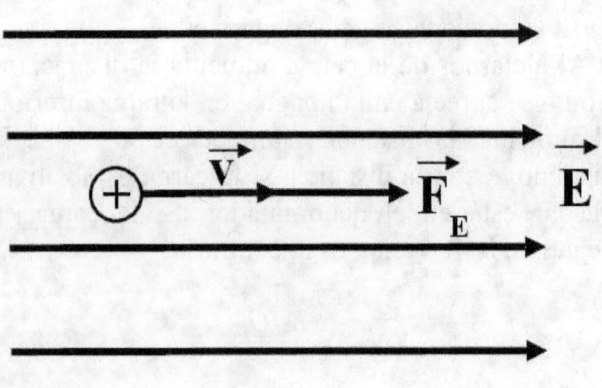

Una carga en el seno de un campo eléctrico experimenta una fuerza dada por: $\vec{F}=Q\cdot\vec{E}$. Como la carga es positiva, la fuerza tiene la misma dirección y el mismo sentido que el campo.

i) No se detendrá. Según la segunda ley de Newton, si se le aplica una fuerza resultante a un cuerpo, experimentará una aceleración con la misma dirección y el mismo sentido, proporcional a la fuerza e inversamente proporcional a la masa. La partícula se acelerará con un MRUA.

b) Incorrecto, se desplazará en el sentido de disminuir su energía potencial. Como el movimiento es acelerado, la velocidad aumenta. Como la velocidad aumenta, la energía cinética aumenta. Como la fuerza eléctrica es conservativa, la energía mecánica se conserva. Como la energía mecánica se conserva, al aumentar la energía cinética, disminuye la energía potencial: $\Delta Ec = -\Delta Ep$.

---

22) Considere dos cargas eléctricas $+q$ y $-q$ situadas en dos puntos A y B. Razone cuál sería el potencial electrostático en el punto medio del segmento que une los puntos A y B. ¿Puede deducirse de dicho valor que el campo eléctrico es nulo en dicho punto? Justifique su respuesta.

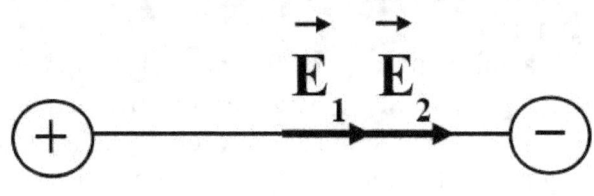

Según el principio de superposición, el efecto conjunto de varias cargas es la suma de los efectos individuales. Luego:

$$V = V_1 + V_2 = K\cdot\frac{q}{d_o/2} - K\cdot\frac{q}{d_o/2} = 0$$

El que el potencial valga cero, no significa necesariamente que el campo eléctrico valga cero. Aunque sus expresiones son similares: $V = K\cdot\frac{q}{r}$; $E = K\cdot\frac{q}{r^2}$, el potencial es una magnitud escalar y el campo es una magnitud vectorial. Esto significa que, aplicando el principio de superposición, los potenciales se suman como escalares y los campos como vectores.

Así se calcula el campo:

$$\vec{E}=\vec{E}_1+\vec{E}_2 = K\cdot\frac{q}{(d_o/2)^2}\cdot\vec{i} + K\cdot\frac{q}{(d_o/2)^2}\cdot\vec{i} = \frac{2\cdot K\cdot q}{(d_o/2)^2}\cdot\vec{i} = \frac{8\cdot K\cdot q}{d_o^2}\cdot\vec{i}$$

Los dos vectores campo se dirigen hacia la derecha porque las cargas positivas son fuentes de campo y las cargas negativas son sumideros de campo.

---

23) Explique qué son las líneas de campo eléctrico y las superficies equipotenciales. Razone si es posible que se puedan cortar dos líneas de campo. Dibuje las líneas de campo y las superficies equipotenciales correspondientes a una carga puntual positiva.

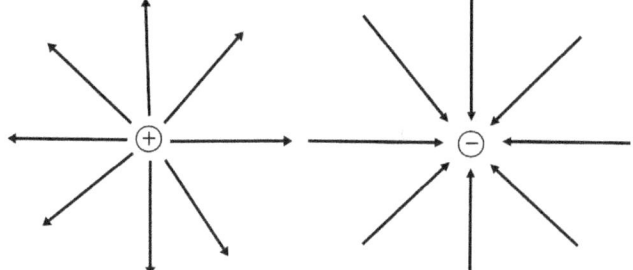

Las líneas de campo eléctrico son líneas que indican la dirección y el sentido de una carga positiva de prueba en cada punto del espacio. Son líneas tangentes en cada punto al vector intensidad de campo en ese punto.

Propiedades de las líneas de campo: las cargas positivas son fuentes de campo y las cargas negativas son sumideros de campo.

El número de líneas de campo en un punto es proporcional a la intensidad del campo en ese punto. Tienen dirección radial. Las líneas de campo creadas por dos cargas se deforman en la zona intermedia. Las líneas de campo no pueden cortarse porque eso significaría que habría un punto con dos valores distintos de campo eléctrico.

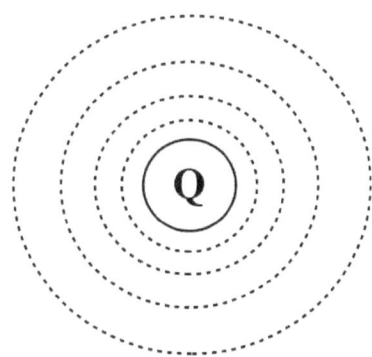

Las superficies equipotenciales son superficies cuyos puntos tienen todos el mismo valor del potencial. En el caso de cargas puntuales, las superficies equipotenciales son esferas concéntricas.

* Propiedades de las superficies equipotenciales:
  – El trabajo necesario para desplazar una carga de un punto a otro de una superficie equipotencial es nulo.
  – No se pueden cortar, pues eso significaría que habría algún punto con dos potenciales distintos.
  – Son perpendiculares a las líneas de campo.
  – Las superficies equipotenciales de dos cargas se deforman en la zona intermedia.

---

24) Considere un campo eléctrico en una región del espacio. El potencial electrostático en dos puntos A y B (que se encuentran en la misma línea de campo) es V_A y V_B, cumpliéndose que $V_A > V_B$. Se deja libre una carga Q en el punto medio del segmento AB. Razone cómo es el movimiento de la carga en función de su signo.

La carga positiva iría hacia B y la negativa hacia A. Las cargas positivas tienden a moverse en el sentido de potenciales decrecientes y las cargas negativas al contrario.
Demostración: un proceso es espontáneo (ocurre sin la intervención de fuerzas externas) cuando su trabajo es positivo.
* Cargas positivas: $W_{12} = Q \cdot (V_1 - V_2) > 0$; $Q > 0$ $\Rightarrow$ $(V_1 - V_2) > 0$ $\Rightarrow$ $V_1 > V_2$: es decir, el potencial final tiene que ser menor que el inicial.
* Cargas negativas: $W_{12} = Q \cdot (V_1 - V_2) > 0$; $Q < 0$

Podemos escribir una carga negativa así: $Q = -|Q|$.

Luego: $Q \cdot (V_1 - V_2) = -|Q| \cdot (V_1 - V_2) > 0 \Rightarrow -(V_1 - V_2) > \dfrac{0}{|Q|} = 0 \Rightarrow V_1 - V_2 < 0 \Rightarrow V_1 < V_2$: es decir, el potencial final tiene que ser mayor que el inicial. Al cambiar de signo una inecuación, cambia su sentido.

---

25) En una región del espacio existe un campo eléctrico uniforme. Si una carga negativa se mueve en la dirección y sentido del campo, ¿aumenta o disminuye su energía potencial? ¿Y si la carga fuera positiva? Razone las respuestas.

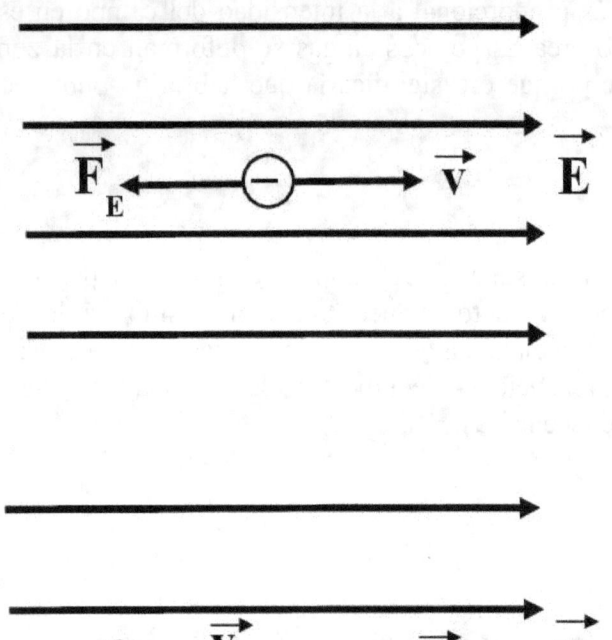

Una carga en el seno de un campo eléctrico experimenta una fuerza dada por: $\vec{F} = Q \cdot \vec{E}$. Si la carga es negativa, la fuerza tendrá la misma dirección pero sentido contrario al campo. Esto significa que su movimiento va a ser desacelerado, se va a ir frenando. Si la velocidad disminuye, la energía cinética disminuye. Como la fuerza eléctrica es conservativa, la energía mecánica se conserva. Como la energía mecánica se conserva, al disminuir la energía cinética, aumenta la energía potencial.

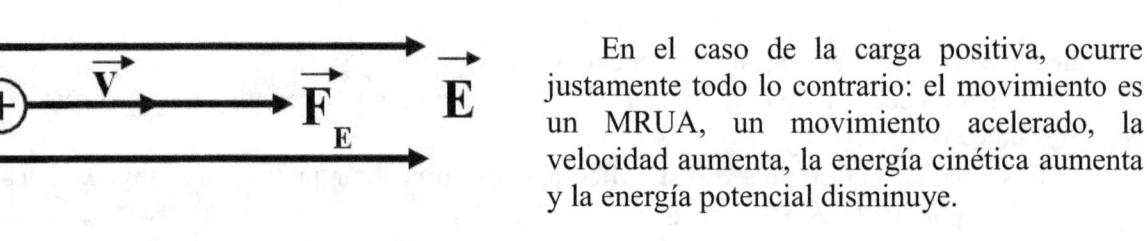

En el caso de la carga positiva, ocurre justamente todo lo contrario: el movimiento es un MRUA, un movimiento acelerado, la velocidad aumenta, la energía cinética aumenta y la energía potencial disminuye.

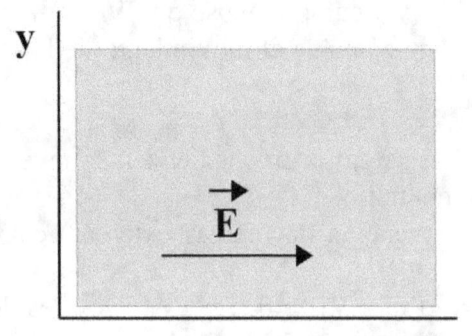

26) En la figura se muestra en color gris una región del espacio en la que hay un campo electrostático uniforme E. Un electrón, un protón y un neutrón penetran en la región del campo con velocidad constante $\mathbf{v} = v \cdot \mathbf{i}$ desde la izquierda. Explique razonadamente cómo es el movimiento de cada partícula si se desprecian los efectos de la gravedad.

Una carga en el seno de un campo eléctrico experimenta una fuerza dada por: $\vec{F}=Q\cdot\vec{E}$. Si la carga es negativa, la fuerza tendrá la misma dirección pero sentido contrario al campo.

Si la carga es positiva, la fuerza tendrá la misma dirección y el mismo sentido que el campo. Si la partícula es neutra, no experimentará fuerza eléctrica alguna.

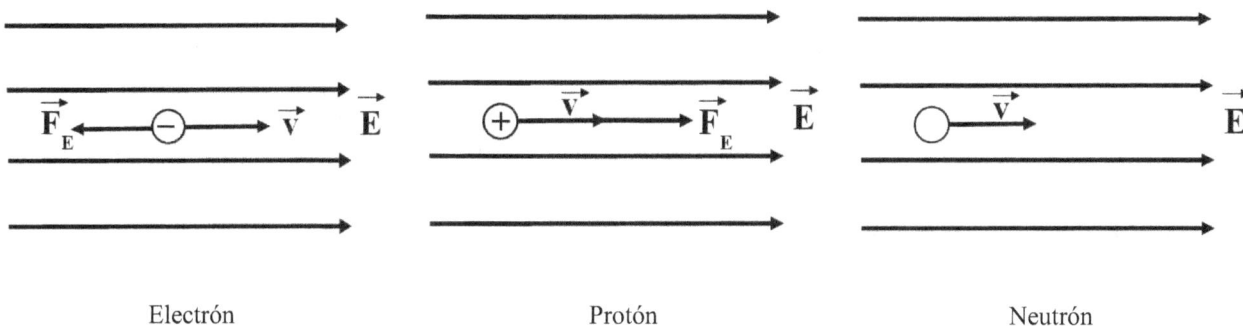

         Electrón   Protón   Neutrón

Los tres experimentarán trayectorias rectilíneas. El electrón presentará un movimiento desacelerado, se irá frenando. El protón presentará un MRUA, se irá acelerando. El neutrón tendrá un MRU, velocidad constante. Según la primera ley de Newton: todo cuerpo permanece en su estado de reposo o de movimiento rectilíneo uniforme a no ser que se le aplique una fuerza resultante distinta de cero.

2017

27) Para dos puntos A y B de una región del espacio, en la que existe un campo eléctrico uniforme, se cumple que $V_A > V_B$. Si dejamos libre una carga negativa en el punto medio del segmento que une A con B, ¿a cuál de los dos puntos se acerca la carga? Razone la respuesta.

El potencial en un punto es la energía potencial por unidad de carga en ese punto. Las cargas negativas se mueven espontáneamente desde los puntos de menor potencial hasta los de mayor potencial. Luego la carga se acercará al punto A. El potencial disminuye hacia la derecha. Al dejar la carga negativa en C, se acercará a A.

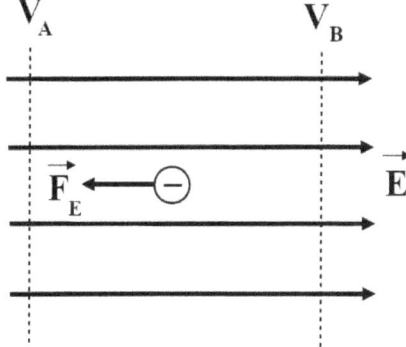

El trabajo necesario para mover una carga espontáneamente desde un punto a otro debe ser positivo. $W_{12} = Q\cdot(V_1 - V_2) > 0$; $Q < 0$

Podemos escribir una carga negativa así:
$Q = -|Q|$. Luego:
$Q\cdot(V_1 - V_2) = -|Q|\cdot(V_1 - V_2) > 0 \Rightarrow$
$\Rightarrow -(V_1 - V_2) > \dfrac{0}{|Q|} = 0 \Rightarrow V_1 - V_2 < 0 \Rightarrow$
$\Rightarrow V_1 < V_2$: es decir, el potencial final tiene que ser mayor que el inicial. Al cambiar de signo una inecuación, cambia su sentido.

También puede demostrarse desde el punto de vista de la Dinámica. Una carga negativa en un campo eléctrico experimenta una fuerza: $\vec{F}=Q\cdot\vec{E}$. Al ser la carga negativa, la fuerza y el campo tienen sentidos opuestos. Según se aprecia en la figura, la carga negativa experimentará una fuerza hacia la izquierda, es decir, en el sentido de potenciales crecientes.

28) Discuta la veracidad de las siguientes afirmaciones: i) "Al analizar el movimiento de una partícula cargada positivamente en un campo eléctrico observamos que se desplaza espontáneamente hacia puntos de potencial mayor". ii) "Dos esferas de igual carga se repelen con una fuerza F. Si duplicamos el valor de la carga de cada una de las esferas y también duplicamos la distancia entre ellas, el valor F de la fuerza no varía".

i) Falso. Las cargas positivas se desplazan espontáneamente a puntos de menor potencial. La única forma en la que una carga positiva podría moverse espontáneamente hacia potenciales mayores sería si tuviera una velocidad inicial en la dirección del campo y en sentido contrario.

El trabajo necesario para mover una carga espontáneamente desde un punto 1 a otro punto 2 debe ser positivo. Al ser: $W_{12} = Q \cdot (V_1 - V_2)$.

Como debe ser: $W_{12} > 0 \Rightarrow Q \cdot (V_1 - V_2) > 0 \Rightarrow$ Si $Q > 0 \Rightarrow V_1 - V_2 > 0 \Rightarrow V_1 > V_2$

Es decir, el potencial final es menor que el potencial inicial.

ii) Verdadero.

Las cargas se repelen con la fuerza eléctrica, dada por la ley de Coulomb: $F = K \cdot \dfrac{Q_1 \cdot Q_2}{r^2}$

- En las condiciones iniciales: $F_1 = K \cdot \dfrac{Q^2}{r^2}$

- En las nuevas condiciones: $F_2 = K \cdot \dfrac{(2 \cdot Q)^2}{(2 \cdot r)^2} = K \cdot \dfrac{4 \cdot Q^2}{4 \cdot r^2} = K \cdot \dfrac{Q^2}{r^2} = F_1$

---

29) a) Explique cómo se define el campo eléctrico creado por una carga puntual. b) Razone cuál es el valor del campo eléctrico en el punto medio entre dos cargas de valores q y -2·q.

a) Se define como la perturbación del espacio creada por una carga eléctrica. También se define como la fuerza eléctrica por unidad de carga positiva de prueba. Consideremos una carga puntual Q que crea un campo a su alrededor.

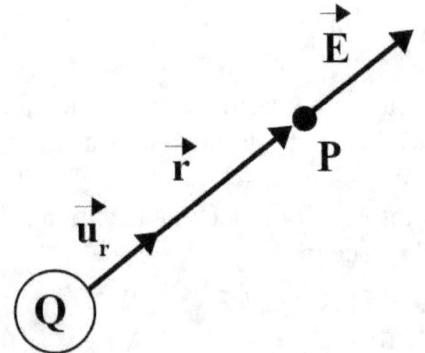

Cualquier carga de prueba, q, que pongamos a su alrededor sufrirá una fuerza electrostática dada por la ley de Coulomb:

$$\vec{F} = K \cdot \dfrac{Q \cdot q}{r^2} \cdot \vec{u}_r$$

El módulo es siempre positivo:

$$F = K \cdot \dfrac{|Q \cdot q|}{r^2}$$

El campo eléctrico, $\vec{E}$, en un punto del espacio es la fuerza ejercida por unidad de carga q colocada en ese punto del espacio: $\vec{E} = \dfrac{\vec{F}}{q} = \dfrac{K \cdot \dfrac{Q \cdot q}{r^2}}{q} \cdot \vec{u}_r = K \cdot \dfrac{Q}{r^2} \cdot \vec{u}_r$. El módulo es: $E = K \cdot \dfrac{Q}{r^2}$.

$\vec{r}$ es el vector de posición del punto P. $\vec{u}_r$ es el vector unitario en la dirección y en el sentido de $\vec{r}$.

Si $Q > 0$, $\vec{r}$ y $\vec{u}_r$ tendrán la misma dirección y el mismo sentido.

Si Q < 0, $\vec{r}$ y $\vec{u}_r$ tendrán la misma dirección y sentidos contrarios.

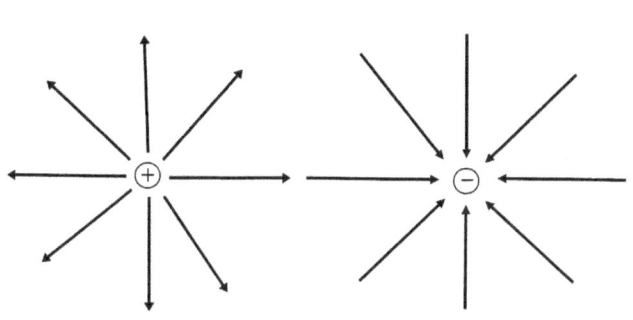
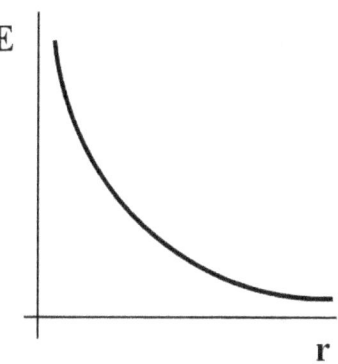

Líneas de campo   Gráfica de campo frente a distancia

ii) Al ser una magnitud vectorial y aplicando el principio de superposición: $\vec{E}=\vec{E}_1+\vec{E}_2$.

Las cargas positivas son fuentes de campo (las líneas de campo se alejan de la carga) y las cargas negativas son sumideros de campo (las líneas de campo se acercan a la carga).

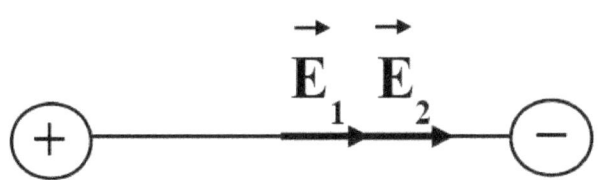

$$\vec{E}_1 = K \cdot \frac{q}{(d_o/2)^2} \cdot \vec{i} = \frac{4 \cdot K \cdot q}{d_o^2} \cdot \vec{i}$$

$$\vec{E}_2 = K \cdot \frac{2 \cdot q}{(d_o/2)^2} \cdot \vec{i} = \frac{8 \cdot K \cdot q}{d_o^2} \cdot \vec{i}$$

$$\vec{E}=\vec{E}_1+\vec{E}_2 = \frac{4 \cdot K \cdot q}{d_0^2} \cdot \vec{i} + \frac{8 \cdot K \cdot q}{d_0^2} \cdot \vec{i} = \frac{12 \cdot K \cdot q}{d_0^2} \cdot \vec{i}$$

2016

30) a) Explique las características del campo eléctrico y por qué es un campo conservativo. b) Una partícula cargada penetra en un campo eléctrico con velocidad paralela al campo y en sentido contrario al mismo. Describa cómo influye el signo de la carga eléctrica en su trayectoria.

a) Se define como la perturbación del espacio creada por una carga eléctrica. También se define como la fuerza eléctrica por unidad de carga positiva de prueba.
* Características del campo eléctrico:
- Es una perturbación del espacio provocada por una carga.
- Depende solamente de la carga que lo genera.
- Es directamente proporcional a la carga e inversamente proporcional al cuadrado de la distancia.
- Las cargas positivas son fuentes de campo (el campo se aleja de la carga) y las cargas negativas son sumideros de campo (el campo se acerca a la carga).
- La intensidad del campo depende también del medio.
- Es conservativo.

- Su unidad en el SI es el N/C o el V/m.

El campo eléctrico es conservativo porque el trabajo realizado por la fuerza eléctrica no depende de la trayectoria seguida, sino de las posiciones inicial y final.

b) Al ser: $\vec{F} = Q \cdot \vec{E}$, la fuerza sobre la partícula tendrá el mismo sentido que el campo si la carga es positiva y sentido contrario si la carga es negativa. La trayectoria en ambos casos será una línea recta. El movimiento será distinto: en una carga negativa, la carga experimentará un MRUA, movimiento acelerado; en una carga positiva, la carga experimentará un movimiento desacelerado, se frenará, cambiará de sentido y después experimentará un MRUA, movimiento acelerado.

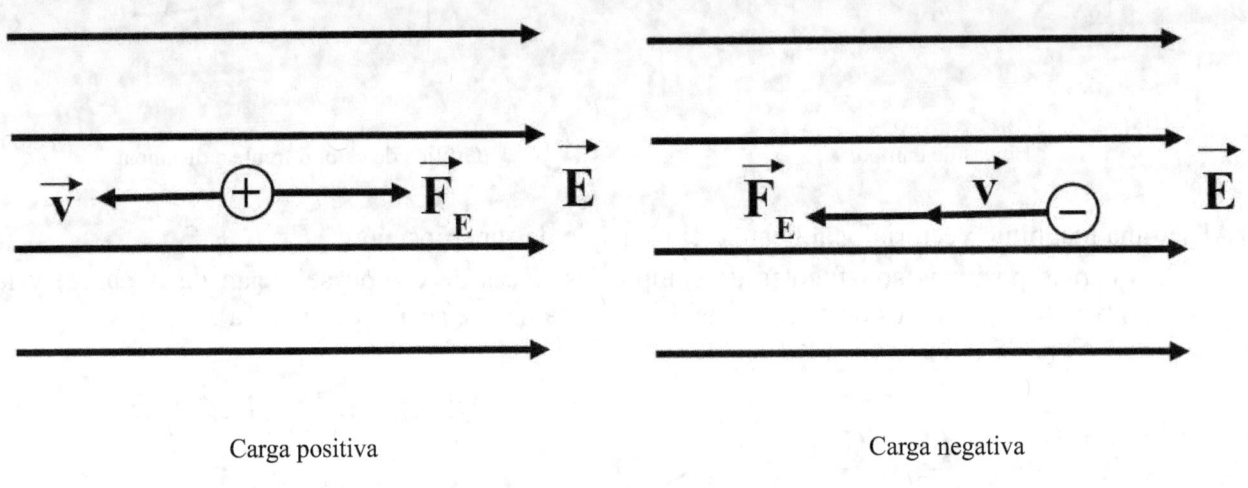

Carga positiva   Carga negativa

PROBLEMAS DE CAMPO ELÉCTRICO

2024

1) Dos cargas puntuales iguales de valor $-1'2\cdot 10^{-6}$ C están situadas en los puntos A(0,8) m y B(6,0) m. Una tercera carga de valor $-1'5\cdot 10^{-6}$ C se sitúa en el punto P(3,4) m. Calcule: i) la fuerza eléctrica total ejercida sobre la carga situada en P, apoyándose de un esquema; ii) el trabajo realizado por el campo eléctrico para trasladar la tercera carga desde el infinito hasta el punto P. $K = 9\cdot 10^9$ N·m²·C⁻².

Datos:

$Q_1 = Q_2 = -1'2\cdot 10^{-6}$ C
A(0,8) m y B(6,0) m
$Q_3 = -1'5\cdot 10^{-6}$ C $\rightarrow$ P(3,4) m
¿ $\vec{F}_T$?
¿W?
$K = 9\cdot 10^9$ N·m²·C⁻²

Dibujo:

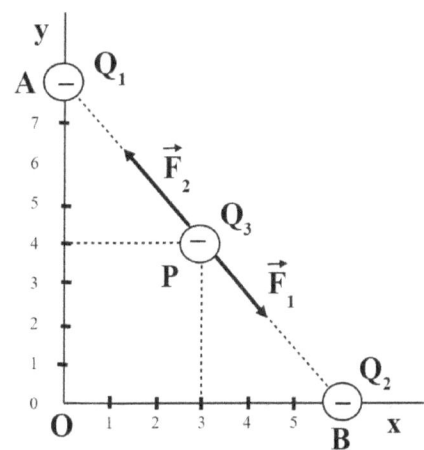

Principio físico: el campo eléctrico es la perturbación del espacio provocada por la presencia de una o varias cargas.

Método de resolución: calcularemos los módulos de las fuerzas, los pasaremos a vectores y usaremos el principio de superposición. Usaremos la relación entre el trabajo y la energía potencial.

Resolución: * Distancias: $d = r_{AP} = r_{BP} = \sqrt{4^2+3^2} = 5$ m

* Módulos de las fuerzas: $F_1 = F_2 = \dfrac{K\cdot Q_1 \cdot Q_3}{d^2} = \dfrac{9\cdot 10^9 \cdot 1'2\cdot 10^{-6}\cdot 1'2\cdot 10^{-6}}{5^2} = 5'18\cdot 10^{-4}$ N

* Fuerza total: $\boxed{\vec{F}_T = \vec{F}_1 + \vec{F}_2 = 0}$

* Trabajo realizado:

$W = -\Delta Ep = Ep_\infty - Ep_P = 0 - Ep_P = -Ep_P = -(Ep_{P1} + Ep_{P2}) = \dfrac{K\cdot Q_1 \cdot Q_3}{d} + \dfrac{K\cdot Q_2 \cdot Q_3}{d} =$

$= \dfrac{K\cdot Q_3}{d}\cdot (Q_1+Q_2) = \dfrac{9\cdot 10^9 \cdot (-1'5\cdot 10^{-6})}{5}\cdot (-1'2\cdot 10^{-6} - 1'2\cdot 10^{-6}) = \boxed{6'48\cdot 10^{-3} \text{ J}}$

Comentario: la fuerza total es nula porque $\vec{F}_{1x} = -\vec{F}_{2x}$ y $\vec{F}_{1y} = -\vec{F}_{2y}$. El trabajo positivo indica que el proceso es espontáneo.

2023

2) Dos cargas de 2 y -3 mC se encuentran, respectivamente, en los puntos A(0,0) y B(1,1) m. i) Represente y calcule el vector campo eléctrico en el punto C(1,0) m. ii) Calcule el trabajo necesario para trasladar una carga de 1 mC desde el punto C al punto D(0,1) m. K = $9 \cdot 10^9$ N·m²·C⁻².

Datos:

$Q_1 = 2 \cdot 10^{-3}$ C
$Q_2 = -3 \cdot 10^{-3}$ C
A(0,0) m
B(1,1) m
¿ $\vec{E}$?
C(1,0) m
¿W_{CD}?
$Q_3 = 10^{-3}$ C
D(0,1) m
K = $9 \cdot 10^9$ N·m²·C⁻²

Dibujo:

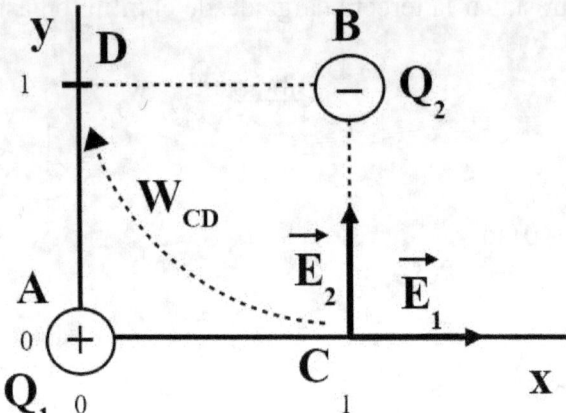

Principio físico: el campo eléctrico es la perturbación del espacio provocada por la presencia de una o varias cargas eléctricas. Principio de superposición: el efecto conjunto de varias cargas es la suma de los efectos individuales.

Método de resolución: aplicaremos el principio de superposición y la relación entre el trabajo y la energía potencial.

Resolución: * Módulos de los campos eléctricos:

$$E_1 = \frac{K \cdot Q_1}{r_1^2} = \frac{9 \cdot 10^9 \cdot 2 \cdot 10^{-3}}{1^2} = 1'8 \cdot 10^7 \ \frac{N}{C} \quad ; \quad E_2 = \frac{K \cdot Q_2}{r_2^2} = \frac{9 \cdot 10^9 \cdot 3 \cdot 10^{-3}}{1^2} = 2'7 \cdot 10^7 \ \frac{N}{C}$$

* Vectores campos eléctricos:

$$\vec{E}_1 = 1'8 \cdot 10^7 \cdot \vec{i} \ \frac{N}{C} \quad ; \quad \vec{E}_2 = 2'7 \cdot 10^7 \cdot \vec{j} \ \frac{N}{C}$$

$$\vec{E}_T = \vec{E}_1 + \vec{E}_2 = \boxed{1'8 \cdot 10^7 \cdot \vec{i} + 2'7 \cdot 10^7 \cdot \vec{j} \ \frac{N}{C}}$$

$$E_T = \sqrt{E_x^2 + E_y^2} = \sqrt{(1'8 \cdot 10^7)^2 + (2'7 \cdot 10^7)^2} = \boxed{3'24 \cdot 10^7 \ \frac{N}{C}}$$

* Energía potencial en el punto C:

$$Ep_C = \frac{K \cdot Q_1 \cdot Q_3}{r_{AC}} + \frac{K \cdot Q_2 \cdot Q_3}{r_{BC}} = \frac{9 \cdot 10^9 \cdot 2 \cdot 10^{-3} \cdot 10^{-3}}{1} + \frac{9 \cdot 10^9 \cdot (-3) \cdot 10^{-3} \cdot 10^{-3}}{1} = -9000 \text{ J}$$

* Energía potencial en el punto D:

$$Ep_D = \frac{K \cdot Q_1 \cdot Q_3}{r_{AD}} + \frac{K \cdot Q_2 \cdot Q_3}{r_{BD}} = \frac{9 \cdot 10^9 \cdot 2 \cdot 10^{-3} \cdot 10^{-3}}{1} + \frac{9 \cdot 10^9 \cdot (-3) \cdot 10^{-3} \cdot 10^{-3}}{1} = -9000 \text{ J}$$

* Trabajo para trasladar la tercera carga:

$$W_{CD} = -\Delta Ep = Ep_C - Ep_D = -9000 - (-9000) = \boxed{0 \text{ J}}$$

Comentario: el trabajo es nulo ya que los puntos C y D están dentro de la misma superficie equipotencial.

3) Una carga Q situada en el origen de coordenadas crea un potencial de 3000 V en el punto A(5,0) m. i) Determine el valor de la carga Q. ii) Si se sitúa una carga de $2\cdot10^{-5}$ C en el punto A, calcule la variación de la energía potencial eléctrica y de la energía cinética de dicha carga cuando se desplaza al punto B(10,0) m. $K = 9\cdot10^9$ N·m²·C⁻².

Datos:

O(0,0) m
V_A = 3000 V
A(5,0) m
¿Q?
Q' = $2\cdot10^{-5}$ C
¿ΔEp, ΔEc?
B(10,0) m
$K = 9\cdot10^9$ N·m²·C⁻²

Dibujo:

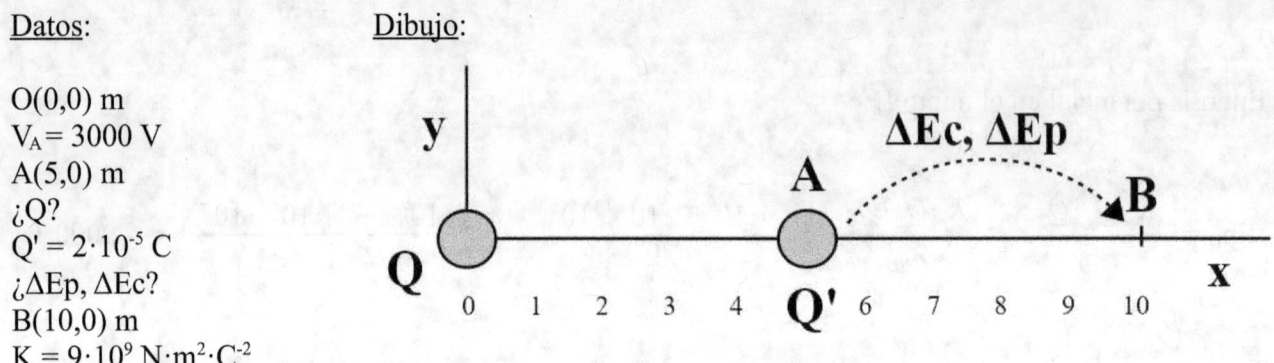

Principio físico: el potencial eléctrico es la energía potencial eléctrica por unidad de carga. Conservación de la energía mecánica: es un sistema con fuerzas conservativas, la energía total permanece constante.

Método de resolución: usaremos la expresión del potencial eléctrico y el principio de conservación de la energía.

Resolución: * Valor de la carga Q: $V_A = \dfrac{K\cdot Q}{r_A} \Rightarrow Q = \dfrac{V_A \cdot r_A}{K} = \dfrac{3000\cdot 5}{9\cdot 10^9} = \boxed{1'67\cdot10^{-6}\text{ C}}$

* Energía potencial en el punto A: $Ep_A = Q'\cdot V_A = 2\cdot10^{-5}\cdot 3000 = 0'06$ J

* Energía potencial en el punto B: $Ep_B = \dfrac{K\cdot Q\cdot Q'}{r_B} = \dfrac{9\cdot10^9\cdot 1'67\cdot10^{-6}\cdot 2\cdot10^{-5}}{10} = 0'03$ J

* Variación de energía potencial: $\Delta Ep = Ep_B - Ep_A = 0'03 - 0'06 = \boxed{-0'03\text{ J}}$

* Variación de la energía cinética: $\Delta Ec = -\Delta Ep = \boxed{0'03\text{ J}}$

Comentario: como la energía mecánica se conserva, la variación de energía cinética es el opuesto a la variación de la energía potencial.

4) En una región del espacio existe un campo eléctrico uniforme de $2\cdot 10^5$ V·m^{-1} en el sentido positivo del eje OY. Para un protón que se encuentra inicialmente en reposo en un punto de dicha región, calcule: i) la fuerza que actúa sobre el protón; ii) el trabajo realizado por la fuerza eléctrica cuando el protón ha recorrido una distancia de $5\cdot 10^{-2}$ m; iii) la velocidad final tras recorrer dicha distancia.
$m_p = 1'7\cdot 10^{-27}$ kg; $e = 1'6\cdot 10^{-19}$ C.

Datos: Dibujo:

$E = 2\cdot 10^5$ V/m
$v_A = 0$
¿$\vec{F}$?
¿W?
$d = 0'05$ m
¿v_B?
$m_p = 1'7\cdot 10^{-27}$ kg
$e = 1'6\cdot 10^{-19}$ C

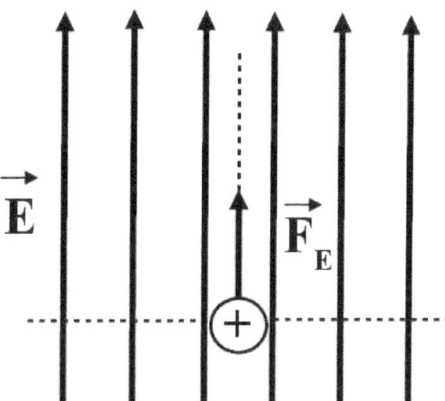

Principio físico: segunda ley de Newton: cuando se aplica una fuerza resultante sobre un cuerpo, se le imprime una aceleración directamente proporcional a la fuerza e inversamente proporcional a la masa.

Método de resolución: relacionaremos la fuerza con el campo, usaremos la definición de trabajo y usaremos el teorema de las fuerzas vivas.

Resolución: * Fuerza sobre el protón:

$$\vec{F}_E = Q\cdot \vec{E} = 1'6\cdot 10^{-19}\cdot 2\cdot 10^5 \cdot \vec{j} = \boxed{3'2\cdot 10^{-14}\cdot \vec{j}\ \text{N}} \ ; \ \boxed{F = 3'2\cdot 10^{-14}\ \text{N}}$$

* Trabajo realizado:

$$W = F_E\cdot d\cdot \cos\alpha = 3'2\cdot 10^{-14}\cdot 0'05\cdot \cos 0° = \boxed{1'6\cdot 10^{-15}\ \text{J}}$$

* Velocidad final:

$$W = -\Delta E_p = \Delta E_c \ \Rightarrow \ W = \frac{1}{2}\cdot m\cdot v^2 \ \Rightarrow \ v^2 = \frac{2\cdot W}{m} \ \Rightarrow$$

$$\Rightarrow \ v = \sqrt{\frac{2\cdot W}{m}} = \sqrt{\frac{2\cdot 1'6\cdot 10^{-15}}{1'7\cdot 10^{-27}}} = \boxed{1'37\cdot 10^6\ \frac{m}{s}}$$

Comentario: la fuerza eléctrica es conservativa, luego se conserva la energía mecánica.

5) Dos cargas positivas de valor $2·10^{-6}$ C se encuentran en los puntos A(-2,0) y B(2,0) m. i) Determine el vector campo eléctrico en el punto C(0,3) m. ii) Calcule el trabajo que realiza el campo eléctrico cuando una tercera carga de valor $-3·10^{-6}$ C se traslada del punto C al origen de coordenadas. $K = 9·10^9$ N m^2 C^{-2}

Datos: Dibujo:

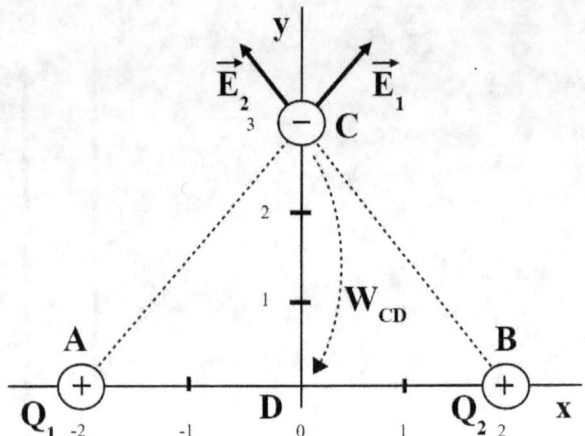

$Q_1 = Q_2 = 2·10^{-6}$ C
A(-2,0) m
B(2,0) m
¿ $\vec{E}$?
C(0,3) m
$Q_3 = -3·10^{-6}$ C
¿W_{CD}?
$K = 9·10^9$ N m^2 C^{-2}

Principio físico: el campo eléctrico es la perturbación del espacio provocada por la presencia de una carga.

Método de resolución: calcularemos los módulos de los campos eléctricos parciales; el módulo del campo total se calcula teniendo en cuenta que, por simetría se anulan las componentes E_x y relacionaremos el trabajo con la energía potencial.

Resolución: * Distancias: $r_{AC} = r_{BC} = \sqrt{3^2+2^2} = \sqrt{13} = 3'61$ m ; $r_{AD} = r_{BD} = 2$ m

* Módulos de los campos eléctricos:

$$E_1 = E_2 = \frac{K·Q_1}{r_{AC}^2} = \frac{K·Q_2}{r_{BC}^2} = \frac{9·10^9·2·10^{-6}}{3'61^2} = 1385 \ \frac{N}{C}$$

* Campo eléctrico total:

$$\vec{E} = 2·E_1·sen\alpha·\vec{j} = 2·1385·\frac{3}{3'61}·\vec{j} = 2302·\vec{j} \ \frac{N}{C} \quad ; \quad E = 2302 \ \frac{N}{C}$$

* Energía potencial en el punto C:

$$Ep_C = Ep_{C1} + Ep_{C2} = \frac{K·Q_1·Q_3}{r_{AC}} + \frac{K·Q_2·Q_3}{r_{BC}} = K·Q_3·\left(\frac{Q_1}{r_{AC}} + \frac{Q_2}{r_{BC}}\right) =$$

$$= 9·10^9·(-3·10^{-6})·\left(\frac{2·10^{-6}}{3'61} + \frac{2·10^{-6}}{3'61}\right) = -0'03 \text{ J}$$

* Energía potencial en el punto D:

$$Ep_D = Ep_{D1} + Ep_{D2} = \frac{K \cdot Q_1 \cdot Q_3}{r_{AD}} + \frac{K \cdot Q_2 \cdot Q_3}{r_{BD}} = K \cdot Q_3 \cdot \left(\frac{Q_1}{r_{AD}} + \frac{Q_2}{r_{BD}}\right) =$$

$$= 9 \cdot 10^9 \cdot (-3 \cdot 10^{-6}) \cdot \left(\frac{2 \cdot 10^{-6}}{2} + \frac{2 \cdot 10^{-6}}{2}\right) = -0'054 \text{ J}$$

* Trabajo para desplazar la masa:

$$W_{CD} = -\Delta Ep = Ep_C - Ep_D = -0'03 + 0'054 = \boxed{0'024 \text{ J}}$$

Comentario: el trabajo positivo indica que el proceso es espontáneo.

2022

6) Dos partículas idénticas con carga positiva, situadas en los puntos A(0,0) m y B(2,0) m, generan un potencial eléctrico en el punto C(1,1) m de 1000 V. Determine: i) El valor de la carga de las partículas. ii) El vector campo eléctrico en el punto C(1,1) m. K = $9·10^9$ N·m²·C⁻².

Datos:

$Q_1 = Q_2 = Q$
A(0,0) m
B(2,0) m
C(1,1) m
V_C = 1000 V
¿Q?
¿ $\vec{E}_C$?
K = $9·10^9$ N·m²·C⁻²

Dibujo:

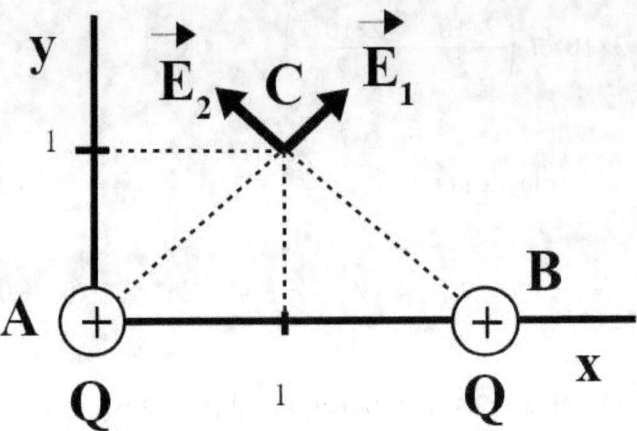

Principio físico: el campo eléctrico es la perturbación del espacio provocada por la presencia de una carga eléctrica. Principio de superposición: "el efecto conjunto de varias cargas es la suma de los efectos individuales".

Método de resolución: aplicaremos el principio de superposición.

Resolución: * Distancias: $r_{AC} = r_{BC} = r = \sqrt{1^2 + 1^2} = \sqrt{2} = 1'41$ m

* Carga eléctrica Q: $V_C = V_{C1} + V_{C2} = \dfrac{K·Q}{r_{AC}} + \dfrac{K·Q}{r_{BC}} = \dfrac{K·Q}{r} + \dfrac{K·Q}{r} = \dfrac{2·K·Q}{r} \Rightarrow$

$\Rightarrow Q = \dfrac{V_C·r}{2·K} = \dfrac{1000·1'41}{2·9·10^9} = \boxed{7'83·10^{-8} \text{ C}}$

* Módulos de los campos eléctricos: $E_1 = E_2 = \dfrac{K·Q}{r^2} = \dfrac{9·10^9·7'83·10^{-8}}{2} = 352 \;\dfrac{N}{C}$

* Campo eléctrico total:

$$\vec{E} = 2·E·sen\alpha·\vec{j} = 2·352·sen\,45°·\vec{j} = \boxed{498 \;\dfrac{N}{C}}$$

Comentario: por la simetría de los campos $\vec{E}_1$ y $\vec{E}_2$, las componentes x se anulan por lo que el campo total es dos veces la componente y de cualquiera de ellos.

7) Dos partículas idénticas con carga q = $-2 \cdot 10^{-6}$ C están fijas en los puntos A(1,0) m y B(1,2) m. Determine en el punto C(2,1) m: i) el vector campo eléctrico y ii) el potencial eléctrico.
K = $9 \cdot 10^9$ N·m²·C⁻².

Datos:

q = $-2 \cdot 10^{-6}$ C
A(1,0) m
B(1,2) m
C(2,1) m
¿ $\vec{E}$?
¿V?
K = $9 \cdot 10^9$ N·m²·C⁻²

Dibujo:

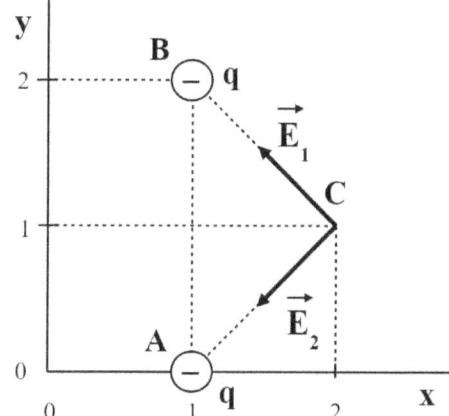

Principio físico: el campo eléctrico es la perturbación del espacio provocada por la presencia de cargas. El potencial eléctrico es la energía potencial por unidad de carga.

Método de resolución: calcularemos los módulos de los campos eléctricos y calcularemos el campo total usando la simetría. Usaremos el principio de superposición.

Resolución: * Distancias: r = r_{AC} = r_{BC} = $\sqrt{1^2 + 1^2}$ = $\sqrt{2}$ = 1'41 m

* Módulos de los campos eléctricos: E = E_1 = E_2 = $\dfrac{K \cdot q}{r^2}$ = $\dfrac{9 \cdot 10^9 \cdot 2 \cdot 10^{-6}}{2}$ = 9000 $\dfrac{N}{C}$

* Campo eléctrico total:

$$\vec{E} = \vec{E}_1 + \vec{E}_2 = -2 \cdot E \cdot \cos\alpha \cdot \vec{i} = -2 \cdot 9000 \cdot \cos 45° \cdot \vec{i} = \boxed{-1'27 \cdot 10^4 \cdot \vec{i} \ \dfrac{N}{C}}$$

$$\boxed{E = 1'27 \cdot 10^4 \ \dfrac{N}{C}}$$

* Potencial eléctrico total:

$$V = V_1 + V_2 = \dfrac{K \cdot q}{r_{AC}} + \dfrac{K \cdot q}{r_{BC}} = \dfrac{2 \cdot K \cdot q}{r} = \dfrac{2 \cdot 9 \cdot 10^9 \cdot (-2 \cdot 10^{-6})}{\sqrt{2}} = \boxed{-2'55 \cdot 10^4 \ V}$$

Comentario: como los módulos de los campos eléctricos son iguales, las componentes "y" se anulan por simetría y sólo queda componente "x" en el campo eléctrico total.

8) Dos partículas con cargas $q_1 = -2 \cdot 10^{-6}$ C y $q_2 = 8 \cdot 10^{-6}$ C están situadas en los puntos A(3,0) m y B(-3,0) m, respectivamente. Calcule: i) el punto, cerca de las dos cargas, donde se anula el campo eléctrico y ii) el potencial eléctrico en el punto P(0,0) m. $K = 9 \cdot 10^9$ N·m²·C⁻².

Datos:

$q_1 = -2 \cdot 10^{-6}$ C
$q_2 = 8 \cdot 10^{-6}$ C
A(3,0) m
B(-3,0) m
¿r_1, r_2?
¿V?
P(0,0) m
$K = 9 \cdot 10^9$ N·m²·C⁻²

Dibujo:

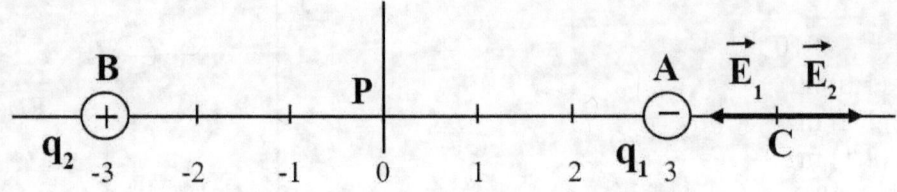

Principio físico: el campo eléctrico es la perturbación del espacio provocada por una carga eléctrica. El potencial eléctrico es la energía potencial eléctrica por unidad de carga.

Método de resolución: aplicaremos el principio de superposición dos veces.

Resolución: * Relación entre las distancias: $r_2 = r_1 + d = r_1 + 6$

* Distancias al punto C: $\vec{E}_1 + \vec{E}_2 = 0 \Rightarrow \vec{E}_1 = -\vec{E}_2 \Rightarrow E_1 = E_2 \Rightarrow \dfrac{K \cdot |q_1|}{r_1^2} = \dfrac{K \cdot q_2}{r_2^2} \Rightarrow$

$\Rightarrow \dfrac{|q_1|}{r_1^2} = \dfrac{q_2}{r_2^2} \Rightarrow \dfrac{r_2^2}{r_1^2} = \dfrac{q_2}{|q_1|} \Rightarrow \left(\dfrac{r_2}{r_1}\right)^2 = \dfrac{q_2}{|q_1|} \Rightarrow \dfrac{r_2}{r_1} = \sqrt{\dfrac{q_2}{|q_1|}} \Rightarrow$

$\Rightarrow \dfrac{r_1 + d}{r_1} = \sqrt{\dfrac{q_2}{|q_1|}} \Rightarrow 1 + \dfrac{d}{r_1} = \sqrt{\dfrac{q_2}{|q_1|}} \Rightarrow \dfrac{d}{r_1} = \sqrt{\dfrac{q_2}{|q_1|}} - 1 \Rightarrow$

$\Rightarrow r_1 = \dfrac{d}{\sqrt{\dfrac{q_2}{|q_1|}} - 1} = \dfrac{6}{\sqrt{\dfrac{8 \cdot 10^{-6}}{2 \cdot 10^{-6}}} - 1} = \boxed{6 \text{ m}} \Rightarrow \boxed{\text{El punto es el C(9,0) m}}$

* Potencial eléctrico: $V = V_1 + V_2 = \dfrac{K \cdot q_1}{r_1} + \dfrac{K \cdot q_2}{r_2} = K \cdot \left(\dfrac{q_1}{r_1} + \dfrac{q_2}{r_2}\right) =$

$= 9 \cdot 10^9 \cdot \left(\dfrac{-2 \cdot 10^{-6}}{3} + \dfrac{8 \cdot 10^{-6}}{3}\right) = 1'8 \cdot 10^4$ V

Comentario: como las cargas positivas son fuentes de campo y las cargas negativas son sumideros, el punto donde se anula el campo total está a la derecha de A. Además debe cumplirse que:

$$\dfrac{|q_1|}{r_1^2} = \dfrac{q_2}{r_2^2}$$

9) Una partícula de masa $2·10^{-10}$ kg y carga $2·10^{-6}$ C se encuentra inicialmente en reposo en el punto (0,1) m. Posteriormente, se aplica un campo eléctrico uniforme de 1000 N/C en el sentido positivo del eje OX. Considerando que no actúa ninguna fuerza gravitatoria sobre la partícula: i) Realice un esquema justificado de la trayectoria descrita por la partícula y ii) determine el trabajo realizado por el campo eléctrico sobre la partícula después de recorrer una distancia de 1 m. ¿Cuál será entonces el módulo de la velocidad de la partícula?

Datos: Dibujo:

m = $2·10^{-10}$ kg
Q = $2·10^{-6}$ C
v_A = 0
A(0,1) m
E = 1000 N/C
¿W?
e = 1 m
¿v_B?

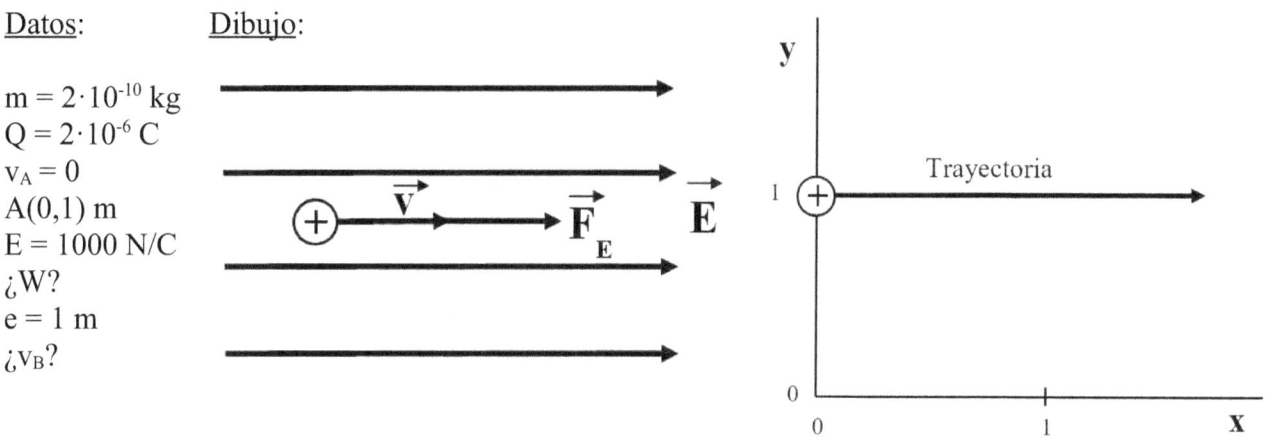

Principio físico: el campo eléctrico es la perturbación del espacio provocada por una carga eléctrica. Un campo eléctrico uniforme es aquel en el que las líneas de campo son paralelas y la intensidad del campo eléctrico es la misma en todos los puntos.

Método de resolución: calcularemos la fuerza eléctrica relacionándola con el campo eléctrico, calcularemos el trabajo por la definición de trabajo físico y calcularemos la velocidad final por el teorema de las fuerzas vivas.

Resolución: * Módulo de la fuerza eléctrica: $F = Q·E = 2·10^{-6}·1000 = 2·10^{-3}$ N

* Trabajo realizado por las fuerzas conservativas: $W_{FC} = F·e·\cos\alpha = 2·10^{-3}·1·\cos 0° = \boxed{2·10^{-3} \text{ J}}$

* Velocidad final de la partícula:

$W_T = \Delta E_c \Rightarrow W_{FC} + W_{FNC} = \frac{1}{2}·m·v_B^2 - \frac{1}{2}·m·v_A^2 \Rightarrow W_{FC} + 0 = \frac{1}{2}·m·v_B^2 - 0 \Rightarrow$

$\Rightarrow v_B^2 = \frac{2·W_{FC}}{m} \Rightarrow v_B = \sqrt{\frac{2·W_{FC}}{m}} = \sqrt{\frac{2·2·10^{-3}}{2·10^{-10}}} = \boxed{4472 \ \frac{m}{s}}$

Comentario: la partícula se moverá en el sentido positivo del eje OX ya que la carga es positiva y, por consiguiente, la fuerza eléctrica y el campo eléctrico tienen la misma dirección y el mismo sentido.

2021

10) Dos partículas idénticas con carga q = + 5·10⁻⁶ C están fijas en los puntos (0,-3) m y (0,3) m del plano XY. Si, manteniendo fijas las dos partículas, se suelta una tercera partícula con carga Q = - 2·10⁻⁸ C y masa m = 8·10⁻⁶ kg en el punto (4,0) m, calcule el módulo de la velocidad con la que llega al punto (0,0). K = 9·10⁹ N·m²·C⁻².

Datos: Dibujo:

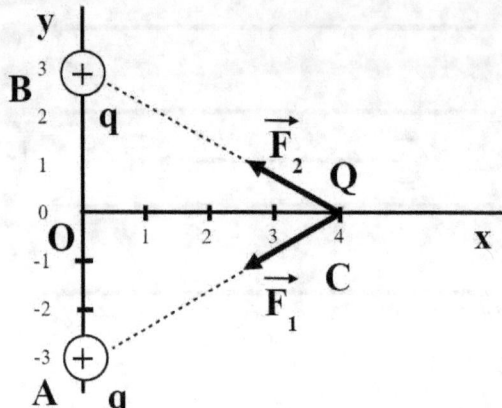

q = + 5·10⁻⁶ C
A(0,-3) m
B(0,3) m
Q = - 2·10⁻⁸ C
m = 8·10⁻⁶ kg
C(4,0) m
¿v?
O(0,0) m
K = 9·10⁹ N m² C⁻²

Principio físico: principio de conservación de la energía mecánica: "En un sistema en el que sólo actúan fuerzas conservativas, la energía mecánica permanece constante".

Método de resolución: usaremos el principio de conservación de la energía mecánica y el principio de superposición.

Resolución: * Distancias: $r_{AC} = r_{BC} = \sqrt{3^2 + 4^2} = 5$ m ; $r_{AO} = r_{BO} = 3$ m

* Energía potencial en C:

$$Ep_C = Ep_{C1} + Ep_{C2} = \frac{K \cdot Q \cdot q}{r_{AC}} + \frac{K \cdot Q \cdot q}{r_{BC}} = K \cdot Q \cdot q \cdot \left(\frac{1}{r_{AC}} + \frac{1}{r_{BC}}\right) =$$

$$= 9 \cdot 10^9 \cdot (-2 \cdot 10^{-8}) \cdot 5 \cdot 10^{-6} \cdot \left(\frac{1}{5} + \frac{1}{5}\right) = -3'6 \cdot 10^{-4} \text{ J}$$

* Energía potencial en O:

$$Ep_O = Ep_{O1} + Ep_{O2} = \frac{K \cdot Q \cdot q}{r_{AO}} + \frac{K \cdot Q \cdot q}{r_{BO}} = K \cdot Q \cdot q \cdot \left(\frac{1}{r_{AO}} + \frac{1}{r_{BO}}\right) =$$

$$= 9 \cdot 10^9 \cdot (-2 \cdot 10^{-8}) \cdot 5 \cdot 10^{-6} \cdot \left(\frac{1}{3} + \frac{1}{3}\right) = -6 \cdot 10^{-4} \text{ J}$$

* Velocidad en el origen:

$$Ec_C + Ep_C = Ec_O + Ep_O \Rightarrow 0 + Ep_C = \frac{1}{2} \cdot m \cdot v^2 + Ep_O \Rightarrow$$

$$\Rightarrow 0 - 3'6 \cdot 10^{-4} = \frac{1}{2} \cdot 8 \cdot 10^{-6} \cdot v^2 - 6 \cdot 10^{-4} \Rightarrow 6 \cdot 10^{-4} - 3'6 \cdot 10^{-4} = 4 \cdot 10^{-6} \cdot v^2 \Rightarrow$$

$$\Rightarrow 2'4 \cdot 10^{-4} = 4 \cdot 10^{-6} \cdot v^2 \Rightarrow v^2 = \frac{2'4 \cdot 10^{-4}}{4 \cdot 10^{-6}} = 60 \Rightarrow v = \sqrt{60} = \boxed{7'75 \ \frac{m}{s}}$$

Comentario: Como la fuerza y la aceleración no son constantes, sino que dependen de la distancia, es mejor hacerlo por conservación de la energía más que por dinámica.

11) Dos partículas con cargas $q_1 = 4 \cdot 10^{-6}$ C y $q_2 = 2 \cdot 10^{-6}$ C se encuentran situadas en los puntos (0,0) y (2,0) m, respectivamente, del plano XY. i) Calcule el campo eléctrico en el punto (2,2) m. ii) Calcule la fuerza a la que estaría sometida una tercera partícula con carga $q_3 = 3 \cdot 10^{-8}$ C situada en el punto (2,2) m. $K = 9 \cdot 10^9$ N·m²·C⁻².

Datos:

$q_1 = 4 \cdot 10^{-6}$ C
$q_2 = 2 \cdot 10^{-6}$ C
A(0,0) m
B(2,0) m
¿E?
C(2,2) m
¿F?
$q_3 = 3 \cdot 10^{-8}$ C
$K = 9 \cdot 10^9$ N·m²·C⁻²

Dibujo:

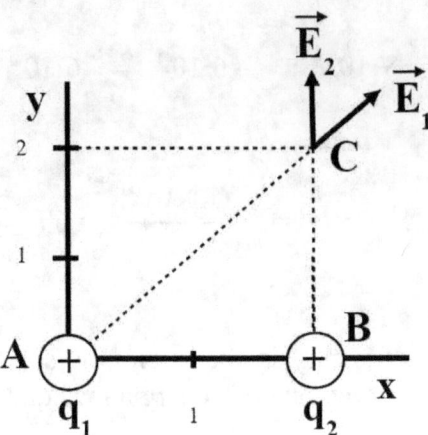

Principio físico: el campo eléctrico es la perturbación del espacio provocada por la presencia de una carga eléctrica. Principio de superposición: "el efecto conjunto de varias cargas es la suma de los efectos individuales".

Método de resolución: aplicaremos el principio de superposición y la relación entre la fuerza y el campo.

Resolución: * Módulos de los campos eléctricos:

$$E_1 = \frac{K \cdot q_1}{r_{AC}^2} = \frac{9 \cdot 10^9 \cdot 4 \cdot 10^{-6}}{2^2 + 2^2} = 4500 \frac{N}{C} \quad ; \quad E_2 = \frac{K \cdot q_2}{r_{BC}^2} = \frac{9 \cdot 10^9 \cdot 2 \cdot 10^{-6}}{2^2} = 4500 \frac{N}{C}$$

* Vectores campos eléctricos: $\vec{E}_2 = 4500 \cdot \vec{j}$

$$\vec{E}_1 = E_1 \cdot \cos\alpha \cdot \vec{i} + E_1 \cdot sen\alpha \cdot \vec{j} = 4500 \cdot \cos 45° \cdot \vec{i} + 4500 \cdot sen 45° \cdot \vec{j} = 3182 \cdot \vec{i} + 3182 \cdot \vec{j}$$

* Campo eléctrico total: $\vec{E} = \vec{E}_1 + \vec{E}_2 = 3182 \cdot \vec{i} + (3182 + 4500) \cdot \vec{j} = \boxed{3182 \cdot \vec{i} + 7682 \cdot \vec{j}} \ \frac{N}{C}$

$$E = \sqrt{E_x^2 + E_y^2} = \sqrt{3182^2 + 7682^2} = \boxed{8315} \ \frac{N}{C}$$

* Fuerza sobre q_3: $\vec{F} = q_3 \cdot \vec{E} = 3 \cdot 10^{-8} \cdot (3182 \cdot \vec{i} + 7682 \cdot \vec{j}) = \boxed{9'55 \cdot 10^{-5} \cdot \vec{i} + 2'30 \cdot 10^{-4} \cdot \vec{j}}$ N

$$F = \sqrt{F_x^2 + F_y^2} = \sqrt{(9'55 \cdot 10^{-5})^2 + (2'30 \cdot 10^{-4})^2} = \boxed{2'49 \cdot 10^{-4} \text{ N}}$$

Comentario: la fuerza es muy pequeña porque las cargas son muy pequeñas.

12) Una partícula con carga $q_1 = 4·10^{-6}$ C se encuentra fija en el punto $P_1(-2,0)$ m del plano XY. i) Calcule el trabajo que hay que hacer para traer otra partícula con carga $q_2 = 4·10^{-6}$ C desde el infinito hasta el punto $P_2(2,0)$ m e interprete su signo. ii) Calcule el campo eléctrico en el punto $P_3(0,3)$ m considerando las partículas cargadas anteriores en sus respectivos puntos. $K = 9·10^9$ N·m²·C⁻².

Datos:

$q_1 = 4·10^{-6}$ C
$P_1(-2,0)$ m
¿W?
$q_2 = 4·10^{-6}$ C
$P_2(2,0)$ m
¿E?
$P_3(0,3)$ m
$K = 9·10^9$ N·m²·C⁻²

Dibujo:

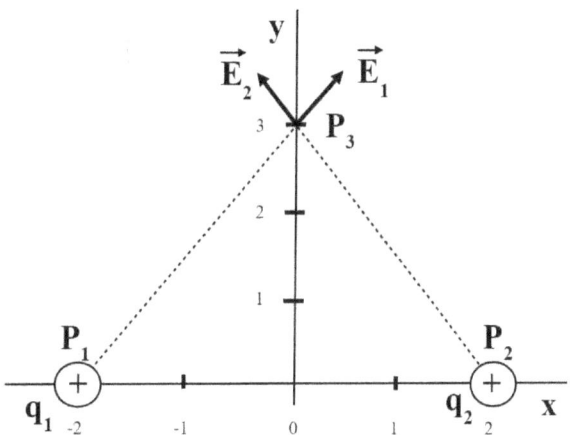

Principio físico: el campo eléctrico es la perturbación del espacio provocada por la presencia de una carga eléctrica. Principio de superposición: "el efecto conjunto de varias cargas es la suma de los efectos individuales".

Método de resolución: aplicaremos el principio de superposición y la relación entre el trabajo y la energía potencial.

Resolución: * Trabajo para traer la partícula:

$$W = -\Delta Ep = Ep_\infty - Ep_{P2} = 0 - \frac{K·q_1·q_2}{r_{12}} = -\frac{9·10^9·4·10^{-6}·4·10^{-6}}{4} = \boxed{-0'036 \text{ J}}$$

* Distancias: $r_{13} = r_{23} = r = \sqrt{2^2 + 3^2} = \sqrt{13} = 3'61$ m

* Módulos de los campos eléctricos: $E_1 = E_2 = E = \dfrac{K·q_1}{r^2} = \dfrac{9·10^9·4·10^{-6}}{3'61^2} = 2762 \ \dfrac{N}{C}$

* Vector campo eléctrico total:

$$\vec{E} = \vec{E}_1 + \vec{E}_2 = 2·E·sen\alpha·\vec{j} = 2·2762·\frac{3}{3'61}·\vec{j} = \boxed{4591·\vec{j} \ \frac{N}{C}}$$

$$\boxed{E = 4591 \ \frac{N}{C}}$$

Comentario: el signo negativo del trabajo indica que el proceso es no espontáneo, pues las cargas son del mismo signo y tienden a repelerse. Como las cargas y las distancias son iguales, las componentes x de ambos campos se anulan y el campo total es dos veces la componente y de uno de ellos.

13) Una partícula con carga $q_1 = 3 \cdot 10^{-6}$ C está fija en el punto (2,0) m del plano XY. En el punto (5,0) m, se abandona una partícula con carga $q_2 = 5 \cdot 10^{-6}$ C y masa $m = 1'5 \cdot 10^{-4}$ kg. Calcule razonadamente: i) El módulo de la velocidad que adquiere q_2 en el infinito si q_1 está fija. ii) El valor de la carga q_3 que debería tener una tercera partícula situada en el punto (0,0) m para que q_2 no se mueva al ser soltada en el punto (5,0) m. $K = 9 \cdot 10^9$ N·m²·C⁻².

Datos: Dibujo:

$q_1 = 3 \cdot 10^{-6}$ C
A(2,0) m
B(5,0) m
$q_2 = 5 \cdot 10^{-6}$ C
$m = 1'5 \cdot 10^{-4}$ kg
¿v?
¿q_3?
O(0,0) m
$K = 9 \cdot 10^9$ N·m²·C⁻²

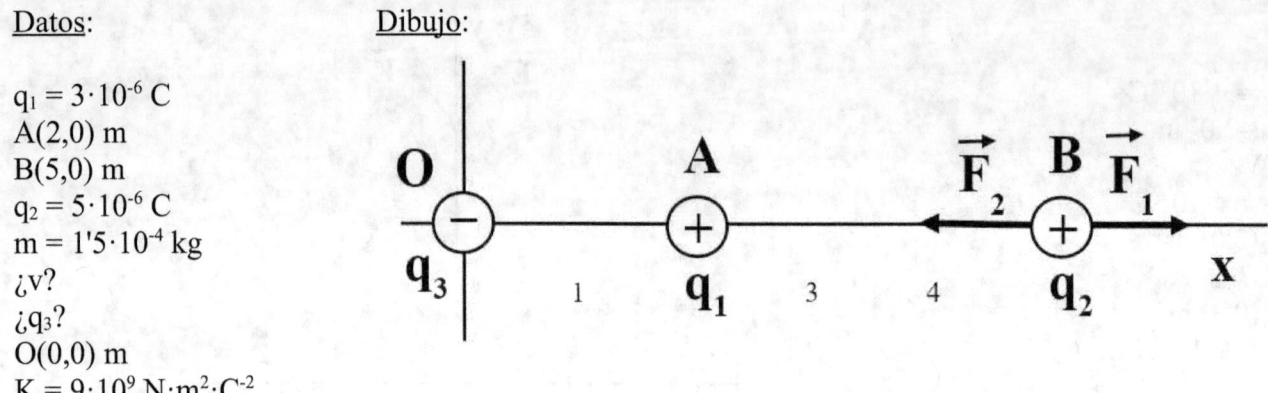

Principio físico: conservación de la energía mecánica: "En un sistema en el que sólo hay fuerzas conservativas, la energía mecánica permanece constante". Principio de superposición: "El efecto conjunto de varias cargas es la suma de los efectos individuales".

Método de resolución: haremos un balance de energía y aplicaremos el principio de superposición.

Resolución: * Velocidad de q_2 en el infinito:

$$Ec_1 + Ep_1 = Ec_2 + Ep_2 \Rightarrow 0 + \frac{K \cdot q_1 \cdot q_2}{r_{AB}} = \frac{1}{2} \cdot m \cdot v^2 + 0 \Rightarrow v^2 = \frac{2 \cdot K \cdot q_1 \cdot q_2}{m \cdot r_{AB}} \Rightarrow$$

$$\Rightarrow v = \sqrt{\frac{2 \cdot K \cdot q_1 \cdot q_2}{m \cdot r_{AB}}} = \sqrt{\frac{2 \cdot 9 \cdot 10^9 \cdot 3 \cdot 10^{-6} \cdot 5 \cdot 10^{-6}}{1'5 \cdot 10^{-4} \cdot 3}} = \boxed{24'5 \ \frac{m}{s}}$$

* Valor de la carga q_3:

$$\vec{F} = \vec{F}_1 + \vec{F}_2 = 0 \Rightarrow \vec{F}_1 = -\vec{F}_2 \Rightarrow F_1 = F_2 \Rightarrow \frac{K \cdot q_1 \cdot q_2}{r_{AB}^2} = \frac{K \cdot q_2 \cdot |q_3|}{r_{OB}^2} \Rightarrow$$

$$\Rightarrow \frac{q_1}{r_{AB}^2} = \frac{|q_3|}{r_{OB}^2} \Rightarrow |q_3| = q_1 \cdot \left(\frac{r_{OB}}{r_{AB}}\right)^2 = 3 \cdot 10^{-6} \cdot \left(\frac{5}{3}\right)^2 = 8'33 \cdot 10^{-6} \ C$$

$$\boxed{q_3 = -8'33 \cdot 10^{-6} \ C}$$

Comentario: para que la carga q_2 no se mueva, la fuerza resultante en el punto B debe ser cero y la carga q_3 debe ser negativa para que $\vec{F}_2$ tenga sentido opuesto a $\vec{F}_1$.

2020

14) Dos cargas puntuales de $+10^{-6}$ C y -10^{-6} C se encuentran situadas en las posiciones (0,-4) m y (0,4) m, respectivamente. i) Calcule el potencial en las posiciones (8,0) m y (0,6) m. ii) Determine el trabajo realizado por el campo al trasladar una carga de $+5 \cdot 10^{-3}$ C desde el punto (8,0) m hasta el (0,6) m e interprete el signo del trabajo. $K = 9 \cdot 10^9$ N·m²·C⁻².

Datos: Dibujo:

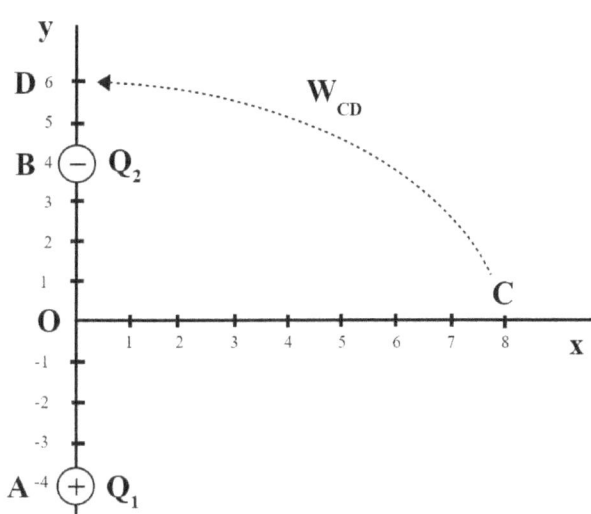

$Q_1 = + 10^{-6}$ C
$Q_2 = - 10^{-6}$ C
$A(0,-4)$ m
$B(0,4)$ m
¿V_C, V_D?
$C(8,0)$ m
$D(0,6)$ m
¿W_{CD}?
$Q_3 = +5 \cdot 10^{-3}$ C
$K = 9 \cdot 10^9$ N m² C⁻²

Principio físico: el potencial eléctrico es la energía potencial eléctrica por unidad de carga en un determinado punto del espacio. Principio de superposición: "El efecto conjunto de varias cargas es la suma de los efectos individuales".

Método de resolución: aplicaremos el principio de superposición y utilizaremos la fórmula del trabajo en función de los potenciales.

Resolución: * Potencial en el punto C:

$$V_C = V_{1C} + V_{2C} = K \cdot \frac{Q_1}{r_{1C}} + K \cdot \frac{Q_2}{r_{2C}} = \frac{9 \cdot 10^9 \cdot 10^{-6}}{\sqrt{4^2+8^2}} + \frac{9 \cdot 10^9 \cdot (-10^{-6})}{\sqrt{4^2+8^2}} = \boxed{0 \text{ V}}$$

* Potencial en el punto D:

$$V_D = V_{1D} + V_{2D} = K \cdot \frac{Q_1}{r_{1D}} + K \cdot \frac{Q_2}{r_{2D}} = \frac{9 \cdot 10^9 \cdot 10^{-6}}{10} + \frac{9 \cdot 10^9 \cdot (-10^{-6})}{2} = \boxed{-3600 \text{ V}}$$

* Trabajo realizado:

$$W_{CD} = Q_3 \cdot (V_C - V_D) = 5 \cdot 10^{-3} \cdot (0 + 3600) = \boxed{18 \text{ J}}$$

Comentario: como el trabajo es positivo, el proceso es espontáneo.

15) Considere dos cargas puntuales de $5 \cdot 10^{-6}$ C y $3 \cdot 10^{-6}$ C situadas en los puntos de coordenadas (0,0) m y (2,0) m, respectivamente. Determine, apoyándose en un esquema, el punto donde el campo eléctrico resultante sea nulo. $K = 9 \cdot 10^9$ N·m²·C⁻².

Datos: Dibujo:

$Q_1 = 5 \cdot 10^{-6}$ C
$Q_2 = 3 \cdot 10^{-6}$ C
$A(0,0)$ m
$B(2,0)$ m
¿r_1, r_2? $\vec{E} = 0$
$K = 9 \cdot 10^9$ N m² C⁻²

Principio físico: el campo eléctrico es la perturbación del espacio provocada por una carga eléctrica. Principio de superposición: "El efecto conjunto de varias cargas es la suma de los efectos individuales".

Método de resolución: igualaremos los módulos de los campos y obtendremos las distancias mediante operaciones algebraicas.

Resolución: * Distancias a las que se anula el campo eléctrico:

$$\vec{E} = \vec{E}_1 + \vec{E}_2 = 0 \Rightarrow E_1 = E_2 \Rightarrow K \cdot \frac{Q_1}{r_1^2} = K \cdot \frac{Q_2}{r_2^2} \Rightarrow \frac{Q_1}{r_1^2} = \frac{Q_2}{r_2^2} \Rightarrow$$

$$\Rightarrow \frac{Q_1}{r_1^2} = \frac{Q_2}{(d_0 - r_1)^2} \Rightarrow \frac{Q_1}{Q_2} = \left(\frac{r_1}{d_0 - r_1}\right)^2 \Rightarrow \sqrt{\frac{Q_1}{Q_2}} = \frac{r_1}{d_0 - r_1} \Rightarrow$$

$$\Rightarrow d_0 \cdot \sqrt{\frac{Q_1}{Q_2}} - r_1 \cdot \sqrt{\frac{Q_1}{Q_2}} = r_1 \Rightarrow d_0 \cdot \sqrt{\frac{Q_1}{Q_2}} = r_1 \cdot \sqrt{\frac{Q_1}{Q_2}} + r_1 \Rightarrow r_1 = \frac{d_0 \cdot \sqrt{\frac{Q_1}{Q_2}}}{1 + \sqrt{\frac{Q_1}{Q_2}}} =$$

$$= \frac{d_0 \cdot \sqrt{\frac{Q_1}{Q_2}}}{1 + \sqrt{\frac{Q_1}{Q_2}}} = \frac{2 \cdot \sqrt{\frac{5 \cdot 10^{-6}}{3 \cdot 10^{-6}}}}{1 + \sqrt{\frac{5 \cdot 10^{-6}}{3 \cdot 10^{-6}}}} = \boxed{1'13 \text{ m}} \quad ; \quad r_2 = d_0 - r_1 = 2 - 1'13 = \boxed{0'87 \text{ m}}$$

Comentario: se anula más cerca de la carga de menor intensidad porque el campo disminuye con la distancia y la menor carga se neutraliza a menor distancia.

16) Un electrón dentro de un campo eléctrico uniforme, inicialmente en reposo, adquiere una aceleración de 1'25·10¹³ m·s⁻². Obtener: i) La intensidad del campo eléctrico. ii) El incremento de energía cinética cuando ha recorrido 0'25 m. e = 1'6·10⁻¹⁹ C, m_e = 9'1·10⁻³¹ kg.

Datos: Dibujo:

$v_0 = 0$
$a = 1'25·10^{13}$ m·s⁻²
¿E?
¿ΔEc?
E = 0'25 m
e = 1'6·10⁻¹⁹ C
m_e = 9'1·10⁻³¹ kg

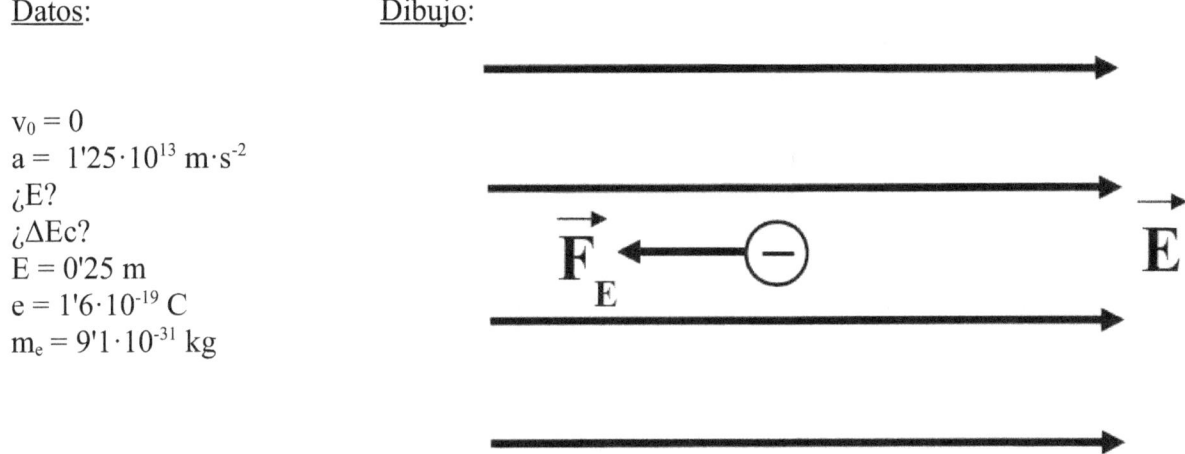

Principio físico: una carga en el interior de un campo eléctrico es acelerada gracias a la acción de una fuerza F.

Método de resolución: calcularemos la fuerza, a partir de ella obtendremos el campo, mediante cinemática obtendremos la velocidad y aplicaremos la fórmula de la energía cinética.

Resolución: * Fuerza que actúa: F = m·a = 9'1·10⁻³¹·1'25·10¹³ = 1'14·10⁻¹⁷ N

* Intensidad del campo eléctrico: $F = Q·E \Rightarrow E = \dfrac{F}{Q} = \dfrac{1'14·10^{-17}}{1'6·10^{-19}} = \boxed{71'3 \ \dfrac{N}{C}}$

* Velocidad final:

$v^2 = v_0^2 + 2·a·e \Rightarrow v = \sqrt{v_0^2 + 2·a·e} = \sqrt{0^2 + 2·1'25·10^{13}·0'25} = 2'5·10^6 \ \dfrac{m}{s}$

* Incremento de energía cinética:

$\Delta Ec = Ec_B - Ec_A = Ec_B - 0 = \dfrac{1}{2}·m·v^2 = \dfrac{1}{2}·9'1·10^{-31}·(2'5·10^6)^2 = \boxed{2'84·10^{-18} \ J}$

Comentario: el peso se desprecia frente a la fuerza eléctrica.

17) Una carga de $3 \cdot 10^{-9}$ C está situada en el origen de un sistema de coordenadas. Una segunda carga puntual de $-4 \cdot 10^{-9}$ C se coloca en el punto (0,4) m. Ayudándose de un esquema, calcule el campo y el potencial eléctrico en el punto (3,0) m. $K = 9 \cdot 10^9$ N·m²·C⁻².

Datos: Dibujo:

$Q_1 = 3 \cdot 10^{-9}$ C $\Rightarrow$ O(0,0)
$Q_2 = -4 \cdot 10^{-9}$ C $\Rightarrow$ A(0,4)
¿E, V? $\Rightarrow$ B(3,0)

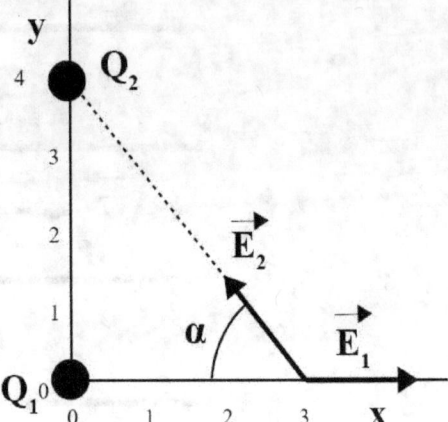

Principio físico: el campo eléctrico es la fuerza eléctrica por unidad de carga en un punto del espacio. El potencial eléctrico es la energía potencial eléctrica por unidad de carga en un punto del espacio.

Método de resolución: utilizaremos el principio de superposición.

Resolución: * Campo en el punto (3,0): $\vec{E} = \vec{E}_1 + \vec{E}_2$

$$E_1 = K \cdot \frac{Q_1}{r_1^2} = \frac{9 \cdot 10^9 \cdot 3 \cdot 10^{-9}}{3^2} = 3 \ \frac{N}{C} \ ; \ E_2 = K \cdot \frac{Q_2}{r_2^2} = \frac{9 \cdot 10^9 \cdot 4 \cdot 10^{-9}}{3^2 + 4^2} = 1'44 \ \frac{N}{C}$$

$$\vec{E}_1 = 3 \cdot \vec{i}$$

$$\vec{E}_2 = -\vec{E}_2 \cdot \cos\alpha \cdot \vec{i} + E_2 \cdot sen\alpha \cdot \vec{j} = -1'44 \cdot \frac{3}{5} \cdot \vec{i} + 1'44 \cdot \frac{4}{5} \cdot \vec{j} = -0'864 \cdot \vec{i} + 1'15 \cdot \vec{j}$$

$$\vec{E} = \vec{E}_1 + \vec{E}_2 = (3 - 0'864) \cdot \vec{i} + 1'15 \cdot \vec{j} = \boxed{2'14 \cdot \vec{i} + 1'15 \cdot \vec{j}} \ \frac{N}{C}$$

$$E = \sqrt{E_x^2 + E_y^2} = \sqrt{2'14^2 + 1'15^2} = \boxed{2'43} \ \frac{N}{C}$$

* Potencial en el punto (3,0):

$$V = V_1 + V_2 = K \cdot \frac{Q_1}{r_1} + K \cdot \frac{Q_2}{r_2} = 9 \cdot 10^9 \cdot \frac{3 \cdot 10^{-9}}{3} - 9 \cdot 10^9 \cdot \frac{4 \cdot 10^{-9}}{5} = \boxed{1'8 \ V}$$

Comentario: el campo es una magnitud vectorial y el potencial es una magnitud escalar.

2019

18) Una partícula con carga -2·10⁻⁶ C y masa 10⁻⁴ kg se encuentra en reposo en el origen de coordenadas. Se aplica un campo eléctrico uniforme de 600 N·C⁻¹ en sentido positivo del eje OX. Realice un esquema de la situación. La carga se desplaza 2 m hacia un punto P. Determine: i) La diferencia de potencial entre el origen de coordenadas y el punto P. ii) La velocidad de la partícula en el punto P. Considere despreciable la fuerza gravitatoria.

Datos: Dibujo:

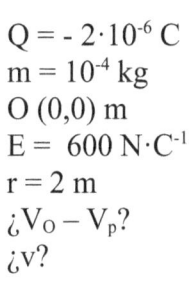

$Q = -2·10^{-6}$ C
$m = 10^{-4}$ kg
$O\ (0,0)$ m
$E = 600$ N·C⁻¹
$r = 2$ m
¿$V_O - V_P$?
¿v?

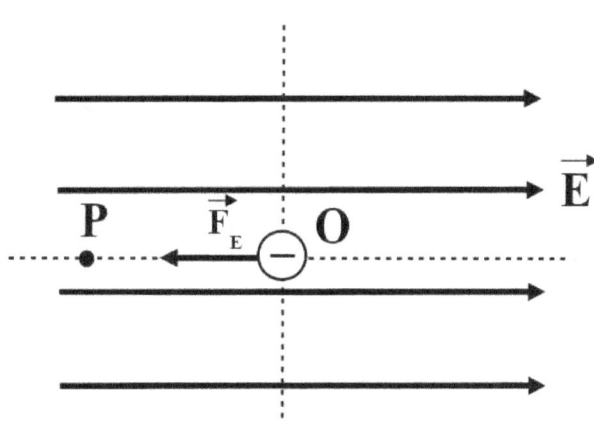

Principio físico: una carga negativa en el seno de un campo eléctrico uniforme se mueve en sentido opuesto al campo, puesto que la fuerza y el campo tienen signos opuestos: $\vec{F} = Q \cdot \vec{E}$.

Método de resolución: aplicaremos la relación entre potencial y campo, el principio de conservación de la energía mecánica y la fórmula del trabajo eléctrico.

Resolución: * Diferencia de potencial: $V_O - V_P = -E \cdot r = -600 \cdot 2 = \boxed{-1200 \text{ V}}$

* Velocidad en el punto P: $W_{AB} = -\Delta E_p = \Delta E_c \Rightarrow W_{AB} = \frac{1}{2} \cdot m \cdot v^2 = Q \cdot (V_O - V_P) \Rightarrow$

$\Rightarrow v = \sqrt{\dfrac{2 \cdot Q \cdot (V_O - V_P)}{m}} = \sqrt{\dfrac{2 \cdot (-2 \cdot 10^{-6}) \cdot (-1200)}{10^{-4}}} = \boxed{6'93 \ \dfrac{m}{s}}$

Comentario: las cargas negativas se mueven espontáneamente en el sentido de potenciales crecientes, luego: $V_O < V_P \Rightarrow V_O - V_P < 0$

19) Considere una carga puntual de $5 \cdot 10^{-6}$ C localizada en el vacío. Determine: i) El potencial eléctrico creado por la carga puntual a una distancia de 0'5 m. ii) El trabajo necesario para transportar una carga puntual de $-2 \cdot 10^{-6}$ C desde el infinito hasta una distancia de 0'5 m de la carga original, indicando razonadamente el significado del signo del trabajo obtenido. $K = 9 \cdot 10^9$ N·m²·C⁻².

Datos: Dibujo:

$Q_1 = 5 \cdot 10^{-6}$ C
¿V?
r = 0'5 m
$Q_2 = -2 \cdot 10^{-6}$ C
$K = 9 \cdot 10^9$ N·m²·C⁻²

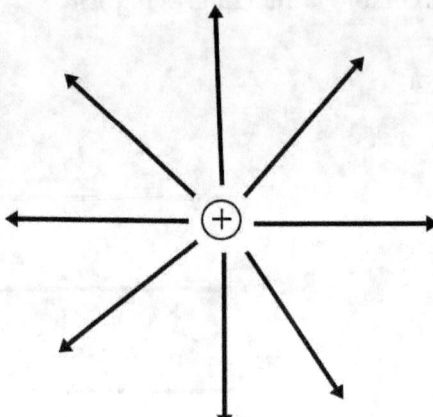

Principio físico: el potencial eléctrico es la energía potencial por unidad de carga.

Método de resolución: usaremos la expresión del potencial eléctrico y la relación entre el trabajo y la variación de energía potencial.

Resolución: * Potencial eléctrico: $V = \dfrac{K \cdot Q_1}{r} = \dfrac{9 \cdot 10^9 \cdot 5 \cdot 10^{-6}}{0'5} = \boxed{9 \cdot 10^4 \text{ V}}$

* Trabajo necesario para transportar una carga Q_2:

$$W_{AB} = -\Delta E_p = E_{pA} - E_{pB} = 0 - Q_2 \cdot V = -(-2 \cdot 10^{-6}) \cdot 9 \cdot 10^4 = \boxed{+0'18 \text{ J}}$$

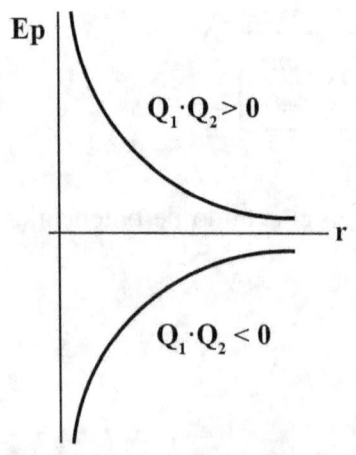

Comentario: el signo positivo del trabajo indica que el proceso es espontáneo. Cuando las cargas son de signos opuestos, al disminuir la distancia, disminuye la energía potencial, luego el ΔE_p es negativo y el trabajo es positivo. En el infinito, la energía potencial es cero.

20) Una partícula de carga Q, situada en el origen de coordenadas, O (0,0) m, crea en un punto A situado en el eje OX, un potencial $V_A = -120$ V y un campo eléctrico $\mathbf{E_A} = -80\cdot\mathbf{i}$ N·C^{-1}. Dibuje un esquema del problema y calcule: i) El valor de la carga Q y la posición del punto A. ii) El trabajo necesario para llevar un electrón desde el punto A hasta un punto B de coordenadas (2,2) m.
$K = 9\cdot10^9$ N·m^2·C^{-2}, $e = 1'6\cdot10^{-19}$ C.

Datos: Dibujo:

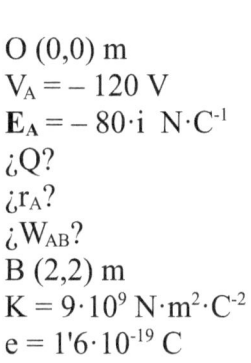
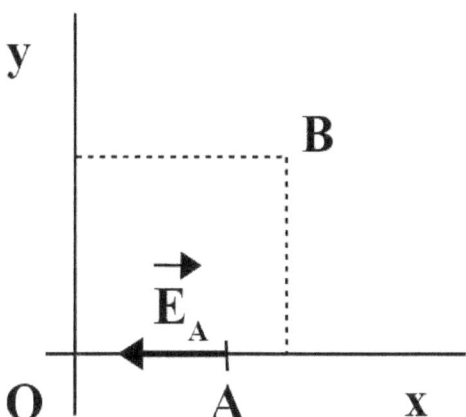

O (0,0) m
$V_A = -120$ V
$\mathbf{E_A} = -80\cdot\mathbf{i}$ N·C^{-1}
¿Q?
¿r_A?
¿W_{AB}?
B (2,2) m
K = 9·10^9 N·m^2·C^{-2}
e = 1'6·10^{-19} C

Principio físico: el potencial eléctrico es la energía potencial por unidad de carga en un punto del espacio. El campo eléctrico es la perturbación del espacio provocada por la presencia de una carga.

Método de resolución: relacionaremos los módulos del potencial y del campo eléctrico. Relacionaremos el trabajo con el incremento de energía potencial.

Resolución: i) * Posición del punto A: $E_A = \dfrac{K\cdot Q}{r_A^2}$; $V_A = \dfrac{K\cdot Q}{r_A}$ $\Rightarrow V_A = E_A\cdot r_A \Rightarrow$

$\Rightarrow r_A = \dfrac{V_A}{E_A} = \dfrac{120}{80} = \boxed{1'5 \text{ m}}$

* Valor de la carga Q: $Q = \dfrac{V_A\cdot r_A}{K} = \dfrac{-120\cdot 1'5}{9\cdot 10^9} = \boxed{-2\cdot 10^{-8}\text{ C}}$

ii) * Trabajo necesario: $W_{AB} = -\Delta E_p = E_{pA} - E_{pB} = \dfrac{K\cdot Q\cdot e}{r_A} - \dfrac{K\cdot Q\cdot e}{r_B} =$

$= K\cdot Q\cdot e\cdot \left(\dfrac{1}{r_A} - \dfrac{1}{r_B}\right)$; $r_B = \sqrt{x^2 + y^2} = \sqrt{2^2 + 2^2} = \sqrt{8} = 2'83$ m

$W_{AB} = K\cdot Q\cdot e\cdot \left(\dfrac{1}{r_A} - \dfrac{1}{r_B}\right) = 9\cdot 10^9\cdot(-2\cdot 10^{-8})\cdot(-1'6\cdot 10^{-19})\cdot\left(\dfrac{1}{1'5} - \dfrac{1}{2'83}\right) = \boxed{+9'02\cdot 10^{-18}\text{ J}}$

Comentario: el trabajo positivo indica que el proceso es espontáneo, es decir, no se necesita una fuerza no conservativa para mover al electrón del punto A al punto B.

2018

21) Dos cargas puntuales $q_1 = 5·10^{-6}$ C y $q_2 = -5·10^{-6}$ C están situadas en los puntos A (0,0) m y B (2,0) m respectivamente. Calcule el valor del campo eléctrico en el punto C (2,1) m.
$K = 9·10^9$ N m^2 C^{-2}

Datos: Dibujo:

$q_1 = 5·10^{-6}$ C
$q_2 = -5·10^{-6}$ C
A (0,0) m
B (2,0) m
¿E?
C (2,1) m
$K = 9·10^9$ N m^2 C^{-2}

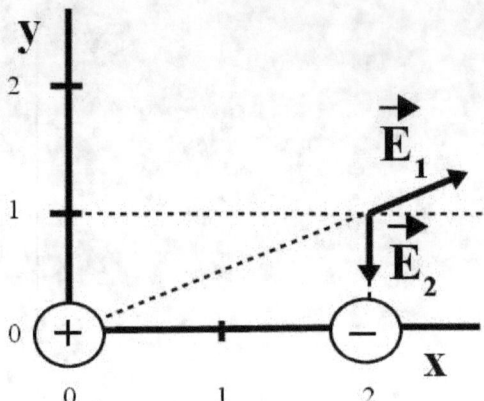

Principio físico: el campo eléctrico es la perturbación del espacio provocada por una carga eléctrica. Principio de superposición: el efecto conjunto de varias cargas es la suma de los efectos individuales.

Método de resolución: calcularemos los módulos de los campos, los pasaremos a vectores y usaremos el principio de superposición.

Resolución: * Campo eléctrico total:

$$E_1 = \frac{K·q_1}{r_1^2} = \frac{9·10^9·5·10^{-6}}{2^2+1^2} = 9000 \ \frac{N}{C} \ ; \ E_2 = \frac{K·q_2}{r_2^2} = \frac{9·10^9·5·10^{-6}}{1^2} = 4'5·10^4 \ \frac{N}{C}$$

$$\vec{E}_1 = + E_1·\cos\alpha·\vec{i} + E_1·sen\alpha·\vec{j} = + 9000·\frac{2}{\sqrt{5}}·\vec{i} + 9000·\frac{1}{\sqrt{5}}·\vec{j} = 8050·\vec{i} + 4025·\vec{j}$$

$$\vec{E}_2 = -4'5·10^4·\vec{j} \ ; \ \boxed{\vec{E} = \vec{E}_1 + \vec{E}_2 = 8050·\vec{i} - 4'1·10^4·\vec{j} \ \ \frac{N}{C}}$$

$$E = \sqrt{E_x^2 + E_y^2} = \sqrt{8050^2 + (-4'1·10^4)^2} = \boxed{4'18·10^4 \ \frac{N}{C}}$$

Comentario: normalmente, los valores de los campos eléctricos son elevados. Las cargas positivas son fuentes de campo y las cargas negativas son sumideros de campo.

22) Dos cargas positivas q_1 y q_2 se encuentran situadas en los puntos (0,0) m y (3,0) m respectivamente. Sabiendo que el campo eléctrico es nulo en el punto (1,0) m y que el potencial electrostático en el punto intermedio entre ambas vale $9 \cdot 10^4$ V, determine los valores de dichas cargas. $K = 9 \cdot 10^9$ N m^2 C^{-2}.

Datos:　　　　　Dibujo:

A (0,0) m
B (3,0) m
E = 0
C (1,0) m
V = $9 \cdot 10^4$ V
d = 1'5 m
¿q_1, q_2?
K = $9 \cdot 10^9$ N m^2 C^{-2}

Principio físico: el campo eléctrico es la perturbación del espacio provocada por una carga eléctrica. El potencial eléctrico es la energía potencial eléctrica por unidad de carga. Principio de superposición: el efecto conjunto de varias cargas es la suma de los efectos individuales.

Método de resolución: aplicaremos las fórmulas del campo y del potencial y aplicaremos el principio de superposición.

Resolución: * Campo eléctrico:

$$\vec{E} = \vec{E}_1 + \vec{E}_2 = 0 \Rightarrow \frac{K \cdot q_1}{r_1^2} \cdot \vec{i} - \frac{K \cdot q_2}{r_2^2} \cdot \vec{i} = 0 \Rightarrow \frac{q_1}{1^2} - \frac{q_2}{2^2} = 0 \Rightarrow q_2 = 4 \cdot q_1$$

* Potencial electrostático:

$$V = V_1 + V_2 = \frac{K \cdot q_1}{r_1} + \frac{K \cdot q_2}{r_2} = \frac{9 \cdot 10^9 \cdot q_1}{1'5} + \frac{9 \cdot 10^9 \cdot q_2}{1'5} = 6 \cdot 10^9 \cdot q_1 + 6 \cdot 10^9 \cdot q_2 = 9 \cdot 10^4 \Rightarrow$$

$$\Rightarrow 6 \cdot 10^9 \cdot (q_1 + q_2) = 9 \cdot 10^4 \Rightarrow q_1 + q_2 = \frac{9 \cdot 10^4}{6 \cdot 10^9} = 1'5 \cdot 10^{-5}$$

* Cargas eléctricas: resolvemos el sistema:

$$\left. \begin{array}{l} q_2 = 4 \cdot q_1 \\ q_1 + q_2 = 1'5 \cdot 10^{-5} \end{array} \right\} \Rightarrow q_1 + 4 \cdot q_1 = 1'5 \cdot 10^{-5} \Rightarrow 5 \cdot q_1 = 1'5 \cdot 10^{-5} \Rightarrow$$

$$\Rightarrow q_1 = \frac{1'5 \cdot 10^{-5}}{5} = \boxed{3 \cdot 10^{-6} \text{ C}} \;;\; q_2 = 4 \cdot q_1 = 4 \cdot 3 \cdot 10^{-6} = \boxed{1'2 \cdot 10^{-5} \text{ C}}$$

Comentario: las cargas positivas son fuentes de campo, es decir, las líneas de campo se alejan de la carga.

23) Una carga $q_1 = 8 \cdot 10^{-9}$ C está fija en el origen de coordenadas, mientras que otra carga, $q_2 = -10^{-9}$ C, se halla, también fija, en el punto (3,0) m. Determine: (i) El campo eléctrico, debido a ambas cargas, en el punto A (4,0) m; (ii) el trabajo realizado por el campo para desplazar una carga puntual $q = -2 \cdot 10^{-9}$ C desde A (4,0) m hasta el punto B (0,4) m. ¿Qué significado físico tiene el signo del trabajo?
$K = 9 \cdot 10^9$ N m^2 C^{-2}.

Datos:

$q_1 = 8 \cdot 10^{-9}$ C
O (0,0)
$q_2 = -10^{-9}$ C
P (3,0) m
¿E?
A (4,0) m
¿W_{AB}?
$q = -2 \cdot 10^{-9}$ C
B (0,4) m
$K = 9 \cdot 10^9$ N m^2 C^{-2}

Dibujo:

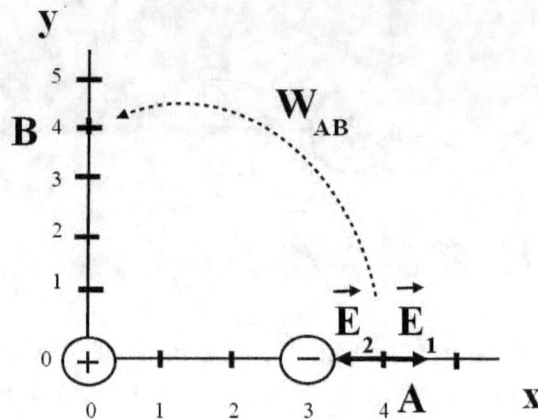

Principio físico: el campo eléctrico es la perturbación del espacio provocada por una carga eléctrica. Principio de superposición: el efecto conjunto de varias cargas es la suma de los efectos individuales.

Método de resolución: calcularemos los módulos de los campos, los pasaremos a vectores y aplicaremos el principio de superposición.

Resolución: * Campo eléctrico en el punto A:

$$E_1 = \frac{K \cdot q_1}{r_1^2} = \frac{9 \cdot 10^9 \cdot 8 \cdot 10^{-9}}{4^2} = 4'5 \ \frac{N}{C} \quad ; \quad E_2 = \frac{K \cdot q_2}{r_2^2} = \frac{9 \cdot 10^9 \cdot 10^{-9}}{1^2} = 9 \ \frac{N}{C}$$

$\vec{E}_1 = 4'5 \cdot \vec{i}$; $\vec{E}_2 = -9 \cdot \vec{i}$; $\vec{E} = \vec{E}_1 + \vec{E}_2 = 4'5 \cdot \vec{i} - 9 \cdot \vec{i} = \boxed{-4'5 \cdot \vec{i} \ \frac{N}{C}}$; $\boxed{E = 4'5 \ \frac{N}{C}}$

* Trabajo realizado por el campo: $W_{AB} = -\Delta Ep = Ep_A - Ep_B$

$Ep_A = Ep_{1A} + Ep_{2A} = \dfrac{K \cdot q_1 \cdot q}{r_{1A}} + \dfrac{K \cdot q_2 \cdot q}{r_{2A}} = \dfrac{9 \cdot 10^9 \cdot 8 \cdot 10^{-9} \cdot (-2 \cdot 10^{-9})}{4} + \dfrac{9 \cdot 10^9 \cdot (-10^{-9}) \cdot (-2 \cdot 10^{-9})}{1} =$
$= -1'8 \cdot 10^{-8}$ J

$Ep_B = Ep_{1B} + Ep_{2B} = \dfrac{K \cdot q_1 \cdot q}{r_{1B}} + \dfrac{K \cdot q_2 \cdot q}{r_{2B}} = \dfrac{9 \cdot 10^9 \cdot 8 \cdot 10^{-9} \cdot (-2 \cdot 10^{-9})}{4} + \dfrac{9 \cdot 10^9 \cdot (-10^{-9}) \cdot (-2 \cdot 10^{-9})}{5} =$
$= -3'24 \cdot 10^{-8}$ J

$$W_{AB} = -\Delta Ep = Ep_A - Ep_B = -1'8 \cdot 10^{-8} + 3'24 \cdot 10^{-8} = \boxed{1'44 \cdot 10^{-8} \text{ J}}$$

Comentario: el signo positivo del trabajo significa que el proceso es espontáneo, es decir, que no hace falta una fuerza no conservativa para llevarlo a cabo.

24) Una esfera metálica de 24 g de masa colgada de un hilo muy fino de masa despreciable, se encuentra en una región del espacio donde existe un campo eléctrico uniforme y horizontal. Al cargar la esfera con $6 \cdot 10^{-3}$ C, sufre una fuerza debida al campo eléctrico que hace que el hilo forme un ángulo de 30° con la vertical. (i) Represente gráficamente esta situación y haga un diagrama que muestre todas las fuerzas que actúan sobre la esfera; (ii) calcule el valor del campo eléctrico y la tensión del hilo.
g = 9'8 m·s^{-2}

Datos:

m = 0'024 kg
Q = $6 \cdot 10^{-3}$ C
α = 30°
¿E, T?
g = 9'8 m/s^2

Dibujo:

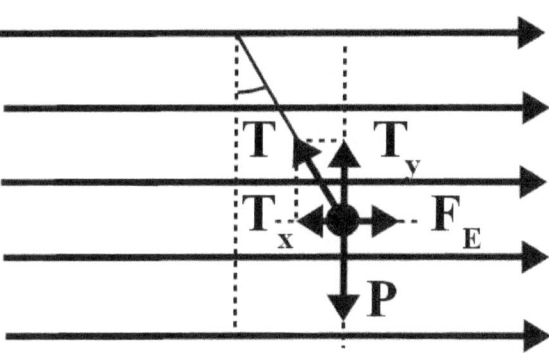

Principio físico: una carga positiva dentro de un campo eléctrico uniforme experimenta una fuerza eléctrica en la misma dirección y en el mismo sentido que el campo. Si el sistema no se mueve, la resultante es cero, según la primera ley de Newton.

Método de resolución: aplicaremos el principio de estática: $\vec{R}=0$.

Resolución: * Tensión en el hilo: $\sum \vec{F}_y = 0 \Rightarrow \vec{P}+\vec{T}_y=0 \Rightarrow P=T_y \Rightarrow$

$\Rightarrow$ m·g = T·cos α $\Rightarrow$ T = $\dfrac{m \cdot g}{\cos \alpha} = \dfrac{0'024 \cdot 9'8}{\cos 30°} = \boxed{0'272 \text{ N}}$

* Campo eléctrico: $\sum \vec{F}_x = 0 \Rightarrow \vec{F}_E + \vec{T}_x = 0 \Rightarrow F_E = T_x \Rightarrow$

$\Rightarrow$ Q·E = T·sen α $\Rightarrow$ E = $\dfrac{T \cdot sen \alpha}{Q} = \dfrac{0'272 \cdot sen 30°}{6 \cdot 10^{-3}} = \boxed{22'7 \dfrac{N}{C}}$

Comentario: no es demasiado grande el valor del campo eléctrico, pues la carga no es muy pequeña.

2017

25) Una carga de $2'5 \cdot 10^{-8}$ C se coloca en una región donde hay un campo eléctrico de intensidad $5'0 \cdot 10^4$ N·C^{-1}, dirigido en el sentido positivo del eje Y. Calcule el trabajo que la fuerza eléctrica efectúa sobre la carga cuando ésta se desplaza $0'5$ m en una dirección que forma un ángulo de 30º con el eje X.

Datos: Dibujo:

$Q = 2'5 \cdot 10^{-8}$ C
$E = 5'0 \cdot 10^4$ N·C^{-1}
¿W?
$e = 0'5$ m
$\alpha = 30º$

Principio físico: una carga positiva dentro de un campo eléctrico experimenta una fuerza en la misma dirección y en el mismo sentido que el campo.

Método de resolución: usaremos la fórmula de la definición del trabajo.

Resolución: * Trabajo realizado sobre la carga:

$$W = F \cdot e \cdot \cos \beta = Q \cdot E \cdot e \cdot \cos \beta = 2'5 \cdot 10^{-8} \cdot 5 \cdot 10^4 \cdot 0'5 \cdot \cos 60º = \boxed{3'12 \cdot 10^{-4} \text{ J}}$$

Comentario: el trabajo es muy pequeño, pues la carga es muy pequeña. Al ser el trabajo positivo, el proceso es espontáneo, es decir, ocurre sin la intervención de una fuerza exterior. El ángulo β es el complementario de α, pues α es el ángulo que forma la dirección de desplazamiento con el eje x y β es el ángulo entre el desplazamiento y la fuerza eléctrica. En la figura se ve que ambos ángulos son complementarios.

26) Una carga de $3·10^{-6}$ C se encuentra en el origen de coordenadas y otra carga de $-3·10^{-6}$ C está situada en el punto (1,1) m. Calcule el trabajo para desplazar una carga de $5·10^{-6}$ C desde el punto A (1,0) m hasta el punto B (2,0) m, e interprete el resultado. $K = 9·10^9$ N·m²·C⁻².

Datos:

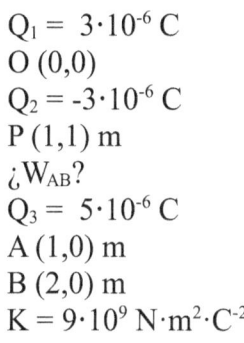

Dibujo:

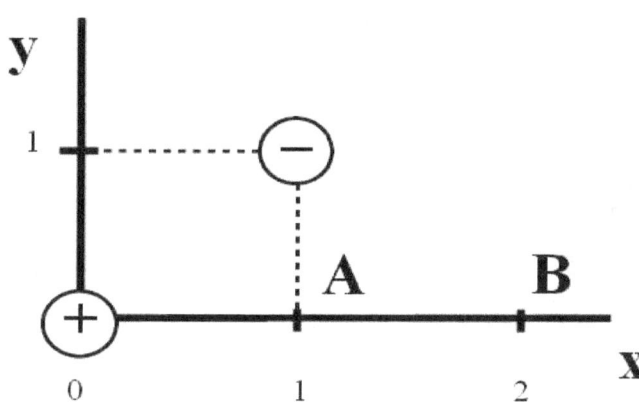

$Q_1 = 3·10^{-6}$ C
O (0,0)
$Q_2 = -3·10^{-6}$ C
P (1,1) m
¿W_{AB}?
$Q_3 = 5·10^{-6}$ C
A (1,0) m
B (2,0) m
$K = 9·10^9$ N·m²·C⁻²

Principio físico: al ser la fuerza electrostática una fuerza conservativa, el trabajo que realiza es el menos incremento de la energía potencial. Principio de superposición: el efecto conjunto de varias cargas es la suma de los efectos individuales.

Método de resolución: usaremos la fórmula del trabajo eléctrico y el principio de superposición. Calcularemos algunas distancias con el teorema de Pitágoras.

Resolución: * Trabajo para desplazar la carga: $W_{AB} = -\Delta E_p = E_{pA} - E_{pB}$

$$E_{pA} = E_{p1A} + E_{p2A} = \frac{K·Q_1·Q_3}{r_{1A}} + \frac{K·Q_2·Q_3}{r_{2A}} = \frac{9·10^9·3·10^{-6}·5·10^{-6}}{1} + \frac{9·10^9·(-3·10^{-6})·5·10^{-6}}{1} = 0 \text{ J}$$

$$E_{pB} = E_{p1B} + E_{p2B} = \frac{K·Q_1·Q_3}{r_{1B}} + \frac{K·Q_2·Q_3}{r_{2B}} = \frac{9·10^9·3·10^{-6}·5·10^{-6}}{2} + \frac{9·10^9·(-3·10^{-6})·5·10^{-6}}{\sqrt{2}} =$$

$= -$ 0'028 J

$$W_{AB} = -\Delta E_p = E_{pA} - E_{pB} = 0 - (-0'0280 \text{ J}) = \boxed{0'028 \text{ J}}$$

Comentario: el signo positivo del trabajo indica que el proceso es espontáneo, es decir, no hace falta una fuerza no conservativa para llevar la carga Q_3 desde el punto A hasta el punto B.

27) En el átomo de hidrógeno, el electrón se encuentra sometido al campo eléctrico creado por el protón. Calcule el trabajo realizado por el campo eléctrico para llevar el electrón desde un punto P_1, situado a $5'3 \cdot 10^{-11}$ m del núcleo, hasta otro punto P_2, situado a $4'76 \cdot 10^{-10}$ m del núcleo. Comente el signo del trabajo. $K = 9 \cdot 10^9$ N·m²·C⁻² ; $e = 1'6 \cdot 10^{-19}$ C.

Datos: Dibujo:

¿W?
$r_A = 5'3 \cdot 10^{-11}$ m
$r_B = 4'76 \cdot 10^{-10}$ m
$K = 9 \cdot 10^9$ N·m²·C⁻²
$e = 1'6 \cdot 10^{-19}$ C

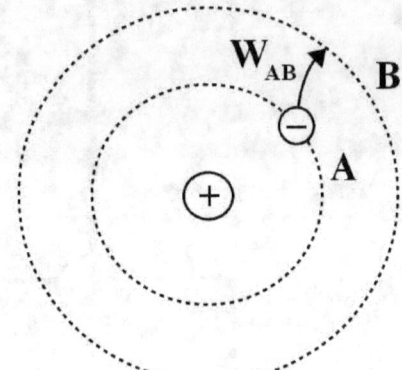

Principio físico: la fuerza electrostática es una fuerza conservativa y, por lo tanto, el trabajo que realiza es independiente del camino seguido.

Método de resolución: usaremos la fórmula del trabajo relacionándolo con la variación de energía potencial.

Resolución: * Trabajo realizado por el campo eléctrico:

$$W_{AB} = -\Delta E_p = E_{p_A} - E_{p_B} = \frac{K \cdot e \cdot (-e)}{r_A} - \frac{K \cdot e \cdot (-e)}{r_B} = -K \cdot e^2 \cdot \left(\frac{1}{r_A} - \frac{1}{r_B}\right) =$$

$$= -9 \cdot 10^9 \cdot (1'6 \cdot 10^{-19})^2 \cdot \left(\frac{1}{5'3 \cdot 10^{-11}} - \frac{1}{4'76 \cdot 10^{-10}}\right) = \boxed{-3'86 \cdot 10^{-18} \text{ J}}$$

Comentario: el trabajo es negativo. Esto significa que el proceso es no espontáneo y se necesita una fuerza no conservativa para realizarlo. Las cargas del protón y del electrón son iguales en valor absoluto y de signos opuestos.

28) Se coloca una carga puntual de 4·10⁻⁹ C en el origen de coordenadas y otra carga puntual de -3·10⁻⁹ C en el punto (0,1) m. Calcule el trabajo que hay que realizar para trasladar una carga de 2·10⁻⁹ C desde el punto (1,2) m hasta el punto (2,2) m. K = 9·10⁹ N·m²·C⁻².

Datos:

$Q_1 = 4 \cdot 10^{-9}$ C
O (0,0) m
$Q_2 = -3 \cdot 10^{-9}$ C
P (0,1) m
¿W_{AB}?
$Q_3 = 2 \cdot 10^{-9}$ C
A (1,2) m
B (2,2) m
K = 9·10⁹ N·m²·C⁻²

Dibujo:

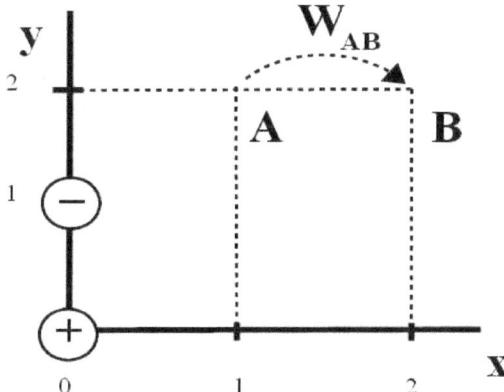

Principio físico: al ser la fuerza electrostática una fuerza conservativa, el trabajo que realiza es el menos incremento de la energía potencial. Principio de superposición: el efecto conjunto de varias cargas es la suma de los efectos individuales.

Método de resolución: usaremos la relación entre el trabajo conservativo y el incremento de la energía potencial y el principio de superposición. Calcularemos algunas distancias con el teorema de Pitágoras.

Resolución: * Trabajo para desplazar la carga: $W_{AB} = -\Delta E_p = E_{pA} - E_{pB}$

$$E_{pA} = E_{p1A} + E_{p2A} = \frac{K \cdot Q_1 \cdot Q_3}{r_{1A}} + \frac{K \cdot Q_2 \cdot Q_3}{r_{2A}} = \frac{9 \cdot 10^9 \cdot 4 \cdot 10^{-9} \cdot 2 \cdot 10^{-9}}{\sqrt{5}} + \frac{9 \cdot 10^9 \cdot (-3 \cdot 10^{-9}) \cdot 2 \cdot 10^{-9}}{\sqrt{2}} =$$

$= -6 \cdot 10^{-9}$ J

$$E_{pB} = E_{p1B} + E_{p2B} = \frac{K \cdot Q_1 \cdot Q_3}{r_{1B}} + \frac{K \cdot Q_2 \cdot Q_3}{r_{2B}} = \frac{9 \cdot 10^9 \cdot 4 \cdot 10^{-9} \cdot 2 \cdot 10^{-9}}{\sqrt{8}} + \frac{9 \cdot 10^9 \cdot (-3 \cdot 10^{-9}) \cdot 2 \cdot 10^{-9}}{\sqrt{5}} =$$

$= 1'3 \cdot 10^{-9}$ J

$$W_{AB} = -\Delta E_p = E_{pA} - E_{pB} = -6 \cdot 10^{-9} - 1'3 \cdot 10^{-9} = \boxed{-7'3 \cdot 10^{-9} \text{ J}}$$

Comentario: el signo negativo del trabajo indica que el proceso es no espontáneo, es decir, hace falta una fuerza no conservativa para llevar la carga Q_3 desde el punto A hasta el punto B.

29) Determine la carga negativa de una partícula, cuya masa es 3'8 g, para que permanezca suspendida en un campo eléctrico de 4500 N·C⁻¹. Haga una representación gráfica de las fuerzas que actúan sobre la partícula. g = 9'8 m·s⁻².

Datos:

Dibujo:

¿Q?
m = 3'8·10⁻³ kg
E = 4500 N/C
g = 9'8 m·s⁻²

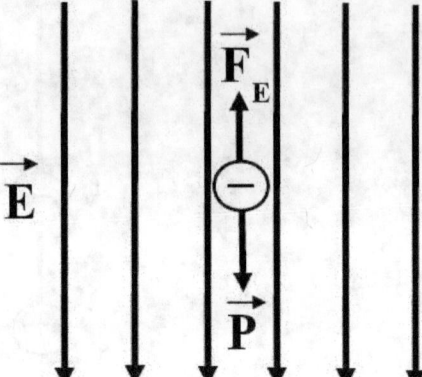

Principio físico: para que la carga permanezca suspendida en reposo, la resultante debe ser cero, según la primera ley de Newton.

Método de resolución: aplicaremos la condición de estática: que la resultante sea cero.

Resolución: * Carga de la partícula:

$$\sum \vec{F}=0 \;\Rightarrow\; \vec{F}_E+\vec{P}=0 \;\Rightarrow\; F_E=P \;\Rightarrow\; |Q|\cdot E=m\cdot g \;\Rightarrow$$

$$\Rightarrow\; |Q|=\frac{m\cdot g}{E}=\frac{3'8\cdot 10^{-3}\cdot 9'8}{4500}=8'28\cdot 10^{-6}\ C \;\Rightarrow\; \boxed{Q=-8'28\cdot 10^{-6}\ C}$$

Comentario: el peso siempre va dirigido hacia abajo. Para que se equilibren las fuerzas, la fuerza electrostática debe ir hacia arriba. Como la carga es negativa, el campo eléctrico debe ir hacia abajo, pues las cargas negativas experimentan una fuerza en sentido contrario a la dirección del campo eléctrico, según: $\vec{F}=Q\cdot\vec{E}$.

2016

30) Dos cargas puntuales iguales, de -3 μC cada una, están situadas en los puntos A(2,5) m y B(8,2) m. a) Represente en un esquema las fuerzas que se ejercen entre las cargas y calcule la intensidad de campo eléctrico en el punto P(2,0) m. b) Determine el trabajo necesario para trasladar una carga de 1 μC desde el punto P(2,0) m hasta el punto O(0,0). Comente el resultado obtenido.
K = 9·10⁹ N·m²·C⁻².

Datos:

$Q_1 = Q_2 = -3·10^{-6}$ C
A (2,5) m
B (8,2) m
¿E?
P(2,0) m
¿W_{PO}?
$Q_3 = 10^{-6}$ C
P (2,0) m
O(0,0) m
K = 9·10⁹ N·m²·C⁻²

Dibujo:

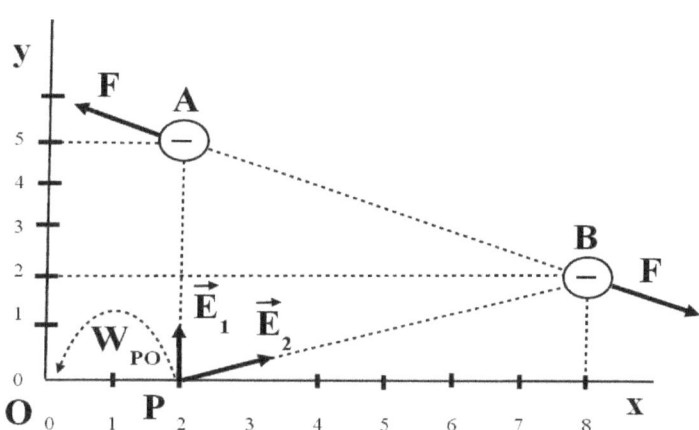

Principio físico: ley de Coulomb: dos cargas se atraen o se repelen con una fuerza directamente proporcional al producto de sus cargas e inversamente proporcional al cuadrado de la distancia que las separa. El campo eléctrico es la perturbación del espacio provocada por una carga eléctrica. Principio de superposición: el efecto conjunto de varias cargas es la suma de los efectos individuales.

Método de resolución: calcularemos los módulos de los campos, los pasaremos a vectores y usaremos el principio de superposición. También usaremos la relación del trabajo con el incremento de la energía potencial.

Resolución: * Campo eléctrico en el punto P:

$$E_1 = \frac{K \cdot Q_1}{r_1^2} = \frac{9 \cdot 10^9 \cdot 3 \cdot 10^{-6}}{5^2} = 1080 \ \frac{N}{C} \quad ; \quad E_2 = \frac{K \cdot Q_2}{r_2^2} = \frac{9 \cdot 10^9 \cdot 3 \cdot 10^{-6}}{6^2 + 2^2} = 675 \ \frac{N}{C}$$

$$\vec{E}_1 = +1080 \cdot \vec{j}$$

$$\vec{E}_2 = +E_2 \cdot \cos\alpha \cdot \vec{i} + E_2 \cdot sen\alpha \cdot \vec{j} = +675 \cdot \frac{6}{\sqrt{40}} \cdot \vec{i} + 675 \cdot \frac{2}{\sqrt{40}} \cdot \vec{j} = 640 \cdot \vec{i} + 213 \cdot \vec{j}$$

$$\boxed{\vec{E} = \vec{E}_1 + \vec{E}_2 = 640 \cdot \vec{i} + 1293 \cdot \vec{j} \ \frac{N}{C}}$$

$$E = \sqrt{E_x^2 + E_y^2} = \sqrt{640^2 + 1293^2} = \boxed{1443 \ \frac{N}{C}}$$

* Trabajo para desplazar la carga:

$$W_{PO} = -\Delta Ep = Ep_A - Ep_B$$

$$Ep_P = Ep_{1P} + Ep_{2P} = \frac{K \cdot Q_1 \cdot Q_3}{r_{1P}} + \frac{K \cdot Q_2 \cdot Q_3}{r_{2P}} = \frac{9 \cdot 10^9 \cdot (-3 \cdot 10^{-6}) \cdot 10^{-6}}{5} + \frac{9 \cdot 10^9 \cdot (-3 \cdot 10^{-6}) \cdot 10^{-6}}{\sqrt{2^2 + 6^2}} =$$

$$= -9'67 \cdot 10^{-3} \text{ J}$$

$$Ep_O = Ep_{1O} + Ep_{2O} = \frac{K \cdot Q_1 \cdot Q_3}{r_{1O}} + \frac{K \cdot Q_2 \cdot Q_3}{r_{2O}} = \frac{9 \cdot 10^9 \cdot (-3 \cdot 10^{-6}) \cdot 10^{-6}}{\sqrt{2^2 + 5^2}} + \frac{9 \cdot 10^9 \cdot (-3 \cdot 10^{-6}) \cdot 10^{-6}}{\sqrt{2^2 + 8^2}} =$$

$$= -8'28 \cdot 10^{-3} \text{ J}$$

$$W_{PO} = -\Delta Ep = Ep_A - Ep_B = -9'67 \cdot 10^{-3} + 8'28 \cdot 10^{-3} = \boxed{-1'39 \cdot 10^{-3} \text{ J}}$$

<u>Comentario</u>: el signo negativo del trabajo indica que el proceso es no espontáneo, es decir, hace falta una fuerza no conservativa para llevar la carga Q_3 desde el punto P hasta el punto O.

TEMA 4: CAMPO MAGNÉTICO

FORMULARIO DE CAMPO MAGNÉTICO

Campo magnético y fuerza magnética

* Campo magnético producido por un hilo recto, B, (ley de Biot y Savart):

$$B = \frac{\mu_0 \cdot I}{2 \cdot \pi \cdot r} \quad (T)$$

siendo:
B: campo magnético (T, teslas)
μ_0: permeabilidad magnética = $4 \cdot \pi \cdot 10^{-7} \; \frac{T \cdot m}{A}$
r: distancia (m)

* Campo producido por varios campos magnéticos, B (principio de superposición):

$$\vec{B} = \vec{B}_1 + \vec{B}_2 + \vec{B}_3 + \ldots \quad (T)$$

siendo:
B: campo magnético total (T)
$B_1, B_2, B_3, \ldots$: campos magnéticos parciales (T)

* Fuerza que actúa sobre una carga en un campo magnético (ley de Lorentz), F:

$$\vec{F} = Q \cdot \vec{v} \times \vec{B} \quad (N)$$

siendo:
F: fuerza magnética (N)
Q: carga (C)
v: velocidad de la partícula cargada (m/s)
B: campo magnético (T)

* Fuerza sobre un hilo conductor dentro de un campo magnético (ley de Laplace), F:

$$\vec{F} = I \cdot \vec{L} \times \vec{B} \quad (N)$$

siendo:
F: fuerza magnética (N)
I: intensidad de corriente (A)
L: longitud del conductor (m)
B: campo magnético (T)

* Radio de giro de una carga que se mueve perpendicularmente a un campo magnético, r:

$$F_m = F_C \implies Q \cdot v \cdot B = \frac{m \cdot v^2}{r} \implies r = \frac{m \cdot v}{Q \cdot B} \quad (m)$$

siendo:
F_m: fuerza magnética (N)
F_C: fuerza centrípeta (N)
Q: carga (C)
v: velocidad (m/s)
B: campo magnético (T)

* Fuerza de atracción o de repulsión entre dos hilos conductores paralelos, $\frac{F}{L}$:

$$\frac{F}{L} = \frac{F_{12}}{L} = \frac{F_{21}}{L} = \frac{\mu_0 \cdot I_1 \cdot I_2}{2 \cdot \pi \cdot d} \quad \left(\frac{N}{m}\right)$$

siendo:
    F: fuerza con la que se atraen o se repelen (N)
    F_{12}: fuerza que ejerce el conductor 1 sobre el 2 (N)
    F_{21}: fuerza que ejerce el conductor 2 sobre el 1 (N)
    L: longitud del conductor (m)
    μ_0: permeabilidad magnética = $4 \cdot \pi \cdot 10^{-7} \; \frac{T \cdot m}{A}$
    I_1: intensidad de corriente por el conductor 1 (A)
    I_2: intensidad de corriente por el conductor 2 (A)
    d: distancia entre los conductores (m)

<u>Inducción magnética</u>

* Flujo magnético, Φ:

$$\Phi = \vec{B} \cdot \vec{S} = B \cdot S \cdot \cos \alpha \quad (Wb)$$

siendo:
    Φ: flujo magnético (Wb, weber)
    B: campo magnético (T)
    S: superficie (m^2)
    α: ángulo entre los vectores $\vec{B}$ y $\vec{S}$

* Fuerza electromotriz inducida (f.e.m.), ley de Faraday-Lenz, ε:

$$\varepsilon = -\frac{d\Phi}{dt} \quad (V)$$

siendo:
    ε: fuerza electromotriz inducida (V)
    Φ: flujo magnético (Wb, weber)
    t: tiempo (s)

* Intensidad de corriente, I:

$$I = \frac{\varepsilon}{R}$$

siendo:
    I: intensidad de corriente (A)
    ε: fuerza electromotriz inducida (V)
    R: resistencia del conductor (Ω)

CUESTIONES DE CAMPO MAGNÉTICO

Cuestión genérica

1) Razone qué sentido tendrá la corriente inducida en una espira cuando: i) Acercamos perpendicularmente al plano de la espira el polo norte de un imán. ii) Alejamos el polo norte. iii) Acercamos el polo sur. iv) Alejamos el polo sur. v) El imán está en reposo. Haga un esquema explicativo.

Inducción electromagnética, ley de Faraday-Lenz: cuando un circuito es atravesado por un flujo magnético variable, se induce en el circuito una corriente eléctrica en un sentido tal que se opone a la variación del flujo. Expresiones: $\Phi = \vec{B} \cdot \vec{S} = B \cdot S \cdot \cos\alpha$; $\epsilon = -\dfrac{d\Phi}{dt}$. Para que exista una fuerza electromotriz inducida, tiene que haber un cambio en el flujo magnético, ya sea para aumentarlo o para disminuirlo. Este cambio puede producirse modificando el campo B, la superficie S o el ángulo α entre el vector campo $\vec{B}$ y el vector superficie $\vec{S}$.

i) Se acerca el polo norte: la espira se comporta como un imán virtual que se opone al movimiento del imán real. El imán virtual le presenta la cara norte a la cara norte del imán real. De esta forma, los vectores y el sentido de la corriente son los de la figura. Otra forma de deducirlo: cuando un imán se acerca a una espira, aumenta el flujo magnético. Si aumenta el flujo magnético, $\vec{B}$ y $\vec{B}_{ind.}$ tienen sentidos opuestos.

ii) Se aleja el polo norte: el imán virtual de la espira le presenta su cara sur a la cara norte del imán real. Otra forma de deducirlo: al alejarse el imán, disminuye el flujo. Si disminuye el flujo, $\vec{B}$ y $\vec{B}_{ind.}$ tienen el mismo sentido.

iii) Se acerca el polo sur: el imán virtual de la espira le presenta su cara sur a la cara sur del imán real. Otra forma de deducirlo: al acercarse el imán, aumenta el flujo. Si aumenta el flujo, $\vec{B}$ y $\vec{B}_{ind.}$ tienen sentidos opuestos.

iv) Se aleja el polo sur: el imán virtual le presenta la cara norte a la cara sur del imán real. Otra forma de deducirlo: cuando un imán se acerca a una espira, aumenta el flujo magnético. Si aumenta el flujo magnético, $\vec{B}$ y $\vec{B}_{ind.}$ tienen sentidos opuestos.

v) Si el imán está en reposo, no hay corriente inducida, pues no hay cambio en el flujo magnético.

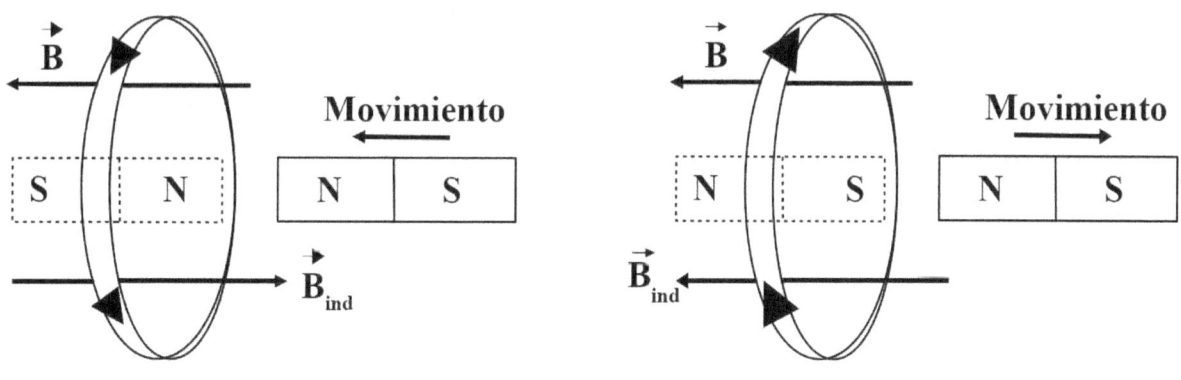

i) Se acerca el polo norteii) Se aleja el polo norte

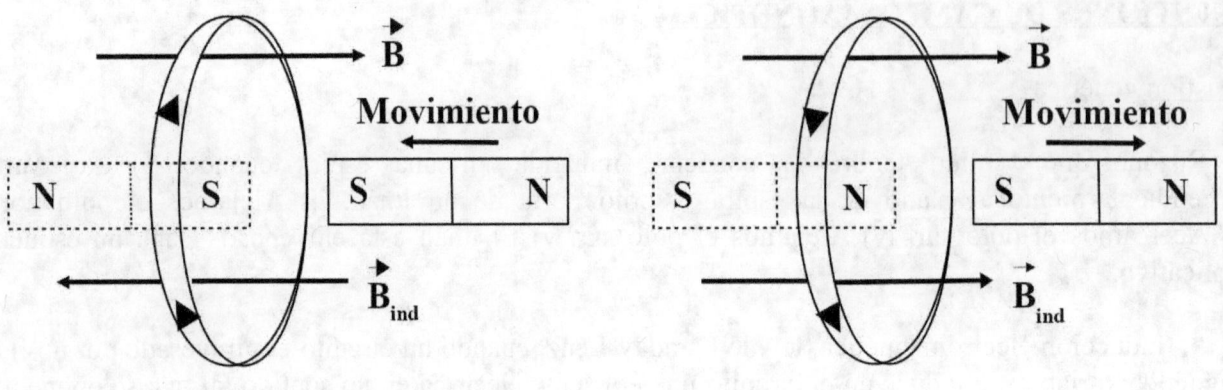

iii) Se acerca el polo sur   iv) Se aleja el polo sur

2024

2) Responda razonadamente a las siguientes cuestiones: i) ¿Puede ser nulo el flujo magnético a través de una espira colocada en una región en la que existe un campo magnético? ii) El hecho de que la f.e.m. inducida en una espira sea nula en un instante determinado, ¿implica que no hay flujo magnético en la espira en ese instante?

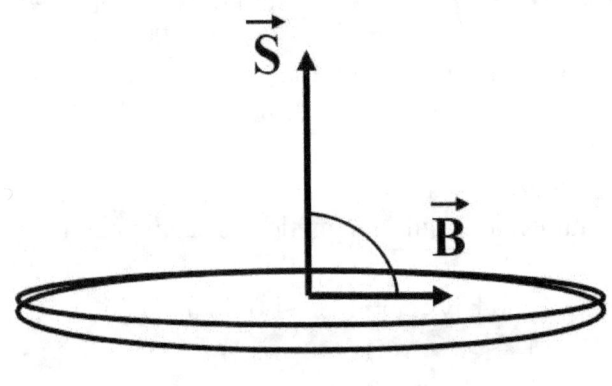

Flujo magnético nulo

i) Sí, puede serlo. Esto ocurre cuando el ángulo entre el campo magnético y el vector superficie vale 90°:

$$\Phi = \vec{B}\cdot\vec{S} = B\cdot S\cdot \cos\alpha = B\cdot S\cdot \cos 90° = 0$$

El vector superficie es un vector de módulo la superficie de la espira, con la dirección perpendicular a la superfice de la espira y sentido saliendo de la espira.

ii) No. Puede ocurrir en dos casos:
* En ese instante, el flujo es constante, no hay variación con el tiempo.
* En ese instante, el flujo alcanza un valor máximo o mínimo.

Ley de Faraday-Lenz: cuando un circuito es atravesado por un flujo magnético variable, se induce en el circuito una corriente eléctrica en un sentido tal que se opone a la variación del flujo. Para que exista una fuerza electromotriz inducida, tiene que haber un cambio en el flujo magnético, ya sea para aumentarlo o para disminuirlo. Este cambio puede producirse modificando el campo B, la superficie S o el ángulo α entre el vector campo $\vec{B}$ y el vector superficie $\vec{S}$.

* Fuerza electromotriz inducida: $\varepsilon = -\dfrac{d\Phi}{dt}$

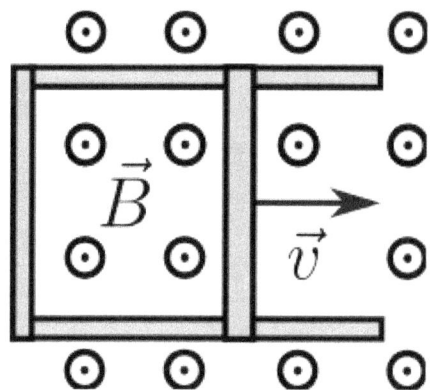

3) Una espira se encuentra en un campo magnético $\vec{B}$ uniforme perpendicular al plano de la misma y tiene un lado móvil que se mueve con velocidad $\vec{v}$, tal como se indica en la figura. Responda razonadamente a las siguientes preguntas: i) ¿Se induce fuerza electromotriz en la espira mientras el lado móvil está en movimiento? En caso afirmativo, señale el sentido de la corriente inducida. ii) Si el lado móvil se detiene ¿habrá fuerza electromotriz inducida?

i) Sí, se induce, pues está aumentando el vector superficie.

Ley de Faraday-Lenz: cuando un circuito es atravesado por un flujo magnético variable, se induce en el circuito una corriente eléctrica en un sentido tal que se opone a la variación del flujo. Para que exista una fuerza electromotriz inducida, tiene que haber un cambio en el flujo magnético, ya sea para aumentarlo o para disminuirlo. Este cambio puede producirse modificando el campo B, la superficie S o el ángulo α entre el vector campo $\vec{B}$ y el vector superficie $\vec{S}$.

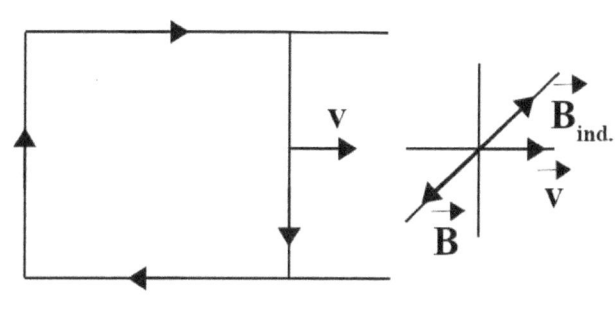

Sentido de la f.e.m.

* Flujo magnético:

$$\Phi = \vec{B} \cdot \vec{S} = B \cdot a \cdot b \cdot \cos \alpha =$$

$$= B \cdot a \cdot v \cdot t \cdot \cos 0° = B \cdot a \cdot v \cdot t$$

* Fuerza electromotriz inducida:

$$\varepsilon = -\frac{d\Phi}{dt} = -B \cdot a \cdot v$$

La f.e.m. inducida sigue el sentido dado por la regla de la mano derecha: el pulgar apunta a la $\vec{B}_{ind.}$ y los demás dedos apuntan al sentido de la f.e.m. inducida.

ii) Cuando el lado móvil se detiene, no cambia el vector superficie. Como también eran constantes B y α, el flujo magnético no cambia y, por consiguiente, no habrá fuerza electromotriz inducida.

---

4) En una región del espacio en la que existe un campo magnético uniforme entran perpendicularmente al campo un electrón y un protón con igual velocidad. i) Deduzca y represente gráficamente la trayectoria de cada una de las partículas. ii) ¿Cómo varían sus respectivas energías cinéticas a lo largo de su trayectoria?

i) Ley de Lorentz: cuando una carga eléctrica se mueve con velocidad $\vec{v}$ a través de un campo magnético uniforme, $\vec{B}$, experimenta una fuerza magnética dada por: $\vec{F}_m = Q \cdot \vec{v} \times \vec{B}$ y de módulo: $F_m = Q \cdot v \cdot B \cdot \text{sen } \alpha$

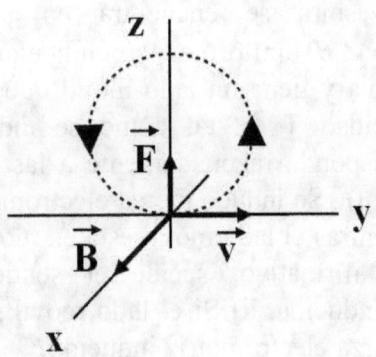
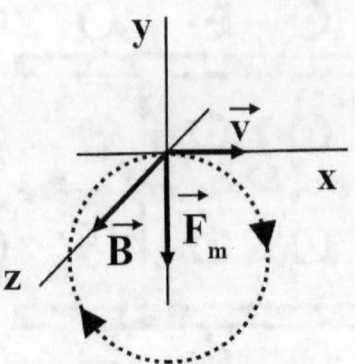

Trayectoria del electrón　　　　　　　　　Trayectoria del protón

Como la carga del protón es positiva, el sentido de la fuerza magnética se obtiene mediante la regla del tornillo. Como la carga del electrón es negativa, el sentido de la fuerza magnética es el opuesto a la regla del tornillo.

Como la fuerza es perpendicular a la velocidad, la trayectoria será curva. La fuerza magnética actúa como fuerza centrípeta. Como la fuerza centrípeta es constante, el movimiento será un MCU (movimiento circular uniforme).

* Radio de giro: $Q \cdot v \cdot B \cdot \text{sen } \alpha = \dfrac{m \cdot v^2}{r} \quad \Rightarrow \quad r = \dfrac{m \cdot v}{Q \cdot B}$

Dado que la masa del protón es mucho mayor que la del electrón, su radio de giro será mucho mayor. Las demás magnitudes (v, Q y B) son iguales para ambas partículas.

ii) Las energías cinéticas no cambian en ninguna de las dos partículas, ya que las velocidades permanecen constantes.

$$Ec = \dfrac{1}{2} \cdot m \cdot v^2$$

2023

5) Por dos hilos conductores rectilíneos paralelos, separados una cierta distancia, circulan corrientes de igual intensidad. Explique razonadamente, apoyándose en un esquema, si puede ser cero el campo magnético en algún punto entre los dos hilos, suponiendo que las corrientes circulan en sentidos: i) iguales: ii) opuestos.

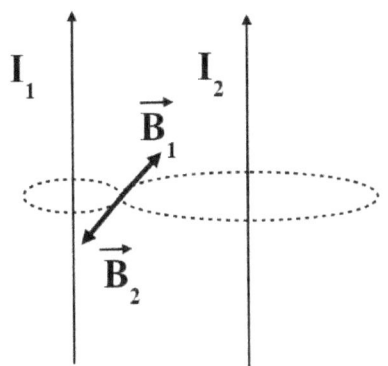
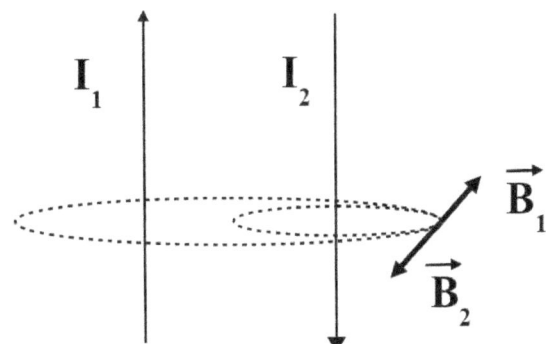

Corrientes en sentidos iguales   Corrientes en sentidos opuestos

En el caso de corrientes del mismo sentido, el campo magnético puede ser nulo en el espacio entre los dos hilos, donde se igualen los módulos de los campos magnéticos B_1 y B_2. En el caso de corrientes de sentidos opuestos de la figura, el campo magnético se anula a la derecha del hilo de la derecha, donde se igualen los módulos de los campos magnéticos B_1 y B_2.

Un hilo de corriente crea a su alrededor un campo magnético cuyo módulo viene dado por la ley de Biot y Savart y cuyo sentido viene dado por la regla de la mano derecha: el pulgar apunta al sentido de la corriente y los demás dedos apuntan al sentido del campo magnético. Según el principio de superposición, el vector campo magnético total es la suma de los vectores campos magnéticos individuales.

* Punto en el que se anula el campo magnético cuando las corrientes tienen igual sentido:

$$\vec{B}=\vec{B}_1+\vec{B}_2=0 \Rightarrow \vec{B}_1=-\vec{B}_2 \Rightarrow B_1=B_2 \Rightarrow \frac{\mu_0 \cdot I}{2\cdot\pi\cdot r_1} = \frac{\mu_0 \cdot I}{2\cdot\pi\cdot r_2} \Rightarrow$$

$$\Rightarrow \frac{1}{r_1} = \frac{1}{r_2} \Rightarrow r_1 = r_2 \text{: el campo se anula en el punto medio entre ambos hilos.}$$

* Punto en el que se anula el campo magnético cuando las corrientes tienen sentidos opuestos:

$$\vec{B}=\vec{B}_1+\vec{B}_2=0 \Rightarrow \vec{B}_1=-\vec{B}_2 \Rightarrow B_1=B_2 \Rightarrow \frac{\mu_0 \cdot I}{2\cdot\pi\cdot r_1} = \frac{\mu_0 \cdot I}{2\cdot\pi\cdot r_2} \Rightarrow$$

$$\Rightarrow \frac{1}{r_1} = \frac{1}{r_2} \Rightarrow r_1 = r_2$$

Teniendo en cuenta que: $r_1 = d + r_2$, entonces no puede haber ningún punto a la derecha donde se anulen B_1 y B_2, puesto que ésto daría lugar a un absurdo: $d + r_2 = r_2 \Rightarrow d = 0$. Es decir, los hilos estarían superpuestos.

---

6) i) Defina el concepto de flujo magnético e indique sus unidades en el S.I. ii) Una espira conductora plana se sitúa en el seno de un campo magnético uniforme $\vec{B}=B_0\cdot\vec{k}$. Represente gráficamente y explique para qué orientaciones de la espira el flujo magnético a través de ella es máximo y nulo.

i) El vector superficie es un vector de módulo el área de la superficie y con dirección perpendicular a dicha superficie. El flujo magnético, Φ, del vector $\vec{B}$ a través de la superficie $\vec{S}$ representa el número de líneas de fuerza que atraviesan la superficie.

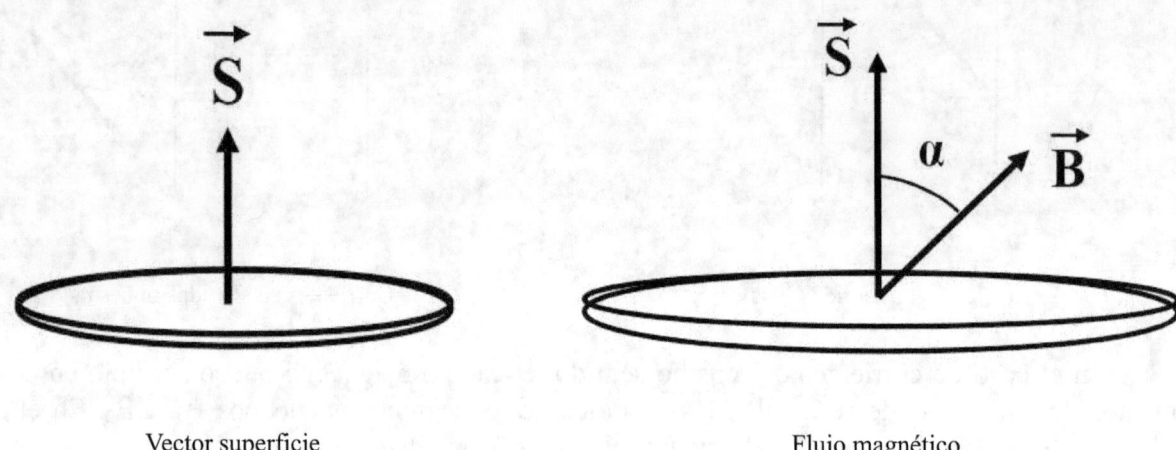

Vector superficie　　　　　　　　　　　　Flujo magnético

El flujo magnético se calcula mediante el producto escalar:　Φ = $\vec{B} \cdot \vec{S}$ = B·S·cos α
Su unidad en el sistema internacional es el weber, Wb.

ii) Como la superfice, S, es constante y el módulo del campo magnético, B, también, lo único que puede modificarse es α, el ángulo entre $\vec{B}$ y $\vec{S}$. Para α = 0°, cos α = 1 y el flujo es máximo. Para α = 90°, cos α = 0 y el flujo es mínimo.

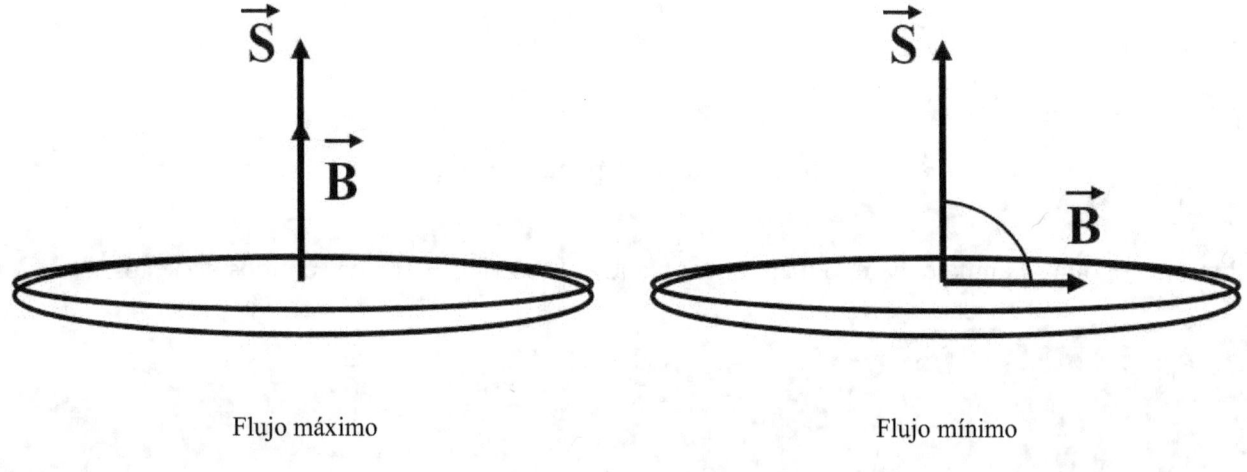

Flujo máximo　　　　　　　　　　　　Flujo mínimo

---

7) Una espira se encuentra en reposo en el plano XY dentro de un campo magnético uniforme $\vec{B} = b_0 \cdot \vec{k}$. Explique con la ayuda de un esquema el sentido de la corriente inducida si la espira: i) aumenta progresivamente su superficie; ii) disminuye progresivamente su superficie.

Inducción electromagnética, ley de Faraday-Lenz: cuando un circuito es atravesado por un flujo magnético variable, se induce en el circuito una corriente eléctrica en un sentido tal que se opone a la variación del flujo. Para que exista una fuerza electromotriz inducida, tiene que haber un cambio en el flujo magnético, ya sea para aumentarlo o para disminuirlo.

Este cambio puede producirse modificando el campo B, la superficie S o el ángulo α entre el vector campo $\vec{B}$ y el vector superficie $\vec{S}$.

El sentido de la corriente se obtiene con la regla de la mano derecha: el pulgar apunta a $\vec{B}_{ind.}$ y los demás dedos señalan el sentido del campo $\vec{B}$.

i) Si aumenta la superficie, aumenta el flujo y, para contrarrestar este aumento, el vector $\vec{B}_{ind.}$ se opone al vector $\vec{B}$. El sentido de la corriente es horario.

ii) Si disminuye la superficie, disminuye el flujo y, para contrarrestar esta disminución, el vector $\vec{B}_{ind.}$ tiene el mismo sentido que el vector $\vec{B}$. El sentido de la corriente es antihorario.

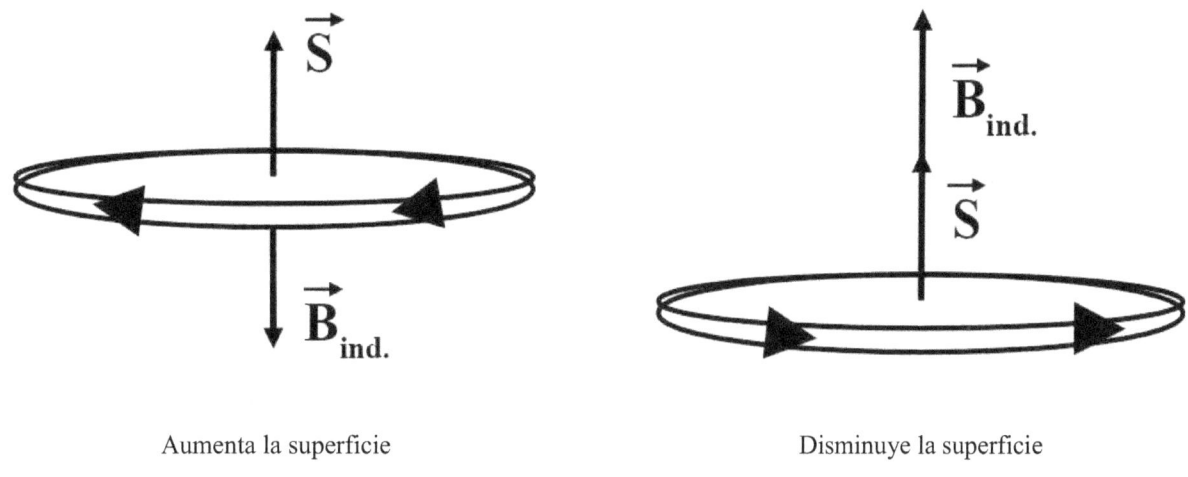

Aumenta la superficie   Disminuye la superficie

---

8) Justifique razonadamente, con la ayuda de un esquema, la trayectoria descrita por una carga positiva al entrar con una velocidad $\vec{v} = v_o \cdot \vec{i}$ en una región en la que existe: i) un campo magnético uniforme $\vec{B} = b_0 \cdot \vec{i}$; ii) un campo magnético uniforme $\vec{B} = b_0 \cdot \vec{j}$.

Según la ley de Lorentz, cuando una carga se mueve con velocidad $\vec{v}$ a través de un campo magnético uniforme, $\vec{B}$, experimenta una fuerza magnética dada por: $\vec{F}_m = Q \cdot \vec{v} \times \vec{B}$.

i) Cuando $\vec{v}$ y $\vec{B}$ son paralelos, la fuerza magnética es nula y la carga sigue moviéndose con trayectoria rectilínea y velocidad constante según la primera ley de Newton.

$$\vec{F}_m = Q \cdot \vec{v} \times \vec{B} = Q \cdot v_0 \cdot \vec{i} \times b_0 \cdot \vec{i} = 0, \text{ ya que: } \vec{i} \times \vec{i} = 0$$

ii) Se obtiene una fuerza magnética, $\vec{F}_m$, perpendicular a $\vec{v}$, lo cual provoca un movimiento circular uniforme:

$$\vec{F}_m = Q \cdot \vec{v} \times \vec{B} = Q \cdot v_0 \cdot \vec{i} \times b_0 \cdot \vec{j} = Q \cdot v_0 \cdot b_0 \cdot \vec{k}, \text{ ya que: } \vec{i} \times \vec{j} = \vec{k}$$

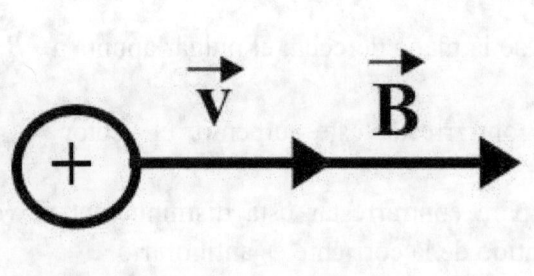

$\vec{v}$ y $\vec{B}$ son paralelos $\vec{v}$ y $\vec{B}$ son perpendiculares

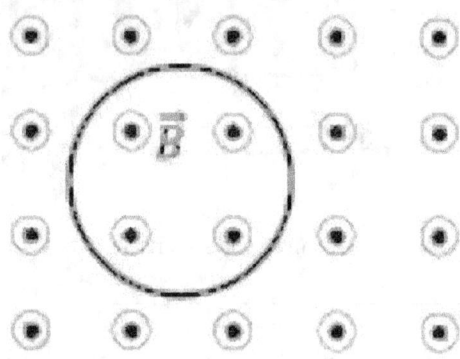

9) La espira de la figura está dentro de un campo magnético uniforme $\vec{B}$. Explique si existe fuerza electromotriz inducida y el sentido de la corriente en los siguientes casos: i) la espira se desplaza hacia la derecha sin salir del campo; ii) la espira permanece en reposo y aumenta la intensidad del campo magnético.

Inducción electromagnética, ley de Faraday-Lenz: cuando un circuito es atravesado por un flujo magnético variable, se induce en el circuito una corriente eléctrica en un sentido tal que se opone a la variación del flujo. Para que exista una fuerza electromotriz inducida, tiene que haber un cambio en el flujo magnético, ya sea para aumentarlo o para disminuirlo. Este cambio puede producirse modificando el campo B, la superficie S o el ángulo α entre el vector campo $\vec{B}$ y el vector superficie $\vec{S}$.

i) No existe fuerza electromotriz inducida, puesto que no cambian ni el campo, B, ni la superficie, S, ni el ángulo, α. Al ser el flujo magnético constante, no se induce fuerza electromotriz.

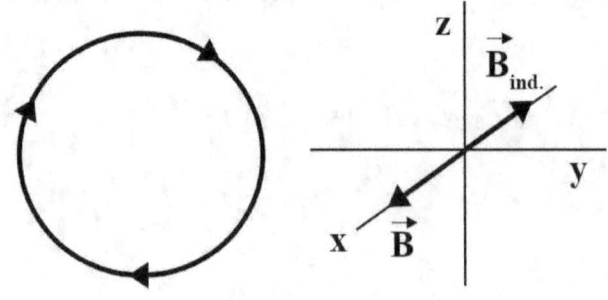

ii) Sí existe en este caso. Si aumenta la intensidad del campo magnético, B, aumenta el flujo magnético. Como aumenta el flujo, $\vec{B}_{ind.}$ se opone al vector $\vec{B}$. El sentido de la corriente se obtiene con la regla de la mano derecha: el pulgar apunta a $\vec{B}_{ind.}$ y los demás dedos señalan el sentido del campo $\vec{B}$.

Espira dentro de campo variable

10) Dos partículas cargadas, A y B, penetran perpendicularmente a un campo magnético uniforme con la misma velocidad. Sabiendo que la masa de B es el triple de la de A y que los radios descritos por ambas partículas son idénticos, razone la relación entre las cargas de ambas partículas.

Según la ley de Lorentz, cuando una carga se mueve con velocidad $\vec{v}$ a través de un campo magnético uniforme, $\vec{B}$, experimenta una fuerza magnética dada por:
$$\vec{F}_m = Q \cdot \vec{v} \times \vec{B} \quad \text{y, en módulo:} \quad F_m = Q \cdot v \cdot B \cdot \text{sen } \alpha$$

Al ser $\vec{v}$ y $\vec{F}_m$ perpendiculares, la carga describe un movimiento circular uniforme (MCU) siendo la fuerza magnética igual a la fuerza centrípeta:

$$F_m = F_C \quad \Rightarrow \quad Q \cdot v \cdot B \cdot \text{sen } \alpha = \frac{m \cdot v^2}{r} \quad \Rightarrow \quad Q = \frac{m \cdot v}{B \cdot r \cdot \text{sen } \alpha} = \frac{m \cdot v}{B \cdot r \cdot \text{sen } 90º} = \frac{m \cdot v}{B \cdot r}$$

* Relación entre ambas cargas: $\dfrac{Q_B}{Q_A} = \dfrac{\frac{m_B \cdot v}{B \cdot r}}{\frac{m_A \cdot v}{B \cdot r}} = \dfrac{m_B}{m_A} = \dfrac{3 \cdot m_A}{m_A} = 3$

---

11) Indique el sentido de la corriente inducida en una espira cuando el polo norte de un imán: i) se acerca a la espira; ii) se aleja de la espira. Justifique las respuestas con la ayuda de un esquema.

Inducción electromagnética, ley de Faraday-Lenz: cuando un circuito es atravesado por un flujo magnético variable, se induce en el circuito una corriente eléctrica en un sentido tal que se opone a la variación del flujo. El sentido de la corriente se obtiene con la regla de la mano derecha: el pulgar apunta a $\vec{B}_{ind}$ y los demás dedos señalan el sentido del campo $\vec{B}$.

i) Se acerca el polo norte: la espira se comporta como un imán virtual que se opone al movimiento del imán real. El imán virtual le presenta la cara norte a la cara norte del imán real. De esta forma, los vectores y el sentido de la corriente son los de la figura. Otra forma de deducirlo: cuando un imán se acerca a una espira, aumenta el flujo magnético. Si aumenta el flujo magnético, $\vec{B}$ y $\vec{B}_{ind}$ tienen sentidos opuestos.

ii) Se aleja el polo norte: el imán virtual de la espira le presenta su cara sur a la cara norte del imán real. Otra forma de deducirlo: al alejarse el imán, disminuye el flujo. Si disminuye el flujo, $\vec{B}$ y $\vec{B}_{ind}$ tienen el mismo sentido.

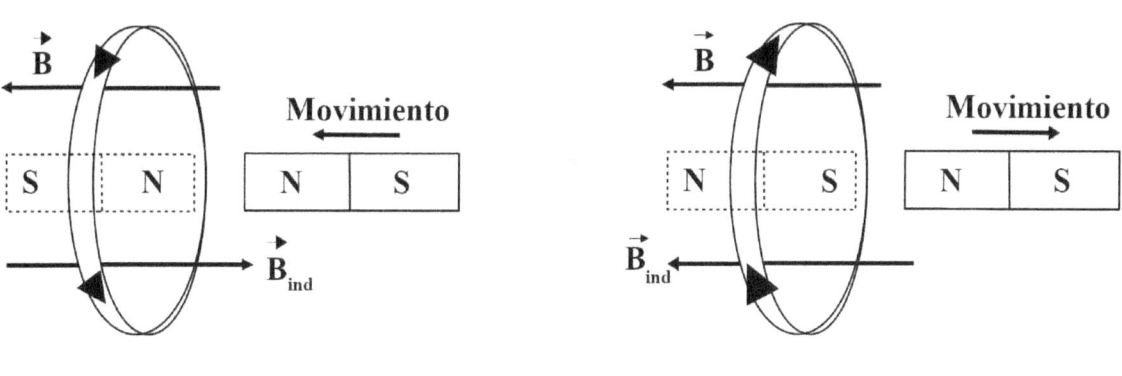

i) Se acerca el polo norte ii) Se aleja el polo norte

12) Una partícula de masa *m* y carga *q* se mueve en un campo magnético uniforme $\vec{B}$ describiendo una trayectoria circular de radio *R*. i) Deduzca razonadamente la expresión del radio en función del campo, la masa, la carga y la velocidad de la partícula. ii) Determine la relación entre las velocidades de dos partículas de igual masa y cargas *q* y *3q* que describen trayectorias circulares de igual radio *R* en el seno de un mismo campo magnético.

i) Según la ley de Lorentz, cuando una carga se mueve con velocidad $\vec{v}$ a través de un campo magnético uniforme, $\vec{B}$, experimenta una fuerza magnética dada por:

$$\vec{F}_m = Q \cdot \vec{v} \times \vec{B} \quad \text{y, en módulo:} \quad F_m = Q \cdot v \cdot B \cdot \text{sen } \alpha$$

Si la trayectoria es circular, es porque $\vec{v}$ y $\vec{F}_m$ perpendiculares. La fuerza magnética iguala a la fuerza centrípeta:

$$F_m = F_C \quad \Rightarrow \quad Q \cdot v \cdot B \cdot \text{sen } \alpha = \frac{m \cdot v^2}{R} \quad \Rightarrow \quad Q \cdot B \cdot \text{sen } \alpha = \frac{m \cdot v}{R} \quad \Rightarrow \quad R = \frac{m \cdot v}{Q \cdot B}$$

ii) * Expresión de la velocidad: $v = \dfrac{Q \cdot B \cdot R}{m}$

* Relación entre las velocidades: $\dfrac{v_B}{v_A} = \dfrac{\dfrac{Q_B \cdot B \cdot R}{m}}{\dfrac{Q_A \cdot B \cdot R}{m}} = \dfrac{Q_B}{Q_A} = \dfrac{3 \cdot q}{q} = 3$

2022

13) Un protón, un electrón y un neutrón entran con igual velocidad en un campo magnético uniforme perpendicular a la velocidad. Explique con la ayuda de un esquema la trayectoria seguida por cada partícula.

Según la ley de Lorentz, cuando una carga se mueve con velocidad v a través de un campo magnético uniforme B, experimenta una fuerza magnética dada por: $\vec{F}_m = Q \cdot \vec{v} \times \vec{B}$ y de módulo $F_m = Q \cdot v \cdot B \cdot \text{sen } \alpha$. Como $\vec{v}$ y $\vec{B}$ son perpendiculares: sen α = sen 90º = 1. El neutrón no experimenta desviación alguna, puesto que no está cargado y el campo magnético sólo afecta a partículas con carga. El sentido de la fuerza se obtiene aplicando la regla del tornillo para el protón (pues tiene carga positiva) y el opuesto a la regla del tornillo para el electrón (pues tiene carga negativa). Como la fuerza magnética tiene dirección perpendicular a la velocidad y es constante, la partícula experimentará un MCU (movimiemto circular uniforme).

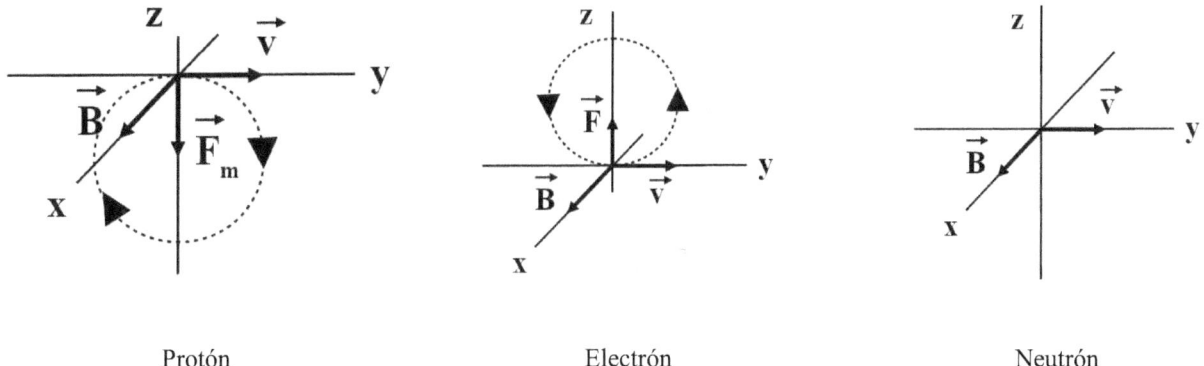

| Protón | Electrón | Neutrón |

14) Una espira conductora circular gira alrededor de uno de sus diámetros con velocidad angular constante en una región donde hay un campo magnético uniforme perpendicular al eje de rotación. Razone qué le ocurre al valor de la máxima f.e.m. inducida en la espira si: i) Se duplica el radio de la espira. ii) Se duplica el período de rotación.

Inducción electromagnética, ley de Faraday-Lenz: cuando un circuito es atravesado por un flujo magnético variable, se induce en el circuito una corriente eléctrica en un sentido tal que se opone a la variación del flujo. Para que exista una fuerza electromotriz inducida, tiene que haber un cambio en el flujo magnético, ya sea para aumentarlo o para disminuirlo. Este cambio puede producirse modificando el campo B, la superficie S o el ángulo α entre el vector campo $\vec{B}$ y el vector superficie $\vec{S}$.

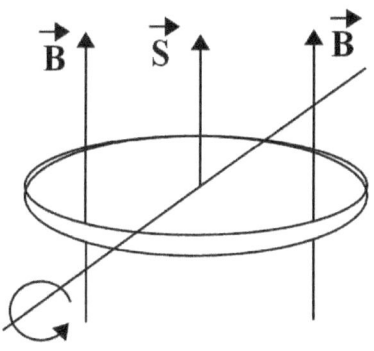

Espira circular que gira

Expresiones:

$$\Phi = \vec{B} \cdot \vec{S} = B \cdot S \cdot \cos\alpha = B \cdot \pi \cdot r^2 \cdot \cos(\omega \cdot t)$$

$$\epsilon = -\frac{d\Phi}{dt} = B \cdot \omega \cdot \pi \cdot r^2 \cdot \text{sen}(\omega \cdot t) =$$

$$= B \cdot \omega \cdot \pi \cdot r^2 \cdot \text{sen}\left(\frac{2 \cdot \pi}{T} \cdot t\right)$$

$$\epsilon_{máx.} = B \cdot \omega \cdot \pi \cdot r^2$$

i) $(\epsilon_{máx.})_1 = B \cdot \omega \cdot \pi \cdot r^2$; $(\epsilon_{máx.})_2 = B \cdot \omega \cdot \pi \cdot (2 \cdot r)^2 = 4 \cdot B \cdot \omega \cdot \pi \cdot r^2 = 4 \cdot (\epsilon_{máx.})_1$

Es decir, la f.e.m. máxima se cuadruplica.

ii) $(\epsilon_{máx.})_1 = B \cdot \omega \cdot \pi \cdot r^2 = B \cdot \frac{2 \cdot \pi}{T} \cdot \pi \cdot r^2$; $(\epsilon_{máx.})_2 = B \cdot \frac{2 \cdot \pi}{2 \cdot T} \cdot \pi \cdot r^2 = \frac{(\epsilon_{máx.})_1}{2}$

Es decir, la f.e.m. máxima se reduce a la mitad.

15) Una partícula cargada se lanza con cierta velocidad en una región donde hay un campo magnético uniforme. En primer lugar, se lanza paralelamente al campo magnético y, en segundo lugar, perpendicularmente al mismo. Explique en cada caso si: i) cambia su energía cinética y ii) la partícula está acelerada.

Según la ley de Lorentz, cuando una carga se mueve con velocidad v a través de un campo magnético uniforme B, experimenta una fuerza magnética dada por: $\vec{F}_m = Q \cdot \vec{v} \times \vec{B}$ y de módulo $F_m = Q \cdot v \cdot B \cdot \text{sen } \alpha$. Según la segunda ley de Newton, si sobre un cuerpo actúa una fuerza resultante, F, le comunicará una aceleración, a, en la misma dirección y en el mismo sentido. Según la primera ley de Newton, un cuerpo permanecerá en su estado de reposo o de movimiento rectilíneo uniforme a no ser que se le aplique una fuerza resultante distinta de cero.

* Partícula lanzada paralelamente al campo:

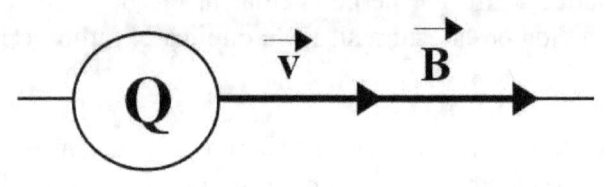

$\alpha = 0 \Rightarrow \text{sen } \alpha = 0 \Rightarrow F_m = 0$
Como la resultante es nula, independientemente del signo de la carga, según la primera ley de Newton, permanecerá con velocidad constante y su trayectoria será rectilínea.

Los vectores velocidad y campo son paralelos

i) Su energía cinética será constante, pues m y v son constantes: $Ec = \frac{1}{2} \cdot m \cdot v^2$. El módulo de la velocidad no cambia, la dirección sí.
ii) La partícula no está acelerada, pues su resultante es nula.
* Partícula lanzada perpendicularmente al campo: como $\vec{v} \text{ y } \vec{B}$ son perpendiculares:

$$\text{sen } \alpha = \text{sen } 90º = 1 \Rightarrow F_m = Q \cdot v \cdot B$$

Existe una fuerza magnética perpendicular a los vectores $\vec{v} \text{ y } \vec{B}$ obtenida mediante la regla del tornillo. Como $\vec{F} \text{ y } \vec{v}$ son perpendiculares, la partícula experimentará un MCU (movimiento circular uniforme).

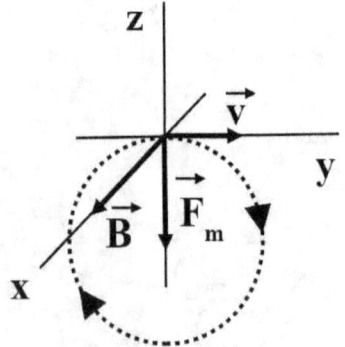

Carga positiva. Velocidad y campo perpendiculares   Carga negativa. Velocidad y campo perpendiculares

i) Su energía cinética será constante, pues m y v son constantes: Ec = $\frac{1}{2} \cdot m \cdot v^2$

ii) La partícula está acelerada hacia el centro de la trayectoria, pues tiene una aceleración centrípeta.

---

16) Una espira conductora circular y un conductor rectilíneo, muy largo, se encuentran en el mismo plano. El hilo está recorrido por una corriente eléctrica de intensidad constante. Razone, con ayuda de un esquema, qué sentido tendrá la corriente inducida sobre la espira si: i) la espira se mueve perpendicularmente al hilo, acercándose; ii) la espira se mueve paralela al hilo, en el sentido de su corriente.

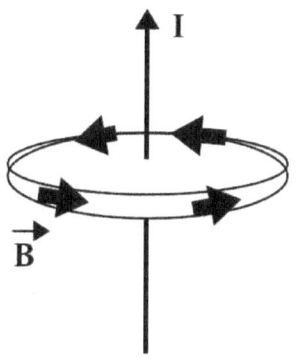

Un hilo conductor por el que circula una corriente crea a su alrededor un campo magnético cuyo módulo viene dado por la ley de Biot y Savart:

$$B = \frac{\mu_0 \cdot I}{2 \cdot \pi \cdot r}$$

y cuya dirección y cuyo sentido vienen dados por la regla de la mano derecha: el pulgar apunta al sentido de la corriente y los demás dedos apuntan hacia el campo magnético.

Campo magnético creado por hilo conductor

Inducción electromagnética, ley de Faraday-Lenz: cuando un circuito es atravesado por un flujo magnético variable, se induce en el circuito una corriente eléctrica en un sentido tal que se opone a la variación del flujo. Expresiones: $\Phi = \vec{B} \cdot \vec{S} = B \cdot S \cdot \cos\alpha$; $\epsilon = -\frac{d\Phi}{dt}$. Para que exista una fuerza electromotriz inducida, tiene que haber un cambio en el flujo magnético, ya sea para aumentarlo o para disminuirlo. Este cambio puede producirse modificando el campo B, la superficie S o el ángulo α entre el vector campo $\vec{B}$ y el vector superficie $\vec{S}$.

i) La espira se mueve perpendicularmente al hilo, acercándose. Como la distancia disminuye, el campo magnético aumenta. Como el campo magnético aumenta, aumenta el flujo magnético. Como aumenta el flujo, $\vec{B}_{ind.}$ tiene sentido contrario a $\vec{B}$. La f.e.m. inducida tendría sentido horario si se acerca por la izquierda y antihorario si se acerca por la derecha.

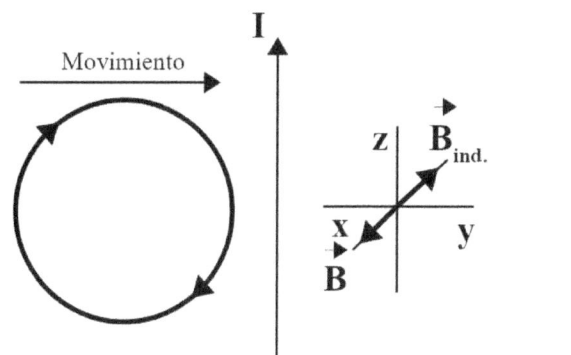

Espira acercándose al hilo por la izquierda

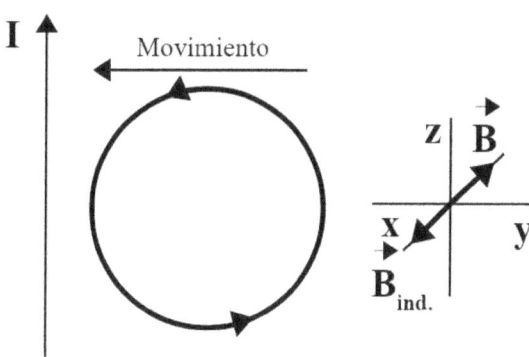

Espira acercándose al hilo por la derecha

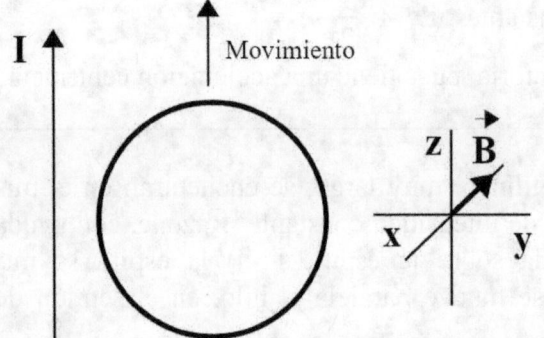

ii) La espira se mueve paralela al hilo. Aunque la espira esté a la derecha o a la izquierda del hilo, la distancia entre la espira y el hilo es constante, el módulo del campo magnético es constante y el flujo magnético también, luego no hay f.e.m. inducida.

Espira se mueve paralela al hilo

---

17) Dos partículas cargadas son lanzadas con la misma velocidad en una dirección perpendicular a un campo magnético uniforme. i) Deduzca razonadamente la expresión del radio de la trayectoria. ii) Sabiendo que la masa de la primera es diez veces mayor y su carga es el doble que la de la segunda, calcule la razón entre las frecuencias de sus movimientos.

Según la ley de Lorentz, cuando una carga se mueve con velocidad v a través de un campo magnético uniforme B, experimenta una fuerza magnética dada por: $\vec{F}_m = Q \cdot \vec{v} \times \vec{B}$ y de módulo $F_m = Q \cdot v \cdot B \cdot \operatorname{sen} \alpha$. Existe una fuerza magnética perpendicular a los vectores $\vec{v}$ y $\vec{B}$ obtenida mediante la regla del tornillo. Como $\vec{F}$ y $\vec{v}$ son perpendiculares, la partícula experimentará un MCU (movimiento circular uniforme).

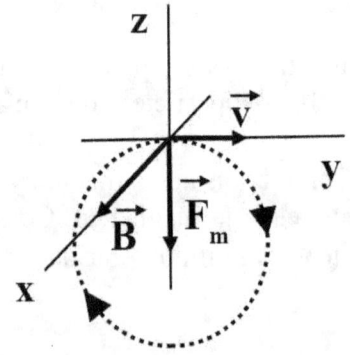

Carga positiva. Velocidad y campo perpendiculares

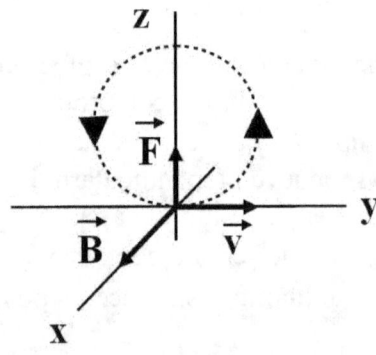

Carga negativa. Velocidad y campo perpendiculares

i) $F_m = F_C \Rightarrow Q \cdot v \cdot B \cdot \operatorname{sen} \alpha = \dfrac{m \cdot v^2}{r} \Rightarrow Q \cdot B \cdot \operatorname{sen} \alpha = \dfrac{m \cdot v}{r} \Rightarrow$

$\Rightarrow r = \dfrac{m \cdot v}{Q \cdot B \cdot \operatorname{sen} \alpha} = \dfrac{m \cdot v}{Q \cdot B \cdot \operatorname{sen} 90º} = \dfrac{m \cdot v}{Q \cdot B}$

ii) * Datos: $m_1 = 10 \cdot m_2$; $Q_1 = 2 \cdot Q_2$

* Deducción de la frecuencia: $T = \dfrac{2 \cdot \pi \cdot r}{v} \Rightarrow f = \dfrac{1}{T} = \dfrac{v}{2 \cdot \pi \cdot r}$; $r = \dfrac{m \cdot v}{Q \cdot B} \Rightarrow$

$$\Rightarrow f = \dfrac{v}{2 \cdot \pi \cdot \dfrac{m \cdot v}{Q \cdot B}} = \dfrac{Q \cdot B}{2 \cdot \pi \cdot m}$$

* Razón entre las frecuencias: $\dfrac{f_2}{f_1} = \dfrac{\dfrac{Q_2 \cdot B}{2 \cdot \pi \cdot m_2}}{\dfrac{Q_1 \cdot B}{2 \cdot \pi \cdot m_1}} = \dfrac{Q_2 \cdot m_1}{Q_1 \cdot m_2} = \dfrac{Q_2 \cdot 10 \cdot m_2}{2 \cdot Q_2 \cdot m_2} = 5$

---

18) Razone la veracidad o falsedad de la siguiente afirmación: En una espira conductora plana dispuesta con su plano perpendicular a un campo magnético de módulo $B = a \cdot t^2$, siendo a una constante y t el tiempo, se genera una corriente inducida constante.

Falso. Inducción electromagnética, ley de Faraday-Lenz: cuando un circuito es atravesado por un flujo magnético variable, se induce en el circuito una corriente eléctrica en un sentido tal que se opone a la variación del flujo. Expresiones: $\Phi = \vec{B} \cdot \vec{S} = B \cdot S \cdot \cos \alpha$; $\epsilon = -\dfrac{d\Phi}{dt}$. Para que exista una fuerza electromotriz inducida, tiene que haber un cambio en el flujo magnético, ya sea para aumentarlo o para disminuirlo. Este cambio puede producirse modificando el campo B, la superficie S o el ángulo α entre el vector campo $\vec{B}$ y el vector superficie $\vec{S}$.

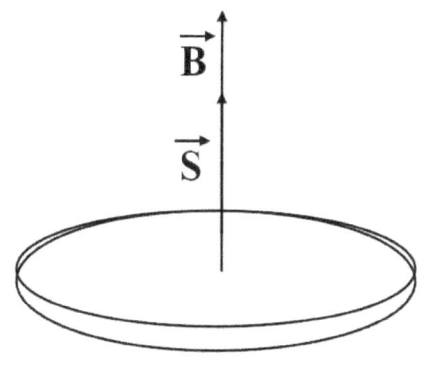

Espira con $\vec{B}$ y $\vec{S}$ paralelos

En nuestro caso, cambia el módulo del campo.
* Flujo magnético:

$\Phi = \vec{B} \cdot \vec{S} = B \cdot S \cdot \cos \alpha = B \cdot S \cdot \cos 0º =$

$= B \cdot S = B \cdot a \cdot t^2$

$\epsilon = -\dfrac{d\Phi}{dt} = -2 \cdot B \cdot a \cdot t$

$\epsilon = I \cdot R \Rightarrow I = \dfrac{\epsilon}{R} = \dfrac{-2 \cdot B \cdot a \cdot t}{R}$

La corriente inducida no es constante, sino que depende del tiempo.

---

19) Una partícula cargada penetra con velocidad constante en un campo magnético uniforme perpendicular a la dirección de movimiento. i) Determine razonadamente el radio de curvatura de la trayectoria de la partícula. ii) ¿Cómo varía dicho radio si el valor de la carga y la velocidad de la partícula se duplican?

i) Según la ley de Lorentz, cuando una carga se mueve con velocidad v a través de un campo magnético uniforme B, experimenta una fuerza magnética dada por: $\vec{F}_m = Q \cdot \vec{v} \times \vec{B}$ y de módulo $F_m = Q \cdot v \cdot B \cdot sen\, \alpha$. Existe una fuerza magnética perpendicular a los vectores $\vec{v}$ y $\vec{B}$ obtenida mediante la regla del tornillo. Como $\vec{F}$ y $\vec{v}$ son perpendiculares, la partícula experimentará un MCU (movimiento circular uniforme) y la fuerza centrípeta será la fuerza magnética:

$F_m = F_C \;\Rightarrow\; Q \cdot v \cdot B \cdot sen\,\alpha = \dfrac{m \cdot v^2}{r} \;\Rightarrow\; Q \cdot B \cdot sen\,\alpha = \dfrac{m \cdot v}{r} \;\Rightarrow$

$\Rightarrow\; r = \dfrac{m \cdot v}{Q \cdot B \cdot sen\,\alpha} = \dfrac{m \cdot v}{Q \cdot B \cdot sen\,90º} = \dfrac{m \cdot v}{Q \cdot B}$

ii) $Q_2 = 2 \cdot Q_1$; $v_2 = 2 \cdot v_1$ $\Rightarrow$ $\dfrac{r_2}{r_1} = \dfrac{\frac{m \cdot v_2}{Q_2 \cdot B}}{\frac{m \cdot v_1}{Q_1 \cdot B}} = \dfrac{Q_1 \cdot v_2}{Q_2 \cdot v_1} = \dfrac{Q_1 \cdot 2 \cdot v_1}{2 \cdot Q_1 \cdot v_1} = 1$

Es decir, son iguales, el radio no se afecta si se duplica la carga y se duplica la velocidad.

2021

20) Una espira circular situada en el plano XY y que se desplaza por ese plano en ausencia de campo magnético, entra en una región en la que existe un campo magnético constante y uniforme dirigido en el sentido negativo del eje OZ. i) Justifique, ayudándose de esquemas, si en algún momento durante dicho desplazamiento cambiará el flujo magnético en la espira. ii) Justifique, ayudándose de un esquema, si en algún momento se inducirá corriente en la espira y cuál será su sentido.

i) Inducción electromagnética, ley de Faraday-Lenz: cuando un circuito es atravesado por un flujo magnético variable, se induce en el circuito una corriente eléctrica en un sentido tal que se opone a la variación del flujo. Expresiones: $\Phi = \vec{B} \cdot \vec{S} = B \cdot S \cdot \cos\alpha$; $\epsilon = -\dfrac{d\Phi}{dt}$. Para que exista una fuerza electromotriz inducida, tiene que haber un cambio en el flujo magnético, ya sea para aumentarlo o para disminuirlo. Este cambio puede producirse modificando el campo B, la superficie S o el ángulo α entre el vector campo $\vec{B}$ y el vector superficie $\vec{S}$.

* Al entrar en el campo, aumenta la superficie de la espira expuesta al campo magnético, luego aumenta el flujo. La $\vec{B}_{ind}$ tiende a disminuir el flujo oponiéndose al vector $\vec{B}$.
* Moviéndose dentro del campo, el flujo magnético permanece constante, porque así permanecen también el campo, la superficie y el ángulo entre $\vec{B}$ y $\vec{S}$. Por consiguiente, no hay corriente inducida.
* Al salir del campo, disminuye la superficie de la espira expuesta al campo magnético, luego disminuye el flujo. La $\vec{B}_{ind}$ tiende a aumentar el flujo orientándose en el mismo sentido que el vector $\vec{B}$.

ii) Se induce una corriente eléctrica al entrar y al salir del campo magnético. El sentido de la corriente es el indicado en las figuras. Viene dado por el sentido del vector $\vec{B}_{ind}$ y la regla de la mano derecha.

Entrando en el campo | Dentro del campo | Saliendo del campo

Entrando en el campo | Dentro del campo | Saliendo del campo

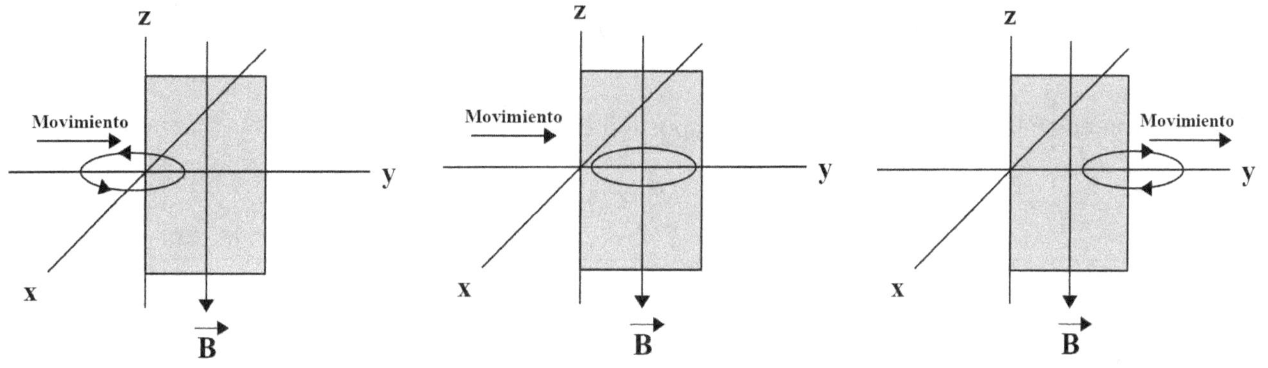

21) Un electrón se mueve en el sentido positivo del eje OX en una región en la que existe un campo magnético uniforme dirigido en el sentido negativo del eje OZ. i) Indique, de forma justificada y con ayuda de un esquema, la dirección y sentido en que debe actuar un campo eléctrico uniforme para que la partícula no se desvíe. ii) ¿Qué relación deben cumplir para ello los módulos de ambos campos?

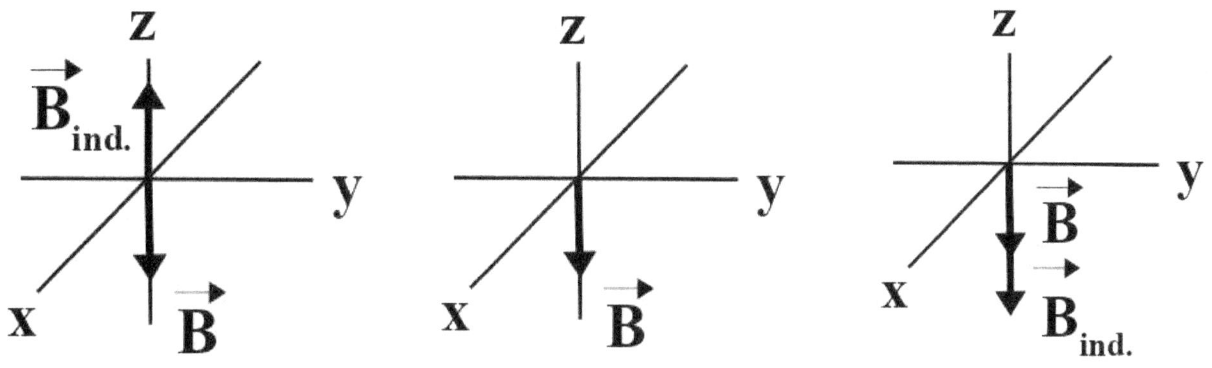

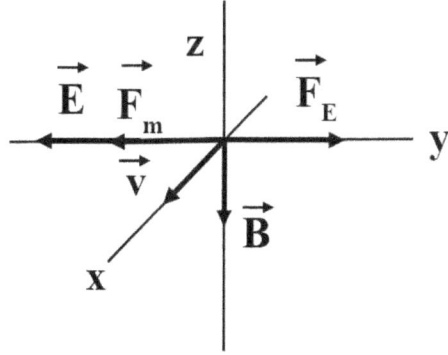

i) Ley de Lorentz: una carga eléctrica moviéndose en el interior de un campo magnético experimenta una fuerza magnética dada por:

$$\vec{F}_m = Q \cdot \vec{v} \, x \, \vec{B}$$

El campo eléctrico y la fuerza eléctrica están relacionados mediante la expresión:

$$\vec{F}_E = Q \cdot \vec{E}$$

Como la carga es negativa, los vectores $\vec{F}_E$ y $\vec{E}$ tienen sentidos opuestos.

Primera ley de Newton: todo cuerpo permanece en reposo o en movimiento rectilíneo uniforme (MRU) a no ser que se le aplique una fuerza resultante distinta de cero.

Según la primera ley de Newton, para que la partícula no se desvíe, la resultante debe ser cero. Esto se consigue si: $\vec{F}_E + \vec{F}_m = 0$.

ii) La relación entre los módulos de ambos campos debe ser: $\vec{F}_E + \vec{F}_m = 0 \Rightarrow \vec{F}_E = -\vec{F}_m \Rightarrow$

$\Rightarrow F_E = F_m \Rightarrow Q \cdot E = Q \cdot v \cdot B \cdot \operatorname{sen} \alpha \Rightarrow E = v \cdot B \cdot \operatorname{sen} 90° \Rightarrow \dfrac{E}{B} = v$

---

22) Suponga dos conductores rectilíneos, muy largos, paralelos y separados por una distancia "d" por los que circulan corrientes eléctricas de igual intensidad y sentido. Razone cómo se modifica la fuerza por unidad de longitud entre los conductores si duplicamos ambas intensidades y a la vez reducimos "d" a la mitad.

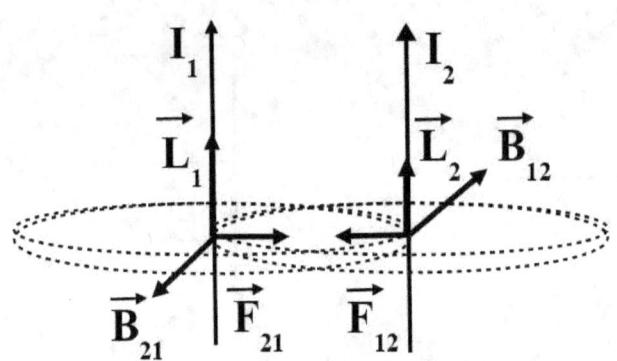

* Fuerza por unidad de longitud inicial:

$$\dfrac{F_1}{L} = \dfrac{\mu_0 \cdot I_1 \cdot I_2}{2 \cdot \pi \cdot d}$$

* Nueva fuerza por unidad de longitud:

$$\dfrac{F_2}{L} = \dfrac{\mu_0 \cdot 2 \cdot I_1 \cdot 2 \cdot I_2}{2 \cdot \pi \cdot \dfrac{d}{2}} = \dfrac{4 \cdot \mu_0 \cdot I_1 \cdot I_2}{\pi \cdot d}$$

$$\dfrac{\dfrac{F_2}{L}}{\dfrac{F_1}{L}} = \dfrac{\dfrac{4 \cdot \mu_0 \cdot I_1 \cdot I_2}{\pi \cdot d}}{\dfrac{\mu_0 \cdot I_1 \cdot I_2}{2 \cdot \pi \cdot d}} = 8$$

La fuerza se hace 8 veces mayor.

---

23) Una espira circular gira con velocidad angular constante alrededor de uno de sus diámetros en una región del espacio en la que existe un campo magnético uniforme y constante perpendicular al eje de giro. i) Deduzca de forma razonada la expresión del flujo magnético que atraviesa la espira en función del tiempo. ii) Deduzca de forma razonada la expresión de la fuerza electromotriz inducida en la espira en función del tiempo.

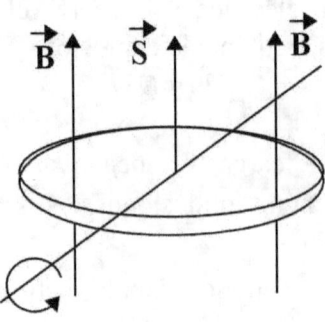

Espira que gira

i) El flujo magnético es una medida del campo magnético que atraviesa una determinada superficie. El vector superficie es un vector perpendicular a la superficie de la espira y de módulo el área de la espira. El flujo magnético es el producto escalar:

$\Phi = \vec{B} \cdot \vec{S} = B \cdot S \cdot \cos \alpha = B \cdot \pi \cdot r^2 \cdot \cos(\omega \cdot t)$ Wb

Ya que: $S = \pi \cdot r^2$
y en el movimiento circular uniforme: $\alpha = \omega \cdot t$

ii) Inducción electromagnética, ley de Faraday-Lenz: cuando un circuito es atravesado por un flujo magnético variable, se induce en el circuito una corriente eléctrica en un sentido tal que se opone a la variación del flujo.

Para que exista una fuerza electromotriz inducida, tiene que haber un cambio en el flujo magnético, ya sea para aumentarlo o para disminuirlo. Este cambio puede producirse modificando el campo B, la superficie S o el ángulo α entre el vector campo $\vec{B}$ y el vector superficie $\vec{S}$. En el caso que nos ocupa, lo que cambia es el ángulo α.

* F.e.m. inducida en la espira que gira: $\epsilon = -\dfrac{d\Phi}{dt} = B \cdot \pi \cdot r^2 \cdot \omega \cdot \text{sen}(\omega \cdot t)$ V

---

24) Una espira cuadrada situada en el plano XY se acerca a un hilo recto muy largo situado sobre el eje OY por el que circula una corriente de intensidad constante en el sentido positivo de dicho eje. i) Razone, con ayuda de un esquema, si varía el flujo magnético en que atraviesa la espira. ii) Razone y represente en un esquema el sentido de la corriente inducida en la espira.

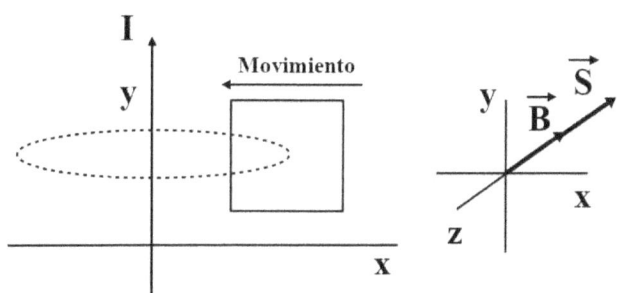

Espira cuadrada acercándose al eje OY

i) Sí, el flujo magnético varía.
El flujo magnético es una medida del campo magnético que atraviesa una determinada superficie. El vector superficie es un vector perpendicular a la superficie de la espira y de módulo el área de la espira. El flujo magnético es el producto escalar:

$$\Phi = \vec{B} \cdot \vec{S} = B \cdot S \cdot \cos\alpha = B \cdot L^2 \cdot \cos 0º = B \cdot L^2 \text{ Wb}$$

El módulo del campo magnético viene dado por la ley de Biot y Savart: $B = \dfrac{\mu_0 \cdot I}{2 \cdot \pi \cdot r}$

$$\Phi = \dfrac{\mu_0 \cdot I}{2 \cdot \pi \cdot r} \cdot L^2 \text{ Wb}$$

Como la distancia r va disminuyendo, el flujo Φ va aumentando.

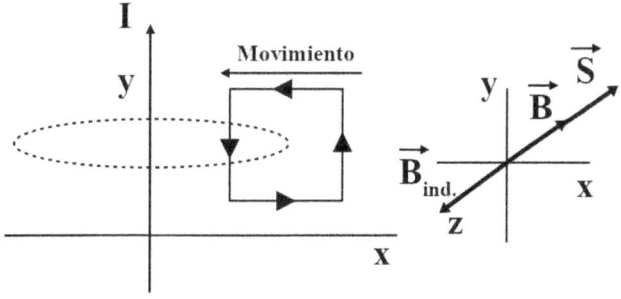

Sentido de la corriente inducida

iii) El sentido de la corriente es antihorario.
Inducción electromagnética, ley de Faraday-Lenz: cuando un circuito es atravesado por un flujo magnético variable, se induce en el circuito una corriente eléctrica en un sentido tal que se opone a la variación del flujo.

$$\epsilon = -\dfrac{d\Phi}{dt}$$

Para que exista una fuerza electromotriz inducida, tiene que haber un cambio en el flujo magnético, ya sea para aumentarlo o para disminuirlo. Este cambio puede producirse modificando el campo B, la superficie S o el ángulo α entre el vector campo $\vec{B}$ y el vector superficie $\vec{S}$. En nuestro caso, lo que cambia es el módulo del campo magnético, B, que aumenta. Según Faraday-Lenz, se induce una $\vec{B}_{ind}$ en sentido contrario a $\vec{B}$, pues si B aumenta, $\vec{B}_{ind}$ tiende a disminuirla. Se aplica la regla de la mano derecha para saber el sentido de la corriente inducida: el dedo pulgar apunta a la $\vec{B}_{ind}$ y los demás dedos apuntan al sentido de la corriente.

---

25) Por un conductor rectilíneo muy largo circula una corriente eléctrica. Razone, con ayuda de un esquema, la dirección y sentido de la fuerza que actúa sobre una partícula con carga positiva cuando se mueve: i) Paralelamente al conductor en el mismo sentido que la corriente. ii) Perpendicularmente al conductor, acercándose a él.

El campo creado por un hilo de corriente viene dado por la regla de la mano derecha: el pulgar apunta al sentido de la corriente y los demás dedos apuntan al vector campo magnético, $\vec{B}$. Ley de Lorentz: una partícula cargada moviéndose en el interior de un campo magnético experimenta una fuerza magnética dada por el producto vectorial: $\vec{F}_m = Q \cdot \vec{v} \times \vec{B}$. El vector $\vec{v}$ tiene la dirección y el sentido del movimiento de la partícula. El sentido de $\vec{F}_m$ viene dado por la regla del tornillo.

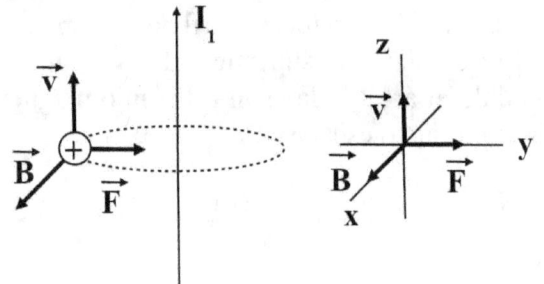

i) $\vec{v}$ va hacia arriba porque la partícula va paralela al hilo conductor. $\vec{B}$ viene hacia nosotros por la regla de la mano derecha. $\vec{F}_m$ Va hacia la derecha por la regla del tornillo.

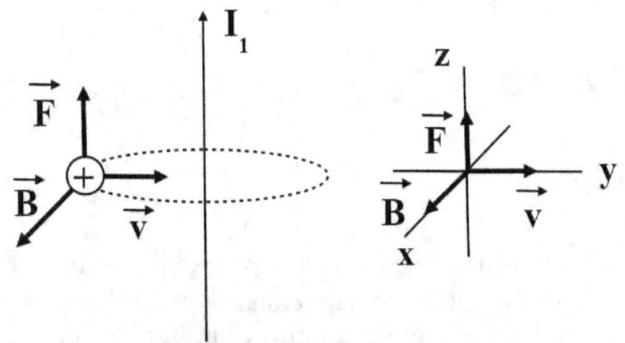

ii) $\vec{v}$ va hacia la derecha porque la partícula se mueve perpendicularmente hacia el hilo conductor. $\vec{B}$ viene hacia nosotros por la regla de la mano derecha. $\vec{F}_m$ va hacia arriba por la regla del tornillo.

---

26) Por dos conductores rectilíneos muy largos y paralelos circulan corrientes de la misma intensidad y sentido. Explique razonadamente con la ayuda de esquemas: i) La dirección y el sentido del campo magnético creado por cada corriente en la región que les rodea. ii) La dirección y el sentido de la fuerza que actúa sobre cada conductor.

i) Los tres casos posibles son:

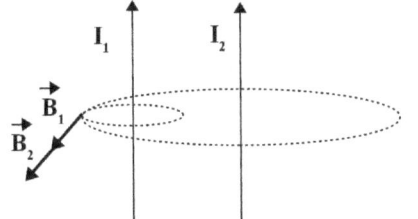
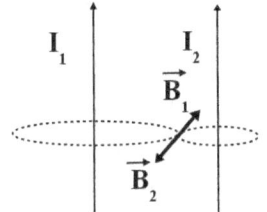
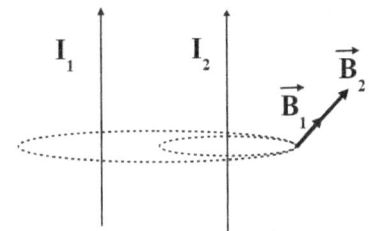

i) A la izquierda de ambos hilos   ii) Entre los dos hilos   iii) A la derecha de los dos hilos

Un hilo de corriente crea a su alrededor un campo magnético cuya dirección y cuyo sentido vienen dados por la regla de la mano derecha: el pulgar apunta al sentido de la corriente y los demás dedos apuntan al vector campo, $\vec{B}$. En los casos i y iii, los vectores $\vec{B}_1$ y $\vec{B}_2$ tienen la misma dirección y el mismo sentido. En el caso ii, tienen la misma dirección y sentidos contrarios.

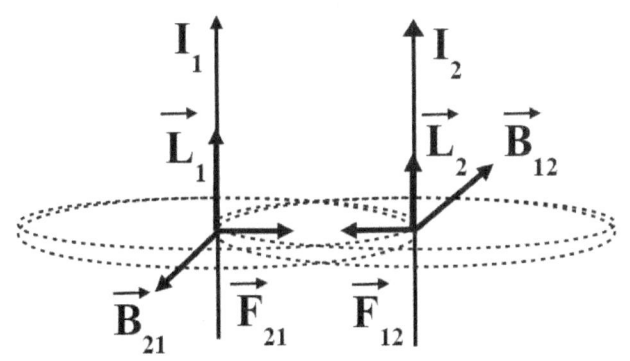

ii) Un hilo de corriente crea a su alrededor un campo magnético cuya dirección y cuyo sentido vienen dados por la regla de la mano derecha: el pulgar apunta al sentido de la corriente y los demás dedos apuntan al vector campo, $\vec{B}$. Así se obtienen $\vec{B}_{12}$ y $\vec{B}_{21}$.

Ley de Laplace: un hilo de corriente en el interior de un campo magnético experimenta una fuerza magnética dada por el productor vectorial:

$$\vec{F}_m = I \cdot \vec{L} \times \vec{B}$$

Corrientes del mismo sentido

El vector $\vec{L}$ tiene la misma dirección y el mismo sentido que la corriente. Las fuerzas $\vec{F}_{12}$ y $\vec{F}_{21}$ se obtienen aplicando la regla del tornillo a cada hilo conductor. Las fuerzas resultan atractivas.

---

27) Una espira circular gira en torno a uno de sus diámetros en un campo magnético uniforme y constante. Explique, con ayuda de un esquema y de las expresiones que precise, si se induce fuerza electromotriz en la espira cuando: i) El campo magnético es paralelo al eje de rotación. ii) El campo magnético es perpendicular al eje de rotación.

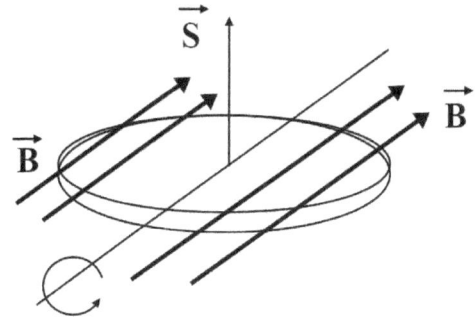
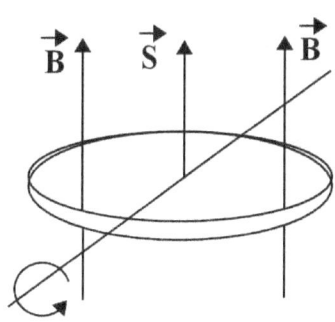

i) Campo magnético paralelo al eje   ii) Campo magnético perpendicular al eje

Se inducirá fuerza electromotriz eléctrica siempre que exista una variación en el flujo magnético que la atraviese. Inducción electromagnética, ley de Faraday-Lenz: cuando un circuito es atravesado por un flujo magnético variable, se induce en el circuito una corriente eléctrica en un sentido tal que se opone a la variación del flujo. Expresiones: $\Phi = N \cdot \vec{B} \cdot \vec{S} = N \cdot B \cdot S \cdot \cos\alpha$; $\epsilon = -\dfrac{d\Phi}{dt}$

Para que exista una fuerza electromotriz inducida, tiene que haber un cambio en el flujo magnético, ya sea para aumentarlo o para disminuirlo. Este cambio puede producirse modificando el campo B, la superficie S o el ángulo α entre el vector campo $\vec{B}$ y el vector superficie $\vec{S}$.

i) No se produce corriente inducida porque no varían ni B, ni S, ni α.

ii) Sí se induce una corriente eléctrica, pues α es variable.

$\Phi = N \cdot \vec{B} \cdot \vec{S} = N \cdot B \cdot S \cdot \cos\alpha = 1 \cdot B \cdot \pi \cdot r^2 \cdot \cos\alpha = B \cdot \pi \cdot r^2 \cdot \cos(\omega \cdot t)$; $\epsilon = -\dfrac{d\Phi}{dt} = B \cdot \pi \cdot r^2 \cdot \omega \cdot \text{sen}(\omega \cdot t)$

2020

28) Razone la veracidad o falsedad de las siguientes afirmaciones: i) En una espira se inducirá una corriente eléctrica siempre que exista un flujo magnético que la atraviese. ii) En una espira que se encuentra dentro de un campo magnético variable con el tiempo es posible que no se genere una corriente inducida.

i) Falso. Se inducirá corriente eléctrica siempre que exista una <u>variación</u> en el flujo magnético que la atraviese. Inducción electromagnética, ley de Faraday-Lenz: cuando un circuito es atravesado por un flujo magnético variable, se induce en el circuito una corriente eléctrica en un sentido tal que se opone a la variación del flujo. Expresiones: $\Phi = N \cdot \vec{B} \cdot \vec{S} = N \cdot B \cdot S \cdot \cos\alpha$; $\epsilon = -\dfrac{d\Phi}{dt}$

Para que exista una fuerza electromotriz inducida, tiene que haber un cambio en el flujo magnético, ya sea para aumentarlo o para disminuirlo. Este cambio puede producirse modificando el campo B, la superficie S o el ángulo α entre el vector campo $\vec{B}$ y el vector superficie $\vec{S}$.

ii) Verdadero. El campo magnético variable puede contribuir a la variación del flujo magnético. Sin embargo, si el ángulo entre $\vec{B}$ y $\vec{S}$ es de 90°, entonces: cos 90° = 0, el flujo es siempre nulo y no existe variación de flujo. Luego no se genera corriente inducida.

---

29) Una carga positiva se mueve en el seno de un campo magnético uniforme. Responda razonadamente a las siguientes cuestiones: i) ¿Qué ángulo entre la velocidad de la carga y el campo magnético hace que el módulo de la fuerza magnética sea máximo? ii) ¿Cómo cambia la fuerza magnética si tanto el sentido de la velocidad como el valor de la carga son opuestos al caso anterior?

i) El ángulo de 90°. Según la ley de Lorentz, una carga eléctrica moviéndose en el interior de un campo magnético experimenta una fuerza magnética dada por: $\vec{F}_m = Q \cdot \vec{v} \times \vec{B}$. El módulo sería: $F_m = Q \cdot v \cdot B \cdot \text{sen}\,\alpha$. El máximo valor del seno es uno y se consigue para α = 90°.

ii) * Fuerza 1: $\vec{F}_{m1} = Q \cdot \vec{v} \times \vec{B}$. * Fuerza 2: $\vec{F}_{m2} = -Q \cdot (-\vec{v}) \times \vec{B} = Q \cdot \vec{v} \times \vec{B}$ ⇒ $\vec{F}_{m1} = \vec{F}_{m2}$
Es decir, ambas fuerzas serían iguales en módulo, en dirección y en sentido.

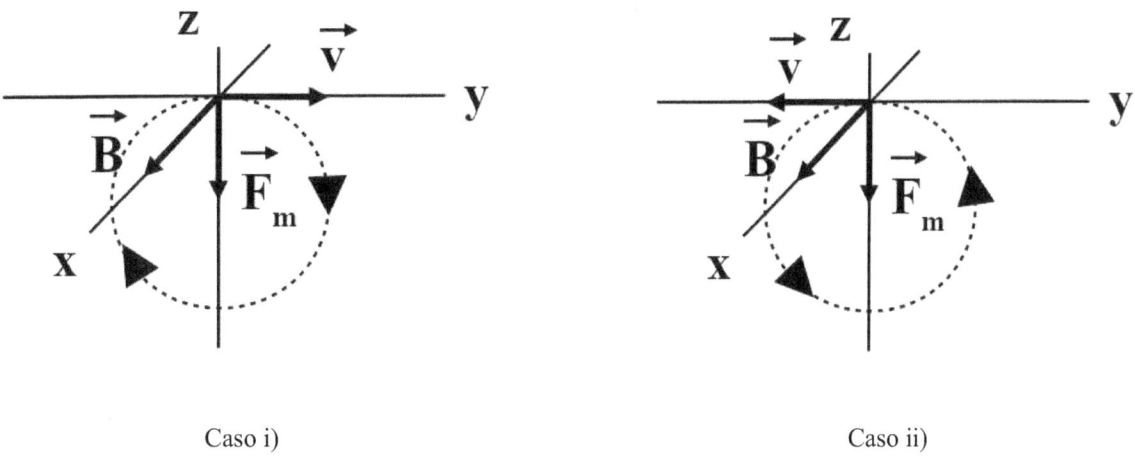

Caso i) Caso ii)

Lo único que cambia es el sentido de giro de la carga.

---

30) Un conductor rectilíneo de longitud L, por el que circula una corriente eléctrica I, se encuentra inmerso en un campo magnético uniforme B. Justifique razonadamente, apoyándose en un esquema: i) Si es posible que el campo no ejerza fuerza alguna sobre él. ii) La orientación del conductor respecto del campo para que el módulo de la fuerza magnética sea máximo.

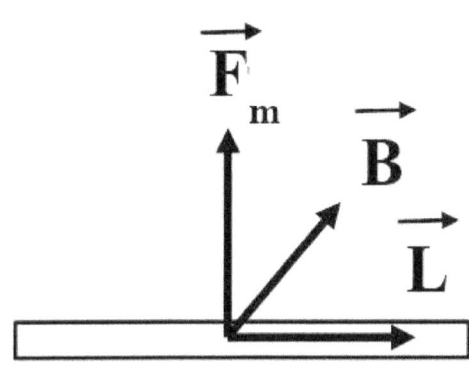

Ley de Laplace: un conductor rectilíneo por el que circula una corriente eléctrica y que está inmerso en un campo magnético experimenta una fuerza magnética dada por:

$$\vec{F}_m = I \cdot \vec{L} \times \vec{B}$$

Y en módulo: $F_m = I \cdot L \cdot B \cdot \sen \alpha$

i) La fuerza será nula cuando los vectores $\vec{L}$ y $\vec{B}$ formen 0°, es decir, cuando sean paralelos. Esto ocurre cuando el conductor está alineado con el campo magnético.

ii) El módulo de la fuerza será máximo cuando el seno valga uno. Esto ocurre para un ángulo de 90°. Es decir, el hilo conductor y el campo magnético están perpendiculares entre sí.

PROBLEMAS DE CAMPO MAGNÉTICO

2024

1) Una bobina formada por 100 espiras circulares de radio 5 cm está situada en el interior de un campo magnético uniforme dirigido en la dirección del eje de la bobina y de módulo B(t) = 0'1 − 0'1·t² (S.I.). Determine: i) el flujo magnético en la bobina para t = 2 s; ii) la fuerza electromotriz inducida en la bobina para t = 2 s; iii) el instante de tiempo en el que la fuerza electromotriz inducida es nula.

Datos:

N = 100 espiras
r = 0'05 m
B(t) = 0'1 − 0'1·t²
¿Φ?
t = 2 s
¿ε?
¿t?

Dibujo:

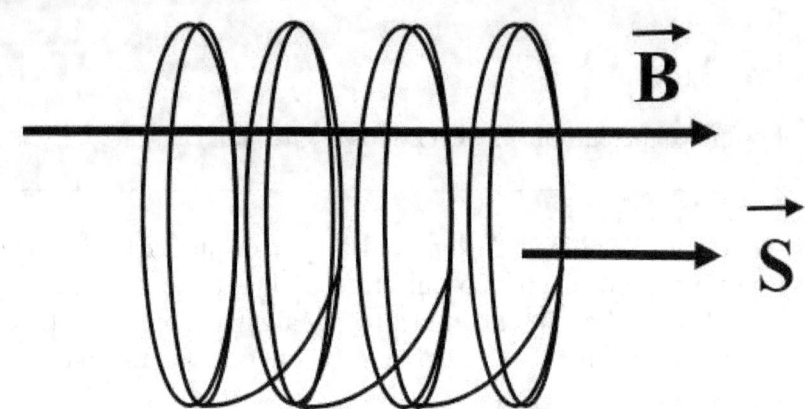

Principio físico: inducción electromagnética, ley de Faraday-Lenz: cuando un circuito es atravesado por un flujo magnético variable, se induce en el circuito una corriente eléctrica en un sentido tal que se opone a la variación del flujo.

Método de resolución: usaremos la definición de flujo y la ley de Faraday-Lenz.

Resolución: * Flujo magnético en función del tiempo:

$\Phi = N \cdot \vec{B} \cdot \vec{S}$ = N·B·S·cos α = N·B(t)·π·r²·cos α = 100·(0'1 − 0'1·t²)·π·0'05²·cos 0º =

= 0'0785 − 0'0785·t² (Wb)

* Flujo a los 2 s: Φ = 0'0785 − 0'0785·t² = 0'0785 − 0'0785·2² = $\boxed{-0'236 \text{ Wb}}$

* F.e.m. en función del tiempo: $\varepsilon = -\dfrac{d\Phi}{dt}$ = 2·0'0785·t = 0'157·t (V)

* F.e.m. A los 2 s: ε = 0'157·t = 0'157·2 = $\boxed{0'314 \text{ V}}$

* Instante en que se anula la f.e.m.: ε = 0'157·t = 0 ⇒ $\boxed{t = 0 \text{ s}}$

Comentario: el flujo magnético negativo indica que los vectores $\vec{B}$ y $\vec{S}$ tienen sentidos opuestos.

2) Una espira cuadrada de lado 4 cm está inmersa en un campo magnético $\vec{B}=3\cdot\vec{i}$ T. La espira está inicialmente situada en el plano XY de forma que el flujo magnético en la espira es nulo, y comienza a girar con una velocidad angular de 10 rad·s⁻¹ en torno al eje OY. i) Calcule, ayudándose de un esquema, el flujo magnético en función del tiempo. ii) Calcule la resistencia eléctrica de la espira, si la intensidad inducida máxima es de 0'25 A.

Datos:

Dibujo:

a = 0'04 m
$\vec{B}=3\cdot\vec{i}$ T
ω = 10 rad/s
¿Φ(t)?
¿R?
$I_{máx.}$ = 0'25 A

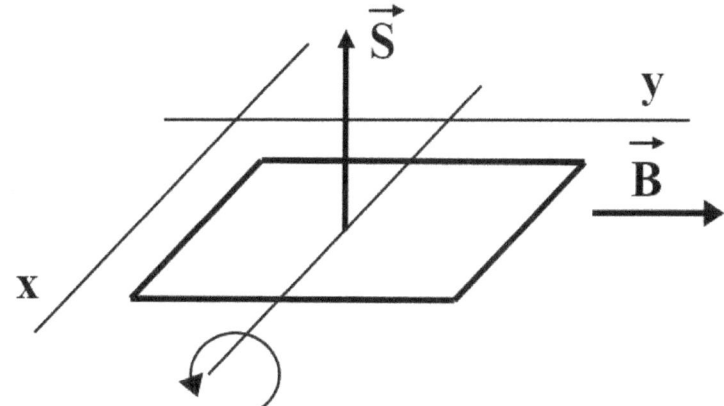

Principio físico: inducción electromagnética, ley de Faraday-Lenz: cuando un circuito es atravesado por un flujo magnético variable, se induce en el circuito una corriente eléctrica en un sentido tal que se opone a la variación del flujo.

Método de resolución: usaremos la definición de flujo y la ley de Faraday-Lenz.

Resolución: * Flujo magnético en función del tiempo:

$$\Phi = \vec{B}\cdot\vec{S} = B\cdot S\cdot\cos\alpha = B\cdot a^2\cdot\cos(\varphi_0+\omega\cdot t) = 3\cdot 0'04^2\cdot\cos\left(\frac{\pi}{2}+10\cdot t\right) = \boxed{4'8\cdot 10^{-3}\cdot\cos\left(\frac{\pi}{2}+10\cdot t\right)}$$

* F.e.m. inducida: $\varepsilon = -\dfrac{d\Phi}{dt} = 4'8\cdot 10^{-3}\cdot 10\cdot\text{sen}\left(\dfrac{\pi}{2}+10\cdot t\right) = 0'048\cdot\text{sen}\left(\dfrac{\pi}{2}+10\cdot t\right)$ V

* F.e.m. inducida máxima: ocurre para seno = 1: $\varepsilon_{máx.}$ = 0'048 V

* Resistencia eléctrica de la espira: $\varepsilon_{máx.} = I_{máx.}\cdot R \Rightarrow R = \dfrac{\varepsilon_{máx.}}{I_{máx.}} = \dfrac{0'048}{0'25} = \boxed{0'192\ \Omega}$

Comentario: si el flujo inicial es nulo, significa que los vectores $\vec{B}$ y $\vec{S}$ son perpendiculares inicialmente.

3) Un protón, después de ser acelerado mediante una diferencia de potencial de 105 V, entra en una región del espacio donde existe un campo magnético de 0'15 T perpendicular a su velocidad. i) Calcule la velocidad del protón tras ser acelerado. ii) Realice un esquema indicando la trayectoria y calcule el valor de su radio. $m_p = 1'7 \cdot 10^{-27}$ kg; $e = 1'6 \cdot 10^{-19}$ C.

Datos: Dibujo:

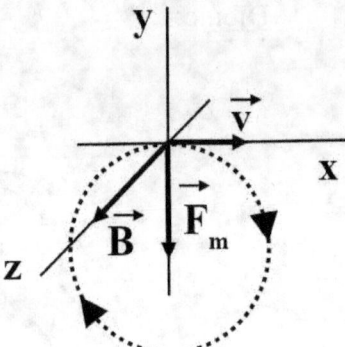

$V_A - V_B = 105$ V
$B = 0'15$ T
¿v?
¿r?
$m_p = 1'7 \cdot 10^{-27}$ kg
$e = 1'6 \cdot 10^{-19}$ C

Principio físico: una carga positiva se acelera en un campo eléctrico uniforme en el sentido del campo eléctrico. Ley de Lorentz: una carga eléctrica moviéndose en el seno de un campo magnético experimenta una fuerza dada por: $\vec{F}_m = Q \cdot \vec{v} \times \vec{B}$.

Método de resolución: usaremos el principio de conservación de la energía y la ley de Lorentz.

Resolución: * Velocidad del protón:

$$\Delta Ec = -\Delta Ep \quad \Rightarrow \quad \frac{1}{2} \cdot m \cdot v^2 = Q \cdot (V_A - V_B) \quad \Rightarrow \quad v^2 = \frac{2 \cdot Q \cdot (V_A - V_B)}{m} \quad \Rightarrow$$

$$\Rightarrow \quad v = \sqrt{\frac{2 \cdot Q \cdot (V_A - V_B)}{m}} = \sqrt{\frac{2 \cdot 1'6 \cdot 10^{-19} \cdot 105}{1'7 \cdot 10^{-27}}} = \boxed{1'41 \cdot 10^5 \ \frac{m}{s}}$$

* Radio de la trayectoria:

$$F_m = F_C \quad \Rightarrow \quad Q \cdot v \cdot B \cdot \text{sen}\, \alpha = \frac{m \cdot v^2}{r} \quad \Rightarrow \quad Q \cdot B \cdot \text{sen}\, \alpha = \frac{m \cdot v}{r} \quad \Rightarrow$$

$$\Rightarrow \quad r = \frac{m \cdot v}{Q \cdot B \cdot sen\, \alpha} = \frac{1'7 \cdot 10^{-27} \cdot 1'41 \cdot 10^5}{1'6 \cdot 10^{-19} \cdot 0'15 \cdot sen\, 90º} = \boxed{0'0107 \text{ m}}$$

Comentario: la trayectoria es circular ya que la fuerza centrípeta (la fuerza magnética) es perpendicular al vector velocidad.

2023

4) Dos conductores rectilíneos paralelos por los que circula la misma intensidad de corriente están separados una distancia de 20 cm y se atraen con una fuerza por unidad de longitud de $5·10^{-8}$ N·m^{-1}. i) Justifique si el sentido de la corriente es el mismo en ambos hilos, representando en un esquema el campo magnético y la fuerza entre ambos. ii) Calcule el valor de la intensidad de corriente que circula por cada conductor. $\mu_0 = 4·\pi·10^{-7}$ T·m·A^{-1}.

Datos:

Dibujo:

d = 0'20 m
$\frac{F}{L} = 5·10^{-8} \ \frac{N}{m}$
¿I$_1$, I$_2$?
$\mu_0 = 4·\pi·10^{-7}$ T·m·A^{-1}

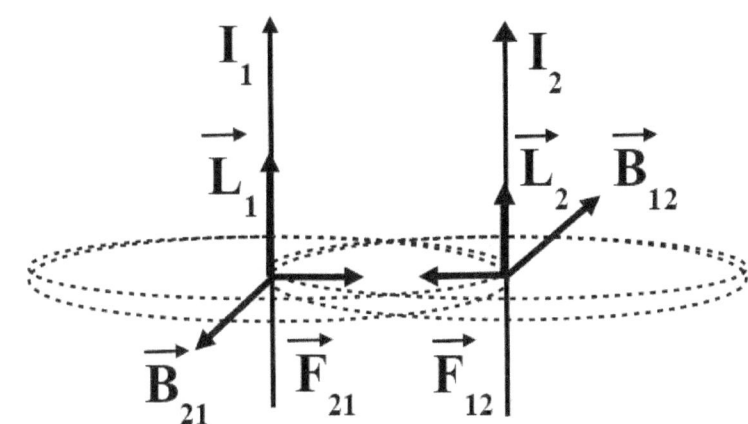

Principio físico: ley de Biot y Savart: un hilo de corriente crea a su alrededor un campo eléctrico dado por: $B = \frac{\mu_0·I}{2·\pi·r}$. Ley de Laplace: un hilo de corriente inmerso en un campo magnético experimenta una fuerza magnética dada por: $\vec{F}_m = I·\vec{L} \times \vec{B}$.

Método de resolución: usaremos la expresión de la fuerza por unidad de longitud para dos hilos de corriente paralelos.

Resolución: * Fuerza por unidad de longitud: $B_{12} = \frac{\mu_0·I_1}{2·\pi·d}$; $B_{21} = \frac{\mu_0·I_2}{2·\pi·d}$ $\vec{F}_{12} = -\vec{F}_{21}$

$F_{12} = I_2·L_2·B_{12} = I_2·L·\frac{\mu_0·I_1}{2·\pi·d} = L·\frac{\mu_0·I_1·I_2}{2·\pi·d} = F_{21} = F$; $\frac{F}{L} = \frac{F_{12}}{L} = \frac{F_{21}}{L} = \frac{\mu_0·I_1·I_2}{2·\pi·d}$

* Intensidad en cada hilo: $\frac{F}{L} = \frac{\mu_0·I_1·I_2}{2·\pi·d} = \frac{\mu_0·I^2}{2·\pi·d}$ $\Rightarrow$ $I^2 = \frac{F}{L}·\frac{2·\pi·d}{\mu_0}$ $\Rightarrow$

$\Rightarrow$ $I = \sqrt{\frac{F}{L}·\frac{2·\pi·d}{\mu_0}} = \sqrt{5·10^{-8}·\frac{2·\pi·0'20}{4·\pi·10^{-7}}} = \boxed{0'224 \text{ A}}$

Comentario: cuando las intensidades llevan el mismo sentido en dos hilos paralelos, los hilos se atraen. Ésto se obtiene aplicando la ley de Laplace a cada hilo. Se utiliza la regla del tornillo entre $\vec{L}$ y $\vec{B}$ para obtener el sentido de la fuerza.

5) Una espira rectangular de lados 10 y 15 cm se encuentra situada en el plano XY dentro de un campo magnético variable con el tiempo $\vec{B}(t) = 2 \cdot t^3 \cdot \vec{k}$ T (t en segundos). i) Calcule el flujo magnético en t = 2 s. ii) Determine la fuerza electromotriz inducida en t = 2 s. iii) Razone el sentido de la corriente inducida con la ayuda de un esquema.

Datos: Dibujo:

a = 0'10 m
b = 0'15 m
$\vec{B}(t) = 2 \cdot t^3 \cdot \vec{k}$ T
¿Φ?
t = 2 s
¿ε?

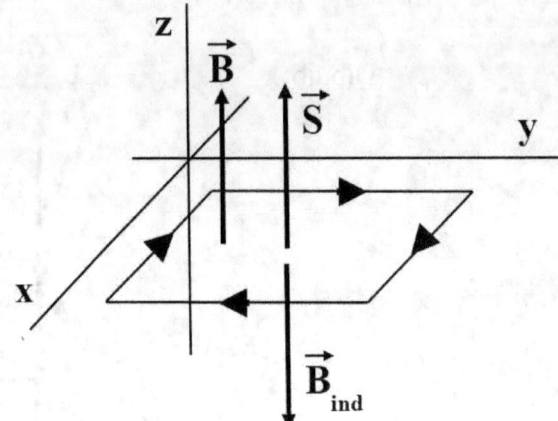

Principio físico: inducción electromagnética, ley de Faraday-Lenz: cuando un circuito es atravesado por un flujo magnético variable, se induce en el circuito una corriente eléctrica en un sentido tal que se opone a la variación del flujo.

Método de resolución: usaremos la definición de flujo y la ley de Faraday-Lenz.

Resolución: * Flujo magnético en función del tiempo:

$$\Phi = \vec{B} \cdot \vec{S} = B \cdot S \cdot \cos\alpha = 2 \cdot t^3 \cdot a \cdot b \cdot \cos 0° = 2 \cdot t^3 \cdot 0'10 \cdot 0'15 \cdot 1 = 0'03 \cdot t^3 \text{ Wb}$$

* Flujo magnético a los 2 s: $\Phi = 0'03 \cdot 2^3 =$ $\boxed{0'24 \text{ Wb}}$

* Módulo de la fuerza electromotriz inducida a los 2 s:

$$\varepsilon = -\frac{d\Phi}{dt} = -3 \cdot 0'03 \cdot t^2 = -0'09 \cdot 2^2 = \boxed{-0'36 \text{ V}}$$

Comentario: el vector superficie, $\vec{S}$, es perpendicular al plano de la espira. La corriente en la espira tiene el sentido horario. El sentido de la corriente inducida se obtiene aplicando la regla de la mano derecha al vector $\vec{B}_{ind.}$: el pulgar va en sentido de $\vec{B}_{ind.}$ y los demás dedos indican el sentido de la corriente. $\vec{B}_{ind.}$ Tiene sentido contrario al del vector $\vec{B}$ debido a que la función $2 \cdot t^3$ es creciente y, por consiguiente, el flujo aumenta. Según la ley de Faraday-Lenz, el fenómeno de la inducción hace que la corriente intente disminuir el flujo.

6) Una bobina plana formada por 100 espiras circulares de 0'2 m de radio, con su eje inicialmente orientado en el eje OZ, gira en torno a uno de sus diámetros con una frecuencia de 50 Hz dentro de un campo magnético uniforme $\vec{B}=0'1\cdot\vec{k}\, T$. Determine razonadamente: i) el flujo magnético que atraviesa la bobina en función del tiempo; ii) la fuerza electromotriz inducida máxima.

Datos: Dibujo:

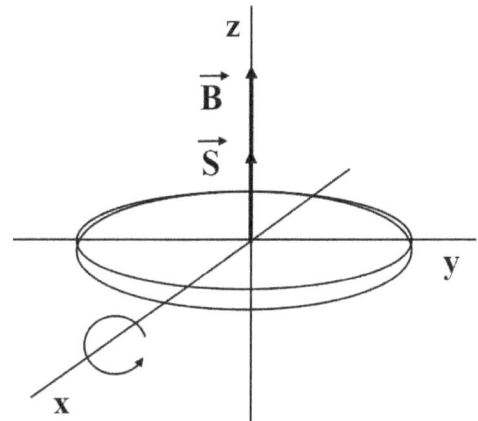

N = 100 espiras
r = 0'2 m
f = 50 Hz
$\vec{B}=0'1\cdot\vec{k}\, T$
¿Φ(t)?
¿ε$_{máx.}$?

Principio físico: inducción electromagnética, ley de Faraday-Lenz: cuando un circuito es atravesado por un flujo magnético variable, se induce en el circuito una corriente eléctrica en un sentido tal que se opone a la variación de flujo.

Método de resolución: usaremos la definición de flujo y la ley de Faraday-Lenz.

Resolución: * Velocidad angular de giro: $\omega = 2\cdot\pi\cdot f = 2\cdot\pi\cdot 50 = 100\cdot\pi \ \dfrac{rad}{s}$

* Flujo magnético en función del tiempo:

$\Phi = N\cdot\vec{B}\cdot\vec{S} = N\cdot B\cdot S\cdot\cos\alpha = N\cdot B\cdot\pi\cdot r^2\cdot\cos(\omega\cdot t) = 100\cdot 0'1\cdot\pi\cdot 0'2^2\cdot\cos(100\cdot\pi\cdot t) =$

$= 0'4\cdot\pi\cdot\cos(100\cdot\pi\cdot t) = \boxed{1'26\cdot\cos(314\cdot t) \ Wb}$

* Fuerza electromotriz inducida:

$$\varepsilon = -\dfrac{d\Phi}{dt} = 1'26\cdot 314\cdot\mathrm{sen}(314\cdot t) = 396\cdot\mathrm{sen}(314\cdot t) \ V$$

* Fuerza electromotriz inducida máxima: $\boxed{\varepsilon_{máx.} = 396 \ V}$

Comentario: la fuerza electromotriz máxima se consigue para el seno igual a uno.

7) Por un hilo conductor muy largo situado en el eje OX circula una corriente de intensidad I en el sentido positivo de dicho eje. Si el campo magnético en el punto P de coordenadas $x = 0$, $y = 10$, $z = 0$ cm tiene un módulo de $4 \cdot 10^{-5}$ T, determine con ayuda de un esquema: i) la corriente eléctrica que circula por el conductor; ii) el vector fuerza magnética que el hilo conductor ejerce sobre un electrón que se encuentra en el punto P y se mueve con una velocidad de $2 \cdot 10^7 \cdot \vec{i}$ m s^{-1}.
$e = 1'6 \cdot 10^{-19}$ C, $\mu_0 = 4\pi \cdot 10^{-7}$ T m A^{-1}

Datos:

Dibujo:

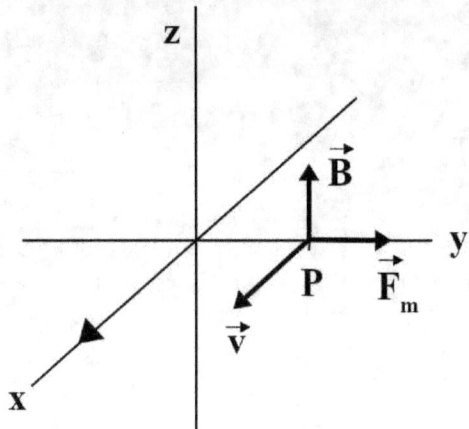

P(0,0'10,0) m
B = $4 \cdot 10^{-5}$ T
¿I?
¿ $\vec{F}_m$?
$\vec{v} = 2 \cdot 10^7 \cdot \vec{i}$
e = $1'6 \cdot 10^{-19}$ C
$\mu_0 = 4\pi \cdot 10^{-7}$ T m A^{-1}

Principio físico: un hilo de corriente crea a su alrededor un campo magnético cuya dirección y cuyo sentido vienen dados por la regla de la mano derecha. Ley de Lorentz: una carga eléctrica moviéndose en el seno de un campo magnético experimenta una fuerza dada por: $\vec{F}_m = Q \cdot \vec{v} \times \vec{B}$.

Método de resolución: utilizaremos la fórmula de Biot y Savart y la ley de Lorentz.

Resolución: * Corriente eléctrica que circula por el conductor:

$$B = \frac{\mu_0 \cdot I}{2 \cdot \pi \cdot r} \Rightarrow I = \frac{2 \cdot \pi \cdot r \cdot B}{\mu_0} = \frac{2 \cdot \pi \cdot 0'10 \cdot 4 \cdot 10^{-5}}{4 \cdot \pi \cdot 10^{-7}} = \boxed{20 \text{ A}}$$

* Vector fuerza magnética:

$$\vec{F}_m = Q \cdot \vec{v} \times \vec{B} = -1'6 \cdot 10^{-19} \cdot 2 \cdot 10^7 \cdot \vec{i} \times 4 \cdot 10^{-5} \cdot \vec{k} = \boxed{1'28 \cdot 10^{-16} \cdot \vec{j} \text{ N}}$$

Comentario: la regla de la mano derecha dice que, si nuestro pulgar apunta al sentido de la corriente, los demás dedos apuntan a la dirección y al sentido del campo magnético. Según la regla de la mano derecha, el campo magnético va dirigido hacia arriba. El producto vectorial sigue la regla del tornillo. Según esta regla, al llevar $\vec{v}$ sobre $\vec{B}$, si se sigue el sentido horario, el vector resultante va hacia abajo; si se sigue el sentido antihorario, el vector resultante va hacia arriba.

8) Una bobina de 300 espiras circulares de radio 10 cm está situada en un campo magnético uniforme de módulo 0'5 T y perpendicular al plano de las espiras. Si el campo disminuye linealmente hasta anularse en un intervalo de tiempo de 0'5 s, determine: i) la fuerza electromotriz inducida en la bobina; ii) el sentido de la corriente inducida con la ayuda de un esquema.

Datos: Dibujo:

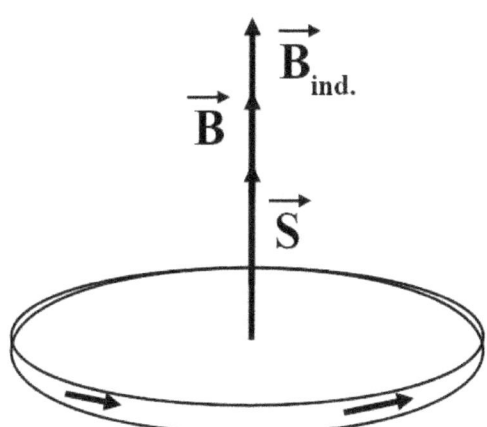

N = 300 espiras
r = 0'10 m
B = 0'5 T
Δt = 0'5 s
¿ε?

Principio físico: inducción electromagnética, ley de Faraday-Lenz: cuando un circuito es atravesado por un flujo magnético variable, se induce en el circuito una corriente eléctrica en un sentido tal que se opone a la variación del flujo.

Método de resolución: usaremos la definición de flujo y la ley de Faraday-Lenz.

Resolución: a) Primer método: * Flujo magnético:
$$\Phi = N \cdot \vec{B} \cdot \vec{S} = N \cdot B \cdot S \cdot \cos\alpha = N \cdot B \cdot \pi \cdot r^2 \cdot \cos\alpha = 300 \cdot 0'5 \cdot \pi \cdot 0'10 \cdot \cos 0° = 4'71 \text{ Wb}$$

* Fuerza electromotriz inducida: $\varepsilon = -\dfrac{\Delta\Phi}{\Delta t} = \dfrac{\Phi_1 - \Phi_2}{t_2 - t_1} = \dfrac{4'71 - 0}{0'5 - 0} = \boxed{9'72 \text{ V}}$

b) Segundo método: * Campo magnético en función del tiempo:

$$B = B_0 - k \cdot t \Rightarrow 0 = 0'5 - k \cdot 0'5 \Rightarrow k \cdot 0'5 = 0'5 \Rightarrow k = \dfrac{0'5}{0'5} = 1 \Rightarrow B = 0'5 - t$$

* Flujo magnético:

$$\Phi = N \cdot \vec{B} \cdot \vec{S} = N \cdot B \cdot S \cdot \cos\alpha = N \cdot B \cdot \pi \cdot r^2 \cdot \cos\alpha = 300 \cdot (0'5 - t) \cdot \pi \cdot 0'10^2 \cdot \cos 0° = 4'71 - 9'72 \cdot t \text{ Wb}$$

* Fuerza electromotriz inducida: $\varepsilon = -\dfrac{d\Phi}{dt} = \boxed{9'42 \text{ V}}$

Comentario: cuando el campo magnético varía de forma lineal con el tiempo, el flujo magnético también lo hace. En este caso, la derivada del flujo con respecto al tiempo se convierte en incremento del flujo entre el incremento del tiempo. El sentido de la corriente inducida es antihorario porque, al disminuir la intensidad del campo magnético, los vectores $\vec{B}$ y $\vec{B}_{ind.}$ tienen la misma dirección y el mismo sentido. Regla de la mano derecha: el dedo pulgar apunta al vector $\vec{B}_{ind.}$ y los demás dedos señalan el sentido de la f.e.m. inducida.

9) Por un hilo rectilíneo muy largo circula una intensidad de corriente de 3 A. i) Determine razonadamente el módulo de la fuerza magnética que actúa sobre una carga de $4\cdot 10^{-3}$ C que se mueve con una velocidad de 8 m s^{-1} paralela al hilo y a una distancia de 2 m del mismo. ii) Un segundo hilo, por el que circula una corriente de 1 A en el mismo sentido, se sitúa paralelo al primero a una distancia de 1 m. Determine justificadamente a qué distancia del primer hilo se anula el campo magnético.
$\mu_0 = 4\pi\cdot 10^{-7}$ T m A^{-1}

Datos: Dibujo:

$I_1 = 3$ A
¿F_m?
$Q = 4\cdot 10^{-3}$ C
$v = 8$ m/s
$d = 2$ m
$I_2 = 1$ A
$d = 1$ m
¿r_1?
$\mu_0 = 4\pi\cdot 10^{-7}$ T m A^{-1}

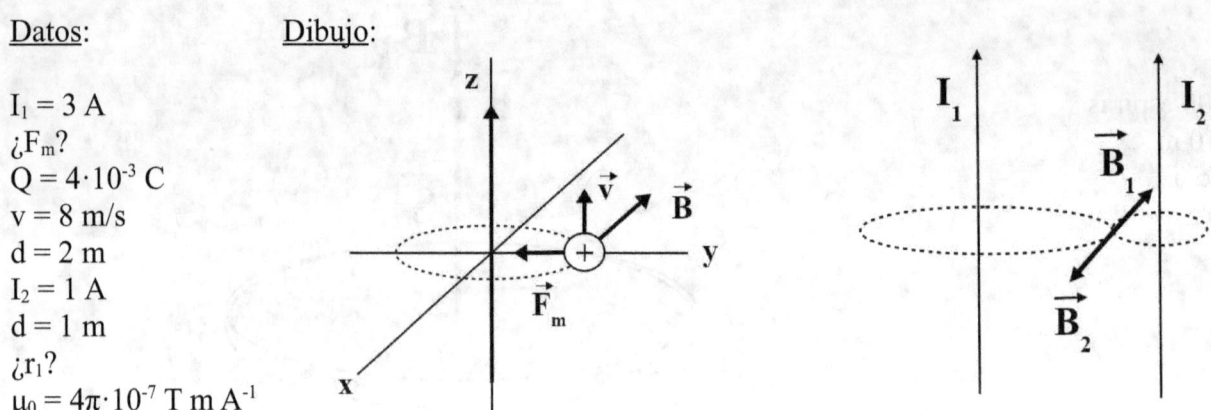

Principio físico: ley de Lorentz: una carga eléctrica moviéndose en el seno de un campo magnético experimenta una fuerza dada por: $\vec{F}_m = Q\cdot \vec{v} \times \vec{B}$. Un hilo de corriente crea a su alrededor un campo magnético cuya dirección y cuyo sentido vienen dados por la regla de la mano derecha.

Método de resolución: utilizaremos la fórmula de Biot y Savart y la ley de Lorentz.

Resolución: * Campo magnético creado por el hilo: $B = \dfrac{\mu_0 \cdot I}{2\cdot \pi \cdot d_1} = \dfrac{4\cdot \pi \cdot 10^{-7}\cdot 3}{2\cdot \pi \cdot 2} = 3\cdot 10^{-7}$ T

* Fuerza magnética: $\vec{F}_m = Q\cdot \vec{v} \times \vec{B} = 4\cdot 10^{-3}\cdot 8\cdot \vec{k} \times (-3\cdot 10^{-7}\cdot \vec{i}) = -9'6\cdot 10^{-9}\cdot \vec{j}$ N

* Módulo de la fuerza: $\boxed{F_m = 9'6\cdot 10^{-9} \text{ N}}$

* Distancia a la que se anula el campo magnético: $\vec{B} = \vec{B}_1 + \vec{B}_2 = 0 \Rightarrow \vec{B}_1 = -\vec{B}_2 \Rightarrow$

$\Rightarrow B_1 = B_2 \Rightarrow \dfrac{\mu_0 \cdot I_1}{2\cdot \pi \cdot r_1} = \dfrac{\mu_0 \cdot I_2}{2\cdot \pi \cdot r_2} \Rightarrow \dfrac{I_1}{r_1} = \dfrac{I_2}{r_2} \Rightarrow \dfrac{I_1}{r_1} = \dfrac{I_2}{d_2 - r_1} \Rightarrow$

$\Rightarrow I_1\cdot d_2 - I_1\cdot r_1 = I_2\cdot r_1 \Rightarrow I_1\cdot d_2 = I_1\cdot r_1 + I_2\cdot r_1 \Rightarrow I_1\cdot d_2 = r_1\cdot (I_1 + I_2) \Rightarrow$

$\Rightarrow r_1 = \dfrac{I_1\cdot d_2}{I_1 + I_2} = \dfrac{3\cdot 1}{3+1} = \dfrac{3}{4} = \boxed{0'75 \text{ m}}$

Comentario: la regla de la mano derecha dice que, si nuestro pulgar apunta al sentido de la corriente, los demás dedos apuntan a la dirección y al sentido del campo magnético. Hemos supuesto que los hilos son paralelos al eje OZ. Según la regla de la mano derecha, el campo magnético va hacia el sentido negativo del eje OX. El producto vectorial sigue la regla del tornillo. Según esta regla, al llevar $\vec{v}$ sobre $\vec{B}$, si se sigue el sentido horario, el vector resultante va hacia abajo; si se sigue el sentido antihorario, el vector resultante va hacia arriba. Aunque el enunciado no lo especifique, hemos supuesto que la carga se mueve en el mismo sentido que la corriente del hilo 1.

10) Una espira de 12 cm de radio se coloca en un campo magnético uniforme de 0'5 T y se hace girar con una frecuencia de 20 Hz en torno a uno de sus diámetros. En el instante inicial el plano de la espira es perpendicular al campo. i) Escriba la expresión del flujo magnético que atraviesa la espira en función del tiempo; ii) determine el valor máximo de la fuerza electromotriz inducida.

Datos:

Dibujo:

r = 0'12 m
B = 0'5 T
f = 20 Hz
¿Φ(t)?
¿ε$_{máx.}$?

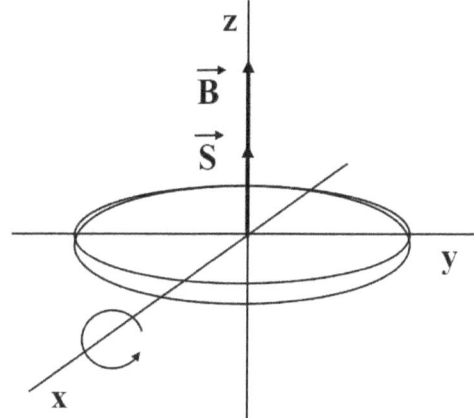

Principio físico: inducción electromagnética, ley de Faraday-Lenz: cuando un circuito es atravesado por un flujo magnético variable, se induce en el circuito una corriente eléctrica en un sentido tal que se opone a la variación del flujo.

Método de resolución: usaremos la definición de flujo y la ley de Faraday-Lenz.

Resolución: * Velocidad angular:

$$\omega = 2 \cdot \pi \cdot f = 2 \cdot \pi \cdot 20 = 40 \cdot \pi \ \frac{rad}{s}$$

* Flujo magnético en función del tiempo:

$$\Phi = \vec{B} \cdot \vec{S} = B \cdot S \cdot \cos \alpha = B \cdot \pi \cdot r^2 \cdot \cos(\omega \cdot t) = 0'5 \cdot \pi \cdot 0'12^2 \cdot \cos(40 \cdot \pi \cdot t) = \boxed{0'0226 \cdot \cos(126 \cdot t) \ \text{Wb}}$$

* Fuerza electromotriz inducida:

$$\varepsilon = -\frac{d\Phi}{dt} = 0'0226 \cdot 126 \cdot \text{sen}(126 \cdot t) = 2'85 \cdot \text{sen}(126 \cdot t)$$

* Fuerza electromotriz inducida máxima: $\boxed{\varepsilon_{máx.} = 2'85 \ \text{V}}$

Comentario: la fuerza electromotriz inducida máxima se alcanza para el seno igual a uno.

11) Por un hilo conductor muy largo, situado en el eje OX, circula una corriente de intensidad 5 A en el sentido positivo de dicho eje. Un protón que se encuentra en el punto P de coordenadas $x = 0$, $y = 10$, $z = 0$ cm tiene una velocidad de $2 \cdot 10^6 \cdot \vec{i}$ m s^{-1}. i) Realice un esquema incluyendo los vectores velocidad, campo magnético y fuerza sobre el protón, razonando su dirección y sentido. ii) Determine el vector campo eléctrico que habría que aplicar para que la velocidad del protón permanezca constante. e = 1'6·10^{-19} C; μ_0 = 4π·10^{-7} T m A^{-1}

Datos:

I = 5 A
P(0,0'10,0) m
$\vec{v} = 2 \cdot 10^6 \cdot \vec{i}$
¿ $\vec{E}$?
v = cte
e = 1'6·10^{-19} C
μ_0 = 4π·10^{-7} T m A^{-1}

Dibujo:

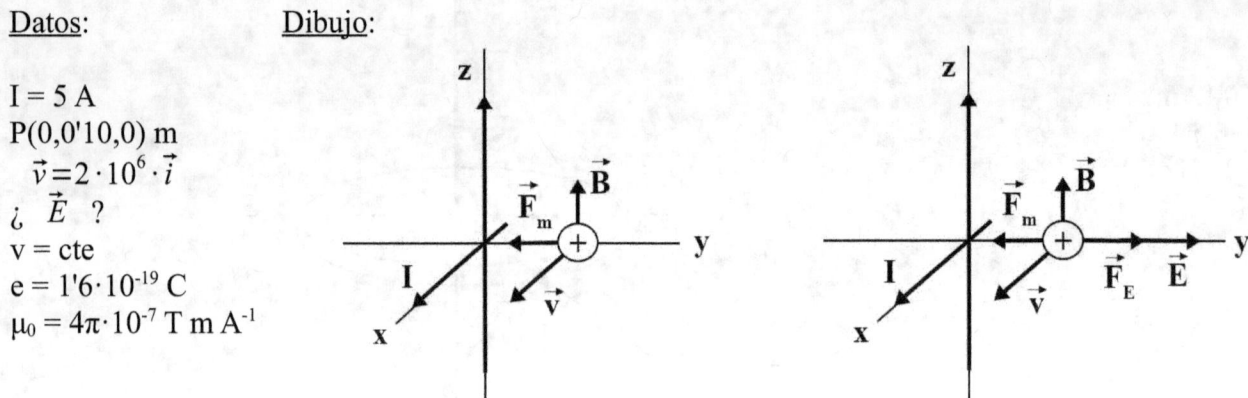

Principio físico: ley de Lorentz: una carga eléctrica moviéndose en el seno de un campo magnético experimenta una fuerza dada por: $\vec{F}_m = Q \cdot \vec{v} \times \vec{B}$. Primera ley de Newton: todo cuerpo permanece en su estado de reposo o de movimiento rectilíneo uniforme a no ser que se le aplique una fuerza resultante distinta de cero.

Método de resolución: aplicaremos la ley de Biot y Savart, la primera ley de Newton y la ley de Lorentz.

Resolución: * Campo magnético creado en el punto P:

$$B = \frac{\mu_0 \cdot I}{2 \cdot \pi \cdot r} = \frac{4 \cdot \pi \cdot 10^{-7} \cdot 5}{2 \cdot \pi \cdot 0'10} = 10^{-5} \text{ T}$$

* Vector campo magnético: $\vec{B} = 10^{-5} \cdot \vec{k}$ T

* Vector campo eléctrico:

$$\sum \vec{F} = \vec{F}_m + \vec{F}_E = 0 \Rightarrow \vec{F}_E = -\vec{F}_m \Rightarrow Q \cdot \vec{E} = -Q \cdot \vec{v} \times \vec{B} \Rightarrow$$

$$\Rightarrow \vec{E} = -\vec{v} \times \vec{B} = -2 \cdot 10^6 \cdot \vec{i} \times 10^{-5} \cdot \vec{k} = \boxed{20 \cdot \vec{j}} \; \frac{N}{C}$$

Comentario: la regla de la mano derecha dice que, si nuestro pulgar apunta al sentido de la corriente, los demás dedos apuntan a la dirección y al sentido del campo magnético. Según esta regla, el campo magnético va dirigido en el sentido positivo del eje OZ. El producto vectorial sigue la regla del tornillo. Según esta regla, al llevar $\vec{v}$ sobre $\vec{B}$, la fuerza magnética va hacia la izquierda. El vector velocidad va hacia el sentido positivo del eje OX porque es positivo y su vector unitario es $\vec{i}$.

2022

12) Una espira conductora cuadrada de 0'05 m de lado se encuentra en una región donde hay un campo magnético perpendicular a la espira de módulo $B = (4 \cdot t - t^2)$ T (t es el tiempo en segundos). i) Halle la expresión para el flujo del campo magnético a través de la espira. ii) Calcule el módulo de la fuerza electromotriz inducida en la espira para t = 3 s. iii) Determine el instante de tiempo para el cual no se induce corriente en la espira.

Datos: Dibujo:

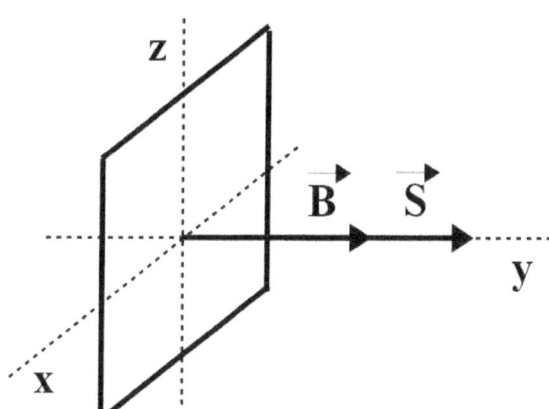

L = 0'05 m
$B = (4 \cdot t - t^2)$ T
¿Φ?
¿ε?
t = 3 s
¿t?

Principio físico: inducción electromagnética, ley de Faraday-Lenz: cuando un circuito es atravesado por un flujo magnético variable, se induce en el circuito una corriente eléctrica en un sentido tal que se opone a la variación del flujo.

Método de resolución: usaremos la definición de flujo y la ley de Faraday-Lenz.

Resolución: * Flujo magnético en función del tiempo:

$$\Phi = \vec{B} \cdot \vec{S} = B \cdot S \cdot \cos \alpha = (4 \cdot t - t^2) \cdot L^2 \cdot \cos 0° = (4 \cdot t - t^2) \cdot 0'05^2 \cdot 1 = \boxed{0'01 \cdot t - 2'5 \cdot 10^{-3} \cdot t^2 \text{ Wb}}$$

* Módulo de la fuerza electromotriz inducida a los 3 s:

$$\varepsilon = -\frac{d\Phi}{dt} = -0'01 + 2 \cdot 2'5 \cdot 10^{-3} \cdot t = -0'01 + 2 \cdot 2'5 \cdot 10^{-3} \cdot 3 = \boxed{5 \cdot 10^{-3} \text{ V}}$$

* Tiempo para el que no hay corriente:

$$\varepsilon = 0 \Rightarrow -0'01 + 2 \cdot 2'5 \cdot 10^{-3} \cdot t = 0 \Rightarrow 5 \cdot 10^{-3} \cdot t = 0'01 \Rightarrow t = \frac{0'01}{5 \cdot 10^{-3}} = \boxed{2 \text{ s}}$$

Comentario: si el campo es perpendicular al plano de la espira, los vectores $\vec{B}$ y $\vec{S}$ son paralelos y forman 0° entre sí.

13) Un protón que parte del reposo es acelerado mediante una diferencia de potencial de $1'5 \cdot 10^4$ V. Posteriormente, penetra perpendicularmente en un campo magnético uniforme de 12 T. Determine razonadamente: i) El radio de curvatura de la trayectoria que describe el protón. ii) El período de revolución. $e = 1'6 \cdot 10^{-19}$ C; $m_p = 1'67 \cdot 10^{-27}$ kg.

Datos: Dibujo:

$V_A - V_B = 1'5 \cdot 10^4$ V
$B = 12$ T
¿r?
¿T?
$e = 1'6 \cdot 10^{-19}$ C
$m_p = 1'67 \cdot 10^{-27}$ kg

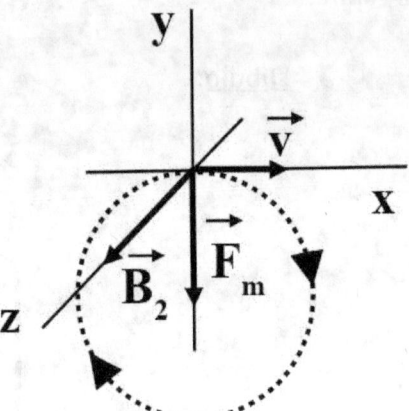

Principio físico: una carga se acelera en el interior de un campo eléctrico. Ley de Lorentz: una carga en movimiento en el interior de un campo magnético experimenta una fuerza dada por: $\vec{F}_m = Q \cdot \vec{v} \times \vec{B}$.

Método de resolución: calcularemos la velocidad del protón por el principio de conservación de la energía e igualaremos la fuerza magnética con la fuerza centrípeta.

Resolución: * Velocidad del protón:

$$-\Delta E_p = \Delta E_c \Rightarrow Q \cdot (V_A - V_B) = \frac{1}{2} \cdot m \cdot v^2 \Rightarrow v^2 = \frac{2 \cdot Q \cdot (V_A - V_B)}{m} \Rightarrow$$

$$\Rightarrow v = \sqrt{\frac{2 \cdot Q \cdot (V_A - V_B)}{m}} = \sqrt{\frac{2 \cdot 1'6 \cdot 10^{-19} \cdot 1'5 \cdot 10^4}{1'67 \cdot 10^{-27}}} = 1'70 \cdot 10^6 \ \frac{m}{s}$$

* Radio de curvatura de la trayectoria:

$$F_m = F_c \Rightarrow Q \cdot v \cdot B \cdot \text{sen } \alpha = \frac{m_p \cdot v^2}{r} \Rightarrow Q \cdot B \cdot \text{sen } \alpha = \frac{m_p \cdot v}{r} \Rightarrow$$

$$\Rightarrow r = \frac{m_p \cdot v}{Q \cdot B \cdot \text{sen } \alpha} = \frac{1'67 \cdot 10^{-27} \cdot 1'70 \cdot 10^6}{1'6 \cdot 10^{-19} \cdot 12 \cdot \text{sen } 90°} = \boxed{1'48 \cdot 10^{-3} \text{ m}}$$

* Período de revolución: $T = \dfrac{2 \cdot \pi \cdot r}{v} = \dfrac{2 \cdot \pi \cdot 1'48 \cdot 10^{-3}}{1'70 \cdot 10^6} = \boxed{5'47 \cdot 10^{-9} \text{ s}}$

Comentario: como la fuerza es constante y perpendicular a la velocidad, la partícula describe un MCU.

14) Una bobina circular de 75 espiras de 0'03 m de radio está dentro de un campo magnético cuyo módulo aumenta a ritmo constante de 4 a 10 T en 4 s y cuya dirección forma un ángulo de 60° con el eje de la bobina. i) Calcule la f.e.m. inducida en la bobina y razone, con la ayuda de un esquema, el sentido de la corriente inducida. ii) Si la bobina pudiera girarse, razone cómo debería orientarse para que no se produjera corriente y para que esa corriente fuera la mayor posible.

Datos: Dibujo:

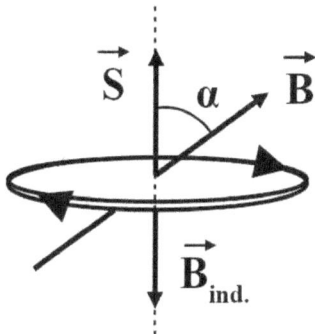

N = 75 espiras
r = 0'03 m
B_1 = 4 T
B_2 = 10 T
t = 4 s
α = 60°
¿ε?

Principio físico: inducción electromagnética, ley de Faraday-Lenz: cuando un circuito es atravesado por un flujo magnético variable, se induce en el circuito una corriente eléctrica en un sentido tal que se opone a la variación del flujo.

Método de resolución: usaremos la expresión del flujo magnético y la de la f.e.m. inducida. El sentido, de la corriente viene dado por la regla de la mano derecha a la $\vec{B}_{ind.}$.

Resolución: * Flujo magnético inicial:

$\Phi_1 = N \cdot \vec{B} \cdot \vec{S} = N \cdot B_1 \cdot S \cdot \cos\alpha = N \cdot B_1 \cdot \pi \cdot r^2 \cdot \cos\alpha = 75 \cdot 4 \cdot \pi \cdot 0'03^2 \cdot \cos 60° = 0'424$ Wb

* Flujo magnético final: $\Phi_2 = N \cdot B_2 \cdot \pi \cdot r^2 \cdot \cos\alpha = 75 \cdot 10 \cdot \pi \cdot 0'03^2 \cdot \cos 60° = 1'06$ Wb

* F.e.m. inducida: $\varepsilon = -\dfrac{\Delta \Phi}{\Delta t} = -\dfrac{\Phi_2 - \Phi_1}{t_2 - t_1} = \dfrac{\Phi_1 - \Phi_2}{t_2 - t_1} = \dfrac{0'424 - 1'06}{4 - 0} = \boxed{-0'159 \text{ V}}$

Comentario: no se produce corriente inducida cuando cos α = 0 ⇒ α = 90°, es decir, el vector $\vec{B}$ y el vector $\vec{S}$ son perpendiculares. Ésto puede conseguirse de forma permanente si el campo magnético es paralelo al eje de giro de la bobina.
La corriente inducida es máxima cuando cos α = 1 ⇒ α = 0°, es decir, el vector $\vec{B}$ y el vector $\vec{S}$ son paralelos.

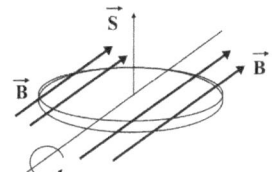 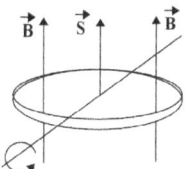

$\vec{B}$ y $\vec{S}$ son perpendiculares $\vec{B}$ y $\vec{S}$ son paralelos

15) Un protón que parte del reposo es acelerado, en sentido positivo del eje OX, mediante una diferencia de potencial de 850 V antes de entrar en un campo magnético uniforme, perpendicular a la velocidad, donde describe una trayectoria circular en sentido antihorario en el plano XY de 0'02 m de radio. Apoyándose en esquemas, calcule: i) el módulo del campo magnético y ii) el campo eléctrico (vector) que debería aplicarse para que la trayectoria del protón sea rectilínea.
$m_p = 1'7 \cdot 10^{-27}$ kg, $e = 1'6 \cdot 10^{-19}$ C.

Datos: Dibujo:

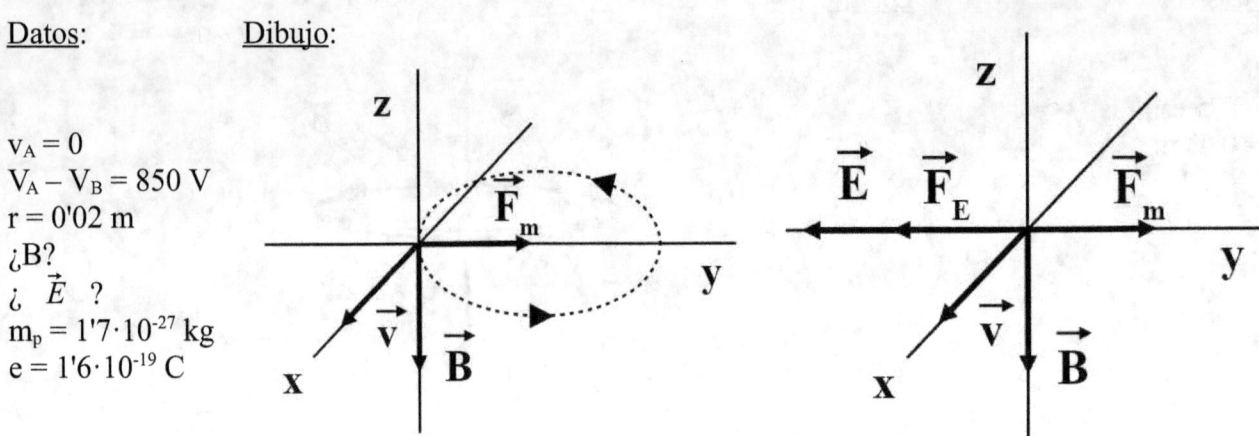

$v_A = 0$
$V_A - V_B = 850$ V
$r = 0'02$ m
¿B?
¿$\vec{E}$?
$m_p = 1'7 \cdot 10^{-27}$ kg
$e = 1'6 \cdot 10^{-19}$ C

Principio físico: una carga eléctrica es acelerada en el interior de un campo eléctrico. Ley de Lorentz: una carga eléctrica moviéndose en el seno de un campo magnético experimenta una fuerza dada por: $\vec{F} = Q \cdot \vec{v} \times \vec{B}$. Como la velocidad y la fuerza son perpendiculares, la partícula experimenta un MCU (movimiento circular uniforme).

Método de resolución: usaremos el principio de conservación de la energía para calcular la velocidad. Igualaremos las fuerzas magnética y centrípeta para calcular el módulo del campo magnético. Igualaremos las fuerzas magnética y eléctrica para calcular el módulo del campo eléctrico.

Resolución: * Velocidad que adquiere la partícula:

$-\Delta E_p = \Delta E_c \Rightarrow Q \cdot (V_A - V_B) = \frac{1}{2} \cdot m \cdot v^2 \Rightarrow v^2 = \frac{2 \cdot Q \cdot (V_A - V_B)}{m} \Rightarrow$

$\Rightarrow v = \sqrt{\frac{2 \cdot Q \cdot (V_A - V_B)}{m}} = \sqrt{\frac{2 \cdot 1'6 \cdot 10^{-19} \cdot 850}{1'7 \cdot 10^{-27}}} = 4 \cdot 10^5 \ \frac{m}{s}$

* Módulo del campo magnético: $F_m = F_c \Rightarrow Q \cdot v \cdot B \cdot \text{sen } \alpha = \frac{m \cdot v^2}{r} \Rightarrow Q \cdot B \cdot \text{sen } \alpha = \frac{m \cdot v}{r} \Rightarrow$

$\Rightarrow B = \frac{m \cdot v}{Q \cdot r \cdot \text{sen} \alpha} = \frac{1'7 \cdot 10^{-27} \cdot 4 \cdot 10^5}{1'6 \cdot 10^{-19} \cdot 0'02 \cdot \text{sen} 90°} = \boxed{0'212 \text{ T}}$

* Módulo del campo eléctrico:

$F_m = F_E \Rightarrow Q \cdot v \cdot B \cdot \text{sen } \alpha = Q \cdot E \Rightarrow E = v \cdot B \cdot \text{sen } \alpha = 4 \cdot 10^5 \cdot 0'212 \cdot \text{sen } 90° = 8'48 \cdot 10^4 \ \frac{N}{C}$

* Vector campo eléctrico: $\boxed{\vec{E} = -8'48 \cdot 10^4 \cdot \vec{j} \ \frac{N}{C}}$

Comentario: para que el protón se mueva en una trayectoria rectilínea, la resultante debe ser nula. Según el segundo dibujo el vector campo eléctrico tiene el sentido negativo del eje OY.

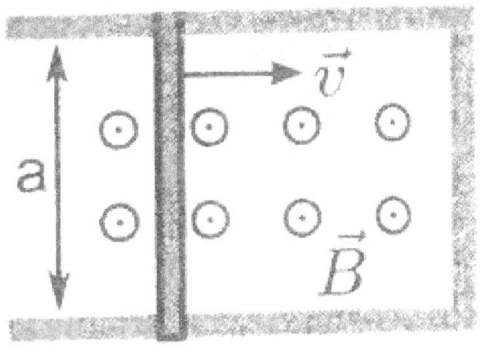

16) El lado móvil de la espira rectangular de la figura, de longitud a = 0'15 m, se mueve con una velocidad constante de 0'2 m/s dentro de un campo magnético uniforme de módulo igual a 2 T. La resistencia eléctrica de la espira es igual a 50 Ω, independientemente de su tamaño. Calcule: i) la f.e.m. inducida; ii) la intensidad de corriente y razone, con la ayuda de un esquema, el sentido de la corriente inducida.

Datos:

a = 0'15 m
v = 0'2 m/s
B = 2 T
R = 50 Ω
¿ε?
¿I?

Dibujo:

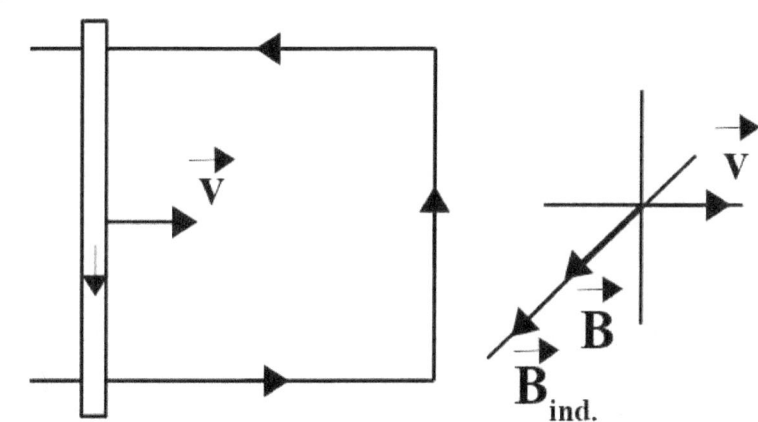

Principio físico: inducción electromagnética, ley de Faraday-Lenz: cuando un circuito es atravesado por un flujo magnético variable, se induce en el circuito una corriente eléctrica en un sentido tal que se opone a la variación del flujo.

Método de resolución: usaremos la definición de flujo y la ley de Faraday-Lenz.

Resolución: * Flujo magnético en función del tiempo: $\Phi = \vec{B}\cdot\vec{S} = B\cdot S\cdot\cos\alpha = B\cdot a\cdot b\cdot\cos\alpha =$

$= B\cdot a\cdot(b_0 - v\cdot t)\cdot\cos\alpha = 2\cdot 0'15\cdot(b_0 - 0'2\cdot t)\cdot\cos 0° = 0'3\cdot b_0 - 0'06\cdot t$ Wb

* Fuerza electromotriz inducida: $\varepsilon = -\dfrac{d\Phi}{dt} = \boxed{+0'06\ \text{V}}$

* Intensidad de corriente: $\varepsilon = I\cdot R \Rightarrow I = \dfrac{\varepsilon}{R} = \dfrac{0'06}{50} = \boxed{1'2\cdot 10^{-3}\ \text{A}}$

Comentario: el sentido de la corriente inducida se obtiene aplicando la regla de la mano derecha: el dedo pulgar apunta a $\vec{B}_{ind.}$ y los demás dedos apuntan al sentido de la corriente. El vector $\vec{B}_{ind.}$ tiene el mismo sentido que el vector $\vec{B}$ porque la superficie disminuye con el tiempo, el flujo disminuye y el fenómeno tiende a hacer lo contrario: aumentar el flujo en este caso. El sentido de la corriente es antihorario.

17) Un conductor rectilíneo muy largo está situado en el eje OZ y está recorrido por una corriente I = 2'5 A en el sentido positivo del mismo. Responda a las siguientes cuestiones apoyándose en esquemas para completar su razonamiento: i) Determine la fuerza (vector) que actúa sobre una carga q = 3·10⁻⁶ C, que se encuentra en el eje OX en el punto x = 0'05 m y tiene una velocidad de módulo 5·10⁶ m/s en el sentido positivo del eje OX. ii) Un segundo conductor idéntico al anterior se dispone paralelamente al primero y corta al eje OX en x = 0'15 m. Calcule la intensidad que debe recorrer este segundo conductor (indicando su sentido) para que la carga no sufra fuerza. $\mu_0 = 4\cdot\pi\cdot 10^{-7}$ T·m·A⁻¹.

Datos: Dibujo:

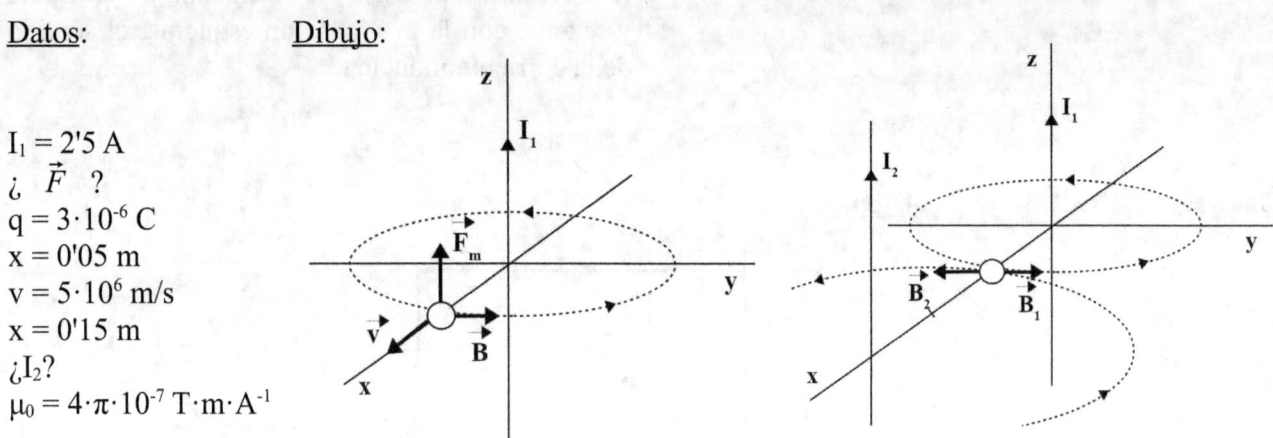

$I_1 = 2'5$ A
¿ $\vec{F}$?
$q = 3\cdot 10^{-6}$ C
$x = 0'05$ m
$v = 5\cdot 10^6$ m/s
$x = 0'15$ m
¿I_2?
$\mu_0 = 4\cdot\pi\cdot 10^{-7}$ T·m·A⁻¹

Principio físico: un hilo de corriente crea a su alrededor un campo magnético cuya dirección y cuyo sentido vienen dados por la regla de la mano derecha. Ley de Lorentz: una carga eléctrica moviéndose en el seno de un campo magnético experimenta una fuerza dada por: $\vec{F} = Q\cdot\vec{v}\times\vec{B}$.

Método de resolución: aplicaremos la ley de Biot y Savart para calcular el campo B_1 y aplicaremos el principio de superposición para calcular I_2.

Resolución: * Intensidad del campo magnético: $B_1 = \dfrac{\mu_0 \cdot I_1}{2\cdot\pi\cdot r_1} = \dfrac{4\cdot\pi\cdot 10^{-7}\cdot 2'5}{2\cdot\pi\cdot 0'05} = 10^{-5}$ T

* Vector fuerza magnética: $\vec{F}_m = Q\cdot\vec{v}\times\vec{B} = 3\cdot 10^{-6}\cdot 5\cdot 10^6\cdot\vec{i}\times 10^{-5}\cdot\vec{j} = \boxed{1'5\cdot 10^{-4}\cdot\vec{k}}$

* Intensidad por el segundo hilo conductor:

$\vec{B}_1 + \vec{B}_2 = 0 \Rightarrow \vec{B}_1 = -\vec{B}_2 \Rightarrow B_1 = B_2 \Rightarrow B_1 = \dfrac{\mu_0\cdot I_2}{2\cdot\pi\cdot r_2} \Rightarrow I_2 = \dfrac{B_1\cdot 2\cdot\pi\cdot r_2}{\mu_0} =$

$= \dfrac{10^{-5}\cdot 2\cdot\pi\cdot 0'10}{4\cdot\pi\cdot 10^{-7}} = \boxed{5\text{ A}}$

Comentario: como se observa en el segundo dibujo, la corriente en el segundo hilo debe ir también hacia arriba para que el campo magnético total sea nulo.

18) Una espira cuadrada de 0'15 m de lado, con sus lados paralelos a los ejes OX y OY, se mueve con velocidad constante de 0'05 m/s en el sentido positivo del eje OX en una región donde hay un campo magnético uniforme y constante dirigido en el sentido positivo del eje OZ. El módulo del campo es 10 T para x ≥ 0 y nulo para x < 0. La espira procede de la región donde no hay campo y empieza a entrar en la región donde hay campo en el instante t = 0. i) Calcule, ayudándose de un esquema, la expresión para el flujo del campo magnético y represéntelo entre t = 0 y t = 5 s. ii) Determine el valor de la f.e.m. inducida en la espira y represente su módulo entre t = 0 y t = 5 s.

Datos:

Dibujo:

L = 0'15 m
v = 0'05 m/s
B = 10 T
¿Φ(t)?
¿ε(t)?

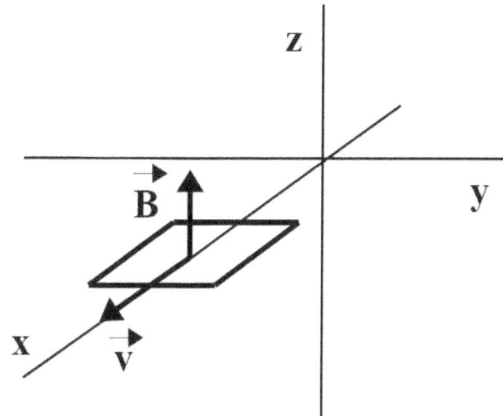

Principio físico: inducción electromagnética, ley de Faraday-Lenz: cuando un circuito es atravesado por un flujo magnético variable, se induce en el circuito una corriente eléctrica en un sentido tal que se opone a la variación del flujo.

Método de resolución: usaremos la expresión del flujo magnético y la ley de Faraday-Lenz.

Resolución: * Flujo magnético en función del tiempo:

Entre 0 y 3 s: $\Phi = \vec{B} \cdot \vec{S} = B \cdot S \cdot \cos \alpha = B \cdot L \cdot v \cdot t \cdot \cos \alpha = 10 \cdot 0'15 \cdot 0'05 \cdot t \cdot \cos 0º =$ $\boxed{0'075 \cdot t \text{ Wb}}$

Entre 3 y 5 s: $\Phi = \vec{B} \cdot \vec{S} = B \cdot S \cdot \cos \alpha = B \cdot L^2 \cdot \cos \alpha = 10 \cdot 0'15^2 \cdot \cos 0º =$ $\boxed{0'225 \text{ Wb}}$

* Representación del flujo magnético:

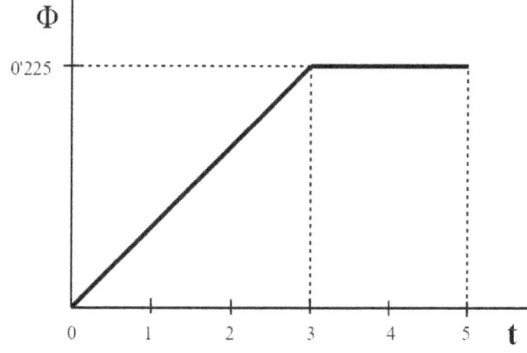

Flujo magnético entre 0 y 5 s

* Fuerza electromotriz inducida:

$$\text{Entre 0 y 3 s:} \quad \varepsilon = -\frac{d\Phi}{dt} = \boxed{-0'075 \text{ V}}$$

$$\text{Entre 3 y 5 s:} \quad \varepsilon = -\frac{d\Phi}{dt} = \boxed{0 \text{ V}}$$

* Representación de la f.e.m. inducida:

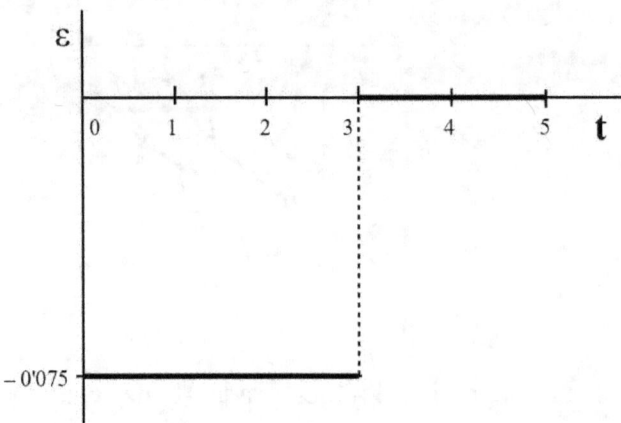

Fuerza electromotriz inducida entre 0 y 5 s

Comentario: a partir de 3 s, el flujo magnético es constante, luego no hay fuerza electromotriz inducida.

19) Un protón que se mueve con velocidad constante entra en una región del espacio donde hay un campo eléctrico $\vec{E} = 1000 \cdot \vec{k}\ N/C$ y un campo magnético $\vec{B} = 2 \cdot 10^{-3} \cdot \vec{i}\ T$. i) Justifique, con ayuda de un diagrama, la dirección y sentido de la velocidad que debe tener el protón para que atraviese dicha región sin ser desviado. ii) Determine el correspondiente vector velocidad.

Datos: Dibujo:

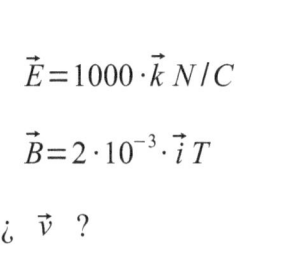

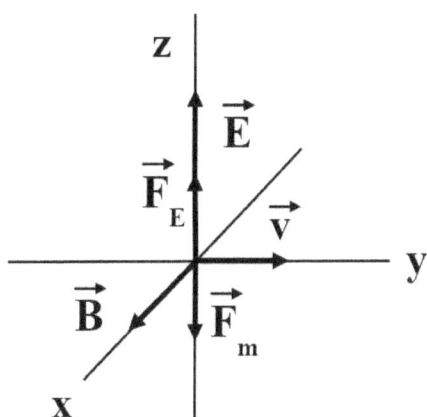

$\vec{E} = 1000 \cdot \vec{k}\ N/C$

$\vec{B} = 2 \cdot 10^{-3} \cdot \vec{i}\ T$

¿ $\vec{v}$?

Principio físico: una carga eléctrica se acelera en un campo eléctrico. Ley de Lorentz: una carga eléctrica moviéndose en el seno de un campo magnético experimenta una fuerza dada por: $\vec{F} = Q \cdot \vec{v} \times \vec{B}$. Primera ley de Newton: un cuerpo permanece en su estado de reposo o MRU a no ser que se le aplique una fuerza resultante distinta de cero.

Método de resolución: igualaremos las fuerzas eléctrica y magnética para determinar el módulo de la velocidad. Representaremos en un esquema los vectores para determinar la dirección y el sentido del vector velocidad.

Resolución: * Módulo de la velocidad:

$\vec{F}_E + \vec{F}_m = 0$ ⇒ $\vec{F}_E = -\vec{F}_m$ ⇒ $F_E = F_m$ ⇒ $Q \cdot E = Q \cdot v \cdot B \cdot \text{sen}\ \alpha$ ⇒ $E = v \cdot B \cdot \text{sen}\ \alpha$ ⇒

⇒ $v = \dfrac{E}{B \cdot \text{sen}\ \alpha} = \dfrac{1000}{2 \cdot 10^{-3} \cdot \text{sen}\ 90°} = 5 \cdot 10^5\ \dfrac{m}{s}$

* Vector velocidad:

$$\boxed{\vec{v} = 5 \cdot 10^5 \cdot \vec{j}\ \dfrac{m}{s}}$$

Comentario: para que el protón no salga desviado, la resultante de fuerzas debe ser nula. Como la carga es positiva y según la expresión: $\vec{F}_E = Q \cdot \vec{E}$, la fuerza eléctrica y el campo eléctrico tienen la misma dirección y el mismo sentido, es decir, en el sentido positivo del eje OZ. Para que la resultante sea nula, la fuerza magnética debe ir hacia abajo. Según la ley de Lorentz y la regla del tornillo, el vector velocidad debe ir hacia la derecha.

2021

20) Una espira circular de 5 cm de radio gira alrededor de uno de sus diámetros con una velocidad angular igual a π rad·s^{-1} en una región del espacio en la que existe un campo magnético uniforme de módulo igual a 10 T perpendicular al eje de giro. Sabiendo que en el instante inicial el flujo es máximo: i) Calcule razonadamente, ayudándose de un esquema, la expresión del flujo magnético en función del tiempo. ii) Calcule razonadamente el valor de la fuerza electromotriz inducida en el instante t = 50 s.

Datos: Dibujo:

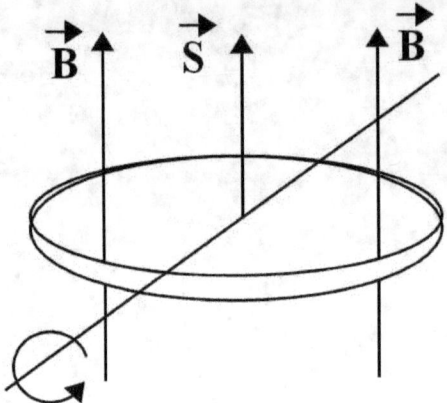

r = 0'05 m
ω = π rad·s^{-1}
B = 10 T
¿Φ(t)?
¿ε?
t = 50 s

Principio físico: inducción electromagnética, ley de Faraday-Lenz: cuando un circuito es atravesado por un flujo magnético variable, se induce en el circuito una corriente eléctrica en un sentido tal que se opone a la variación del flujo.

Método de resolución: usaremos la definición de flujo y la ley de Faraday-Lenz.

Resolución: * Flujo magnético en función del tiempo:

$$\Phi = \vec{B} \cdot \vec{S} = B \cdot S \cdot \cos \alpha = B \cdot \pi \cdot r^2 \cdot \cos(\omega \cdot t + \varphi_0) = 10 \cdot \pi \cdot 0'05^2 \cdot \cos(\pi \cdot t + 0) = \boxed{0'0785 \cdot \cos(\pi \cdot t) \text{ Wb}}$$

* Fuerza electromotriz inducida:

$$\varepsilon = -\frac{d\Phi}{dt} = -0'0785 \cdot [-\pi \cdot \text{sen}(\pi \cdot t)] = 0'247 \cdot \text{sen}(\pi \cdot t) \text{ V}$$

Para t = 50 s: $\varepsilon = 0'247 \cdot \text{sen}(\pi \cdot 50) = \boxed{0 \text{ V}}$

Comentario: φ_0 es el ángulo inicial entre $\vec{B}$ y $\vec{S}$. Vale cero porque, de esta forma, el coseno tiene valor máximo (uno) y el flujo es máximo. La fem vale cero a los 50 segundos porque, para ese tiempo, la espira está horizontal y el ángulo entre $\vec{B}$ y $\vec{S}$ vale cero.

21) Un protón describe una trayectoria circular en sentido antihorario en el plano XY, con una velocidad de módulo igual a $3 \cdot 10^5$ m·s^{-1}, en una región en la que existe un campo magnético uniforme de 0'05 T. i) Justifique, con ayuda de un esquema que incluya la trayectoria descrita por el protón, la dirección y sentido del campo magnético. ii) Calcule, de forma razonada, el periodo del movimiento y el radio de la trayectoria del protón. e = $1'6 \cdot 10^{-19}$ C; m$_p$ = $1'7 \cdot 10^{-27}$ kg.

Datos:

v = $3 \cdot 10^5$ m·s^{-1}
B = 0'05 T
¿T?
¿r?
e = $1'6 \cdot 10^{-19}$ C
m$_p$ = $1'7 \cdot 10^{-27}$ kg

Dibujo:

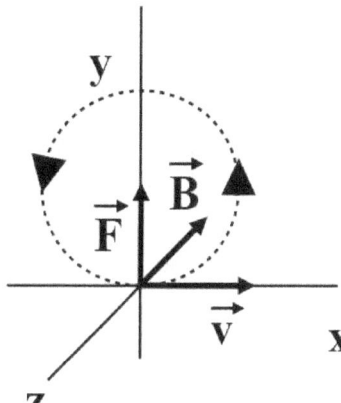

Principio físico: Ley de Lorentz: una carga eléctrica moviéndose en el seno de un campo magnético experimenta una fuerza dada por: $\vec{F} = Q \cdot \vec{v} \times \vec{B}$. Como la velocidad y la fuerza son perpendiculares, la partícula experimenta un MCU (movimiento circular uniforme).

Método de resolución: utilizaremos la ley de Lorentz y la segunda ley de Newton.

Resolución: * Radio de giro del protón:

$$\sum \vec{F} = m \cdot \vec{a} \quad \Rightarrow \quad F_m = F_C \quad \Rightarrow \quad Q \cdot v \cdot B \cdot \operatorname{sen} \alpha = \frac{m \cdot v^2}{r} \quad \Rightarrow$$

$$\Rightarrow r = \frac{m \cdot v}{Q \cdot B \cdot sen\alpha} = \frac{1'7 \cdot 10^{-27} \cdot 3 \cdot 10^5}{1'6 \cdot 10^{-19} \cdot 0'05 \cdot sen 90º} = \boxed{0'0638 \text{ m}}$$

* Período del movimiento:

$$T = \frac{2 \cdot \pi \cdot r}{v} = \frac{2 \cdot \pi \cdot 0'0638}{3 \cdot 10^5} = \boxed{1'34 \cdot 10^{-6} \text{ s}}$$

Comentario: como la fuerza es constante y perpendicular a la velocidad, describe un movimiento circular uniforme. En los movimientos circulares, según la segunda ley de Newton, se iguala la resultante con la fuerza centrípeta.

22) Un protón que ha sido acelerado desde el reposo por una diferencia de potencial de 6000 V describe una órbita circular en un campo magnético uniforme de 0'8 T. Calcule razonadamente: i) El módulo de la fuerza magnética que actúa sobre el protón. ii) El radio de la trayectoria descrita.
$m_p = 1'7 \cdot 10^{-27}$ kg, $e = 1'6 \cdot 10^{-19}$ C.

Datos: Dibujo:

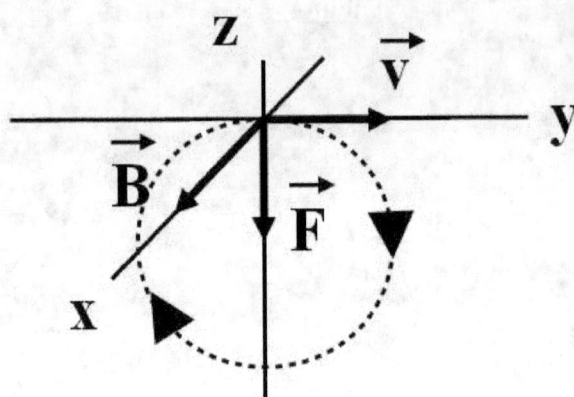

$v_0 = 0$
$\Delta V = 6000$ V
$B = 0'8$ T
¿F_m?
¿r?
$m_p = 1'7 \cdot 10^{-27}$ kg
$e = 1'6 \cdot 10^{-19}$ C

Principio físico: Ley de Lorentz: una carga eléctrica moviéndose en el seno de un campo magnético experimenta una fuerza dada por: $\vec{F} = Q \cdot \vec{v} \times \vec{B}$. Como la velocidad y la fuerza son perpendiculares, la partícula experimenta un MCU (movimiento circular uniforme).

Método de resolución: utilizaremos el principio de conservación de la energía, la ley de Lorentz y la segunda ley de Newton.

Resolución: * Velocidad que adquiere el protón: $W_{AB} = -\Delta Ep = \Delta Ec$ ⇒

$$\Rightarrow Q \cdot (V_A - V_B) = \frac{1}{2} \cdot m \cdot v^2 \Rightarrow v = \sqrt{\frac{2 \cdot Q \cdot (V_A - V_B)}{m}} = \sqrt{\frac{2 \cdot 1'6 \cdot 10^{-19} \cdot 6000}{1'7 \cdot 10^{-27}}} = 1'06 \cdot 10^6 \ \frac{m}{s}$$

* Módulo de la fuerza magnética: $F = Q \cdot v \cdot B \cdot sen\ \alpha = 1'6 \cdot 10^{-19} \cdot 1'06 \cdot 10^6 \cdot 0'8 \cdot sen\ 90º = \boxed{1'36 \cdot 10^{-13} \ N}$

* Radio de giro del protón:

$$\sum \vec{F} = m \cdot \vec{a} \Rightarrow F_m = F_C \Rightarrow Q \cdot v \cdot B \cdot sen\ \alpha = \frac{m \cdot v^2}{r} \Rightarrow$$

$$\Rightarrow r = \frac{m \cdot v}{Q \cdot B \cdot sen\ \alpha} = \frac{1'7 \cdot 10^{-27} \cdot 1'06 \cdot 10^6}{1'6 \cdot 10^{-19} \cdot 0'8 \cdot sen\ 90º} = \boxed{0'0141 \ m}$$

Comentario: como la fuerza es constante y perpendicular a la velocidad, describe un movimiento circular uniforme. En los movimientos circulares, según la segunda ley de Newton, se iguala la resultante con la fuerza centrípeta.

23) Una espira cuadrada de 5 cm de lado se sitúa en un plano perpendicular a un campo magnético uniforme de módulo 20 T. Si se reduce de manera uniforme el valor del módulo del campo a 10 T en un intervalo de tiempo de 3 s, calcule de forma razonada: i) La expresión del flujo magnético que atraviesa la espira en función del tiempo. ii) La fuerza electromotriz inducida en ese período de tiempo.

Datos:

$L = 0'05$ m
$B_1 = 20$ T
$B_2 = 10$ T
$t = 3$ s
¿$\Phi(t)$?
¿ε?

Dibujo:

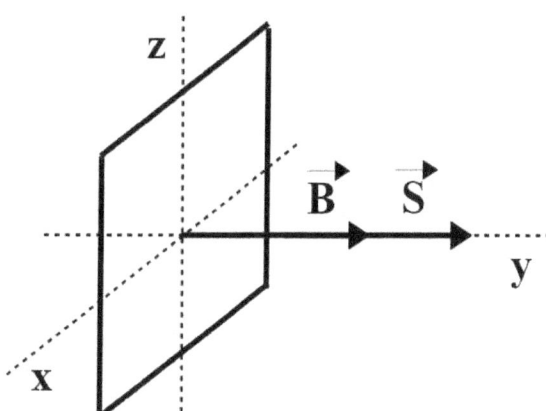

Principio físico: inducción electromagnética, ley de Faraday-Lenz: cuando un circuito es atravesado por un flujo magnético variable, se induce en el circuito una corriente eléctrica en un sentido tal que se opone a la variación del flujo.

Método de resolución: usaremos la definición de flujo y la ley de Faraday-Lenz.

Resolución: * Campo magnético en función del tiempo: $B = B_0 - m \cdot t$

$B_0 = 20$ T ; $B = 10$ T , $t = 3$ s $\Rightarrow$ $10 = 20 - m \cdot 3$ $\Rightarrow$ $10 + 3 \cdot m = 20$ $\Rightarrow$

$\Rightarrow$ $3 \cdot m = 20 - 10$ $\Rightarrow$ $3 \cdot m = 10$ $\Rightarrow$ $m = \dfrac{10}{3}$ $\Rightarrow$ $B = 20 - \dfrac{10}{3} \cdot t$

* Flujo magnético en función del tiempo:

$$\Phi = \vec{B} \cdot \vec{S} = B \cdot L^2 \cdot \cos\alpha = \left(20 - \dfrac{10 \cdot t}{3}\right) \cdot 0'05^2 \cdot \cos 0° = \boxed{0'05 - 8'33 \cdot 10^{-3} \cdot t \ (Wb)}$$

* Módulo de la fuerza electromotriz inducida a los 3 s:

$$\varepsilon = -\dfrac{d\Phi}{dt} = \boxed{+8'33 \cdot 10^{-3} \text{ V}}$$

Comentario: si el campo se reduce de manera uniforme, su expresión es la de una recta de pendiente negativa: $B = B_0 - m \cdot t$.

24) Una espira cuadrada de 5 cm de lado se encuentra en un plano perpendicular a un campo magnético variable con el tiempo de expresión: $B(t) = 6 \cdot t^2 + 1$ (S.I.). i) Calcule, ayudándose de un esquema, la expresión del flujo magnético a través de la espira en función del tiempo. ii) Calcule el valor de la fuerza electromotriz inducida en la espira en el tiempo t = 10 s.

Datos:

L = 0'05 m
$B(t) = 6 \cdot t^2 + 1$
¿Φ(t)?
¿ε?
t = 10 s

Dibujo:

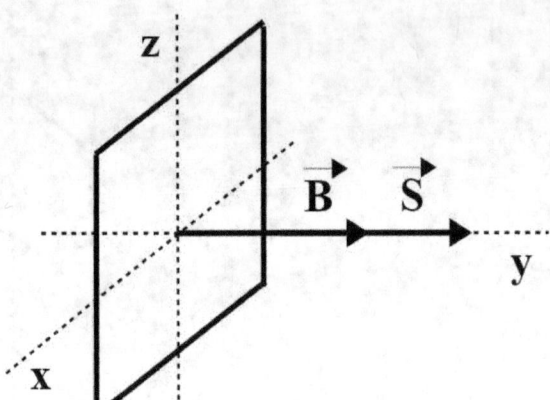

Principio físico: inducción electromagnética, ley de Faraday-Lenz: cuando un circuito es atravesado por un flujo magnético variable, se induce en el circuito una corriente eléctrica en un sentido tal que se opone a la variación del flujo.

Método de resolución: usaremos la definición de flujo y la ley de Faraday-Lenz.

Resolución: * Campo magnético en función del tiempo:

$$\Phi = \vec{B} \cdot \vec{S} = B \cdot S \cdot \cos \alpha = (6 \cdot t^2 + 1) \cdot 0'05^2 \cdot \cos 0º = \boxed{0'015 \cdot t^2 + 2'5 \cdot 10^{-3}} \ (Wb)$$

* Fuerza electromotriz inducida a los 10 s:

$$\varepsilon = -\frac{d\Phi}{dt} = -2 \cdot 0'015 \cdot t = -0'030 \cdot t = -0'030 \cdot 10 = \boxed{-0'3 \ V}$$

Comentario: como el campo magnético es perpendicular al plano de la espira y el vector $\vec{S}$ también lo es, los vectores $\vec{B}$ y $\vec{S}$ son paralelos, es decir, forman 0º entre sí.

25) Un hilo conductor recto de longitud 0'2 m y masa $8·10^{-3}$ kg está situado a lo largo del eje OX en presencia de un campo magnético uniforme $\vec{B}=0'5·\vec{k}\,T$ y del campo gravitatorio terrestre, dirigido en el sentido negativo del eje OY, no existiendo otras fuerzas aplicadas sobre el hilo. Justifique, ayudándose de un esquema, el sentido de la corriente que debe circular por el hilo para que esté en equilibrio y calcule razonadamente el valor de la intensidad. g = 9'8 m·s^{-2}.

Datos: Dibujo:

L = 0'2 m
m = $8·10^{-3}$ kg
$\vec{B}=0'5·\vec{k}\,T$
¿I?
g = 9'8 m/s^2

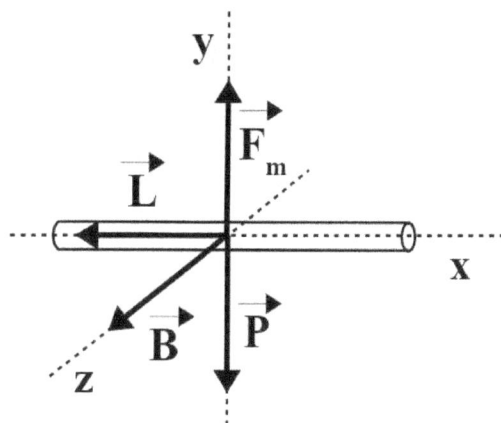

Principio físico: primera ley de Newton: "Un cuerpo permanece en reposo o en movimiento rectilíneo uniforme a no ser que se le aplique una fuerza resultante distinta de cero". Ley de Laplace: "Un hilo conductor en el interior de un campo magnético experimenta una fuerza magnética dada por: $\vec{F}_m = I·\vec{L}\times\vec{B}$.

Método de resolución: igualaremos la resultante a cero y aplicaremos la ley de Laplace.

Resolución: * Intensidad de la corriente que pasa por el hilo:

$\vec{F}_m + \vec{P} = 0 \Rightarrow \vec{F}_m = -\vec{P} \Rightarrow F_m = P \Rightarrow I·L·B·\sen\alpha = m·g \Rightarrow$

$\Rightarrow I = \dfrac{m·g}{L·B·\sen\alpha} = \dfrac{8·10^{-3}·9'8}{0'2·0'5·\sen 90°} = \boxed{0'784\ A}$

Comentario: el eje Y se ha puesto vertical porque la fuerza de la gravedad siempre va en sentido vertical. La intensidad de corriente lleva el sentido del vector $\vec{L}$ es decir, en el sentido negativo del eje X. La fuerza magnética se obtiene por la regla del destornillador: $\vec{L}$ se lleva sobre $\vec{B}$ y resulta que $\vec{F}_m$ va hacia arriba.

26) Considere dos conductores rectilíneos, muy largos, paralelos y separados 0'06 m, por los que circulan corrientes de 9 A y 15 A en el mismo sentido. i) Dibuje en un esquema el vector campo magnético resultante en el punto medio de la línea que une ambos conductores y razone su dirección y sentido. ii) En la región entre los conductores, ¿a qué distancia del conductor por el que circulan 9 A se anula el campo magnético? Justifique su respuesta. $\mu_0 = 4\cdot\pi\cdot 10^{-7}$ T·m·A^{-1}.

Datos: Dibujo:

$d = 0'06$ m
$I_1 = 9$ A
$I_2 = 15$ A
¿B?
¿r_1?
$\mu_0 = 4\cdot\pi\cdot 10^{-7}$ T·m·A^{-1}

Principio físico: ley de Biot y Savart: "El campo magnético creado por un conductor por el que circula una corriente I es: B = $\dfrac{\mu_0 \cdot I}{2\cdot\pi\cdot r}$." Principio de superposición: "El efecto conjunto de varios campos magnéticos es la suma de los efectos de los campos magnéticos individuales".

Método de resolución: aplicaremos la ley de Biot y Savart y el principio de superposición.

Resolución: * Módulos de los campos magnéticos:

$$B_1 = \frac{\mu_0 \cdot I_1}{2\cdot\pi\cdot r} = \frac{4\cdot\pi\cdot 10^{-7}\cdot 9}{2\cdot\pi\cdot 0'03} = 6\cdot 10^{-5}\text{ T} \quad ; \quad B_2 = \frac{\mu_0 \cdot I_2}{2\cdot\pi\cdot r} = \frac{4\cdot\pi\cdot 10^{-7}\cdot 15}{2\cdot\pi\cdot 0'03} = 10^{-4}\text{ T}$$

* Campo magnético total: $\vec{B} = \vec{B}_1 + \vec{B}_2 = -6\cdot 10^{-5}\cdot\vec{i} + 10^{-4}\cdot\vec{i} = 4\cdot 10^{-5}\cdot\vec{i}$ T

* Distancia a la que se anula el campo magnético: $\vec{B} = \vec{B}_1 + \vec{B}_2 = 0 \Rightarrow \vec{B}_1 = -\vec{B}_2 \Rightarrow$

$\Rightarrow B_1 = B_2 \Rightarrow \dfrac{\mu_0 \cdot I_1}{2\cdot\pi\cdot r_1} = \dfrac{\mu_0 \cdot I_2}{2\cdot\pi\cdot r_2} \Rightarrow \dfrac{I_1}{r_1} = \dfrac{I_2}{r_2} \Rightarrow \dfrac{I_1}{r_1} = \dfrac{I_2}{d - r_1} \Rightarrow$

$\Rightarrow I_1\cdot d - I_1\cdot r_1 = I_2\cdot r_1 \Rightarrow I_1\cdot d = I_1\cdot r_1 + I_2\cdot r_1 \Rightarrow r_1 = \dfrac{I_1 \cdot d}{I_1 + I_2} = \dfrac{9\cdot 0'06}{9 + 15} = \boxed{0'0225 \text{ m}}$

Comentario: los vectores $\vec{B}_1$ y $\vec{B}_2$ se obtienen por la regla de la mano derecha: el pulgar apunta a la corriente I y los demás dedos señalan al vector $\vec{B}$. El vector campo magnético total tiene la dirección del eje X por la regla de la mano derecha; tiene el sentido positivo del eje X porque $B_2 > B_1$.

27) Una bobina de 50 espiras circulares de 0'05 m de radio se orienta en un campo magnético de manera que el flujo que la atraviesa sea máximo en todo instante. El módulo del campo magnético varía con el tiempo según la expresión: B(t) = 0'5·t + 0'8·t² (S.I.). i) Deduzca la expresión del flujo magnético que atraviesa la bobina en función del tiempo. ii) Determine razonadamente la fuerza electromotriz inducida en la bobina en el instante t = 10 s.

Datos:

N = 50 espiras
R = 0'05 m
α = 0°
B(t) = 0'5·t + 0'8·t²
¿Φ(t)?
¿ε?
t = 10 s

Dibujo:

Principio físico: inducción electromagnética, ley de Faraday-Lenz: cuando un circuito es atravesado por un flujo magnético variable, se induce en el circuito una corriente eléctrica en un sentido tal que se opone a la variación del flujo.

Método de resolución: usaremos la definición de flujo y la ley de Faraday-Lenz.

Resolución: * Campo magnético en función del tiempo:

$$\Phi = N \cdot \vec{B} \cdot \vec{S} = N \cdot B \cdot S \cdot \cos\alpha = 50 \cdot (0'5 \cdot t + 0'8 \cdot t^2) \cdot \pi \cdot 0'05^2 \cdot \cos 0° = \boxed{0'196 \cdot t + 0'314 \cdot t^2 \ (Wb)}$$

* Fuerza electromotriz inducida a los 10 s:

$$\varepsilon = -\frac{d\Phi}{dt} = -0'196 - 2 \cdot 0'314 \cdot t = -0'196 - 2 \cdot 0'314 \cdot 10 = \boxed{-6'48 \ V}$$

Comentario: para que el flujo sea máximo, los vectores $\vec{B}$ y $\vec{S}$ han de ser paralelos, de tal forma que su coseno valga 1 (cos 0° = 1). Para ello, el campo magnético tiene que ser perpendicular al plano de las espiras. El cambio en el flujo provoca una f.e.m. Inducida.

2020

28) Una espira circular de 0'03 m de radio, dentro de un campo magnético constante y uniforme de 2 T, gira con una velocidad angular de π rad·s^{-1} respecto a un eje que pasa por uno de sus diámetros. Inicialmente, el campo magnético es perpendicular al plano de la espira. Calcule razonadamente: i) La fuerza electromotriz inducida para t = 0'5 s. ii) La resistencia eléctrica de la espira, sabiendo que por ella circula, para t = 0'5 s, una intensidad de corriente de 3·10^{-3} A.

Datos: Dibujo:

r = 0'03 m
B = 2 T
$\omega = \pi$ rad·s^{-1}
¿ε?
t = 0'5 s
¿R?
I = 3·10^{-3} A

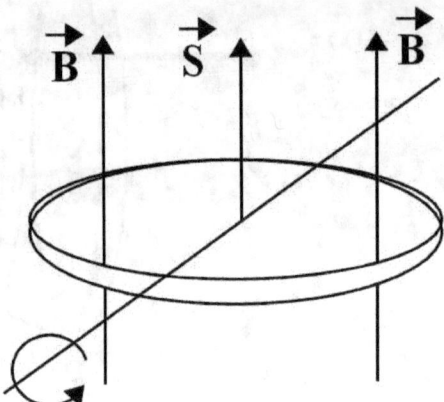

Principio físico: inducción electromagnética, ley de Faraday-Lenz: cuando un circuito es atravesado por un flujo magnético variable, se induce en el circuito una corriente eléctrica en un sentido tal que se opone a la variación del flujo.

Método de resolución: usaremos la definición de flujo y la ley de Faraday-Lenz.

Resolución: * Flujo magnético en función del tiempo: $\Phi = \vec{B}\cdot\vec{S}$ = B·S·cos α =

= B·π·r^2·cos (ω·t + φ_0) = 2·π·0'03^2·cos (π·t + 0) = 5'65·10^{-3}·cos (π·t) Wb

* Fuerza electromotriz inducida:

$$\varepsilon = -\frac{d\Phi}{dt} = -5'65\cdot 10^{-3}\cdot[-\pi\cdot sen(\pi\cdot t)] = 0'0178\cdot sen(\pi\cdot 0'5) = \boxed{0'0178\ V}$$

* Resistencia eléctrica de la espira: $\varepsilon = I\cdot R \Rightarrow R = \frac{\epsilon}{I} = \frac{0'0178}{3\cdot 10^{-3}} = \boxed{5'93\ \Omega}$

Comentario: φ_0 es el ángulo inicial entre $\vec{B}$ y $\vec{S}$. Vale cero porque, inicialmente, el campo magnético es perpendicular al plano de la espira. La fem es máxima a los 0'5 segundos porque el seno de 0'5·π es uno, su valor máximo.

29) Un protón atraviesa, sin desviarse, una región donde hay un campo magnético uniforme de 0'2 T, perpendicular a un campo eléctrico uniforme de $3\cdot 10^5$ V·m^{-1}. i) Realice un esquema de la situación con las fuerzas involucradas. ii) Calcule la velocidad de la partícula. iii) Calcule el radio de la trayectoria seguida por el protón si se anulase el campo eléctrico. e = $1'6\cdot 10^{-19}$ C; m$_p$ = $1'7\cdot 10^{-27}$ kg.

Datos: Dibujo:

B = 0'2 T
E = $3\cdot 10^5$ V/m
¿v?
¿r?
e = $1'6\cdot 10^{-19}$ C
m$_p$ = $1'7\cdot 10^{-27}$ kg

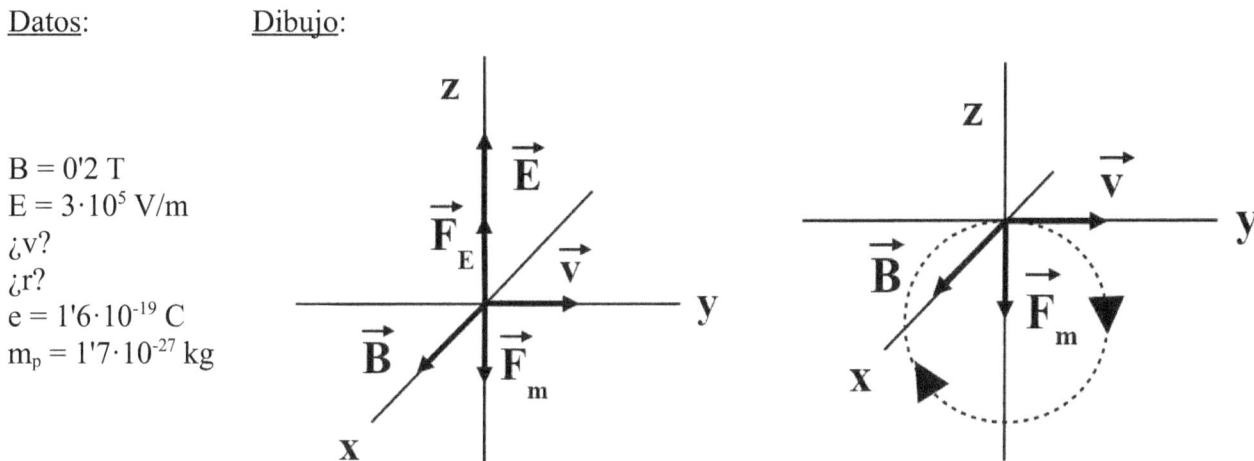

Principio físico: primera ley de Newton: un cuerpo permanece en reposo o en MRU a no ser que se le aplique una fuerza resultante distinta de cero. Ley de Lorentz: una carga eléctrica moviéndose en el seno de un campo magnético experimenta una fuerza dada por: $\vec{F} = Q\cdot \vec{v} \times \vec{B}$. Como la velocidad y la fuerza son perpendiculares, la partícula experimenta un MCU (movimiento circular uniforme).

Método de resolución: igualaremos los módulos de las fuerzas eléctrica y magnética y después igualaremos la fuerza magnética con la fuerza centrípeta.

Resolución: * Velocidad de la partícula: $\vec{F}_E + \vec{F}_m = 0$ ⇒ $F_E = F_m$ ⇒ $Q\cdot E = Q\cdot v\cdot B\cdot \operatorname{sen} \alpha$ ⇒

⇒ $E = v\cdot B\cdot \operatorname{sen} \alpha$ ⇒ $v = \dfrac{E}{B\cdot sen\,\alpha} = \dfrac{3\cdot 10^5}{0'2\cdot sen\,90º} = \boxed{1'5\cdot 10^6 \ \dfrac{m}{s}}$

* Radio de la trayectoria sin campo eléctrico:

$\sum \vec{F} = m\cdot \vec{a}$ ⇒ $F_m = F_C$ ⇒ $Q\cdot v\cdot B\cdot \operatorname{sen} \alpha = \dfrac{m\cdot v^2}{r}$ ⇒ $r = \dfrac{m\cdot v}{Q\cdot B\cdot sen\,\alpha} =$

$= \dfrac{1'7\cdot 10^{-27}\cdot 1'5\cdot 10^6}{1'6\cdot 10^{-19}\cdot 0'2\cdot sen\,90º} = \boxed{0'0797 \text{ m}}$

Comentario: para que la partícula se mueva a velocidad constante, la resultante debe ser cero. Cuando desaparece el campo eléctrico, sólo actúa la fuerza magnética, que es a su vez fuerza centrípeta. El protón describe un MCU porque la velocidad es constante y perpendicular a la velocidad.

30) Un electrón se mueve a 10^5 m·s^{-1} en el sentido positivo del eje OX y penetra en una región donde existe un campo magnético uniforme de 1 T, dirigido en el sentido negativo del eje OZ. Determine razonadamente, con la ayuda de un esquema: i) La fuerza magnética que actúa sobre el electrón. ii) El campo eléctrico que hay que aplicar para que el electrón continúe con trayectoria rectilínea.
e = 1'6·10^{-19} C.

Datos:

v = 10^5 m/s
B = 1 T
¿F$_m$?
¿E?
e = 1'6·10^{-19} C

Dibujo:

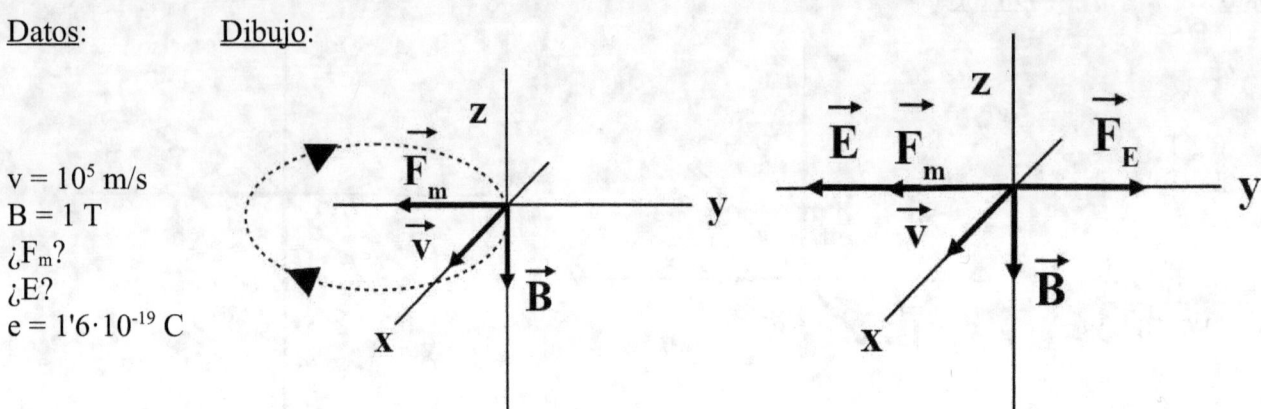

Principio físico: Ley de Lorentz: una carga eléctrica moviéndose en el seno de un campo magnético experimenta una fuerza dada por: $\vec{F} = Q \cdot \vec{v} \times \vec{B}$. Como la velocidad y la fuerza son perpendiculares, la partícula experimenta un MCU (movimiento circular uniforme). Para que el cuerpo se mueva con velocidad constante, la resultante debe ser nula (primera ley de Newton).

Método de resolución: aplicaremos la ley de Lorentz y la primera ley de Newton.

Resolución: * Fuerza magnética sobre el electrón:

$$\vec{F}_m = Q \cdot \vec{v} \times \vec{B} = -1'6 \cdot 10^{-19} \cdot 10^5 \cdot \vec{i} \times (-1\vec{k}) = -1'6 \cdot 10^{-14} \vec{j} \text{ N, pues: } \vec{i} \times \vec{k} = -\vec{j}$$

$$\boxed{F = 1'6 \cdot 10^{-14} \text{ N}}$$

* Campo eléctrico que hay que aplicar:

$$\vec{F}_E + \vec{F}_m = 0 \Rightarrow F_E = F_m \Rightarrow Q \cdot E = Q \cdot v \cdot B \cdot \text{sen } \alpha \Rightarrow$$

$$\Rightarrow E = v \cdot B \cdot \text{sen } \alpha = 10^5 \cdot 1 \cdot \text{sen } 90° = \boxed{10^5 \frac{N}{C}}$$

Comentario: α es el ángulo entre $\vec{v}$ y $\vec{B}$ y vale 90°, son perpendiculares. Según la expresión $\vec{F}_E = Q \cdot \vec{E}$, los vectores $\vec{F}_E$ y $\vec{E}$ son opuestos porque la carga del electrón es negativa.

TEMA 5: ONDAS

FORMULARIO DE M.A.S. Y ONDAS

Movimiento armónico simple (MAS)

* Fórmulas del M.A.S.:
  - Ecuación del movimiento o elongación:
    $y = A \cdot sen(\omega \cdot t + \varphi_0)$ o bien: $y = A \cdot cos(\omega \cdot t + \varphi_0)$ (m)
  - Período, T: $T = \dfrac{2 \cdot \pi}{\omega}$ (s) ; $T = 2 \cdot \pi \cdot \sqrt{\dfrac{m}{k}}$ (s)
  - Frecuencia, f (o ν): $f = \dfrac{1}{T} = \dfrac{\omega}{2 \cdot \pi}$ (Hz o s^{-1}) ; $f = \dfrac{1}{2 \cdot \pi} \cdot \sqrt{\dfrac{k}{m}}$ (Hz o s^{-1})
  - Constante elástica, k: $k = m \cdot \omega^2 = m \cdot 4 \cdot \pi^2 \cdot f^2$ $\left(\dfrac{N}{m}\right)$
  - Fase, φ : $\varphi = \omega \cdot t + \varphi_0$ (rad)
  - Velocidad, v: $v = \dfrac{dy}{dt} = A \cdot \omega \cdot cos(\omega \cdot t + \varphi_0)$ $\left(\dfrac{m}{s}\right)$
  - Velocidad máxima, $v_{máx}$: $v_{max} = A \cdot \omega$ $\left(\dfrac{m}{s}\right)$
  - Aceleración, a: $a = \dfrac{dv}{dt} = -A \cdot \omega^2 \cdot sen(\omega \cdot t + \varphi_0)$ $\left(\dfrac{m}{s^2}\right)$
  - Aceleración máxima, a_{max} : $a_{max} = -A \cdot \omega^2$ $\left(\dfrac{m}{s^2}\right)$
  - Energía mecánica, E_M : $E_M = \dfrac{1}{2} \cdot K \cdot A^2$ (J)

Ondas u ondas armónicas

  - Expresión de la onda o elongación: $y = A \cdot sen(\pm \omega \cdot t \pm k \cdot x \pm \varphi_0)$ (m)

siendo:
  y: elongación (m)
  A: amplitud (m)
  ω: frecuencia angular (rad/s)
  t: tiempo (s)
  k: número de onda (rad/m)
  x: distancia en el eje OX (m)
  φ_0: fase inicial (rad)

  - Frecuencia, f: $f = \dfrac{1}{T}$ (Hz o s^{-1})

siendo:
  f: frecuencia (Hz o s^{-1})
  T: período (s)

- Frecuencia angular, ω: $\quad \omega = \dfrac{2\cdot\pi}{T} = 2\cdot\pi\cdot f \quad \left(\dfrac{rad}{s}\right)$

siendo: $\quad\quad\quad\quad$ ω: frecuencia angular (rad/s)
$\quad\quad\quad\quad\quad\quad\quad$ T: período (s)
$\quad\quad\quad\quad\quad\quad\quad$ f: frecuencia (Hz o s^{-1})

- Número de onda, k: $\quad k = \dfrac{2\cdot\pi}{\lambda} \quad \left(\dfrac{rad}{m}\right)$

siendo: $\quad\quad\quad\quad$ k: número de onda (rad/m)
$\quad\quad\quad\quad\quad\quad\quad$ λ: longitud de onda (m)

- Velocidad de propagación, v: $\quad v = \lambda\cdot f = \dfrac{\omega}{k} \quad \left(\dfrac{m}{s}\right)$

siendo: $\quad\quad\quad\quad$ v: velocidad de propagación de la onda (m/s)
$\quad\quad\quad\quad\quad\quad\quad$ λ: longitud de onda (m)
$\quad\quad\quad\quad\quad\quad\quad$ f: frecuencia (Hz o s^{-1})

- Velocidad de vibración o de oscilación, v:

$$v = \dfrac{dy}{dt} = A\cdot\omega\cdot\cos(\pm\omega\cdot t \pm k\cdot x \pm \varphi_0) \quad \left(\dfrac{m}{s}\right)$$

siendo: $\quad\quad\quad\quad$ v: velocidad de oscilación o de vibración (m/s)
$\quad\quad\quad\quad\quad\quad\quad$ A: amplitud (m)
$\quad\quad\quad\quad\quad\quad\quad$ ω: frecuencia angular (rad/s)
$\quad\quad\quad\quad\quad\quad\quad$ t: tiempo (s)
$\quad\quad\quad\quad\quad\quad\quad$ k: número de onda (rad/m)
$\quad\quad\quad\quad\quad\quad\quad$ x: distancia en el eje OX (m)
$\quad\quad\quad\quad\quad\quad\quad$ φ_0: fase inicial (rad)

- Velocidad máxima de vibración o de oscilación, $v_{máx}$: $\quad v_{max} = A\cdot\omega \quad \left(\dfrac{m}{s}\right)$

siendo: $\quad\quad\quad\quad$ A: amplitud (m)
$\quad\quad\quad\quad\quad\quad\quad$ ω: frecuencia angular (rad/s)

- Aceleración, a: $\quad a = \dfrac{dv}{dt} = -A\cdot\omega^2\cdot\text{sen}(\pm\omega\cdot t \pm k\cdot x \pm \varphi_0) \quad \left(\dfrac{m}{s^2}\right)$

siendo: $\quad\quad\quad\quad$ a: aceleración (m/s^2)
$\quad\quad\quad\quad\quad\quad\quad$ A: amplitud (m)
$\quad\quad\quad\quad\quad\quad\quad$ ω: frecuencia angular (rad/s)
$\quad\quad\quad\quad\quad\quad\quad$ t: tiempo (s)
$\quad\quad\quad\quad\quad\quad\quad$ k: número de onda (rad/m)
$\quad\quad\quad\quad\quad\quad\quad$ x: distancia en el eje OX (m)
$\quad\quad\quad\quad\quad\quad\quad$ φ_0: fase inicial (rad)

- Aceleración máxima, a_{max} : $a_{max} = A \cdot \omega^2 \quad \left(\dfrac{m}{s^2}\right)$

siendo: A: amplitud (m)
  ω: frecuencia angular (rad/s)

Ondas estacionarias

* Expresión de la onda o elongación:

  $y = 2 \cdot A \cdot \text{sen}(k \cdot x) \cdot \text{sen}(\omega \cdot t)$ (m) (los dos extremos fijos)
  $y = 2 \cdot A \cdot \text{sen}(k \cdot x) \cdot \cos(\omega \cdot t)$ (m) (los dos extremos fijos)
  $y = 2 \cdot A \cdot \cos(k \cdot x) \cdot \cos(\omega \cdot t)$ (m) (los dos extremos móviles)
  $y = 2 \cdot A \cdot \cos(k \cdot x) \cdot \text{sen}(\omega \cdot t)$ (m) (los dos extremos móviles)

siendo: y: elongación (m)
  A: amplitud (m)
  ω: frecuencia angular (rad/s)
  t: tiempo (s)
  k: número de onda (rad/m)
  x: distancia en el eje OX (m)
  φ_0: fase inicial (rad)

* Condición de nodos para las ondas estacionarias:
  $\text{sen}(k \cdot x) = 0$ o $\cos(k \cdot x) = 0$ (según la ecuación)

* Condición de vientres para las ondas estacionarias:
  $\text{sen}(k \cdot x) = \pm 1$ o $\cos(k \cdot x) = \pm 1$ (según la ecuación)

La condición $\text{sen}(k \cdot x) = 0$ es la misma que $\cos(k \cdot x) = \pm 1$ e implica que:

$k \cdot x = 0, \pi, 2\cdot\pi, 3\cdot\pi, \ldots, n\cdot\pi$ Siendo n = 0, 1, 2,... $\Rightarrow k \cdot x = n \cdot \pi \Rightarrow x = \dfrac{n \cdot \pi}{k} = \dfrac{n \cdot \pi}{\frac{2 \cdot \pi}{\lambda}} = n \cdot \dfrac{\lambda}{2}$

La condición $\text{sen}(k \cdot x) = \pm 1$ es la misma que $\cos(k \cdot x) = 0$ e implica que:

$k \cdot x = \dfrac{\pi}{2}, 3 \cdot \dfrac{\pi}{2}, \ldots, (2 \cdot n + 1) \cdot \dfrac{\pi}{2}$ Siendo n = 0, 1, 2, ... $\Rightarrow k \cdot x = (2 \cdot n + 1) \cdot \dfrac{\pi}{2} \Rightarrow$

$\Rightarrow x = \dfrac{(2 \cdot n + 1) \cdot \pi}{2 \cdot k} = \dfrac{(2 \cdot n + 1) \cdot \pi}{2 \cdot \frac{2 \cdot \pi}{\lambda}} = (2 \cdot n + 1) \cdot \dfrac{\lambda}{4}$

CUESTIONES DE MOVIMIENTO ARMÓNICO SIMPLE (MAS) Y DE ONDAS

Cuestiones de movimiento armónico simple

2016

1) a) Explique las características cinemáticas de un movimiento armónico simple. b) Dos partículas de igual masa, m, unidas a dos resortes de constantes k_1 y k_2 ($k_1 > k_2$), describen movimientos armónicos simples de igual amplitud. ¿Cuál de las dos partículas tiene mayor energía cinética al pasar por su posición de equilibrio? ¿Cuál de las dos oscila con mayor periodo? Razone las respuestas.

a) El movimiento armónico simple (MAS) es el movimiento periódico (que se repite en el tiempo) de un cuerpo que oscila a un lado y a otro de su posición de equilibrio. La aceleración y la fuerza son directamente proporcionales a la distancia del cuerpo a la posición de equilibrio (elongación).
* Estudio cinemático:
- Elongación: $x = A \cdot \operatorname{sen}(\omega \cdot t + \varphi_0)$, en la que x representa la posición del móvil y se denomina elongación, A es la elongación máxima y se denomina amplitud (en metros), ω es la frecuencia angular (en rad/s) y φ_0 es la fase inicial (en rad).

- Velocidad: $v = \dfrac{dx}{dt} = A \cdot \omega \cdot \cos(\omega \cdot t + \varphi_0)$

- Aceleración: $a = \dfrac{dv}{dt} = -A \cdot \omega^2 \cdot \operatorname{sen}(\omega \cdot t + \varphi_0) = -\omega^2 \cdot x$

	Elongación, x	Velocidad, v	Aceleración, a
Extremo superior	Máxima = + A	0	Máxima = $-\omega^2 \cdot A$
Posición de equilibrio	0	Máxima = $A \cdot \omega$	Mínima = 0
Extremo inferior	Máxima = $-A$	0	Máxima = $-\omega^2 \cdot A$

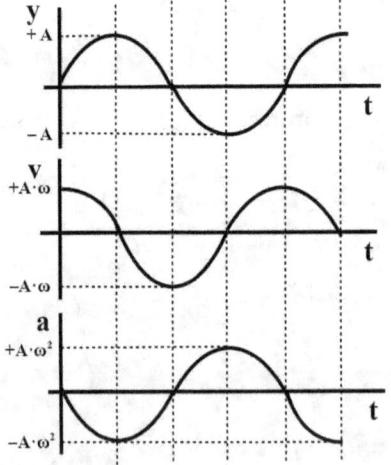

La elongación y la aceleración son funciones del seno y la velocidad del coseno. Esto supone que la elongación y la aceleración adquieren sus valores máximos en los extremos y el mínimo en la posición de equilibrio. Con la velocidad, ocurre al contrario.

b) – Relación entre las energías cinéticas:

$$Ec_1 = \frac{1}{2}.k_1 \cdot A^2 \Rightarrow k_1 = \frac{2 \cdot Ec_1}{A^2}$$

$$Ec_2 = \frac{1}{2}.k_2 \cdot A^2 \Rightarrow k_2 = \frac{2 \cdot Ec_2}{A^2}$$

$$k_1 > k_2 \Rightarrow \frac{2 \cdot Ec_1}{A^2} > \frac{2 \cdot Ec_2}{A^2} \Rightarrow Ec_1 > Ec_2$$

- Relación entre los períodos:

$$k_1 = m \cdot \omega_1^2 = \frac{m \cdot 4 \cdot \pi^2}{T_1^2}$$

$$k_2 = m \cdot \omega_2^2 = \frac{m \cdot 4 \cdot \pi^2}{T_2^2}$$

$$k_1 > k_2 \Rightarrow \frac{m \cdot 4 \cdot \pi^2}{T_1^2} > \frac{m \cdot 4 \cdot \pi^2}{T_2^2} \Rightarrow T_2^2 > T_1^2 \Rightarrow T_2 > T_1$$

2015

2) Comente la siguiente frase: "Si se aumenta la energía mecánica de una partícula que describe un movimiento armónico simple, la amplitud y la frecuencia del movimiento también aumentan".

Parcialmente verdadero y parcialmente falso. Al aumentar la energía mecánica, aumenta la amplitud pero la frecuencia permanece constante.

La energía mecánica en el MAS viene dada por: $E_M = \frac{1}{2}.k \cdot A^2$. La energía mecánica es directamente proporcional a la amplitud al cuadrado, luego al aumentar la energía mecánica, aumenta la amplitud y al contrario. La constante elástica del movimiento tiene esta expresión: $k = m \cdot \omega^2 = m \cdot 4 \cdot \pi^2 \cdot f^2$. Se supone que el muelle es el mismo y que la masa es la misma. Por esos motivos, ni la k, ni la ω ni la f pueden cambiar.

---

3) Un cuerpo de masa m sujeto a un resorte de constante elástica k describe un movimiento armónico simple. Indique cómo variaría la frecuencia de oscilación si: i) la constante elástica se duplicara; ii) la masa del cuerpo se triplicara. Razone sus respuestas.

i) Si $k_2 = 2 \cdot k_1 \Rightarrow m \cdot 4 \cdot \pi^2 \cdot f_2^2 = 2 \cdot m \cdot 4 \cdot \pi^2 \cdot f_1^2 \Rightarrow f_2^2 = 2 \cdot f_1^2 \Rightarrow f_2 = \sqrt{2} \cdot f_1$

La constante del muelle es directamente proporcional a la frecuencia: a mayor constante, mayor frecuencia.

ii) Si $m_2 = 3 \cdot m_1$. Suponemos que cambia la masa pero no la constante elástica:
$k_1 = k_2 \Rightarrow m_1 \cdot 4 \cdot \pi^2 \cdot f_1^2 = m_2 \cdot 4 \cdot \pi^2 \cdot f_2^2 \Rightarrow m_1 \cdot 4 \cdot \pi^2 \cdot f_1^2 = 3 \cdot m_1 \cdot 4 \cdot \pi^2 \cdot f_2^2 \Rightarrow f_1^2 = 3 \cdot f_2^2 \Rightarrow$

$\Rightarrow f_2 = \frac{f_1}{\sqrt{3}}$: cuando se aumenta la masa que oscila, la frecuencia del movimiento disminuye para mantener constante la constante elástica.

4) Dos bloques, de masas M y m, están unidos al extremo libre de sendos resortes idénticos, fijos por el otro extremo a una pared, y descansan sobre una superficie horizontal sin rozamiento. Los bloques se separan de su posición de equilibrio una misma distancia A y se sueltan. Razone qué relación existe entre las energías potenciales cuando ambos bloques se encuentran a la misma distancia de sus puntos de equilibrio.

La única fuerza que interviene en el movimiento es la fuerza elástica del resorte, ya que la fuerza gravitatoria y la normal se anulan mutuamente. Al ser todo el movimiento en horizontal y por anularse la normal con el peso, la única fuerza a tener en cuenta es la fuerza recuperadora del resorte.

La energía potencial será entonces energía potencial elástica, dada por: $E_p = \frac{1}{2}.k \cdot x^2$, donde k es la constante elástica del resorte y x es la elongación, la distancia a la posición de equilibrio. Como los resortes son idénticos, las constantes amortiguadoras, k, son iguales. Como las masas se encuentran a la misma distancia de sus posiciones de equilibrio, tendrán igual elongación, x. Por consiguiente, ambos movimientos tienen la misma energía potencial en el momento considerado. Es decir, la relación entre sus energías potenciales será uno.

---

5) Una partícula de masa m sujeta a un muelle de constante k describe un movimiento armónico simple expresado por la ecuación: x(t) = A·sen (ω·t + φ). Represente gráficamente la posición y la aceleración de la partícula en función del tiempo durante una oscilación. Explique ambas gráficas y la relación entre las dos magnitudes representadas.

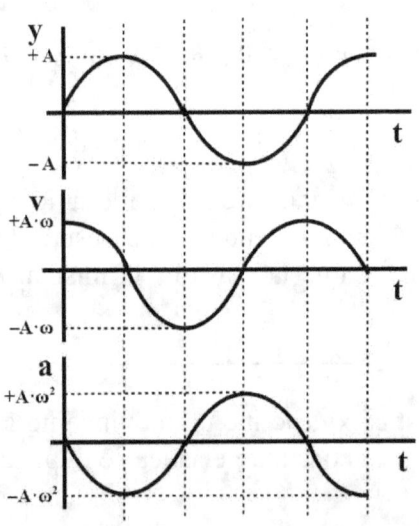

Ambas gráficas parten del origen si la fase inicial vale cero, pues están representadas por la función seno. Los nodos están situados para los mismos valores del tiempo:

$$\frac{T}{2}, T, \frac{3 \cdot T}{2}, ..., \frac{n \cdot T}{2}$$

Debido a que la aceleración tiene signo negativo (pues tiene sentido opuesto a la posición) cuando la posición está en un máximo, la aceleración está en un mínimo y al contrario. La relación entre ambas es:

- Elongación: $y = A \cdot sen(\omega \cdot t + \varphi_0)$
- Velocidad: $v = \frac{dy}{dt} = A \cdot \omega \cdot cos(\omega \cdot t + \varphi_0)$
- Aceleración:

$$a = \frac{dv}{dt} = -A \cdot \omega^2 \cdot sen(\omega \cdot t) = -\omega^2 \cdot y$$

---

6) a) Describa el movimiento armónico simple y comente sus características dinámicas. b) Un oscilador armónico simple está formado por un muelle de masa despreciable y una partícula de masa, m, unida a uno de sus extremos. Se construye un segundo oscilador con un muelle idéntico al del primero y una partícula de masa diferente, m'. ¿Qué relación debe existir entre m' y m para que la frecuencia del segundo oscilador sea el doble que la del primero?

a) El movimiento armónico simple (MAS) es el movimiento periódico (que se repite en el tiempo) de un cuerpo que oscila a un lado y a otro de su posición de equilibrio. La aceleración y la fuerza son directamente proporcionales a la distancia del cuerpo a la posición de equilibrio (elongación).

* Características dinámicas:
- Elongación: $y = A \cdot sen(\omega \cdot t + \varphi_0)$
- Velocidad: $v = \dfrac{dy}{dt} = A \cdot \omega \cdot cos(\omega \cdot t + \varphi_0)$
- Aceleración: $a = \dfrac{dv}{dt} = -A \cdot \omega^2 \cdot sen(\omega \cdot t + \varphi_0) = -\omega^2 \cdot y$
- Fuerza elástica: $F = -k \cdot y$
- Frecuencia angular: $F = m \cdot a = -m \cdot \omega^2 \cdot y = -k \cdot y \Rightarrow k = m \cdot \omega^2 \Rightarrow \omega = \sqrt{\dfrac{k}{m}}$
- Energía cinética: $E_c = \dfrac{1}{2} \cdot m \cdot v^2 = \dfrac{1}{2} \cdot m \cdot A^2 \cdot \omega^2 \cdot cos^2(\omega \cdot t + \phi_0)$
- Energía potencial: $E_p = \dfrac{1}{2} \cdot k \cdot y^2 = \dfrac{1}{2} \cdot m \cdot \omega^2 \cdot A^2 \cdot sen^2(\omega \cdot t + \phi_0)$
- Energía mecánica:

$E_M = E_c + E_p = \dfrac{1}{2} \cdot m \cdot A^2 \cdot \omega^2 \cdot cos^2(\omega \cdot t + \phi_0) + \dfrac{1}{2} \cdot m \cdot \omega^2 \cdot A^2 \cdot sen^2(\omega \cdot t + \phi_0) = \dfrac{1}{2} \cdot m \cdot \omega^2 \cdot A^2 = \dfrac{1}{2} \cdot k \cdot A^2$

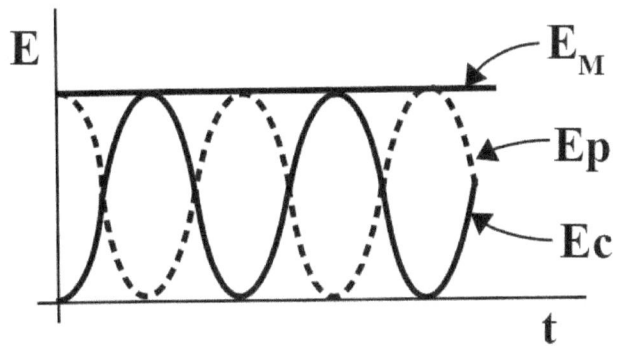 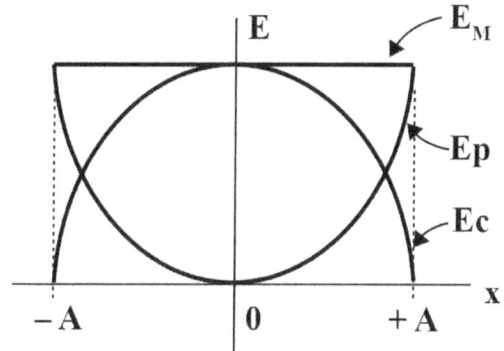

Gráfica energía – tiempo   Gráfica energía – posición

	Elongación, x	**Ec**	**Ep**
Extremo superior	Máxima = + A	0	Máxima = $\dfrac{1}{2} \cdot k \cdot A^2$
Posición de equilibrio	0	Máxima = $\dfrac{1}{2} \cdot k \cdot A^2$	Mínima = 0
Extremo inferior	Máxima = – A	0	Máxima = $\dfrac{1}{2} \cdot k \cdot A^2$

La energía mecánica es siempre constante, por ser la fuerza elástica conservativa. La energía potencial se va convirtiendo en cinética y la cinética en potencial.

b) Si los muelles son idénticos, las constantes elásticas son iguales:

$k_1 = k_2 \Rightarrow m \cdot \omega^2 = m' \cdot \omega'^2 \Rightarrow m \cdot 4 \cdot \pi^2 \cdot f^2 = m' \cdot 4 \cdot \pi^2 \cdot f'^2 \Rightarrow m \cdot f^2 = m' \cdot f'^2 \Rightarrow$

$\Rightarrow m \cdot f^2 = m' \cdot (2 \cdot f)^2 \Rightarrow m \cdot f^2 = m' \cdot 4 \cdot f^2 \Rightarrow \dfrac{m'}{m} = \dfrac{1}{4}$

El cociente entre las masas es igual al cociente entre los cuadrados de las frecuencias. Cuando la masa crece, la frecuencia del movimiento disminuye. Es como si al muelle le costara más trabajo mover esa masa. O dicho de otra forma: F = m·a: segunda ley de Newton: la misma fuerza elástica provoca una menor aceleración para una masa mayor.

---

7) Una partícula de masa m está unida a un extremo de un resorte y realiza un movimiento armónico simple sobre una superficie horizontal. Determine la expresión de la energía mecánica de la partícula en función de la constante elástica de resorte, k, y de la amplitud de la oscilación, A.

El peso de la partícula se anula con la normal, luego el peso no influye en el MAS.
- Elongación: y = A·sen ($\omega \cdot t + \varphi_0$)
en la que x representa la posición del móvil y se denomina elongación, A es la amplitud (elongación máxima), ω es la frecuencia angular y φ_0 es la fase inicial.

- Velocidad: $v = \dfrac{dy}{dt} = A \cdot \omega \cdot \cos(\omega \cdot t + \varphi_0)$

- Aceleración: $a = \dfrac{dv}{dt} = -A \cdot \omega^2 \cdot sen(\omega \cdot t) = -\omega^2 \cdot y$

- Energía cinética: $Ec = \dfrac{1}{2} \cdot m \cdot v^2 = \dfrac{1}{2} \cdot m \cdot A^2 \cdot \omega^2 \cdot \cos^2(\omega \cdot t + \phi_0)$

- Energía potencial: $Ep = \dfrac{1}{2} \cdot k \cdot y^2 = \dfrac{1}{2} \cdot m \cdot \omega^2 \cdot A^2 \cdot sen^2(\omega \cdot t + \phi_0)$

- Energía mecánica:
$E_M = Ec + Ep = \dfrac{1}{2} \cdot m \cdot A^2 \cdot \omega^2 \cdot \cos^2(\omega \cdot t + \phi_0) + \dfrac{1}{2} \cdot m \cdot \omega^2 \cdot A^2 \cdot sen^2(\omega \cdot t + \phi_0) = \dfrac{1}{2} \cdot m \cdot \omega^2 \cdot A^2 = \dfrac{1}{2} \cdot k \cdot A^2$

2014

8) Demuestre que en un oscilador armónico simple la aceleración es proporcional al desplazamiento de la posición de equilibrio pero de sentido contrario.

El movimiento armónico simple (MAS) es un movimiento periódico a un lado y a otro de una posición de equilibrio y que es producido por una fuerza recuperadora que es proporcional a la elongación, es decir, a la distancia a la posición de equilibrio.

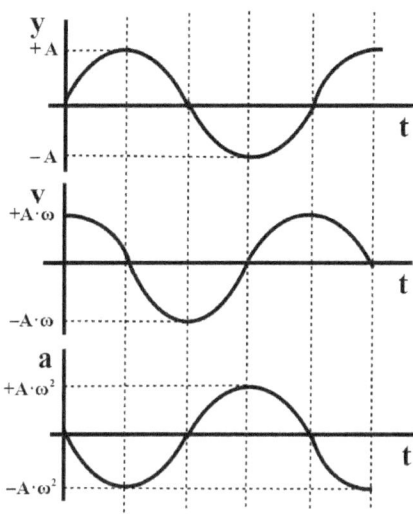

* Ecuación general de un MAS:

$$y = A \cdot \operatorname{sen}(\omega \cdot t + \varphi_0)$$

* Velocidad de un MAS:

$$v = \frac{dy}{dt} = A \cdot \omega \cdot \cos(\omega \cdot t + \varphi_0)$$

* Aceleración de un MAS:

$$a = \frac{dv}{dt} = -A \cdot \omega^2 \cdot \operatorname{sen}(\omega \cdot t + \varphi_0) = -A \cdot y$$

Cuestiones de ondas

Cuestión genérica

9) ¿Qué significa que una onda armónica viajera tenga doble periodicidad? Realice las gráficas necesarias para representar ambas periodicidades.

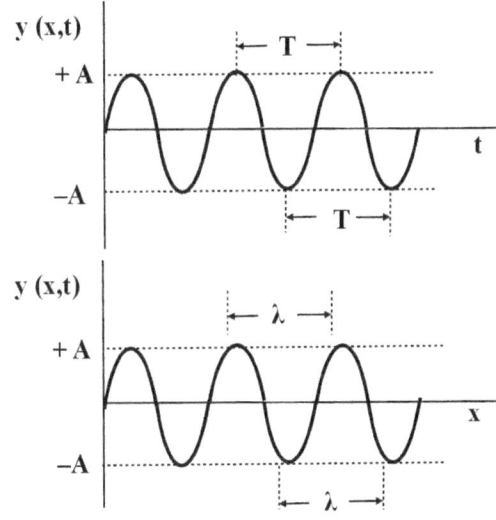

La ecuación de una onda muestra la doble dependencia de la distancia y del tiempo:
$$y(x,t) = A \cdot \operatorname{sen}(\pm \omega \cdot t \pm k \cdot x)$$

Las posiciones de alejamiento respecto a la posición de equilibrio se repiten periódicamente con el paso del tiempo para cualquier punto determinada de la onda. Así, para un valor fijo de x (constante), la onda es armónica respecto a la otra variable, el tiempo:

$$y(t) = A \cdot \operatorname{sen}(\omega \cdot t) = A \cdot \operatorname{sen}(\pm \frac{2 \cdot \pi \cdot t}{T} - \text{cte})$$

El signo + en el término k·x corresponde a una onda que se mueve hacia la izquierda y el signo menos hacia la derecha.

De la gráfica podemos observar que, para dos instantes t_1 y t_2, separados por un intervalo de tiempo igual a un período, el punto vuelve a tener el mismo estado de vibración.

Sin realizar desarrollos trigonométricos, lo anterior equivale a:
$(\omega \cdot t_2 - k \cdot x) - (\omega \cdot t_1 - k \cdot x) = 2 \cdot \pi \cdot n$, pues la diferencia de fase debe ser múltiplo entero de $2 \cdot \pi$.

$$\omega \cdot t_2 - \omega \cdot t_1 = 2\cdot\pi\cdot n \Rightarrow \omega\cdot(t_2-t_1) = 2\cdot\pi\cdot n \Rightarrow t_2 - t_1 = \frac{2\cdot\pi\cdot n}{\omega} \Rightarrow t_2 - t_1 = \frac{2\cdot\pi\cdot n}{2\cdot\pi\cdot f} \Rightarrow$$

$$\Rightarrow t_2 - t_1 = \frac{n}{f} \quad ; \quad t_2 - t_1 = n\cdot T$$

Lo que demuestra que el estado de vibración de un punto de una onda se repite después de un período. Las posiciones de los puntos de una cuerda se repiten periódicamente a una distancia igual a la longitud de onda de cada punto. Si congeláramos la onda, observaríamos que la posición de cada punto se repite a una distancia λ.

Para dos puntos x_1 y x_2, separados por una distancia igual a una longitud de onda, se vuelve a alcanzar el mismo estado de vibración. Esto equivale matemáticamente a:
$(\omega\cdot t - k\cdot x_2) - (\omega\cdot t - k\cdot x_1) = 2\cdot\pi\cdot n$, pues la diferencia de fase debe ser múltiplo entero de $2\cdot\pi$.

$$k\cdot x_2 - k\cdot x_1 = 2\cdot\pi\cdot n \Rightarrow k\cdot(x_2 - x_1) = 2\cdot\pi\cdot n \Rightarrow x_2 - x_1 = \frac{2\cdot\pi\cdot n}{k} \Rightarrow$$

$$\Rightarrow x_2 - x_1 = \frac{2\cdot\pi\cdot n}{2\cdot\pi/\lambda} \Rightarrow x_2 - x_1 = n\cdot\lambda$$

Se demuestra así que el estado de vibración de dos puntos de una onda en un mismo instante se repite cada longitud de onda. Por otro lado:

$$x_2 - x_1 = n\cdot\lambda \quad ; \quad t_2 - t_1 = n\cdot T \Rightarrow v_{\text{propagación}} = \frac{x_2-x_1}{t_2-t_1} = \frac{n\cdot\lambda}{n\cdot T} \Rightarrow v_{\text{propagación}} = \frac{\lambda}{T} = \lambda\cdot f$$

2024

10) Dos partículas, una de masa m y otra de masa $2\cdot m$, unidas a resortes horizontales de igual constante elástica k, describen movimientos armónicos simples de igual amplitud. Determine razonadamente la relación que existe entre: i) la energía mecánica de ambas partículas; ii) la velocidad máxima de oscilación de ambas partículas.

i) * Energía mecánica de un cuerpo realizando un MAS: $E_M = \frac{1}{2}\cdot k \cdot A^2$

Como la energía mecánica es independiente de la masa y la contante elástica, k, y la amplitud, A, son iguales para los dos cuerpos, las energías mecánicas serán iguales y la relación entre ambas será la unidad.

ii) * Velocidad de oscilación: $v = \dfrac{dx}{dt} = A\cdot\omega\cdot\cos(\omega\cdot t + \varphi_0)$

* Velocidad máxima de oscilación: $v_{\text{máx.}} = A\cdot\omega$. Ocurre para coseno = 1.

* Relación entre las frecuencias angulares:

$$k = m \cdot \omega^2 \quad ; \quad k_1 = k_2 \quad \Rightarrow \quad m \cdot \omega_1^2 = 2 \cdot m \cdot \omega_2^2 \quad \Rightarrow \quad \omega_1^2 = 2 \cdot \omega_2^2 \quad \Rightarrow \quad \omega_1 = \sqrt{2} \cdot \omega_2$$

* Relación entre las velocidades máximas de oscilación:

$$\frac{v_{máx.,2}}{v_{máx.,1}} = \frac{A \cdot \omega_2}{A \cdot \omega_1} = \frac{\omega_2}{\omega_1} = \frac{\omega_2}{\sqrt{2} \cdot \omega_2} = \frac{1}{\sqrt{2}} \quad \Rightarrow \quad v_{máx.,1} = \sqrt{2} \cdot v_{máx.,2}$$

---

11) Demuestre razonadamente, a partir de la ecuación de onda, cómo varían la velocidad y la aceleración máxima de oscilación de una onda armónica en las siguientes situaciones: i) se duplica la amplitud sin modificar el periodo; ii) se duplica la frecuencia sin modificar la amplitud.

i) * Velocidad de oscilación máxima: $v_{máx.} = A \cdot \omega = A \cdot \dfrac{2 \cdot \pi}{T} = \dfrac{2 \cdot \pi \cdot A}{T} = 2 \cdot \pi \cdot A \cdot f$

* Aceleración de oscilación máxima: $a_{máx.} = A \cdot \omega^2 = A \cdot \dfrac{4 \cdot \pi^2}{T^2} = \dfrac{4 \cdot \pi^2 \cdot A}{T^2} = 4 \cdot \pi^2 \cdot A \cdot f^2$

* Relación entre las velocidades máximas: $\dfrac{v_{máx.,2}}{v_{máx.,1}} = \dfrac{\frac{2 \cdot \pi \cdot A_2}{T}}{\frac{2 \cdot \pi \cdot A_1}{T}} = \dfrac{A_2}{A_1} = \dfrac{2 \cdot A_1}{A_1} = 2$

* Relación entre las aceleraciones máximas: $\dfrac{a_{máx.,2}}{a_{máx.,1}} = \dfrac{\frac{4 \cdot \pi^2 \cdot A_2}{T^2}}{\frac{4 \cdot \pi^2 \cdot A_1}{T^2}} = \dfrac{A_2}{A_1} = \dfrac{2 \cdot A_1}{A_1} = 2$

ii) * Relación entre las velocidades máximas: $\dfrac{v_{máx.,2}}{v_{máx.,1}} = \dfrac{2 \cdot \pi \cdot A \cdot f_2}{2 \cdot \pi \cdot A \cdot f_1} = \dfrac{f_2}{f_1} = \dfrac{2 \cdot f_1}{f_1} = 2$

* Relación entre las aceleraciones máximas: $\dfrac{a_{máx.,2}}{a_{máx.,1}} = \dfrac{4 \cdot \pi^2 \cdot A \cdot f_2^2}{4 \cdot \pi^2 \cdot A \cdot f_1^2} = \dfrac{f_2^2}{f_1^2} = \dfrac{(2 \cdot f_1)^2}{f_1^2} = 4$

2023

12) Una onda armónica se propaga por una cuerda tensa. Si duplicamos el periodo sin que varíe la velocidad de propagación, indique razonadamente cómo se modifican: i) la longitud de onda; ii) la frecuencia angular.

i) $T_2 = 2 \cdot T_1 \quad ; \quad v_{p2} = v_{p1} \quad \Rightarrow \quad \lambda_2 \cdot f_2 = \lambda_1 \cdot f_1 \quad \Rightarrow \quad \lambda_2 \cdot \dfrac{1}{T_2} = \lambda_1 \cdot \dfrac{1}{T_1} \quad \Rightarrow$

$\Rightarrow \quad \lambda_2 = \lambda_1 \cdot \dfrac{T_2}{T_1} = \lambda_1 \cdot \dfrac{2 \cdot T_1}{T_1} = 2 \cdot \lambda_1$. La longitud de onda se hace el doble.

ii) $\dfrac{\omega_2}{\omega_1} = \dfrac{\frac{2\cdot\pi}{T_2}}{\frac{2\cdot\pi}{T_1}} = \dfrac{T_1}{T_2} = \dfrac{T_1}{2\cdot T_1} = \dfrac{1}{2}$

La frecuencia angular se reduce a la mitad.

---

13) i) Escriba la ecuación de una onda armónica transversal que se propaga en una cuerda tensa en el sentido negativo del eje OX y que tiene una fase inicial no nula. Identifique cada una de las magnitudes que aparecen en la expresión. ii) Explique la diferencia entre la velocidad de propagación y la velocidad de vibración de un punto de la cuerda y escriba sus ecuaciones para esta onda.

i) * Ecuación de una onda transversal que se propaga hacia la izquierda:

$$y(x,t) = A\cdot \text{sen}(\omega\cdot t + k\cdot x + \varphi_0)$$

siendo:
- $y(x,t)$: elongación en función de la posición y del tiempo (m)
- A: amplitud, elongación máxima (m)
- ω: frecuencia angular (rad/s)
- t: tiempo (s)
- k: número de onda (rad/m)
- x: posición (m)
- φ_0: fase inicial (rad)

Al propagarse la onda en el sentido negativo del eje OX, los términos $\omega\cdot t$ y $k\cdot x$ tienen el mismo signo.

ii) La velocidad de propagación es la velocidad con la que se desplaza la onda a lo largo del eje OX. La velocidad de vibración o de oscilación es la velocidad con la que se mueve cada punto de la onda a un lado y otro de la posición de equilibrio.

* Velocidad de propagación: $v_p = \dfrac{\omega}{k}$

La velocidad de vibración se obtiene derivando la elongación.

* Velocidad de vibración o de oscilación: $v_{osc.} = \dfrac{dy}{dt} = A\cdot\omega\cdot\cos(\omega\cdot t + k\cdot x + \varphi_0)$

---

14) Indique las características que deben tener dos ondas que se propagan por una cuerda tensa para que la superposición de ambas origine una onda estacionaria. Escriba las ecuaciones de dichas ondas y de la onda estacionaria resultante.

Una onda estacionaria es el resultado de la superposición de una onda de ida y otra de vuelta que se propagan por el mismo medio. Ambas tienen la misma amplitud, A, la misma frecuencia angular, ω, y el mismo número de onda, k; por consiguiente, también tienen la misma frecuencia, f, el mismo período, T, la misma longitud de onda, λ, y la misma velocidad de propagación, v_p.

Existen cuatro expresiones posibles de ondas estacionarias:

$y = 2 \cdot A \cdot \text{sen}(k \cdot x) \cdot \text{sen}(\omega \cdot t)$ (m) (los dos extremos fijos)
$y = 2 \cdot A \cdot \text{sen}(k \cdot x) \cdot \cos(\omega \cdot t)$ (m) (los dos extremos fijos)
$y = 2 \cdot A \cdot \cos(k \cdot x) \cdot \cos(\omega \cdot t)$ (m) (los dos extremos móviles)
$y = 2 \cdot A \cdot \cos(k \cdot x) \cdot \text{sen}(\omega \cdot t)$ (m) (los dos extremos móviles)

Deduciremos la segunda ecuación:

$y_1 = A \cdot \text{sen}(\omega \cdot t - k \cdot x)$; $y_2 = A \cdot \text{sen}(\omega \cdot t + k \cdot x)$

$y = y_{ida} + y_{vuelta} = y_1 + y_2 = A \cdot \text{sen}(\omega \cdot t - k \cdot x) + A \cdot \text{sen}(\omega \cdot t + k \cdot x)$

Según la fórmula trigonométrica: $\text{sen } u + \text{sen } v = 2 \cdot sen\left(\dfrac{u+v}{2}\right) \cdot \cos\left(\dfrac{u-v}{2}\right)$

Si llamamos: $u = \omega \cdot t - k \cdot x$; $v = \omega \cdot t + k \cdot x$

$y = A \cdot \text{sen } u + A \cdot \text{sen } v = A \cdot (\text{sen } u + \text{sen } v) = 2 \cdot A \cdot sen\left(\dfrac{u+v}{2}\right) \cdot \cos\left(\dfrac{u-v}{2}\right)$

Teniendo en cuenta que: $u + v = 2 \cdot \omega \cdot t$ y que: $u - v = -2 \cdot k \cdot x$:

$y = 2 \cdot A \cdot sen\left(\dfrac{2 \cdot \omega \cdot t}{2}\right) \cdot \cos\left(\dfrac{-2 \cdot k \cdot x}{2}\right) = 2 \cdot A \cdot \text{sen}(\omega \cdot t) \cdot \cos(-k \cdot x)$

Sabiendo que: $\cos(-\alpha) = \cos \alpha$ $\Rightarrow$ $y = 2 \cdot A \cdot \text{sen}(\omega \cdot t) \cdot \cos(k \cdot x)$

---

15) i) Escriba la ecuación de una onda estacionaria definiendo qué son los nodos y los vientres.
ii) Deduzca la posición de los nodos y los vientres en función de la longitud de onda.

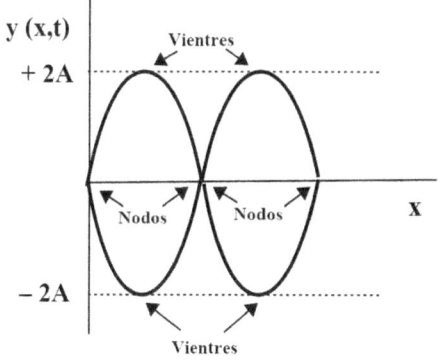

Nodos y vientres

i) Una onda estacionaria es la superposición de dos ondas de iguales características que se desplazan por el mismo medio: una en un sentido y la otra en el contrario. Los nodos son los puntos de la onda de elongación nula y los vientres son los puntos de elongación máxima.

Existen cuatro expresiones posibles de ondas estacionarias:

$y = 2 \cdot A \cdot \text{sen}(k \cdot x) \cdot \text{sen}(\omega \cdot t)$ (m) (los dos extremos fijos)
$y = 2 \cdot A \cdot \text{sen}(k \cdot x) \cdot \cos(\omega \cdot t)$ (m) (los dos extremos fijos)
$y = 2 \cdot A \cdot \cos(k \cdot x) \cdot \cos(\omega \cdot t)$ (m) (los dos extremos móviles)
$y = 2 \cdot A \cdot \cos(k \cdot x) \cdot \text{sen}(\omega \cdot t)$ (m) (los dos extremos móviles)

ii) Las condiciones de nodos y vientres dependen de la ecuación de la onda estacionaria.

* Condición de nodos para las ondas estacionarias:
$$\operatorname{sen}(k \cdot x) = 0 \text{ o } \cos(k \cdot x) = 0 \text{ (según la ecuación)}$$

La condición $\operatorname{sen}(k \cdot x) = 0$ es la misma que $\cos(k \cdot x) = \pm 1$ e implica que:

$$k \cdot x = 0, \pi, 2\cdot\pi, 3\cdot\pi, \ldots, n\cdot\pi \quad \text{Siendo } n = 0, 1, 2, \ldots \Rightarrow k \cdot x = n \cdot \pi \Rightarrow x = \frac{n \cdot \pi}{k} = \frac{n \cdot \pi}{\frac{2 \cdot \pi}{\lambda}} = n \cdot \frac{\lambda}{2}$$

* Condición de vientres para las ondas estacionarias:
$$\operatorname{sen}(k \cdot x) = \pm 1 \text{ o } \cos(k \cdot x) = \pm 1 \text{ (según la ecuación)}$$

La condición $\operatorname{sen}(k \cdot x) = \pm 1$ es la misma que $\cos(k \cdot x) = 0$ e implica que:

$$k \cdot x = \frac{\pi}{2}, 3 \cdot \frac{\pi}{2}, \ldots, (2 \cdot n + 1) \cdot \frac{\pi}{2} \quad \text{Siendo } n = 0, 1, 2, \ldots \Rightarrow k \cdot x = (2 \cdot n + 1) \cdot \frac{\pi}{2} \Rightarrow$$

$$\Rightarrow x = \frac{(2 \cdot n + 1) \cdot \pi}{2 \cdot k} = \frac{(2 \cdot n + 1) \cdot \pi}{2 \cdot \frac{2 \cdot \pi}{\lambda}} = (2 \cdot n + 1) \cdot \frac{\lambda}{4}$$

2022

16) Dos ondas viajeras se propagan por un mismo medio y la frecuencia de una es doble que la de la otra. Responda, razonadamente, a las siguientes preguntas: i) ¿qué relación hay entre sus frecuencias angulares?; ii) ¿y entre sus números de ondas? Razone las respuestas.

i) $\omega = 2 \cdot \pi \cdot f$; $f_2 = 2 \cdot f_1 \Rightarrow \dfrac{\omega_2}{\omega_1} = \dfrac{2 \cdot \pi \cdot f_2}{2 \cdot \pi \cdot f_1} = \dfrac{f_2}{f_1} = \dfrac{2 \cdot f_1}{f_1} = 2 \Rightarrow \omega_2 = 2 \cdot \omega_1$

ii) Como se propagan por el mismo medio, tienen la misma velocidad de propagación:

$$v_1 = v_2 \Rightarrow \lambda_1 \cdot f_1 = \lambda_2 \cdot f_2 \Rightarrow \lambda_2 = \frac{\lambda_1 \cdot f_1}{f_2} = \frac{\lambda_1 \cdot f_1}{2 \cdot f_1} = \frac{\lambda_1}{2}$$

$$k = \frac{2 \cdot \pi}{\lambda} \Rightarrow \frac{k_2}{k_1} = \frac{\frac{2 \cdot \pi}{\lambda_2}}{\frac{2 \cdot \pi}{\lambda_1}} = \frac{\lambda_1}{\lambda_2} = \frac{\lambda_1}{\frac{\lambda_1}{2}} = 2 \Rightarrow k_2 = 2 \cdot k_1$$

---

17) Justifique la veracidad o falsedad de las siguientes afirmaciones acerca de las ondas estacionarias: i) La amplitud de la oscilación para cada punto del medio no depende de su posición. ii) La distancia entre dos nodos consecutivos es igual a la longitud de onda.

i) Falsa. Sí depende de la posición, de la distancia al origen.

Los puntos de en medio, excepto los nodos, vibran como si se tratase de un conjunto de osciladores armónicos, cada uno con su amplitud determinada, por lo que el perfil de la onda no se desplaza, es estacionario. Aunque cada una de las dos ondas tiene una elongación variable para cada valor de x, la suma de las dos elongaciones es una constante para cada valor de x.

Los extremos de una onda estacionaria pueden ser fijos o móviles. En el caso de extremos libres:

$$y_1 = A \cdot \text{sen}(\omega \cdot t - k \cdot x) \quad ; \quad y_2 = A \cdot \text{sen}(\omega \cdot t + k \cdot x)$$

$$y = y_{ida} + y_{vuelta} = y_1 + y_2 = A \cdot \text{sen}(\omega \cdot t - k \cdot x) + A \cdot \text{sen}(\omega \cdot t + k \cdot x)$$

Según la fórmula trigonométrica: $\text{sen } u + \text{sen } v = 2 \cdot sen\left(\dfrac{u+v}{2}\right) \cdot \cos\left(\dfrac{u-v}{2}\right)$

Si llamamos: $u = \omega \cdot t - k \cdot x \quad ; \quad v = \omega \cdot t + k \cdot x$

$$y = A \cdot \text{sen } u + A \cdot \text{sen } v = A \cdot (\text{sen } u + \text{sen } v) = 2 \cdot A \cdot sen\left(\dfrac{u+v}{2}\right) \cdot \cos\left(\dfrac{u-v}{2}\right)$$

Teniendo en cuenta que: $u + v = 2 \cdot \omega \cdot t$ y que: $u - v = -2 \cdot k \cdot x$:

$$y = 2 \cdot A \cdot sen\left(\dfrac{2 \cdot \omega \cdot t}{2}\right) \cdot \cos\left(\dfrac{-2 \cdot k \cdot x}{2}\right) = 2 \cdot A \cdot \text{sen}(\omega \cdot t) \cdot \cos(-k \cdot x)$$

Sabiendo que: $\cos(-\alpha) = \cos \alpha \Rightarrow y = 2 \cdot A \cdot \text{sen}(\omega \cdot t) \cdot \cos(k \cdot x)$

La amplitud depende del punto que consideremos: $A(x) = 2 \cdot A \cdot \cos(k \cdot x)$

Luego: $y = A(x) \cdot \text{sen}(\omega \cdot t)$

Es decir, la amplitud es una función de x, no del tiempo.

ii) Falsa. Es de media longitud de onda.

Existen cuatro ecuaciones posibles para las ondas estacionarias:

$$y = 2 \cdot A \cdot \text{sen}(k \cdot x) \cdot \text{sen}(\omega \cdot t) \quad (m) \quad \text{(los dos extremos fijos)}$$
$$y = 2 \cdot A \cdot \text{sen}(k \cdot x) \cdot \cos(\omega \cdot t) \quad (m) \quad \text{(los dos extremos fijos)}$$
$$y = 2 \cdot A \cdot \cos(k \cdot x) \cdot \cos(\omega \cdot t) \quad (m) \quad \text{(los dos extremos libres)}$$
$$y = 2 \cdot A \cdot \cos(k \cdot x) \cdot \text{sen}(\omega \cdot t) \quad (m) \quad \text{(los dos extremos libres)}$$

Para determinar la distancia entre los nodos, se tiene que anular el término en k·x. Hay dos posibilidades, pero las dos llegan al mismo resultado final:

$$\text{sen}(k \cdot x) = 0 \Rightarrow k \cdot x = n \cdot \pi \Rightarrow \dfrac{2 \cdot \pi}{\lambda} \cdot x = n \cdot \pi \Rightarrow x = n \cdot \dfrac{\lambda}{2} \Rightarrow x_1 - x_0 = \dfrac{\lambda}{2}$$

$$\cos(k \cdot x) = 0 \Rightarrow k \cdot x = (2 \cdot n + 1) \cdot \dfrac{\pi}{2} \Rightarrow \dfrac{2 \cdot \pi}{\lambda} \cdot x = (2 \cdot n + 1) \cdot \dfrac{\pi}{2} \Rightarrow$$

$$\Rightarrow x = (2 \cdot n + 1) \cdot \dfrac{\lambda}{4} \Rightarrow x_1 - x_0 = \dfrac{\lambda}{2}$$

Siendo x_1 el valor de x para n = 1 y x_0 el valor de x para n = 0.

---

18) Explique qué características deben tener dos ondas armónicas para que su superposición origine una onda estacionaria y cómo depende la amplitud de esta última con la posición.

Una onda estacionaria es la superposición de dos ondas de iguales características que se desplazan por el mismo medio: una en un sentido y la otra en el contrario. Ambas ondas tienen iguales amplitudes, frecuencias y longitudes de onda, pero se desplazan en sentidos opuestos, pues una es la onda directa y la otra la reflejada. Ambas ondas deben poder sumarse trigonométricamente, luego sus amplitudes y sus fases deben ser iguales, luego deben ser iguales ω (frecuencia angular) y k (número de onda). Si ω y k son iguales, también lo son: el período (T), la frecuencia (f) y la longitud de onda (λ).

$$y_1 = A \cdot sen\,(\omega \cdot t - k \cdot x) \quad ; \quad y_2 = A \cdot sen\,(\omega \cdot t + k \cdot x)$$

* Ecuación de una onda estacionaria: $y = 2 \cdot A \cdot sen\,(\omega \cdot t) \cdot cos\,(k \cdot x)$
* Dependencia de la amplitud con la posición: la amplitud depende del punto que consideremos:
$$A(x) = 2 \cdot A \cdot cos\,(k \cdot x)$$
Luego: $y = A(x) \cdot sen\,(\omega \cdot t)$
Es decir, la amplitud es una función de x, no del tiempo.

---

19) Una onda armónica cambia de un medio a otro donde su longitud de onda es el doble a la del medio anterior, manteniendo su amplitud constante. Justifique la relación entre: i) las velocidades de propagación de la onda en ambos medios y ii) la velocidad máxima de oscilación en ambos medios.

i) * Datos: $\lambda_2 = 2 \cdot \lambda_1 \quad ; \quad A_2 = A_1 = A$

Cuando una onda cambia de medio, la frecuencia permanece constante y, al ser: ω = 2·π·f, la frecuencia angular tampoco cambia: $\omega_1 = \omega_2$

$$\frac{v_{p2}}{v_{p1}} = \frac{\frac{\omega_2}{k_2}}{\frac{\omega_1}{k_1}} = \frac{k_1}{k_2} = \frac{\frac{2 \cdot \pi}{\lambda_1}}{\frac{2 \cdot \pi}{\lambda_2}} = \frac{\lambda_2}{\lambda_1} = \frac{2 \cdot \lambda_1}{\lambda_1} = 2$$

ii) * Expresión de la primera onda: $y_1(x,t) = A \cdot sen\,(\omega_1 \cdot t \pm k_1 \cdot x)$

* Expresión de la segunda onda: $y_2(x,t) = A \cdot sen\,(\omega_2 \cdot t \pm k_2 \cdot x)$

* Velocidad de oscilación de la primera onda: $v_{v1} = \dfrac{dy_1}{dt} = A \cdot \omega_1 \cdot cos\,(\omega_1 \cdot t \pm k_1 \cdot x)$

* Velocidad de oscilación de la segunda onda: $v_{v2} = \dfrac{dy_2}{dt} = A \cdot \omega_2 \cdot cos\,(\omega_2 \cdot t \pm k_2 \cdot x)$

* Velocidad máxima de oscilación de la primera onda: $(v_{v1})_{máx.} = A \cdot \omega_1$

* Velocidad máxima de oscilación de la segunda onda: $(v_{v2})_{máx.} = A \cdot \omega_2$

* Relación entre ambas: $\dfrac{(v_{v2})_{máx.}}{(v_{v1})_{máx.}} = \dfrac{A \cdot \omega_2}{A \cdot \omega_1} = 1$

2021

20) i) Justifique que en una onda estacionaria la amplitud varía en cada punto. ii) Realice una representación gráfica de una onda estacionaria en función del espacio y explique qué se entiende por un nodo en este tipo de ondas.

Una onda estacionaria es la superposición de dos ondas de iguales características que se desplazan por el mismo medio: una en un sentido y la otra en el contrario.

Ambas ondas tienen iguales amplitudes, frecuencias y longitudes de onda, pero se desplazan en sentidos opuestos, pues una es la onda directa y la otra la reflejada.

i) Los puntos de en medio, excepto los nodos, vibran como si se tratase de un conjunto de osciladores armónicos, cada uno con su amplitud determinada, por lo que el perfil de la onda no se desplaza, es estacionario. Aunque cada una de las dos ondas tiene una elongación variable para cada valor de x, la suma de las dos elongaciones es una constante para cada valor de x.

Los extremos de una onda estacionaria pueden ser fijos o móviles. En el caso de extremos libres:

$$y_1 = A \cdot sen(\omega \cdot t - k \cdot x) \quad ; \quad y_2 = A \cdot sen(\omega \cdot t + k \cdot x)$$

$$y = y_{ida} + y_{vuelta} = y_1 + y_2 = A \cdot sen(\omega \cdot t - k \cdot x) + A \cdot sen(\omega \cdot t + k \cdot x)$$

Según la fórmula trigonométrica: $sen\, u + sen\, v = 2 \cdot sen\left(\dfrac{u+v}{2}\right) \cdot \cos\left(\dfrac{u-v}{2}\right)$

Si llamamos: $u = \omega \cdot t - k \cdot x \quad ; \quad v = \omega \cdot t + k \cdot x$

$$y = A \cdot sen\, u + A \cdot sen\, v = A \cdot (sen\, u + sen\, v) = 2 \cdot A \cdot sen\left(\dfrac{u+v}{2}\right) \cdot \cos\left(\dfrac{u-v}{2}\right)$$

Teniendo en cuenta que: $u + v = 2 \cdot \omega \cdot t$ y que: $u - v = -2 \cdot k \cdot x$:

$$y = 2 \cdot A \cdot sen\left(\dfrac{2 \cdot \omega \cdot t}{2}\right) \cdot \cos\left(\dfrac{-2 \cdot k \cdot x}{2}\right) = 2 \cdot A \cdot sen(\omega \cdot t) \cdot \cos(-k \cdot x)$$

Sabiendo que: $\cos(-\alpha) = \cos \alpha \Rightarrow y = 2 \cdot A \cdot sen(\omega \cdot t) \cdot \cos(k \cdot x)$

La amplitud depende del punto que consideremos: $A(x) = 2 \cdot A \cdot \cos(k \cdot x)$

Luego: $y = A(x) \cdot sen(\omega \cdot t)$

Es decir, la amplitud es una función de x, no del tiempo.

ii) Los nodos son los puntos de la onda estacionaria que no vibran.

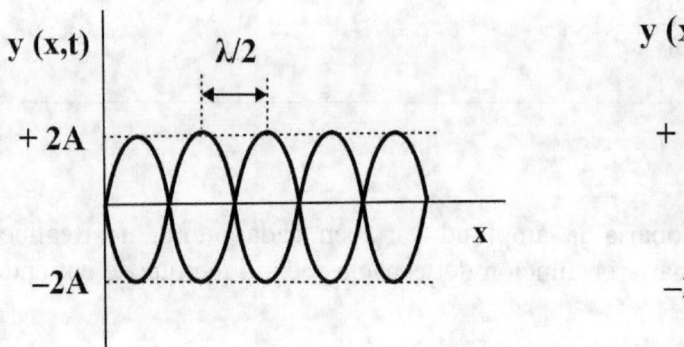
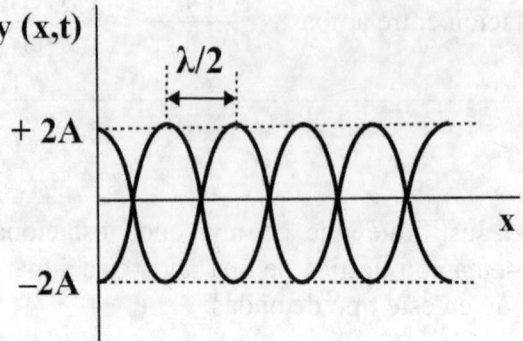

Extremos fijos   Extremos libres

Existen cuatro ecuaciones posibles para las ondas estacionarias:

$$y = 2 \cdot A \cdot \text{sen}(k \cdot x) \cdot \text{sen}(\omega \cdot t) \quad (m) \quad \text{(los dos extremos fijos)}$$
$$y = 2 \cdot A \cdot \text{sen}(k \cdot x) \cdot \cos(\omega \cdot t) \quad (m) \quad \text{(los dos extremos fijos)}$$
$$y = 2 \cdot A \cdot \cos(k \cdot x) \cdot \cos(\omega \cdot t) \quad (m) \quad \text{(los dos extremos libres)}$$
$$y = 2 \cdot A \cdot \cos(k \cdot x) \cdot \text{sen}(\omega \cdot t) \quad (m) \quad \text{(los dos extremos libres)}$$

Para conocer la posición de los nodos, debemos fijarnos en la función trigonométrica que incluya al término $k \cdot x$. Puede ser: $\text{sen}(k \cdot x)$ o $\cos(k \cdot x)$.

* Si es del tipo sen (kx), entonces:

$$\text{sen}(k \cdot x) = 0 \;\Rightarrow\; k \cdot x = 0, \pi, 2\pi, 3\pi, \ldots, n\pi \quad \text{Siendo } n = 0, 1, 2, \ldots \;\Rightarrow\; k \cdot x = n \pi \;\Rightarrow\; x = \frac{n \cdot \pi}{k}$$

* Si es del tipo cos (kx), entonces:

$$\cos(k \cdot x) = 0 \;\Rightarrow\; k \cdot x = \frac{\pi}{2}, 3 \cdot \frac{\pi}{2}, \ldots, (2 \cdot n + 1) \cdot \frac{\pi}{2} \quad \text{Siendo } n = 0, 1, 2, \ldots \;\Rightarrow\;$$

$$\Rightarrow\; k \cdot x = (2 \cdot n + 1) \cdot \frac{\pi}{2} \;\Rightarrow\; x = \frac{(2 \cdot n + 1) \cdot \pi}{2 \cdot k}$$

---

21) i) ¿Qué información ofrece la ecuación de una onda armónica si fijamos una posición concreta? Realice una representación gráfica. ii) ¿Y si fijamos una posición y un tiempo concretos simultáneamente?

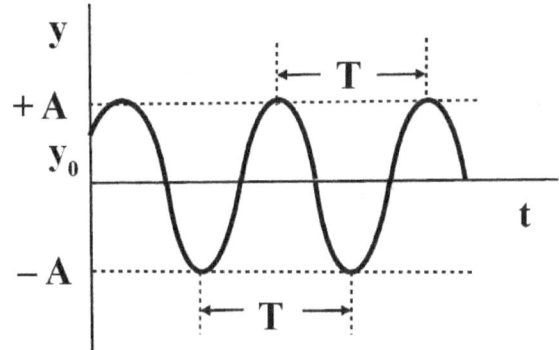

Elongación frente al tiempo

i) * Ecuación de una onda armónica:

$$y(x,t) = A \cdot \text{sen} (\pm \omega \cdot t \pm k \cdot x \pm \varphi_0)$$

Si fijamos una posición concreta, el término $k \cdot x$ se hace constante. Como φ_0 también es constante, resulta:

$$y(t) = A \cdot \text{sen} (\pm \omega \cdot t \pm \text{constante})$$

Resulta la ecuación de un MAS (movimiento armónico simple).

El punto fijado oscila con un MAS con amplitud A y período T.

ii) Si fijamos una posición y un tiempo concretos, resulta:

$$y(x,t) = A \cdot \text{sen} (\pm \omega \cdot t \pm k \cdot x \pm \varphi_0) = A \cdot \text{sen} (\text{constante}) = \text{constante}$$

Es decir, resulta un valor determinado de la elongación.

---

22) Una onda armónica de amplitud A y frecuencia f se propaga por una cuerda con una velocidad v. Determine los cambios que se producirían en la longitud de onda y la velocidad máxima de oscilación de un punto del medio si, manteniendo constantes el resto de parámetros: i) Se reduce a la mitad la frecuencia. ii) Se aumenta su amplitud al doble.

i) La longitud de onda se duplica y la velocidad de oscilación máxima se reduce a la mitad.
* Ecuación de una onda armónica: $y(x,t) = A \cdot \text{sen} (\pm \omega \cdot t \pm k \cdot x \pm \varphi_0)$

$$v = \lambda \cdot f = \text{constante} \Rightarrow \lambda_1 \cdot f_1 = \lambda_2 \cdot f_2 \Rightarrow \lambda_1 \cdot f_1 = \lambda_2 \cdot \frac{f_1}{2} \Rightarrow \lambda_1 = \frac{\lambda_2}{2} \Rightarrow \lambda_2 = 2 \cdot \lambda_1$$

* Velocidad de oscilación: $v_{osc.} = \dfrac{dy}{dt} = A \cdot \omega \cdot \cos (\pm \omega_1 \cdot t \pm k_1 \cdot x \pm \varphi_0)$

* Velocidad máxima de oscilación: $(v_{osc.})_{máx.} = A \cdot \omega = A \cdot 2 \cdot \pi \cdot f$

$$(v_{osc.})_{máx.,1} = A \cdot 2 \cdot \pi \cdot f_1 \quad ; \quad (v_{osc.})_{máx.,2} = A \cdot 2 \cdot \pi \cdot f_2 = A \cdot 2 \cdot \pi \cdot \frac{f_1}{2} = \frac{(v_{osc.})_{máx.,1}}{2}$$

ii) La longitud de onda no se modifica y la velocidad máxima de oscilación se duplica.

La longitud de onda es independiente de la amplitud, luego: $\lambda_2 = \lambda_1$

$$(v_{osc.})_{máx.,1} = A_1 \cdot 2 \cdot \pi \cdot f \quad ; \quad (v_{osc.})_{máx.,2} = A_2 \cdot 2 \cdot \pi \cdot f = 2 \cdot A_1 \cdot 2 \cdot \pi \cdot f = 2 \cdot (v_{osc.})_{máx.,1}$$

23) Una onda armónica que viaja por un medio pasa a un segundo medio en el que su velocidad de propagación es inferior. Suponiendo que la onda pasa completamente al segundo medio, sin reflexión ni absorción: i) Razone cómo se modifican la frecuencia y la longitud de onda al cambiar de medio. ii) Razone si se verán afectadas la amplitud y la velocidad máxima de vibración.

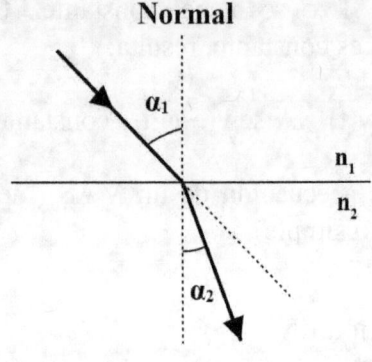

La velocidad en el segundo medio es inferior

i) Como la velocidad en el segundo medio es inferior, el índice de refracción es superior:

$$v_1 > v_2 \ ; \ n = \frac{c}{v} \Rightarrow v = \frac{c}{n} \Rightarrow$$

$$\Rightarrow \frac{c}{n_1} > \frac{c}{n_2} \Rightarrow n_2 > n_1$$

Como aumenta el índice de refracción, el rayo se acerca a la normal.

La frecuencia no se modifica en la refracción debido a que la energía se conserva, luego:

$$E_1 = E_2 \Rightarrow h \cdot f_1 = h \cdot f_2 \Rightarrow f_1 = f_2$$

La longitud de onda disminuye al cambiar a un medio de menor velocidad:

$$v_1 > v_2 \Rightarrow \lambda_1 \cdot f > \lambda_2 \cdot f \Rightarrow \lambda_1 > \lambda_2$$

ii) La amplitud no cambia en la refracción porque no cambian ni la energía ni la frecuencia. La elongación viene dada por:

$$y = A \cdot \text{sen} (\pm \omega \cdot t \pm k \cdot x \pm \varphi_0) \Rightarrow v_{\text{oscilación}} = \frac{dy}{dt} = A \cdot \omega \cdot \cos (\pm \omega \cdot t \pm k \cdot x \pm \varphi_0) \Rightarrow$$

$$\Rightarrow (v_{\text{oscilación}})_{\text{máx.}} = A \cdot \omega = A \cdot 2 \cdot \pi \cdot f$$

Como A y f permanecen constantes, la velocidad máxima de oscilación también permanecerá constante.

2020

24) i) ¿Qué significa que dos puntos de una onda armónica están en fase? ii) ¿Y en oposición de fase? Explique ambas cuestiones con la ayuda de un dibujo.

i) Se dice que dos puntos de una onda armónica están en fase o en concordancia de fase cuando se hallan en el mismo estado de vibración, es decir, que tienen el mismo valor de la elongación y de la velocidad, en módulo y en signo. La condición matemática es que: $\Delta x = x_2 - x_1 = n \cdot \lambda$, $n = 0, 1, 2...$

ii) Se dice que dos puntos de una onda armónica están en oposición de fase si están en estados opuestos, es decir, tienen los mismos valores de la elongación y de la velocidad en valor absoluto pero los signos son opuestos. La condición matemática es que: $\Delta x = x_2 - x_1 = (2 \cdot n + 1) \cdot \dfrac{\lambda}{2}$, n = 0, 1, 2...

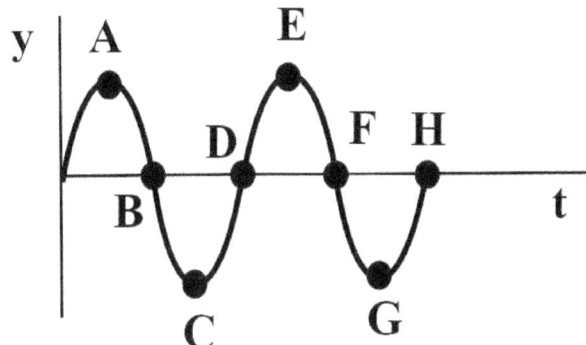

Los puntos A y E están en fase: tienen la misma elongación, tienen la misma velocidad y se están acercando a la posición de equilibrio. También lo están: el B y el F o el D y el H entre sí.

Los puntos A y C están en oposición de fase: las elongaciones son iguales en módulo y de signos opuestos, las velocidades son iguales en módulo y de sentidos opuestos. Cuando uno baja, el otro sube. También lo están: el C y el E o el E y el G.

---

25) Justifique la veracidad o falsedad de las siguientes afirmaciones: i) La amplitud de una onda estacionaria en un vientre es el doble de la amplitud de las ondas armónicas que la producen. ii) La distancia entre un nodo y un vientre consecutivo, en una onda estacionaria, es igual a media longitud de onda.

Una onda estacionaria es la superposición de dos ondas de iguales características que se desplazan por el mismo medio: una en un sentido y la otra en el contrario. Ambas ondas tienen iguales amplitudes, frecuencias y longitudes de onda, pero se desplazan en sentidos opuestos, pues una es la onda directa y la otra la reflejada.

i) Correcto. La elongación total en cualquier punto viene dada por:

$$y_1 = A \cdot \text{sen}(\omega \cdot t - k \cdot x) \quad ; \quad y_2 = A \cdot \text{sen}(\omega \cdot t + k \cdot x)$$

$$y = y_{ida} + y_{vuelta} = y_1 + y_2 = A \cdot \text{sen}(\omega \cdot t - k \cdot x) + A \cdot \text{sen}(\omega \cdot t + k \cdot x)$$

Según la fórmula trigonométrica: $\text{sen}\,u + \text{sen}\,v = 2 \cdot \text{sen}\left(\dfrac{u+v}{2}\right) \cdot \cos\left(\dfrac{u-v}{2}\right)$

Si llamamos: $u = \omega \cdot t - k \cdot x$; $v = \omega \cdot t + k \cdot x$

$$y = A \cdot \text{sen}\,u + A \cdot \text{sen}\,v = A \cdot (\text{sen}\,u + \text{sen}\,v) = 2 \cdot A \cdot \text{sen}\left(\dfrac{u+v}{2}\right) \cdot \cos\left(\dfrac{u-v}{2}\right)$$

Teniendo en cuenta que: $u + v = 2 \cdot \omega \cdot t$ y que: $u - v = -2 \cdot k \cdot x$:

$$y = 2 \cdot A \cdot \text{sen}\left(\dfrac{2 \cdot \omega \cdot t}{2}\right) \cdot \cos\left(\dfrac{-2 \cdot k \cdot x}{2}\right) = 2 \cdot A \cdot \text{sen}(\omega \cdot t) \cdot \cos(-k \cdot x)$$

Sabiendo que: $\cos(-\alpha) = \cos \alpha \Rightarrow y = 2 \cdot A \cdot \text{sen}(\omega \cdot t) \cdot \cos(k \cdot x)$

La amplitud depende del punto que consideremos: $A(x) = 2 \cdot A \cdot \cos(k \cdot x)$

Luego: $y = A(x) \cdot \text{sen}(\omega \cdot t)$
Es decir, la amplitud es una función de x, no del tiempo.

Es decir, la amplitud máxima es $2 \cdot A$, siendo A la amplitud de cada onda superpuesta. Esta amplitud máxima se consigue cuando el seno y el coseno tienen sus valores máximos:
$$\cos(k \cdot x) = 1 \text{ y } \text{sen}(\omega \cdot t) = 1$$

ii) Falso. La distancia entre un nodo y un vientre consecutivos es de un cuarto de longitud de onda. Para una onda estacionaria del tipo: $y = 2 \cdot A \cdot \cos(k \cdot x) \cdot \text{sen}(\omega \cdot t)$:

* La condición de nodo es: $\cos(k \cdot x) = 0 \Rightarrow k \cdot x = \dfrac{\pi}{2}, 3 \cdot \dfrac{\pi}{2}, \ldots, (2 \cdot n + 1) \cdot \dfrac{\pi}{2}$

Siendo $n = 0, 1, 2, \ldots \Rightarrow k \cdot x = (2 \cdot n + 1) \cdot \dfrac{\pi}{2} \Rightarrow \dfrac{2 \cdot \pi}{\lambda} \cdot x = \dfrac{(2 \cdot n + 1) \cdot \pi}{2} \Rightarrow$

$\Rightarrow x_{nodo} = (2 \cdot n + 1) \cdot \dfrac{\lambda}{4}$

* La condición de vientre es: $\cos(k \cdot x) = \pm 1$ e implica que:

$k \cdot x = 0, \pi, 2 \cdot \pi, 3 \cdot \pi, \ldots, n \cdot \pi$ Siendo $n = 0, 1, 2, \ldots \Rightarrow \dfrac{2 \cdot \pi}{\lambda} \cdot x = n \cdot \pi \Rightarrow x_{vientre} = n \cdot \dfrac{\lambda}{2}$

* Diferencia entre un nodo y su vientre siguiente:
$$\Delta x = x_{nodo} - x_{vientre} = (2 \cdot n + 1) \cdot \dfrac{\lambda}{4} - n \cdot \dfrac{\lambda}{2} = \dfrac{\lambda}{4}$$

---

26) Dos ondas armónicas se propagan por el mismo medio a igual velocidad, con la misma amplitud, la misma dirección de propagación y la frecuencia de la primera es el doble que la de la segunda. i) Compare la longitud de onda y el período de ambas ondas. ii) Escriba la ecuación de la segunda onda en función de las magnitudes de la primera.

i) $v_1 = v_2$, $A_1 = A_2$, $f_1 = 2 \cdot f_2$

$v = \lambda \cdot f \Rightarrow f = \dfrac{v}{\lambda} \Rightarrow \dfrac{v_1}{\lambda_1} = 2 \cdot \dfrac{v_2}{\lambda_2}$. Al ser $v_1 = v_2$: $\dfrac{1}{\lambda_1} = \dfrac{2}{\lambda_2} \Rightarrow \lambda_2 = 2 \cdot \lambda_1$

La longitud de la segunda onda es el doble que la de la primera.

$f_1 = 2 \cdot f_2 \Rightarrow \dfrac{1}{T_1} = 2 \cdot \dfrac{1}{T_2} \Rightarrow T_2 = 2 \cdot T_1$ La segunda tiene el doble de período que la primera.

ii) * Ecuación general de una onda armónica: $y = A \cdot \text{sen}(\omega t \pm k \cdot x)$

* Ecuación de la primera onda: $y_1 = A_1 \cdot \text{sen}(\omega_1 t \pm k_1 \cdot x)$

* Ecuación de la segunda onda: $y_2 = A_2 \cdot \text{sen}(\omega_2 t \pm k_2 \cdot x)$

$\omega_2 = 2\cdot\pi\cdot f_2 = 2\cdot\pi\cdot \dfrac{f_1}{2} = \dfrac{\omega_1}{2}$; $k_2 = \dfrac{2\cdot\pi}{\lambda_2} = \dfrac{2\cdot\pi}{2\cdot\lambda_1} = \dfrac{\pi}{\lambda_1} = \dfrac{k_1}{2}$

Luego: $y_2 = A_2\cdot\text{sen}(\omega_2\cdot t \pm k_2\cdot x) = A_1\cdot\text{sen}\left(\dfrac{\omega_1\cdot t}{2} \pm \dfrac{k_1\cdot x}{2}\right)$

2019

27) Una onda transversal se propaga por una cuerda tensa con una velocidad v, una amplitud A_0 y oscila con una frecuencia f_0. Si se aumenta al doble la longitud de onda, manteniendo constante la velocidad de propagación, conteste razonadamente en qué proporción cambiarían la velocidad máxima y la aceleración máxima de oscilación de las partículas del medio.

* Ecuación general de la primera onda transversal: $y_1 = A_0\cdot\text{sen}\left(2\cdot\pi\cdot f_0\cdot t \pm \dfrac{2\cdot\pi\cdot x}{\lambda_0}\right)$

El signo menos del término $\dfrac{2\cdot\pi\cdot x}{\lambda_0}$ se utiliza cuando la onda se desplaza a la derecha y el signo más cuando se desplaza a la izquierda.

* Velocidad de oscilación de la primera onda transversal:
$$v_1 = \dfrac{dy_1}{dt} = A_0\cdot 2\cdot\pi\cdot f_0\cdot\cos\left(2\cdot\pi\cdot f_0\cdot t \pm \dfrac{2\cdot\pi\cdot x}{\lambda_0}\right)$$

* Velocidad máxima de oscilación de la primera onda transversal: se consigue para coseno = 1:
$$v_{\text{máx.}1} = A_0\cdot 2\cdot\pi\cdot f_0$$

* Aceleración de oscilación de la primera onda transversal:
$$a_1 = \dfrac{dv_1}{dt} = -A_0\cdot 4\cdot\pi^2\cdot f_0^2\cdot\text{sen}\left(2\cdot\pi\cdot f_0\cdot t \pm \dfrac{2\cdot\pi\cdot x}{\lambda_0}\right)$$

* Aceleración máxima de oscilación de la primera onda transversal: se consigue para seno = −1:
$$a_{\text{máx.}1} = A_0\cdot 4\cdot\pi^2\cdot f_0^2$$

Al mantenerse constante la velocidad de propagación y cambiar la longitud de onda, se modifica la frecuencia en la nueva onda:

* Frecuencia de la segunda onda: $v_{p1} = \lambda_0\cdot f_0$; $v_{p1} = \lambda_0\cdot f_0 = v_{p2} = 2\cdot\lambda_0\cdot f_2 \Rightarrow f_2 = \dfrac{f_0}{2}$

* Ecuación general de la segunda onda transversal:
$$y_2 = A_0\cdot\text{sen}\left(2\cdot\pi\cdot f_2\cdot t \pm \dfrac{2\cdot\pi\cdot x}{\lambda_2}\right) = A_0\cdot\text{sen}\left(2\cdot\pi\cdot\dfrac{f_0}{2}\cdot t \pm \dfrac{2\cdot\pi\cdot x}{2\cdot\lambda_0}\right) = A_0\cdot\text{sen}\left(\pi\cdot f_0\cdot t \pm \dfrac{\pi\cdot x}{\lambda_0}\right)$$

* Velocidad de oscilación de la segunda onda transversal:
$$v_2 = \dfrac{dy_2}{dt} = A_0\cdot\pi\cdot f_0\cdot\cos\left(\pi\cdot f_0\cdot t \pm \dfrac{\pi\cdot x}{\lambda_0}\right)$$

* Velocidad máxima de oscilación de la segunda onda transversal: se consigue para coseno = 1:
$$v_{\text{máx.}2} = A_0\cdot\pi\cdot f_0$$

* Aceleración de oscilación de la segunda onda transversal:
$$a_2 = \dfrac{dv_2}{dt} = -A_0\cdot\pi^2\cdot f_0^2\cdot\text{sen}\left(\pi\cdot f_0\cdot t \pm \dfrac{\pi\cdot x}{\lambda_0}\right)$$

* Aceleración máxima de oscilación de la segunda onda transversal: se consigue para seno = − 1:
$$a_{máx.2} = A_0 \cdot \pi^2 \cdot f_0^2$$
* Proporción en la que cambian las magnitudes:
$$\frac{v_{máx.2}}{v_{máx.1}} = \frac{A_0 \cdot \pi \cdot f_0}{A_0 \cdot 2 \cdot \pi \cdot f_0} = \frac{1}{2} \quad ; \quad \frac{a_{máx.2}}{a_{máx.1}} = \frac{A_0^2 \cdot \pi^2 \cdot f_0^2}{A_0 \cdot 4 \cdot \pi^2 \cdot f_0^2} = \frac{1}{4}$$

La velocidad máxima de oscilación disminuye hasta la mitad y la aceleración máxima hasta la cuarta parte.

---

28) Explique las diferencias entre ondas armónicas y ondas estacionarias. Escriba un ejemplo de cada tipo de ondas.

Una onda es una perturbación del espacio provocada por una vibración o por un campo. Una onda armónica es aquella que puede representarse con un movimiento armónico simple desplazándose lateralmente.

Una onda estacionaria es la superposición de dos ondas de iguales características que se desplazan por el mismo medio: una en un sentido y la otra en el contrario.

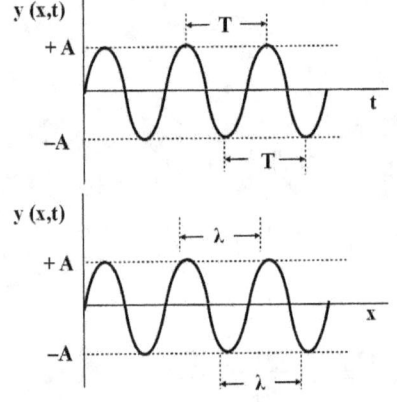

Onda armónica

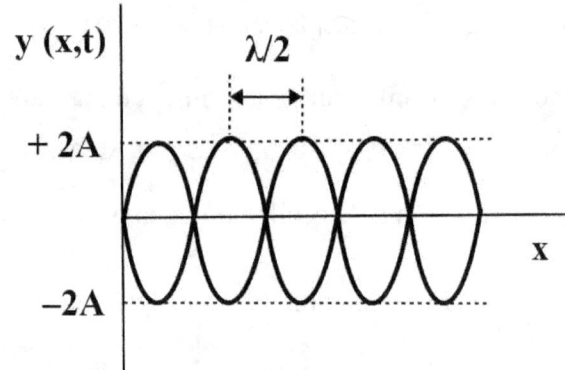

Onda estacionaria

Diferencias entre ambos tipos de ondas:

Onda armónica	Onda estacionaria
Hay transporte de energía	No hay transporte de energía
La onda se propaga	La onda no se propaga
Las crestas, los valles y los nodos van cambiando de posición con el tiempo	Las crestas, los valles y los nodos están siempre en la misma posición
Es una sola onda	Es la superposición de dos ondas en el mismo medio

Ejemplo de onda armónica: el sonido. Ejemplo de onda estacionaria: una cuerda de guitarra sonando.

29) ¿Cómo se denominan y cuál es el significado físico de los puntos de máxima y mínima amplitud de una onda estacionaria?

Una onda estacionaria es la superposición de dos ondas de iguales características que se desplazan por el mismo medio: una en un sentido y la otra en el contrario. Ambas ondas tienen iguales amplitudes, frecuencias y longitudes de onda, pero se desplazan en sentidos opuestos, pues una es la onda directa y la otra la reflejada.

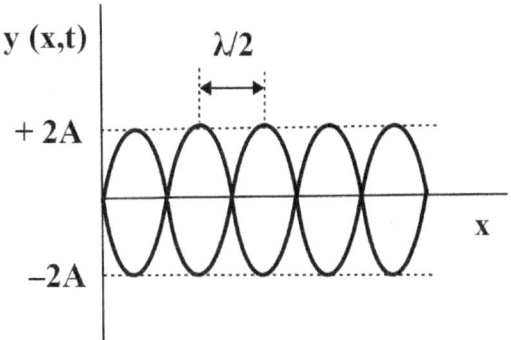

Los puntos de máxima amplitud son los antinodos o vientres que, al igual que los nodos, están situados siempre en la misma posición. La amplitud de vientres y nodos es de dos veces la amplitud de una de las ondas superpuestas.

Los extremos de una onda estacionaria pueden ser fijos o móviles. En el caso de extremos fijos:

$$y_1 = A \cdot \cos(\omega \cdot t - k \cdot x) \quad ; \quad y_2 = -A \cdot \cos(\omega \cdot t + k \cdot x)$$

$y = y_1 + y_2 = A \cdot \cos(\omega \cdot t) \cdot \cos(k \cdot x) + A \cdot \sen(\omega \cdot t) \cdot \sen(k \cdot x) - A \cdot \cos(\omega \cdot t) \cdot \cos(k \cdot x) +$

$+ A \cdot \sen(\omega \cdot t) \cdot \sen(k \cdot x) = 2 \cdot A \cdot \sen(\omega \cdot t) \cdot \sen(k \cdot x) \quad ; \quad A(x) = 2 \cdot A \cdot \sen(k \cdot x)$

2018

30) ¿Qué significa que dos puntos de la dirección de propagación de una onda armónica estén en fase o en oposición de fase? ¿Qué distancia les separaría en cada caso?

Se dice que dos puntos de una onda armónica están en fase o en concordancia de fase cuando se hallan en el mismo estado de vibración, es decir, que tienen el mismo valor de la elongación y de la velocidad, en módulo y en signo. Se dice que dos puntos de una onda armónica están en oposición de fase si están en estados opuestos, es decir, tienen los mismos valores de la elongación y de la velocidad en valor absoluto pero los signos son opuestos.

* Condición de concordancia de fase: la diferencia de distancias de esos puntos al foco emisor es un número entero de longitudes de onda: $x_2 - x_1 = \lambda, 2\cdot\lambda, 3\cdot\lambda, \ldots = n\cdot\lambda$, siendo: $n = 1, 2, 3, \ldots$

* Condición de oposición de fase: la diferencia de distancias de esos puntos al foco emisor es un múltiplo impar de semilongitudes de onda: $x_2 - x_1 = \dfrac{\lambda}{2}, \dfrac{3\cdot\lambda}{2}, \dfrac{5\cdot\lambda}{2}, \ldots = (2\cdot n + 1)\cdot\dfrac{\lambda}{2}$, siendo: $n = 0, 1, 2, 3, \ldots$

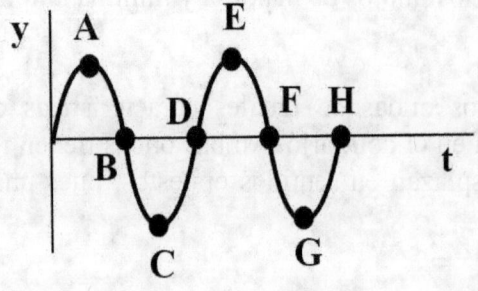

Los puntos A y E están en fase: tienen la misma elongación, tienen la misma velocidad y se están acercando a la posición de equilibrio. También lo están: el B y el F o el D y el H entre sí.

Los puntos A y C están en oposición de fase: las elongaciones son iguales en módulo y de signos opuestos, las velocidades son iguales en módulo y de sentidos opuestos. Cuando uno baja, el otro sube. También lo están: el C y el E o el E y el G.

PROBLEMAS DE MOVIMIENTO ARMÓNICO SIMPLE (MAS) Y DE ONDAS

Problemas de movimiento armónico simple (MAS)

2016

1) Un bloque de masa m = 10 kg realiza un movimiento armónico simple. En la figura adjunta se representa su elongación, y, en función del tiempo, t:

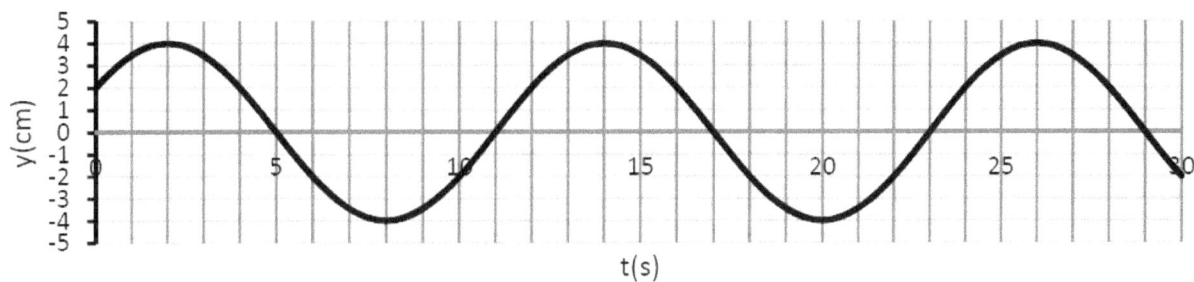

i) Escriba la ecuación del movimiento armónico simple con los datos que se obtienen de la gráfica.
ii) Determine la velocidad y la aceleración del bloque en el instante t = 5 s.

Datos:

m = 10 kg
¿Ecuación?
¿v?
¿a?
t = 5 s

Dibujo:

Principio físico: se dice que un cuerpo realiza un movimiento armónico simple (M.A.S.) cuando oscila a un lado y a otro de la posición de equilibrio y ese movimiento viene descrito por una función seno o coseno dependiente del tiempo. La fuerza restauradora es proporcional a la distancia a la posición de equilibrio.

Método de resolución: escribiremos la ecuación general del MAS y obtendremos las magnitudes características del movimiento a partir de la gráfica y a partir de sus fórmulas.

Resolución: * Ecuación general del MAS: $y = A \cdot sen(\omega \cdot t + \varphi_0)$

* Amplitud: elongación máxima: A = 0'04 m

265

* Período: distancia entre dos crestas consecutivas: T = 12 s

* Frecuencia angular: $\omega = \dfrac{2\cdot\pi}{T} = \dfrac{2\cdot\pi}{12} = \dfrac{\pi}{6} \; \dfrac{rad}{s}$

* Fase inicial: para t = 0, y = 0'02 $\Rightarrow$ 0'02 = 0'04·sen (0 + φ_0)

$\Rightarrow$ sen (0 + φ_0) = $\dfrac{0'02}{0'04}$ = 0'5 $\Rightarrow$ φ_0 = 30º = $\dfrac{\pi}{6}$ rad

* Ecuación del movimiento: $\boxed{y = 0'04\cdot\text{sen}\left(\dfrac{\pi}{6}\cdot t + \dfrac{\pi}{6}\right) \text{ (m)}}$

* Velocidad del bloque a los 5 s:

$$v = \dfrac{dy}{dt} = 0'04 \cdot \dfrac{\pi}{6} \cdot \cos\left(\dfrac{\pi}{6}\cdot t + \dfrac{\pi}{6}\right) = 0'0209\cdot\cos\left(\dfrac{\pi}{6}\cdot 5 + \dfrac{\pi}{6}\right) = \boxed{-\,0'0209\,\dfrac{m}{s}}$$

* Aceleración del bloque a los 5 s:

$$a = \dfrac{dv}{dt} = -0'04 \cdot \left(\dfrac{\pi}{6}\right)^2 \cdot \text{sen}\left(\dfrac{\pi}{6}\cdot t + \dfrac{\pi}{6}\right) = -0'04 \cdot \left(\dfrac{\pi}{6}\right)^2 \cdot \text{sen}\left(\dfrac{\pi}{6}\cdot 5 + \dfrac{\pi}{6}\right) = \boxed{0\,\dfrac{m}{s^2}}$$

Comentario: a los 5 segundos está pasando por la posición de equilibrio, luego su velocidad es máxima (A·ω) y su aceleración es mínima (cero).

2015

2) El extremo de una cuerda realiza un movimiento armónico simple de ecuación:
$$y(t) = 4 \cdot \text{sen}(2 \cdot \pi \cdot t) \ (S.\ I.).$$
La oscilación se propaga por la cuerda de derecha a izquierda con velocidad de 12 ms^{-1}. i) Encuentre, razonadamente, la ecuación de la onda resultante e indique sus características. ii) Calcule la elongación de un punto de la cuerda que se encuentra a 6 m del extremo indicado, en el instante t = 3/4 s.

Datos: Dibujo:

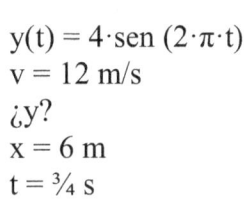

y(t) = 4·sen (2·π·t)
v = 12 m/s
¿y?
x = 6 m
t = ¾ s

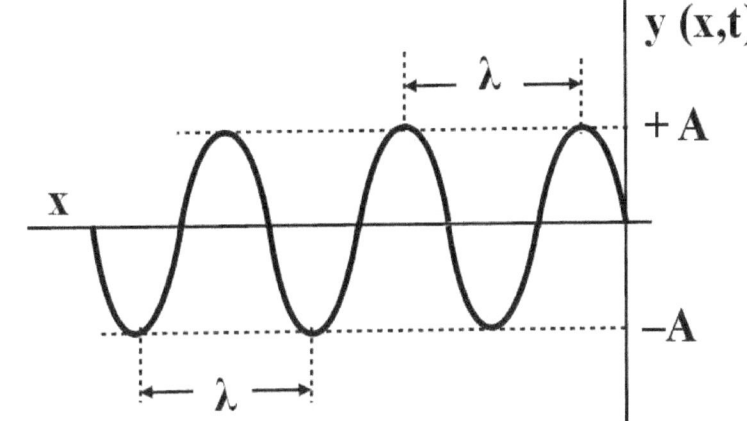

Principio físico: una onda es la propagación de una perturbación a través de un medio determinado. La perturbación puede ser provocada por una vibración o un campo. Una onda armónica es aquella cuya perturbación puede estudiarse como un movimiento armónico simple.

Método de resolución: escribiremos la ecuación general de una onda y averiguaremos las magnitudes de la onda mediante sus expresiones correspondientes. Usaremos las fórmulas de la frecuencia angular, ω, y del número de ondas, k.

Resolución: * Ecuación general: $y(x,t) = A \cdot \text{sen}(\pm \omega \cdot t \pm k \cdot x \pm \varphi_0)$

Por comparación: $A = 4\ m$; $\omega = 2 \cdot \pi\ \dfrac{rad}{s}$

* Período del movimiento: $T = \dfrac{2\pi}{\omega} = \dfrac{2\pi}{2\pi} = 1\ s$

* Longitud de onda: $v_p = \dfrac{\lambda}{T} \Rightarrow \lambda = v_p \cdot T = 12 \cdot 1 = 12\ m$

* Número de onda: $k = \dfrac{2\pi}{\lambda} = \dfrac{2\pi}{12} = \dfrac{\pi}{6}\ \dfrac{rad}{m}$

* Fase inicial: para t = 0 y x = 0, y = 0, luego: $\varphi_0 = 0$

* Ecuación de la onda: $\boxed{y = 4 \cdot \text{sen}(2\cdot\pi\cdot t + \frac{\pi}{6}\cdot x) \,(m)}$

* Elongación a 6 m y $\frac{3}{4}$ s: $y = 4\cdot\text{sen}(2\cdot\pi\cdot t + \frac{\pi}{6} x) = 4\cdot\text{sen}(2\cdot\pi \cdot \frac{3}{4} + \frac{\pi}{6}\cdot 6) = \boxed{4 \text{ m}}$

Comentario: a los 6 m y $\frac{3}{4}$ s, la elongación es máxima, pues se encuentra en una cresta. Como se desplaza hacia la izquierda, el término k·x es positivo. Se trata de una onda armónica, es decir, de una onda cuya perturbación se puede representar por un MAS.

2014

3) La energía mecánica de una partícula que realiza un movimiento armónico simple a lo largo del eje X y en torno al origen vale $3\cdot 10^{-5}$ J y la fuerza máxima que actúa sobre ella es de $1'5\cdot 10^{-3}$ N. i) Obtenga la amplitud del movimiento. ii) Si el periodo de la oscilación es de 2 s y en el instante inicial la partícula se encuentra en la posición $x_0 = 2$ cm, escriba la ecuación de movimiento.

Datos:

$E_M = 3\cdot 10^{-5}$ J
$F_{máx} = 1'5\cdot 10^{-3}$ N
¿A?
T = 2 s
$x_0 = 0'02$ m
¿Ecuación?

Dibujo:

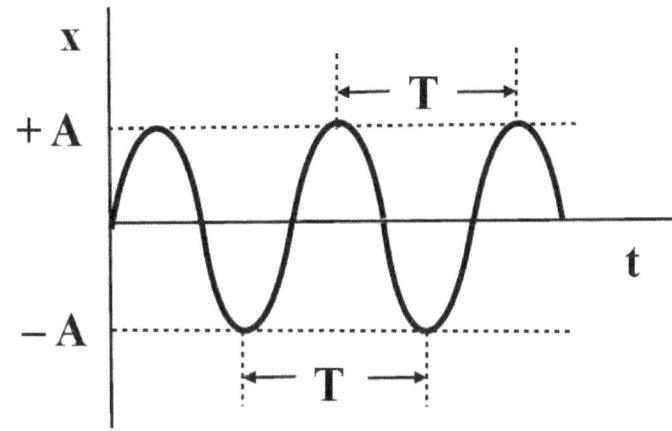

Principio físico: se dice que un cuerpo realiza un movimiento armónico simple (M.A.S.) cuando oscila a un lado y a otro de la posición de equilibrio y ese movimiento viene descrito por una función seno o coseno dependiente del tiempo. La fuerza restauradora es proporcional a la distancia a la posición de equilibrio.

Método de resolución: a partir de la expresión de la energía mecánica del MAS y de la fuerza recuperadora, obtendremos la amplitud. Escribiremos la ecuación general del MAS y obtendremos las magnitudes características.

Resolución: * Amplitud del movimiento: $E_M = \frac{1}{2}\cdot k\cdot A^2$; $F_{máx} = k\cdot A$ ⇒

⇒ $\frac{E_M}{F_{máx}} = \frac{\frac{k\cdot A^2}{2}}{k\cdot A} = \frac{A}{2}$ ⇒ A = $\frac{2\cdot E_M}{F_{máx}} = \frac{2\cdot 3\cdot 10^{-5}}{1'5\cdot 10^{-3}} = \boxed{0'04 \text{ m}}$

* Ecuación general del MAS: $x = A\cdot sen(\omega\cdot t + \varphi_0)$

* Frecuencia angular: $\omega = \frac{2\pi}{T} = \frac{2\pi}{2} = \pi \ \frac{rad}{s}$

* Fase inicial: $0'02 = 0'04\cdot sen(0 + \varphi_0)$ ⇒ $sen\,\varphi_0 = \frac{0'02}{0'04} = 0'5$ ⇒ $\varphi_0 = 30° = \frac{\pi}{6}$ rad

* Ecuación del movimiento: $\boxed{x = 0'04\cdot sen(\pi\cdot t + \frac{\pi}{6}) \ (m)}$

Comentario: la fuerza máxima se alcanza con la máxima amplitud.

4) Sobre una superficie horizontal hay un muelle de constante elástica desconocida, comprimido 4 cm, junto a un bloque de 100 g. Al soltarse el muelle impulsa al bloque, que choca contra otro muelle de constante elástica 16 N m⁻¹ y lo comprime 10 cm. Suponga que las masas de los muelles son despreciables y que no hay pérdidas de energía por rozamiento. i) Determine la constante elástica del primer muelle. ii) Si tras el choque con el segundo muelle el bloque se queda unido a su extremo y efectúa oscilaciones, determine la frecuencia de oscilación

Datos: Dibujo:

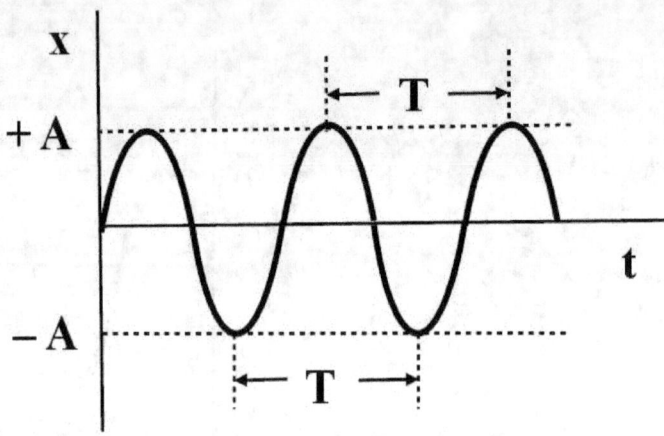

$x_1 = 0'04$ m
$m = 0'1$ kg
$k_2 = 16$ N/m
$x_2 = 0'10$ m
¿k_1?
¿f?

Principio físico: se dice que un cuerpo realiza un movimiento armónico simple (M.A.S.) cuando oscila a un lado y a otro de la posición de equilibrio y ese movimiento viene descrito por una función seno o coseno dependiente del tiempo. La fuerza restauradora es proporcional a la distancia a la posición de equilibrio.

Método de resolución: usaremos el principio de conservación de la energía mecánica y las fórmulas del MAS.

Resolución: * Constante elástica del primer muelle: $Ec_A + Ep_A = Ec_B + Ep_B$ ⇒

⇒ $0 + \frac{1}{2} k_1 \cdot x_1^2 = 0 + \frac{1}{2} k_2 \cdot x_2^2$ ⇒ $k_1 \cdot x_1^2 = k_2 \cdot x_2^2$ ⇒ $k_1 = k_2 \cdot \left(\frac{x_2}{x_1}\right)^2 = 16 \cdot \left(\frac{0'10}{0'04}\right)^2 = \boxed{100 \ \frac{N}{m}}$

* Frecuencia de oscilación del segundo muelle: $F = k_2 \cdot x = m \cdot \omega^2 \cdot x$; $\omega = 2 \cdot \pi \cdot f$ ⇒

⇒ $k_2 = m \cdot \omega^2 = m \cdot (2 \cdot \pi \cdot f)^2 = 4 \cdot \pi^2 \cdot m \cdot f^2$ ⇒ $f^2 = \frac{k_2}{4 \cdot \pi^2 \cdot m}$ ⇒ $f = \sqrt{\frac{k_2}{4 \cdot \pi^2 \cdot m}}$

⇒ $f = \sqrt{\frac{16}{4 \cdot \pi^2 \cdot 0'1}} = \boxed{2'01 \ Hz}$

Comentario: la fuerza elástica es: $F = k \cdot x$. La segunda ley de Newton es: $F = m \cdot a$. La aceleración en el MAS es: $a = \omega^2 \cdot x$

5) Un cuerpo de 80 g, unido al extremo de un resorte horizontal, describe un movimiento armónico simple de amplitud 5 cm. i) Escriba la ecuación de movimiento del cuerpo sabiendo que su energía cinética máxima es de 2'5·10⁻³ J y que en el instante t = 0 el cuerpo pasa por su posición de equilibrio. ii) Represente gráficamente la energía cinética del cuerpo en función de la posición e indique el valor de la energía mecánica del cuerpo.

Datos:

m = 0'080 kg
A = 0'05 m
¿Ecuación?
$Ec_{máx}$ = 2'5·10⁻³ J
t = 0 s
¿Representación Ec – x?
¿E_M?

Dibujo:

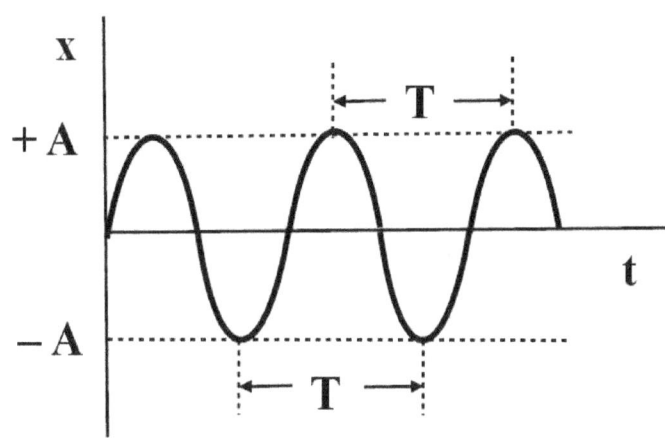

Principio físico: se dice que un cuerpo realiza un movimiento armónico simple (M.A.S.) cuando oscila a un lado y a otro de la posición de equilibrio y ese movimiento viene descrito por una función seno o coseno dependiente del tiempo. La fuerza restauradora es proporcional a la distancia a la posición de equilibrio.

Método de resolución: escribiremos la ecuación general de un MAS y averiguaremos las magnitudes características a partir de los datos suministrados.

Resolución: * Ecuación general del MAS: $x = A \cdot \text{sen}(\omega \cdot t + \varphi_0)$

* Fase inicial: para t = 0, y = 0, luego: $\varphi_0 = 0$

* Frecuencia angular: $Ec_{máx} = \frac{1}{2} \cdot k \cdot A^2$; $k = m \cdot \omega^2$ ⇒ $Ec_{máx} = \frac{1}{2} \cdot m \cdot \omega^2 \cdot A^2$ ⇒

⇒ $\omega^2 = \frac{2 \cdot Ec_{máx}}{m \cdot A^2}$ ⇒ $\omega = \sqrt{\frac{2 \cdot Ec_{máx}}{m \cdot A^2}} = \sqrt{\frac{2 \cdot 2'5 \cdot 10^{-3}}{0'080 \cdot 0'05^2}} = 5 \frac{rad}{s}$

* Ecuación del movimiento: $\boxed{x = 0'05 \cdot \text{sen}(5 \cdot t) \ (m)}$

* Representación Ec – x:

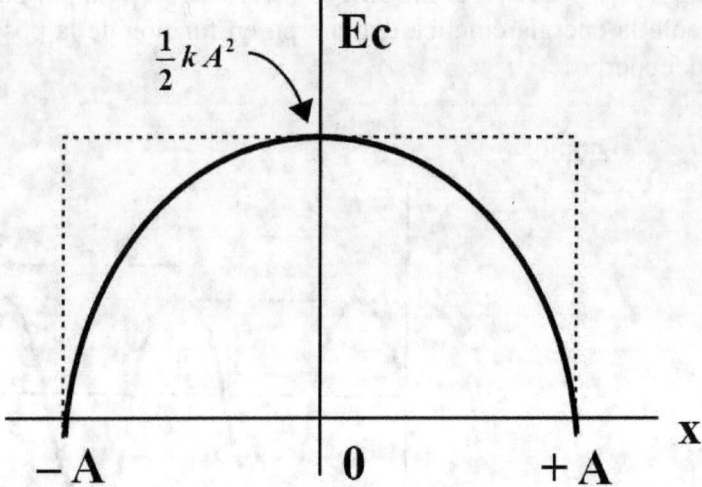

* Energía mecánica del cuerpo: $E_M = \dfrac{1}{2} \cdot k \cdot A^2 = Ec_{máx} = 2'5 \cdot 10^{-3}$ J

Comentario: la energía mecánica es constante y coincide con el valor máximo de la energía cinética: $2'5 \cdot 10^{-3}$ J, pues en ese momento toda la energía potencial se ha convertido en cinética.

6) Un cuerpo de 0'1 kg se mueve de acuerdo con la ecuación:
$$x(t) = 0'12 \operatorname{sen}(2\pi t + \pi/3) \text{ (S.I.)}$$
i) Explique qué tipo de movimiento realiza y determine el periodo y la energía mecánica. ii) Calcule la aceleración y la energía cinética del cuerpo en el instante t = 3 s.

Datos:

m = 0'1 kg
x(t) = 0,12·sen (2·π·t + π/3)
¿T?
¿E$_M$?
¿a?
¿Ec?
t = 3 s

Dibujo:

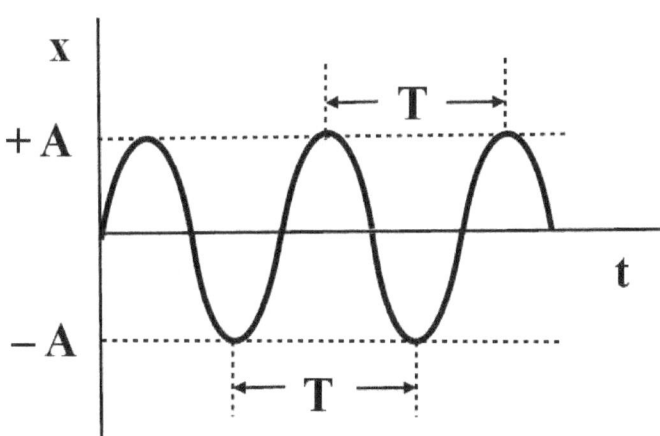

Principio físico: se dice que un cuerpo realiza un movimiento armónico simple (M.A.S.) cuando oscila a un lado y a otro de la posición de equilibrio y ese movimiento viene descrito por una función seno o coseno dependiente del tiempo. La fuerza restauradora es proporcional a la distancia a la posición de equilibrio.

Método de resolución: escribiremos la ecuación general de un MAS y averiguaremos las magnitudes características a partir de los datos suministrados.

Resolución: * Ecuación general del MAS: $y = A \cdot \operatorname{sen}(\omega \cdot t + \varphi_0)$

* Magnitudes del MAS: por comparación: $A = 0'12$ m ; $\omega = 2\pi \dfrac{rad}{s}$; $\varphi_0 = \dfrac{\pi}{3}$ rad

* Período: $T = \dfrac{2\cdot\pi}{\omega} = \dfrac{2\cdot\pi}{2\cdot\pi} = \boxed{1 \text{ m}}$

* Energía mecánica: $E_M = \dfrac{1}{2}\cdot k \cdot A^2 = \dfrac{1}{2}\cdot m \cdot \omega^2 \cdot A^2 = \dfrac{1}{2} \cdot 0'1 \cdot 4 \cdot \pi^2 \cdot 0'12^2 = \boxed{0'0284 \text{ J}}$

* Velocidad del cuerpo: $v = \dfrac{dy}{dt} = 0'12 \cdot 2 \cdot \pi \cdot \cos(2\cdot\pi\cdot t + \pi/3) = 0'24 \cdot \pi \cdot \cos(2\cdot\pi\cdot t + \pi/3)$

* Aceleración del cuerpo a los 3 s: $a = \dfrac{dv}{dt} = -0'24 \cdot 2 \cdot \pi^2 \cdot \operatorname{sen}(2\cdot\pi\cdot t + \pi/3) =$

$= -0'48 \cdot \pi^2 \cdot \operatorname{sen}(2\cdot\pi\cdot 3 + \pi/3) = \boxed{-4'10 \dfrac{m}{s^2}}$

* Velocidad del cuerpo a los 3 s: $v = 0'24 \cdot \pi \cdot \cos(2 \cdot \pi \cdot 3 + \pi/3) = 0'377 \; \frac{m}{s}$

* Energía cinética a los 3 s:

$Ec = \dfrac{1}{2} m \cdot v^2 = \dfrac{1}{2} \cdot 0'1 \cdot 0'377^2 = \boxed{7'11 \cdot 10^{-3} \; J}$

<u>Comentario:</u> el cuerpo realiza un movimiento armónico simple (MAS), pues la ecuación del movimiento obedece a la ecuación general del MAS. Como la energía mecánica se conserva, la energía cinética se convierte en potencial elástica y la potencial elástica en cinética.

Problemas de ondas

2024

7) En una cuerda se propaga una onda armónica cuya ecuación viene dada por:
$$y(x,t) = 0'2 \cdot \cos(0'2 \cdot \pi \cdot x + 0'25 \cdot \pi \cdot t + \pi) \text{ (S.I.)}$$
Calcule razonadamente: i) la frecuencia y la longitud de onda; ii) la velocidad de propagación de la onda, especificando su dirección y sentido de propagación; iii) la velocidad máxima de oscilación de la onda.

Datos:

Dibujo:

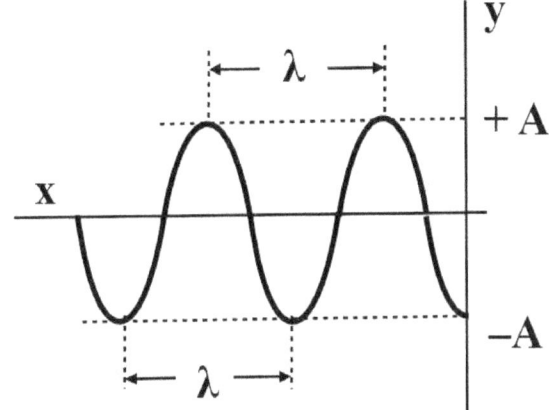

$y(x,t) = 0'2 \cdot \cos(0'2 \cdot \pi \cdot x + 0'25 \cdot \pi \cdot t + \pi)$
¿f, λ, v_p, $v_{máx.}$?

Principio físico: una onda es la propagación de una perturbación a través de un medio determinado. La perturbación puede ser provocada por una vibración o por un campo. Una onda armónica es aquella cuya perturbación puede estudiarse como un movimiento armónico simple.

Método de resolución: compararemos la ecuación dada con la ecuación general de una onda armónica en función del coseno para obtener las características de la onda. Derivaremos la elongación para obtener la velocidad de oscilación.

Resolución: * Ecuación general de una onda armónica: $y(x,t) = A \cdot \cos(\pm \omega \cdot t \pm k \cdot x \pm \varphi_0)$

* Características de la onda: $\omega = 0'25 \cdot \pi \; \dfrac{rad}{s}$; $k = 0'2 \cdot \pi \; \dfrac{rad}{m}$

* Frecuencia: $\omega = 2 \cdot \pi \cdot f \Rightarrow f = \dfrac{\omega}{2 \cdot \pi} = \dfrac{0'25 \cdot \pi}{2 \cdot \pi} = \boxed{0'125 \text{ Hz}}$

* Longitud de onda: $k = \dfrac{2 \cdot \pi}{\lambda} \Rightarrow \lambda = \dfrac{2 \cdot \pi}{k} = \dfrac{2 \cdot \pi}{0'2 \cdot \pi} = \boxed{10 \text{ m}}$

* Velocidad de propagación: $v_p = \lambda \cdot f = 10 \cdot 0'125 = \boxed{1'25 \; \dfrac{m}{s}}$

* Velocidad de oscilación:

$$v = \frac{dy}{dt} = -0'2 \cdot 0'25 \cdot \pi \cdot \text{sen}\,(0'2\cdot\pi\cdot x + 0'25\cdot\pi\cdot t + \pi) = -0'157\cdot \text{sen}\,(0'2\cdot\pi\cdot x + 0'25\cdot\pi\cdot t + \pi)\ \frac{m}{s}$$

* Velocidad máxima de oscilación: ocurre para seno = – 1, pues la expresión de la velocidad tiene signo negativo:

$$\boxed{v_{\text{máx.}} = 0'157\ \frac{m}{s}}$$

Comentario: como los términos ω·t y k·x tienen signos opuestos, la onda se desplaza en el sentido negativo del eje OX.

8) Una masa de 3 kg está unida a un muelle de constante elástica de 12 N·m⁻¹ sobre una superficie horizontal sin rozamiento. El muelle se alarga 4 cm y se suelta en el instante inicial t = 0 s. Determine: i) el periodo de oscilación; ii) la expresión de la posición de la masa en función del tiempo; iii) la velocidad y la aceleración para t = 3'5 s.

Datos:

m = 3 kg
k = 12 N/m
A = 0'04 m
t = 0 s
¿T?
¿x(t)?
¿v, a?
t = 3'5 s

Dibujo:

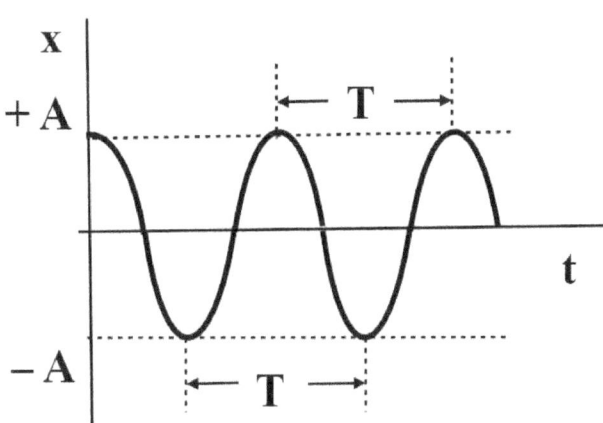

Principio físico: un movimiento armónico simple consiste en el movimiento de una masa alrededor de una posición de equilibrio en el que la ecuación es senoidal o cosenoidal y la aceleración es proporcional a la elongación.

Método de resolución: usaremos la relación entre el período y la constante elástica, obtendremos la frecuencia angular relacionándola con la constante elástica y derivaremos la elongación.

Resolución: * Período de oscilación: $T = 2\cdot\pi\cdot\sqrt{\dfrac{m}{k}} = 2\cdot\pi\cdot\sqrt{\dfrac{3}{12}} = \boxed{3'14 \text{ s}}$

* Frecuencia angular: $\omega = 2\cdot\pi\cdot f = \dfrac{2\cdot\pi}{T} = \dfrac{2\cdot\pi}{3'14} = 2 \dfrac{rad}{s}$

* Ecuación general: $x = A\cdot \text{sen}(\omega\cdot t + \varphi_0)$

* Fase inicial: para t = 0 s, la elongación es máxima, luego:

$$0'04 = 0'04\cdot\text{sen}(2\cdot t + \varphi_0) \Rightarrow 1 = \text{sen}(\varphi_0) \Rightarrow \varphi_0 = \dfrac{\pi}{2} \text{ rad}$$

* Expresión de la masa en función del tiempo: $\boxed{x = 0'04\cdot\text{sen}(2\cdot t + \dfrac{\pi}{2}) \text{ (m)}}$

* Velocidad de oscilación: $v = \dfrac{dx}{dt} = 0'04\cdot 2\cdot\cos(2\cdot t + \dfrac{\pi}{2}) = 0'08\cdot\cos(2\cdot t + \dfrac{\pi}{2}) \dfrac{m}{s}$

* Velocidad de oscilación para t = 3'5 s: $v = 0'08\cdot\cos(2\cdot 3'5 + \dfrac{\pi}{2}) = \boxed{0'0791 \dfrac{m}{s}}$

* Aceleración en función del tiempo:

$$a = \frac{dv}{dt} = -0'08 \cdot 2 \cdot \text{sen}\left(2 \cdot t + \frac{\pi}{2}\right) = -0'16 \cdot \text{sen}\left(2 \cdot t + \frac{\pi}{2}\right) \; \frac{m}{s^2}$$

* Aceleración para t = 3'5 s: $a = -0'16 \cdot \text{sen}\left(2 \cdot 3'5 + \frac{\pi}{2}\right) = \boxed{-0'0239 \; \frac{m}{s^2}}$

<u>Comentario</u>: como oscila horizontalmente, la elongación está en función de la x.

2023

9) La ecuación de una onda armónica transversal en una cuerda tensa viene dada por:
$$y(x,t) = 3 \cdot \text{sen}(\pi \cdot t/2 - \pi \cdot x) \text{ (S.I.)}$$
Determine razonadamente: i) la velocidad de propagación de la onda y la velocidad máxima de vibración de un punto cualquiera; ii) la distancia a la que se encuentran dos puntos de la cuerda si en un instante dado hay entre ellos una diferencia de fase de $3\pi/2$.

Datos:

$y(x,t) = 3 \cdot \text{sen}(\pi \cdot t/2 - \pi \cdot x)$ (S.I.)
¿v_p, $(v_{osc.})_{máx.}$?
¿d?
$\Delta\varphi = 3\pi/2$ rad

Dibujo:

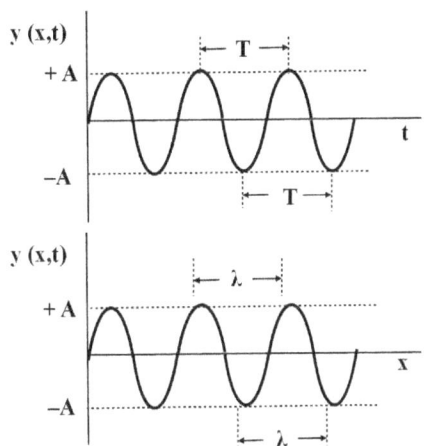

Principio físico: una onda es la propagación de una perturbación a través de un medio determinado. La perturbación puede ser provocada por una vibración o por un campo. Una onda armónica es aquella cuya perturbación puede estudiarse como un movimiento armónico simple.

Método de resolución: obtendremos las magnitudes características de la onda a partir de la ecuación general de las ondas, usaremos la fórmula de la velocidad de propagación, derivaremos la elongación para obtener la velocidad, aplicaremos la condición de velocidad máxima y aplicaremos la condición del enunciado a la diferencia de fase.

Resolución: * Ecuación general de este tipo de ondas: $y(x,t) = A \cdot \text{sen}(\omega \cdot t \pm k \cdot x)$

* Magnitudes de la onda: $A = 3$ m ; $\omega = \dfrac{\pi}{2} \dfrac{rad}{s}$; $k = \pi \dfrac{rad}{m}$

* Velocidad de propagación: $v_p = \dfrac{\omega}{k} = \dfrac{\frac{\pi}{2}}{\pi} = \dfrac{1}{2} = \boxed{0'5 \dfrac{m}{s}}$

* Velocidad de oscilación: $v_{osc.} = \dfrac{dy}{dt} = \dfrac{3 \cdot \pi}{2} \cdot \cos\left(\dfrac{\pi \cdot t}{2} - \pi \cdot x\right) \dfrac{m}{s}$

* Velocidad de oscilación máxima: $(v_{osc.})_{máx.} = \dfrac{3 \cdot \pi}{2} = \boxed{4'71 \dfrac{m}{s}}$

* Distancia entre los dos puntos solicitados:

$\varphi_1 - \varphi_2 = \omega \cdot t - k \cdot x_1 - (\omega \cdot t - k \cdot x_2) = k \cdot x_2 - k \cdot x_1 = k \cdot (x_2 - x_1) \Rightarrow$

$\Rightarrow \quad x_2 - x_1 = \dfrac{\phi_1 - \phi_2}{k} = \dfrac{\frac{3 \cdot \pi}{2}}{\pi} = \dfrac{3}{2} = \boxed{1'5 \text{ m}}$

Comentario: como los términos $k \cdot x$ y $\omega \cdot t$ tienen signos opuestos, la onda se propaga hacia el sentido positivo del eje OX. La velocidad de oscilación máxima se obtiene para seno igual a uno.

10) En una cuerda tensa con sus extremos fijos se ha generado una onda de ecuación:
$$y(x,t) = 0'2 \cdot sen(3 \cdot \pi \cdot x) \cdot cos(6 \cdot \pi \cdot t) \text{ (S.I.)}$$
i) Determine la longitud de onda y la velocidad de propagación de las ondas armónicas cuya superposición da lugar a la onda anterior. ii) Calcule razonadamente la distancia entre dos nodos consecutivos y la distancia entre un vientre y un nodo consecutivos.

Datos:

$y(x,t) = 0'2 \cdot sen(3 \cdot \pi \cdot x) \cdot cos(6 \cdot \pi \cdot t)$ (S.I.)
¿λ, v_p?
¿d?

Dibujo:

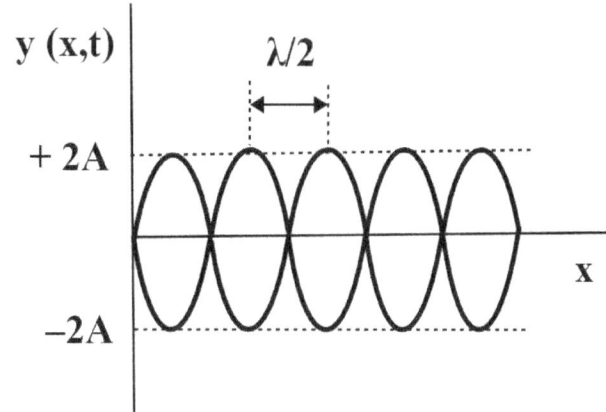

Principio físico: una onda estacionaria es la superposición de dos ondas armónicas que se propagan por el mismo medio con la misma amplitud, período, longitud de onda y dirección pero en sentidos contrarios. Es la superposición de una onda incidente y otra reflejada.

Método de resolución: obtendremos las magnitudes características de la onda por comparación con la ecuación general, obtendremos la longitud de onda a partir del número de onda, la velocidad de propagación a partir de ω y k y aplicaremos la condición de nodos y vientres.

Resolución: * Ecuación general: $y(x,t) = 2 \cdot A \cdot sen(\omega \cdot t) \cdot cos(k \cdot x)$

* Magnitudes de las ondas individuales: $k = 3 \cdot \pi \; \frac{rad}{m}$; $\omega = 6 \cdot \pi \; \frac{rad}{s}$

* Longitud de onda: $k = \frac{2 \cdot \pi}{\lambda}$ ⇒ $\lambda = \frac{2 \cdot \pi}{k} = \frac{2 \cdot \pi}{3 \cdot \pi} = \frac{2}{3} = \boxed{0'667 \text{ m}}$

* Velocidad de propagación: $v_p = \frac{\omega}{k} = \frac{6 \cdot \pi}{3 \cdot \pi} = \boxed{2 \; \frac{m}{s}}$

* Distancia entre dos nodos consecutivos: $sen(k \cdot x) = 0$ ⇒ $k \cdot x = 0, \pi, 2 \cdot \pi, 3 \cdot \pi, ... = n \cdot \pi$ ⇒

⇒ $x = \frac{n \cdot \pi}{k} = \frac{n \cdot \pi}{\frac{2 \cdot \pi}{\lambda}} = n \cdot \frac{\lambda}{2} = n \cdot \frac{0'667}{2} = 0'333 \cdot n$ ⇒ $\boxed{d = 0'333 \text{ m}}$

* Distancia entre vientre y nodo: $d = \frac{\frac{\lambda}{2}}{2} = \frac{\lambda}{4} = \frac{0'667}{4} = \boxed{0'167 \text{ m}}$

Comentario: la distancia entre un nodo y el vientre siguiente es la mitad de la distancia entre dos nodos.

11) Una cuerda vibra de acuerdo a la ecuación:
$$y(x,t) = 10 \cdot \text{sen}(\pi \cdot x/3) \cdot \cos(20 \cdot \pi \cdot t) \text{ (S.I.)}$$
Calcule razonadamente: i) la longitud de onda y la distancia entre el segundo y el quinto nodo; ii) la velocidad de vibración del punto situado en $x = 4'5$ m en el instante $t = 0'4$ s.

Datos:

$y(x,t) = 10 \cdot \text{sen}(\pi \cdot x/3) \cdot \cos(20 \cdot \pi \cdot t)$ (S.I.)
¿λ, d?
¿$v_{osc.}$?
$x = 4'5$ m
$t = 0'4$ s

Dibujo:

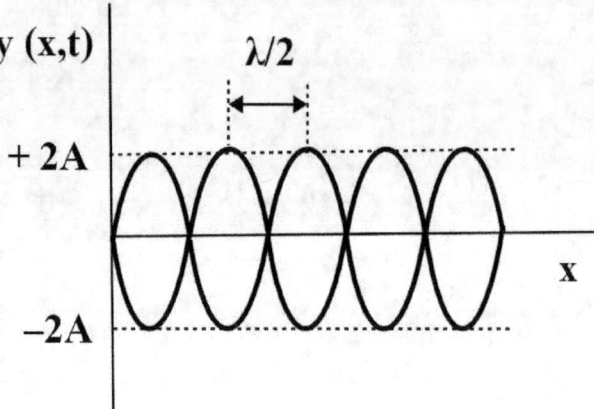

Principio físico: una onda estacionaria es la superposición de dos ondas armónicas que se propagan por el mismo medio con la misma amplitud, período, longitud de onda y dirección pero en sentidos contrarios. Es la superposición de una onda incidente y otra reflejada.

Método de resolución: obtendremos las magnitudes características por comparación con la ecuación general, aplicaremos la condición de nodos y derivaremos para obtener la velocidad de vibración.

Resolución: * Ecuación general: $y(x,t) = 2 \cdot A \cdot \text{sen}(\omega \cdot t) \cdot \cos(k \cdot x)$

* Magnitudes de las ondas individuales: $k = \dfrac{\pi}{3} \dfrac{rad}{m}$; $\omega = 20 \cdot \pi \dfrac{rad}{s}$

* Longitud de onda: $k = \dfrac{2 \cdot \pi}{\lambda} \Rightarrow \lambda = \dfrac{2 \cdot \pi}{k} = \dfrac{2 \cdot \pi}{\frac{\pi}{3}} = 2 \cdot 3 = \boxed{6 \text{ m}}$

* Condición de nodos: $\text{sen}(k \cdot x) = 0 \Rightarrow k \cdot x = 0, \pi, 2 \cdot \pi, 3 \cdot \pi, \ldots = n \cdot \pi \Rightarrow$

$\Rightarrow x = \dfrac{n \cdot \pi}{k} = \dfrac{n \cdot \pi}{\frac{2 \cdot \pi}{\lambda}} = n \cdot \dfrac{\lambda}{2}$; $n = 0, 1, 2, 3, \ldots$

* Distancia entre el 2º y el 5º nodos: segundo nodo $\Rightarrow n = 1 \Rightarrow x_2 = n \cdot \dfrac{\lambda}{2} = 1 \cdot \dfrac{6}{2} = 3$ m ;

Quinto nodo $\Rightarrow n = 4 \Rightarrow x_5 = n \cdot \dfrac{\lambda}{2} = 4 \cdot \dfrac{6}{2} = 12$ m ; $x_5 - x_2 = 12 - 3 = \boxed{9 \text{ m}}$

* Velocidad de vibración u oscilación en función del tiempo:

$$v_{osc.} = \frac{dy}{dt} = -10 \cdot 20 \cdot \pi \cdot sen\left(\frac{\pi \cdot x}{3}\right) \cdot \cos(20 \cdot \pi \cdot t) = -628 \cdot sen\left(\frac{\pi \cdot x}{3}\right) \cdot \cos(20 \cdot \pi \cdot t) \quad \frac{m}{s}$$

* Velocidad de vibración para x = 4'5 m y t = 0'4 s:

$$v_{osc.} = -628 \cdot sen\left(\frac{\pi \cdot 4'5}{3}\right) \cdot \cos(20 \cdot \pi \cdot 0'4) = \boxed{0 \ \frac{m}{s}}$$

Comentario: para x = 4'5 m y t = 0'4 s, se trata de un vientre, la elongación es máxima y la velocidad de oscilación vale cero.

12) Por una cuerda tensa se propaga una onda armónica cuya ecuación es:
$$y(x,t) = 3 \cdot \text{sen}(0'5 \cdot \pi \cdot t - \pi \cdot x) \text{ (S.I.)}$$
Determine razonadamente: i) la velocidad máxima de vibración de un punto de la cuerda; ii) el valor de la aceleración para el punto $x = 1$ m para $t = 4$ s.

Datos:

$y(x,t) = 3 \cdot \text{sen}(0'5\pi \cdot t - \pi \cdot x)$ (S.I.)
¿$(v_{osc.})_{máx.}$?
¿a?
x = 1m
t = 4 s

Dibujo:

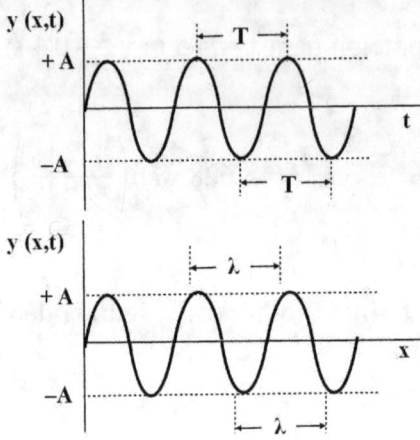

Principio físico: una onda es la propagación de una perturbación a través de un medio determinado. La perturbación puede ser provocada por una vibración o por un campo. Una onda armónica es aquella cuya perturbación puede estudiarse como un movimiento armónico simple.

Método de resolución: derivaremos la elongación para obtener la velocidad de oscilación y derivaremos la velocidad para obtener la aceleración.

Resolución: * Velocidad de vibración u oscilación:

$$v_{osc.} = \frac{dy}{dt} = 3 \cdot 0'5 \cdot \pi \cdot \cos(0'5 \cdot \pi \cdot t - \pi \cdot x) = 4'71 \cdot \cos(0'5 \cdot \pi \cdot t - \pi \cdot x) \quad \frac{m}{s}$$

* Velocidad máxima de oscilación: $\boxed{(v_{osc.})_{máx.} = 4'71 \ \frac{m}{s}}$

* Aceleración en función del tiempo y de la posición:

$$a = \frac{dv}{dt} = -4'71 \cdot 0'5 \cdot \pi \cdot \text{sen}(0'5 \cdot \pi \cdot t - \pi \cdot x) = -7'40 \cdot \text{sen}(0'5 \cdot \pi \cdot t - \pi \cdot x) \quad \frac{m}{s^2}$$

* Aceleración para x = 1 m y t = 4 s: $a = -7'40 \cdot \text{sen}(0'5 \cdot \pi \cdot 4 - \pi \cdot 1) = -7'40 \cdot \text{sen} \pi = \boxed{0 \ \frac{m}{s^2}}$

Comentario: como los términos $k \cdot x$ y $\omega \cdot t$ tienen signos opuestos, la onda se propaga en el sentido positivo del eje OX. La velocidad máxima de oscilación se obtiene para el coseno igual a uno. Como la aceleración es cero, el punto tiene elongación nula.

2022

13) Una onda armónica transversal se propaga en sentido negativo del eje OX con una velocidad de propagación de 3 m·s⁻¹. Si su longitud de onda es de 1'5 m y su amplitud es de 2 m: i) Escriba la ecuación de la onda teniendo en cuenta que en el punto x = 0 m y en el instante t = 0 s la perturbación es nula y la velocidad de oscilación es positiva. ii) Determine la velocidad máxima de oscilación de un punto cualquiera del medio.

Datos: Dibujo:

v = 3 m/s
λ = 1'5 m
A = 2 m
¿Ecuación?
x = 0 m, t = 0 s, y = 0, v_v > 0
¿(v_p)_máx.?

Principio físico: una onda es la propagación de una perturbación a través de un medio determinado. La perturbación puede ser provocada por una vibración o por un campo. Una onda armónica es aquella cuya perturbación puede estudiarse como un movimiento armónico simple.

Método de resolución: escribiremos la ecuación general de las ondas armónicas y calcularemos las magnitudes características, derivaremos la elongación para obtener la velocidad y aplicaremos la condición de velocidad máxima.

Resolución: * Ecuación general de las ondas armónicas: $y(x,t) = A \cdot \text{sen}(\pm \omega \cdot t \pm k \cdot x \pm \varphi_0)$

* Magnitudes de la onda: $k = \dfrac{2 \cdot \pi}{\lambda} = \dfrac{2 \cdot \pi}{1'5} = 4'19 \ \dfrac{rad}{m}$

$$v = \dfrac{\omega}{k} \quad \Rightarrow \quad \omega = v \cdot k = 3 \cdot 4'19 = 12'6 \ \dfrac{rad}{s}$$

Para x = 0, t = 0 ⇒ y = 0 ⇒ 0 = 2·sen φ₀ ⇒ sen φ₀ = 0 ⇒ φ₀ = 0, π, 2·π,...

* Velocidad de oscilación: $v_{osc.} = \dfrac{dy}{dt} = A \cdot \cos(\pm \omega \cdot t \pm k \cdot x \pm \varphi_0)$

Para x = 0, t = 0 ⇒ v_v > 0 ⇒ cos φ₀ > 0 ⇒ φ₀ = 0

* Ecuación de la onda:

$$y(x,t) = 2\cdot \text{sen}\,(12'6\cdot t + 4'19\cdot x)\ (m)$$

* Velocidad de oscilación o vibración:

$$v_{osc.} = \frac{dy}{dt} = 2\cdot 12'6\cdot \cos(12'6\cdot t + 4'19\cdot x) = 25'2\cdot \cos(12'6\cdot t + 4'19\cdot x)\ \frac{m}{s}$$

* Velocidad máxima de oscilación:

$$(v_{osc.})_{máx.} = 25'2\ \frac{m}{s}$$

Comentario: como la onda se desplaza en el sentido negativo del eje OX, los términos $k\cdot x$ y $\omega\cdot t$ tienen el mismo signo.

14) Una onda viene dada por la expresión: y(x,t) = 0'5·cos (0'8·x)·sen (20·t) (S.I.)
Indique qué tipo de onda es y calcule su amplitud, frecuencia y longitud de onda, así como la velocidad de oscilación máxima de un punto situado en x = 0'2 m.

Datos:

Dibujo:

y(x,t) = 0'5·cos(0'8·x)·sen(20·t) (S.I.)
¿A, f, λ?
¿$v_{máx.}$?
x = 0'2 m

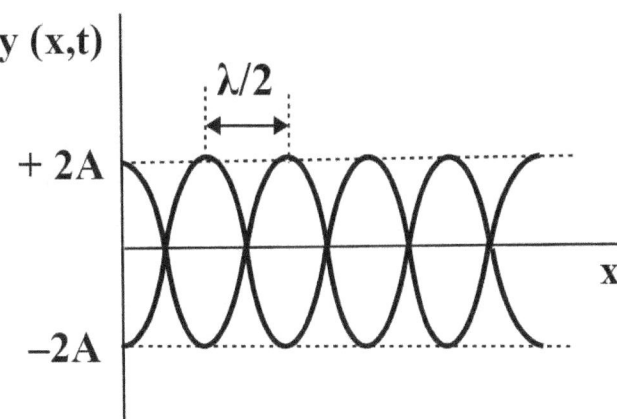

Principio físico: una onda estacionaria es la superposición de dos ondas armónicas que se propagan por el mismo medio con las mismas amplitudes, períodos, longitudes de onda y dirección pero en sentidos contrarios. Es la superposición de una onda incidente y otra reflejada.

Método de resolución: compararemos la ecuación dada con la ecuación general de ondas estacionarias para obtener las magnitudes características.

Resolución: * Ecuación general de este tipo de ondas estacionarias: y(x,t) = 2·A·cos (k·x)·sen (ω·t)

* Características de la onda: 2·A = 0'5 ⇒ A = $\dfrac{0'5}{2}$ = $\boxed{0'25 \text{ m}}$

k = 0'8 $\dfrac{rad}{m}$; ω = 20 $\dfrac{rad}{s}$; k = $\dfrac{2·\pi}{\lambda}$ ⇒ λ = $\dfrac{2·\pi}{k}$ = $\dfrac{2·\pi}{0'8}$ = $\boxed{7'85 \text{ m}}$

ω = 2·π·f ⇒ f = $\dfrac{\omega}{2·\pi}$ = $\dfrac{20}{2·\pi}$ = $\boxed{3'18 \text{ Hz}}$

* Velocidad de oscilación: $v_{osc.}$ = $\dfrac{dy}{dt}$ = 0'5·20·cos(0'8·x)·cos(20·t) = 10·cos (0'8·x)·cos (20·t) =

= 10·cos (0'8·0'2)·cos (20·t) = 9'87·cos (20·t) $\dfrac{m}{s}$

* Velocidad de oscilación máxima: $\boxed{(v_{osc.})_{máx.} = 9'87 \ \dfrac{m}{s}}$

Comentario: es una onda estacionaria. La velocidad de oscilación máxima se consigue cuando:
cos (20·t) = 1

15) Una onda estacionaria viene dada por la expresión: y(x,t) = 0'02·sen (0'25·π·x)·cos (10·π·t) (S.I.).
i) Determine las posiciones de los vientres de la onda estacionaria. ii) Determine la amplitud, frecuencia, longitud de onda y velocidad de propagación de las ondas armónicas cuya superposición da lugar a la onda estacionaria.

Datos:

y(x,t) = 0'02·sen(0'25·π·x)·cos(10·π·t) (S.I.)
¿x?
¿A, f, λ, v_p?

Dibujo:

Principio físico: una onda estacionaria es la superposición de dos ondas armónicas que se propagan por el mismo medio con las mismas amplitudes, períodos, longitudes de onda y dirección pero en sentidos contrarios. Es la superposición de una onda incidente y otra reflejada.

Método de resolución: compararemos la ecuación dada con la ecuación general de ondas estacionarias para obtener las magnitudes características.

Resolución: * Ecuación general de este tipo de ondas estacionarias: y(x,t) = 2·A·sen (k·x)·cos (ω·t)

* Características de la onda: 2·A = 0'02 ⇒ A = $\dfrac{0'02}{2}$ = $\boxed{0'01 \text{ m}}$

$$\omega = 10\cdot\pi \; \dfrac{rad}{s} \;\; ; \;\; \omega = 2\cdot\pi\cdot f \;\Rightarrow\; f = \dfrac{\omega}{2\cdot\pi} = \dfrac{10\cdot\pi}{2\cdot\pi} = \boxed{5 \text{ Hz}}$$

$$k = 0'25\cdot\pi \; \dfrac{rad}{m} \;\; ; \;\; k = \dfrac{2\cdot\pi}{\lambda} \;\Rightarrow\; \lambda = \dfrac{2\cdot\pi}{k} = \dfrac{2\cdot\pi}{0'25\cdot\pi} = \boxed{8 \text{ m}}$$

$$v_p = \dfrac{\omega}{k} = \dfrac{10\cdot\pi}{0'25\cdot\pi} = \boxed{40 \; \dfrac{m}{s}}$$

* Posiciones de los vientres: se cumple que: sen(0'25·π·x) = 1 ⇒ 0'25·π·x = (2·n + 1)· $\dfrac{\pi}{2}$ ⇒

⇒ x = (2·n + 1)· $\dfrac{1}{2\cdot 0'25}$ = $\dfrac{2\cdot n + 1}{0'5}$ ⇒ x_1 = 2 m; x_2 = 6 m; x_3 = 10 m...

Comentario: en los vientres, la amplitud es máxima para una posición dada.

16) Una onda tiene por ecuación: $y(x,t) = 2 \cdot \text{sen}(3 \cdot \pi \cdot t - \pi \cdot x + 3 \cdot \pi/2)$ (S.I.).
i) Determine los valores de la amplitud, período, longitud de onda y velocidad de propagación de la onda. ii) Calcule razonadamente, para un determinado instante t, la diferencia de fase entre dos puntos separados una distancia de 1 m.

Datos: Dibujo:

$y(x,t) = 2 \cdot \text{sen}(3 \cdot \pi \cdot t - \pi \cdot x + 3 \cdot \pi/2)$ (S.I.)
¿A, T, λ, v_p?
¿$\Delta\varphi$?
$\Delta x = 1$ m

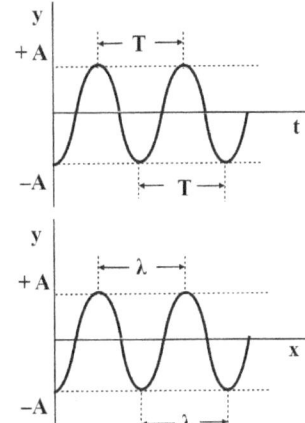

Principio físico: una onda es la propagación de una perturbación a través de un medio determinado. La perturbación puede ser provocada por una vibración o por un campo. Una onda armónica es aquella cuya perturbación puede estudiarse como un movimiento armónico simple.

Método de resolución: compararemos la ecuación de la onda con la ecuación general para obtener las magnitudes características. Calcularemos la diferencia de fase restando dos fases consecutivas.

Resolución: * Ecuación general de una onda armónica: $y(x,t) = A \cdot \text{sen}(\pm \omega \cdot t \pm k \cdot x \pm \varphi_0)$

$\boxed{A = 2 \text{ m}}$; $\omega = 3 \cdot \pi \ \dfrac{rad}{s}$; $\omega = \dfrac{2 \cdot \pi}{T} \Rightarrow T = \dfrac{2 \cdot \pi}{\omega} = \dfrac{2 \cdot \pi}{3 \cdot \pi} = \boxed{0'667 \text{ s}}$

$k = \pi \ \dfrac{rad}{m}$; $k = \dfrac{2 \cdot \pi}{\lambda} \Rightarrow \lambda = \dfrac{2 \cdot \pi}{k} = \dfrac{2 \cdot \pi}{\pi} = \boxed{2 \text{ m}}$; $v_p = \dfrac{\omega}{k} = \dfrac{3 \cdot \pi}{\pi} = \boxed{3 \ \dfrac{m}{s}}$

* Diferencia de fase entre dos puntos para un mismo tiempo:

$\Delta\varphi = \varphi_2 - \varphi_1 = 3\cdot\pi\cdot t - \pi\cdot x_2 + 3\cdot\pi/2 - (3\cdot\pi\cdot t - \pi\cdot x_1 + 3\cdot\pi/2) = -\pi\cdot(x_2 - x_1) = -\pi\cdot 1 = \boxed{-3'14 \text{ rad}}$

Comentario: la fase es el ángulo de la función seno o coseno de la expresión general de la onda. En nuestra onda, la fase es: $\varphi = 3\cdot\pi\cdot t - \pi\cdot x + 3\cdot\pi/2$

2021

17) Una onda estacionaria queda descrita mediante la ecuación:
$$y(x,t) = 0'5 \cdot \text{sen}((\pi/3) \cdot x) \cdot \cos(40 \cdot \pi \cdot t) \text{ (S.I.)}$$
Determine razonadamente: i) Amplitud, longitud de onda y velocidad de propagación de las ondas armónicas cuya superposición da lugar a esta onda estacionaria. ii) Posición de los vientres y amplitud de los mismos.

Datos:

$y(x,t) = 0'5 \cdot \text{sen}((\pi/3) \cdot x) \cdot \cos(40 \cdot \pi \cdot t)$ (S.I.)
¿A, λ, v_p?
¿x, A?

Dibujo:

Principio físico: una onda estacionaria es la superposición de dos ondas armónicas que se propagan por el mismo medio con las mismas amplitudes, períodos, longitudes de onda y dirección pero en sentidos contrarios. Es la superposición de una onda incidente y otra reflejada.

Método de resolución: compararemos la ecuación dada con la ecuación general de ondas estacionarias para obtener las magnitudes características y escribiremos la ecuación que cumplen los vientres.

Resolución: * Ecuación general de este tipo de ondas estacionarias: $y(x,t) = 2 \cdot A \cdot \text{sen}(k \cdot x) \cdot \cos(\omega \cdot t)$

* Características de las ondas que se superponen:

$$2 \cdot A = 0'5 \Rightarrow A = \frac{0'5}{2} = \boxed{0'25 \text{ m}}$$

$$k = \frac{\pi}{3} \frac{rad}{m} \quad ; \quad \omega = 40 \cdot \pi \frac{rad}{s} \quad ; \quad k = \frac{2 \cdot \pi}{\lambda} \Rightarrow \lambda = \frac{2 \cdot \pi}{k} = \frac{2 \cdot \pi}{\frac{\pi}{3}} = \boxed{6 \text{ m}}$$

* Velocidad de propagación:

$$v_p = \frac{\omega}{k} = \frac{40 \cdot \pi}{\frac{\pi}{3}} = \boxed{120 \frac{m}{s}}$$

* Posición de los vientres: sen (k·x) = ± 1   ⇒   sen (π/3)·x) = ± 1   ⇒

⇒ $\frac{\pi}{3} \cdot x = \frac{\pi}{2}$, $3 \cdot \frac{\pi}{2}$, ..., $(2 \cdot n + 1) \cdot \frac{\pi}{2}$ Siendo n = 0, 1, 2, ...

$$\frac{\pi}{3} \cdot x = (2 \cdot n + 1) \cdot \frac{\pi}{2} \Rightarrow \boxed{x = (2 \cdot n + 1) \cdot \frac{3}{2}}$$

Luego: x_1 = 1'5 m, x_2 = 4'5 m, x_3 = 7'5 m, ...

* Amplitud de los vientres: A_T = 2·A = 2·0'25 = $\boxed{0'5 \text{ m}}$

Comentario: los vientres se encuentran en la posición media entre los nodos. Los nodos son los puntos de la onda que tienen siempre elongación nula. En los vientres, la elongación es máxima y mínima a la vez, luego sen (k·x) = ± 1. Se trata de una onda estacionaria de extremos fijos, pues el término k·x está dentro del seno.

18) La siguiente ecuación corresponde a una onda armónica que se desplaza por un medio elástico:
$$y(x,t) = 0'1 \cdot \text{sen}\,[5\cdot\pi\cdot t - (5/2)\cdot\pi\cdot x + \pi/2]\ (S.I.)$$
Determine: i) Su período, su longitud de onda y su velocidad de propagación. ii) La velocidad de oscilación del punto $x = 2$ m en el instante $t = 1$ s.

Datos:

Dibujo:

$y(x,t) = 0'1 \cdot \text{sen}\,[5\cdot\pi\cdot t - (5/2)\cdot\pi\cdot x + \pi/2]$
¿T, λ, v_p?
¿v_v?
$x = 2$ m, $t = 1$ s

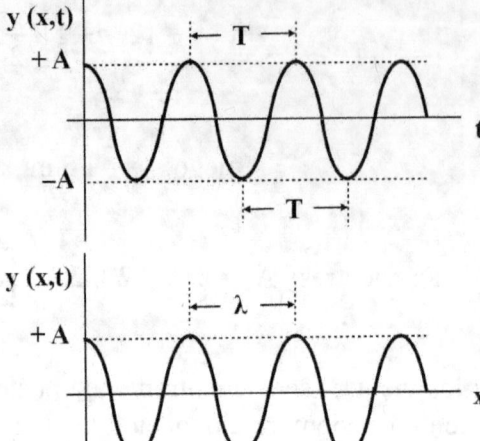

Principio físico: una onda es la propagación de una perturbación a través de un medio determinado. La perturbación puede ser provocada por una vibración o por un campo. Una onda armónica es aquella cuya perturbación puede estudiarse como un movimiento armónico simple.

Método de resolución: compararemos la ecuación general de una onda con la ecuación dada; de esta forma obtendremos sus magnitudes características. La velocidad de oscilación se obtiene derivando la ecuación de la onda.

Resolución: * Ecuación general de las ondas armónicas: $y(x,t) = A\cdot\text{sen}\,(\pm\omega\cdot t \pm k\cdot x \pm \varphi_0)$

* Magnitudes de la onda: $A = 0'1$ m ; $\omega = 5\cdot\pi\ \dfrac{rad}{s}$; $k = \dfrac{5\cdot\pi}{2}\ \dfrac{rad}{m}$; $\varphi_0 = \dfrac{\pi}{2}$ rad

$$\omega = \dfrac{2\cdot\pi}{T} \Rightarrow T = \dfrac{2\cdot\pi}{\omega} = \dfrac{2\cdot\pi}{5\cdot\pi} = \boxed{0'4\ s}\ ;\ k = \dfrac{2\cdot\pi}{\lambda} \Rightarrow \lambda = \dfrac{2\cdot\pi}{k} = \dfrac{2\cdot\pi}{\dfrac{5\cdot\pi}{2}} = \boxed{0'8\ m}$$

$$v_p = \dfrac{\omega}{k} = \dfrac{5\cdot\pi}{\dfrac{5\cdot\pi}{2}} = \boxed{2\ \dfrac{m}{s}}$$

* Velocidad de oscilación: $v_{osc.} = \dfrac{dy}{dt} = 0'1\cdot 5\cdot\pi\cdot\cos\,[5\cdot\pi\cdot t - (5/2)\cdot\pi\cdot x + \pi/2] =$

$= 0'5\cdot\pi\cdot\cos\,[5\cdot\pi\cdot 1 - (5/2)\cdot\pi\cdot 2 + \pi/2] = \boxed{0\ \dfrac{m}{s}}$

Comentario: para $x = 2$ m, $t = 1$ s, la velocidad de vibración es cero, luego se encuentra en un extremo.

19) Una onda, cuya amplitud es de 0'05 m y su número de onda $10\cdot\pi$ rad·m⁻¹ se propaga por una cuerda en el sentido positivo del eje x con una velocidad de 2 m·s⁻¹. i) Determine su ecuación teniendo en cuenta que en el instante inicial, el punto x = 0 m se encuentra en la posición más alta de su oscilación. ii) Razone si los puntos x_1 = 0'6 m y x_2 = 0'9 m están en fase o en oposición de fase.

Datos: Dibujo:

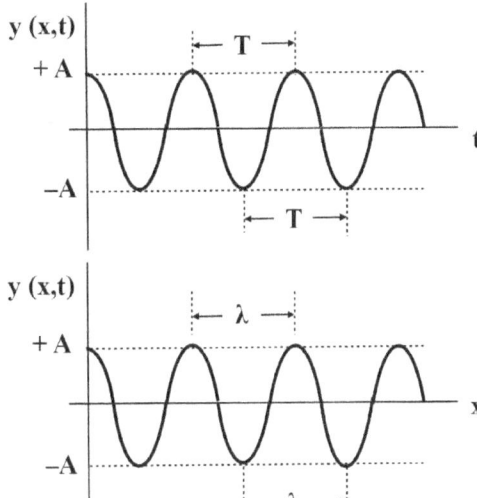

A = 0'05 m
k = 10·π rad/m
v = 2 m/s
¿Ecuación?
x = 0 m, t = 0 s, y > 0, $y_{máx.}$
x_1 = 0'6 m, x_2 = 0'9 m

Principio físico: una onda es la propagación de una perturbación a través de un medio determinado. La perturbación puede ser provocada por una vibración o por un campo. Una onda armónica es aquella cuya perturbación puede estudiarse como un movimiento armónico simple.

Método de resolución: escribiremos la ecuación general de las ondas y calcularemos sus magnitudes.

Resolución: * Ecuación general de las ondas armónicas: $y(x,t) = A\cdot\text{sen}(\pm\omega\cdot t \pm k\cdot x \pm \varphi_0)$

* Magnitudes de la onda:

$$A = 0'05 \text{ m} \quad ; \quad k = 10\cdot\pi\ \frac{rad}{m} \quad ; \quad v = \frac{\omega}{k} \Rightarrow \omega = v\cdot k = 2\cdot 10\cdot\pi = 20\cdot\pi\ \frac{rad}{s}$$

$$\text{Para } t = 0 \text{ y } x = 0 \Rightarrow y = y_{máx.} = A \Rightarrow A = A\cdot\text{sen }\varphi_0 \Rightarrow \text{sen }\varphi_0 = 1 \Rightarrow \varphi_0 = \frac{\pi}{2}\ \text{rad}$$

* Ecuación de la onda: $\boxed{y(x,t) = 0'05\cdot\text{sen}(20\cdot\pi\cdot t - 10\cdot\pi\cdot x + \frac{\pi}{2})\ (m)}$

* Longitud de onda: $k = \frac{2\cdot\pi}{\lambda} \Rightarrow \lambda = \frac{2\cdot\pi}{k} = \frac{2\cdot\pi}{10\cdot\pi} = 0'2\ m$

* Distancia entre los puntos: $x_2 - x_1 = 0'9 - 0'6 = 0'3\ m$

Comentario: como la onda se desplaza en el sentido positivo del eje OX, el término k·x tiene signo opuesto al de ω·t. Los puntos x_1 y x_2 están en oposición de fase, puesto que la distancia entre ellos es:
$\frac{\lambda}{2} + n\cdot\lambda = \frac{0'2}{2} + 1\cdot 0'2 = 0'1 + 0'2 = 0'3\ m$

20) Por una cuerda tensa se propaga en el sentido positivo del eje x una onda armónica transversal de 0'05 m de amplitud, 2 Hz de frecuencia y con una velocidad de propagación de 0'5 m·s⁻¹. i) Determine la ecuación de la onda, sabiendo que para t = 0 el punto x = 0 m se encuentra en la posición más alta de su oscilación. ii) Calcule la expresión de la velocidad de oscilación de un punto del medio y su valor máximo.

Datos:

A = 0'05 m
f = 2 Hz
v = 0'5 m/s
¿Ecuación?
T = 0, x = 0, y > 0, $y_{máx.}$
¿v_v?
¿$(v_v)_{máx.}$?

Dibujo:

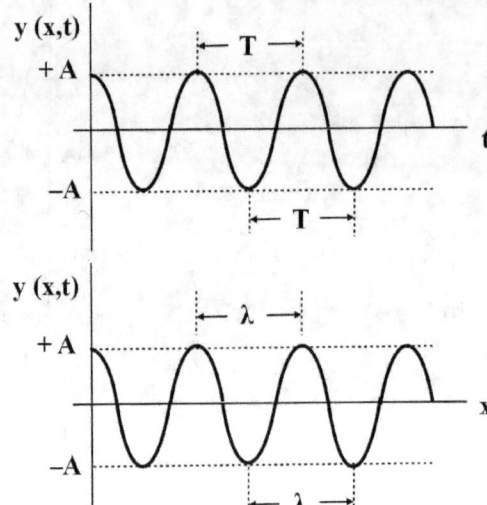

Principio físico: una onda es la propagación de una perturbación a través de un medio determinado. La perturbación puede ser provocada por una vibración o por un campo. Una onda armónica es aquella cuya perturbación puede estudiarse como un movimiento armónico simple.

Método de resolución: escribiremos la ecuación general de las ondas y calcularemos sus magnitudes.

Resolución: * Ecuación general de las ondas armónicas: $y(x,t) = A \cdot sen(\pm \omega \cdot t \pm k \cdot x \pm \varphi_0)$

* Magnitudes de la onda: A = 0'05 m ; $\omega = 2 \cdot \pi \cdot f = 2 \cdot \pi \cdot 2 = 4 \cdot \pi \ \dfrac{rad}{s}$

$$v = \dfrac{\omega}{k} \Rightarrow k = \dfrac{\omega}{v} = \dfrac{4 \cdot \pi}{0'5} = 8 \cdot \pi \ \dfrac{rad}{m}$$

Para t = 0 y x = 0 $\Rightarrow$ y = $y_{máx.}$ = A $\Rightarrow$ A = A·sen φ_0 $\Rightarrow$ sen φ_0 = 1 $\Rightarrow$ $\varphi_0 = \dfrac{\pi}{2}$ rad

* Ecuación de la onda: $\boxed{y(x,t) = 0'05 \cdot sen(4 \cdot \pi \cdot t - 8 \cdot \pi \cdot x + \dfrac{\pi}{2}) \ (S.I.)}$

* Velocidad de oscilación: $v_{osc.} = \dfrac{dy}{dt} = 0'05 \cdot 4 \cdot \pi \cdot cos(4 \cdot \pi \cdot t - 8 \cdot \pi \cdot x + \dfrac{\pi}{2}) =$

$= 0'628 \cdot cos(4 \cdot \pi \cdot t - 8 \cdot \pi \cdot x + \dfrac{\pi}{2})$; $\boxed{(v_{osc.})_{máx.} = 0'628 \ \dfrac{m}{s}}$

Comentario: como la onda se desplaza en el sentido positivo del eje OX, el término k·x tiene signo opuesto al de ω·t. La velocidad máxima de vibración se consigue para coseno = 1.

2020

21) Una onda armónica que se propaga por una cuerda en el sentido negativo del eje OX tiene una longitud de onda de 0'25 m y en el instante inicial la elongación en el foco es nula. El foco emisor vibra con una frecuencia de 50 Hz y una amplitud de 0'05 m. i) Escriba la ecuación de la onda explicando el razonamiento seguido para ello. ii) Calcule la ecuación de la velocidad de oscilación e indique el valor máximo de dicha velocidad.

Datos: Dibujo:

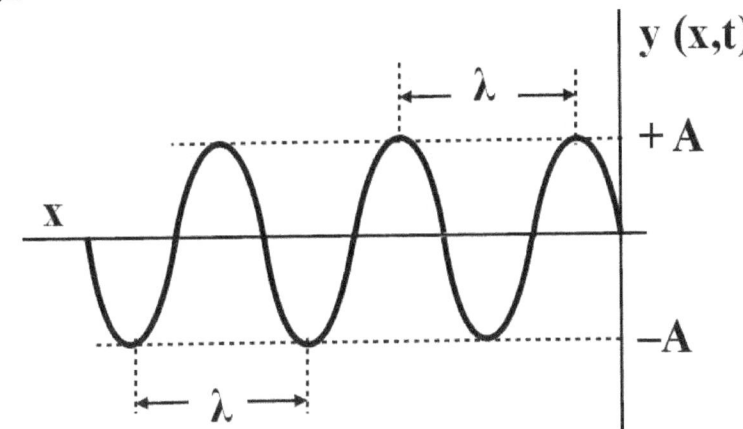

λ = 0'25 m
$y_0 = 0$
f = 50 Hz
A = 0'05 m
¿Ecuación?
¿v_v?
¿$v_{máx}$?

Principio físico: una onda es la propagación de una perturbación a través de un medio determinado. La perturbación puede ser provocada por una vibración o por un campo. Una onda armónica es aquella cuya perturbación puede estudiarse como un movimiento armónico simple.

Método de resolución: escribiremos la ecuación general de las ondas armónicas y calcularemos las magnitudes características, derivaremos la elongación para obtener la velocidad y aplicaremos la condición de velocidad máxima.

Resolución: * Ecuación general de las ondas armónicas: y(x,t) = A·sen (± ω·t ± k·x ± φ$_0$)

$$\omega = 2·\pi·f = 2·\pi·50 = 100·\pi \ \frac{rad}{s} \quad ; \quad k = \frac{2·\pi}{\lambda} = \frac{2·\pi}{0'25} = 8·\pi \ \frac{rad}{m}$$

* Ecuación de la onda: $\boxed{y(x,t) = 0'05·sen (100·\pi·t + 8·\pi·x) \ (S.I.)}$

* Ecuación de la velocidad de oscilación o vibración:

$v_{osc.} = \frac{dy}{dt} = 0'05·100·\pi·\cos (100·\pi·t + 8·\pi·x) =$

$= 5·\pi·\cos (100·\pi·t + 8·\pi·x) = \boxed{15'7·\cos (100·\pi·t + 8·\pi·x) \ \frac{m}{s}}$; $\boxed{(v_{osc.})_{máx} = 15'7 \ \frac{m}{s}}$

Comentario: en el instante inicial (t = 0), en el foco (x = 0) la elongación es nula (y = 0). Esto ocurre si φ$_0$ = 0. Como la onda se desplaza hacia la izquierda, el signo de k·x es positivo. La velocidad máxima se obtiene con el valor máximo positivo de la velocidad; esto ocurre para: cos (100·π + 8·π·x) = + 1.

22) La ecuación de una onda estacionaria en una cuerda tensa es:
$$y(x,t) = 0'05 \cdot \cos(2\cdot\pi\cdot x)\cdot \sen(15\cdot\pi\cdot t) \text{ (S.I.)}$$
Calcule razonadamente: i) La amplitud máxima. ii) La velocidad de propagación de las ondas armónicas que la producen. iii) La velocidad de oscilación máxima de un punto de la cuerda situado en $x = 0'75$ m.

Datos:

$y(x,t) = 0'05 \cdot \cos(2\cdot\pi\cdot x)\cdot \sen(15\cdot\pi\cdot t)$ (S.I.)
¿$A_{máx}$?
¿v_p?
¿v_v?
$x = 0'75$ m

Dibujo:

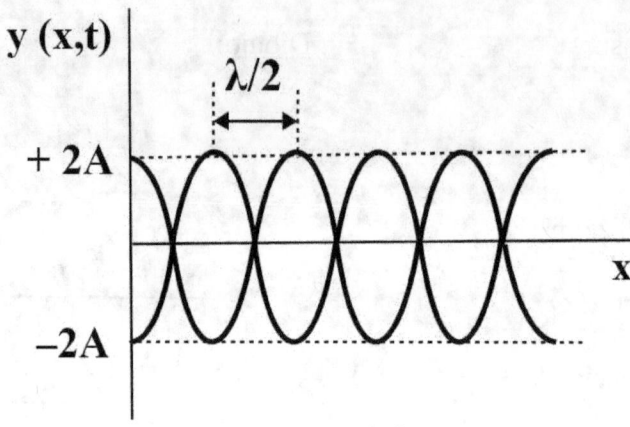

Principio físico: una onda estacionaria es la superposición de dos ondas armónicas que se propagan por el mismo medio con las mismas amplitudes, períodos, longitudes de onda y dirección pero en sentidos contrarios. Es la superposición de una onda incidente y otra reflejada.

Método de resolución: escribiremos la ecuación general de este tipo de ondas, obtendremos por comparación las magnitudes de la onda, usaremos la fórmula de la velocidad de propagación y derivaremos la ecuación de la elongación.

Resolución: * Amplitud máxima: $\boxed{A_T = 0'05 \text{ m}}$

* Ecuación general de este tipo de ondas estacionarias: $y(x,t) = 2\cdot A \cdot \cos(k\cdot x)\cdot \sen(\omega\cdot t)$

* Características de la onda: $k = 2\cdot\pi \; \dfrac{rad}{m}$; $\omega = 15\cdot\pi \; \dfrac{rad}{s}$

* Velocidad de propagación de las ondas que se superponen: $v_p = \dfrac{\omega}{k} = \dfrac{15\cdot\pi}{2\cdot\pi} = \boxed{7'5 \; \dfrac{m}{s}}$

* Velocidad de oscilación o vibración para $x = 0'75$ m:

$$v_{osc.} = \dfrac{dy}{dt} = 0'05\cdot 15\cdot\pi\cdot\cos(2\cdot\pi\cdot x)\cdot\cos(15\cdot\pi\cdot t) = 2'36\cdot\cos(2\cdot\pi\cdot 0'75)\cdot\cos(15\cdot\pi\cdot t) = 0$$

* Velocidad máxima de oscilación para $x = 0'75$ m: $\boxed{(v_{osc.})_{máx} = 0}$

Comentario: la amplitud máxima de la onda total es de 0'05 m, que es el doble de las amplitudes de cada onda superpuesta, 0'025 m. Para $x = 0'75$ m hay un nodo, pues el término $\cos(2\cdot\pi\cdot x)$ se hace cero. Por lo tanto, su velocidad es siempre nula.

2022

23) Una onda viajera viene dada por la ecuación: y (x,t) = 20·cos (10·t – 50·x) (SI).
Calcule: i) Su velocidad de propagación. ii) La ecuación de la velocidad de oscilación y su valor máximo. iii) La ecuación de la aceleración y su valor máximo.

Datos:

y (x,t) = 20·cos (10·t – 50·x)
¿v?
¿v$_o$?
¿(v$_o$)$_{máx.}$?
¿a?
¿(a$_o$)$_{máx.}$?

Dibujo:

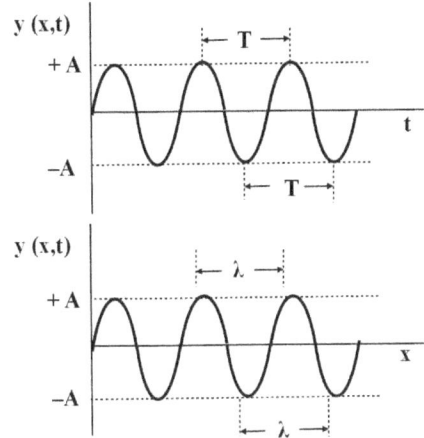

Principio físico: una onda es la propagación de una perturbación a través de un medio determinado. La perturbación puede ser provocada por una vibración o por un campo. Una onda armónica es aquella cuya perturbación puede estudiarse como un movimiento armónico simple.

Método de resolución: aplicaremos la fórmula de la velocidad y derivaremos dos veces la ecuación de la elongación de la onda.

Resolución: * Ecuación general: y(x,t) = A·sen (± ω·t ± k·x ± φ$_0$)

* Magnitudes de la onda: A = 20 m ; ω = 10 $\frac{rad}{s}$; k = 50 $\frac{rad}{m}$

* Velocidad de propagación: $v_p = \frac{\omega}{k} = \frac{10}{50} = \boxed{0'2 \ \frac{m}{s}}$

* Ecuación de la onda: y(x,t) = 20·cos (10·t – 50·x)

* Velocidad de oscilación: $v_{osc.} = \frac{dy}{dt}$ = – 20·10·sen (10·t – 50·x) = $\boxed{- 200 \cdot sen (10 \cdot t - 50 \cdot x) \ \frac{m}{s}}$

* Velocidad de oscilación máxima: se consigue para seno = – 1: (v$_{osc.}$)$_{máx.}$ = $\boxed{+ 200 \ \frac{m}{s}}$

* Aceleración: a = $\frac{dv}{dt}$ = – 200·10·cos (10·t – 50·x) = $\boxed{- 2000 \cdot cos (10 \cdot t - 50 \cdot x) \ \frac{m}{s^2}}$

* Aceleración máxima: se consigue para coseno = – 1: $\boxed{a = + 2000 \ \frac{m}{s^2}}$

Comentario: las funciones seno y coseno oscilan entre los valores + 1 y – 1.

24) La ecuación de una onda que se propaga por una cuerda tensa es:
$$y(x,t) = 5 \cdot \text{sen}(50 \cdot \pi \cdot t - 20 \cdot \pi \cdot x) \text{ (SI)}$$
Calcule: i) La velocidad de propagación de la onda. ii) La velocidad del punto $x = 0$ de la cuerda en el instante $t = 1$ s. iii) La diferencia de fase, en un mismo instante, entre dos puntos separados 1 m.

Datos: Dibujo:

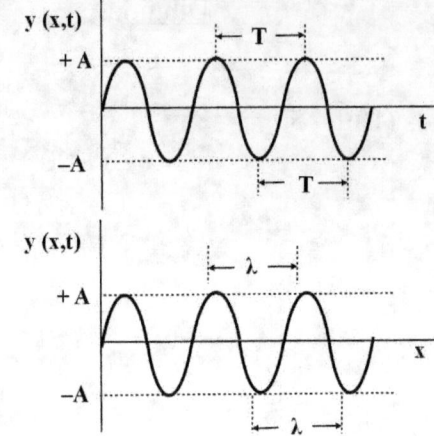

$y(x,t) = 5 \cdot \text{sen}(50 \cdot \pi \cdot t - 20 \cdot \pi \cdot x)$
¿v_p?
¿v_o? $x = 0$, $t = 1$ s
¿$\Delta\varphi$?

Principio físico: una onda es la propagación de una perturbación a través de un medio determinado. La perturbación puede ser provocada por una vibración o por un campo. Una onda armónica es aquella cuya perturbación puede estudiarse como un movimiento armónico simple.

Método de resolución: aplicaremos la expresión de la velocidad de propagación, derivaremos la ecuación de la onda y aplicaremos el concepto de fase.

Resolución: * Ecuación general: $y(x,t) = A \cdot \text{sen}(\pm \omega \cdot t \pm k \cdot x \pm \varphi_0)$

* Magnitudes de la onda: $A = 5$ m ; $\omega = 50 \cdot \pi \; \dfrac{rad}{s}$; $k = 20 \cdot \pi \; \dfrac{rad}{m}$

$$k = \frac{2 \cdot \pi}{\lambda} \Rightarrow \lambda = \frac{2 \cdot \pi}{k} = \frac{2 \cdot \pi}{20 \cdot \pi} = 0'1 \text{ m}$$

$$\omega = 2 \cdot \pi \cdot f \Rightarrow f = \frac{\omega}{2 \cdot \pi} = \frac{50 \cdot \pi}{2 \cdot \pi} = 25 \text{ s}$$

* Velocidad de propagación: $v_p = \lambda \cdot f = 0'1 \cdot 25 = \boxed{2'5 \; \dfrac{m}{s}}$

* Velocidad de oscilación:

$$v_{osc.} = \frac{dy}{dt} = 5 \cdot 50 \cdot \pi \cdot \cos(50 \cdot \pi \cdot t - 20 \cdot \pi \cdot x) = \boxed{250 \cdot \pi \cdot \cos(50 \cdot \pi \cdot t - 20 \cdot \pi \cdot x)} \; \frac{m}{s}$$

Para $x = 0$, $t = 1$ s: $v_o = 250 \cdot \pi \cdot \cos(50 \cdot \pi \cdot 1 - 20 \cdot \pi \cdot 0) = 250 \cdot \pi \cdot \cos(50 \cdot \pi) = \boxed{785} \; \frac{m}{s}$

* Diferencia de fase:

$$\Delta\varphi = \varphi_2 - \varphi_1 = 50 \cdot \pi \cdot t - 20 \cdot \pi \cdot x_2 - 50 \cdot \pi \cdot t + 20 \cdot \pi \cdot x_1 = -20 \cdot \pi \cdot (x_2 - x_1) = -20 \cdot \pi \cdot 1 = \boxed{-62'8 \text{ rad}}$$

Comentario: la fase es la situación instantánea del ciclo de la onda y viene dado por la expresión:

$$\varphi = \pm \omega \cdot t \pm k \cdot x \pm \varphi_0$$

En el caso particular de esta onda, la fase es: $\varphi = 50 \cdot \pi \cdot t - 20 \cdot \pi \cdot x$

Como $\Delta\varphi$ es múltiplo de $2 \cdot \pi$, los puntos están en fase.

25) Una onda electromagnética de frecuencia $2 \cdot 10^{15}$ Hz se propaga en el vacío en el sentido negativo del eje OX. El campo eléctrico tiene una amplitud de 2 V·m^{-1} y oscila en el eje OY. Calcule: i) La longitud de onda y escriba la ecuación de la onda para el campo eléctrico. ii) La amplitud del campo magnético y deduzca la dirección de oscilación del mismo. $c = 3 \cdot 10^8$ m·s^{-1}.

Datos:

$f = 2 \cdot 10^{15}$ Hz
$E = 2$ V/m
¿λ?
¿Ecuación?
¿B?
$c = 3 \cdot 10^8$ m·s^{-1}

Dibujo:

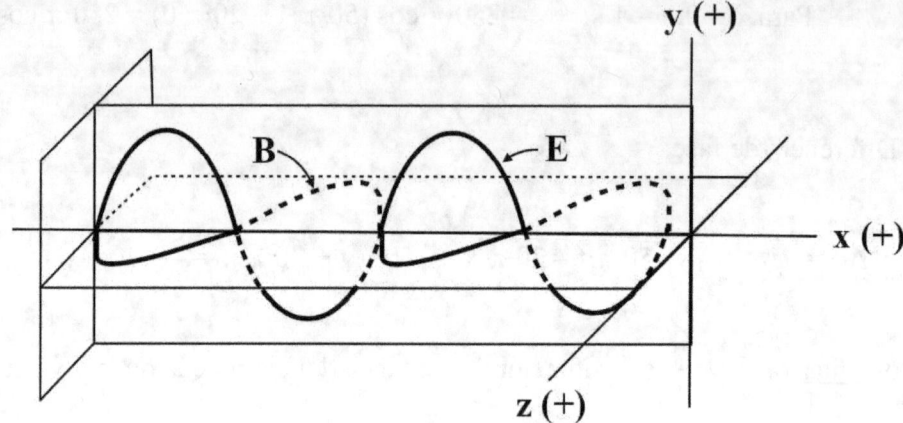

Principio físico: una onda electromagnética es una perturbación del espacio constituida por un campo eléctrico perpendicular a un campo magnético.

Método de resolución: usaremos la expresión de la velocidad de propagación, escribiremos la expresión general de una onda y usaremos la relación entre los campos eléctrico y magnético.

Resolución: * Longitud de onda: $c = \lambda \cdot f \Rightarrow \lambda = \dfrac{c}{f} = \dfrac{3 \cdot 10^8}{2 \cdot 10^{15}} = \boxed{1'5 \cdot 10^{-7} \text{ m}}$

* Número de ondas: $k = \dfrac{2 \cdot \pi}{\lambda} = \dfrac{2 \cdot \pi}{1'5 \cdot 10^{-7}} = 4'19 \cdot 10^7 \; \dfrac{rad}{m}$

* Frecuencia angular: $\omega = 2 \cdot \pi \cdot f = 2 \cdot \pi \cdot 2 \cdot 10^{15} = 1'26 \cdot 10^{16} \; \dfrac{rad}{s}$

* Ecuación de onda del campo eléctrico: $E = E_0 \cdot \text{sen}(\omega \cdot t + k \cdot x)$

$$\boxed{E = 2 \cdot \text{sen}(1'26 \cdot 10^{16} \cdot t + 4'19 \cdot 10^7 \cdot k \cdot x) \; \dfrac{V}{m}}$$

* Amplitud del campo magnético: $B_0 = \dfrac{E_0}{c} = \dfrac{2}{3 \cdot 10^8} = \boxed{6'67 \cdot 10^{-9} \text{ T}}$

Comentario: como la onda se desplaza en el sentido negativo del eje OX, el término k·x es positivo. Como el campo eléctrico oscila en el plano XY, el campo magnético oscila en el plano XZ. Las magnitudes k y ω son iguales para ambos campos, el eléctrico y el magnético.
En el dibujo, se han girado los ejes de coordenadas.

2019

26) Una onda viene dada por la ecuación:
$$y(x,t) = 0'4 \cdot \cos\left(\frac{\pi}{2} \cdot x\right) \cdot \cos(2 \cdot \pi \cdot t) \text{ (SI)}$$

Indique de qué tipo de onda se trata y calcule su longitud de onda, frecuencia, y la velocidad y aceleración de oscilación de un punto situado en x = 2 m para t = 0'25 s.

Datos:

$y(x,t) = 0'4 \cdot \cos\left(\frac{\pi}{2} \cdot x\right) \cdot \cos(2 \cdot \pi \cdot t)$ (SI)

¿λ, f, v, a?
x = 2 m
t = 0'25 s

Dibujo:

Principio físico: una onda estacionaria es la superposición de dos ondas armónicas que se propagan por el mismo medio con las mismas amplitudes, períodos, longitudes de onda y dirección pero en sentidos contrarios. Es la superposición de una onda incidente y otra reflejada.

Método de resolución: compararemos la ecuación general de una onda estacionaria de este tipo con la onda del enunciado y obtendremos las magnitudes de las ondas que se superponen. Usaremos las fórmulas de la frecuencia angular, ω, y del número de ondas, k.

Resolución: * Ecuación general: $y(x,t) = 2 \cdot A \cdot \cos(k \cdot x) \cdot \cos(\omega \cdot t)$

* Magnitudes de las ondas superpuestas: $k = \frac{\pi}{2} \frac{rad}{m}$; $\omega = 2 \cdot \pi \frac{rad}{s}$

$k = \frac{2 \cdot \pi}{\lambda} \Rightarrow \lambda = \frac{2 \cdot \pi}{k} = \frac{2 \cdot \pi}{\frac{\pi}{2}} = \boxed{4 \text{ m}}$; $\omega = 2 \cdot \pi \cdot f \Rightarrow f = \frac{\omega}{2 \cdot \pi} = \frac{2 \cdot \pi}{2 \cdot \pi} = \boxed{1 \text{ Hz}}$

* Velocidad de oscilación: $v_{osc.} = \frac{dy}{dt} = -0'4 \cdot 2 \cdot \pi \cdot \cos\left(\frac{\pi}{2} \cdot x\right) \cdot \text{sen}(2 \cdot \pi \cdot t) =$

$= -2'51 \cdot \cos\left(\frac{\pi}{2} \cdot x\right) \cdot \text{sen}(2 \cdot \pi \cdot t) = -2'51 \cdot \cos\left(\frac{\pi}{2} \cdot 2\right) \cdot \text{sen}(2 \cdot \pi \cdot 0'25) = \boxed{2'51 \frac{m}{s}}$

* Aceleración de oscilación: $a = \dfrac{dv}{dt} = -2'51 \cdot 2 \cdot \pi \cdot \cos\left(\dfrac{\pi}{2} \cdot x\right) \cdot \cos(2 \cdot \pi \cdot t) =$

$= -15'8 \cdot \cos\left(\dfrac{\pi}{2} \cdot 2\right) \cdot \cos(2 \cdot \pi \cdot 0'25) = \boxed{0 \ \dfrac{m}{s^2}}$

Comentario: se trata de una onda estacionaria de extremos libres, puesto que para x = 0 y t = 0, la elongación no vale cero.

27) Si la ecuación de la onda que se propaga por la cuerda es:
$$y(x,t) = 0'02 \cdot \text{sen}(100\cdot\pi\cdot t - 40\cdot\pi\cdot x) \text{ (SI)}$$
Calcule la longitud de onda, el periodo y la velocidad de propagación. Determine las ecuaciones de la velocidad de vibración y de la aceleración de vibración.

Datos:

$y(x,t) = 0'02 \cdot \text{sen}(100\cdot\pi\cdot t - 40\cdot\pi\cdot x)$ (SI)
¿λ, T, v_p?
¿v_v, a?

Dibujo:

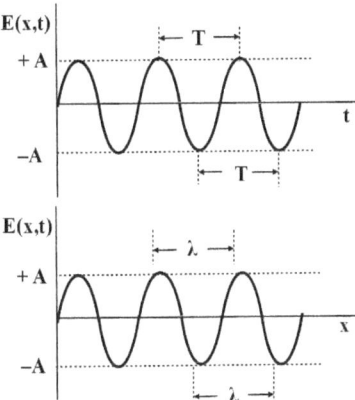

Principio físico: una onda es la propagación de una perturbación a través de un medio determinado. La perturbación puede ser provocada por una vibración o por un campo. Una onda armónica es aquella cuya perturbación puede estudiarse como un movimiento armónico simple.

Método de resolución: escribiremos la ecuación general de una onda y averiguaremos las magnitudes de la onda por comparación y mediante sus expresiones correspondientes. Usaremos las fórmulas de la frecuencia angular, ω, y del número de ondas, k.

Resolución: * Ecuación general: $y(x,t) = A\cdot\text{sen}(\pm\omega\cdot t \pm k\cdot x \pm \varphi_0)$

* Magnitudes de la onda: $A = 0'02$ m ; $\omega = 100\cdot\pi \; \dfrac{rad}{s}$; $k = 40\cdot\pi \; \dfrac{rad}{m}$

$$k = \dfrac{2\cdot\pi}{\lambda} \Rightarrow \lambda = \dfrac{2\cdot\pi}{k} = \dfrac{2\cdot\pi}{40\cdot\pi} = \boxed{0'05 \text{ m}}$$

$$\omega = \dfrac{2\cdot\pi}{T} \Rightarrow T = \dfrac{2\cdot\pi}{\omega} = \dfrac{2\cdot\pi}{100\cdot\pi} = \boxed{0'02 \text{ s}} \;;\; v_p = \dfrac{\lambda}{T} = \dfrac{0'05}{0'02} = \boxed{2'5 \; \dfrac{m}{s}}$$

* Velocidad de vibración:

$$v_{osc.} = \dfrac{dy}{dt} = 0'02\cdot 100\cdot\pi\cdot\cos(100\cdot\pi\cdot t - 40\cdot\pi\cdot x) = \boxed{6'28\cdot\cos(100\cdot\pi\cdot t - 40\cdot\pi\cdot x) \; \dfrac{m}{s}}$$

* Aceleración de vibración:

$$a = \dfrac{dv}{dt} = -6'28\cdot 100\cdot\pi\cdot\text{sen}(100\cdot\pi\cdot t - 40\cdot\pi\cdot x) = \boxed{-1973\cdot\text{sen}(100\cdot\pi\cdot t - 40\cdot\pi\cdot x) \; \dfrac{m}{s^2}}$$

Comentario: el signo negativo del término k·x en la ecuación de la onda indica que la onda se desplaza hacia la derecha.

28) Una onda transversal, que se propaga en el sentido negativo del eje OX, tiene una amplitud de 2 m, una longitud de onda de 12 m y la velocidad de propagación es de 3 m·s⁻¹. Escriba la ecuación de dicha onda sabiendo que la perturbación, y(x,t), toma el valor máximo en el punto x = 0 m, en el instante t = 0 s.

Datos:

$A = 2$ m
$\lambda = 12$ m
$v = 3$ m·s⁻¹
¿Ecuación?

Dibujo:

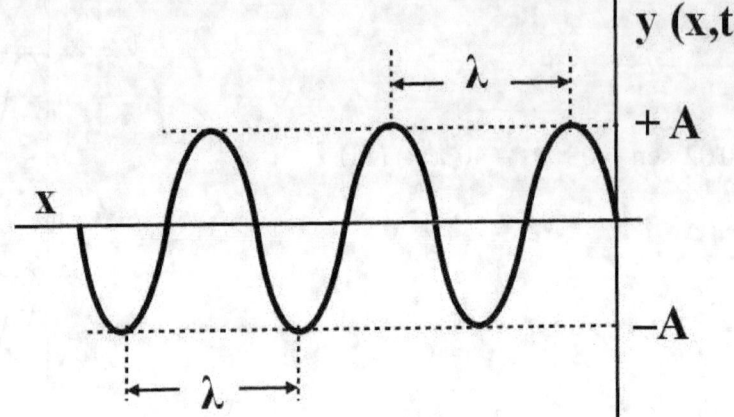

Principio físico: una onda es la propagación de una perturbación a través de un medio determinado. La perturbación puede ser provocada por una vibración o por un campo. Una onda armónica es aquella cuya perturbación puede estudiarse como un movimiento armónico simple.

Método de resolución: escribiremos la ecuación general de una onda y averiguaremos las magnitudes de la onda mediante sus expresiones correspondientes. Usaremos las fórmulas de la frecuencia angular, ω, y del número de ondas, k.

Resolución: * Ecuación general: $y(x,t) = A \cdot \text{sen} (\pm \omega \cdot t \pm k \cdot x \pm \varphi_0)$

* Frecuencia: $v_p = \lambda \cdot f \Rightarrow f = \dfrac{v_p}{\lambda} = \dfrac{3}{12} = 0'25$ Hz

* Frecuencia angular: $\omega = 2 \cdot \pi \cdot f = 0'5 \cdot \pi \; \dfrac{rad}{s} = \dfrac{\pi}{2} \; \dfrac{rad}{s}$

* Número de onda: $k = \dfrac{2 \cdot \pi}{\lambda} = \dfrac{2 \cdot \pi}{12} = \dfrac{\pi}{6} \; \dfrac{rad}{m}$

* Fase inicial: para t = 0 y x = 0, la elongación es máxima, es decir: y = A:

$$2 = 2 \cdot \text{sen}(0 + 0 + \varphi_0) \Rightarrow \text{sen } \varphi_0 = 1 \Rightarrow \varphi_0 = \dfrac{\pi}{2}$$

* Ecuación de la onda: $\boxed{y(x,t) = 2 \cdot \text{sen}\left(\dfrac{\pi \cdot t}{2} + \dfrac{\pi \cdot x}{6} + \dfrac{\pi}{2}\right)}$ (S.I.)

Comentario: al desplazarse hacia la izquierda, el término k·x es positivo.

29) La ecuación de una onda armónica que se propaga en una cuerda es:
$$y(x, t) = 0'04 \cdot \text{sen}(8 \cdot t - 5 \cdot x + \pi/2) \text{ (SI)}$$
Calcule la amplitud, frecuencia, longitud de onda, velocidad de propagación y velocidad máxima de un punto de dicha cuerda.

Dato: Dibujo:

$y(x, t) = 0'04 \cdot \text{sen}(8 \cdot t - 5 \cdot x + \pi/2)$ (SI)

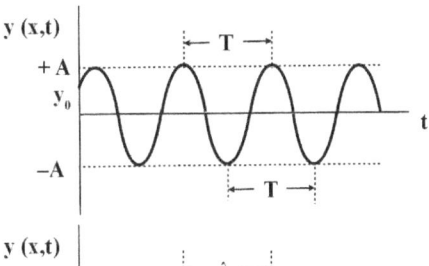

Principio físico: una onda es la propagación de una perturbación a través de un medio determinado. La perturbación puede ser provocada por una vibración o por un campo. Una onda armónica es aquella cuya perturbación puede estudiarse como un movimiento armónico simple.

Método de resolución: compararemos la ecuación general de una onda con la ecuación de esta onda y obtendremos las magnitudes características de esta onda. Usaremos las fórmulas de la frecuencia angular, ω, y del número de ondas, k.

Resolución: * Ecuación general: $y(x,t) = A \cdot \text{sen}(\pm \omega \cdot t \pm k \cdot x \pm \varphi_0)$

* Magnitudes características de la onda: $\boxed{A = 0'04 \text{ m}}$; $\omega = 8 \, \dfrac{rad}{s}$; $k = 5 \, \dfrac{rad}{m}$; $\varphi_0 = \dfrac{\pi}{2}$ rad

* Frecuencia: $\omega = 2 \cdot \pi \cdot f \Rightarrow f = \dfrac{\omega}{2\pi} = \dfrac{8}{2\pi} = \boxed{1'27 \text{ Hz}}$

* Longitud de onda: $k = \dfrac{2\pi}{\lambda} \Rightarrow \lambda = \dfrac{2\pi}{k} = \dfrac{2\pi}{5} = \boxed{1'26 \text{ m}}$

* Velocidad de propagación: $v_p = \lambda \cdot f = 1'26 \cdot 1'27 = \boxed{1'6 \, \dfrac{m}{s}}$

* Velocidad de oscilación: $v_{osc.} = \dfrac{dy}{dt} = +0'04 \cdot 8 \cdot \cos(8 \cdot t - 5 \cdot x + \dfrac{\pi}{2}) = +0'32 \cdot \cos(8 \cdot t - 5 \cdot x + \dfrac{\pi}{2})$

* Velocidad máxima de oscilación (para coseno = + 1): $\boxed{(v_{osc.})_{máx} = +0'32 \text{ m/s}}$

Comentario: la onda se mueve hacia la derecha porque el término en x es negativo. No es lo mismo velocidad de propagación de la onda que velocidad de oscilación de un punto de la onda.

2018

30) Una onda armónica de amplitud 0'3 m se propaga hacia la derecha por una cuerda con una velocidad de 2 m·s⁻¹ y un periodo de 0'125 s. Determine la ecuación de la onda correspondiente sabiendo que el punto x = 0 m de la cuerda se encuentra a la máxima altura para el instante inicial, justificando las respuestas.

Datos: Dibujo:

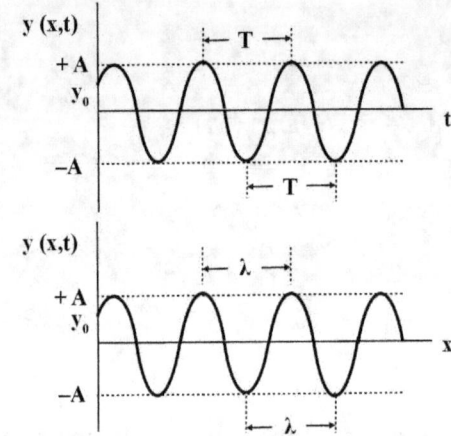

A = 0'3 m
v = 2 m·s⁻¹
T = 0'125 s
¿Ecuación?
x = 0 m ⇒ $A_{máx}$

Principio físico: una onda es la propagación de una perturbación a través de un medio determinado. La perturbación puede ser provocada por una vibración o un campo. Una onda armónica es aquella cuya perturbación puede estudiarse como un movimiento armónico simple.

Método de resolución: escribiremos la ecuación general de una onda armónica y calcularemos sus magnitudes características. Usaremos las fórmulas de la frecuencia angular, ω, y del número de ondas, k.

Resolución: * Ecuación general: $y(x,t) = A \cdot sen\, (\pm \omega \cdot t \pm k \cdot x \pm \varphi_0)$

* Frecuencia angular: $\omega = \dfrac{2 \cdot \pi}{T} = \dfrac{2 \cdot \pi}{0'125} = 16 \cdot \pi \ \dfrac{rad}{s}$

* Longitud de onda: $v_p = \dfrac{\lambda}{T} \Rightarrow \lambda = v_p \cdot T = 2 \cdot 0'125 = 0'25\ m$

* Número de onda: $k = \dfrac{2 \cdot \pi}{\lambda} = \dfrac{2 \cdot \pi}{0'25} = 8 \cdot \pi \ \dfrac{rad}{m}$

* Fase inicial: $y_0 = 0'3$ m, pues está a la máxima altura inicialmente ⇒ $0'3 = 0'3 \cdot sen\, \varphi_0$ ⇒

⇒ $sen\, \varphi_0 = 1$ ⇒ $\varphi_0 = 90° = \dfrac{\pi}{2}$ rad

* Ecuación de la onda: $\boxed{y(x,t) = 0'3 \cdot sen\, (16 \cdot \pi \cdot t - 8 \cdot \pi \cdot x + \dfrac{\pi}{2})}$ (S.I.)

Comentario: el término en x tiene signo menos porque se desplaza hacia la derecha.

TEMA 6: ÓPTICA

FORMULARIO DE ÓPTICA

Refracción

* Índice de refracción de un medio, n:

$$n = \frac{c}{v} \quad \text{(sin unidades)}$$

siendo:
    n: índice de refracción (sin unidades)
    c: velocidad de la luz en el vacío = $3 \cdot 10^8$ m/s
    v: velocidad de la luz en un determinado medio transparente (m/s)

* Ley de Snell de la refracción:

$$n_1 \cdot \operatorname{sen} \alpha_1 = n_2 \cdot \operatorname{sen} \alpha_2$$

siendo:
    n_1: índice de refracción del medio 1 (sin unidades)
    α_1: ángulo de incidencia (grados)
    n_2: índice de refracción del medio 2 (sin unidades)
    α_2: ángulo de refracción (grados)

* Longitudes de onda de los dos medios en la refracción:

$$n_1 \cdot \lambda_1 = n_2 \cdot \lambda_2$$

* Ángulo límite, α_L:

$$\operatorname{sen} \alpha_L = \frac{n_2}{n_1} \quad \text{(sin unidades)}$$

siendo:
    α_L: ángulo límite (grados)
    n_2: índice de refracción del medio 2 (sin unidades)
    n_1: índice de refracción del medio 1 (sin unidades)

* Profundidad aparente, d_{ap}:

$$d_{ap} = d_{real} \cdot \frac{n_{observador}}{n_{objeto}} = d_{real} \cdot \frac{sen\, \alpha_2}{sen\, \alpha_1} \quad (m)$$

siendo:
    d_{ap}: profundidad aparente (m)
    d_{real}: profundidad real (m)
    $n_{observador}$: índice de refracción del medio en el que está el observador
    n_{objeto}: índice de refracción en el que está el objeto observado
    α_1: ángulo del medio 1 (grados)
    α_2: ángulo del medio 2 (grados)

Lentes

* Fórmula de Gauss de las lentes delgadas:

$$\frac{1}{s'} - \frac{1}{s} = \frac{1}{f'}$$

siendo:
- s' : distancia imagen (m)
- s: distancia objeto (m)
- f' : distancia focal (m)

* Aumento lateral, A_L:

$$A_L = \frac{y'}{y} = \frac{s'}{s} \quad \text{(sin unidades)}$$

siendo: A_L: aumento lateral (sin unidades)

* Potencia de una lente, P:

$$P = \frac{1}{f'} \quad \text{(D, dioptrías)}$$

* Relación entre los focos:

$$f = -f' \quad \text{(m)}$$

* Criterios de signos, normas DIN: las distancias hacia la derecha y hacia arriba son positivas. Las distancias hacia la izquierda y hacia abajo son negativas.

Magnitud	Signo	
	+	−
s	No se da el caso	Objeto derecho
s'	Imagen real	Imagen virtual
f'	Lente convergente	Lente divergente
y	Objeto derecho	No se da el caso
y'	Imagen derecha	Imagen invertida
A_L	Imagen derecha	Imagen invertida

* Formación de imágenes en lentes:

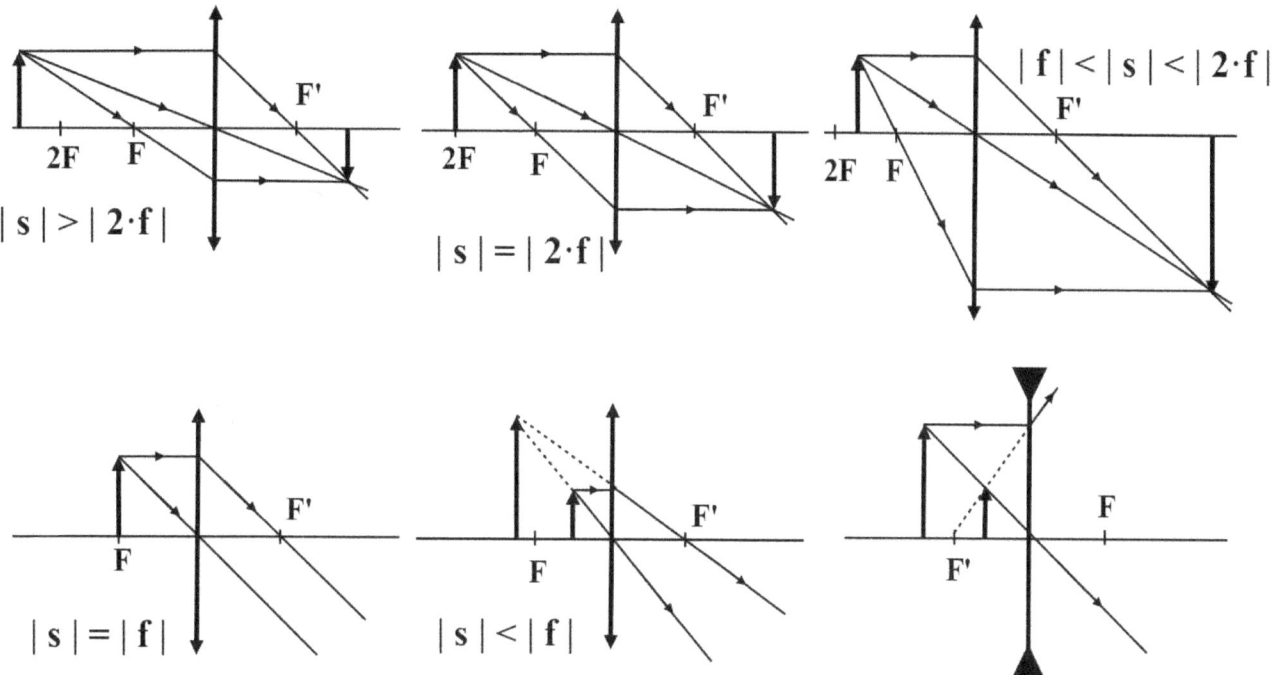

* Características de la imagen formada:

Tipo de lente	Distancia objeto	Características de la imagen
Convergente	$|s| > |2\cdot f|$	Invertida, menor y real
Convergente	$|s| = |2\cdot f|$	Invertida, igual y real
Convergente	$|2\cdot f| > |s| > |f|$	Invertida, mayor y real
Convergente	$|s| = |f|$	No se forma imagen
Convergente	$|s| < |f|$	Derecha, mayor y virtual
Divergente	Cualquiera	Derecha, menor y virtual

Espejos esféricos

* Ecuación principal: $\dfrac{1}{s} + \dfrac{1}{s'} = \dfrac{1}{f'}$

* Relación entre el radio de curvatura y la distancia focal: $R = |2 \cdot f'|$

* Aumento lateral: $A_L = \dfrac{y'}{y} = -\dfrac{s'}{s}$

* Criterio de signos en espejos esféricos:

Magnitud	Positiva	Negativa
Distancia focal, f'	Espejo convexo	Espejo cóncavo
Distancia imagen, s'	Imagen real	Imagen virtual
Altura de la imagen, y'	Imagen derecha	Imagen invertida
Aumento lateral, A_L	Imagen derecha	Imagen invertida

* Tamaño de la imagen:

	Igual a 1	> 1	< 1
Valor absoluto del aumento lateral, $|A_L|$	Igual	Mayor	Menor

* Formación de imágenes en espejos esféricos:

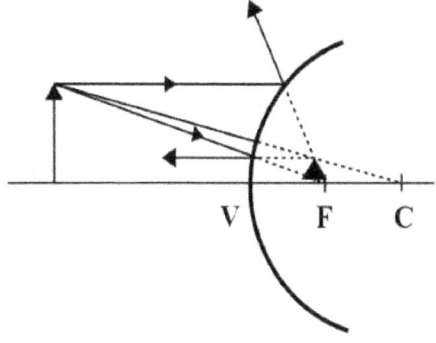

Convexo. Objeto entre el infinito y el punto V

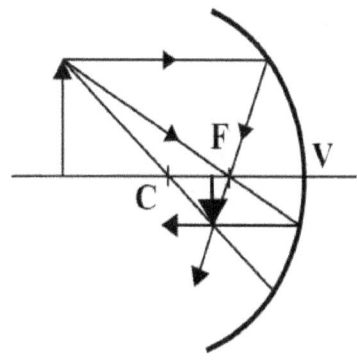

Cóncavo. Objeto entre el infinito y el punto C

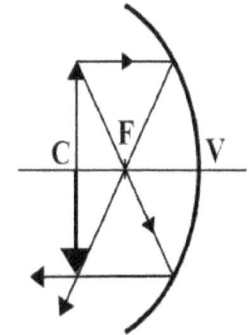

Cóncavo. Objeto en el punto C

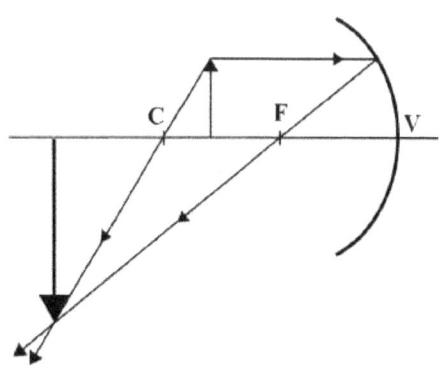

Cóncavo. Objeto entre los puntos C y F

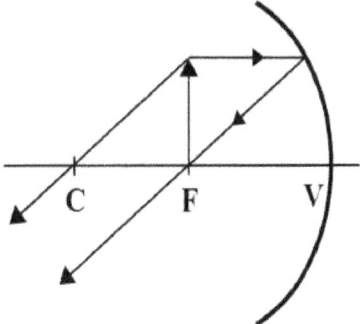

Cóncavo. Objeto en el punto F

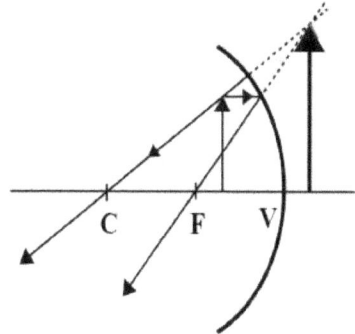

Cóncavo. Objeto entre los puntos F y V

CUESTIONES DE ÓPTICA

Cuestiones de espejos esféricos

1) ¿Cuáles son los rayos principales en un espejo esférico?
a) El rayo paralelo: va paralelo al eje óptico, llega al espejo y pasa por el foco F.
b) El rayo focal: pasa por el foco F, llega al espejo y sale paralelo al eje óptico.
c) El rayo radial: pasa por el centro de curvatura C, se refleja en el espejo y vuelve por el mismo camino.
d) El rayo central: incide sobre el vértice V del espejo y forma un ángulo igual por el otro lado del espejo.

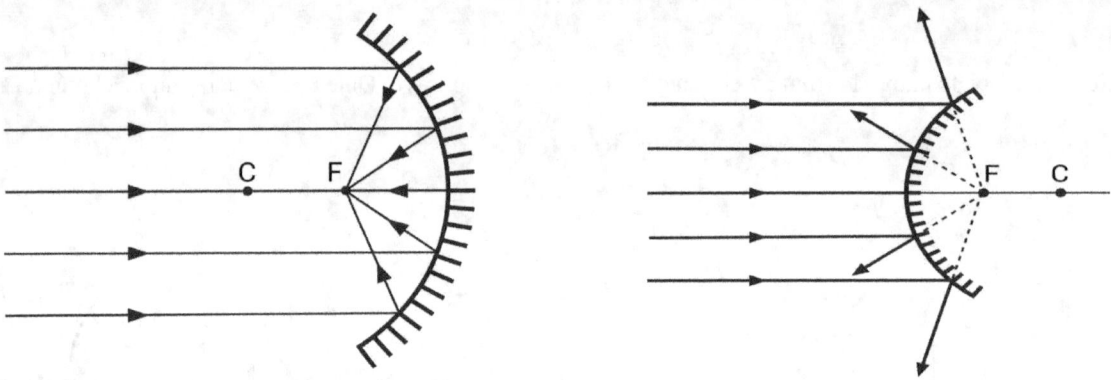

Dirección de los rayos en un espejo cóncavo   Dirección de los rayos en un espejo convexo

2) ¿Cómo son las imágenes obtenidas por espejos esféricos según la distancia del objeto?

Posición del objeto	Características de la imagen
Espejos convexos	
En el infinito	Virtual y puntual
Entre el infinito y el punto V	Virtual, derecha y menor
Espejos cóncavos	
En el infinito	Real y puntual
Entre el infinito y C	Real, invertida y menor
En el punto C	Real, invertida e igual
Entre los puntos C y F	Real, invertida y menor
En el punto F	Indefinida
Entre los puntos F y V	Virtual, derecha y mayor

3) ¿Cómo se obtiene la imagen en los espejos esféricos?

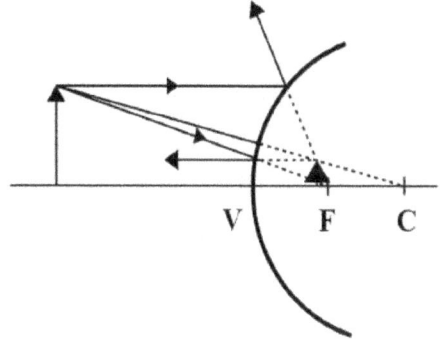

Convexo. Objeto entre el infinito y el punto V

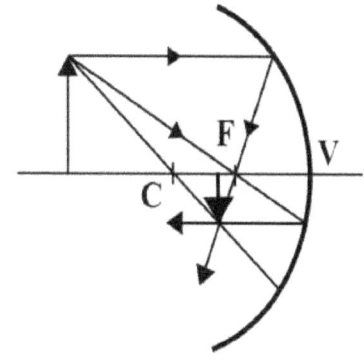

Cóncavo. Objeto entre el infinito y el punto C

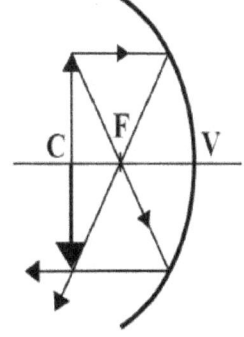

Cóncavo. Objeto en el punto C

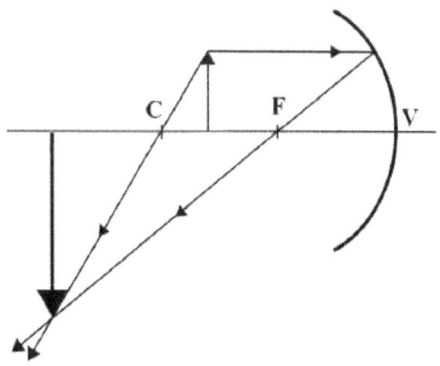

Cóncavo. Objeto entre los puntos C y F

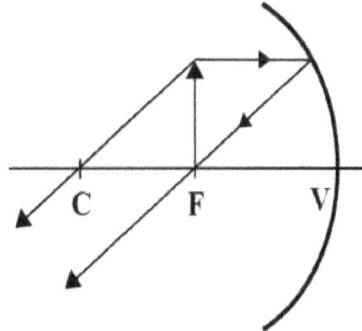

Cóncavo. Objeto en el punto F

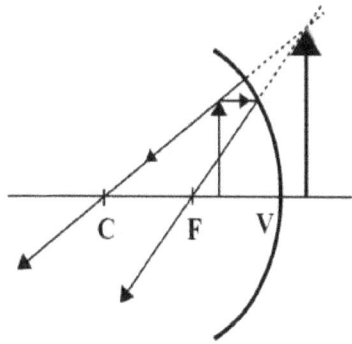

Cóncavo. Objeto entre los puntos F y V

Otras cuestiones de óptica

Cuestión genérica

4) a) Dibuja las imágenes formadas en lentes convergentes y divergentes para todos los casos posibles.
b) Indica las características de las imágenes.

a)

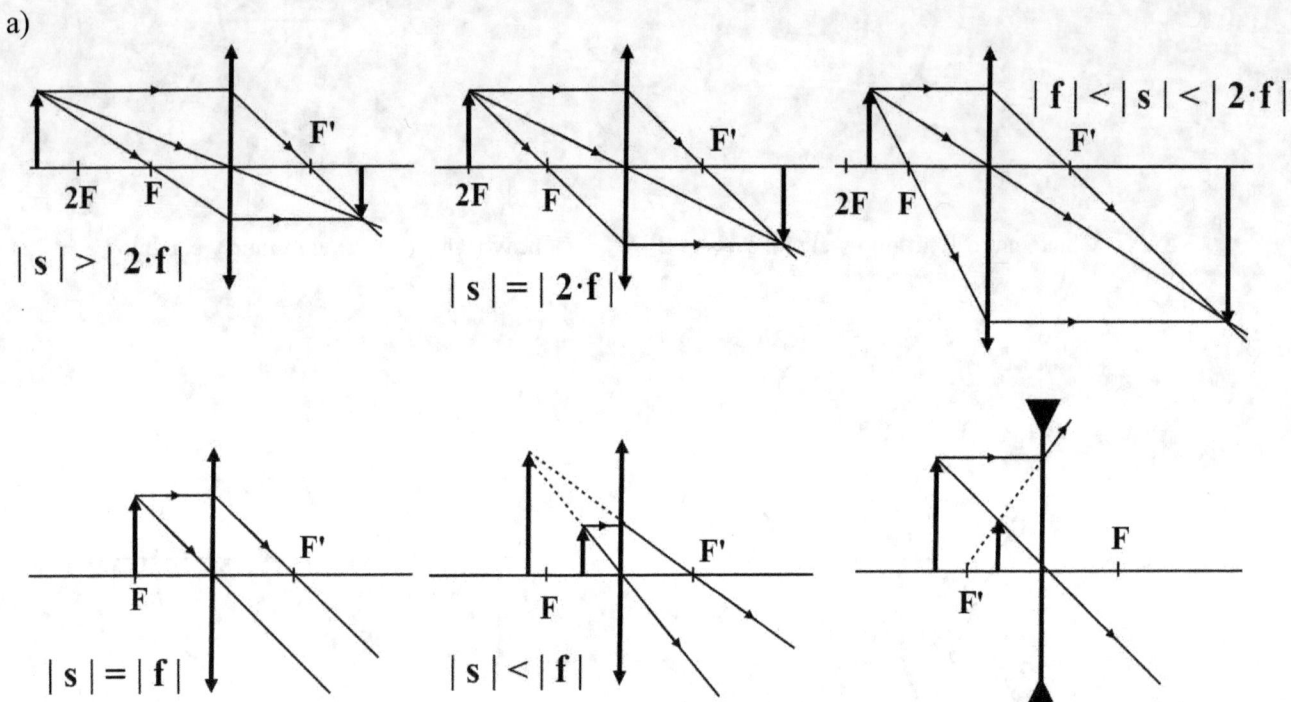

b)

Tipo de lente	Distancia objeto	Características de la imagen
Convergente	$\|s\| > \|2 \cdot f\|$	Invertida, menor y real
Convergente	$\|s\| = \|2 \cdot f\|$	Invertida, igual y real
Convergente	$\|2 \cdot f\| > \|s\| > \|f\|$	Invertida, mayor y real
Convergente	$\|s\| = \|f\|$	No se forma imagen
Convergente	$\|s\| < \|f\|$	Derecha, mayor y virtual
Divergente	Cualquiera	Derecha, menor y virtual

2024

5) Un rayo de luz monocromática duplica su longitud de onda al pasar del medio 1 al medio 2. i) Determine razonadamente la relación entre los índices de refracción de los medios. ii) Deduzca si el rayo se acerca o aleja de la normal a la superficie y explique si puede darse la reflexión total.

i) * Velocidad de una onda electromagnética: $v = \lambda \cdot f$

* Índice de refracción de un medio transparente: $n = \dfrac{c}{v}$

Combinando ambas ecuaciones: $n = \dfrac{c}{v} = \dfrac{c}{\lambda \cdot f}$

* Relación entre los índices de refracción: $\dfrac{n_2}{n_1} = \dfrac{\frac{c}{\lambda_2 \cdot f}}{\frac{c}{\lambda_1 \cdot f}} = \dfrac{\lambda_1}{\lambda_2} = \dfrac{\lambda_1}{2 \cdot \lambda_1} = \dfrac{1}{2} \quad \Rightarrow \quad n_1 = 2 \cdot n_2$

Las frecuencias son iguales porque la frecuencia no cambia en la refracción, la onda sigue oscilando al mismo ritmo.

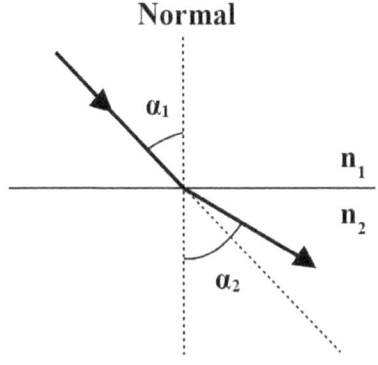

El rayo se aleja de la normal

ii) Según la ley de Snell:

$n_1 \cdot \operatorname{sen} \alpha_1 = n_2 \cdot \operatorname{sen} \alpha_2 \quad \Rightarrow \quad \dfrac{\operatorname{sen} \alpha_2}{\operatorname{sen} \alpha_1} = \dfrac{n_1}{n_2}$

Al ser $n_1 > n_2 \quad \Rightarrow \quad \dfrac{n_1}{n_2} > 1 \quad \Rightarrow$

$\Rightarrow \quad \dfrac{\operatorname{sen} \alpha_2}{\operatorname{sen} \alpha_1} > 1 \quad \Rightarrow \quad \dfrac{\alpha_2}{\alpha_1} > 1 \quad \Rightarrow \quad \alpha_2 > \alpha_1$

Es decir, el rayo se aleja de la normal.

Sí puede darse el fenómeno de la reflexión total, ya que el rayo pasa de un medio de mayor a otro de menor índice de refracción. La reflexión total es el fenómeno mediante el cual el rayo que incide en la interfase entre dos medios transparentes no se refracta, sino que se refleja. Para que exista reflexión total, el rayo refractado tiene que ser mayor que el incidente. De lo contrario, nunca se reflejaría.

$n_1 \cdot \operatorname{sen} \alpha_1 = n_2 \cdot \operatorname{sen} \alpha_2 \quad \Rightarrow \quad n_1 \cdot \operatorname{sen} \alpha_L = n_2 \cdot \operatorname{sen} 90º \quad \Rightarrow \quad n_1 \cdot \operatorname{sen} \alpha_L = n_2 \quad \Rightarrow$

$\Rightarrow \quad \operatorname{sen} \alpha_L = \dfrac{n_2}{n_1} = \dfrac{n_2}{2 \cdot n_1} = \dfrac{1}{2} \quad \Rightarrow \quad \alpha_L = 30º$

6) ¿Puede una lente delgada convergente crear una imagen virtual? Razone su respuesta realizando el trazado de rayos correspondiente y explicando cómo se construye la imagen a partir de dicho trazado. Indique claramente la posición del objeto respecto a dicha lente y respecto al foco.

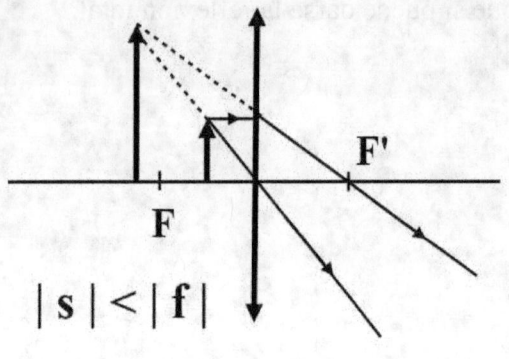

Imagen virtual, derecha y mayor

Sí, puede crearla. Esto ocurre cuando el objeto está situado entre la lente y el foco objeto, es decir:

$$|s| < |f|$$

Se trazan dos rayos:
- Uno que va del extremo del objeto al centro de la lente y no sufre desviación.
- Otro que va del extremo del objeto paralelo al eje óptico y se dirige al foco imagen.
   La imagen es virtual porque se forma por la prolongación de los dos rayos anteriores.

La posición del objeto es entre el foco y la lente.

2023

7) Con una lente delgada queremos obtener una imagen virtual mayor que el objeto. Realice razonadamente el trazado de rayos correspondiente, justifique qué tipo de lente debemos usar y dónde debe estar situado el objeto.

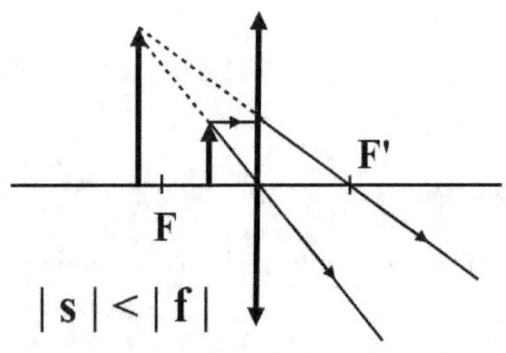

Imagen virtual y mayor

De todas las combinaciones de lentes y distancias, la única que ofrece una imagen virtual y mayor es aquella con una lente convergente y con un objeto situado entre el foco objeto y la lente. Es lo que ocurre en una lupa.
   La imagen se obtiene trazando dos rayos: uno que pasa por el centro de la lente y no se desvía y otro que viaja paralelo al eje óptico y pasa por el foco imagen. Como la imagen es virtual, se obtiene por prolongación de los dos rayos anteriores.

Como la lente es convergente: $f' > 0$; como la imagen es virtual: $s' < 0$; como la imagen es mayor: $A_L > 1$.

---

8) Un rayo de luz monocromática duplica su velocidad al pasar de un medio a otro. i) Represente la trayectoria de un rayo que incide con un ángulo no nulo respecto a la normal y justifique si puede producirse el fenómeno de la reflexión total. ii) Determine razonadamente la relación entre las longitudes de onda en ambos medios.

i) La reflexión total es el fenómeno mediante el cual el rayo que incide en la interfase entre dos medios transparentes no se refracta, sino que se refleja. Para que exista reflexión total, tiene que ocurrir que el rayo pase de un medio de mayor a otro de menor índice de refracción. Como la velocidad es inversamente proporcional al índice de refracción, $n = c/v$, al aumentar la velocidad del primer medio al segundo, disminuye el índice de refracción. Luego la reflexión total es posible a partir de un determinado ángulo. Con un ángulo inferior al de reflexión total, el rayo refractado se aleja de la normal, pues tiende a desviarse hacia el medio de mayor índice de refracción.

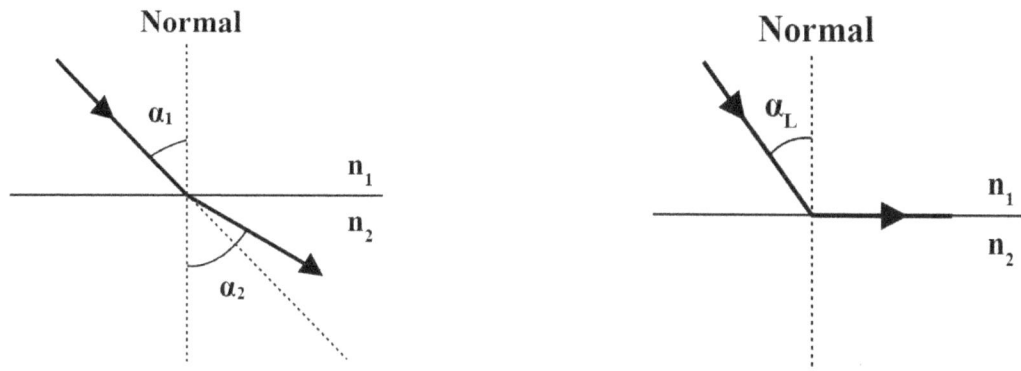

De menor a mayor índice de refracción   Reflexión total

ii) * Relación entre las longitudes de onda de ambos medios: como la frecuencia no cambia en la refracción:

$$f_1 = f_2 \; ; \; v = \lambda \cdot f \;\Rightarrow\; \frac{v_1}{\lambda_1} = \frac{v_2}{\lambda_2} \;\Rightarrow\; \frac{\lambda_2}{\lambda_1} = \frac{v_2}{v_1} = \frac{2 \cdot v_1}{v_1} = 2 \;\Rightarrow\; \lambda_2 = 2 \cdot \lambda_1$$

La longitud de onda se duplica también.

---

9) Un rayo de luz pasa del aire a otro medio con un índice de refracción mayor. Razone cómo cambian el ángulo con la normal, la frecuencia, la longitud de onda y la velocidad de propagación.

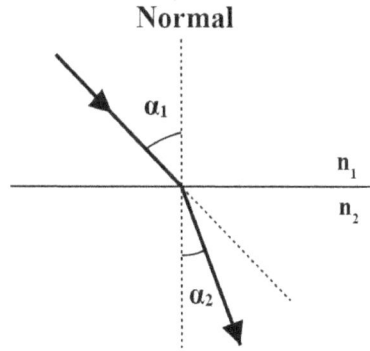

El rayo se acerca a la normal porque tiende a desviarse hacia el lado del medio de mayor índice de refracción.

El ángulo disminuye, la frecuencia permanece constante, la longitud de onda disminuye y la velocidad de propagación disminuye.

Aumenta el índice de refracción

* Ángulo con la normal: según la ley de Snell: $n_1 \cdot \operatorname{sen} \alpha_1 = n_2 \cdot \operatorname{sen} \alpha_2 \;\Rightarrow\; \dfrac{n_2}{n_1} = \dfrac{sen\,\alpha_1}{sen\,\alpha_2}$

Al ser $n_2 > n_1$ $\Rightarrow$ $\dfrac{n_2}{n_1} > 1$ $\Rightarrow$ $\dfrac{\operatorname{sen}\alpha_1}{\operatorname{sen}\alpha_2} > 1$ $\Rightarrow$ $\dfrac{\alpha_1}{\alpha_2} > 1$ $\Rightarrow$ $\alpha_1 > \alpha_2$

Efectivamente, el rayo se acerca a la normal.

* Frecuencia: permanece constante en la refracción, pues es una característica del foco emisor.

* Longitud de onda: $f_1 = f_2$; $v = \lambda \cdot f$; $n = \dfrac{c}{v}$ $\Rightarrow$ $\dfrac{v_1}{\lambda_1} = \dfrac{v_2}{\lambda_2}$ $\Rightarrow$ $\dfrac{\frac{c}{n_1}}{\lambda_1} = \dfrac{\frac{c}{n_2}}{\lambda_2}$ $\Rightarrow$

$\Rightarrow$ $\dfrac{c}{n_1 \cdot \lambda_1} = \dfrac{c}{n_2 \cdot \lambda_2}$ $\Rightarrow$ $\dfrac{1}{n_1 \cdot \lambda_1} = \dfrac{1}{n_2 \cdot \lambda_2}$ $\Rightarrow$ $\dfrac{\lambda_1}{\lambda_2} = \dfrac{n_2}{n_1}$

Al ser: $n_2 > n_1$ $\Rightarrow$ $\dfrac{n_2}{n_1} > 1$ $\Rightarrow$ $\dfrac{\lambda_1}{\lambda_2} > 1$ $\Rightarrow$ $\lambda_1 > \lambda_2$

La longitud de onda disminuye.

* Velocidad de propagación: $\dfrac{n_2}{n_1} = \dfrac{\frac{c}{v_2}}{\frac{c}{v_1}} = \dfrac{v_1}{v_2}$

Al ser: $n_2 > n_1$ $\Rightarrow$ $\dfrac{n_2}{n_1} > 1$ $\Rightarrow$ $\dfrac{v_1}{v_2} > 1$ $\Rightarrow$ $v_1 > v_2$

La velocidad de propagación disminuye.

---

10) i) Realice el trazado de rayos para un objeto situado a la izquierda del foco imagen de una lente delgada divergente. ii) Justifique las características de la imagen formada.

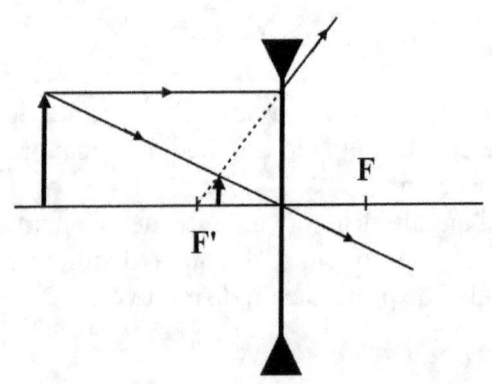

Formación de la imagen en una lente divergente

i) La imagen es derecha, menor y virtual.
Para dibujar la imagen, se trazan dos rayos: uno que pasa por el centro óptico y no sufre desviación y otro paralelo al eje óptico y que se desvía hacia el foco imagen. El cruce de ambos rayos (directamente o por prolongación) nos da el extremo de la imagen.
Según el criterio de signos, normas DIN: las distancias hacia la derecha y hacia arriba son positivas. Las distancias hacia la izquierda y hacia abajo son negativas.

ii) En una lente divergente: $f' < 0$. Como el objeto está situado a la izquierda: $s < 0$.

Según la fórmula de Gauss para lentes delgadas: $\dfrac{1}{s'} - \dfrac{1}{s} = \dfrac{1}{f'}$ $\Rightarrow$ $\dfrac{1}{s'} = \dfrac{1}{f'} + \dfrac{1}{s}$

Al ser: $s < 0$ y $f' < 0$ $\Rightarrow$ $\dfrac{1}{s} < 0$ y $\dfrac{1}{f'} < 0$ $\Rightarrow$ $\dfrac{1}{f'} + \dfrac{1}{s} < 0$ $\Rightarrow$ $\dfrac{1}{s'} < 0$ $\Rightarrow$ $s' < 0$

Como s' < 0, la imagen es virtual. Se forma a la izquierda por prolongación de los rayos.

Según la fórmula del aumento lateral: $A_L = \dfrac{s'}{s} = \dfrac{y'}{y}$. Como s´ y s tienen el mismo signo, entonces y e y' tienen el mismo signo, luego la imagen es derecha.

De la fórmula de Gauss: $s' = \dfrac{s \cdot f'}{s + f'}$. De la fórmula del aumento lateral: $A_L = \dfrac{s'}{s} = \dfrac{f'}{s + f'}$

Como s y f ' son negativos, el cociente $\dfrac{f'}{s + f'}$ será positivo y menor que uno. Luego la imagen es menor, es decir, disminuida.

---

11) Un rayo de luz pasa de un medio a otro, observándose que en el segundo medio se desvía alejándose de la normal. Justifique: i) en qué medio se propaga el rayo con mayor velocidad; ii) en qué medio tiene menor longitud de onda.

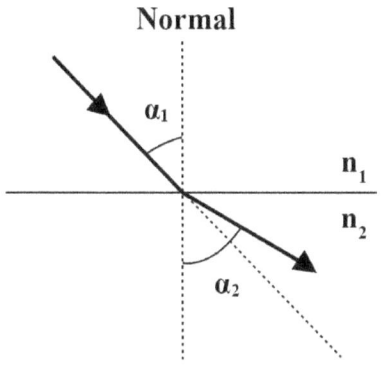

El rayo se aleja de la normal

i) En el segundo.
Según la ley de Snell:

$n_1 \cdot \operatorname{sen} \alpha_1 = n_2 \cdot \operatorname{sen} \alpha_2$ $\Rightarrow$ $\dfrac{\operatorname{sen} \alpha_2}{\operatorname{sen} \alpha_1} = \dfrac{n_1}{n_2}$

Como el rayo refractado se aleja de la normal:

$\alpha_2 > \alpha_1$ $\Rightarrow$ $\operatorname{sen} \alpha_2 > \operatorname{sen} \alpha_1$ $\Rightarrow$

$\Rightarrow$ $\dfrac{\operatorname{sen} \alpha_2}{\operatorname{sen} \alpha_1} > 1$ $\Rightarrow$ $\dfrac{n_1}{n_2} > 1$ $\Rightarrow$

$\Rightarrow$ $n_1 > n_2$ $\Rightarrow$ $\dfrac{c}{v_1} > \dfrac{c}{v_2}$ $\Rightarrow$ $\dfrac{1}{v_1} > \dfrac{1}{v_2}$ $\Rightarrow$ $v_2 > v_1$

ii) En el segundo.

$v_2 > v_1$ $\Rightarrow$ $\lambda_2 \cdot f > \lambda_1 \cdot f$ $\Rightarrow$ $\lambda_2 > \lambda_1$

En la refracción, la frecuencia del rayo no cambia al cambiar de medio.

12) Un rayo de luz reduce su velocidad a la mitad al pasar de un medio a otro. i) Determine razonadamente la relación entre los índices de refracción de ambos medios. ii) Represente la trayectoria de un rayo que incide con un ángulo no nulo con respecto a la normal, y justifique si puede producirse el fenómeno de reflexión total.

i) Se hace el doble: $v_2 = \dfrac{v_1}{2} \Rightarrow \dfrac{n_2}{n_1} = \dfrac{\dfrac{c}{v_2}}{\dfrac{c}{v_1}} = \dfrac{v_1}{v_2} = \dfrac{v_1}{\dfrac{v_1}{2}} = 2$

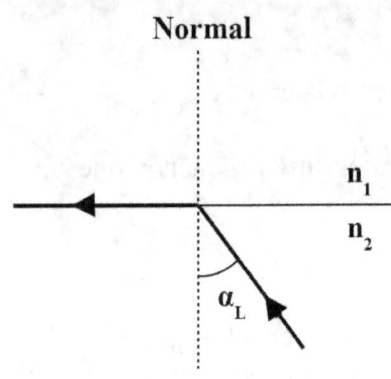

Reflexión total

ii) La reflexión total consiste en que, al pasar la luz de un medio transparente a otro, a partir de un cierto ángulo (ángulo límite), la luz no se refracta, sino que se refleja.
La reflexión total sólo puede ocurrir cuando el rayo pasa desde un medio de mayor índice de refracción a otro de menor índice de refracción.

Según la ley de Snell:

$n_1 \cdot \operatorname{sen} \alpha_1 = n_2 \cdot \operatorname{sen} \alpha_2 \Rightarrow n_1 \cdot \operatorname{sen} 90º = n_2 \cdot \operatorname{sen} \alpha_L \Rightarrow n_1 \cdot 1 = n_2 \cdot \operatorname{sen} \alpha_L \Rightarrow \dfrac{n_1}{n_2} = \operatorname{sen} \alpha_L$

Al ser la función seno menor o igual que uno: $\dfrac{n_1}{n_2} \leq 1 \Rightarrow n_1 \leq n_2$

El caso igual es imposible, puesto que si n_1 fuera igual que n_2, no habría refracción. Luego: $n_1 < n_2$
Entonces, se demuestra que el índice de refracción disminuye.

---

13) Razone, basándose en el trazado de rayos, dónde hay que colocar un objeto con respecto a una lente delgada convergente para que: i) la imagen formada sea real e invertida; ii) la imagen formada sea virtual y derecha.

Para obtener la imagen, trazamos tres rayos: el que pasa por el centro de la lente no sufre desviación; el que va paralelo al eje óptico, toca la lente y pasa por el foco imagen; el que pasa por el foco llega a la lente y se desvía paralelamente al eje óptico.
i) Hay tres posibilidades: que el objeto esté a una distancia mayor que dos veces la distancia focal, que esté justamente a dos veces la distancia focal o que esté entre una y dos veces la distancia focal.

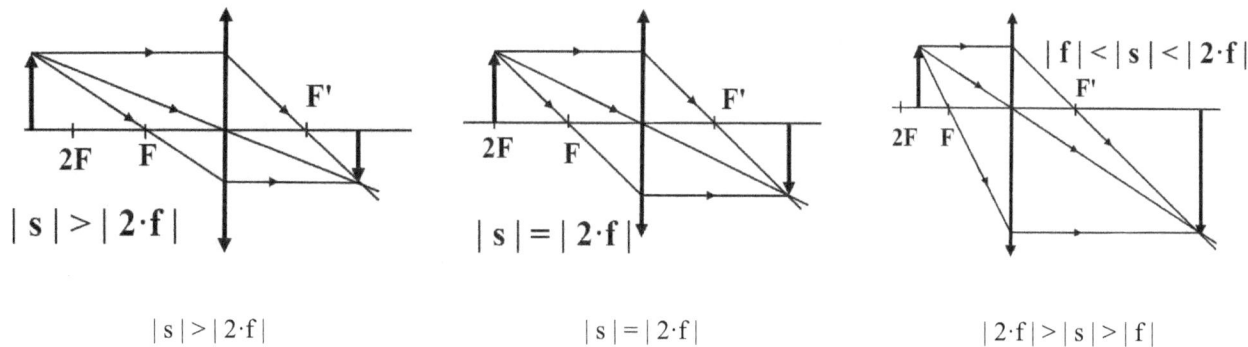

| $\|s\| > \|2 \cdot f\|$ | $\|s\| = \|2 \cdot f\|$ | $\|2 \cdot f\| > \|s\| > \|f\|$ |

La imagen es real porque se forma a la derecha de la lente, por intersección directa de los rayos.

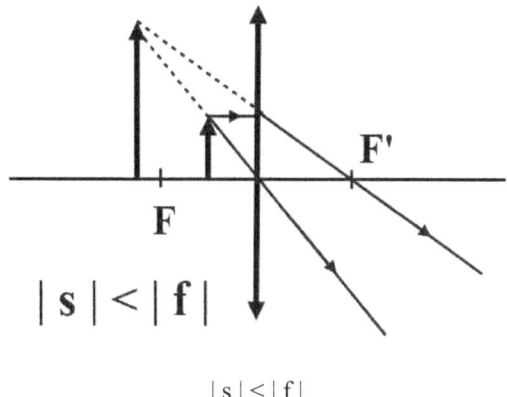

$\|s\| < \|f\|$

ii) El objeto tiene que estar más cerca de la lente que el foco objeto: $|s| < |f|$

La imagen es virtual porque se forma a la izquierda, por prolongación e intersección de los rayos.

---

14) i) Realice el trazado de rayos para un objeto situado a una distancia mayor que el doble de la distancia focal de una lente delgada convergente. ii) Justifique las características de la imagen.

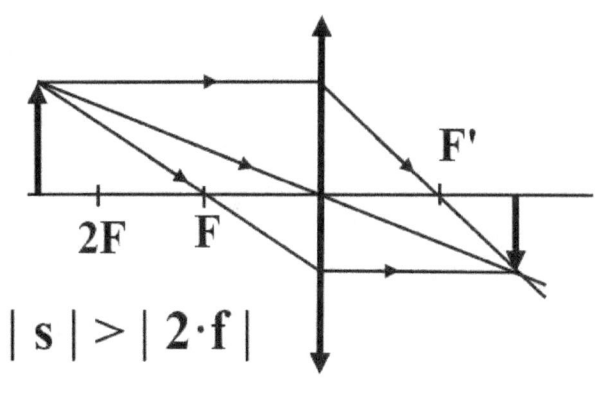

$|s| > |2 \cdot f|$

i) Para obtener la imagen, trazamos tres rayos: el que pasa por el centro de la lente no sufre desviación; el que va paralelo al eje óptico, toca la lente y pasa por el foco imagen; el que pasa por el foco objeto llega a la lente y se desvía paralelamente al eje óptico.

ii) La imagen será invertida, menor y real.

$$\frac{1}{s'} - \frac{1}{s} = \frac{1}{f'} \quad \Rightarrow \quad \frac{1}{s'} = \frac{1}{f'} + \frac{1}{s} = \frac{s+f'}{s \cdot f'} \quad \Rightarrow \quad s' = \frac{s \cdot f'}{s+f'}$$

Sabemos que: $f' > 0$ por ser una lente convergente; $s < 0$ porque el objeto está situado a la izquierda; $s + f' < 0$ porque $s < 0$ y $|s| > |2 \cdot f'|$. Luego:

$s \cdot f' < 0$ y $s + f' < 0$ $\Rightarrow$ $s' > 0$, por ser cociente de dos cantidades negativas. Luego la imagen es real.

$A_L = \dfrac{y'}{y} = \dfrac{s'}{s}$; como $s' > 0$ y $s' < 0$ $\Rightarrow$ $A_L < 0$, por dividir más entre menos. Luego la imagen es invertida.

$A_L = \dfrac{s'}{s} = \dfrac{\frac{s \cdot f'}{s + f'}}{s} = \dfrac{f'}{s + f'}$; como: $|s| > |2 \cdot f'|$ $\Rightarrow$ $f' < |s + f'|$ $\Rightarrow$

$\Rightarrow$ $\left|\dfrac{f'}{s + f'}\right| < 1$ $\Rightarrow$ $|A_L| < 1$ $\Rightarrow$ la imagen es menor

2022

15) Realice y explique el trazado de rayos para un objeto situado entre el foco objeto y una lente convergente. Justifique las características de la imagen.

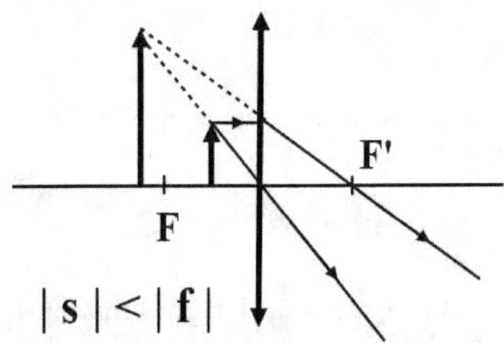

Lente convergente con $s < f$

La imagen se obtiene trazando dos rayos: uno pasa por el centro óptico sin desviarse y el otro viaja paralelo por el eje óptico hasta la lente y se desvía hasta el foco imagen.
La imagen obtenida es virtual porque se obtiene por prolongación de los rayos. Además, también es menor y derecha.

* Distancia imagen: $\dfrac{1}{s'} - \dfrac{1}{s} = \dfrac{1}{f'}$ $\Rightarrow$ $\dfrac{1}{s'} = \dfrac{1}{f'} + \dfrac{1}{s} = \dfrac{1}{f'} - \dfrac{1}{|s|}$

$|s| < f'$ $\Rightarrow$ $\dfrac{1}{|s|} > \dfrac{1}{f'}$ $\Rightarrow$ $\dfrac{1}{f'} - \dfrac{1}{|s|} < 0$ $\Rightarrow$ $\dfrac{1}{s'} < 0$ $\Rightarrow$ $s' < 0$

Al ser $s' < 0$, la imagen se forma a la izquierda y es virtual.
* Altura de la imagen: $A_L = \dfrac{y'}{y} = \dfrac{s'}{s}$. Al tener s' y s el mismo signo, pues están situadas a la izquierda, y' tiene el mismo signo que y, luego la imagen es derecha.
* Aumento lateral: por el trazado de rayos observamos que $y' > y$, luego la imagen es mayor.

16) Un rayo de luz monocromática se propaga por el aire e incide formando un ángulo de incidencia θ sobre una lámina de vidrio de caras planas y paralelas. El rayo atraviesa la lámina, se propaga por el vidrio y sale nuevamente al aire. i) Dibuje un esquema de la trayectoria que sigue el rayo en el proceso descrito. ii) Analice su velocidad, longitud de onda y frecuencia a lo largo del camino citado.

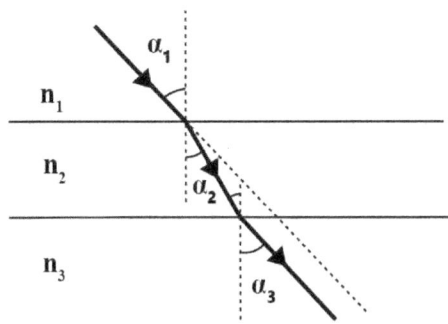

Los dos rayos que pasan por el aire son paralelos, pues forman el mismo ángulo con la normal según la ley de Snell:
$$n_1 \cdot \operatorname{sen} \alpha_1 = n_2 \cdot \operatorname{sen} \alpha_2 = n_3 \cdot \operatorname{sen} \alpha_3$$
Al ser $n_1 = n_3 \Rightarrow \alpha_1 = \alpha_3 = \theta$

Rayo de luz incidiendo en lámina

El rayo se acerca a la normal en el vidrio porque su índice de refracción es mayor que el del aire:

$$n_2 > n_1 \Rightarrow \frac{n_2}{n_1} = \frac{\operatorname{sen} \alpha_1}{\operatorname{sen} \alpha_2} > 1 \Rightarrow \frac{\alpha_1}{\alpha_2} > 1 \Rightarrow \alpha_1 > \alpha_2$$

ii) * La velocidad del rayo de luz en la lámina es menor que en el aire, puesto que el índice de refracción es menor:

$$n_{aire} < n_{vidrio} \Rightarrow \frac{c}{v_{aire}} < \frac{c}{v_{vidrio}} \Rightarrow v_{vidrio} < v_{aire}$$

* Frecuencia: no cambia, pues el rayo sigue oscilando al mismo ritmo.

* La longitud de onda: es menor en el vidrio:

$$v_{vidrio} < v_{aire} \Rightarrow \lambda_{vidrio} \cdot f_{vidrio} < \lambda_{aire} \cdot f_{aire} \Rightarrow \lambda_{vidrio} < \lambda_{aire}$$

---

17) Realice y explique el trazado de rayos para un objeto situado entre el foco objeto y el doble de la distancia focal de una lente convergente. Determine, justificadamente, las características de la imagen.

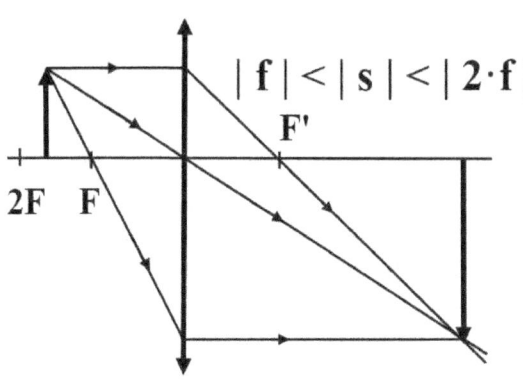

Lente convergente con s entre f y 2f

Para dibujar la imagen, se trazan dos rayos: uno que pasa por el centro óptico y no sufre desviación y otro paralelo al eje óptico y que se desvía hacia el foco imagen. El cruce de ambos rayos (directamente o por prolongación) nos da el extremo de la imagen.

Según el criterio de signos, normas DIN: las distancias hacia la derecha y hacia arriba son positivas. Las distancias hacia la izquierda y hacia abajo son negativas.

$$\frac{1}{s'} - \frac{1}{s} = \frac{1}{f'} \quad \Rightarrow \quad \frac{1}{s'} = \frac{1}{f'} + \frac{1}{s} = \frac{1}{f'} - \frac{1}{|s|}$$

$$f' < |s| < 2 \cdot f' \quad \Rightarrow \quad \frac{1}{s'} = \frac{1}{f'} - \frac{1}{|s|} > 0 \quad \Rightarrow \quad s' > 0$$

$$A_L = \frac{y'}{y} = \frac{s'}{s} \quad \Rightarrow \quad y' = y \cdot \frac{s'}{s} = \frac{(+) \cdot (+)}{(-)} = (-) \quad \Rightarrow \quad y' < 0$$

Al ser s' > 0, la imagen es real. Al ser y ' < 0, la imagen es invertida.

---

18) Un rayo de luz monocromática pasa de un medio con índice de refracción n_1 a otro medio con índice n_2. Sabiendo que $n_1 > n_2$, i) compare razonadamente la velocidad de propagación del rayo, su longitud de onda y su frecuencia en cada medio. ii) Justifique si existe, o no, la posibilidad de que exista reflexión total para un rayo que incide sobre la superficie de separación de ambos medios.

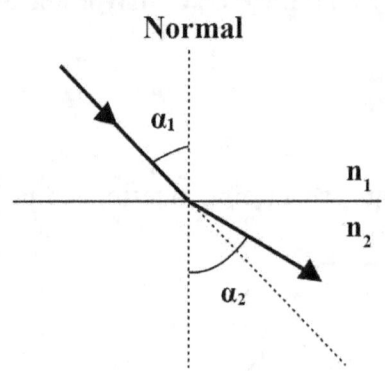

Se aleja de la normal

i) El rayo refractado se desvía hacia el lado más cercano al medio de mayor índice de refracción, luego el rayo se aleja de la normal.

En el nuevo medio, la velocidad de propagación será mayor, la longitud de onda será mayor y la frecuencia será la misma.

* Velocidad de propagación: $n_1 > n_2 \quad \Rightarrow \quad \dfrac{c}{v_1} > \dfrac{c}{v_2} \quad \Rightarrow \quad c \cdot v_2 > c \cdot v_1 \quad \Rightarrow \quad v_2 > v_1$

* Frecuencia: la frecuencia no cambia, pues es una característica del foco emisor: $f_1 = f_2 = f$

* Longitud de onda: $v_2 > v_1 \quad \Rightarrow \quad \lambda_2 \cdot f > \lambda_1 \cdot f \quad \Rightarrow \quad \lambda_2 > \lambda_1$

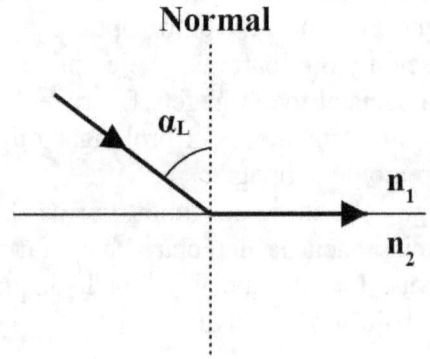

Reflexión total

ii) La reflexión total es el fenómeno mediante el cual el rayo que incide en la interfase entre dos medios no se refracta, sino que se refleja. Para que exista reflexión total, tiene que ocurrir que el rayo pase de un medio de mayor a otro de menor índice de refracción, como así ocurre: $n_1 > n_2$

Del medio 1 al 2 sí habría reflexión total, pero no del medio 2 al 1.

Aplicando la ley de Snell:

$n_1 \cdot \text{sen } \alpha_1 = n_2 \cdot \text{sen } \alpha_2 \Rightarrow n_1 \cdot \text{sen } \alpha_L = n_2 \cdot \text{sen } 90° \Rightarrow \text{sen } \alpha_L = \dfrac{n_2 \cdot sen 90°}{n_1} = \dfrac{n_2}{n_1}$

La función seno está comprendida entre 0 y 1 en valor absoluto. Para que se cumpla ésto, tiene que ocurrir que el denominador sea mayor que el numerador, es decir: $n_1 > n_2$

---

19) Indique razonadamente, ayudándose de un esquema, las características de la imagen que se obtiene al colocar un objeto luminoso: i) en el foco objeto de una lente convergente; ii) en el foco imagen de una lente divergente.

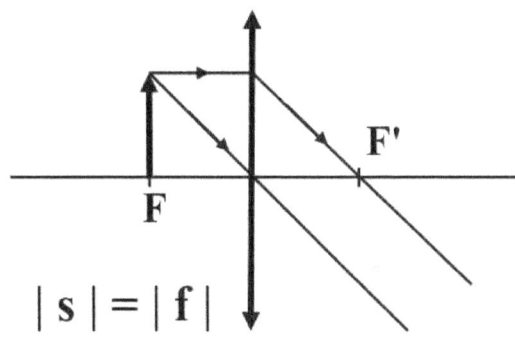

Lente convergente   Lente divergente

Para dibujar la imagen, se trazan dos rayos: uno que pasa por el centro óptico y no sufre desviación y otro paralelo al eje óptico y que se desvía hacia el foco imagen. El cruce de ambos rayos (directamente o por prolongación) nos da el extremo de la imagen.

i) No se obtiene imagen, pues los rayos trazados son paralelos y nunca se cortan.

Según la fórmula de Gauss para lentes delgadas: $\dfrac{1}{s'} - \dfrac{1}{s} = \dfrac{1}{f'} \Rightarrow \dfrac{1}{s'} = \dfrac{1}{f'} + \dfrac{1}{s}$

Como $s = -f' \Rightarrow \dfrac{1}{f'} + \dfrac{1}{s} = 0 \Rightarrow \dfrac{1}{s'} = 0 \Rightarrow s' = \infty$

ii) La imagen es virtual, derecha y disminuida, de la mitad del tamaño que el objeto.

En una lente divergente: $f' < 0$. Como el objeto está situado a la izquierda: $s < 0$.

Según la fórmula de Gauss para lentes delgadas: $\dfrac{1}{s'} - \dfrac{1}{s} = \dfrac{1}{f'} \Rightarrow \dfrac{1}{s'} = \dfrac{1}{f'} + \dfrac{1}{s}$

Al ser: $s < 0$ y $f' < 0 \Rightarrow \dfrac{1}{s} < 0$ y $\dfrac{1}{f'} < 0 \Rightarrow \dfrac{1}{f'} + \dfrac{1}{s} < 0 \Rightarrow \dfrac{1}{s'} < 0 \Rightarrow s' < 0$

Como $s' < 0$, la imagen es virtual. Se forma a la izquierda por prolongación de los rayos.

Según la fórmula del aumento lateral: $A_L = \dfrac{s'}{s} = \dfrac{y'}{y}$. Como s´ y s tienen el mismo signo, entonces y e y' tienen el mismo signo, luego la imagen es derecha.

De la fórmula de Gauss: $s' = \dfrac{s \cdot f'}{s + f'}$. Como s = f': $s' = \dfrac{f' \cdot f'}{f' + f'} = \dfrac{f' \cdot f'}{2 \cdot f'} = \dfrac{f'}{2} = \dfrac{s}{2}$

De la fórmula del aumento lateral: $A_L = \dfrac{s'}{s} = \dfrac{s/2}{s} = \dfrac{1}{2}$. La imagen tiene la mitad del tamaño que el objeto.

---

20) Razone la veracidad de las siguientes afirmaciones: i) Si un rayo de luz pasa de un medio 1 a un medio 2 tal que $\lambda_1 < \lambda_2$, el ángulo de incidencia es mayor que el refractado. ii) Si un rayo de luz pasa de un medio 1 a un medio 2 menos refringente puede ocurrir reflexión total.

i) Falso, es menor. A partir del índice de refracción:

$n = \dfrac{c}{v} = \dfrac{c}{\lambda \cdot f} \quad \Rightarrow \quad \lambda = \dfrac{c}{n \cdot f} \quad ; \quad \lambda_1 < \lambda_2 \quad \Rightarrow \quad \dfrac{c}{n_1 \cdot f} < \dfrac{c}{n_2 \cdot f} \quad \Rightarrow$

$\Rightarrow \quad \dfrac{1}{n_1} < \dfrac{1}{n_2} \quad \Rightarrow \quad n_2 < n_1$

Según la ley de Snell: $n_1 \cdot sen\, \alpha_1 = n_2 \cdot sen\, \alpha_2 \quad \Rightarrow \quad n_2 = \dfrac{n_1 \cdot sen\, \alpha_1}{sen\, \alpha_2}$

$n_2 < n_1 \quad \Rightarrow \quad \dfrac{n_1 \cdot sen\, \alpha_1}{sen\, \alpha_2} < n_1 \quad \Rightarrow \quad \dfrac{sen\, \alpha_1}{sen\, \alpha_2} < 1 \quad \Rightarrow \quad sen\, \alpha_1 < sen\, \alpha_2 \quad \Rightarrow \quad \alpha_1 < \alpha_2$

El ángulo de incidencia es menor que el ángulo refractado y el rayo se aleja de la normal.

ii) Verdadero. Si el medio 2 es menos refringente que el 1: $n_2 < n_1$

La reflexión total es el fenómeno mediante el cual el rayo que incide en la interfase entre dos medios no se refracta, sino que se refleja. Para que exista reflexión total, tiene que ocurrir que el rayo pase de un medio de mayor a otro de menor índice de refracción, como así ocurre: $n_1 > n_2$. Del medio 1 al 2 sí habría reflexión total, pero no del medio 2 al 1.

Aplicando la ley de Snell:

$n_1 \cdot sen\, \alpha_1 = n_2 \cdot sen\, \alpha_2 \quad \Rightarrow \quad n_1 \cdot sen\, \alpha_L = n_2 \cdot sen\, 90º \quad \Rightarrow \quad sen\, \alpha_L = \dfrac{n_2 \cdot sen\, 90º}{n_1} = \dfrac{n_2}{n_1}$

La función seno está comprendida entre 0 y 1 en valor absoluto. Para que se cumpla ésto, tiene que ocurrir que el denominador sea mayor que el numerador, es decir: $n_1 > n_2$

21) Un rayo de luz monocromática aumenta de velocidad al pasar de un medio a otro distinto.
i) Justifique cómo afecta ese cambio de medio a la longitud de onda y a la frecuencia del rayo.
ii) Justifique si el cambio del medio citado puede dar lugar a una reflexión total.

i) * Frecuencia: la frecuencia no cambia pues depende del foco emisor, no del medio.
* Longitud de onda: la longitud de onda aumenta, pues la frecuencia permanece constante y la velocidad aumenta: $v_1 < v_2$ ⇒ $\lambda_1 \cdot f < \lambda_2 \cdot f$ ⇒ $\lambda_1 < \lambda_2$

ii) Sí, puede ocurrir una reflexión total.

$$n = \frac{c}{v} = \frac{c}{\lambda \cdot f} \Rightarrow \lambda = \frac{c}{n \cdot f} \quad ; \quad \lambda_1 < \lambda_2 \Rightarrow \frac{c}{n_1 \cdot f} < \frac{c}{n_2 \cdot f} \Rightarrow$$

$$\Rightarrow \frac{1}{n_1} < \frac{1}{n_2} \Rightarrow n_2 < n_1$$

La reflexión total es el fenómeno mediante el cual el rayo que incide en la interfase entre dos medios no se refracta, sino que se refleja. Para que exista reflexión total, tiene que ocurrir que el rayo pase de un medio de mayor a otro de menor índice de refracción, como así ocurre: $n_1 > n_2$. Del medio 1 al 2 sí habría reflexión total, pero no del medio 2 al 1.
Aplicando la ley de Snell:

$$n_1 \cdot sen\, \alpha_1 = n_2 \cdot sen\, \alpha_2 \Rightarrow n_1 \cdot sen\, \alpha_L = n_2 \cdot sen\, 90º \Rightarrow sen\, \alpha_L = \frac{n_2 \cdot sen\, 90º}{n_1} = \frac{n_2}{n_1}$$

La función seno está comprendida entre 0 y 1 en valor absoluto. Para que se cumpla ésto, tiene que ocurrir que el denominador sea mayor que el numerador, es decir: $n_1 > n_2$

2021

22) Un rayo de luz monocromática pasa de un medio de índice de refracción n_1 a otro medio con índice de refracción n_2, siendo $n_1 < n_2$. Razone y justifique la veracidad o falsedad de las siguientes frases:
i) La velocidad de dicho rayo aumenta al pasar del primer medio al segundo. ii) La longitud de onda del rayo es mayor en el segundo medio.

La refracción es el fenómeno mediante el cual un rayo de luz cambia de dirección al pasar de un medio transparente a otro. El índice de refracción es: $n = \frac{c}{v}$. Es decir, la velocidad es inversamente proporcional al índice de refracción.

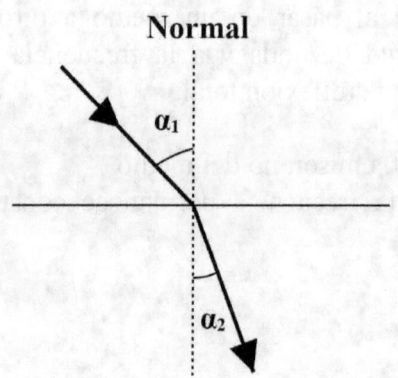

i) Falso. La velocidad disminuye.

$$n_1 < n_2 \Rightarrow \frac{c}{v_1} < \frac{c}{v_2} \Rightarrow v_2 < v_1$$

La velocidad disminuye en el segundo medio. Además, el rayo refractado se acerca a la normal.

ii) Falso. Es inferior en el segundo medio. Sabiendo que: $v = \lambda \cdot f$ y que la frecuencia permanece constante en la refracción: $v_2 < v_1 \Rightarrow \lambda_2 \cdot f < \lambda_1 \cdot f \Rightarrow \lambda_2 < \lambda_1$

---

23) Razone y justifique la veracidad o falsedad de las siguientes frases: i) Cuando la luz pasa de un medio a otro, experimenta un aumento de su velocidad si el segundo medio tiene un índice de refracción mayor que el primero. ii) La reflexión total de la luz en la superficie de separación de dos medios puede producirse cuando el índice de refracción del segundo medio es mayor que el del primero.

La refracción es el fenómeno mediante el cual un rayo de luz cambia de dirección al pasar de un medio transparente a otro. El índice de refracción es: $n = \dfrac{c}{v}$. Es decir, la velocidad es inversamente proporcional al índice de refracción.

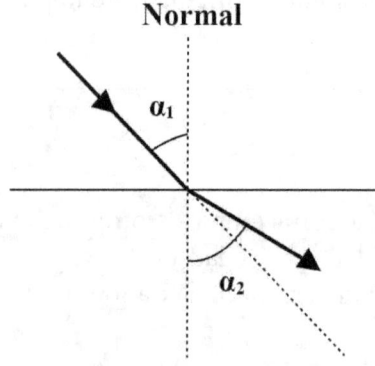

i) Falso. La velocidad aumenta si el índice de refracción del segundo medio es inferior al del primero.

$$v_2 > v_1 \Rightarrow \frac{c}{n_2} > \frac{c}{n_1} \Rightarrow n_1 > n_2$$

Además, el rayo refractado se aleja de la normal.

ii) Falso. Ocurre cuando el segundo medio tiene un índice de refracción inferior al del primero.

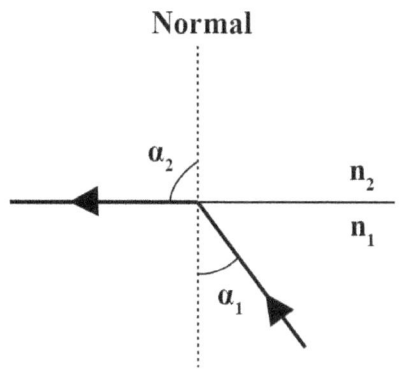

Cuando se pasa de un medio de mayor a otro de menor índice de refracción, llega un momento en el que el rayo refractado sale en la línea de la superficie. A partir de ese ángulo, el rayo no se refracta, sino que se refleja en el medio de mayor índice de refracción.

El ángulo a partir del cual ocurre ese fenómeno se llama ángulo límite. Se calcula usando la ley de Snell:

$$n_1 \cdot \text{sen } \alpha_1 = n_2 \cdot \text{sen } \alpha_2 \quad \Rightarrow \quad n_1 \cdot \text{sen } \alpha_L = n_2 \cdot \text{sen } 90º \quad \Rightarrow \quad \text{sen } \alpha_L = \frac{n_2}{n_1}$$

El seno está comprendido entre 0 y 1, luego obligatoriamente: $n_2 < n_1$, es decir, el índice de refracción del segundo medio debe ser inferior al del primero.

---

24) Con una lente queremos obtener una imagen virtual mayor que el objeto. Razone, realizando además el trazado de rayos correspondiente, qué tipo de lente debemos usar y dónde debe estar situado el objeto.

Para dibujar la imagen, se trazan dos rayos: uno que pasa por el centro óptico y no sufre desviación y otro paralelo al eje óptico y que se desvía hacia el foco. El cruce de ambos rayos (directamente o por prolongación) nos da el extremo de la imagen.

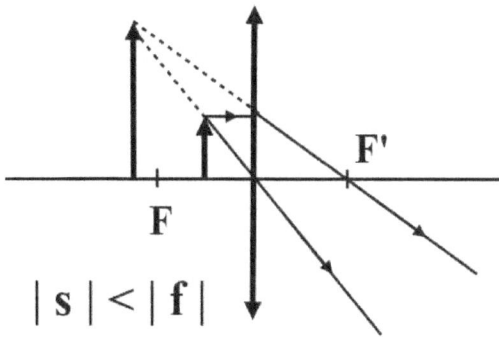

Si queremos una imagen virtual y aumentada, la única posibilidad es utilizar una lente convergente y situar el objeto a una distancia:

$$s < f$$

Según el criterio de signos, normas DIN: las distancias hacia la derecha y hacia arriba son positivas. Las distancias hacia la izquierda y hacia abajo son negativas.

Según este criterio de signos: $s < 0$ y $s' < 0$. Como el objeto está a la izquierda: $s < 0$. Si la imagen es virtual, se forma a la izquierda, con lo que: $s' < 0$, también. Vamos a demostrar que la imagen se forma a la izquierda. En una lente convergente: $f' > 0$.

Según la fórmula de Gauss para lentes delgadas:

$$\frac{1}{s'} - \frac{1}{s} = \frac{1}{f'} \quad \Rightarrow \quad \frac{1}{s'} = \frac{1}{f'} + \frac{1}{s} = \frac{1}{f'} - \frac{1}{|s|}$$

Al ser: $s < f \Rightarrow |s| < f' \Rightarrow \dfrac{1}{|s|} > \dfrac{1}{f'} \Rightarrow \dfrac{1}{f'} - \dfrac{1}{|s|} < 0 \Rightarrow \dfrac{1}{s'} < 0 \Rightarrow s' < 0$

---

25) Razone, realizando además el trazado de rayos correspondiente, las características de la imagen producida por una lente convergente con el objeto situado a más distancia de la lente que el doble de su distancia focal.

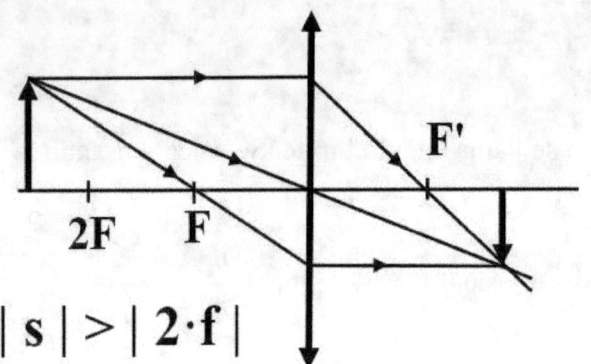

La imagen se obtiene trazando dos rayos: uno pasa por el centro óptico sin desviarse y el otro viaja paralelo por el eje óptico hasta la lente y se desvía hasta el foco imagen.

La imagen obtenida es real porque se obtiene por cruce directo de los rayos. Además, también es menor e invertida.

Lente convergente con $s > 2 \cdot f$

* Distancia imagen:

$$\dfrac{1}{s'} - \dfrac{1}{s} = \dfrac{1}{f'} \Rightarrow \dfrac{1}{s'} = \dfrac{1}{f'} - \dfrac{1}{|s|}$$

$|s| > 2 \cdot f' \Rightarrow \dfrac{1}{|s|} < \dfrac{1}{2 \cdot f'} \Rightarrow \dfrac{1}{|s|} < \dfrac{1}{f'} \Rightarrow \dfrac{1}{f'} - \dfrac{1}{|s|} > 0 \Rightarrow \dfrac{1}{s'} > 0 \Rightarrow s' > 0$

Al ser s' > 0, la imagen se forma a la derecha y es real.

* Aumento lateral:

$\dfrac{1}{s'} - \dfrac{1}{s} = \dfrac{1}{f'} \Rightarrow \dfrac{1}{s'} + \dfrac{1}{|s|} = \dfrac{1}{f'} \Rightarrow \dfrac{1}{|s|} = \dfrac{1}{f'} - \dfrac{1}{s'} = \dfrac{s' - f'}{f' \cdot s'} \Rightarrow$

$\Rightarrow |s| = \dfrac{f' \cdot s'}{s' - f'}$

Al ser: $|s| > 2 \cdot f' \Rightarrow \dfrac{f' \cdot s'}{s' - f'} = 2 \cdot f' \Rightarrow s' > 2 \cdot (s' - f') = 2 \cdot s' - 2 \cdot f' \Rightarrow$

$\Rightarrow s' - 2 \cdot s' = -2 \cdot f' \Rightarrow -s' = -2 \cdot f' \Rightarrow s' < 2 \cdot f'$

$A_L = \dfrac{y'}{y} = \dfrac{s'}{s}$. Como $s' < 2 \cdot f'$ y $|s| > 2 \cdot f' \Rightarrow |A_L| = \left|\dfrac{s'}{s}\right| < 1$: la imagen es menor.

* Altura de la imagen: $A_L = \dfrac{y'}{y} = \dfrac{s'}{s}$

Al ser s < 0 y s' > 0 ⇒ A_L < 0 ; al ser y > 0 y A_L < 0 ⇒ y' < 0: la imagen es invertida

---

26) Razone y justifique la veracidad o falsedad de las siguientes frases: i) Vista desde el aire, la profundidad real de un recipiente lleno de agua es menor que su profundidad aparente. ii) Cuando un haz de luz pasa de una región donde hay agua a otra región donde hay aceite, dicho haz viajará con mayor velocidad en la región del aceite. $n_{aceite} > n_{agua} > n_{aire}$

i) Falso. Es justamente al revés.

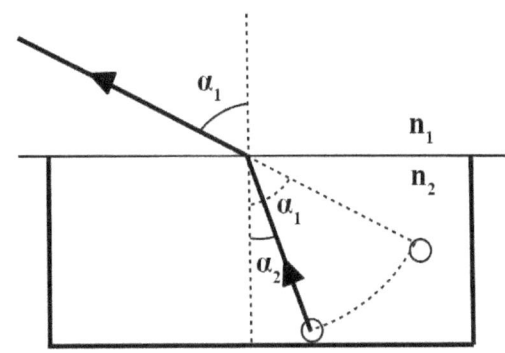 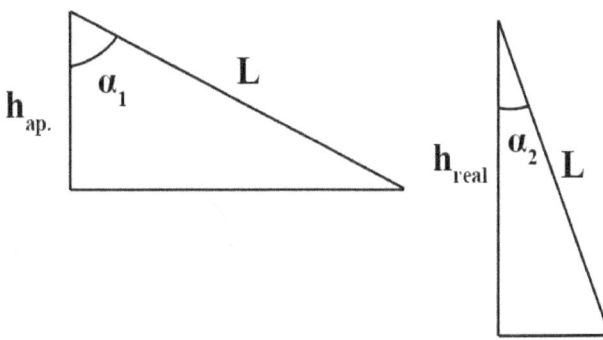

Refracción en recipiente con agua · Triángulos formados

Según la ley de Snell: $n_1 \cdot sen\ \alpha_1 = n_2 \cdot sen\ \alpha_2$ ⇒ $\dfrac{n_2}{n_1} = \dfrac{sen\ \alpha_1}{sen\ \alpha_2}$

Al ser: $n_2 > n_1$ ⇒ $\dfrac{n_2}{n_1} > 1$ ⇒ $\dfrac{sen\ \alpha_1}{sen\ \alpha_2} > 1$ ⇒ $sen\ \alpha_1 > sen\ \alpha_2$ ⇒ $\alpha_1 > \alpha_2$ ⇒

⇒ $cos\ \alpha_1 < cos\ \alpha_2$ ⇒ $\dfrac{h_{ap.}}{L} < \dfrac{h_{real}}{L}$ ⇒ $h_{ap.} < h_{real}$

Para ángulos entre 0° y 90°, si $\alpha_1 > \alpha_2$ ⇒ $sen\ \alpha_1 > sen\ \alpha_2$ y también: $cos\ \alpha_1 < cos\ \alpha_2$

ii) Falso. Será mayor la velocidad en el agua. El índice de refracción es inversamente proporcional a la velocidad de la luz en ese medio, luego:

$n_{aceite} > n_{agua}$ ⇒ $\dfrac{c}{v_{aceite}} > \dfrac{c}{v_{agua}}$ ⇒ $\dfrac{1}{v_{aceite}} > \dfrac{1}{v_{agua}}$ ⇒ $v_{agua} > v_{aceite}$

---

27) Considere la afirmación siguiente: "Una lente convergente siempre forma una imagen real a partir de un objeto". Razone, utilizando diagramas de rayos, si la afirmación es verdadera o falsa.

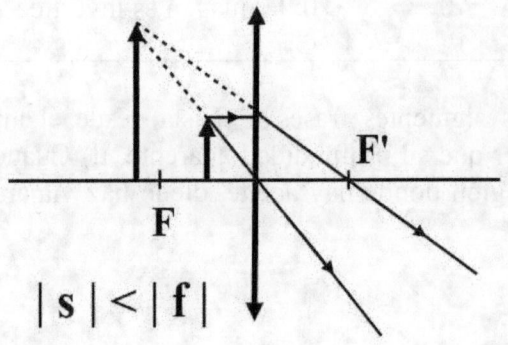

Falso. Si el objeto está más cerca que la distancia focal, la imagen es virtual.

La imagen se obtiene trazando dos rayos: uno pasa por el centro óptico sin desviarse y el otro viaja paralelo por el eje óptico hasta la lente y se desvía hasta el foco imagen.

La imagen obtenida es virtual porque se obtiene por prolongación de los rayos. Además, también es menor y derecha.

Lente convergente con s < f

* Distancia imagen: $\dfrac{1}{s'} - \dfrac{1}{s} = \dfrac{1}{f'} \Rightarrow \dfrac{1}{s'} = \dfrac{1}{f'} + \dfrac{1}{s} = \dfrac{1}{f'} - \dfrac{1}{|s|}$

$|s| < f' \Rightarrow \dfrac{1}{|s|} > \dfrac{1}{f'} \Rightarrow \dfrac{1}{f'} - \dfrac{1}{|s|} < 0 \Rightarrow \dfrac{1}{s'} < 0 \Rightarrow s' < 0$

Al ser s' < 0, la imagen se forma a la izquierda y es virtual.

---

28) Razone, realizando además el trazado de rayos correspondiente, las características de la imagen producida por una lente divergente.

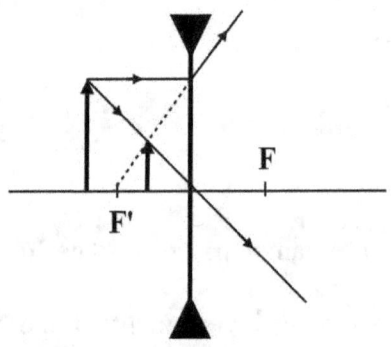

La imagen se obtiene trazando dos rayos: uno pasa por el centro óptico sin desviarse y el otro viaja paralelo por el eje óptico hasta la lente y se desvía hasta el foco imagen.

La imagen obtenida es virtual porque se obtiene por prolongación de los rayos. Además, también es menor y derecha.

Lente divergente

En las lentes divergentes, f' < 0. Según la fórmula de Gauss para lentes delgadas:

$$\dfrac{1}{s'} - \dfrac{1}{s} = \dfrac{1}{f'} \Rightarrow \dfrac{1}{s'} = \dfrac{1}{f'} + \dfrac{1}{s} = -\dfrac{1}{|f'|} - \dfrac{1}{|s|} < 0 \Rightarrow s' < 0$$

Es decir, la imagen se forma a la izquierda y es virtual.

29) i) Explique brevemente qué es una onda electromagnética. ii) Sitúe, en orden creciente de frecuencias, las siguientes regiones del espectro electromagnético: ultravioleta, infrarrojo, microondas y luz visible. iii) Justifique razonadamente si dos rayos de diferentes colores del espectro visible (por ejemplo, violeta y verde), pueden tener la misma frecuencia.

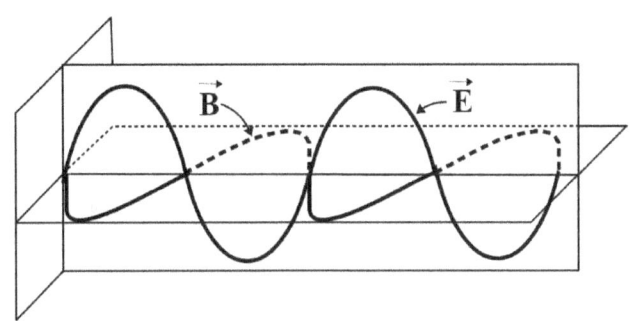

i) Una onda electromagnética es una perturbación del espacio provocada por la superposición de un campo eléctrico variable y de un campo magnético variable, mutuamente perpendiculares entre sí y perpendiculares a la dirección de propagación. El resultado es una onda transversal que se propaga a la velocidad de la luz. El campo eléctrico variable produce un campo magnético variable y el campo magnético variable produce un campo eléctrico variable.

ii) El espectro electromagnético es el conjunto de radiaciones electromagnéticas ordenadas normalmente por orden creciente de energías y de frecuencias.

Microondas < infrarrojo < luz visible < ultravioleta

iii) Falso. A cada color le corresponde una frecuencia distinta. El color es una sensación visual que producen las luces de distintas frecuencias: a distintas frecuencias, distintos colores.

2020

30) Determine, mediante construcción geométrica del trazado de rayos, dónde debe estar situado un objeto respecto a una lente convergente para que el tamaño de la imagen sea: i) Menor que el objeto. ii) Igual que el objeto. Indique razonadamente la naturaleza de la imagen en ambos casos.

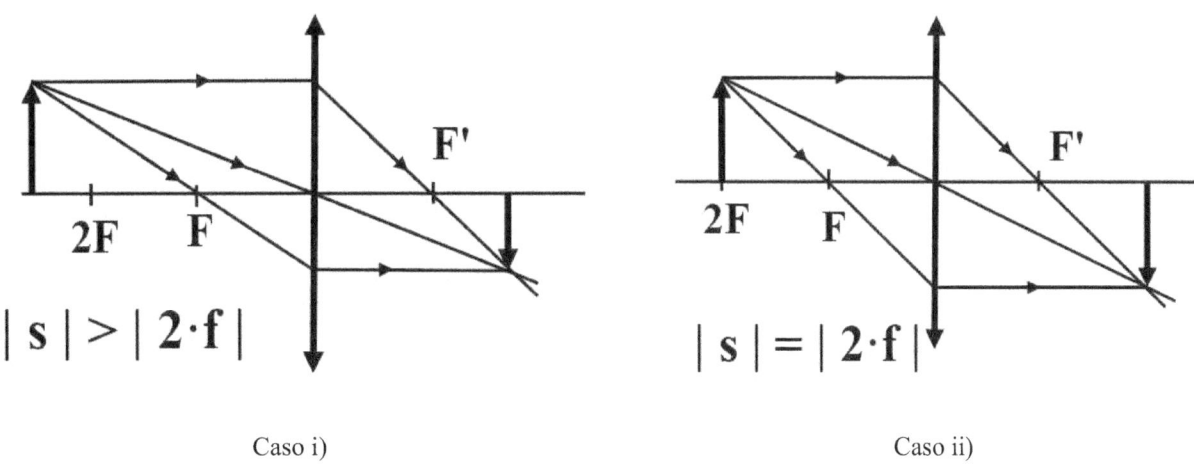

Caso i)   Caso ii)

Para dibujar la imagen, se trazan dos rayos: uno que pasa por el centro óptico y no sufre desviación y otro paralelo al eje óptico y que se desvía hacia el foco.

El cruce de ambos rayos (directamente o por prolongación) nos da el extremo de la imagen. Según el criterio de signos, normas DIN: las distancias hacia la derecha y hacia arriba son positivas. Las distancias hacia la izquierda y hacia abajo son negativas. Como la lente es convergente: $f' > 0$.

i) La imagen es real ($s' > 0$), invertida ($y' < 0$) y menor ($|y'| < y$).

Según la fórmula de Gauss para lentes delgadas:

$$\frac{1}{s'} - \frac{1}{s} = \frac{1}{f'} \Rightarrow \frac{1}{s'} + \frac{1}{|s|} = \frac{1}{f'} \Rightarrow \frac{1}{|s|} = \frac{1}{f'} - \frac{1}{s'} = \frac{f'-s'}{f' \cdot s'} \Rightarrow$$

$$\Rightarrow |s| = \frac{f' \cdot s'}{s' - f'}$$

Al ser: $s > 2 \cdot f \Rightarrow |s| > 2 \cdot f' \Rightarrow \frac{f' \cdot s'}{s' - f'} > 2 \cdot f' \Rightarrow \frac{s'}{s' - f'} > 2 \Rightarrow$

$\Rightarrow s' > 2 \cdot s' - 2 \cdot f' \Rightarrow s' - 2 \cdot s' > 2 \cdot f' \Rightarrow -s' > 2 \cdot f' \Rightarrow s' < 2 \cdot f'$

Es decir, la imagen se obtiene a una distancia inferior a dos veces el foco.

Al ser: $|s| > 2 \cdot f'$ y $s' < 2 \cdot f'$, se deduce que: $|s| > s'$

$$A_L = \frac{y'}{y} = \frac{s'}{s} \Rightarrow \frac{-|y'|}{y} = \frac{-s'}{|s|} \Rightarrow \frac{|y'|}{y} = \frac{s'}{|s|}$$

Al ser: $|s| > s' \Rightarrow |y| > y'$: es decir, la imagen es disminuida.

ii) La imagen es real ($s' > 0$), invertida ($y' < 0$) e igual ($|y'| = y$).

Según la fórmula de Gauss para lentes delgadas: $\frac{1}{s'} - \frac{1}{s} = \frac{1}{f'}$

Al ser: $s = 2 \cdot f \Rightarrow |s| = 2 \cdot f' \Rightarrow \frac{1}{s'} - \frac{1}{s} = \frac{1}{f'} \Rightarrow \frac{1}{s'} = \frac{1}{f'} + \frac{1}{s} = \frac{1}{f'} - \frac{1}{|s|} =$

$= \frac{1}{f'} - \frac{1}{2 \cdot f'} = \frac{2-1}{2 \cdot f'} = \frac{1}{2 \cdot f'} \Rightarrow s' = 2 \cdot f'$

Es decir, la imagen es real, se forma a la derecha a una distancia de dos veces la distancia focal.

$$A_L = \frac{y'}{y} = \frac{s'}{s} \Rightarrow y' = \frac{y \cdot s'}{s} = -\frac{y \cdot s'}{|s|} = -\frac{y \cdot 2 \cdot f'}{2 \cdot f'} = -y$$

Es decir, la imagen es del mismo tamaño que el objeto e invertida.

PROBLEMAS DE ESPEJOS ESFÉRICOS Y DE ÓPTICA

Problemas de espejos esféricos

1) Delante de un espejo de 60 cm de radio de curvatura se coloca un objeto de 8 cm de altura a 70 cm del espejo. Averigua la posición, el tamaño, el aumento y las características de la imagen si el espejo es: i) Cóncavo. ii) Convexo.

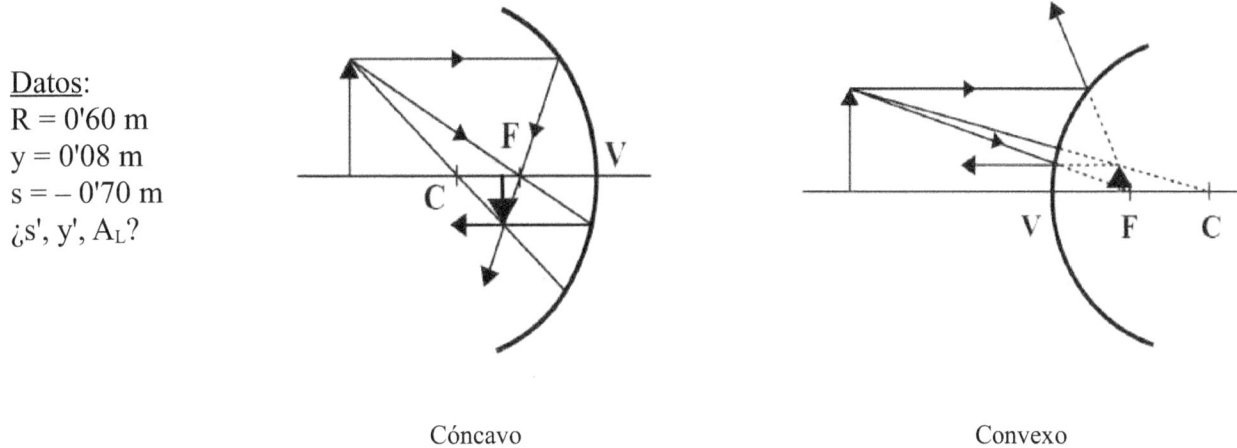

Cóncavo   Convexo

Datos:
R = 0'60 m
y = 0'08 m
s = – 0'70 m
¿s', y', A_L?

Principio físico: los espejos esféricos son sistemas físicos que cambian el tamaño de la imagen mediante reflexión.
Método de resolución: usaremos la fórmula de los espejos esféricos y la del aumento lateral.

Resolución: a) * Distancia focal: $|f'| = \dfrac{R}{2} = \dfrac{0'60}{2} = 0'30$ m ; al ser cóncavo: f ' = – 0'30 m

* Posición de la imagen: $\dfrac{1}{s} + \dfrac{1}{s'} = \dfrac{1}{f'} \Rightarrow \dfrac{1}{s'} = \dfrac{1}{f'} - \dfrac{1}{s} =$

$= \dfrac{1}{-0'30} - \dfrac{1}{-0'70} = -1'90 \Rightarrow s' = \dfrac{1}{-1'90} = \boxed{-0'53 \text{ m}}$

* Aumento lateral: $A_L = -\dfrac{s'}{s} = -\dfrac{-0'53}{-0'70} = \boxed{-0'757}$

* Tamaño de la imagen, y': $A_L = \dfrac{y'}{y} \Rightarrow y' = A_L \cdot y = -0'757 \cdot 0'08 = \boxed{-0'0606 \text{ m}}$

* Características de la imagen: como s' < 0, la imagen es real. Como y' < 0, la imagen es invertida. Como $|A_L| < 1$, la imagen es menor.

b) * Distancia focal: $|f'| = \dfrac{R}{2} = \dfrac{0'60}{2} = 0'30$ m ; al ser convexo: $f' = +0'30$ m

* Posición de la imagen: $\dfrac{1}{s} + \dfrac{1}{s'} = \dfrac{1}{f'} \Rightarrow \dfrac{1}{s'} = \dfrac{1}{f'} - \dfrac{1}{s} = \dfrac{1}{0'30} - \dfrac{1}{-0'70} =$

$= 4'76 \Rightarrow s' = \dfrac{1}{4'76} = \boxed{0'21 \text{ m}}$

* Aumento lateral: $A_L = -\dfrac{s'}{s} = -\dfrac{0'21}{-0'70} = \boxed{+0'3}$

* Tamaño de la imagen, y': $A_L = \dfrac{y'}{y} \Rightarrow y' = A_L \cdot y = 0'3 \cdot 0'08 = \boxed{0'024 \text{ m}}$

* Características de la imagen: como s' > 0, la imagen es virtual. Como y' > 0, la imagen es derecha. Como $|A_L| < 1$, la imagen es menor.

Comentario: criterio de signos, normas DIN: las distancias hacia la derecha y hacia arriba son positivas. Las distancias hacia la izquierda y hacia abajo son negativas. Para obtener gráficamente la imagen, se trazan dos rayos: el que pasa por el centro óptico no sufre desviación y el que va paralelo al eje óptico se desvía hasta el foco imagen.

2) Delante de un espejo de 42 cm de radio de curvatura se coloca un objeto de 4 cm de altura a 42 cm del espejo. Averigua la posición, el tamaño, el aumento y las características de la imagen si el espejo es:
i) Cóncavo. ii) Convexo.

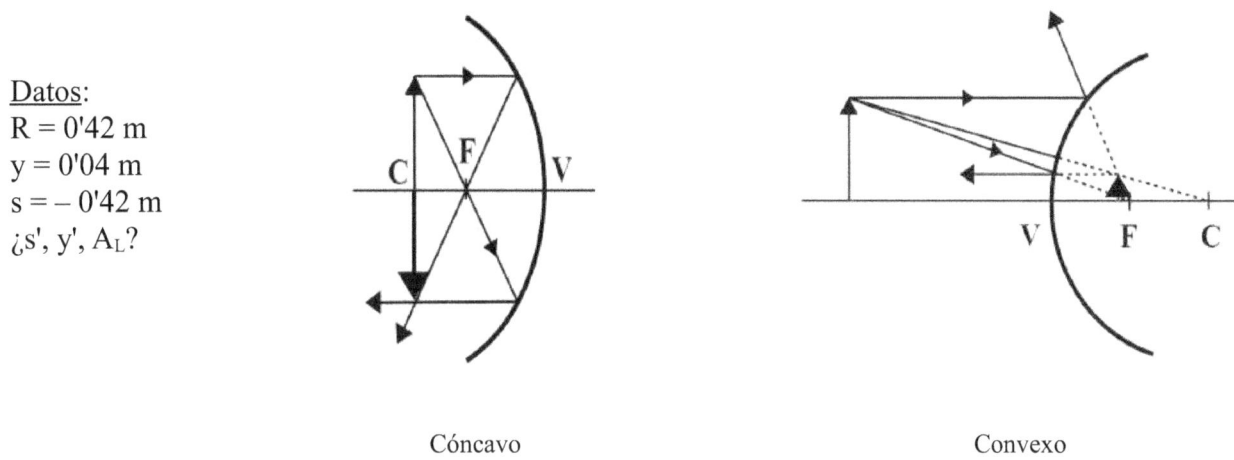

Cóncavo   Convexo

Datos:
R = 0'42 m
y = 0'04 m
s = – 0'42 m
¿s', y', A_L?

Principio físico: los espejos esféricos son sistemas físicos que cambian el tamaño de la imagen mediante reflexión.

Método de resolución: usaremos la fórmula de los espejos esféricos y la del aumento lateral.

Resolución: a) * Distancia focal: $|f'| = \dfrac{R}{2} = \dfrac{0'42}{2} = 0'21$ m ; al ser cóncavo: $f' = -0'21$ m

* Posición de la imagen: $\dfrac{1}{s} + \dfrac{1}{s'} = \dfrac{1}{f'} \Rightarrow \dfrac{1}{s'} = \dfrac{1}{f'} - \dfrac{1}{s} =$

$= \dfrac{1}{-0'21} - \dfrac{1}{-0'42} = -2'38 \Rightarrow s' = \dfrac{1}{-2'38} = \boxed{-0'42 \text{ m}}$

* Aumento lateral: $A_L = -\dfrac{s'}{s} = -\dfrac{-0'42}{-0'42} = \boxed{-1}$

* Tamaño de la imagen, y': $A_L = \dfrac{y'}{y} \Rightarrow y' = A_L \cdot y = -1 \cdot 0'04 = \boxed{-0'04 \text{ m}}$

* Características de la imagen: como s' < 0, la imagen es real. Como y' < 0, la imagen es invertida. Como $|A_L| = 1$, la imagen es de igual tamaño.

b) * Distancia focal: $|f'| = \dfrac{R}{2} = \dfrac{0'42}{2} = 0'21$ m ; al ser convexo: $f' = +0'21$ m

* Posición de la imagen: $\dfrac{1}{s} + \dfrac{1}{s'} = \dfrac{1}{f'} \Rightarrow \dfrac{1}{s'} = \dfrac{1}{f'} - \dfrac{1}{s} = \dfrac{1}{0'21} - \dfrac{1}{-0'42} =$

$= 7'14 \Rightarrow s' = \dfrac{1}{7'14} = \boxed{0'14 \text{ m}}$

* Aumento lateral: $A_L = -\dfrac{s'}{s} = -\dfrac{0'14}{-0'42} = \boxed{+0'333}$

* Tamaño de la imagen, y': $A_L = \dfrac{y'}{y} \Rightarrow y' = A_L \cdot y = 0'333 \cdot 0'04 = \boxed{0'0133 \text{ m}}$

* Características de la imagen: como s' > 0, la imagen es virtual. Como y' > 0, la imagen es derecha. Como $|A_L| < 1$, la imagen es menor.

Comentario: criterio de signos, normas DIN: las distancias hacia la derecha y hacia arriba son positivas. Las distancias hacia la izquierda y hacia abajo son negativas. Para obtener gráficamente la imagen, se trazan dos rayos: el que pasa por el centro óptico no sufre desviación y el que va paralelo al eje óptico se desvía hasta el foco imagen.

3) Delante de un espejo de 40 cm de radio de curvatura se coloca un objeto de 5 cm de altura a 30 cm del espejo. Averigua la posición, el tamaño, el aumento y las características de la imagen si el espejo es:
i) Cóncavo. ii) Convexo.

Datos:
R = 0'40 m
y = 0'05 m
s = – 0'30 m
¿s', y', A_L?

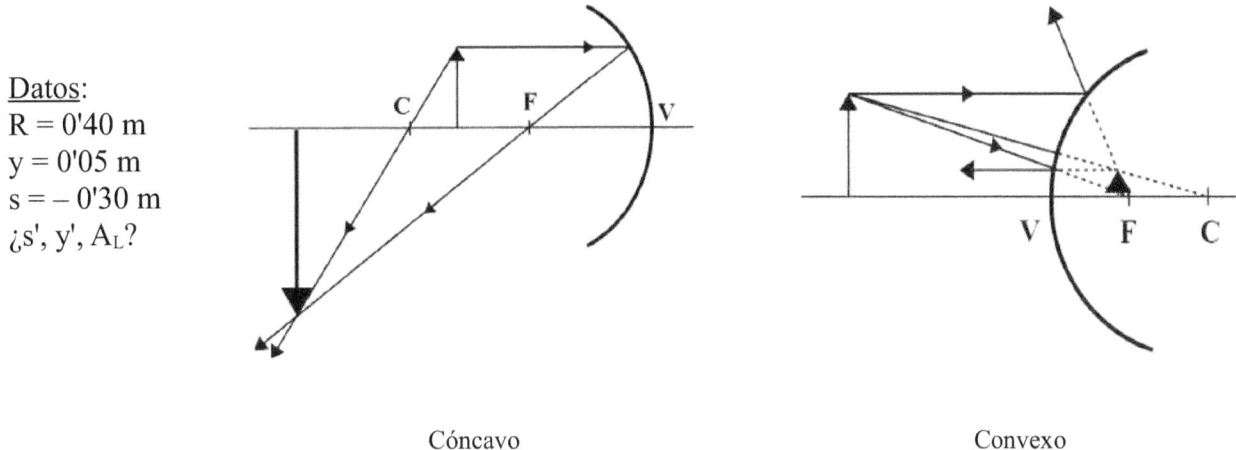

Cóncavo   Convexo

Principio físico: los espejos esféricos son sistemas físicos que cambian el tamaño de la imagen mediante reflexión.

Método de resolución: usaremos la fórmula de los espejos esféricos y la del aumento lateral.

Resolución: a) * Distancia focal: $|f'| = \dfrac{R}{2} = \dfrac{0'40}{2} = 0'20$ m ; al ser cóncavo: f ' = – 0'20 m

* Posición de la imagen: $\dfrac{1}{s} + \dfrac{1}{s'} = \dfrac{1}{f'} \Rightarrow \dfrac{1}{s'} = \dfrac{1}{f'} - \dfrac{1}{s} =$

$= \dfrac{1}{-0'20} - \dfrac{1}{-0'30} = -1'67 \Rightarrow s' = \dfrac{1}{-1'67} = \boxed{-0'60 \text{ m}}$

* Aumento lateral: $A_L = -\dfrac{s'}{s} = -\dfrac{-0'60}{-0'30} = \boxed{-2}$

* Tamaño de la imagen, y': $A_L = \dfrac{y'}{y} \Rightarrow y' = A_L \cdot y = -2 \cdot 0'05 = \boxed{-0'10 \text{ m}}$

* Características de la imagen: como s' < 0, la imagen es real. Como y' < 0, la imagen es invertida. Como $|A_L| > 1$, la imagen es mayor.

b) * Distancia focal: $|f'| = \dfrac{R}{2} = \dfrac{0'40}{2} = 0'20$ m ; al ser convexo: $f' = +0'20$ m

* Posición de la imagen: $\dfrac{1}{s} + \dfrac{1}{s'} = \dfrac{1}{f'} \Rightarrow \dfrac{1}{s'} = \dfrac{1}{f'} - \dfrac{1}{s} = \dfrac{1}{0'20} - \dfrac{1}{-0'30} =$

$= 8'33 \Rightarrow s' = \dfrac{1}{8'33} = \boxed{0'12 \text{ m}}$

* Aumento lateral: $A_L = -\dfrac{s'}{s} = -\dfrac{0'12}{-0'30} = \boxed{+0'4}$

* Tamaño de la imagen, y': $A_L = \dfrac{y'}{y} \Rightarrow y' = A_L \cdot y = 0'4 \cdot 0'05 = \boxed{0'02 \text{ m}}$

* Características de la imagen: como s' > 0, la imagen es virtual. Como y' > 0, la imagen es derecha. Como $|A_L|$ < 1, la imagen es menor.

Comentario: criterio de signos, normas DIN: las distancias hacia la derecha y hacia arriba son positivas. Las distancias hacia la izquierda y hacia abajo son negativas. Para obtener gráficamente la imagen, se trazan dos rayos: el que pasa por el centro óptico no sufre desviación y el que va paralelo al eje óptico se desvía hasta el foco imagen.

4) Delante de un espejo de 80 cm de radio de curvatura se coloca un objeto de 6 cm de altura a 25 cm del espejo. Averigua la posición, el tamaño, el aumento y las características de la imagen si el espejo es:
i) Cóncavo. ii) Convexo.

Datos:
R = 0'80 m
y = 0'06 m
s = – 0'25 m
¿s', y', A_L?

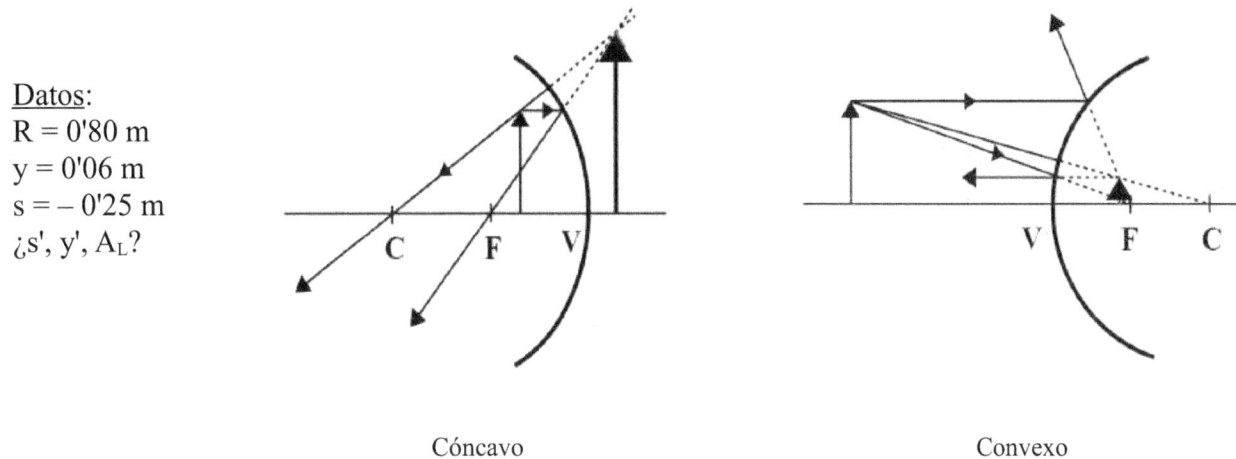

Cóncavo   Convexo

Principio físico: los espejos esféricos son sistemas físicos que cambian el tamaño de la imagen mediante reflexión.

Método de resolución: usaremos la fórmula de los espejos esféricos y la del aumento lateral.

Resolución: a) * Distancia focal: $|f'| = \dfrac{R}{2} = \dfrac{0'80}{2} = 0'40$ m ; al ser cóncavo: $f' = -0'40$ m

* Posición de la imagen: $\dfrac{1}{s} + \dfrac{1}{s'} = \dfrac{1}{f'} \Rightarrow \dfrac{1}{s'} = \dfrac{1}{f'} - \dfrac{1}{s} = $

$= \dfrac{1}{-0'40} - \dfrac{1}{-0'25} = +1'50 \Rightarrow s' = \dfrac{1}{1'5} = \boxed{0'667 \text{ m}}$

* Aumento lateral: $A_L = -\dfrac{s'}{s} = -\dfrac{0'667}{-0'25} = \boxed{2'67}$

* Tamaño de la imagen, y': $A_L = \dfrac{y'}{y} \Rightarrow y' = A_L \cdot y = 2'67 \cdot 0'06 = \boxed{0'16 \text{ m}}$

* Características de la imagen: como s' > 0, la imagen es virtual. Como y' > 0, la imagen es derecha. Como $|A_L| > 1$, la imagen es mayor.

b) * Distancia focal: $|f'| = \dfrac{R}{2} = \dfrac{0'80}{2} = 0'40$ m ; al ser convexo: $f' = +0'40$ m

* Posición de la imagen: $\dfrac{1}{s} + \dfrac{1}{s'} = \dfrac{1}{f'} \Rightarrow \dfrac{1}{s'} = \dfrac{1}{f'} - \dfrac{1}{s} = \dfrac{1}{0'40} - \dfrac{1}{-0'25} =$

$= 6'5 \Rightarrow s' = \dfrac{1}{6'5} = \boxed{0'154 \text{ m}}$

* Aumento lateral: $A_L = -\dfrac{s'}{s} = -\dfrac{0'154}{-0'25} = \boxed{+0'616}$

* Tamaño de la imagen, y': $A_L = \dfrac{y'}{y} \Rightarrow y' = A_L \cdot y = 0'616 \cdot 0'06 = \boxed{0'037 \text{ m}}$

* Características de la imagen: como s' > 0, la imagen es virtual. Como y' > 0, la imagen es derecha. Como $|A_L| < 1$, la imagen es menor.

Comentario: criterio de signos, normas DIN: las distancias hacia la derecha y hacia arriba son positivas. Las distancias hacia la izquierda y hacia abajo son negativas. Para obtener gráficamente la imagen, se trazan dos rayos: el que pasa por el centro óptico no sufre desviación y el que va paralelo al eje óptico se desvía hasta el foco imagen.

Otros problemas de óptica

2024

5) Sobre una lámina de caras planas y paralelas, rodeada de aire, incide un rayo de luz monocromática formando un ángulo de 80º con la normal a las superficies de las láminas. La longitud de onda del rayo en la lámina vale $3\cdot\lambda_o/4$, siendo λ_o la longitud de onda en el aire. i) Halle el índice de refracción en la lámina. ii) Calcule el ángulo de refracción en la lámina y represente en un esquema la trayectoria del rayo. iii) Obtenga el espesor de la lámina sabiendo que el rayo tarda $5'28\cdot10^{-10}$ s en atravesarla. Justifique sus respuestas. $c = 3\cdot10^8$ m·s^{-1}; $n_{aire} = 1$.

Datos: Dibujo:

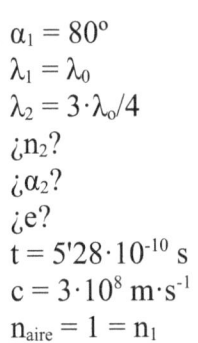

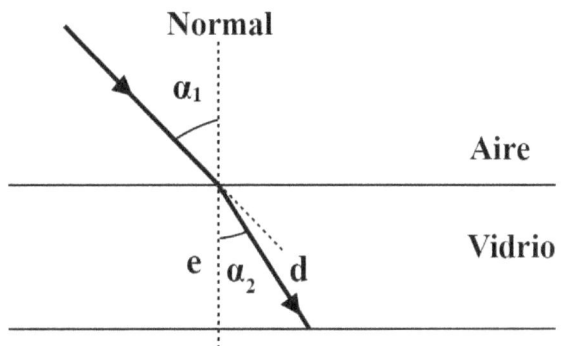

$\alpha_1 = 80º$
$\lambda_1 = \lambda_0$
$\lambda_2 = 3\cdot\lambda_o/4$
¿n_2?
¿α_2?
¿e?
$t = 5'28\cdot10^{-10}$ s
$c = 3\cdot10^8$ m·s^{-1}
$n_{aire} = 1 = n_1$

Principio físico: la refracción consiste en que, cuando un rayo de luz pasa de un medio transparente a otro con distinto índice de refracción, la trayectoria del rayo cambia.

Método de resolución: a partir de la igualdad de frecuencias y de las fórmulas de la velocidad y del índice de refracción, obtendremos la relación entre las longitudes de onda; usaremos la ecuación de Snell y cálculos trigonométricos.

Resolución: * Índice de refracción en la lámina: $f_1 = f_2$; $v = \lambda\cdot f$; $n = \dfrac{c}{v}$ $\Rightarrow$

$\Rightarrow \dfrac{v_1}{\lambda_1} = \dfrac{v_2}{\lambda_2} \Rightarrow \dfrac{\frac{c}{n_1}}{\lambda_1} = \dfrac{\frac{c}{n_2}}{\lambda_2} \Rightarrow \dfrac{c}{n_1\cdot\lambda_1} = \dfrac{c}{n_2\cdot\lambda_2} \Rightarrow \dfrac{1}{n_1\cdot\lambda_1} = \dfrac{1}{n_2\cdot\lambda_2} \Rightarrow$

$\Rightarrow n_1\cdot\lambda_1 = n_2\cdot\lambda_2 \Rightarrow n_2 = \dfrac{n_1\cdot\lambda_1}{\lambda_2} = \dfrac{1\cdot\lambda_0}{\frac{3\cdot\lambda_0}{4}} = \dfrac{4}{3} = \boxed{1'33}$

* Ángulo α_2: $n_1\cdot sen\,\alpha_1 = n_2\cdot sen\,\alpha_2 \Rightarrow sen\,\alpha_2 = \dfrac{n_1\cdot sen\,\alpha_1}{n_2} = \dfrac{1\cdot sen\,80º}{1'33} = 0'741 \Rightarrow \boxed{\alpha_2 = 47'8º}$

* Distancia recorrida: $v_2 = \dfrac{d}{t} \Rightarrow d = v_2\cdot t = \dfrac{c}{n_2}\cdot t = \dfrac{c\cdot t}{n_2} = \dfrac{3\cdot10^8\cdot 5'28\cdot10^{-10}}{1'33} = 0'119$ m

* Espesor de la lámina: $\cos\alpha_2 = \dfrac{e}{d} \Rightarrow e = d\cdot\cos\alpha_2 = 0'119\cdot\cos 47'8º = \boxed{0'08\text{ m}}$

Comentario: el tiempo es muy pequeño porque el espesor es pequeño y la velocidad enorme.

6) Un objeto de 3 cm de altura se sitúa a 10 cm de un espejo cóncavo cuyo radio de curvatura mide 30 cm. i) Calcule la posición y el tamaño de la imagen, indicando el criterio de signos aplicado. ii) Realice el trazado de rayos e indique las características de la imagen.

Datos: Dibujo:

y = 0'03 m
s = – 0'10 m
R = 0'30 m
¿s', y'?

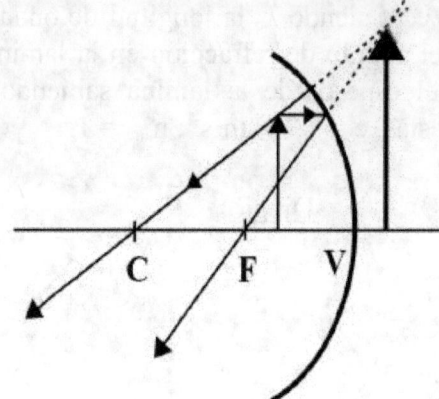

Principio físico: los espejos esféricos son sistemas físicos que cambian el tamaño de la imagen mediante reflexión.

Método de resolución: usaremos la fórmula de los espejos esféricos y la del aumento lateral.

Resolución: * Distancia focal: $|f'| = \dfrac{R}{2} = \dfrac{0'30}{2} = 0'15$ m ; f ' = – 0'15 m, al ser cóncavo.

* Posición de la imagen:

$$\dfrac{1}{s} + \dfrac{1}{s'} = \dfrac{1}{f'} \Rightarrow \dfrac{1}{s'} = \dfrac{1}{f'} - \dfrac{1}{s} = \dfrac{1}{-0'15} - \dfrac{1}{-0'10} = 3'33 \Rightarrow$$

$$\Rightarrow s' = \dfrac{1}{3'33} = \boxed{0'3 \text{ m}}$$

* Tamaño de la imagen:

$$A_L = \dfrac{y'}{y} = -\dfrac{s'}{s} \Rightarrow y' = -\dfrac{s' \cdot y}{s} = -\dfrac{0'3 \cdot 0'03}{-0'10} = \boxed{0'09 \text{ m}}$$

Comentario: criterio de signos, normas DIN: las distancias hacia la derecha y hacia arriba son positivas. Las distancias hacia la izquierda y hacia abajo son negativas. Para obtener gráficamente la imagen, se trazan dos rayos: el que pasa por el centro óptico no sufre desviación y el que va paralelo al eje óptico se desvía hasta el foco imagen.
   Como s' > 0, la imagen está a la derecha y es virtual. Como y' > 0, la imagen está derecha. Como y' > y, la imagen es mayor.

2023

7) Sobre una pantalla se desea proyectar la imagen de un objeto que mide 5 cm de alto. Para ello contamos con una lente delgada convergente, de distancia focal 20 cm, y una pantalla situada a la derecha de la lente, a una distancia de 1 m. i) Indique el criterio de signos usado y determine a qué distancia de la lente debe colocarse el objeto para que la imagen se forme en la pantalla. ii) Determine el tamaño de la imagen. iii) Construya gráficamente la imagen del objeto, formada por la lente, realizando el trazado de rayos.

Datos: Dibujo:

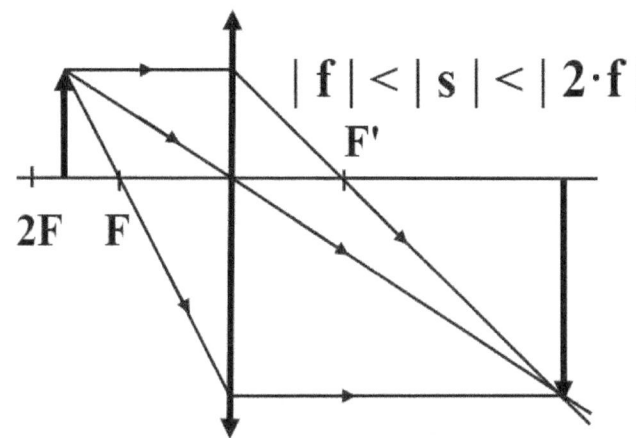

y = 0'05 m
f ' = 0'20 m
s' = 1 m
¿s?
¿y'?

Principio físico: las lentes son sistemas físicos que, mediante refracción, modifican la imagen de un objeto.

Método de resolución: aplicaremos la fórmula de Gauss para lentes delgadas y la fórmula del aumento lateral.

Resolución: * Posición del objeto:

$$\frac{1}{s'} - \frac{1}{s} = \frac{1}{f'} \Rightarrow \frac{1}{s} = \frac{1}{s'} - \frac{1}{f'} = \frac{1}{1} - \frac{1}{0'20} = -4 \Rightarrow s = \frac{1}{-4} = \boxed{-0'25 \text{ m}}$$

* Tamaño de la imagen: $A_L = \dfrac{y'}{y} = \dfrac{s'}{s} \Rightarrow y' = \dfrac{y \cdot s'}{s} = \dfrac{0'05 \cdot 1}{-0'25} = \boxed{-0'2 \text{ m}}$

Comentario: criterio de signos, normas DIN: las distancias hacia la derecha y hacia arriba son positivas. Las distancias hacia la izquierda y hacia abajo son negativas. Para obtener gráficamente la imagen, se trazan dos rayos: el que pasa por el centro óptico no sufre desviación y el que va paralelo al eje óptico se desvía hasta el foco imagen.
   Como s < 0, el objeto está a la izquierda. Como y' < 0, la imagen está invertida.

8) Un rayo de luz de $8'22 \cdot 10^{14}$ Hz se propaga por el interior de un líquido con una longitud de onda de $1'46 \cdot 10^{-7}$ m. i) Calcule su longitud de onda en el aire. ii) Calcule la velocidad del rayo en el líquido y el índice de refracción del líquido. iii) Si el rayo se propaga por el líquido e incide en la superficie de separación con el aire con un ángulo de 10° respecto a la normal, realice un esquema con la trayectoria de los rayos y calcule los ángulos de refracción y reflexión. $n_{aire} = 1$; $c = 3 \cdot 10^8$ m·s^{-1}.

Datos:

$f = 8'22 \cdot 10^{14}$ Hz
$\lambda_L = 1'46 \cdot 10^{-7}$ m
¿v_L, n_L?
$\alpha_1 = 10°$
¿Ángulos?
$n_{aire} = 1$
$c = 3 \cdot 10^8$ m·s^{-1}

Dibujo:

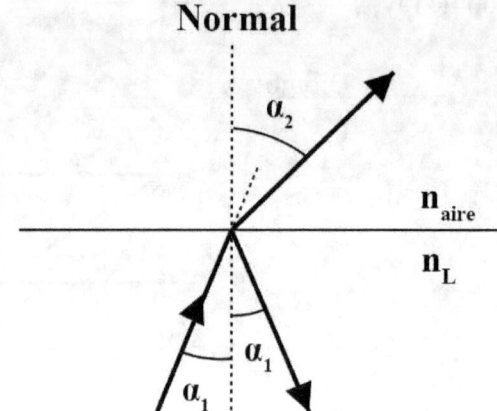

Principio físico: la refracción consiste en que, cuando un rayo de luz pasa de un medio transparente a otro con distinto índice de refracción, la trayectoria del rayo cambia.

Método de resolución: usaremos la relación entre la frecuencia y la longitud de onda, usaremos las expresiones de la velocidad de propagación y del índice de refracción y usaremos la ley de Snell.

Resolución: * Longitud de onda en el aire: $f = \dfrac{c}{\lambda_{aire}}$ $\Rightarrow$ $\lambda_{aire} = \dfrac{c}{f} = \dfrac{3 \cdot 10^8}{8'22 \cdot 10^{14}} = \boxed{3'65 \cdot 10^{-7} \text{ m}}$

* Velocidad en el líquido: $v_L = \lambda_L \cdot f = 1'46 \cdot 10^{-7} \cdot 8'22 \cdot 10^{14} = \boxed{1'20 \cdot 10^8 \; \dfrac{m}{s}}$

* Índice de refracción del líquido: $n_L = \dfrac{c}{v_L} = \dfrac{3 \cdot 10^8}{1'20 \cdot 10^8} = \boxed{2'5}$

* Ángulo de reflexión: $\boxed{\alpha = 10°}$

* Ángulo de refracción:

$n_L \cdot \text{sen } \alpha_L = n_{aire} \cdot \text{sen } \alpha_{aire}$ $\Rightarrow$ $\text{sen } \alpha_{aire} = \dfrac{n_L \cdot sen \alpha_L}{n_{aire}} = \dfrac{2'5 \cdot sen 10°}{1} = 0'434$ $\Rightarrow$ $\boxed{\alpha_{aire} = 25'7°}$

Comentario: en la refracción, la frecuencia del rayo no cambia. Cuando un rayo pasa de un medio transparente a otro, normalmente se refleja en parte y se refracta en parte. El ángulo de incidencia es el mismo que el reflejado. Cuando se pasa de un medio de mayor a menor índice de refracción, el rayo se aleja de la normal.

9) Un haz de luz con una longitud de onda de $5'5 \cdot 10^{-7}$ m que se propaga a través del aire incide sobre la superficie de un material transparente. El haz incidente forma un ángulo de 40° con la normal, mientras que el haz refractado forma un ángulo de 26° con la normal. i) Realice un esquema con la trayectoria de los rayos y calcule el índice de refracción del material. ii) Determine razonadamente su longitud de onda en el interior del mismo. $n_{aire} = 1$; $c = 3 \cdot 10^8$ m·s^{-1}.

Datos:

$\lambda_{aire} = 5'5 \cdot 10^{-7}$ m
$\alpha_1 = 40°$
$\alpha_2 = 26°$
¿n_2?
¿λ_2?
$n_{aire} = 1$
$c = 3 \cdot 10^8$ m·s^{-1}

Dibujo:

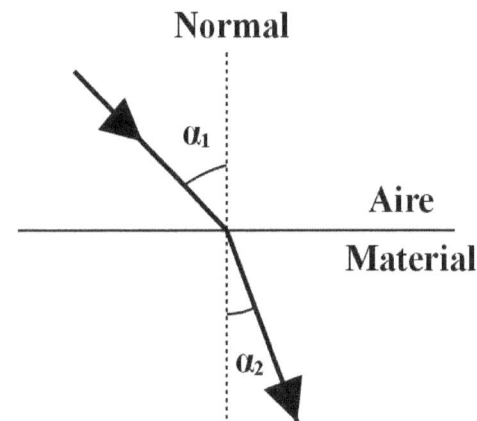

Principio físico: la refracción consiste en la desviación del rayo de luz cuando la luz pasa de un medio transparente a otro.

Método de resolución: utilizaremos la ecuación de Snell y, teniendo en cuenta que la frecuencia del rayo no cambia en la refracción, obtendremos la relación entre las longitudes de onda de ambos medios.

Resolución: * Índice de refracción del material:

$$n_1 \cdot sen\,\alpha_1 = n_2 \cdot sen\,\alpha_2 \Rightarrow n_2 = \frac{n_1 \cdot sen\,\alpha_1}{sen\,\alpha_2} = \frac{1 \cdot sen\,40°}{sen\,26°} = \boxed{1'47}$$

* Longitud de onda de la luz en el material:

$$f_1 = f_2 \Rightarrow \text{Al ser: } v = \lambda \cdot f: \quad \frac{v_1}{\lambda_1} = \frac{v_2}{\lambda_2} \Rightarrow \text{Al ser: } n = \frac{c}{v} : \quad \frac{\frac{c}{n_1}}{\lambda_1} = \frac{\frac{c}{n_2}}{\lambda_2} \Rightarrow$$

$$\Rightarrow \frac{c}{n_1 \cdot \lambda_1} = \frac{c}{n_2 \cdot \lambda_2} \Rightarrow n_1 \cdot \lambda_1 = n_2 \cdot \lambda_2 \Rightarrow \lambda_2 = \frac{n_1 \cdot \lambda_1}{n_2} = \frac{1 \cdot 5'5 \cdot 10^{-7}}{1'47} = \boxed{3'74 \cdot 10^{-7} \text{ m}}$$

Comentario: en la refracción, la frecuencia no cambia. El rayo se acerca a la normal porque el rayo tiende a inclinarse hacia el lado del medio con mayor índice de refracción.

10) Una lente delgada convergente, de 10 cm de distancia focal, forma una imagen de 4 cm de altura situada 10 cm a la izquierda de la lente. i) Calcule la posición y el tamaño del objeto, indicando el criterio de signos utilizado. ii) Realice el trazado de rayos e indique las características de la imagen.

Datos: Dibujo:

f ' = 0'10 m
y' = 0'04 m
s' = – 0'10 m
¿s, y?

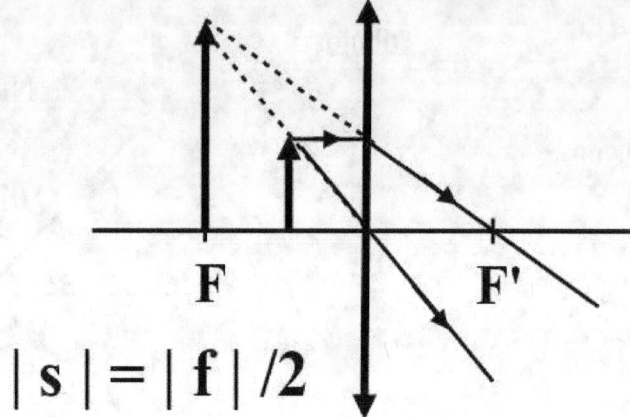

$|s| = |f|/2$

Principio físico: las lentes son sistemas físicos que, mediante refracción, modifican la imagen de un objeto.

Método de resolución: aplicaremos la fórmula de Gauss para lentes delgadas y la fórmula del aumento lateral.

Resolución: * Posición del objeto:

$$\frac{1}{s'} - \frac{1}{s} = \frac{1}{f'} \Rightarrow \frac{1}{s} = \frac{1}{s'} - \frac{1}{f'} = \frac{1}{-0'10} - \frac{1}{0'10} = -20 \Rightarrow$$

$$\Rightarrow s = \frac{1}{-20} = \boxed{-0'05 \text{ m}}$$

* Tamaño del objeto: $A_L = \frac{y'}{y} = \frac{s'}{s} \Rightarrow y = \frac{y' \cdot s}{s'} = \frac{0'04 \cdot (-0'05)}{-0'10} = \boxed{0'02 \text{ m}}$

* Aumento lateral: $A_L = \frac{y'}{y} = \frac{0'04}{0'02} = 2$

Comentario: criterio de signos, normas DIN: las distancias hacia la derecha y hacia arriba son positivas. Las distancias hacia la izquierda y hacia abajo son negativas. Para obtener gráficamente la imagen, se trazan dos rayos: el que pasa por el centro óptico no sufre desviación y el que va paralelo al eje óptico se desvía hasta el foco imagen.
    Como la lente es convergente, f ' > 0. Como s' < 0, la imagen es virtual. Como y' > 0, la imagen es derecha. Como A_L > 0, la imagen es aumentada.

11) Un rayo de luz está propagándose inicialmente en el interior de un material plástico. Cuando incide sobre la superficie que separa este material del aire con un ángulo superior a 35° respecto a la normal se produce reflexión total. i) Calcule de forma justificada, y apoyándose en un esquema, el índice de refracción del plástico. ii) Determine la velocidad, la frecuencia y la longitud de onda del rayo de luz en el interior del plástico sabiendo que su longitud de onda en el aire es de $6'5·10^{-7}$ m.
$n_{aire} = 1$; $c = 3·10^8$ m s^{-1}

Datos:

$\alpha_L = 35°$
¿n_2?
¿v_2, f, λ_2?
$\lambda_1 = 6'5·10^{-7}$ m
$n_1 = 1$
$c = 3·10^8$ m/s

Dibujo:

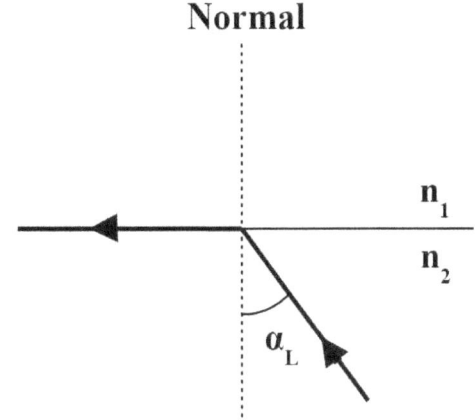

Principio físico: refracción: cuando un rayo de luz pasa de un medio transparente a otro de distinto índice de refracción, la trayectoria del rayo cambia. Reflexión total: cuando un rayo de luz pasa de un medio de mayor índice de refracción a otro de menor, hay un ángulo límite para el cual no ocurre la refracción, sino la reflexión.

Método de resolución: usaremos la ley de Snell para obtener el índice de refracción y las fórmulas del índice de refracción y de la velocidad de una onda para obtener lo demás.

Resolución: * Índice de refracción del plástico:

$$n_1·sen\,\alpha_1 = n_2·sen\,\alpha_2 \Rightarrow n_1·sen\,90° = n_2·sen\,\alpha_L \Rightarrow n_2 = \frac{n_1·sen\,90°}{sen\,\alpha_L} = \frac{1·1}{sen\,35°} = 1'74$$

* Velocidad de la luz en el plástico:

$$n_2 = \frac{c}{v_2} \Rightarrow v_2 = \frac{c}{n_2} = \frac{3·10^8}{1'74} = \boxed{1'72·10^8 \frac{m}{s}}$$

* Frecuencia de la luz: $c = \lambda_1·f \Rightarrow f = \frac{c}{\lambda_1} = \frac{3·10^8}{6'5·10^{-7}} = \boxed{4'62·10^{14}\,Hz}$

* Longitud de onda de la luz en el plástico: $v_2 = \lambda_2·f \Rightarrow \lambda_2 = \frac{v_2}{f} = \frac{1'72·10^8}{4'62·10^{14}} = \boxed{3'72·10^{-7}\,m}$

Comentario: para el ángulo límite, el ángulo de salida es de 90°. En la refracción, la frecuencia del rayo no varía.

12) Un rayo de luz con una longitud de onda de $5'5 \cdot 10^{-7}$ m que se propaga a través del aire incide sobre la superficie de un objeto de vidrio. Como consecuencia, la longitud de onda del rayo en el vidrio cambia a $5 \cdot 10^{-7}$ m. i) Calcule su frecuencia y la velocidad de propagación en el vidrio. ii) Sabiendo que el rayo sale refractado formando un ángulo de 30º con respecto a la normal, realice un esquema con la trayectoria de los rayos y determine razonadamente el ángulo de incidencia. $n_{aire} = 1$; $c = 3 \cdot 10^8$ m s^{-1}

Datos: Dibujo:

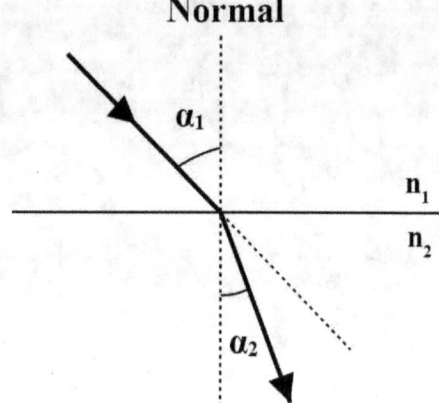

$\lambda_1 = 5'5 \cdot 10^{-7}$ m
$\lambda_2 = 5 \cdot 10^{-7}$ m
¿f, v_2?
$\alpha_2 = 30°$
¿α_1?
$n_1 = 1$
$c = 3 \cdot 10^8$ m/s

Principio físico: refracción: cuando la luz pasa de un medio trasnparente a otro de diferente índice de refracción, la trayectoria del rayo cambia.

Método de resolución: usaremos la velocidad de propagación de una onda, la del índice de refracción y la ley de Snell.

Resolución: * Frecuencia del rayo: $c = \lambda_1 \cdot f \Rightarrow f = \dfrac{c}{\lambda_1} = \dfrac{3 \cdot 10^8}{5'5 \cdot 10^{-7}} = \boxed{5'45 \cdot 10^{14} \text{ Hz}}$

* Velocidad de propagación en el vidrio: $v_2 = \lambda_2 \cdot f = 5 \cdot 10^{-7} \cdot 5'45 \cdot 10^{14} = \boxed{2'72 \cdot 10^8 \ \dfrac{m}{s}}$

* Índice de refracción del vidrio: $n_2 = \dfrac{c}{v_2} = \dfrac{3 \cdot 10^8}{2'72 \cdot 10^8} = 1'10$

* Ángulo de incidencia:

$n_1 \cdot \text{sen } \alpha_1 = n_2 \cdot \text{sen } \alpha_2 \Rightarrow \text{sen } \alpha_1 = \dfrac{n_2 \cdot sen\, \alpha_2}{n_1} = \dfrac{1'10 \cdot sen\, 30°}{1} = 0'550 \Rightarrow \boxed{\alpha_1 = 33'4°}$

Comentario: en la refracción, el rayo se va hacia el lado de mayor índice de refracción, es decir, se acerca a la normal. En la refracción, la frecuencia del rayo no cambia.

13) Un objeto está situado 6 cm a la izquierda de una lente delgada convergente de 4 cm de distancia focal. i) Realice el trazado de rayos correspondiente. ii) Determine la distancia entre la imagen y la lente, indicando el criterio de signos utilizado. iii) Determine razonadamente el aumento lateral y, a partir del valor obtenido, indique si la imagen aumenta o disminuye y si es derecha o invertida.

Datos:

Dibujo:

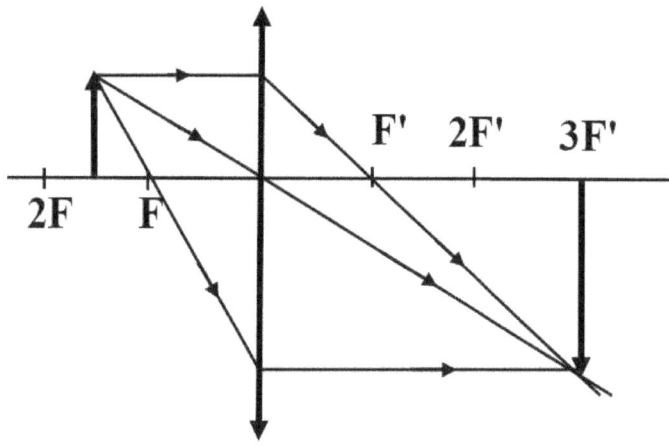

$s = -0'06$ m
$f' = 0'04$ m
¿s'?
¿A_L?

Principio físico: las lentes son sistemas físicos que, mediante refracción, modifican la imagen de un objeto.

Método de resolución: aplicaremos la fórmula de Gauss para lentes delgadas y la fórmula del aumento lateral.

Resolución: * Posición de la imagen:

$$\frac{1}{s'} - \frac{1}{s} = \frac{1}{f'} \Rightarrow \frac{1}{s'} = \frac{1}{f'} + \frac{1}{s} = \frac{1}{0'04} + \frac{1}{-0'06} = 8'33 \Rightarrow s' = \frac{1}{8'33} = \boxed{0'12 \text{ m}}$$

* Aumento lateral:

$$A_L = \frac{s'}{s} = \frac{0'12}{-0'06} = \boxed{-2}$$

Comentario: criterio de signos, normas DIN: las distancias hacia la derecha y hacia arriba son positivas; las distancias hacia la izquierda y hacia abajo son negativas. Para obtener la imagen, trazamos tres rayos: el que pasa por el centro de la lente no sufre desviación; el que va paralelo al eje óptico, toca la lente y pasa por el foco imagen; el que pasa por el foco llega a la lente y se desvía paralelamente al eje óptico. Al ser $|A_L| > 1$, la imagen es aumentada. Al ser $A_L < 1$, la imagen es invertida, pues $A_L = \frac{y'}{y}$. Si el aumento lateral es negativo, entonces y e y' tienen signos opuestos, luego la imagen está invertida.

14) Una lente divergente produce una imagen derecha 4 veces menor que un objeto situado a 10 cm de la lente. i) Determine, indicando el criterio de signos utilizado, la posición de la imagen, así como la distancia focal de la lente. ii) Realice el trazado de rayos correspondiente.

Datos: Dibujo:

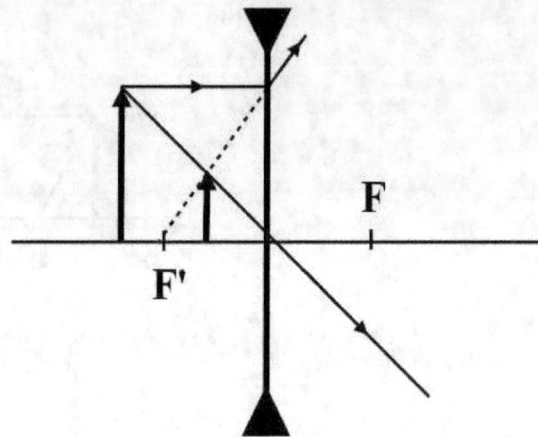

$A_L = ¼$
$s = -0'10$ m
¿s'?
¿f'?

Principio físico: las lentes son sistemas físicos que, mediante refracción, modifican la imagen de un objeto.

Método de resolución: aplicaremos la fórmula de Gauss para lentes delgadas y la fórmula del aumento lateral.

Resolución: * Posición de la imagen:

$$A_L = \frac{s'}{s} \Rightarrow s' = s \cdot A_L = -0'10 \cdot \frac{1}{4} = \boxed{-0'025 \text{ m}}$$

* Distancia focal:

$$\frac{1}{s'} - \frac{1}{s} = \frac{1}{f'} \Rightarrow \frac{1}{f'} = \frac{1}{s'} - \frac{1}{s} = \frac{1}{-0'025} - \frac{1}{-0'10} = -30 \Rightarrow$$

$$\Rightarrow f' = \frac{1}{-30} = \boxed{-0'0333 \text{ m}}$$

Comentario: criterio de signos, normas DIN: las distancias hacia la derecha y hacia arriba son positivas; las distancias hacia la izquierda y hacia abajo son negativas. Para obtener la imagen, trazamos dos rayos: el que pasa por el centro de la lente no sufre desviación; el que va paralelo al eje óptico, toca la lente y pasa por el foco imagen. La distancia focal de las lentes divergentes es negativa.

2022

15) Un objeto de 30 cm de altura se coloca a 2 m de distancia de una lente delgada divergente. La distancia focal de la lente es de 50 cm. Indicando el criterio de signos aplicado, calcule la posición y el tamaño de la imagen formada. Realice razonadamente el trazado de rayos y justifique la naturaleza de la imagen.

Datos: Dibujo:

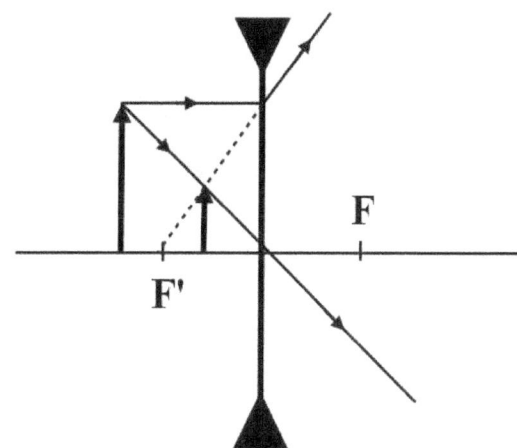

y = 0'30 m
s = – 2 m
f ' = – 0'50 m
¿s', y'?

Principio físico: las lentes son sistemas físicos que, mediante refracción, modifican la imagen de un objeto.

Método de resolución: aplicaremos la fórmula de Gauss para lentes delgadas y la fórmula del aumento lateral.

Resolución: * Posición de la imagen:

$$\frac{1}{s'} - \frac{1}{s} = \frac{1}{f'} \Rightarrow \frac{1}{s'} = \frac{1}{f'} + \frac{1}{s} = \frac{1}{-0'50} + \frac{1}{-2} = -2'5 \Rightarrow$$

$$\Rightarrow s' = \frac{1}{-2'5} = \boxed{-0'4 \text{ m}}$$

* Tamaño de la imagen: $A_L = \frac{y'}{y} = \frac{s'}{s} \Rightarrow y' = \frac{y \cdot s'}{s} = \frac{0'30 \cdot (-0'4)}{-2} = \boxed{0'06 \text{ m}}$

Comentario: criterio de signos, normas DIN: las distancias hacia la derecha y hacia arriba son positivas. Las distancias hacia la izquierda y hacia abajo son negativas. Para obtener gráficamente la imagen, se trazan dos rayos: el que pasa por el centro óptico no sufre desviación y el que va paralelo al eje óptico se desvía hasta el foco imagen.
    Como la lente es divergente, f ' < 0. Como s' < 0, la imagen es virtual. Como y' > 0, la imagen es derecha.

16) Un rayo de luz monocromática se propaga desde el aire al agua, e incide formando un ángulo de 30° con la normal a la superficie. El rayo refractado forma un ángulo de 128° con el reflejado.
i) Determine el ángulo de refracción ayudándose de un esquema. ii) Determine la velocidad de propagación de la luz en el agua. iii) Si el rayo luminoso se dirigiera desde el agua hacia el aire, ¿a partir de qué ángulo de incidencia se produciría la reflexión total? Justifique sus respuestas.
$n_{aire} = 1$, $c = 3 \cdot 10^8$ m·s^{-1}.

Datos: Dibujo:

$\alpha_1 = 30°$
$\beta = 128°$
¿α_2?
¿v_2?
¿α_L?

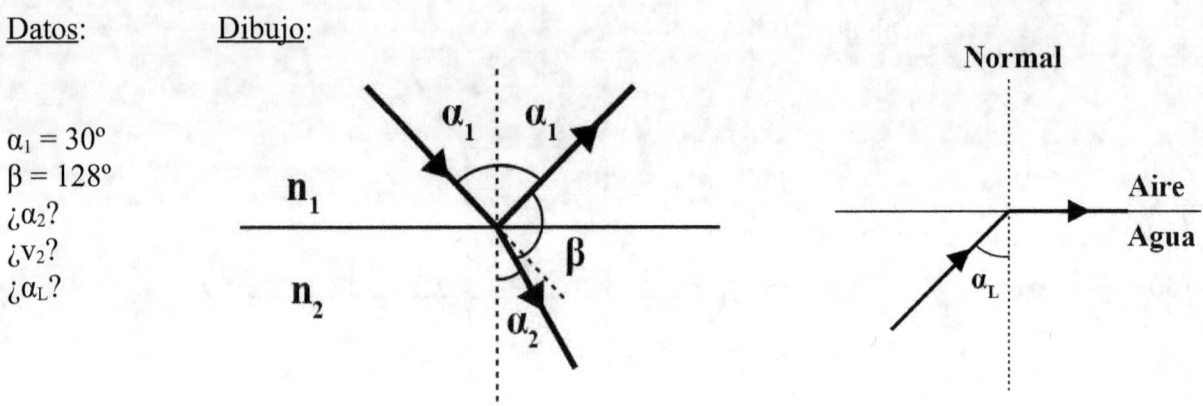

Principio físico: refracción: cuando un rayo de luz pasa de un medio transparente a otro con distinto índice de refracción, la trayectoria del rayo cambia. Reflexión total: cuando un rayo de luz pasa de un medio de mayor a otro de menor índice de refracción, hay un ángulo límite para el cual no ocurre la refracción, sino la reflexión.

Método de resolución: determinaremos gráficamente la relación entre los ángulos, usaremos la fórmula del índice de refracción y la ley de Snell.

Resolución: * Ángulo de refracción: según el primer dibujo, la suma de los tres ángulos es de 180°:

$$\alpha_1 + \beta + \alpha_2 = 180° \Rightarrow \alpha_2 = 180° - \alpha_1 - \beta = 180° - 30° - 128° = \boxed{22°}$$

* Índice de refracción del agua: $n_1 \cdot \text{sen } \alpha_1 = n_2 \cdot \text{sen } \alpha_2 \Rightarrow n_2 = \dfrac{n_1 \cdot sen\,\alpha_1}{sen\,\alpha_2} = \dfrac{1 \cdot sen\,30°}{sen\,22°} = 1'33$

* Velocidad de propagación de la luz en el agua:

$$n_2 = \dfrac{c}{v_2} \Rightarrow v_2 = \dfrac{c}{n_2} = \dfrac{3 \cdot 10^8}{1'33} = \boxed{2'26 \cdot 10^8 \, \dfrac{m}{s}}$$

* Ángulo límite:

$$n_2 \cdot \text{sen } \alpha_L = n_1 \cdot \text{sen } \alpha_1 \Rightarrow \text{sen } \alpha_L = \dfrac{n_1 \cdot sen\,\alpha_1}{n_2} = \dfrac{1 \cdot sen\,90°}{1'33} = 0'752 \Rightarrow \boxed{\alpha_L = 48'8°}$$

Comentario: no existe ángulo límite cuando el rayo de luz pasa de un índice de menor a otro de mayor índice de rerfracción.

17) Una lente delgada convergente de distancia focal 20 cm, forma una imagen situada a una distancia de 40 cm a su izquierda y de 30 cm de altura. Calcule la posición y el tamaño del objeto, indicando el criterio de signos aplicado. Realice razonadamente el trazado de rayos y justifique la naturaleza de la imagen.

Datos:

f ' = 0'20 m
s ' = – 0'40 m
y' = 0'30 m
¿s?
¿y?

Dibujo:

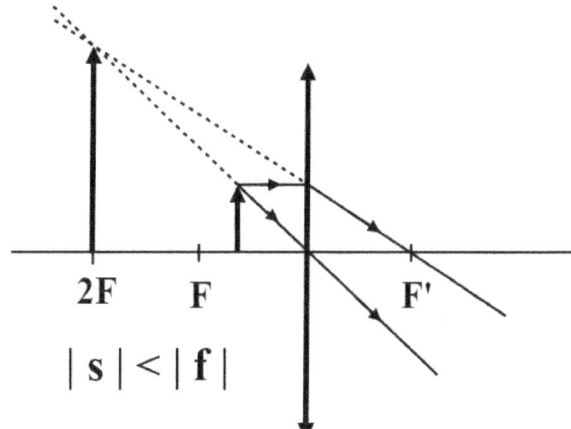

Principio físico: las lentes son sistemas físicos que modifican la imagen de los objetos mediante refracción.

Método de resolución: usaremos la ecuación de Gauss para lentes delgadas y la fórmula del aumento lateral.

Resolución: * Posición del objeto:

$$\frac{1}{s'} - \frac{1}{s} = \frac{1}{f'} \Rightarrow \frac{1}{s} = \frac{1}{s'} - \frac{1}{f'} = \frac{1}{-0'40} - \frac{1}{0'20} = -7'5 \Rightarrow s = \frac{1}{-7'5} = \boxed{-0'133 \text{ m}}$$

* Tamaño del objeto:

$$A_L = \frac{y'}{y} = \frac{s'}{s} \Rightarrow y = \frac{y' \cdot s}{s'} = \frac{0'30 \cdot (-0'133)}{-0'40} = \boxed{0'0997 \text{ m}}$$

Comentario: criterio de signos, normas DIN: las distancias hacia la derecha y hacia arriba son positivas. Las distancias hacia la izquierda y hacia abajo son negativas. Para obtener gráficamente la imagen, se trazan dos rayos: el que pasa por el centro óptico no sufre desviación y el que va paralelo al eje óptico se desvía hasta el foco imagen.
La imagen es derecha porque y > 0. La imagen es virtual porque s ' < 0, se forma a la izquierda de la lente por prolongación de los rayos. La imagen es aumentada porque: y' > y.

18) Un rayo compuesto por luz roja y azul incide desde el aire sobre una lámina plana de vidrio con un ángulo de incidencia de 37°. i) Realice un esquema indicando las trayectorias de ambos rayos. ii) Determine el ángulo que forman entre sí los rayos rojo y azul en el interior del vidrio. iii) Calcule la frecuencia y la longitud de onda de cada componente del rayo dentro del vidrio.

$n_{aire} = 1$; $n_{vidrio,rojo} = 1'612$; $n_{vidrio,azul} = 1'671$; $\lambda_{aire,rojo} = 6'563 \cdot 10^{-7}$ m; $\lambda_{aire,azul} = 4'861 \cdot 10^{-7}$ m; $c = 3 \cdot 10^8$ m/s.

Datos:

$\alpha_1 = 37°$
¿β?
¿f_{azul}, f_{rojo}, $\lambda_{vidrio,rojo}$, $\lambda_{vidrio,azul}$?
$n_{aire} = 1$
$n_{vidrio,rojo} = 1'612$
$n_{vidrio,azul} = 1'671$
$\lambda_{aire,rojo} = 6'563 \cdot 10^{-7}$ m
$\lambda_{aire,azul} = 4'861 \cdot 10^{-7}$ m
$c = 3 \cdot 10^8$ m/s

Dibujo:

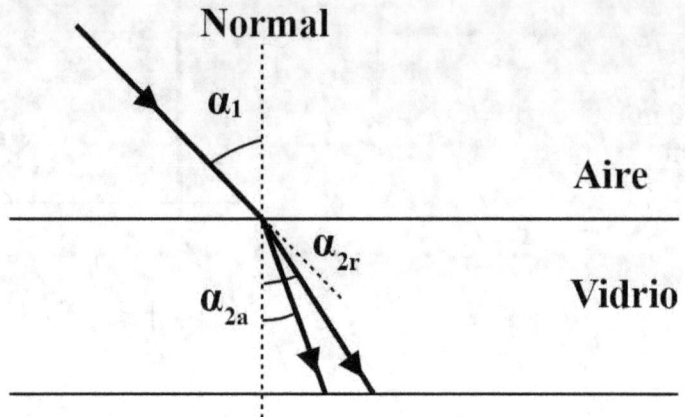

Principio físico: la refracción consiste en que, cuando la luz pasa de un medio transparente a otro, el rayo de luz cambia de dirección al cambiar de medio.

Método de resolución: utilizaremos la ley de Snell para calcular los ángulos refractados, calcularemos las frecuencias a partir de los índices de refracción y calcularemos las longitudes de onda teniendo en cuenta que el producto $n \cdot \lambda$ es constante para un rayo dado en la refracción.

Resolución: * Ángulo de refracción del rayo azul:

$n_{1,azul} \cdot \text{sen}\,\alpha_1 = n_{2,azul} \cdot \text{sen}\,\alpha_{2,azul} \Rightarrow \text{sen}\,\alpha_{2,azul} = \dfrac{n_{1,azul} \cdot \text{sen}\,\alpha_1}{n_{2,azul}} = \dfrac{1 \cdot \text{sen}\,37°}{1'671} = 0'360 \Rightarrow \alpha_{2,azul} = 21'1°$

* Ángulo de refracción del rayo rojo:

$n_{1,rojo} \cdot \text{sen}\,\alpha_1 = n_{2,rojo} \cdot \text{sen}\,\alpha_{2,rojo} \Rightarrow \text{sen}\,\alpha_{2,rojo} = \dfrac{n_{1,rojo} \cdot \text{sen}\,\alpha_1}{n_{2,rojo}} = \dfrac{1 \cdot \text{sen}\,37°}{1'612} = 0'373 \Rightarrow \alpha_{2,rojo} = 21'9°$

* Ángulo entre ambos rayos: $\beta = \Delta\alpha = \alpha_{2,rojo} - \alpha_{2,azul} = 21'9° - 21'1° = \boxed{0'8°}$

* Frecuencia del rayo azul:

$n = \dfrac{c}{v} = \dfrac{c}{\lambda \cdot f} \Rightarrow f_{azul} = \dfrac{c}{\lambda_{aire,azul} \cdot n_{aire}} = \dfrac{3 \cdot 10^8}{6'563 \cdot 10^{-7} \cdot 1} = \boxed{4'57 \cdot 10^{14}\ \text{Hz}}$

* Frecuencia del rayo rojo:

$$n = \frac{c}{v} = \frac{c}{\lambda \cdot f} \Rightarrow f_{rojo} = \frac{c}{\lambda_{aire,rojo} \cdot n_{aire}} = \frac{3 \cdot 10^8}{4'861 \cdot 10^{-7} \cdot 1} = \boxed{6'17 \cdot 10^{14} \text{ Hz}}$$

* Longitud de onda del rayo azul en el vidrio:

$$n_{aire} \cdot \lambda_{aire,azul} = n_{vidrio,azul} \cdot \lambda_{vidrio,azul} \Rightarrow \lambda_{vidrio,azul} = \frac{n_{aire} \cdot \lambda_{aire,azul}}{n_{vidrio,azul}} = \frac{1 \cdot 4'861 \cdot 10^{-7}}{1'671} = \boxed{2'91 \cdot 10^{-7} \text{ m}}$$

* Longitud de onda del rayo rojo en el vidrio:

$$n_{aire} \cdot \lambda_{aire,rojo} = n_{vidrio,rojo} \cdot \lambda_{vidrio,rojo} \Rightarrow \lambda_{vidrio,rojo} = \frac{n_{aire} \cdot \lambda_{aire,rojo}}{n_{vidrio,rojo}} = \frac{1 \cdot 6'563 \cdot 10^{-7}}{1'612} = \boxed{4'07 \cdot 10^{-7} \text{ m}}$$

Comentario: en el aire, todos los colores tienen el mismo índice de refracción y la misma velocidad. La frecuencia de cada rayo no cambia en la refracción pero la longitud de onda, sí.

19) Un objeto de 2 cm de altura se coloca a 4 cm de una lente delgada, formando una imagen derecha y con un tamaño cinco veces mayor que el del objeto. i) Explique si la lente es convergente o divergente. ii) Calcule la posición de la imagen y la distancia focal de la lente, indicando el criterio de signos aplicado. iii) Dibuje razonadamente el trazado de rayos y justifique si la imagen es real o virtual.

Datos: Dibujo:

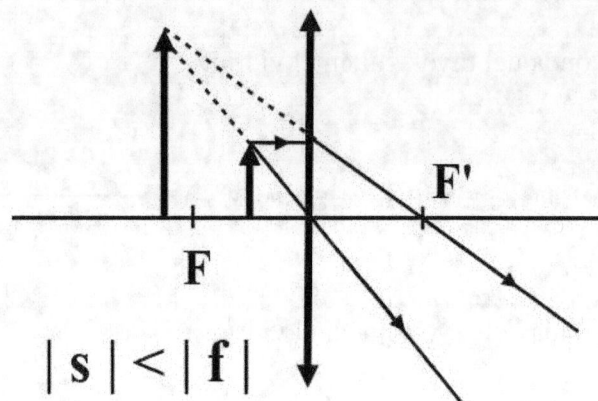

y = 0'02 m
s = – 0'04 m
A_L = 5
¿s'?
¿f'?

Principio físico: las lentes son sistemas físicos que, mediante refracción, modifican la imagen de un objeto.

Método de resolución: aplicaremos la fórmula de Gauss para lentes delgadas y la fórmula del aumento lateral.

Resolución: * Posición de la imagen: $A_L = \dfrac{s'}{s}$ ⇒ s' = s·A_L = – 0'04·5 = $\boxed{-0'2 \text{ m}}$

* Distancia focal de la lente:

$$\dfrac{1}{s'} - \dfrac{1}{s} = \dfrac{1}{f'} \Rightarrow \dfrac{1}{f'} = \dfrac{1}{s'} - \dfrac{1}{s} = \dfrac{1}{-0'2} - \dfrac{1}{-0'04} = 20 \Rightarrow$$

⇒ f ' = $\dfrac{1}{20}$ = $\boxed{0'05 \text{ m}}$

Comentario: criterio de signos, normas DIN: las distancias hacia la derecha y hacia arriba son positivas. Las distancias hacia la izquierda y hacia abajo son negativas. Para obtener gráficamente la imagen, se trazan dos rayos: el que pasa por el centro óptico no sufre desviación y el que va paralelo al eje óptico se desvía hasta el foco.
    La única posibilidad para que la imagen sea derecha y aumentada es que la lente sea convergente y el objeto esté situado antes del foco. Es una lente convergente además porque f ' > 0.
    La imagen es virtual porque s' < 0, es decir, la imagen se forma a la izquierda de la lente por prolongación de los rayos.

20) Una lente divergente produce una imagen 3 veces menor que el objeto cuando la separación entre la imagen y el objeto es de 64 cm. Determine, indicando el criterio de signos utilizado, las posiciones del objeto y de la imagen, así como la distancia focal de la lente y realice el trazado de rayos correspondiente.

Datos:

Dibujo:

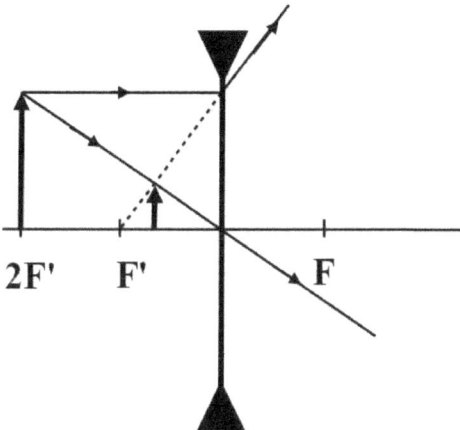

$A_L = 1/3$
$|s| - |s'| = 0'64$ m
¿s, s', f'?

Principio físico: las lentes son sistemas físicos que, mediante refracción, modifican la imagen de un objeto.

Método de resolución: aplicaremos la fórmula de Gauss para lentes delgadas y la fórmula del aumento lateral.

Resolución: * Distancia objeto: $A_L = \dfrac{s'}{s} \Rightarrow s' = s \cdot A_L = \dfrac{s}{3}$; $s' - s = 0'64 \Rightarrow$

$\Rightarrow \dfrac{s}{3} - s = 0'64 \Rightarrow \dfrac{-2 \cdot s}{3} = 0'64 \Rightarrow s = \dfrac{3 \cdot 0'64}{-2} = \boxed{-0'96 \text{ m}}$

* Distancia imagen: $s' = \dfrac{s}{3} = \dfrac{-0'96}{3} = \boxed{-0'32 \text{ m}}$

* Distancia focal de la lente: $\dfrac{1}{s'} - \dfrac{1}{s} = \dfrac{1}{f'} \Rightarrow \dfrac{1}{f'} = \dfrac{1}{s'} - \dfrac{1}{s} =$

$= \dfrac{1}{-0'32} - \dfrac{1}{-0'96} = -2'08 \Rightarrow f' = \dfrac{1}{-2'08} = \boxed{-0'48 \text{ m}}$

Comentario: s y s' son negativas. Como la imagen está más cerca de la lente que el objeto:
$|s'| < |s|$; $|s| - |s'| = 0'64$ m $\Rightarrow s' - s = 0'64$
Criterio de signos, normas DIN: las distancias hacia la derecha y hacia arriba son positivas. Las distancias hacia la izquierda y hacia abajo son negativas. Para obtener gráficamente la imagen, se trazan dos rayos: el que pasa por el centro óptico no sufre desviación y el que va paralelo al eje óptico se desvía hasta el foco.

21) El ángulo límite en la refracción agua-aire es 48'6°. i) Calcule el índice de refracción del agua. ii) Justifique en qué sentido debe viajar un rayo entre el agua y otro medio, en el que la velocidad es 3/5 de su velocidad en el agua, para que exista reflexión total. iii) Determine el ángulo límite del apartado anterior. $n_{aire} = 1$.

Datos:

$\alpha_L = 48'6°$
¿n_{agua}?
¿α_L?
$n_{aire} = 1$

Dibujo:

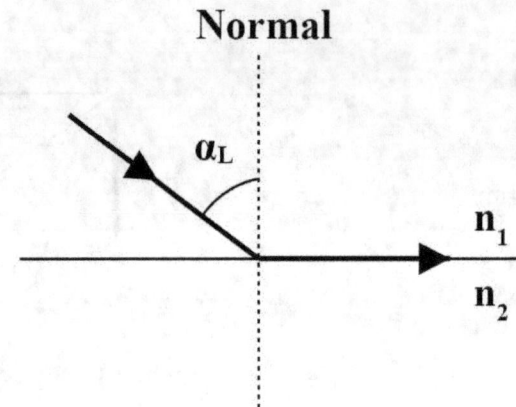

Principio físico: refracción: cuando un rayo de luz pasa de un medio transparente a otro con distinto índice de refracción, la trayectoria del rayo cambia. Reflexión total: cuando un rayo de luz pasa de un medio de mayor a otro de menor índice de refracción, hay un ángulo límite a partir del cual no ocurre la refracción, sino la reflexión.

Método de resolución: aplicamos la ley de Snell para averiguar el índice de refracción y el ángulo límite y utilizamos la fórmula del índice de refracción para averiguar el índice de refracción del otro medio.

Resolución: * Índice de refracción del agua:

$$n_1 \cdot sen\, \alpha_1 = n_2 \cdot sen\, \alpha_2 \;\Rightarrow\; n_1 \cdot sen\, \alpha_L = n_2 \cdot sen\, 90° \;\Rightarrow\; n_1 = \frac{n_2 \cdot sen\, 90°}{sen\, \alpha_L} = \frac{1 \cdot 1}{sen\, 48'6°} = \boxed{1'33}$$

* Índice de refracción del otro medio: $n = \dfrac{c}{v} \;\Rightarrow\; n \cdot v = $ constante $\;\Rightarrow\; n_{agua} \cdot v_{agua} = n_{medio} \cdot v_{medio} \;\Rightarrow\;$

$\Rightarrow\; n_{agua} \cdot v_{agua} = n_{medio} \cdot \dfrac{3}{5} \cdot v_{agua} \;\Rightarrow\; n_{agua} = n_{medio} \cdot \dfrac{3}{5} \;\Rightarrow\; n_{medio} = \dfrac{5 \cdot n_{agua}}{3} = \dfrac{5 \cdot 1'33}{3} = 2'22$

* Ángulo límite entre el otro medio y el agua: $n_1 \cdot sen\, \alpha_1 = n_2 \cdot sen\, \alpha_2 \;\Rightarrow\;$

$\Rightarrow\; n_{medio} \cdot sen\, \alpha_L = n_{agua} \cdot sen\, 90° \;\Rightarrow\; sen\, \alpha_L = \dfrac{n_{agua} \cdot sen\, 90°}{n_{medio}} = \dfrac{1'33 \cdot 1}{2'22} = 0'599 \;\Rightarrow\; \boxed{\alpha_L = 36'8°}$

Comentario: para que se produzca reflexión total, la luz tiene que viajar desde el medio de mayor al de menor índice de refracción. En el apartado i) es del agua al aire y en los apartados ii) y iii) es del otro medio al agua.

22) Un haz de luz monocromática con longitud de onda de $6 \cdot 10^{-7}$ m incide desde el aire con un ángulo de incidencia de 30° sobre una pared de vidrio plano-paralela de un acuario lleno de agua. Determine razonadamente y con ayuda de un esquema: i) el ángulo de refracción en el vidrio y en el agua; ii) la longitud de onda y la velocidad de dicho rayo en el vidrio y en el agua.
$n_{aire} = 1$; $n_{vidrio} = 1'50$; $n_{agua} = 1'33$; $c = 3 \cdot 10^8$ m/s.

Datos:

$\lambda_{aire} = 6 \cdot 10^{-7}$ m
$\alpha_1 = 30°$
¿α_2, α_3?
¿λ_{vidrio}, λ_{agua}, v_{vidrio}, v_{agua}?
$n_{aire} = 1$
$n_{vidrio} = 1'50$
$n_{agua} = 1'33$
$c = 3 \cdot 10^8$ m/s

Dibujo:

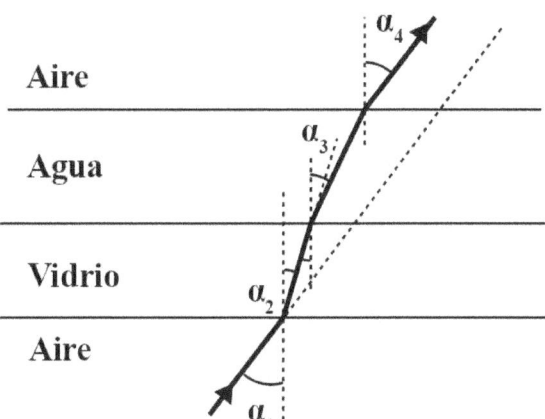

Principio físico: refracción: cuando un rayo de luz pasa de un medio transparente a otro con distinto índice de refracción, la trayectoria del rayo cambia.

Método de resolución: calcularemos las longitudes de onda sabiendo que el producto $n \cdot \lambda$ es constante y utilizaremos la ley de Snell.

Resolución: * Longitud de onda en el vidrio: $n_{aire} \cdot \lambda_{aire} = n_{vidrio} \cdot \lambda_{vidrio} = n_{agua} \cdot \lambda_{agua}$ $\Rightarrow$

$\Rightarrow \lambda_{vidrio} = \dfrac{n_{aire} \cdot \lambda_{aire}}{n_{vidrio}} = \dfrac{1 \cdot 6 \cdot 10^{-7}}{1'50} = \boxed{4 \cdot 10^{-7} \text{ m}}$; $\lambda_{agua} = \dfrac{n_{aire} \cdot \lambda_{aire}}{n_{agua}} = \dfrac{1 \cdot 6 \cdot 10^{-7}}{1'33} = \boxed{4'51 \cdot 10^{-7} \text{ m}}$

* Ángulo de refracción en el vidrio: $n_1 \cdot \text{sen } \alpha_1 = n_2 \cdot \text{sen } \alpha_2 = n_3 \cdot \text{sen } \alpha_3 = n_4 \cdot \text{sen } \alpha_4$ $\Rightarrow$

$\Rightarrow \text{sen } \alpha_2 = \dfrac{n_1 \cdot sen\,\alpha_1}{n_2} = \dfrac{1 \cdot sen\,30°}{1'50} = 0'333 \Rightarrow \boxed{\alpha_2 = 19'5°}$

* Ángulo de refracción en el agua: $\text{sen } \alpha_3 = \dfrac{n_1 \cdot sen\,\alpha_1}{n_3} = \dfrac{1 \cdot sen\,30°}{1'33} = 0'376 \Rightarrow \boxed{\alpha_3 = 22'1°}$

* Velocidad en el vidrio: $v_{vidrio} = \dfrac{c}{n_{vidrio}} = \dfrac{3 \cdot 10^8}{1'50} = \boxed{2 \cdot 10^8 \dfrac{m}{s}}$

* Velocidad en el agua: $v_{agua} = \dfrac{c}{n_{agua}} = \dfrac{3 \cdot 10^8}{1'33} = \boxed{2'26 \cdot 10^8 \dfrac{m}{s}}$

Comentario: como $n_1 = n_4$, según la ecuación de Snell: $\alpha_1 = \alpha_4$. Ésto significa que los dos rayos que están en el aire (el de entrada y el de salida) son paralelos.

2021

23) Sea un recipiente que contiene agua que llega hasta una altura de 0'25 m y sobre la que se ha colocado una capa de aceite. Procedente del aire, incide sobre la capa de aceite un rayo de luz que forma 50° con la normal a la superficie de separación aire-aceite. i) Haga un esquema de la trayectoria que sigue el rayo en los diferentes medios (aire, aceite y agua), en el que se incluyan los valores de los ángulos que forman con la normal los rayos refractados en el aceite y en el agua. ii) Calcule la velocidad de la luz en el agua. $c = 3 \cdot 10^8$ m·s^{-1}; $n_{aire} = 1$; $n_{aceite} = 1'47$; $n_{agua} = 1'33$.

Datos: Dibujo:

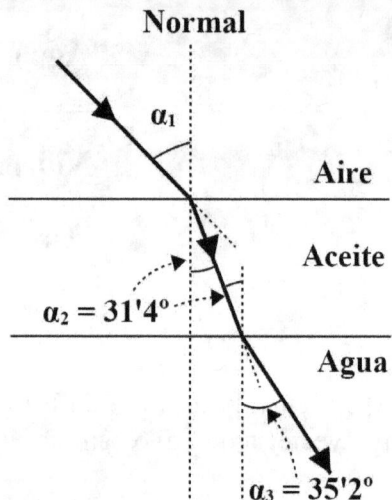

h = 0'25 m
α_1 = 50°
¿α_2, α_3?
¿v_{agua}?
c = 3·10^8 m·s^{-1}
n_{aire} = 1 = n_1
n_{aceite} = 1'47 = n_2
n_{agua} = 1'33 = n_3

Principio físico: refracción: cuando la luz pasa de un medio transparente a otro, el rayo de luz cambia de dirección al cambiar de medio.

Método de resolución: utilizaremos dos veces la ley de Snell y la expresión del índice de refracción.

Resolución: * Ángulo refractado en el aceite:

$$n_1 \cdot \text{sen } \alpha_1 = n_2 \cdot \text{sen } \alpha_2 \Rightarrow \text{sen } \alpha_2 = \frac{n_1 \cdot sen\,\alpha_1}{n_2} = \frac{1 \cdot sen\,50°}{1'47} = 0'521 \Rightarrow \boxed{\alpha_2 = 31'4°}$$

* Ángulo refractado en el agua:

$$n_2 \cdot \text{sen } \alpha_2 = n_3 \cdot \text{sen } \alpha_3 \Rightarrow \text{sen } \alpha_3 = \frac{n_2 \cdot sen\,\alpha_2}{n_3} = \frac{1'47 \cdot sen\,31'4°}{1'33} = 0'576 \Rightarrow \boxed{\alpha_3 = 35'2°}$$

* Velocidad de la luz en el agua: $n_3 = \dfrac{c}{v_3} \Rightarrow v_3 = \dfrac{c}{n_3} = \dfrac{3 \cdot 10^8}{1'33} = \boxed{2'26 \cdot 10^8 \; \dfrac{m}{s}}$

Comentario: cuando un rayo de luz se refracta, tiende a acercarse al medio de mayor índice de refracción. En las dos refracciones, se acerca al aceite.

24) Un rayo de luz con componentes azul y roja de longitudes de onda en el aire de $4'5 \cdot 10^{-7}$ m y $6'9 \cdot 10^{-7}$ m, respectivamente, incide desde el aire sobre una placa de un determinado material con un ángulo de 40° respecto a la normal a la superficie de la placa. i) Mediante un esquema y de manera razonada, indique la trayectoria de los rayos azul y rojo, tanto en el aire como en el material. ii) Deduzca cuál de los dos componentes (azul o roja) se propaga más rápidamente en el interior de la lámina. iii) Determine las frecuencias de los rayos en el aire.
$c = 3 \cdot 10^8$ m·s^{-1}, $n_{aire} = 1$, $n_{material(azul)} = 1'47$, $n_{material(roja)} = 1'44$.

Datos: Dibujo:

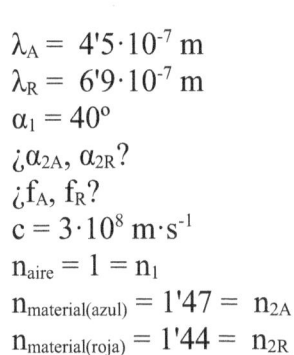

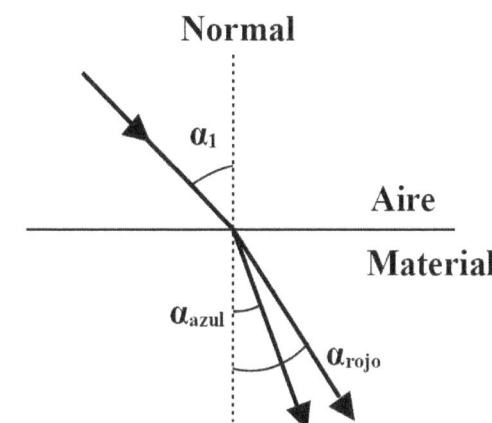

$\lambda_A = 4'5 \cdot 10^{-7}$ m
$\lambda_R = 6'9 \cdot 10^{-7}$ m
$\alpha_1 = 40°$
¿α_{2A}, α_{2R}?
¿f_A, f_R?
$c = 3 \cdot 10^8$ m·s^{-1}
$n_{aire} = 1 = n_1$
$n_{material(azul)} = 1'47 = n_{2A}$
$n_{material(roja)} = 1'44 = n_{2R}$

Principio físico: refracción: cuando la luz pasa de un medio transparente a otro, el rayo de luz cambia de dirección al cambiar de medio.

Método de resolución: aplicaremos la ley de Snell para calcular los ángulos refractados y la expresión de la velocidad de una onda electromagnética.

Resolución: * Ángulo de refracción del rayo azul: $n_1 \cdot sen\, \alpha_1 = n_{2A} \cdot sen\, \alpha_{2A}$ $\Rightarrow$

$\Rightarrow$ $sen\, \alpha_{2A} = \dfrac{n_1 \cdot sen\, \alpha_1}{n_{2A}} = \dfrac{1 \cdot sen\, 40°}{1'47} = 0'437$ $\Rightarrow$ $\alpha_{2A} = 25'9°$

* Ángulo de refracción del rayo rojo: $n_1 \cdot sen\, \alpha_1 = n_{2R} \cdot sen\, \alpha_{2R}$ $\Rightarrow$

$\Rightarrow$ $sen\, \alpha_{2R} = \dfrac{n_1 \cdot sen\, \alpha_1}{n_{2R}} = \dfrac{1 \cdot sen\, 40°}{1'44} = 0'446$ $\Rightarrow$ $\alpha_{2A} = 26'5°$

* Frecuencia del rayo azul en el aire: $c = \lambda_A \cdot f_A$ $\Rightarrow$ $f_A = \dfrac{c}{\lambda_A} = \dfrac{3 \cdot 10^8}{4'5 \cdot 10^{-7}} = \boxed{6'67 \cdot 10^{14}\ Hz}$

* Frecuencia del rayo rojo en el aire: $c = \lambda_R \cdot f_R$ $\Rightarrow$ $f_R = \dfrac{c}{\lambda_R} = \dfrac{3 \cdot 10^8}{6'9 \cdot 10^{-7}} = \boxed{4'35 \cdot 10^{14}\ Hz}$

Comentario: se propaga más rápidamente en el material la luz roja, puesto que tiene menor índice de refracción y el índice de refracción es inversamente proporcional a la velocidad de propagación: $n = \dfrac{c}{v}$. Como pasa de un medio de menor a mayor índice de refracción, el rayo se acerca a la normal. El rayo que más se acerca a la normal es el de mayor índice de refracción, es decir, el azul.

25) Un objeto de 30 cm de alto se encuentra a 60 cm delante de una lente divergente de 40 cm de distancia focal. i) Calcule la posición de la imagen. ii) Calcule el tamaño de la imagen. iii) Explique, con ayuda de un diagrama de rayos, la naturaleza de la imagen formada. Justifique sus respuestas.

Datos: Dibujo:

y = 0'30 m
s = – 0'60 m
f ' = – 0'40 m
¿s '?
¿y '?

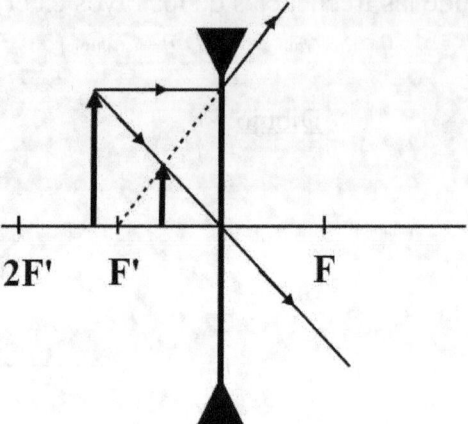

Principio físico: las lentes son sistemas físicos que, mediante refracción, modifican la imagen de un objeto.

Método de resolución: aplicaremos la fórmula de Gauss para lentes delgadas y la fórmula del aumento lateral.

Resolución: * Posición de la imagen:

$$\frac{1}{s'} - \frac{1}{s} = \frac{1}{f'} \implies \frac{1}{s'} = \frac{1}{f'} + \frac{1}{s} = \frac{1}{-0'40} + \frac{1}{-0'60} = -4'17 \implies$$

$$\implies s' = \frac{1}{-4'17} = \boxed{-0'24 \text{ m}}$$

* Tamaño de la imagen: $A_L = \dfrac{s'}{s} = \dfrac{y'}{y} \implies y' = \dfrac{y \cdot s'}{s} = \dfrac{0'30 \cdot (-0'24)}{-0'60} = \boxed{0'12 \text{ m}}$

Comentario: criterio de signos, normas DIN: las distancias hacia la derecha y hacia arriba son positivas. Las distancias hacia la izquierda y hacia abajo son negativas. Para obtener gráficamente la imagen, se trazan dos rayos: el que pasa por el centro óptico no sufre desviación y el que va paralelo al eje óptico se desvía hasta el foco.
   En las lentes divergentes, f ' < 0. Como s ' < 0, la imagen es virtual, pues se forma a la izquierda de la lente, por prolongación de los rayos. Como y' > 0, la imagen es derecha. Como y' < y, la imagen es disminuida.

26) La imagen producida por una lente convergente está derecha, tiene un tamaño triple que el objeto y está situada a 1 m delante de la lente. i) Calcule la posición del objeto. ii) Calcule la distancia focal de la lente. iii) Explique, con ayuda de un diagrama de rayos, el carácter real o virtual de la imagen. Justifique sus respuestas.

Datos:

Dibujo:

$A_L = 3$
$s' = -1$ m
¿s?
¿f'?

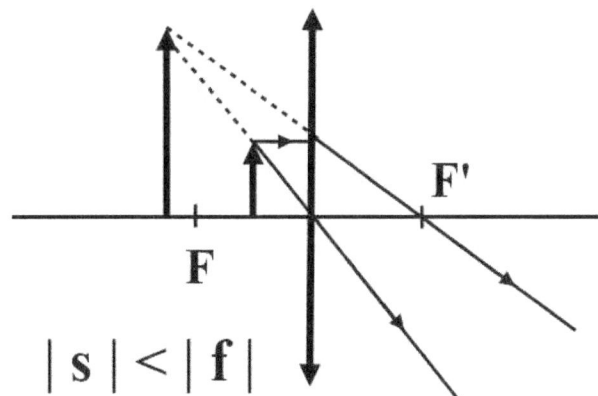

Principio físico: las lentes son sistemas físicos que, mediante refracción, modifican la imagen de un objeto.

Método de resolución: aplicaremos la fórmula de Gauss para lentes delgadas y la fórmula del aumento lateral.

Resolución: * Posición del objeto:

$$A_L = \frac{s'}{s} \Rightarrow s = \frac{s'}{A_L} = \frac{-1}{3} = \boxed{-0'333 \text{ m}}$$

* Distancia focal de la lente:

$$\frac{1}{s'} - \frac{1}{s} = \frac{1}{f'} \Rightarrow \frac{1}{f'} = \frac{1}{-1} - \frac{1}{-0'333} = 2 \Rightarrow \boxed{f' = \frac{1}{2} = 0'5 \text{ m}}$$

Comentario: criterio de signos, normas DIN: las distancias hacia la derecha y hacia arriba son positivas. Las distancias hacia la izquierda y hacia abajo son negativas. Para obtener gráficamente la imagen, se trazan dos rayos: el que pasa por el centro óptico no sufre desviación y el que va paralelo al eje óptico se desvía hasta el foco.
    La imagen es virtual porque se forma a la izquierda de la lente, por prolongación de los rayos de los rayos divergentes.

27) Un haz de luz naranja que viaja por el aire incide sobre una lámina (de caras plano-paralelas) de un determinado material transparente de 0'6 m de espesor. Los haces reflejado y refractado forman ángulos de 45° y 35°, respectivamente, con la normal a la superficie de la lámina. i) Realice un esquema con la trayectoria de los rayos y determine el valor de la velocidad de propagación de la luz dentro de la lámina. ii) Calcule la longitud de onda de la luz naranja en la lámina.
$\lambda_{naranja(aire)} = 6'15 \cdot 10^{-7}$ m; $n_{aire} = 1$; $c = 3 \cdot 10^{8}$ m·s^{-1}.

Datos: Dibujo:

e = 0'6 m
$\alpha_1 = 45°$
$\alpha_2 = 35°$
¿v_2?
¿λ_2?
$\lambda_1 = 6'15 \cdot 10^{-7}$ m
$n_{aire} = 1$
$c = 3 \cdot 10^{8}$ m/s

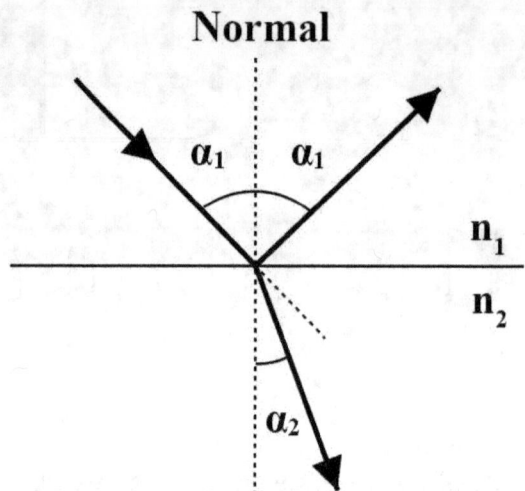

Principio físico: la refracción consiste en que la luz cambia su trayectoria cuando pasa de un medio de un índice de refracción a otro distinto.

Método de resolución: usaremos la ecuación de Snell y la ecuación que relaciona las longitudes de onda en la refracción.

Resolución: * Índice de refracción del segundo medio:

$$n_1 \cdot sen\,\alpha_1 = n_2 \cdot sen\,\alpha_2 \Rightarrow n_2 = \frac{n_1 \cdot sen\,\alpha_1}{sen\,\alpha_2} = \frac{1 \cdot sen\,45°}{sen\,35°} = 1'23$$

* Velocidad de propagación en la lámina: $n_2 = \dfrac{c}{v_2} \Rightarrow v_2 = \dfrac{c}{n_2} = \dfrac{3 \cdot 10^{8}}{1'23} = \boxed{2'44 \cdot 10^{8}\ \dfrac{m}{s}}$

* Longitud de onda en el segundo medio:

$$n_1 \cdot \lambda_1 = n_2 \cdot \lambda_2 \Rightarrow \lambda_2 = \frac{n_1 \cdot \lambda_1}{n_2} = \frac{1 \cdot 6'15 \cdot 10^{-7}}{1'23} = \boxed{5 \cdot 10^{-7}\ m}$$

Comentario: habitualmente, cuando un rayo de luz incide sobre un medio de separación entre dos medios transparentes, ocurre la reflexión y la refracción.

28) Se coloca un objeto luminoso delante de una lente divergente de distancia focal 5 cm. Se quiere que la imagen formada tenga 1/3 del tamaño del objeto y su misma orientación. i) Calcule la posición del objeto. ii) Obtenga la posición de la imagen. iii) Realice el trazado de rayos y explique el carácter real o virtual de la imagen. Justifique sus respuestas.

Datos: Dibujo:

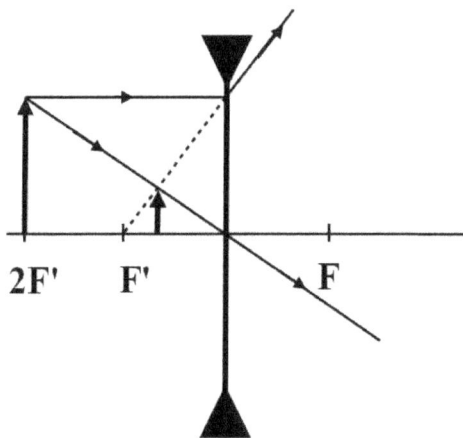

f ' = – 0'05 m
$A_L = 1/3$
¿s?
¿s'?

Principio físico: las lentes son sistemas físicos que, mediante refracción, modifican la imagen de un objeto.

Método de resolución: aplicaremos la fórmula de Gauss para lentes delgadas y la fórmula del aumento lateral.

Resolución: * Relación entre s y s': $A_L = \dfrac{y'}{y} = \dfrac{s'}{s} = \dfrac{1}{3} \Rightarrow s = 3 \cdot s' \Rightarrow s' = \dfrac{s}{3}$

* Posición del objeto:

$\dfrac{1}{s'} - \dfrac{1}{s} = \dfrac{1}{f'} \Rightarrow \dfrac{1}{\frac{s}{3}} - \dfrac{1}{s} = \dfrac{1}{-0'05} \Rightarrow \dfrac{3}{s} - \dfrac{1}{s} = -20 \Rightarrow \dfrac{2}{s} = -20 \Rightarrow$

$\Rightarrow s = \dfrac{2}{-20} = \boxed{-0'10 \text{ m}}$

* Posición de la imagen: $s' = \dfrac{s}{3} = \dfrac{-0'10}{3} = \boxed{-0'0333 \text{ m}}$

Comentario: criterio de signos, normas DIN: las distancias hacia la derecha y hacia arriba son positivas. Las distancias hacia la izquierda y hacia abajo son negativas. Para obtener gráficamente la imagen, se trazan dos rayos: el que pasa por el centro óptico no sufre desviación y el que va paralelo al eje óptico se desvía hasta el foco.

En las lentes divergentes, f ' < 0. Como s ' < 0, la imagen es virtual, pues se forma a la izquierda de la lente, por prolongación de los rayos. Como y' > 0, la imagen es derecha. Como y' < y, la imagen es disminuida.

29) La imagen formada por una lente convergente se encuentra a 1'5 m detrás de la lente, con un aumento lateral de – 0'5. i) Realice el trazado de rayos. Calcule razonadamente: ii) La posición del objeto; iii) La distancia focal de la lente.

Datos: Dibujo:

s' = 1'5 m
A_L = – 0'5
¿s?
¿f'?

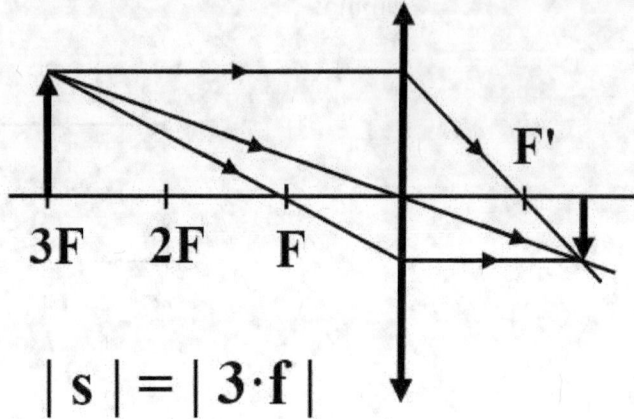

$|s| = |3 \cdot f|$

Principio físico: las lentes son sistemas físicos que, mediante refracción, modifican la imagen de un objeto.

Método de resolución: aplicaremos la fórmula de Gauss para lentes delgadas y la fórmula del aumento lateral.

Resolución: * Posición del objeto:

$$A_L = \frac{y'}{y} = \frac{s'}{s} \Rightarrow s = \frac{s'}{A_L} = \frac{1'5}{-0'5} = \boxed{-3 \text{ m}}$$

* Distancia focal de la lente:

$$\frac{1}{s'} - \frac{1}{s} = \frac{1}{f'} \Rightarrow \frac{1}{f'} = \frac{1}{1'5} - \frac{1}{-3} = 1 \Rightarrow f' = \frac{1}{1} = \boxed{1 \text{ m}}$$

Comentario: criterio de signos, normas DIN: las distancias hacia la derecha y hacia arriba son positivas. Las distancias hacia la izquierda y hacia abajo son negativas. Para obtener gráficamente la imagen, se trazan dos rayos: el que pasa por el centro óptico no sufre desviación y el que va paralelo al eje óptico se desvía hasta el foco.

En las lentes convergentes, f ' > 0. Como s ' > 0, la imagen es real, pues se forma a la derecha de la lente, por cruce directo de los rayos. Como $|A_L|$ < 1, la imagen es disminuida. Al ser A_L < 0, la imagen está invertida.

30) Un rayo de luz monocromático de frecuencia $5 \cdot 10^{14}$ Hz, que se propaga por un medio de índice de refracción n_1 = 1'7, incide sobre otro medio de índice de refracción n_2 = 1'3 formando un ángulo de 25° con la normal a la superficie de separación de ambos medios. i) Haga un esquema y calcule el ángulo de refracción. ii) Determine la longitud de onda del rayo en el segundo medio. iii) ¿Cuál es el ángulo de incidencia crítico a partir del cual este rayo se reflejaría completamente? Razone sus respuestas ayudándose de un esquema. c = $3 \cdot 10^8$ m·s^{-1}.

Datos:

$f = 5 \cdot 10^{14}$ Hz
$n_1 = 1'7$
$n_2 = 1'3$
$\alpha_1 = 25°$
¿α_2?
¿λ_2?
¿α_L?
$c = 3 \cdot 10^8$ m/s

Dibujo:

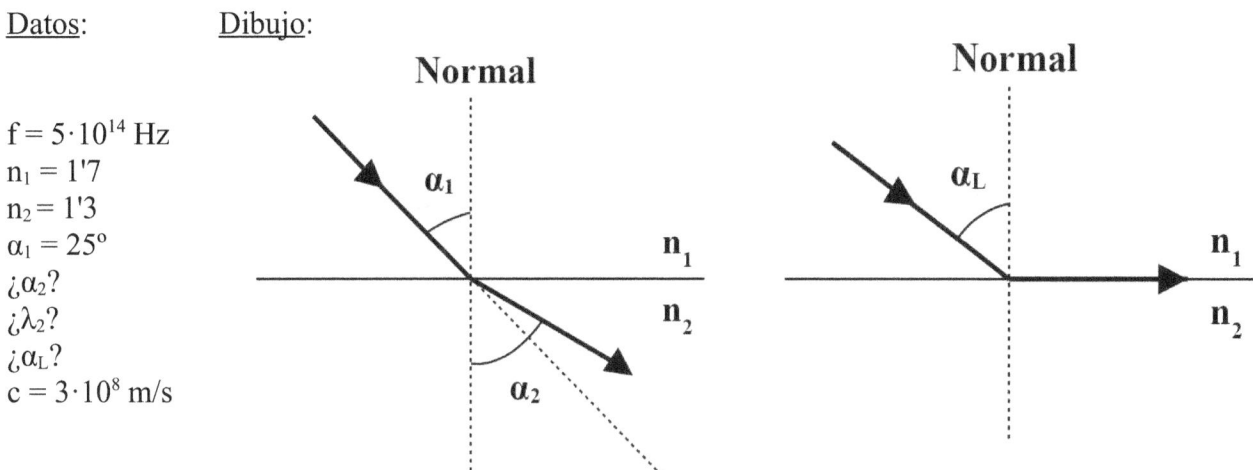

Principio físico: la refracción consiste en que la luz cambia su trayectoria cuando pasa de un medio de un índice de refracción a otro distinto. El ángulo límite es aquel a partir del cual un rayo de luz se refleja al pasar de un medio de mayor a menor índice de refracción.

Método de resolución: usaremos la ley de Snell, la relación entre la longitud de onda y la frecuencia y la condición de ángulo límite en la ley de Snell.

Resolución: * Ángulo de refracción:

$$n_1 \cdot \operatorname{sen} \alpha_1 = n_2 \cdot \operatorname{sen} \alpha_2 \Rightarrow \operatorname{sen} \alpha_2 = \frac{n_1 \cdot \operatorname{sen} \alpha_1}{n_2} = \frac{1'7 \cdot \operatorname{sen} 25°}{1'3} = 0'553 \Rightarrow \boxed{\alpha_2 = 33'6°}$$

* Longitud de onda del rayo en el segundo medio:

$$n_2 = \frac{c}{v_2} \Rightarrow v_2 = \frac{c}{n_2} \;;\; f = \frac{v_2}{\lambda_2} \Rightarrow \lambda_2 = \frac{v_2}{f} = \frac{c}{n_2 \cdot f} = \frac{3 \cdot 10^8}{1'3 \cdot 5 \cdot 10^{14}} = \boxed{4'61 \cdot 10^{-7} \text{ m}}$$

* Ángulo límite:

$$n_1 \cdot \operatorname{sen} \alpha_1 = n_2 \cdot \operatorname{sen} \alpha_2 \Rightarrow n_1 \cdot \operatorname{sen} \alpha_L = n_2 \cdot \operatorname{sen} 90° \Rightarrow \operatorname{sen} \alpha_L = \frac{n_2}{n_1} = \frac{1'3}{1'7} = 0'765 \Rightarrow \boxed{\alpha_L = 49'9°}$$

Comentario: en la refracción, la frecuencia permanece constante al cambiar de medio.

TEMA 7: FÍSICA NUCLEAR

FORMULARIO DE FÍSICA NUCLEAR

* Energía emitida en las reacciones nucleares, E:

$$E = \Delta m \cdot c^2 \quad \text{(J o MeV, megaelectronvoltio)}$$

siendo:
- E: energía desprendida o emitida (J)
- Δm: defecto de masas (kg)
- c: velocidad de la luz en el vacío = $3 \cdot 10^8$ m/s

* Equivalencia de energías: 1 MeV = $1'602 \cdot 10^{-13}$ J

* Defecto másico, Δm:

$$\Delta m = \left| \sum m_{productos} - \sum m_{reactivos} \right| \quad \text{(kg)}$$

siendo:
- Δm: defecto de masa (kg)
- $m_{productos}$: masa de los productos obtenidos (kg)
- $m_{reactivos}$: masa de los reactivos (kg)

* Energía de enlace, E_e:

$$E_e = \Delta m \cdot c^2 \quad \text{(J)}$$

* Defecto másico de un núcleo, Δm:

$$\Delta m = \left| m_{núcleo} - \sum m_{partículas\ que\ lo\ forman} \right| = \left| m_{núcleo} - Z \cdot m_p - (A - Z) \cdot m_n \right| \quad \text{(kg)}$$

* Energía de enlace por nucleón, E_n:

$$E_n = \frac{E_e}{A} \quad \text{(J o MeV)}$$

siendo:
- E_e: energía de enlace (J)
- A: número másico = nº neutrones + nº protones

* Actividad, A:

$$A = -\frac{dN}{dt} = \lambda \cdot N \quad \text{(Bq)}$$

siendo:
- A: actividad (Bq, bequerel)
- λ: constante de desintegración (s^{-1})
- N: número de núcleos (núcleos)

* Número de átomos que hay en un momento dado, N:

$$N = N_0 \cdot e^{-\lambda \cdot t} \quad \text{(núcleos)}$$

siendo:
N: número de núcleos tras el tiempo t (núcleos)
N_0: número de núcleos iniciales (núcleos)
λ: constante de desintegración (s^{-1})
t: tiempo (s)

* Masa de sustancia radiactiva en un momento dado, m:

$$m = m_0 \cdot e^{-\lambda \cdot t} \quad \text{(kg)}$$

* Número de moles de sustancia radiactiva en un momento dado, n:

$$n = n_0 \cdot e^{-\lambda \cdot t} \quad \text{(kg)}$$

* Actividad de sustancia radiactiva en un momento dado, A:

$$A = A_0 \cdot e^{-\lambda \cdot t} \quad \text{(Bq)}$$

* Constante de desintegración, λ:

$$\lambda = \frac{\ln 2}{T_{1/2}} \quad (s^{-1})$$

siendo:
λ: constante de desintegración (s^{-1})
$T_{1/2}$: período de semidesintegración (s)

CUESTIONES DE FÍSICA NUCLEAR

2024

1) Justifique, indicando los principios que aplica, cuál de las reacciones nucleares propuestas no produce los productos mencionados:

i) $^{14}_{7}N + n \rightarrow {}^{12}_{6}C + p$; ii) $^{28}_{14}Si + \alpha \rightarrow {}^{29}_{15}P + n$

Escribamos las reacciones completas:

i) $^{14}_{7}N + {}^{1}_{0}n \rightarrow {}^{12}_{6}C + {}^{1}_{1}p$; ii) $^{28}_{14}Si + {}^{4}_{2}\alpha \rightarrow {}^{29}_{15}P + {}^{1}_{0}n$

Los núcleos atómicos se simbolizan así: $^{A}_{Z}X$. Siendo:

A: número másico = número de neutrones + número de protones

Z: número atómico = número de protones

En las reacciones nucleares, se conservan A y Z, es decir, se conservan la masa y la carga. La suma de los números másicos en los reactivos debe ser la misma que la de los productos y la suma de los números atómicos en los reactivos debe ser la misma que en los productos.

La reacción i) no produce los efectos mencionados pues no se conserva A: $14 + 1 \neq 12 + 1$. El número atómico sí se conserva.

La reacción ii) tampoco produce los efectos deseados, pues no se conservan A ni Z:
$28 + 4 \neq 29 + 1$; $14 + 2 \neq 15 + 0$

2023

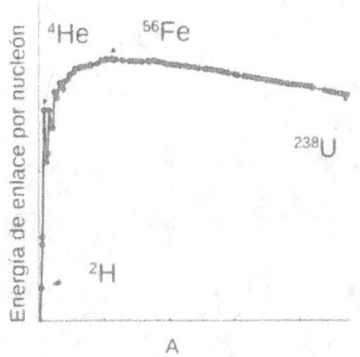

2) Basándose en la gráfica, razone si las siguientes afirmaciones son verdaderas o falsas:

i) El $^{238}_{92}U$ es más estable que el $^{56}_{26}Fe$.

ii) El $^{4}_{2}He$ es más estable que el $^{2}_{1}H$, por lo que al producirse la fusión nuclear de dos núcleos de $^{2}_{1}H$ se desprende energía.

i) Falsa, pues el $^{238}_{92}U$ tiene menor energía de enlace por nucleón que el $^{56}_{26}Fe$.

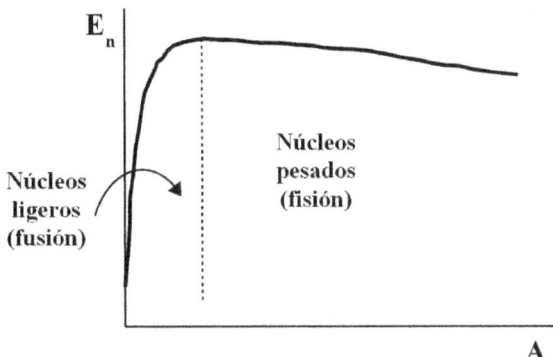

La energía de enlace por nucleón es una magnitud que nos indica la estabilidad de un núcleo. Representa el promedio de energía desprendida por cada partícula que compone el núcleo:

$E_n = \dfrac{E_e}{A}$ siendo: E_e: energía de enlace y A: número másico. Cuanto mayor sea la energía desprendida por nucleón (protón o neutrón) mayor es la estabilidad del núcleo.

Se observa que la energía E_n y, por consiguiente, la estabilidad, crecen en los núcleos ligeros hasta alcanzar al hierro, que es el más estable. En los núcleos pesados, decrece al aumentar la masa nuclear. Esto tiene una consecuencia importante: en las reacciones nucleares se tiende a llegar a núcleos más estables.

ii) Verdadera. Si unimos dos núcleos ligeros para formar uno más pesado (fusión nuclear), en el total del proceso se desprenderá energía. Y si rompemos un núcleo pesado en dos más ligeros (fisión nuclear) también se desprenderá energía. Los procesos contrarios no son viables energéticamente.

Caso de existir una reacción nuclear, los núcleos ligeros buscan la estabilidad mediante la fusión. Caso de existir reacción nuclear, los núcleos pesados buscan la estabilidad mediante la fisión.

---

3) Se tienen dos muestras radiactivas de dos elementos diferentes, ambas con el mismo número inicial de núcleos. La constante radiactiva de un elemento es el doble que la del otro. i) Deduzca cómo cambia con el tiempo la relación entre el número de núcleos de las dos muestras. ii) Determine cómo varía con el tiempo la relación entre las actividades de las dos muestras.

i) Según la ley de desintegración radiactiva: $N = N_0 \cdot e^{-\lambda \cdot t}$

$$\dfrac{N_2}{N_1} = \dfrac{e^{-\lambda_2 \cdot t}}{e^{-\lambda_1 \cdot t}} = e^{(\lambda_1 - \lambda_2) \cdot t} \quad ; \quad \lambda_2 = 2 \cdot \lambda_1 \quad \Rightarrow \quad \dfrac{N_2}{N_1} = e^{(\lambda_1 - \lambda_2) \cdot t} = e^{(\lambda_1 - 2 \cdot \lambda_1) \cdot t} = e^{-\lambda_1 \cdot t}$$

Al ser: $e^{-\lambda_1 \cdot t} < 1 \Rightarrow \dfrac{N_2}{N_1} < 1 \Rightarrow N_2 < N_1$

El número de núcleos de la muestra 2 es menor que el de la muestra 1 para el mismo tiempo.

ii) La actividad es: $A = -\lambda \cdot N$, luego:

$$\dfrac{A_2}{A_1} = \dfrac{-\lambda_2 \cdot N_2}{-\lambda_1 \cdot N_1} = \dfrac{\lambda_2 \cdot N_2}{\lambda_1 \cdot N_1} = \dfrac{2 \cdot \lambda_1 \cdot N_2}{\lambda_1 \cdot N_1} = \dfrac{2 \cdot N_2}{N_1} = 2 \cdot e^{-\lambda_1 \cdot t}$$

Al ser: $2 \cdot e^{-\lambda_1 \cdot t} < 1 \Rightarrow \dfrac{A_2}{A_1} < 1 \Rightarrow A_2 < A_1$

La actividad de la muestra 2 es inferior a la de la muestra 1.

4) i) Explique el concepto de actividad de una muestra radiactiva. ii) Obtenga de forma razonada la expresión que relaciona esta magnitud y el periodo de semidesintegración.

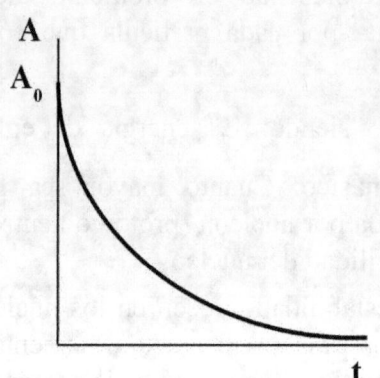

i) La magnitud $-\dfrac{dN}{dt}$ se denomina actividad de una muestra radiactiva e indica la rapidez con la que se desintegra una muestra, es decir, el número de desintegraciones por segundo que ocurren en un instante determinado. En el sistema internacional se mide en becquerel, Bq.

$$1\ Bq = 1\ \dfrac{desintegración}{s}$$

La fórmula de la actividad es: $A = -\dfrac{dN}{dt} = \lambda \cdot N$, siendo:

N: número de núcleos en un tiempo determinado.
t: tiempo (s).
λ: constante de desintegración (s^{-1}).

ii) $A = -\dfrac{dN}{dt} = \lambda \cdot N \ \Rightarrow \ -dN = \lambda \cdot N \cdot dt \ \Rightarrow \ \dfrac{dN}{N} = -\lambda \cdot dt \ \Rightarrow \ \int_{N_0}^{N} \dfrac{dN}{N} = -\int_{0}^{t} \lambda \cdot dt \ \Rightarrow$

$\Rightarrow \ \ln \dfrac{N}{N_0} = -\lambda \cdot t \ \Rightarrow \ N = N_0 \cdot e^{-\lambda \cdot t}$

Al ser: $N = \dfrac{A}{\lambda}$ y $N_0 = \dfrac{A_0}{\lambda} \ \Rightarrow \ \dfrac{A}{\lambda} = \dfrac{A_0}{\lambda} \cdot e^{-\lambda \cdot t} \ \Rightarrow \ A = A_0 \cdot e^{-\lambda \cdot t}$

La relación entre la constante radiactiva y el período de semidesintegración es: $\lambda = \dfrac{\ln 2}{T_{1/2}}$

Luego: $A = A_0 \cdot e^{-\lambda \cdot t} \ \Rightarrow \ A = A_0 \cdot \exp(-\lambda \cdot t) \ \Rightarrow \ A = A_0 \cdot \exp\left(-\dfrac{\ln 2}{T_{1/2}} \cdot t\right)$

---

5) i) Explique el defecto de masa del núcleo y su relación con la estabilidad nuclear. ii) Apoyándose en una gráfica, indique cómo varía la estabilidad nuclear con el número másico.

i) El defecto de masa o defecto másico de un núcleo es la diferencia entre la masa de ese núcleo y la masa total de sus partículas constituyentes:

$$\Delta m = |\ m_{núcleo} - \sum m_{partículas\ que\ lo\ forman}\ | = |\ m_{núcleo} - Z \cdot m_p - (A - Z) \cdot m_n\ |$$

La masa nuclear es menor que la suma de las masas de sus partículas por separado. Aunque la masa es perdida, se suele tomar en valor absoluto.

Esa masa se ha transformado en energía mediante la ecuación de Einstein: $E_e = \Delta m \cdot c^2$

Esa energía se invierte en darle cohesión y estabilidad al núcleo atómico en forma de energía de enlace. Ese enlace representa la interacción nuclear fuerte.

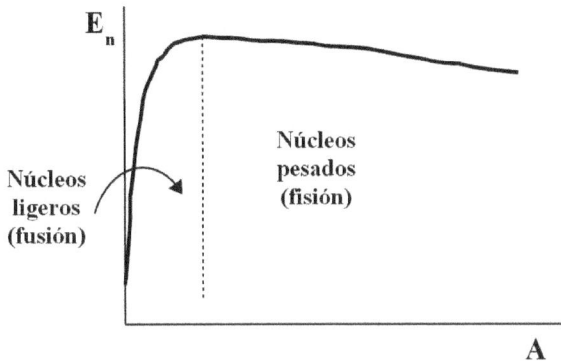

Enlace por nucleón frente a número másico

ii) La estabilidad de un núcleo viene dada por la magnitud E_n, la energía de enlace por nucleón. Los núcleos ligeros inestables tienden a estabilizarse mediante fusión nuclear y los núcleos pesados inestables tienden a estabilizarse mediante fisión nuclear.

Según la gráfica, el máximo de E_n y, por lo tanto, el máximo de estabilidad corresponde a un núcleo de hierro. Los núcleos más ligeros e inestables que el hierro tienden a la fusión y los más pesados e inestables que el hierro tienden a la fisión.

---

6) i) Explique el concepto de periodo de semidesintegración de una muestra radiactiva. ii) Obtenga de forma razonada la relación entre el periodo de semidesintegración y la constante radiactiva.

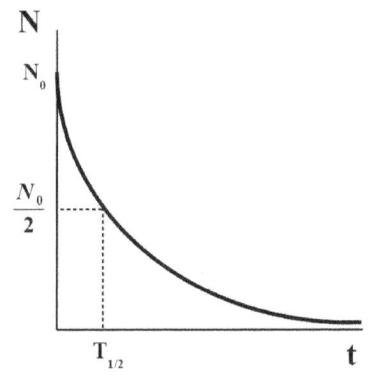

Período de semidesintegración

i) El período de semidesintegración, $T_{1/2}$, es el tiempo que tarda el número de núcleos iniciales en reducirse hasta la mitad.

ii) A partir de la ley de desintegración radiactiva:

$N = N_0 \cdot e^{-\lambda \cdot t} \Rightarrow \dfrac{N_0}{2} = N_0 \cdot \exp(-\lambda \cdot T_{1/2}) \Rightarrow \dfrac{1}{2} = \exp(-\lambda \cdot T_{1/2}) \Rightarrow$

$\Rightarrow \ln \dfrac{1}{2} = -\lambda \cdot T_{1/2} \Rightarrow \ln 1 - \ln 2 = -\lambda \cdot T_{1/2} \Rightarrow 0 - \ln 2 = -\lambda \cdot T_{1/2} \Rightarrow \ln 2 = \lambda \cdot T_{1/2} \Rightarrow$

$\Rightarrow \lambda = \dfrac{\ln 2}{T_{1/2}}$

---

7) Responda razonadamente si las siguientes afirmaciones son ciertas o falsas: i) La masa de un núcleo atómico es siempre igual a la suma de las masas de los nucleones que lo componen. ii) Un proceso de fisión nuclear ocurre cuando dos núcleos se unen para formar un núcleo más estable que los dos iniciales.

i) Falso. La masa de un núcleo atómico es siempre inferior. Los nucleones son los neutrones y los protones que hay en el núcleo. Parte de la masa de estos nucleones, lo que se llama el defecto másico, se invierte en darle cohesión y estabilidad al núcleo atómico en forma de energía de enlace. Ese enlace representa la interacción nuclear fuerte.

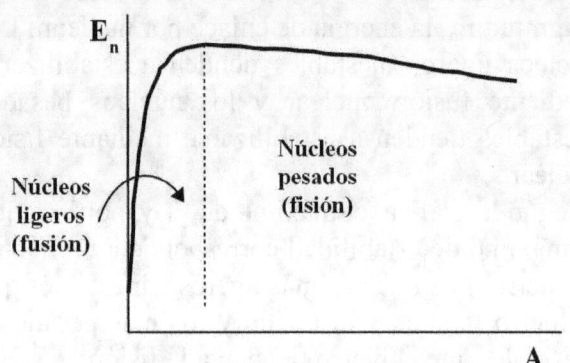

Enlace por nucleón frente a número másico

ii) Falso.
Un proceso de fisión nuclear ocurre cuando un núcleo pesado inestable se separa en dos o más núcleos más ligeros y estables que el núcleo inicial.
La estabilidad de un núcleo viene dada por la magnitud E_n, la energía de enlace por nucleón. Los núcleos ligeros inestables tienden a estabilizarse mediante fusión nuclear y los núcleos pesados inestables tienden a estabilizarse mediante fisión nuclear.

Según la gráfica, el máximo de E_n y, por lo tanto, el máximo de estabilidad corresponde a un núcleo de hierro. Los núcleos más ligeros e inestables que el hierro tienden a la fusión y los más pesados e inestables que el hierro tienden a la fisión.

2022

8) i) Defina defecto de masa y energía de enlace de un núcleo. ii) Indique razonadamente cómo están relacionadas entre sí ambas magnitudes.

i) El defecto de masa es la diferencia entre la masa de un núcleo y la suma de las masas de sus partículas constituyentes. La energía de enlace de un núcleo es la cantidad de energía desprendida cuando se forma un núcleo a partir de sus partículas constituyentes; también se puede considerar como la energía necesaria para disgregar un núcleo en sus partículas constituyentes.

ii) Ambas magnitudes están relacionadas mediante la ecuación de Einstein: $E_e = |\Delta m| \cdot c^2$
siendo: E_e: energía de enlace (J)
                 $|\Delta m|$: valor absoluto del defecto de masa (kg)
                 c: velocidad de la luz ($= 3 \cdot 10^8$ m/s)

Cuando se forma un núcleo mediante la unión de sus protones y neutrones, se observa que la masa nuclear es menor que la suma de las masas de las partículas por separado. Se ha perdido masa en el proceso de formación. Esa masa se ha transformado en energía en forma de radiación. La energía de enlace nuclear se deriva de la interacción nuclear fuerte entre neutrones y protones.

---

9) Razone cuáles de los siguientes productos podría ser el resultado de la fisión de $^{235}_{92}U$ tras absorber un neutrón: i) $^{209}_{82}Pb + 5\,\alpha + 2\,p + 5\,n$; ii) $^{90}_{38}Sr + ^{140}_{54}Xe + 6\,n$

En las reacciones nucleares, se conservan el número másico (A) y el número atómico (Z). Las dos reacciones propuestas serían:

i) $^{235}_{92}U + ^{1}_{0}n \rightarrow ^{209}_{82}Pb + 5\,^{4}_{2}He + 2\,^{1}_{1}p + 5\,^{1}_{0}n$

$A_{reactivos} = 235 + 1 = 236;\ A_{productos} = 209 + 20 + 2 + 5 = 236$

$Z_{reactivos} = 92 + 0 = 92;\ Z_{productos} = 82 + 10 + 2 + 0 = 94$

A se conserva pero Z no. La reacción es imposible.

ii) $^{235}_{92}U + ^{1}_{0}n \rightarrow ^{90}_{38}Sr + ^{140}_{54}Xe + 6\,^{1}_{0}n$

$A_{reactivos} = 235 + 1 = 236;\ A_{productos} = 90 + 140 + 6 = 236$

$Z_{reactivos} = 92 + 0 = 92;\ Z_{productos} = 38 + 54 + 0 = 92$

A y Z se conservan. La reacción es posible.

---

10) Justifique la veracidad o falsedad de las siguientes afirmaciones: i) La masa de un núcleo atómico es menor que la suma de los nucleones que lo constituyen. ii) La interacción nuclear débil es la responsable de la cohesión del núcleo atómico.

i) Verdadero. Existe lo que se llama un defecto másico. Ese defecto de masa se transforma en energía de enlace, lo que aumenta la estabilidad de los núcleos. La energía correspondiente se obtiene mediante la ecuación de Einstein. La energía de enlace es la energía que hay que aportar para disgregar un núcleo en sus nucleones.
* Defecto de masa:

$$\Delta m = \left| \sum m_{núcleo} - \sum m_{partículas\ que\ lo\ forman} \right| = \left| \sum m_{núcleo} - \sum m_{partículas\ que\ lo\ forman} \right|\ (kg)$$

* Ecuación de Einstein: $E_e = \Delta m \cdot c^2$

ii) Falso. La responsable de la cohesión del núcleo atómico es la interacción nuclear fuerte, que es la fuerza que une protones con neutrones. La interacción nuclear débil es la responsable de los fenómenos radiactivos como la desintegración beta y la fisión nuclear y de cambios en partículas subatómicas; afecta a las partículas llamadas leptones (electrones y neutrinos).

---

11) Justifique la veracidad o falsedad de las siguientes afirmaciones: i) Cuanto mayor es el período de semidesintegración de una sustancia, más rápido se desintegra. ii) El número de núcleos sin desintegrar disminuye linealmente en función del tiempo transcurrido.

i) Falso. Es justo lo contrario. El período de semidesintegración, $T_{1/2}$, es el tiempo necesario para que la muestra inicial disminuya su cantidad hasta la mitad. Cuanto mayor es el período de semidesintegración, se necesita más tiempo para desintegrarse, hay menos desintegraciones por segundo y la desintegración es más lenta.

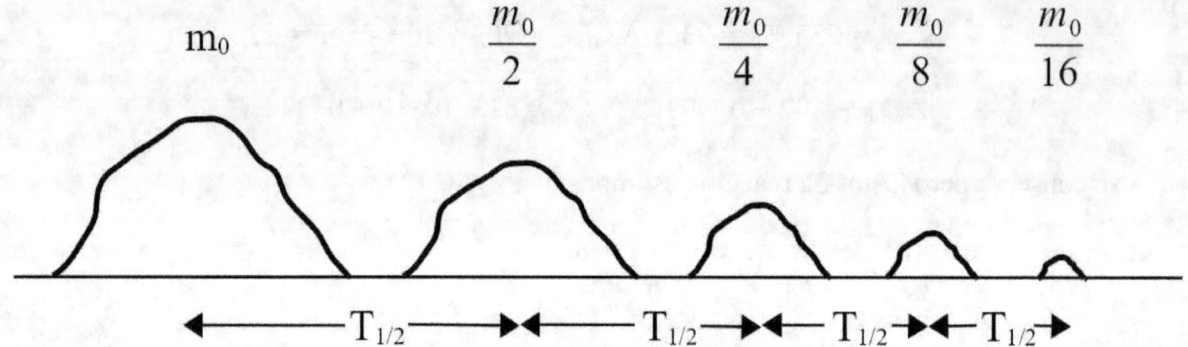

Período de semidesintegración

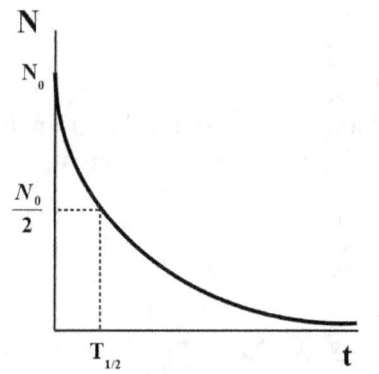

Ley de desintegración radiactiva

ii) Falso. Disminuye exponencialmente siguiendo la ley de desintegración radiactiva:

$$N = N_0 \cdot e^{-\lambda \cdot t}$$

siendo: N: número de núcleos que quedan.
N_0: número de núcleos iniciales.
λ: constante de desintegración.
T: tiempo.

---

12) Justifique la veracidad o falsedad de las siguientes afirmaciones: i) La actividad de una muestra radiactiva es independiente del tiempo. ii) Una muestra radiactiva se desintegra totalmente una vez transcurrido un tiempo igual al doble del período de semidesintegración.

i) Falso. La actividad sí depende del tiempo. La actividad de una muestra radiactiva se define como:

$$A = -\frac{dN}{dt} = \lambda \cdot N = \lambda \cdot N_0 \cdot e^{-\lambda \cdot t}$$

siendo: A: actividad (Bq)
N: número de núcleos en un tiempo t.
λ: constante de desintegración (s^{-1})
N: número de núcleos iniciales.

Indica la rapidez con la que se desintegra la muestra, es decir, el número de desintegraciones por segundo que ocurren en un instante. Se mide en becquerel: $1 \text{ Bq} = 1 \dfrac{desintegración}{s}$

ii) Falso. Éso ocurriría si el número de núcleos desapareciera de una forma lineal. Como el número de núcleos presentes se obtiene mediante una ley exponencial decreciente, en teoría, no desaparece la muestra hasta que pasa un tiempo infinito. A nivel práctico, queda un 1 % de material radiactivo después de unas 7 veces el período de semidesintegración.

---

13) i) Explique qué es un proceso radiactivo. ii) Describa los principales procesos radiactivos que existen en la naturaleza.

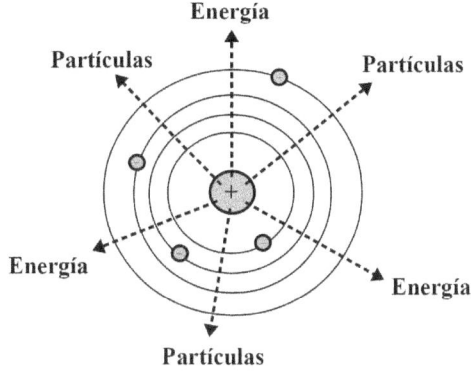

Radiactividad

i) La radiactividad consiste en la emisión natural o artificial de partículas y de energía por parte de núcleos atómicos inestables. Esa inestabilidad puede estar presente de forma natural o conseguirse artificialmente bombardeando núcleos estables con neutrones u otras partículas. Un núcleo es inestable cuando las interacciones culombianas son más importantes que la interacción nuclear fuerte. Ésto ocurre cuando no existe una relación adecuada entre el número de protones y de neutrones.

ii) Los procesos radiactivos de la naturaleza son:
* Desintegración alfa: un núcleo emite una partícula alfa ($^{4}_{2}He$) y se convierte en otro núcleo con un número másico 4 unidades menor y un número atómico 2 unidades menor.
* Desintegración beta: un núcleo emite una partícula beta ($^{0}_{-1}\beta$) y se convierte en otro núcleo con un número másico igual y un número atómico 1 unidades mayor.
* Desintegración gamma: el núcleo pierde energía pero no cambian ni su número másico (A) ni su número atómico (Z).
* Fisión: un núcleo grande se rompe en otros más pequeños, normalmente al ser bombardeado con neutrones. Suelen usarse el uranio o el plutonio.
* Fusión: varios núcleos pequeños se funden para formar un núcleo más grande. Ejemplos: hidrógeno y helio.

2021

14) Represente gráficamente la energía de enlace por nucleón frente al número másico y justifique, a partir de la gráfica, los procesos de fusión y fisión nuclear.

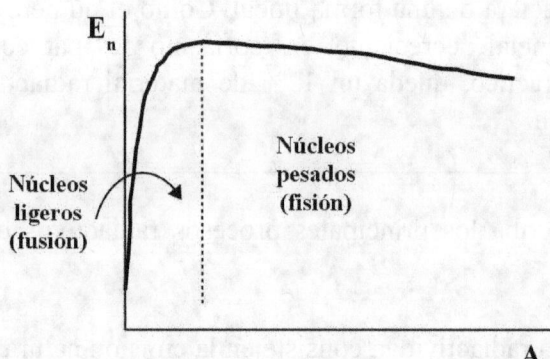

La energía de enlace por nucleón es la que nos indica la estabilidad de un núcleo. Representa el promedio de energía desprendida por cada partícula que compone el núcleo:

$E_n = \dfrac{E_e}{A}$ siendo: E_e: energía de enlace y A: número másico. Cuanto mayor sea la energía desprendida por nucleón (protón o neutrón) mayor es la estabilidad del núcleo.

Se observa que la energía E_n y, por consiguiente, la estabilidad, crecen en los núcleos ligeros hasta alcanzar al hierro, que es el más estable. En los núcleos pesados, decrece al aumentar la masa nuclear. Esto tiene una consecuencia importante: en las reacciones nucleares se tiende a llegar a núcleos más estables.

Si unimos dos núcleos ligeros para formar uno más pesado (fusión nuclear), en el total del proceso se desprenderá energía. Y si rompemos un núcleo pesado en dos más ligeros (fisión nuclear) también se desprenderá energía. Los procesos contrarios no son viables energéticamente.

Caso de existir una reacción nuclear, los núcleos ligeros buscan la estabilidad mediante la fusión. Caso de existir reacción nuclear, los núcleos pesados buscan la estabilidad mediante la fisión.

---

15) Discuta razonadamente la veracidad de las siguientes afimaciones: i) La masa de un núcleo es siempre menor que la suma de las masas de los protones y neutrones que lo forman. ii) En una emisión alfa, el número másico decrece en dos unidades y el número atómico en una.

i) Correcto. Es lo que se llama defecto de masa. Ese defecto de masa se transforma en energía de enlace, lo que aumenta la estabilidad de los núcleos. La energía correspondiente se obtiene mediante la ecuación de Einstein. La energía de enlace es la energía que hay que aportar para disgregar un núcleo en sus nucleones.
* Defecto de masa:

$$\Delta m = \left| \sum m_{núcleo} - \sum m_{\text{partículas que lo forman}} \right| = \left| \sum m_{núcleo} - \sum m_{\text{partículas que lo forman}} \right| \text{ (kg)}$$

* Ecuación de Einstein: $E_e = \Delta m \cdot c^2$

ii) Falso. El número másico decrece en 4 unidades y el número atómico en 2.

$$^{A}_{Z}X \rightarrow ^{4}_{2}He + ^{A-4}_{Z-2}Y$$

Según las leyes de desplazamiento de Soddy y Fajans, cuando un núcleo emite una partícula alfa (α o $^{4}_{2}\alpha$ o $^{4}_{2}He$), su número másico A disminuye 4 unidades y su número atómico disminuye 2 unidades. Se transforma en un elemento situado dos lugares a la izquierda en la tabla periódica.

16) Discuta razonadamente la dependencia de la energía de enlace por nucleón con: i) El número másico del núcleo. ii) La estabilidad del núcleo.

i) La energía de enlace por nucleón es la energía de enlace nuclear entre el número de partículas que hay en un núcleo (nucleones).

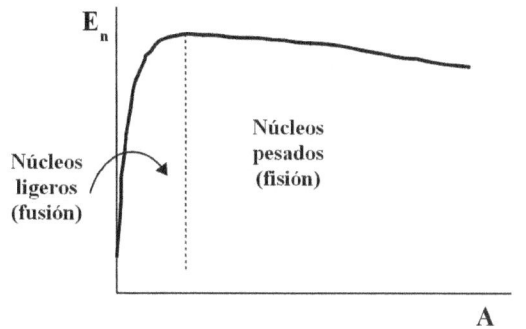

Energía de enlace frente a número másico

Existe un valor óptimo, un valor máximo de la energía de enlace con respecto al número másico: corresponde al núcleo de hierro. Todos los núcleos inestables tienden a acercarse a este valor óptimo. Por eso, los núcleos ligeros (los más ligeros que el hierro) tienden a fusionarse y los más pesados (los más pesados que el hierro) tienden a fisionarse. De esta forma, el número másico del núcleo resultante se acercaría al del núcleo de hierro.

ii) La energía de enlace por nucleón está directamente ligada con la estabilidad nuclear: a mayor energía de enlace por nucleón, mayor estabilidad nuclear. Esa energía representaría la energía necesaria para arrancar un nucleón del núcleo.

---

17) Discuta razonadamente la veracidad de la siguiente afirmación: "La radiación beta es sensible a campos magnéticos, mientras que la gamma no".

Es correcto. La radiación beta consiste en electrones rápidos procedentes de la desintegración de neutrones en el núcleo. La radiación gamma es energía electromagnética. Es decir, la radiación beta consiste en partículas cargadas y la radiación gamma, no.

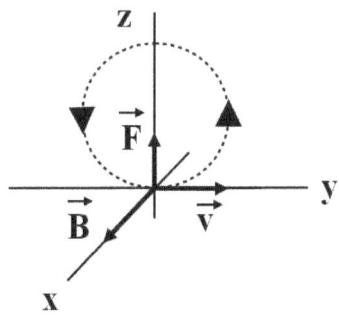

Radiación beta en campo magnético

Según la ley de Lorentz, una carga en movimiento en el seno de un campo magnético experimenta una fuerza magnética siempre que el vector velocidad, $\vec{v}$, de la partícula y el vector campo magnético, $\vec{B}$, formen un ángulo distinto de 0° o de 180°. Ley de Lorentz:

Forma vectorial: $\vec{F}_m = Q \cdot \vec{v} \times \vec{B}$

Forma escalar: $F_m = Q \cdot v \cdot B \cdot \text{sen } \alpha$

---

18) Discuta razonadamente los tipos de emisiones radiactivas que pueden producirse en el núcleo de los átomos y las características que posee cada una de ellas.

Son las siguientes:

Rayos	Naturaleza	Comportamiento frente a campos magnéticos	Penetrabilidad	Símbolo
Alfa (α)	Núcleos de $^4_2He^{2+}$	Se desvían	Baja	$^4_2\alpha$
Beta (β)	Electrones	Se desvían	Mediana	$^{\ 0}_{-1}\beta$
Gamma (γ)	Radiación electromagnética	No se desvían	Alta	γ

Las partículas α son núcleos de helio desprovistos de electrones: tienen dos neutrones y dos protones. Las partículas beta son electrones rápidos provenientes de la desintegración de neutrones en el núcleo: $^1_0n \Rightarrow {}^1_1p + {}^{\ 0}_{-1}e + {}^0_0\bar{\nu}$. La partícula $^0_0\bar{\nu}$ es un antineutrino. Las partículas alfa y beta sí se alteran por los campos magnéticos porque son partículas cargadas; la radiación gamma no lo hace porque es energía electromagnética, no consiste en iones.

---

19) i) Indique cuáles son las interacciones fundamentales de la naturaleza y explique brevemente las características de cada una. ii) Explique cuál o cuáles de ellas están relacionadas con la estabilidad nuclear.

i) a) Interacción gravitatoria:
- Afecta a cuerpos con masa. Es, por tanto, una interacción universal.
- Es siempre atractiva, tiende a acercar a los cuerpos.
- Es de largo alcance, llega hasta el infinito. Su intensidad disminuye con el cuadrado de la distancia.
- Es la más débil de las cuatro interacciones. Su constante característica es:
$$G = 6'67 \cdot 10^{-11} \ \frac{N \cdot m^2}{kg^2}$$
- Su intensidad es independiente del medio en el que estén ambos cuerpos.
- Explica lo siguiente: el peso, la caída de los cuerpos, el movimiento de los cuerpos celestes.

b) Interacción electromagnética:
- Afecta a cuerpos con carga eléctrica. La carga puede ser positiva o negativa.
- Puede ser atractiva o repulsiva, según el signo de las cargas. Las cargas de igual signo se repelen y las de signos opuestos se atraen.
- Es de largo alcance, llega hasta el infinito. Su intensidad disminuye con el cuadrado de la distancia.
- Es una interacción fuerte. Su constante característica es:
$$K = 9 \cdot 10^9 \ \frac{N \cdot m^2}{C^2}$$
- Su intensidad depende del medio en el que estén ambos cuerpos.

- Explica lo siguiente: las fuerzas por contacto, la estructura de átomos y moléculas, las reacciones químicas, los fenómenos eléctricos y magnéticos.

c) Interacción nuclear fuerte:
- Afecta a partículas constituidas por quarks (protones y neutrones). No afecta a los electrones.
- Es atractiva.
- Es de muy corto alcance (aproximadamente 10^{-15} m, el tamaño del núcleo atómico).
- Es la más fuerte de las interacciones, con mucha diferencia.
- Explica lo siguiente: la estructura del núcleo atómico y las reacciones nucleares.

d) Interacción nuclear débil:
- Afecta a las partículas llamadas leptones (electrones y neutrinos).
- No es propiamente atractiva ni repulsiva. Es la responsable de la transformación de unas partículas en otras.
- Es de muy corto alcance (aproximadamente de unos 10^{-16} m).
- Es una interacción débil, aunque más fuerte que la gravitatoria.
- Explica lo siguiente: la radiactividad, los cambios en las partículas subatómicas, las supernovas.
  Orden de intensidad de las interacciones:
  Nuclear fuerte > Electromagnética > Nuclear débil > Gravitatoria

ii) Las que están relacionadas con la estabilidad nuclear son la fuerza electromagnética, la interacción fuerte y la interacción débil. En el núcleo atómico hay dos tendencias: la repulsiva, provocada por la interacción culombiana entre protones y la atractiva provocada por la interacción nuclear fuerte entre protones y neutrones. Si la interacción fuerte es mayor que la interacción culombiana, el núcleo es estable; en caso contrario, el núcleo es radiactivo. La interacción débil es la responsable de la desintegración de un neutrón.

2020

20) Escriba las expresiones de las leyes de desplazamiento radiactivo de las emisiones alfa, beta y gamma. Razone si pueden desviarse las trayectorias de estas emisiones mediante un campo eléctrico.

* Leyes de desplazamiento de Soddy y Fajans:
- Cuando un núcleo emite una partícula alfa (α o $^4_2\alpha$ o ^4_2He), su número másico A disminuye 4 unidades y su número atómico disminuye 2 unidades. Se transforma en un elemento situado dos lugares a la izquierda en la tabla periódica.
- Cuando un núcleo emite una partícula beta (β o $^{\ 0}_{-1}\beta$), su número másico permanece constante y su número atómico aumenta en una unidad. Se transforma en un elemento situado un lugar a la derecha en la tabla periódica.
- Cuando un núcleo emite una partícula gamma (γ), su número másico no se altera y su número atómico tampoco, es decir, continúa siendo del mismo elemento químico.

* Expresiones de las leyes de desplazamiento radiactivo:
- Para la emisión alfa: $^A_Z X \rightarrow {}^4_2 He + {}^{A-4}_{Z-2} Y$
- Para la emisión beta: $^A_Z X \rightarrow {}^{\ 0}_{-1} e + {}^{\ A}_{Z+1} Y + {}^0_0 \bar{\nu}$

La partícula $_{0}^{0}\bar{\nu}$ es un neutrino.

- Para la emisión gamma: $_{Z}^{A}X \rightarrow \, _{Z}^{A}X + _{0}^{0}\gamma$

* Un campo eléctrico provoca una fuerza sobre una carga que viene dada por: $\vec{F}_E = Q \cdot \vec{E}$. Si la partícula no está cargada, no sufrirá desviación por parte del campo eléctrico. Esto es lo que ocurre con las emisiones gamma. Si la partícula está cargada, el efecto del campo eléctrico dependerá del signo de la carga y del sentido del vector velocidad. Los casos más comunes son:

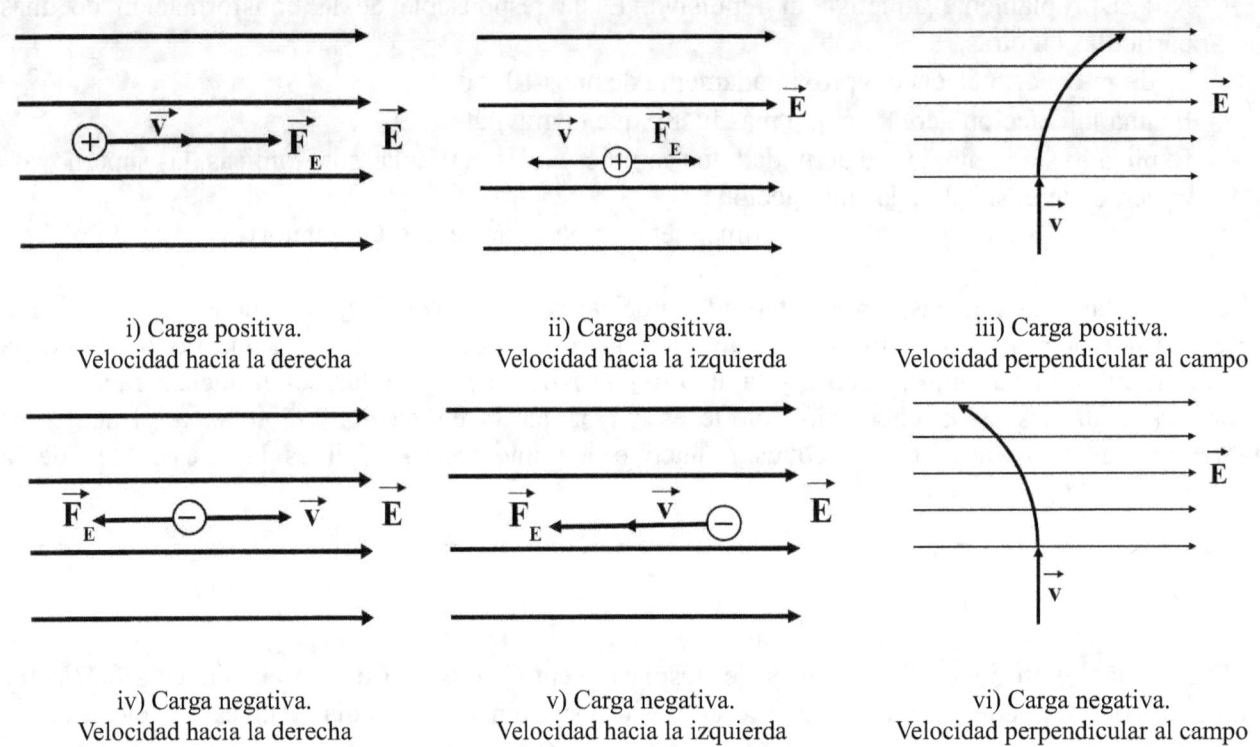

i) Carga positiva. Velocidad hacia la derecha

ii) Carga positiva. Velocidad hacia la izquierda

iii) Carga positiva. Velocidad perpendicular al campo

iv) Carga negativa. Velocidad hacia la derecha

v) Carga negativa. Velocidad hacia la izquierda

vi) Carga negativa. Velocidad perpendicular al campo

En los casos i) y v), hay un MRUA. En los casos ii) y iv), hay un movimiento desacelerado. En los casos iii) y vi), hay un movimiento acelerado con trayectoria parabólica.

---

21) Ajuste razonadamente las siguientes reacciones nucleares:

$$_{13}^{27}Al + _{2}^{4}He \rightarrow \, _{15}^{30}P + _{Z}^{A}X$$

$$_{11}^{23}Na + _{1}^{2}H \rightarrow \, _{11}^{24}Na + _{Z}^{A}X$$

Un núcleo puede simbolizarse de la forma: $_{Z}^{A}X$, siendo A el número másico (número de neutrones más protones) y Z el número atómico (número de protones).

En las reacciones nucleares, el número másico, A, y el número atómico, Z, se conservan, es decir, la suma de los números másicos de los reactivos es igual a la suma de números másicos en los productos y las suma de números atómicos en los reactivos es igual a la suma de números atómicos en los productos.

a) $27 + 4 = 30 + A \Rightarrow A = 27 + 4 - 30 = 31 - 30 = 1$; $13 + 2 = 15 + Z \Rightarrow Z = 15 - 15 = 0$

Luego el núcleo X es un neutrón: $^{1}_{0}n$.

b) $23 + 2 = 24 + A \Rightarrow A = 23 + 2 - 24 = 25 - 24 = 1$; $11 + 1 = 11 + Z \Rightarrow Z = 12 - 11 = 1$

Luego el núcleo X es un protón: $^{1}_{1}p$ O bien así: $^{1}_{1}H$.

Las reacciones completas serían:

$$^{27}_{13}Al + ^{4}_{2}He \rightarrow ^{30}_{15}P + ^{1}_{0}n$$

$$^{23}_{11}Na + ^{2}_{1}H \rightarrow ^{24}_{11}Na + ^{1}_{1}H$$

---

22) El isótopo $^{238}_{92}U$, tras diversas desintegraciones α y β, da lugar al isótopo $^{214}_{82}Pb$. Calcule, razonadamente, cuántas partículas α y cuántas β se emiten por cada átomo de $^{214}_{82}Pb$ formado.

Una desintegración α consiste en emitir una partícula α y una desintegración β consiste en emitir una partícula β. Según las leyes de desplazamiento de Soddy y Fajans:

* Cuando un núcleo emite una partícula alfa (α o $^{4}_{2}\alpha$ o $^{4}_{2}He$), su número másico A disminuye 4 unidades y su número atómico disminuye 2 unidades. Se transforma en un elemento situado dos lugares a la izquierda en la tabla periódica.

* Cuando un núcleo emite una partícula beta (β o $^{0}_{-1}\beta$), su número másico permanece constante y su número atómico aumenta en una unidad. Se transforma en un elemento situado un lugar a la derecha en la tabla periódica.

Un núcleo puede simbolizarse de la forma: $^{A}_{Z}X$, siendo A el número másico (número de neutrones más protones) y Z el número atómico (número de protones). En las reacciones nucleares, el número másico, A, y el número atómico, Z, se conservan, es decir, la suma de los números másicos de los reactivos es igual a la suma de números másicos en los productos y las suma de números atómicos en los reactivos es igual a la suma de números atómicos en los productos.

* Reacción nuclear con incógnitas: $^{238}_{92}U \rightarrow ^{214}_{82}Pb + a\,^{4}_{2}He + b\,^{0}_{-1}\beta$

* Conservación de A: $238 = 214 + 4 \cdot a + 0 \cdot b \Rightarrow a = \dfrac{238-214}{4} = \dfrac{24}{4} = 6$

* Conservación de Z: $92 = 82 + 2 \cdot a - b \Rightarrow b = 82 + 2 \cdot a - 92 = 82 + 2 \cdot 6 - 92 = 82 + 12 - 92 = 2$

* Reacción nuclear ajustada: $^{238}_{92}U \rightarrow \, ^{214}_{82}Pb + 6\,^{4}_{2}He + 2\,^{0}_{-1}\beta$

---

23) i) Defina energía de enlace nuclear. Escriba la expresión correspondiente al principio de equivalencia masa-energía y explique su significado. ii) ¿Qué magnitud nos permite comparar la estabilidad nuclear? Defínala y escriba su expresión de cálculo.

i) La energía de enlace nuclear, E_e, es la energía que hay que aportar para disgregar un núcleo en sus nucleones (protones y neutrones).

* Expresión del principio de equivalencia masa-energía o ecuación de Einstein: $E_e = \Delta m \cdot c^2$

Cuanto mayor sea la energía de enlace, mayor será la energía necesaria para descomponer al núcleo en sus nucleones constituyentes. Esta energía proviene del defecto de masa, es decir, de la diferencia entre la masa de un núcleo y la suma de las masas de sus nucleones constituyentes.

$$\Delta m = \left| \sum m_{núcleo} - \sum m_{partículas\ que\ lo\ forman} \right| = \left| \sum m_{núcleo} - \sum m_{partículas\ que\ lo\ forman} \right| \text{ (kg)}$$

ii) La magnitud que nos permite comparar la estabilidad nuclear es la energía de enlace por nucleón, E_n.

$$E_n = \frac{E_e}{A}$$

La energía de enlace por nucleón es el promedio de energía desprendida por cada partícula que compone el núcleo cuando se forma un núcleo determinado.

---

24) El $^{214}_{82}Pb$ emite una partícula alfa y se transforma en mercurio (Hg) que, a su vez, emite una partícula beta y se transforma en talio (Tl). Escriba, razonadamente, las reacciones de desintegración descritas.

* Reacciones: $^{214}_{82}Pb \rightarrow \, ^{4}_{2}He + \, ^{210}_{80}Hg$; $^{210}_{80}Hg \rightarrow \, ^{0}_{-1}\beta + \, ^{210}_{84}Tl$

En las reacciones nucleares, el número másico, A, y el número atómico, Z, se conservan, es decir, la suma de los números másicos de los reactivos es igual a la suma de números másicos en los productos y las suma de números atómicos en los reactivos es igual a la suma de números atómicos en los productos.

Según las leyes de desplazamiento de Soddy y Fajans:

* Cuando un núcleo emite una partícula alfa (α o $^{4}_{2}\alpha$ o $^{4}_{2}He$), su número másico A disminuye 4 unidades y su número atómico disminuye 2 unidades. Se transforma en un elemento situado dos lugares a la izquierda en la tabla periódica.

* Cuando un núcleo emite una partícula beta (β o $^{0}_{-1}\beta$), su número másico permanece constante y su número atómico aumenta en una unidad. Se transforma en un elemento situado un lugar a la derecha en la tabla periódica.

2019

25) El $^{222}_{86}Rn$ se desintegra mediante un proceso alfa y el $^{214}_{82}Rn$ mediante un proceso beta. Describa con detalle los procesos radiactivos de esos isótopos, razonando cuáles son los números atómico y másico de los nucleidos resultantes.

* Reacciones nucleares:

$$^{222}_{86}Rn \rightarrow {}^{4}_{2}He + {}^{218}_{84}Po \quad ; \quad ^{214}_{82}Rn \rightarrow {}^{0}_{-1}\beta + {}^{214}_{83}Bi$$

En las reacciones nucleares, el número másico, A, y el número atómico, Z, se conservan, es decir, la suma de los números másicos de los reactivos es igual a la suma de números másicos en los productos y las suma de números atómicos en los reactivos es igual a la suma de números atómicos en los productos.

Según las leyes de desplazamiento de Soddy y Fajans:

* Cuando un núcleo emite una partícula alfa (α o $^{4}_{2}\alpha$ o $^{4}_{2}He$), su número másico A disminuye 4 unidades y su número atómico disminuye 2 unidades. Se transforma en un elemento situado dos lugares a la izquierda en la tabla periódica.

* Cuando un núcleo emite una partícula beta (β o $^{0}_{-1}\beta$), su número másico permanece constante y su número atómico aumenta en una unidad. Se transforma en un elemento situado un lugar a la derecha en la tabla periódica.

Características de los procesos de emisión radiactiva:

- Radiación alfa: la emisión alfa está formada por núcleos de helio ($^{4}_{2}He$) que son emitidos a gran velocidad. Se trata de partículas que contienen 2 protones (cargas positivas) y 2 neutrones. Debido a su tamaño y a su carga eléctrica tiene poco poder de penetración en la materia, sin embargo tiene un elevado poder ionizante. Se trata de una emisión de corto alcance.

- Radiación beta: la emisión beta está formada por electrones que proceden del núcleo por desintegración de un neutrón. Su carga es negativa y son emitidos a muy elevadas velocidades. Son más pequeños que la radiación alfa, por lo que su poder de penetración es muy superior. Su poder de ionización es relativamente pequeño.

Los electrones se generan a partir de los neutrones del núcleo de esta forma:

$$^{1}_{0}n \rightarrow {}^{1}_{1}p + {}^{0}_{-1}e + {}^{0}_{0}\bar{\nu}$$

en la que un neutrón del núcleo se transforma en un protón mas un electrón (partícula beta) y además se produce una partícula neutra y sin masa (el antineutrino).

---

26) Explique los procesos de fisión y fusión nuclear y justifique el origen de la energía desprendida en cada uno de los casos.

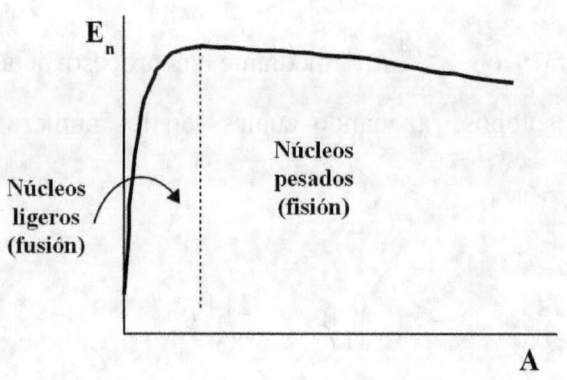

La fusión nuclear es la unión de dos núcleos ligeros (menos pesados que el hierro) para formar uno solo más pesado. Va acompañada de un gran desprendimiento de energía y, en ocasiones, de otras partículas. Las más comunes son:

$$^{2}_{1}H + ^{2}_{1}H \rightarrow ^{4}_{2}He$$

$$^{2}_{1}H + ^{3}_{1}H \rightarrow ^{4}_{2}He + ^{1}_{0}n$$

En estas reacciones se desprenden unos 18 MeV, cantidad menor que la producida en la fisión del uranio. Pero en un gramo de hidrógeno se producen más reacciones que en un gramo de uranio, pues la masa atómica del hidrógeno es mucho menor que la del uranio. En consecuencia, la energía producida por cada gramo de sustancia que reacciona es unas cuatro veces mayor en el caso de la fusión. Pero la fusión tiene un problema especial: para conseguir que choquen los núcleos de hidrógeno, se necesita que tengan una gran energía cinética. Para ello se necesita que el hidrógeno esté a una altísima temperatura (unos 100 millones de grados centígrados). Ahí radica la dificultad de la fusión.

La fisión nuclear consiste en la rotura de un núcleo pesado en otros más ligeros al ser bombardeado con partículas, normalmente neutrones. Generalmente, la fisión va acompañada de desprendimiento de neutrones y energía. Este fenómeno se da para núcleos pesados, es decir, más pesados que el hierro. Los más usuales son ^{235}U y ^{292}Pu. En las centrales nucleares, suele utilizarse uranio como combustible nuclear. Las energías obtenidas son del orden de 200 MeV por cada núcleo de uranio fisionado. En cada reacción de fisión, se desprenden más neutrones de los que se absorben. Los neutrones obtenidos pueden chocar con otros núcleos de uranio y producir más reacciones de fisión y así sucesivamente. Esto es lo que se llama reacción en cadena.

El origen de la energía que producen las reacciones nucleares está en el defecto de masa entre los productos y los reactivos. Este defecto de masa se transforma en energía y es la energía que se desprende.

- Defecto de masa: $\Delta m = \sum m_{productos} - \sum m_{reactivos}$

- Energía desprendida en la reacción: $E = \Delta m \cdot c^2$

---

27) Explique qué se entiende por defecto de masa, energía de enlace de un núcleo y energía de enlace por nucleón. ¿Qué información proporcionan estas magnitudes en relación con la estabilidad nuclear?

El núcleo está constituido por protones y neutrones. Debido a la gran cantidad y proximidad de protones, el núcleo debería ser inestable debido a las repulsiones electrostáticas entre protones. Sin embargo, existen unas fuerzas atractivas que le dan estabilidad al núcleo: la interacción nuclear fuerte entre protones y neutrones. Si las fuerzas atractivas son mayores que las fuerzas repulsivas, el núcleo es estable.

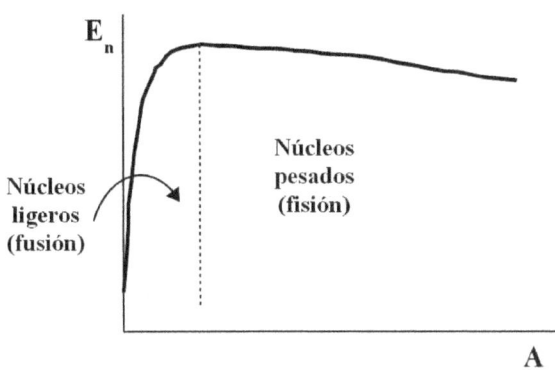

En términos de energía, existe una energía que estabiliza al núcleo, que le da cohesión: es la energía de enlace por nucleón: $E_n = \dfrac{E_e}{A}$. La energía de enlace, E_e, es la energía de enlace. Se obtiene mediante la ecuación de Einstein: $E_e = |\Delta m| \cdot c^2$, siendo Δm el defecto de masa, es decir, la diferencia entre la masa del núcleo y la suma de las masas de sus partículas constituyentes.

La energía de enlace suele expresarse en positivo, luego el Δm se toma en valor absoluto. Se calcula así: $\Delta m = m_{núcleo} - \sum m_{partículas}$. La energía de enlace también puede interpretarse como la energía que hay que suministrar al núcleo para descomponerlo en sus partículas.

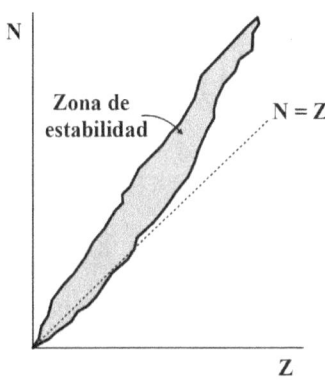

La magnitud que da información sobre la estabilidad nuclear es la energía de enlace por nucleón, E_n. A mayor valor de E_n, mayor estabilidad nuclear.

En la curva N – Z de estabilidad nuclear, los nucleidos estables ligeros están en la zona Z = N y los núcleos estables pesados están en la recta:
$$N = 1'5 \cdot Z$$

Curva N – Z de estabilidad nuclear

---

28) El $^{35}_{16}S$ se desintegra emitiendo radiación beta, y el $^{214}_{84}Po$ emitiendo radiación alfa. Explique cómo es cada uno de los procesos citados y determine las características del nucleido resultante en cada caso.

* Reacciones nucleares: $^{214}_{84}Po \rightarrow {}^{4}_{2}He + {}^{210}_{82}Po$; $^{35}_{16}S \rightarrow {}^{0}_{-1}\beta + {}^{35}_{17}Cl$

En las reacciones nucleares, el número másico, A, y el número atómico, Z, se conservan, es decir, la suma de los números másicos de los reactivos es igual a la suma de números másicos de los productos y la suma de números atómicos de los reactivos es igual a la suma de números atómicos de los productos.

Según las leyes de desplazamiento de Soddy y Fajans:

* Cuando un núcleo emite una partícula alfa (α o $^{4}_{2}\alpha$ o $^{4}_{2}He$), su número másico A disminuye 4 unidades y su número atómico disminuye 2 unidades. Se transforma en un elemento situado dos lugares a la izquierda en la tabla periódica.

* Cuando un núcleo emite una partícula beta (β o $_{-1}^{0}\beta$), su número másico permanece constante y su número atómico aumenta en una unidad. Se transforma en un elemento situado un lugar a la derecha en la tabla periódica.

Características de los procesos de emisión radiactiva:

- Radiación alfa: la emisión alfa está formada por núcleos de helio ($_{2}^{4}He$) que son emitidos a gran velocidad. Se trata de partículas que contienen 2 protones (cargas positivas) y 2 neutrones. Debido a su tamaño y a su carga eléctrica tiene poco poder de penetración en la materia, sin embargo tiene un elevado poder ionizante. Se trata de una emisión de corto alcance.

- Radiación beta: la emisión beta está formada por electrones que proceden del núcleo por desintegración de un neutrón. Su carga es negativa y son emitidos a muy elevadas velocidades. Son más pequeños que la radiación alfa, por lo que su poder de penetración es muy superior. Su poder de ionización es relativamente pequeño.

Los electrones se generan a partir de los neutrones del núcleo de esta forma:

$$_{0}^{1}n \rightarrow {}_{1}^{1}p + {}_{-1}^{0}e + {}_{0}^{0}\bar{\nu}$$

en la que un neutrón del núcleo se transforma en un protón mas un electrón (partícula beta) y además se produce una partícula neutra y sin masa (el antineutrino).

---

29) El $_{83}^{210}Bi$ se desintegra mediante un proceso beta y el $_{11}^{24}Na$ mediante radiación alfa. Escriba y explique el proceso radiactivo de cada isótopo, determinando los números atómico y másico del nucleido resultante.

* Cuando un núcleo emite una partícula alfa (α o $_{2}^{4}\alpha$ o $_{2}^{4}He$), su número másico A disminuye 4 unidades y su número atómico Z disminuye 2 unidades. Se transforma en un elemento situado dos lugares a la izquierda en la tabla periódica: $_{11}^{24}Na \rightarrow {}_{2}^{4}He + {}_{9}^{20}F$

* Cuando un núcleo emite una partícula beta (β o $_{-1}^{0}\beta$ o $_{-1}^{0}e$), su número másico permanece constante y su número atómico aumenta en una unidad. Se transforma en un elemento situado un lugar a la derecha en la tabla periódica: $_{83}^{210}Bi \rightarrow {}_{-1}^{0}e + {}_{84}^{210}Po$

Características de los procesos de emisión radiactiva:

- Radiación alfa: la emisión alfa está formada por núcleos de helio ($_{2}^{4}He$) que son emitidos a gran velocidad. Se trata de partículas que contienen 2 protones (cargas positivas) y 2 neutrones. Debido a su tamaño y a su carga eléctrica tiene poco poder de penetración en la materia, sin embargo tiene un elevado poder ionizante. Se trata de una emisión de corto alcance.

- Radiación beta: la emisión beta está formada por electrones que proceden del núcleo por desintegración de un neutrón. Su carga es negativa y son emitidos a muy elevadas velocidades. Son más pequeños que la radiación alfa, por lo que su poder de penetración es muy superior. Su poder de ionización es relativamente pequeño.

Los electrones se generan a partir de los neutrones del núcleo de esta forma:
$$_0^1 n \rightarrow \,_1^1 p + \,_{-1}^{0} e + \,_0^0 \bar{\nu}$$
en la que un neutrón del núcleo se transforma en un protón mas un electrón (partícula beta) y además se produce una partícula neutra y sin masa (el antineutrino).

---

30) Cuando el $_{92}^{235}U$ captura un neutrón, experimenta su fisión, produciéndose un isótopo del Xe, de número másico 140, un isótopo del Sr de número atómico 38 y 2 neutrones. Escriba la reacción nuclear y determine razonadamente el número atómico del Xe y el número másico del Sr.

* Reacción nuclear: $_{92}^{235}U + \,_0^1 n \rightarrow \,_b^{140} Xe + \,_{38}^{a} Sr + 2\,_0^1 n$

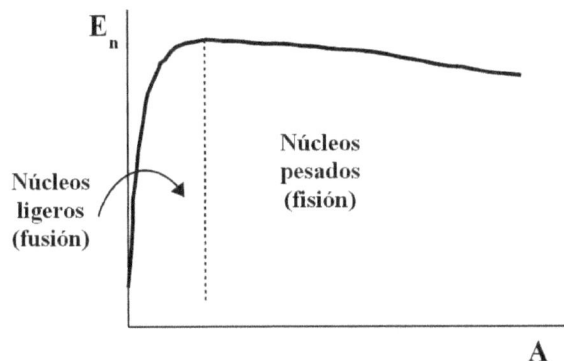

La fisión es un proceso nuclear que consiste en la separación de un núcleo pesado en dos o más núcleos más ligeros. Los núcleos pesados tienden a fisionarse porque, de esta manera, ganan en estabilidad. La estabilidad de un nucleido viene dada por la energía de enlace por nucleón: cuanto mayor esta energía, mayor la estabilidad. El núcleo de mayor estabilidad de la tabla periódica es el hierro.

En una reacción nuclear, se conservan el número másico y el número atómico. De esta forma hemos deducido los números que faltaban:

$235 + 1 = 140 + a + 2\cdot 1 \;\Rightarrow\; a = 235 + 1 - 140 - 2 = 94 \;;\; 92 + 0 = b + 38 + 0 \;\Rightarrow\; b = 92 - 38 = 54$

$$_{92}^{235}U + \,_0^1 n \rightarrow \,_{54}^{140} Xe + \,_{38}^{94} Sr + 2\,_0^1 n$$

PROBLEMAS DE FÍSICA NUCLEAR

2024

1) Determine, indicando los principios aplicados, los valores de c y Z en la siguiente reacción nuclear:

$$^{235}_{92}U + ^{1}_{0}n \rightarrow ^{145}_{Z}La + ^{88}_{35}Br + c\,^{1}_{0}n$$

ii) Calcule la energía liberada cuando se fisionan un millón de núcleos de uranio siguiendo la reacción anterior.

m($^{235}_{92}U$) = 235'043930 u; m($^{145}_{Z}La$) = 144'921651 u; m($^{88}_{35}Br$) = 87'924074 u;
m_n = 1'008665 u; 1 u = 1'66·10⁻²⁷ kg; c = 3·10⁸ m·s⁻¹.

Datos: Dibujo:
¿E?
N = 10⁶ núcleos U
m($^{235}_{92}U$) = 235'043930 u
m($^{145}_{Z}La$) = 144'921651 u
m($^{88}_{35}Br$) = 87'924074 u
m_n = 1'008665 u
1 u = 1'66·10⁻²⁷ kg
c = 3·10⁸ m·s⁻¹

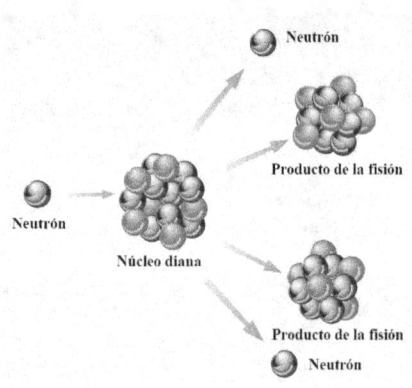

Principio físico: la radiactividad es la emisión natural o artificial de partículas y energía por parte de algunos núcleos inestables.

Método de resolución: aplicaremos la conservación de A y Z para calcularlas, calcularemos el defecto de masa y usaremos la ecuación de Einstein.

Resolución: * Valores de c: 235 + 1 = 145 + 88 + c ⇒ c = 235 + 1 − 145 − 88 = $\boxed{3}$

* Valor de Z: 92 + 0 = Z + 35 + 0 ⇒ Z = 92 − 35 − 0 = $\boxed{57}$

* Defecto de masa para un núcleo de uranio: $\Delta m = |\sum m_{productos} - \sum m_{reactivos}| =$

= | 144'921651 + 87'924074 + 3· 1'008665 − 235'043930 − 1'008665 | =

= 0'1809 u · $\dfrac{1'66·10^{-27} kg}{1\,u}$ = 3·10⁻²⁸ kg

* Defecto de masa para todos los núcleos de uranio: $\Delta m = 10^6 · 3·10^{-28} = 3·10^{-22}$ kg

* Energía desprendida: $E = \Delta m · c^2 = 3·10^{-22}·(3·10^8)^2 = \boxed{2'7·10^{-5}\ J}$

Comentario: el defecto de masa y la energía liberada son negativos, pero suelen tomarse en valor absoluto.

2023

2) En algunas estrellas se produce una reacción nuclear en la que el $^{28}_{14}Si$, tras capturar siete partículas alfa, se transforma en $^{A}_{Z}Ni$. i) Escriba la reacción nuclear descrita y calcule A y Z. ii) Calcule la energía liberada por cada núcleo de silicio.

m($^{28}_{14}Si$) = 27'976927 u; m($^{A}_{Z}Ni$) = 55'942129 u; m($^{4}_{2}He$) = 4'002603 u;
1 u = 1'66·10^{-27} kg; c = 3·10^8 m·s^{-1}.

Datos: Dibujo:
¿E?
m($^{28}_{14}Si$) = 27'976927 u
m($^{A}_{Z}Ni$) = 55'942129 u $^{28}_{14}Si + 7\,^{4}_{2}He \rightarrow \,^{56}_{28}Ni$
m($^{4}_{2}He$) = 4'002603 u
1 u = 1'66·10^{-27} kg
c = 3·10^8 m·s^{-1}

Principio físico: la radiactividad es la emisión natural o artificial de partículas y energía por parte de algunos núcleos inestables.

Método de resolución: aplicaremos la conservación de A y Z para calcularlas, calcularemos el defecto de masa y usaremos la ecuación de Einstein.

Resolución: * Reacción nuclear provisional: $^{28}_{14}Si + 7\,^{4}_{2}He \rightarrow \,^{A}_{Z}Ni$

* Número másico: $28 + 7\cdot 4 = A \Rightarrow A = 28 + 28 = \boxed{56}$

* Número atómico: $14 + 7\cdot 2 = Z \Rightarrow Z = 14 + 14 = \boxed{28}$

* Reacción nuclear definitiva: $\boxed{^{28}_{14}Si + 7\,^{4}_{2}He \rightarrow \,^{56}_{28}Ni}$

* Defecto de masa: $\Delta m = |\sum m_{productos} - \sum m_{reactivos}| =$
= | 55'942129 − 27'976927 − 7·4'002603 | = 0'053019 u · $\dfrac{1'66\cdot 10^{-27} kg}{1\,u}$ = 8'80·10^{-29} kg

* Energía desprendida: $E = \Delta m \cdot c^2$ = 8'80·10^{-29}·(3·10^8)^2 = $\boxed{7'92\cdot 10^{-12}\ J}$

Comentario: en las reacciones nucleares, se conservan el número másico (A) y el número atómico (Z). La energía de las reacciones nucleares proviene del defecto de masa entre productos y reactivos, que se convierte en energía. El defecto de masa y la energía liberada son negativos, pero suelen tomarse en valor absoluto.

3) El tritio, con un período de semidesintegración de 12'33 años, se puede usar para analizar la antigüedad de vinos, ya que éstos contienen agua. En el año 2023 se toma una muestra del vino hallado en una antigua bodega y se obtiene que la actividad de la muestra es $1'24 \cdot 10^{-3}$ veces la inicial. i) Calcule la constante radiactiva del tritio. ii) Determine el tiempo que ha estado embotellado el vino. iii) Justifique si es compatible la datación radiactiva con la suposición de que el vino fue embotellado entre los años 1900 y 1935.

Datos: Dibujo:

$T_{1/2}$ = 12'33 a
A = $1'24 \cdot 10^{-3} \cdot A_0$
¿λ?
¿t?

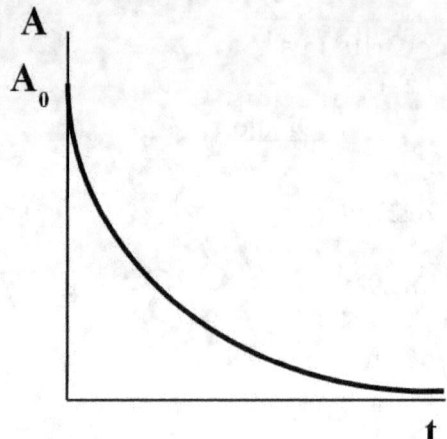

Principio físico: la radiactividad es la emisión natural o artificial de partículas y energía por parte de algunos núcleos inestables.

Método de resolución: calcularemos la constante de desintegración a partir del período de semidesintegración y usaremos la ley de desintegración radiactiva.

Resolución: * Constante de desintegración en a^{-1}: $\lambda = \dfrac{\ln 2}{T_{1/2}} = \dfrac{\ln 2}{12'33} = 0'0562 \; a^{-1}$

* Constante de desintegración en s^{-1}: $\lambda = 0'0562 \; a^{-1} \cdot \dfrac{1\,a}{365\,d} \cdot \dfrac{1\,d}{24\,h} \cdot \dfrac{1\,h}{3600\,s} = \boxed{1'78 \cdot 10^{-9} \; s^{-1}}$

* Tiempo que ha estado embotellado: $A = A_0 \cdot e^{-\lambda \cdot t} \Rightarrow \dfrac{A}{A_0} = e^{-\lambda \cdot t} \Rightarrow \ln \dfrac{A}{A_0} = -\lambda \cdot t \Rightarrow$

$\Rightarrow \ln \dfrac{A_0}{A} = \lambda \cdot t \Rightarrow t = \dfrac{1}{\lambda} \cdot \ln \dfrac{A_0}{A} = \dfrac{1}{0'0562} \cdot \ln \dfrac{A_0}{1'24 \cdot 10^{-3} \cdot A_0} = \boxed{119 \; a}$

* Año en que fue embotellado: 2023 – 119 = 1904

Comentario: la datación radiactiva nos dice que el vino fue embotellado en 1904, lo cual es compatible con la suposición de que fue embotellado entre 1900 y 1935.

4) La radiación emitida por el $^{131}_{53}I$ tiene aplicación en el tratamiento del cáncer de tiroides. Un hospital cuenta con una muestra de $^{131}_{53}I$ cuya masa inicial era 250 g y que actualmente es de 10 g. Sabiendo que el periodo de semidesintegración del $^{131}_{53}I$ es de 8,02 días, calcule: i) la constante radiactiva del $^{131}_{53}I$; ii) el número inicial de núcleos que contenía la muestra; iii) la actividad actual de la muestra. m ($^{131}_{53}I$) = 130'906126 u; 1 u = 1'66·10⁻²⁷ kg

Datos:

m_0 = 250 g
m = 10 g
$T_{1/2}$ = 8'02 d
¿λ?
¿N_0?
¿A?
m ($^{131}_{53}I$) = 130'906126 u
1 u = 1'66·10⁻²⁷ kg

Dibujo:

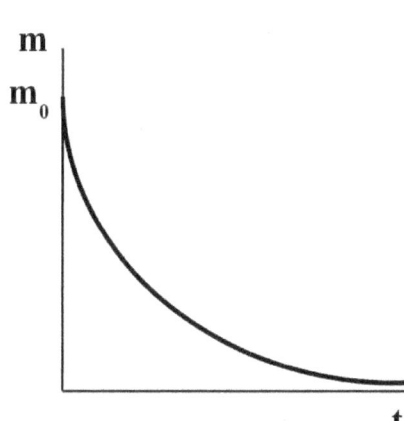

Principio físico: la radiactividad es la emisión natural o artificial de partículas elementales y energía por parte de algunos núcleos inestables.

Método de resolución: usaremos la relación de la constante radiactiva con el período de semidesintegración, relacionaremos la masa con el número de núcleos y usaremos la expresión de la actividad.

Resolución: * Período de semidesintegración en s: $T_{1/2}$ = 8'02 d · $\frac{24h}{1d}$ · $\frac{3600s}{1h}$ = 6'93·10⁵ s

* Constante radiactiva: λ = $\frac{\ln 2}{T_{1/2}}$ = $\frac{\ln 2}{6'93 \cdot 10^5}$ = $\boxed{10^{-6} \text{ s}^{-1}}$

* Número inicial de núcleos:
N_0 = 250 g · $\frac{1 kg}{1000 g}$ · $\frac{1 u}{1'66 \cdot 10^{-27} kg}$ · $\frac{1 \text{ núcleo}}{130'906126 u}$ = $\boxed{1'15 \cdot 10^{24} \text{ núcleos}}$

* Número actual de núcleos:
N = 10 g · $\frac{1 kg}{1000 g}$ · $\frac{1 u}{1'66 \cdot 10^{-27} kg}$ · $\frac{1 \text{ núcleo}}{130'906126 u}$ = 4'60·10²² núcleos

* Actividad actual de la muestra: A = λ·N = 10⁻⁶·4'60·10²² = $\boxed{4'60 \cdot 10^{16} \text{ Bq}}$

Comentario: la actividad de una muestra radiactiva es el número de núcleos desintegrados pos segundo.

5) Se hace incidir un núcleo de $^{2}_{1}H$ sobre otro de $^{13}_{6}C$ produciéndose un nuevo núcleo $^{A}_{Z}Q$ y un protón. i) Escriba la reacción nuclear del proceso y determine A y Z. ii) Calcule la energía que se libera en el proceso por cada núcleo de $^{13}_{6}C$ que reacciona.

m($^{13}_{6}C$) = 13'003355 u; m($^{A}_{Z}Q$) = 14'003242 u; m($^{1}_{1}H$) = 1'007825 u;

m($^{2}_{1}H$) = 2'014102 u; 1 u = 1'66 · 10^{-27} kg; c = 3·10^{8} m s^{-1}

Datos:
¿E?
m($^{13}_{6}C$) = 13'003355 u
m($^{A}_{Z}Q$) = 14'003242 u
m($^{1}_{1}H$) = 1'007825 u
m($^{2}_{1}H$) = 2'014102 u
1 u = 1'66 ·10^{-27} kg
c = 3·10^{8} m s^{-1}

Dibujo:

$$^{2}_{1}H + {}^{13}_{6}C \rightarrow {}^{14}_{6}O + {}^{1}_{1}p$$

Principio físico: en una reacción nuclear, el defecto de masa entre reactivos y productos se transforma en energía.

Método de resolución: calcularemos el defecto de masa y lo transformaremos en su equivalente en energía mediante la ecuación de Einstein. Calcularemos A y Z sabiendo que los valores totales se conservan.

Resolución: * Reacción nuclear: $^{2}_{1}H + {}^{13}_{6}C \rightarrow {}^{A}_{Z}Q + {}^{1}_{1}p$

* Número másico: 2 + 13 = A + 1 ⇒ A = 15 – 1 = $\boxed{14}$

* Número atómico: 1 + 6 = Z + 1 ⇒ Z = 7 – 1 = $\boxed{6}$

* Reacción nuclear ajustada: $\boxed{^{2}_{1}H + {}^{13}_{6}C \rightarrow {}^{14}_{6}O + {}^{1}_{1}p}$

* Defecto de masa: $\Delta m = |\sum m_{productos} - \sum m_{reactivos}| = |m_O + m_p - m_H - m_C| =$

= | 14'003242 + 1'007825 – 2'014102 – 13'003355 | = 6'39·10^{-3} u · $\dfrac{1'66 \cdot 10^{-27} kg}{1 u}$ = 1'06·10^{-29} kg

* Energía desprendida: $E = \Delta m \cdot c^2$ = 1'06·10^{-29}·(3·10^{8})^2 = $\boxed{9'54 \cdot 10^{-13} \text{ J}}$

Comentario: el defecto de masa y la energía liberada son negativos, pero suelen tomarse en valor absoluto.

6) El $^{60}_{27}Co$ es un isótopo radiactivo utilizado en medicina para el tratamiento de diversas enfermedades. Sabiendo que el periodo de semidesintegración del $^{60}_{27}Co$ es de 5,27 años, calcule: i) el tiempo que tardan en desintegrase 4/5 partes de una muestra inicial; ii) la masa de cobalto que habrá dentro de 50 años para una muestra que inicialmente posee una masa de 150 g.

Datos:

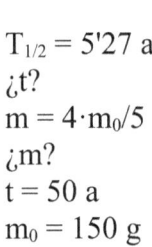

$T_{1/2}$ = 5'27 a
¿t?
m = 4·m_0/5
¿m?
t = 50 a
m_0 = 150 g

Dibujo:

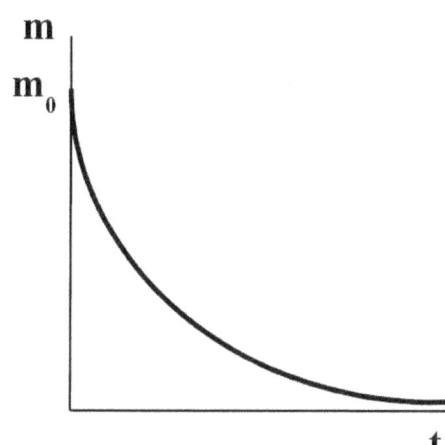

Principio físico: la radiactividad es la emisión natural o artificial de partículas elementales y energía por parte de algunos núcleos inestables.

Método de resolución: calcularemos la constante de desintegración radiactiva a partir del período de semidesintegración y usaremos dos veces la ley de desintegración radiactiva referida a la masa.

Resolución: * Constante de desintegración: $T_{1/2} = \dfrac{\ln 2}{\lambda}$ $\Rightarrow$ $\lambda = \dfrac{\ln 2}{T_{1/2}} = \dfrac{\ln 2}{5'27 a}$ = 0'693 a^{-1}

* Cálculo de $\dfrac{m_0}{m}$: m = $\dfrac{4}{5}\cdot m_0$ $\Rightarrow$ 5·m = 4·m_0 $\Rightarrow$ $\dfrac{m_0}{m} = \dfrac{5}{4}$

* Tiempo para desintegrarse las 4/5 partes:

m = $m_0 \cdot e^{-\lambda \cdot t}$ $\Rightarrow$ $\dfrac{m}{m_0} = e^{-\lambda \cdot t}$ $\Rightarrow$ $\ln \dfrac{m}{m_0} = -\lambda \cdot t$ $\Rightarrow$ $\ln \dfrac{m_0}{m} = \lambda \cdot t$ $\Rightarrow$

$\Rightarrow$ t = $\dfrac{1}{\lambda} \ln \dfrac{m_0}{m} = \dfrac{1}{0'693} \ln \dfrac{5}{4}$ = $\boxed{0'322 \text{ a} = 3'86 \text{ meses}}$

* Masa de cobalto en 50 años: m = $m_0 \cdot e^{-\lambda \cdot t}$ = 150·$e^{-0'693 \cdot 50}$ = $\boxed{1'34 \cdot 10^{-13} \text{ g}}$

Comentario: las reacciones nucleares son: fisión, fusión, desintegración alfa, desintegración beta y desintegración gamma.

7) Tras la absorción de un neutrón, el isótopo del plutonio $^{239}_{94}Pu$ emite dos neutrones y se desintegra en el isótopo del cesio $^{A}_{55}Cs$ y en un elemento $^{99}_{Z}X$. i) Escriba la reacción nuclear del proceso descrito y calcule el número másico del $^{A}_{55}Cs$ y el número atómico del $^{99}_{Z}X$. ii) Calcule la energía liberada por cada núcleo de $^{239}_{94}Pu$ en la reacción anterior.

m($^{239}_{94}Pu$) = 239'0521634 u; m($^{A}_{55}Cs$) = 138'913364 u; m($^{99}_{Z}X$) = 98'924148 u; m_n = 1'008665 u; 1u = 1'66·10^{-27} kg; c = 3·10^8 m s^{-1}.

Datos:
¿A, Z?
¿E?
m($^{239}_{94}Pu$) = 239'0521634 u
m($^{A}_{55}Cs$) = 138'913364 u
m($^{99}_{Z}X$) = 98'924148 u
m_n = 1'008665 u
1u = 1'66·10^{-27} kg
c = 3·10^8 m s^{-1}

Dibujo:

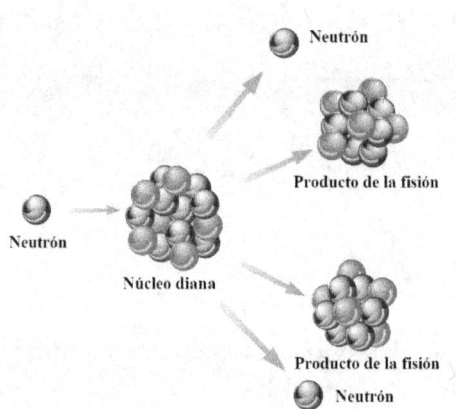

Principio físico: en una reacción nuclear, el defecto de masa entre reactivos y productos se transforma en energía. En la fisión, se bombardea un núcleo pesado que se escinde en dos más ligeros.

Método de resolución: calcularemos el defecto de masa y lo transformaremos en su equivalente en energía mediante la ecuación de Einstein. Calcularemos A y Z sabiendo que los totales se conservan.

Resolución: * Reacción nuclear: $^{239}_{94}Pu + ^{1}_{0}n \rightarrow ^{A}_{55}Cs + ^{99}_{Z}X + 2\,^{1}_{0}n$

* Número másico: 239 + 1 = A + 99 + 2 ⇒ A = 240 – 101 = $\boxed{139}$

* Número atómico: 94 + 0 = 55 + Z + 0 ⇒ Z = 94 – 55 = $\boxed{39}$

* Reacción nuclear ajustada: $^{239}_{94}Pu + ^{1}_{0}n \rightarrow ^{139}_{55}Cs + ^{99}_{39}Y + 2\,^{1}_{0}n$

* Defecto de masa: $\Delta m = |\sum m_{productos} - \sum m_{reactivos}| = |m_{Cs} + m_Y + 2·m_n - m_{Pu} - m_n| =$
= | 138'913364 + 98'924148 + 2·1'008665 – 239'0521634 – 1'008665 | =
= 0'20599 u · $\dfrac{1'66·10^{-27} kg}{1 u}$ = 3'42·10^{-28} kg

* Energía desprendida: $E = \Delta m · c^2$ = 3'42·10^{-28}·(3·10^8)^2 = $\boxed{3'08·10^{-11}\text{ J}}$

Comentario: el defecto de masa y la energía liberadas son negativos, pero se suelen tomar en valor absoluto.

2022

8) El $^{235}_{92}U$ se puede desintegrar, por absorción de un neutrón, mediante diversos procesos de fisión. Uno de estos procesos consiste en la producción de $^{95}_{38}Sr$, dos neutrones y un tercer núcleo $^{A}_{Z}Q$.
i) Escriba la reacción nuclear correspondiente y determine el número de protones y el número total de nucleones del tercer núcleo. ii) Calcule la energía producida por la fisión de un núcleo de uranio en la reacción anterior.
m($^{235}_{92}U$) = 235'043930 u; m($^{95}_{38}Sr$) = 94'919359 u; m($^{A}_{Z}Q$) = 138'918793 u;
1 u = 1'66·10⁻²⁷ kg; c = 3·10⁸ m·s⁻¹; m_n = 1'008665 u

Datos: Dibujo:

¿Ecuación?
¿N, A?
¿E?
m($^{235}_{92}U$) = 235'043930 u
m($^{95}_{38}Sr$) = 94'919359 u
m($^{A}_{Z}Q$) = 138'918793 u
m_n = 1'008665 u
1 u = 1'66·10⁻²⁷ Kg
c = 3·10⁸ m/s

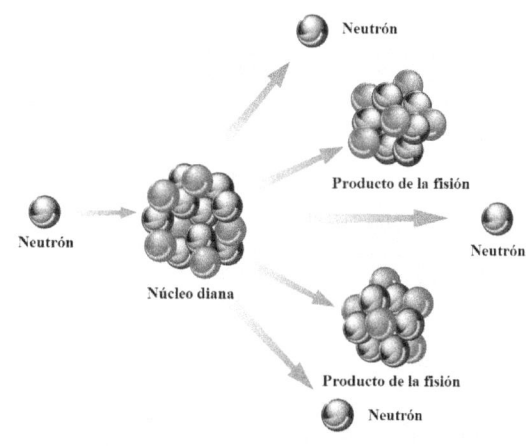

Principio físico: la fisión nuclear consiste en la escisión de un núcleo pesado en dos o más núcleos ligeros gracias al bombardeo de unas partículas, normalmente neutrones.

Método de resolución: calcularemos el defecto de masa y lo transformaremos en su equivalente en energía mediante la ecuación de Einstein.

Resolución: * Reacción nuclear correspondiente: $^{235}_{92}U + ^{1}_{0}n \rightarrow ^{95}_{38}Sr + 2\,^{1}_{0}n + ^{A}_{Z}Q$

$235 + 1 = 95 + 2 + A \Rightarrow A = 236 - 97 = 139$; $92 + 0 = 38 + 0 + Z \Rightarrow Z = 92 - 38 = 54$

$$\boxed{^{235}_{92}U + ^{1}_{0}n \rightarrow ^{95}_{38}Sr + 2\,^{1}_{0}n + ^{139}_{54}Xe}$$

* Número de partículas del tercer núcleo:

Número de protones = Z = $\boxed{54}$; número total de nucleones = A = $\boxed{139}$

* Defecto de masa: $\Delta m = \left| \sum m_{productos} - \sum m_{reactivos} \right| =$

$= | 94'919359 + 2 \cdot 1'008665 + 138'918793 - 235'043930 - 1'008665 | =$

$= 0'197113 \text{ u} \cdot \dfrac{1'66 \cdot 10^{-27} kg}{1 u} = 3'27 \cdot 10^{-28}$ kg

* Energía desprendida:

$$E = \Delta m \cdot c^2 = 3'27 \cdot 10^{-28} \cdot (3 \cdot 10^8)^2 = \boxed{2'94 \cdot 10^{-11} \text{ J}}$$

Comentario: en las reacciones nucleares, se conservan el número másico (A) y el número atómico (Z). La energía de las reacciones nucleares proviene del defecto de masa entre productos y reactivos, que se convierte en energía. El defecto de masa y la energía liberada son negativos, pero suelen tomarse en valor absoluto.

9) Considere la siguiente reacción nuclear de fusión: $^A_Z Li + ^1_1 H \rightarrow 2\, ^4_2 He$

i) Determine de manera razonada el número másico y el número atómico del núcleo de litio. ii) Calcule la energía liberada en la reacción por cada núcleo de litio.

m_{He} = 4'002603 u; m_{Li} = 7'016003 u; m_H = 1'007825 u; 1 u = 1'66·10^{-27} kg; c = 3·10^8 m·s^{-1}.

Datos:

¿E?
m_{He} = 4'002603 u
m_{Li} = 7'016003 u
m_H = 1'007825 u
1 u = 1'66·10^{-27} kg
c = 3·10^8 m·s^{-1}

Dibujo:

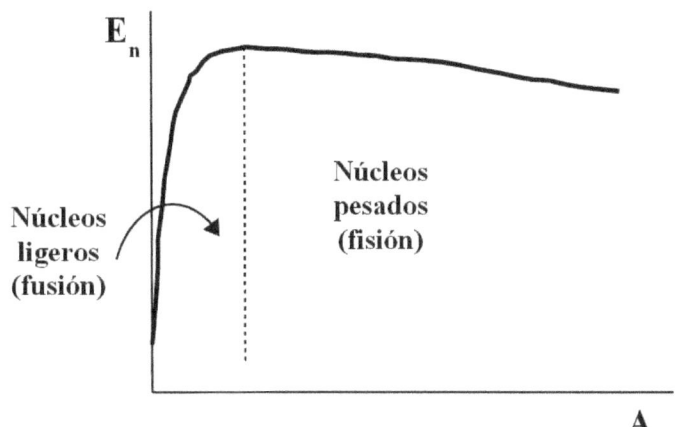

Principio físico: la fusión es el proceso en el que varios núcleos ligeros se unen para formar un núcleo más pesado y se libera una gran cantidad de energía.

Método de resolución: aplicaremos el principio de conservación de A y de Z en las reacciones nucleares, calcularemos el defecto másico y utilizaremos la expresión de la energía de Einstein.

Resolución: * Número másico: A + 1 = 2·4 ⇒ A = 8 – 1 = $\boxed{7}$

* Número atómico: Z + 1 = 2·2 ⇒ Z = 4 – 1 = $\boxed{3}$

* Defecto de masa:

$$\Delta m = \left| \sum m_{productos} - \sum m_{reactivos} \right| = | 2 \cdot m_{He} - m_{Li} - m_H | =$$

$$= | 2 \cdot 4'002603 - 7'016003 - 1'007825 | = 0'01862 \text{ u} = 0'01862 \text{ u} \cdot \frac{1'66 \cdot 10^{-27} kg}{1 u} = 3'09 \cdot 10^{-29} \text{ kg}$$

* Energía desprendida: $E = \Delta m \cdot c^2 = 3'09 \cdot 10^{-29} \cdot (3 \cdot 10^8)^2 = \boxed{2'78 \cdot 10^{-12} \text{ J}}$

Comentario: en las reacciones nucleares se conservan A y Z. El defecto másico se transforma en energía de unión de los nucleones.

10) El $^{226}_{88}Ra$ tiene un período de semidesintegración de 1600 años. Para una muestra con una masa inicial de $4 \cdot 10^{-3}$ kg, calcule: i) el tiempo necesario para que la masa de la muestra se reduzca a $5 \cdot 10^{-4}$ kg; ii) la actividad de la muestra después de transcurrido ese tiempo y iii) el número de núcleos que se han desintegrado hasta ese instante. m($^{226}_{88}Ra$) = 226'025408 u; 1 u = $1'66 \cdot 10^{-27}$ kg.

Datos: Dibujo:

$T_{1/2}$ = 1600 a
$m_0 = 4 \cdot 10^{-3}$ kg
¿t?
$m = 5 \cdot 10^{-4}$ kg
¿A?
¿N?
m($^{226}_{88}Ra$) = 226'025408 u
1 u = $1'66 \cdot 10^{-27}$ kg

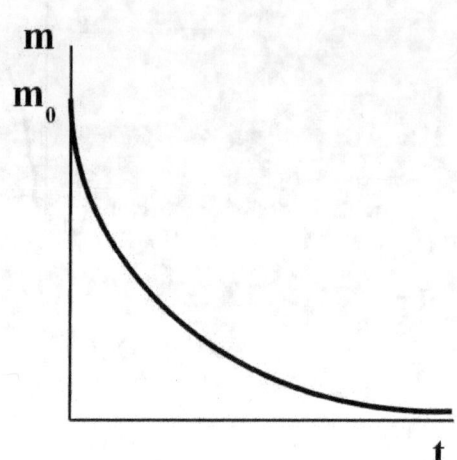

Principio físico: la radiactividad es la emisión natural o artificial de partículas y energía por parte de algunos núcleos inestables.

Método de resolución: calcularemos la constante de desintegración a partir del período de semidesintegración y usaremos la ley de desintegración radiactiva.

Resolución: * Constante de desintegración en a^{-1}: $\lambda = \dfrac{\ln 2}{T_{1/2}} = \dfrac{\ln 2}{1600} = 4'33 \cdot 10^{-4}$ a^{-1}

* Constante de desintegración en s^{-1}: $\lambda = 4'33 \cdot 10^{-4}$ $a^{-1} \cdot \dfrac{1\,a}{365\,d} \cdot \dfrac{1\,d}{24\,h} \cdot \dfrac{1\,h}{3600\,s} = 1'37 \cdot 10^{-11}$ s^{-1}

* Tiempo necesario: $m = m_0 \cdot e^{-\lambda \cdot t} \Rightarrow \dfrac{m}{m_0} = e^{-\lambda \cdot t} \Rightarrow \ln \dfrac{m}{m_0} = -\lambda \cdot t \Rightarrow \ln \dfrac{m_0}{m} = \lambda \cdot t \Rightarrow$

$\Rightarrow t = \dfrac{1}{\lambda} \cdot \ln \dfrac{m_0}{m} = \dfrac{1}{4'33 \cdot 10^{-4}} \cdot \ln \dfrac{4 \cdot 10^{-3}}{5 \cdot 10^{-4}} = \boxed{4802 \text{ a} = 1'51 \cdot 10^{11} \text{ s}}$

* Número de núcleos finales: $N = 5 \cdot 10^{-4}$ kg $\cdot \dfrac{1\,u}{1'66 \cdot 10^{-27}\,kg} \cdot \dfrac{1\,núcleo}{226'025408} = 1'33 \cdot 10^{21}$ núcleos

* Actividad final: $A = \lambda \cdot N = 1'37 \cdot 10^{-11} \cdot 1'33 \cdot 10^{21} = \boxed{1'82 \cdot 10^{10} \text{ Bq}}$

* Núcleos desintegrados: $N_{des.} = (4 \cdot 10^{-3} - 5 \cdot 10^{-4}) \cdot \dfrac{1\,u}{1'66 \cdot 10^{-27}\,kg} \cdot \dfrac{1\,núcleo}{226'025408} = 9'33 \cdot 10^{21}$ núcleos

Comentario: con la ley de desintegración se calcula la cantidad que queda, no la desintegrada.

11) De una muestra radiactiva de 0'12 kg al cabo de una hora se ha desintegrado el 10 % de los núcleos. Determine: i) la constante de desintegración radiactiva; ii) el período de semidesintegración de la muestra; iii) la masa de la sustancia radiactiva que se ha desintegrado transcurridas cinco horas.

Datos:

m_0 = 0'12 kg
t = 1 h = 3600 s
m = 0'90·m_0
¿λ?
¿$T_{1/2}$?
¿$m_{desintegrada}$?
t = 5 h = 1'8·10^4 s

Dibujo:

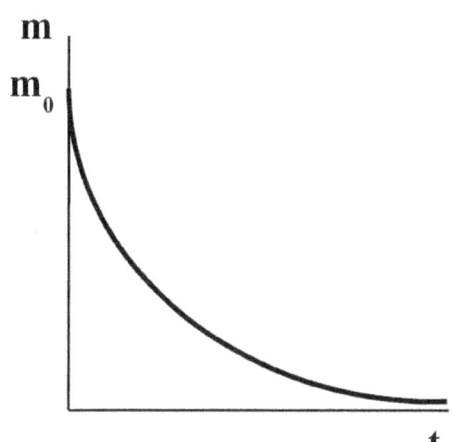

Principio físico: la radiactividad es la emisión natural o artificial de partículas y energía por parte de algunos núcleos inestables.

Método de resolución: usaremos la ley de desintegración radiactiva para calcular la constante de desintegración, relacionaremos el período de semidesintegración con la constante de desintegración y volveremos a usar la ley de desintegración radiactiva.

Resolución: * Constante de desintegración:

$m = m_0 \cdot e^{-\lambda \cdot t}$ ⇒ $\dfrac{m}{m_0} = e^{-\lambda \cdot t}$ ⇒ $\ln \dfrac{m}{m_0} = -\lambda \cdot t$ ⇒ $\ln \dfrac{m_0}{m} = \lambda \cdot t$ ⇒

⇒ $\lambda = \dfrac{1}{t} \cdot \ln \dfrac{m_0}{m} = \dfrac{1}{3600} \cdot \ln \dfrac{0'12}{0'90 \cdot 0'12} = \boxed{2'93 \cdot 10^{-5} \text{ s}^{-1}}$

* Período de semidesintegración: $T_{1/2} = \dfrac{\ln 2}{\lambda} = \dfrac{\ln 2}{2'93 \cdot 10^{-5}} = \boxed{2'37 \cdot 10^4 \text{ s} = 6'58 \text{ h}}$

* Masa remanente a las cinco horas: $m = m_0 \cdot e^{-\lambda \cdot t}$ = 0'12·exp(– 2'93·10^{-5}·1'8·10^4) = 0'0708 kg

* Masa que se ha desintegrado al cabo de cinco horas: m = 0'12 – 0'0708 = $\boxed{0'0492 \text{ kg}}$

Comentario: con la ley de desintegración se calcula la cantidad que queda, no la desintegrada.

12) Una muestra de $5 \cdot 10^{-3}$ kg de $^{210}_{84}Po$ se reduce a $1'25 \cdot 10^{-3}$ kg en 276 días. Calcule: i) el período de semidesintegración de ese isótopo; ii) la actividad inicial de la muestra; iii) el número de núcleos que quedan por desintegrar al cabo de 46 días. m($^{210}_{84}Po$) = 209'982874 u; 1 u = $1'66 \cdot 10^{-27}$ kg.

Datos:

Dibujo:

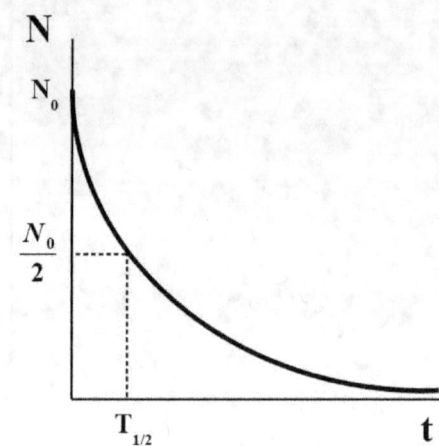

$m_0 = 5 \cdot 10^{-3}$ kg
$m = 1'25 \cdot 10^{-3}$ kg
$t = 276$ d $= 2'38 \cdot 10^7$ s
¿$T_{1/2}$?
¿N?
$t = 46$ d $= 3'97 \cdot 10^6$ s
m($^{210}_{84}Po$) = 209'982874 u
1 u = $1'66 \cdot 10^{-27}$ kg

Principio físico: la radiactividad es la emisión natural o artificial de partículas y energía por parte de algunos núcleos inestables.

Método de resolución: calcularemos la constante de desintegración a partir de la ley de desintegración radiactiva, calcularemos el período de semidesintegración a partir de la constante de desintegración, calcularemos los núcleos iniciales a partir de la masa inicial, usaremos la expresión de la actividad y volveremos a usar la ley de desintegración radiactiva.

Resolución: * Constante de desintegración: $m = m_0 \cdot e^{-\lambda \cdot t} \Rightarrow \dfrac{m}{m_0} = e^{-\lambda \cdot t} \Rightarrow \ln \dfrac{m}{m_0} = -\lambda \cdot t \Rightarrow$

$\Rightarrow \ln \dfrac{m_0}{m} = \lambda \cdot t \Rightarrow \lambda = \dfrac{1}{t} \cdot \ln \dfrac{m_0}{m} = \dfrac{1}{2'38 \cdot 10^7} \cdot \ln \dfrac{5 \cdot 10^{-3}}{1'25 \cdot 10^{-3}} = 5'82 \cdot 10^{-8}$ s^{-1}

* Período de semidesintegración: $T_{1/2} = \dfrac{\ln 2}{\lambda} = \dfrac{\ln 2}{5'82 \cdot 10^{-8}} = \boxed{1'19 \cdot 10^7 \text{ s} = 138 \text{ d}}$

* Número de núcleos iniciales: $N_0 = 5 \cdot 10^{-3}$ kg $\cdot \dfrac{1\,u}{1'66 \cdot 10^{-27}\,kg} \cdot \dfrac{1\,núcleo}{209'982874\,u} = 1'43 \cdot 10^{22}$ núcleos

* Actividad inicial de la muestra: $A_0 = \lambda \cdot N_0 = 5'82 \cdot 10^{-8} \cdot 1'43 \cdot 10^{22} = \boxed{8'32 \cdot 10^{14} \text{ Bq}}$

* Número de núcleos que quedan sin desintegrar:
$N = N_0 \cdot e^{-\lambda \cdot t} = 1'43 \cdot 10^{22} \cdot \exp(-5'82 \cdot 10^{-8} \cdot 3'97 \cdot 10^6) = \boxed{1'13 \cdot 10^{22} \text{ núcleos}}$

Comentario: con la ley de desintegración radiactiva se calcula el número de núcleos que quedan, no el número de núcleos desintegrados.

13) El $^{131}_{53}I$ se desintegra emitiendo una partícula β⁻. i) Escriba la reacción de desintegración de este isótopo radiactivo, determinando razonadamente los números atómico y másico del núcleo resultante ^A_ZQ. Determine: ii) cuánta masa se pierde al desintegrarse un núcleo de $^{131}_{53}I$ y iii) la correspondiente energía liberada. m($^{131}_{53}I$) = 130'906126; u; m(^A_ZQ) = 130'905082 u; m_e = 9'11·10⁻³¹ kg; 1 u = 1'66·10⁻²⁷ kg; c = 3·10⁸ m/s.

Datos:

¿Z, A?
¿$m_{perdida}$?
¿E?
m($^{131}_{53}I$) = 130'906126 u
m(^A_ZQ) = 130'905082 u
m_e = 9'11·10⁻³¹ kg
1 u = 1'66·10⁻²⁷ kg
c = 3·10⁸ m/s

Dibujo:

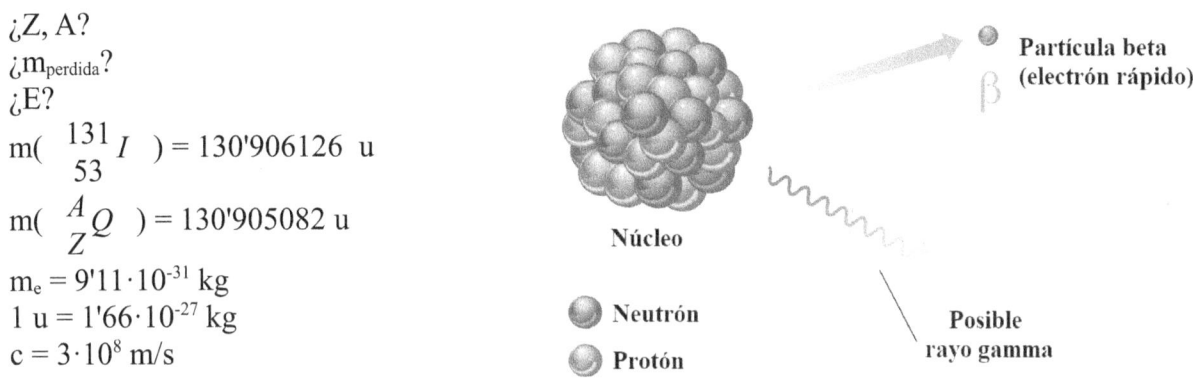

Principio físico: la radiactividad es la emisión natural o artificial de partículas y energía por parte de algunos núcleos inestables.

Método de resolución: escribiremos la reacción, calcularemos A y Z sabiendo que se conserva el total, restaremos las masas de productos y reactivos y utilizaremos la ecuación de Einstein.

Resolución: * Reacción de desintegración: $\boxed{^{131}_{53}I \rightarrow {}^A_ZQ + {}^{\ 0}_{-1}\beta}$

* Número másico: $131 = A + 0 \Rightarrow \boxed{A = 131}$

* Número atómico: $53 = Z - 1 \Rightarrow Z = 53 + 1 \Rightarrow \boxed{Z = 54}$

* Defecto másico: $\Delta m = |\sum m_{productos} - \sum m_{reactivos}| = |130'905082 + \dfrac{9'11 \cdot 10^{-31}}{1'66 \cdot 10^{-27}} - 130'906126| =$

$= 4'95 \cdot 10^{-4}$ u · $\dfrac{1'66 \cdot 10^{-27} kg}{1 u} = \boxed{8'22 \cdot 10^{-31} \text{ kg}}$

* Energía liberada: $E = \Delta m \cdot c^2 = 8'22 \cdot 10^{-31} \cdot (3 \cdot 10^8)^2 = \boxed{7'40 \cdot 10^{-14} \text{ J}}$

Comentario: en las reacciones nucleares, se conserva la suma de los números atómicos (Z) y la suma de los números másicos (A). La masa que se pierde en una reacción nuclear es el defecto másico.

2021

14) En el proceso de desintegración de un núcleo de $^{218}_{84}Po$, se emiten sucesivamente una partícula alfa y dos partículas beta, dando lugar finalmente a un núcleo de masa 213'995201 u. i) Escriba la reacción nuclear correspondiente. ii) Justifique razonadamente, cuál de los isótopos radiactivos (el $^{218}_{84}Po$ o el núcleo que resulta tras los decaimientos) es más estable.

m($^{218}_{84}Po$) = 218'009007 u; m_p = 1'007276 u; m_n = 1'008665 u; 1 u = 1'66·10^{-27} kg; c = 3·10^8 m·s^{-1}.

Datos: Dibujo:

M = 213'995201 u
m($^{218}_{84}Po$) = 218'009007 u
m_p = 1'007276 u
m_n = 1'008665 u
1 u = 1'66·10^{-27} kg
c = 3·10^8 m·s^{-1}

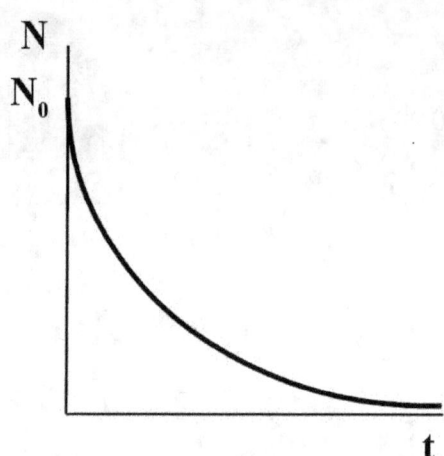

Principio físico: la radiactividad es la emisión natural o artificial de partículas y energía por parte de algunos núcleos inestables.

Método de resolución: calcularemos los defectos de masa, las energías de enlace y las energías de enlace por nucleón.

Resolución: * Reacciones nucleares correspondientes:

$$^{218}_{84}Po \rightarrow {}^{4}_{2}He + {}^{214}_{82}Pb \quad ; \quad {}^{214}_{82}Pb \rightarrow 2\,{}^{0}_{-1}e + {}^{214}_{84}Po$$

* Partículas en cada núcleo:

$^{218}_{84}Po$: 84 protones y 218 – 84 = 134 neutrones

$^{214}_{84}X$: 84 protones y 214 – 84 = 130 neutrones

* Defectos de masa:

$^{218}_{84}Po$: $\Delta m = |\sum m_{núcleo} - \sum m_{partículas\ que\ lo\ forman}| = |218'009007 - 84 \cdot 1'007276 - 134 \cdot 1'008665| =$

$= 1'7633\ u \cdot \dfrac{1'66 \cdot 10^{-27} kg}{1\ u} = 2'93 \cdot 10^{-27}$ kg

$^{214}_{84}Po$: $\Delta m = |\sum m_{núcleo} - \sum m_{partículas\ que\ lo\ forman}| = |213'995201 - 84 \cdot 1'007276 - 130 \cdot 1'008665| =$

$= 1'7424\ u \cdot \dfrac{1'66 \cdot 10^{-27} kg}{1\ u} = 2'89 \cdot 10^{-27}$ kg

* Energías de enlace:

$^{218}_{84}Po$: $E_e = \Delta m \cdot c^2 = 2'93 \cdot 10^{-27} \cdot (3 \cdot 10^8)^2 = 2'64 \cdot 10^{-10}$ J

$^{214}_{84}Po$: $E_e = \Delta m \cdot c^2 = 2'89 \cdot 10^{-27} \cdot (3 \cdot 10^8)^2 = 2'60 \cdot 10^{-10}$ J

* Energías de enlace por nucleón:

$^{218}_{84}Po$: $E_n = \dfrac{E_e}{A} = \dfrac{2'64 \cdot 10^{-10}}{218} = 1'21 \cdot 10^{-12}\ \dfrac{J}{nucleón}$

$^{214}_{84}Po$: $E_n = \dfrac{E_e}{A} = \dfrac{2'60 \cdot 10^{-10}}{214} = 1'22 \cdot 10^{-12}\ \dfrac{J}{nucleón}$

Comentario: las partículas alfa consisten en núcleos de ^4_2He. Las partículas beta consisten en electrones $^{\ 0}_{-1}e$ procedentes del núcleo. En las reacciones nucleares, se conservan el número másico (A) y el número atómico (Z). La energía de las reacciones nucleares proviene del defecto de masa entre productos y reactivos, que se convierte en energía. El defecto de masa y la energía liberada son negativos, pero suelen tomarse en valor absoluto.

La estabilidad nuclear viene dada por el valor de la energía de enlace por nucleón: a mayor valor, mayor estabilidad. Según esto, el núcleo más estable es el $^{214}_{84}Po$.

15) Sabiendo que la actividad de un determinado isótopo radiactivo decae a la sexta parte cuando transcurre un tiempo de 8 horas, determine: i) Su constante de desintegración. ii) El tiempo que debe transcurrir para que la actividad se reduzca a la décima parte de la inicial.

Datos: Dibujo:

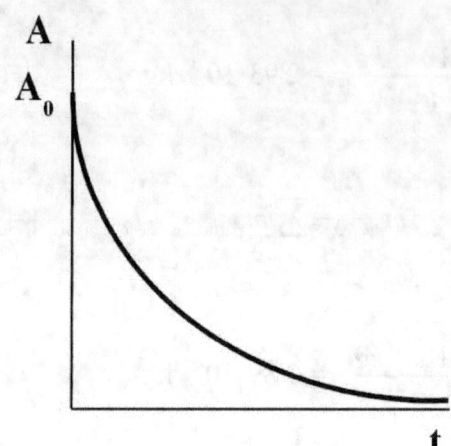

$A = A_0/ 6$
$t = 8\ h = 2'88 \cdot 10^4\ s$
¿λ?
¿t?
$A = A_0/ 10$

Principio físico: la radiactividad es la emisión natural o artificial de partículas y energía por parte de algunos núcleos inestables.

Método de resolución: aplicaremos dos veces la ley de desintegración radiactiva referida a las actividades.

Resolución: * Constante de desintegración:

$$A = A_0 \cdot e^{-\lambda \cdot t} \Rightarrow \frac{A}{A_0} = e^{-\lambda \cdot t} \Rightarrow \ln \frac{A}{A_0} = -\lambda \cdot t \Rightarrow \ln \frac{A_0}{A} = \lambda \cdot t \Rightarrow$$

$$\Rightarrow \lambda = \frac{1}{t} \cdot \ln \frac{A_0}{A} = \frac{1}{2'88 \cdot 10^4} \cdot \ln 6 = \boxed{6'22 \cdot 10^{-5}\ s^{-1}}$$

* Tiempo para que la actividad se reduzca a la décima parte:

$$t = \frac{1}{\lambda} \cdot \ln \frac{A_0}{A} = \frac{1}{6'22 \cdot 10^{-5}} \cdot \ln 10 = \boxed{3'70 \cdot 10^4\ s} = 3'70 \cdot 10^4\ s \cdot \frac{1 h}{3600 s} = \boxed{10'3\ h}$$

Comentario: la actividad indica la rapidez con la que se desintegra una sustancia radiactiva, es decir, el número de desintegraciones que ocurren por segundo.

16) En la bomba de hidrógeno (o bomba de fusión) intervienen dos núcleos, uno de deuterio ($^{2}_{1}H$) y otro de tritio ($^{3}_{1}H$) que dan lugar a uno de helio ($^{4}_{2}He$). i) Escriba la reacción nuclear correspondiente. ii) Obtenga la energía liberada en el proceso por cada átomo de helio obtenido.

m($^{4}_{2}He$) = 4'002603 u, m($^{2}_{1}H$) = 2'014102 u, m($^{3}_{1}H$) = 3'016049 u,

m_n = 1'008665 u, 1 u = 1'66·10^{-27} kg, c = 3·10^{8} m·s^{-1}.

Datos: Dibujo:

¿E?
m($^{4}_{2}He$) = 4'002603 u
m($^{2}_{1}H$) = 2'014102 u
m($^{3}_{1}H$) = 3'016049 u

m_n = 1'008665 u
1 u = 1'66·10^{-27} kg
c = 3·10^{8} m·s^{-1}

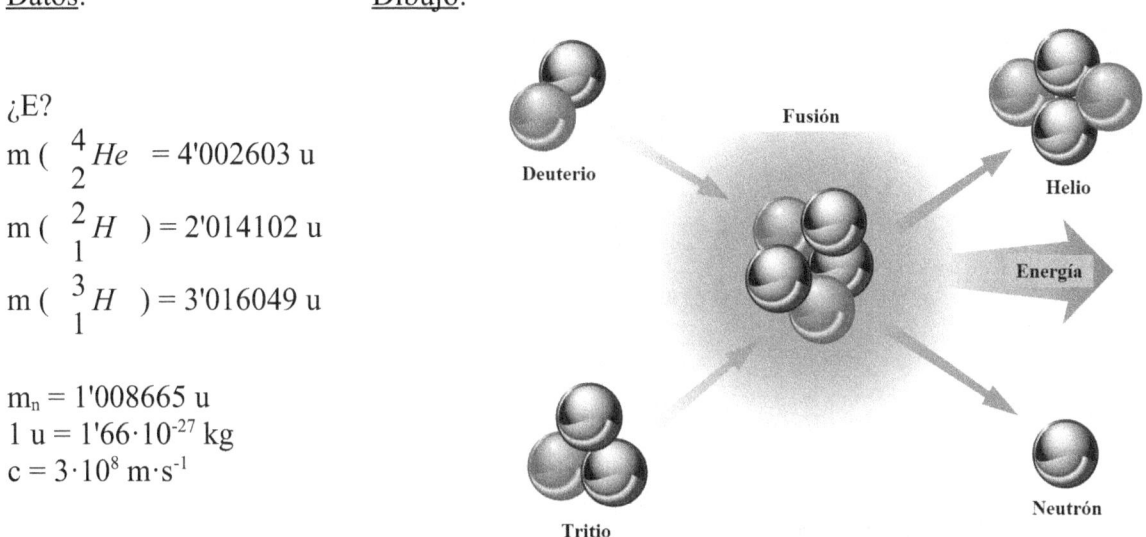

Principio físico: la fusión nuclear consiste en la unión de varios núcleos atómicos para dar un núcleo mayor y en la que se desprende una gran cantidad de energía.

Método de resolución: escribiremos la reacción nuclear, calcularemos el defecto de masa y lo transformaremos en su equivalente en energía mediante la ecuación de Einstein.

Resolución: * Reacción nuclear de fusión: $\boxed{^{2}_{1}H + ^{3}_{1}H \rightarrow ^{4}_{2}He + ^{1}_{0}n}$

* Defecto de masa: $\Delta m = |\sum m_{productos} - \sum m_{reactivos}| =$

= | 4'002603 + 1'008665 − 2'014102 − 3'016049 | = 0'0189 u · $\dfrac{1'66 \cdot 10^{-27} kg}{1 u}$ = 3'14·10^{-29} kg

* Energía liberada: $E = \Delta m \cdot c^{2}$ = 3'14·10^{-29}·(3·10^{8})^{2} = $\boxed{2'83 \cdot 10^{-12} \text{ J}}$

Comentario: en las reacciones nucleares, se conservan el número másico (A) y el número atómico (Z). La energía de las reacciones nucleares proviene del defecto de masa entre productos y reactivos, que se convierte en energía. El defecto de masa y la energía liberada son negativos, pero suelen tomarse en valor absoluto.

17) Considere los núcleos $^{3}_{1}H$ y $^{3}_{2}He$. i) Explique cuáles son las partículas constituyentes de cada uno de ellos y razone qué emisión radiactiva permitiría pasar de uno a otro. ii) Obtenga la energía de enlace para cada uno de ellos y justifique cuál de ellos es más estable.

m($^{3}_{1}H$) = 3'016049 u; m($^{3}_{2}He$) = 3'016029 u; m_p = 1'007276 u; m_n = 1'008665 u;
1 u = 1'66·10^{-27} kg; c = 3·10^{8} m·s^{-1}.

Datos:

¿E_e?
¿E_n?
m($^{3}_{1}H$) = 3'016049 u
m($^{3}_{2}He$) = 3'016029 u
m_p = 1'007276 u
m_n = 1'008665 u
1 u = 1'66·10^{-27} kg
c = 3·10^{8} m/s

Dibujo:

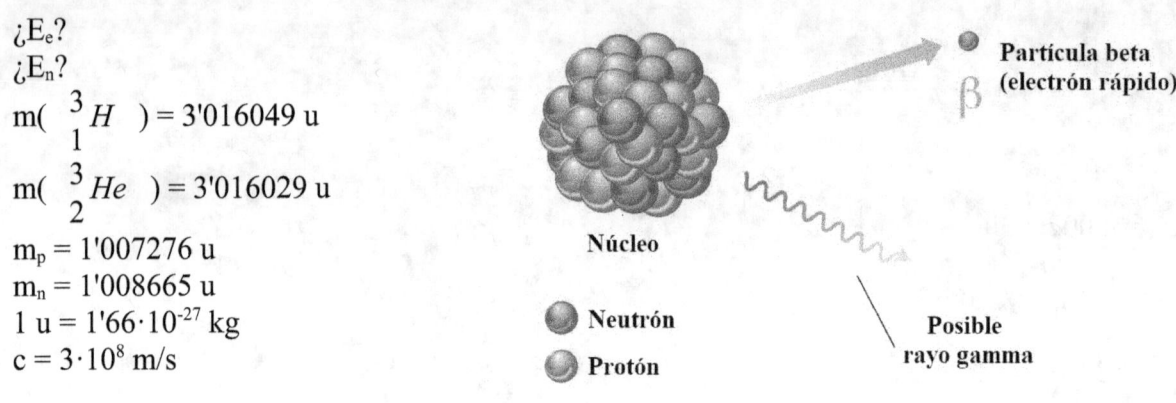

Principio físico: la radiactividad es la emisión natural o artificial de partículas y energía por parte de algunos núcleos inestables.

Método de resolución: para cada nucleido calcularemos el defecto de masa, la energía correspondiente y la energía de enlace por nucleón.

Resolución: * Número de partículas en cada núcleo:

$^{3}_{1}H$: A – Z = 3 – 1 = 2 neutrones y 1 protón; $^{3}_{2}He$: A – Z = 3 – 2 = 1 neutrón y 2 protones.

* Emisión radiactiva beta: $^{3}_{1}H \Rightarrow {}^{3}_{2}He + {}^{0}_{-1}\beta$

La emisión beta es la que permite avanzar un elemento en la tabla periódica, aumentando en una unidad el número atómico.

* Defectos de masa:

H: Δm = | m_H – 2·m_n – m_p | = | 3'016049 – 2·1'008665 – 1'007276 | = 8'557·10^{-3} u = 1'42·10^{-29} kg

He: Δm = | m_{He} – m_n – 2·m_p | = | 3'016029 – 1'008665 – 2·1'007276 | = 7'188·10^{-3} u = 1'19·10^{-29} kg

* Energías de enlace:

$$H: \quad E_e = \Delta m \cdot c^2 = 1'42 \cdot 10^{-29} \cdot (3 \cdot 10^8)^2 = 1'28 \cdot 10^{-12} \text{ J}$$

$$He: \quad E_e = \Delta m \cdot c^2 = 1'19 \cdot 10^{-29} \cdot (3 \cdot 10^8)^2 = 1'07 \cdot 10^{-12} \text{ J}$$

* Energías de enlace por nucleón:

$$H: \quad E_n = \frac{E_e}{A} = \frac{1'28 \cdot 10^{-12}}{3} = 4'27 \cdot 10^{-13} \ \frac{J}{nucleón}$$

$$He: \quad E_n = \frac{E_e}{A} = \frac{1'07 \cdot 10^{-12}}{3} = 3'57 \cdot 10^{-13} \ \frac{J}{nucleón}$$

Comentario: el número de neutrones se obtiene así: N = A − Z, puesto que A es el número total de nucleones y Z es el número de protones. El más estable es el núcleo de H porque tiene mayor energía de enlace por nucleón, energía que se invierte en darle estabilidad al núcleo.

18) El período de semidesintegración del ^{226}Ra es de 1602 años. Si se posee una muestra de 240 mg, determine: i) La masa de dicho isótopo que queda sin desintegrar al cabo de 350 años. ii) El tiempo que se requiere para que su actividad se reduzca a la sexta parte.

Datos: Dibujo:

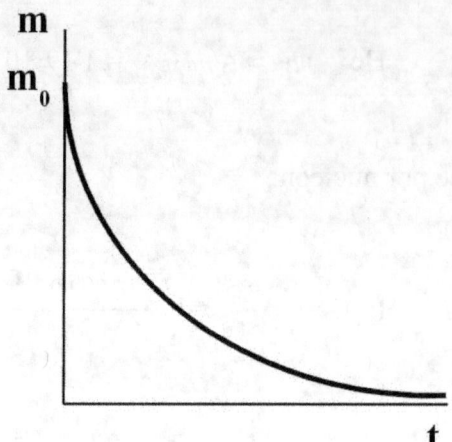

$T_{1/2} = 1602$ a
$m_0 = 2'4 \cdot 10^{-8}$ kg
¿m?
$t = 350$ a
¿t?
$A = A_0/6$

Principio físico: la radiactividad es la emisión natural o artificial de partículas y energía por parte de algunos núcleos inestables.

Método de resolución: calcularemos la constante de desintegración y usaremos las leyes de desintegración radiactiva referidas a las masas y la referida a las actividades.

Resolución: * Constante de desintegración: $\lambda = \dfrac{\ln 2}{T_{1/2}} = \dfrac{\ln 2}{1602} = 4'33 \cdot 10^{-4}$ a^{-1}

* Masa que queda a los 350 años:

$$m = m_0 \cdot e^{-\lambda \cdot t} = 2'4 \cdot 10^{-8} \cdot \exp(-4'33 \cdot 10^{-4} \cdot 350) = \boxed{2'06 \cdot 10^{-8} \text{ kg}}$$

* Tiempo para reducir su actividad a la sexta parte:

$$A = A_0 \cdot e^{-\lambda \cdot t} \Rightarrow \dfrac{A}{A_0} = e^{-\lambda \cdot t} \Rightarrow \ln \dfrac{A}{A_0} = -\lambda \cdot t \Rightarrow \ln \dfrac{A_0}{A} = \lambda \cdot t \Rightarrow$$

$$\Rightarrow t = \dfrac{1}{\lambda} \cdot \ln \dfrac{A_0}{A} = \dfrac{1}{4'33 \cdot 10^{-4}} \cdot \ln 6 = \boxed{4138 \text{ a}}$$

Comentario: la constante de desintegración, λ, es propia para cada sustancia radiactiva e indica la probabilidad de que un núcleo se desintegre en la unidad de tiempo.

19) En un yacimiento arqueológico se ha encontrado un cuerpo momificado con el 86 % del ^{14}C del que presenta habitualmente un ser vivo. Sabiendo que el período de semidesintegración del ^{14}C es de 5730 años, determine razonadamente: i) El tiempo transcurrido desde su muerte. ii) El porcentaje de ^{14}C original que quedará en dichos restos cuando hayan transcurrido 500 años más.

Datos:

Dibujo:

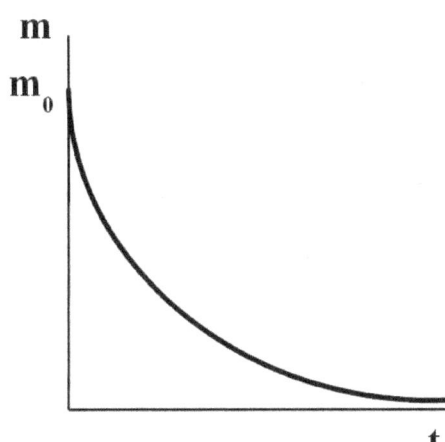

$m = 0'86 \cdot m_0$
$T_{1/2} = 5730$ a
¿t?
¿Porcentaje?
$t_{extra} = 500$ a

Principio físico: la radiactividad es la emisión natural o artificial de partículas y energía por parte de algunos núcleos inestables.

Método de resolución: calcularemos la constante de desintegración del carbono 14 y usaremos la ley de desintegración radiactiva.

Resolución: * Constante de desintegración: $\lambda = \dfrac{\ln 2}{T_{1/2}} = \dfrac{\ln 2}{5730} = 1'21 \cdot 10^{-4}$ a^{-1}

* Tiempo transcurrido desde su muerte:

$m = m_0 \cdot e^{-\lambda \cdot t} \Rightarrow \dfrac{m}{m_0} = e^{-\lambda \cdot t} \Rightarrow \ln \dfrac{m}{m_0} = -\lambda \cdot t \Rightarrow \ln \dfrac{m_0}{m} = \lambda \cdot t \Rightarrow$

$\Rightarrow t = \dfrac{1}{\lambda} \cdot \ln \dfrac{m_0}{m} = \dfrac{1}{1'21 \cdot 10^{-4}} \cdot \ln \dfrac{1}{0'86} = \boxed{1246 \text{ a}}$

* Masa de carbono que quedará cuando pasen 500 años más:

$$m = m_0 \cdot e^{-\lambda \cdot t} = m_0 \cdot \exp(-1'21 \cdot 10^{-4} \cdot 1746) = 0'810 \cdot m_0$$

* Porcentaje de carbono original que quedará:

$$\text{Porcentaje} = \dfrac{m \cdot 100}{m_0} = \dfrac{0'81 \cdot m_0 \cdot 100}{m_0} = \boxed{81 \%}$$

Comentario: la prueba del carbono 14 es un método de datación de objetos antiguos de origen orgánico. Está basado en un análisis isotópico y en la aplicación de la ley de desintegración radiactiva.

2020

20) El $^{24}_{11}Na$ tiene un período de semidesintegración de 14'959 horas. Calcule: i) La actividad inicial de una muestra de $5 \cdot 10^{-3}$ kg. ii) El tiempo que transcurre hasta que su actividad se reduce a la décima parte de la inicial. 1 u = $1'66 \cdot 10^{-27}$ kg, m ($^{24}_{11}Na$) = 23'990963 u.

Datos: Dibujo:

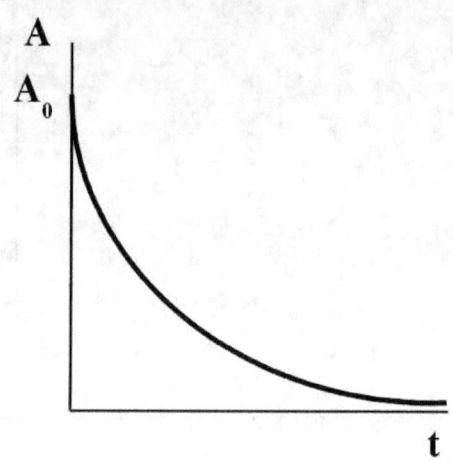

$T_{1/2}$ = 14'959 h = 53.852 s
¿A_0?
$m_0 = 5 \cdot 10^{-3}$ kg
¿t?
$A = A_0 / 10$
1 u = $1'66 \cdot 10^{-27}$ kg
m ($^{24}_{11}Na$) = 23'990963 u

Principio físico: la radiactividad es la emisión natural o artificial de partículas y energía por parte de algunos núcleos inestables.

Método de resolución: calcularemos la constante de desintegración, obtendremos la actividad inicial y aplicaremos la ley de desintegración radiactiva aplicada a las actividades.

Resolución: * Constante de desintegración: $\lambda = \dfrac{\ln 2}{T_{1/2}} = \dfrac{\ln 2}{53852} = 1'29 \cdot 10^{-5}$ s^{-1}

* Número de núcleos iniciales: $N_0 = 5 \cdot 10^{-3}$ kg $\cdot \dfrac{1\,u}{1'66 \cdot 10^{-27}\,kg} \cdot \dfrac{1\,núcleo}{23'990963\,u} = 1'26 \cdot 10^{23}$ núcleos

* Actividad inicial: $A_0 = \lambda \cdot N_0 = 1'29 \cdot 10^{-5} \cdot 1'26 \cdot 10^{23} = \boxed{1'63 \cdot 10^{18}\,Bq}$

* Tiempo para tener una actividad que sea la décima parte de la inicial:

$A = A_0 \cdot e^{-\lambda \cdot t} \Rightarrow \dfrac{A}{A_0} = e^{-\lambda \cdot t} \Rightarrow \ln \dfrac{A}{A_0} = -\lambda \cdot t \Rightarrow \ln \dfrac{A_0}{A} = \lambda \cdot t \Rightarrow t = \dfrac{1}{\lambda} \cdot \ln \dfrac{A_0}{A} =$

$= \dfrac{1}{1'29 \cdot 10^{-5}} \cdot \ln \dfrac{A_0}{A_0/10} = \dfrac{1}{1'29 \cdot 10^{-5}} \cdot \ln 10 = 1'78 \cdot 10^5$ s $\cdot \dfrac{1\,h}{3600\,s} = \boxed{49'6\,h}$

Comentario: el período de semidesintegración es el tiempo necesario para que la actividad de una muestra se reduzca a la mitad.

21) Calcule la energía liberada en la formación de 5·10²⁵ núcleos de helio:

$$^{2}_{1}H + ^{2}_{1}H \rightarrow ^{4}_{2}He$$

c = 3·10⁸ m·s⁻¹, 1 u = 1'66·10⁻²⁷ kg, m ($^{4}_{2}He$) = 4'002603 u, m ($^{2}_{1}H$) = 2'014102 u.

Datos:　　　　　　　Dibujo:

¿E?
N = 5·10²⁵ núcleos
c = 3·10⁸ m·s⁻¹
1 u = 1'66·10⁻²⁷ kg
m ($^{4}_{2}He$) = 4'002603 u
m ($^{2}_{1}H$) = 2'014102 u

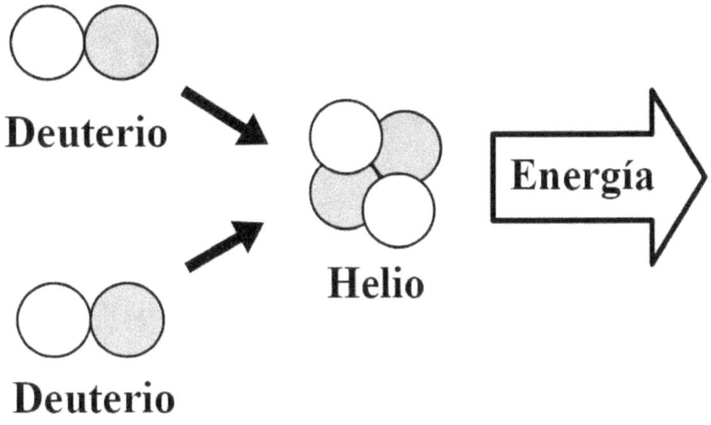

Principio físico: la fusión nuclear consiste en la unión de varios núcleos atómicos para dar un núcleo mayor y en la que se desprende una gran cantidad de energía.

Método de resolución: calcularemos el defecto de masa y lo transformaremos en su equivalente en energía mediante la ecuación de Einstein.

Resolución: * Defecto de masa: $\Delta m = | \sum m_{productos} - \sum m_{reactivos} | =$

$= | 4'002603 - 2 \cdot 2'014102 | = 0'0256$ u· $\dfrac{1'66 \cdot 10^{-27} kg}{1 u}$ = 4'25·10⁻²⁹ kg

* Energía liberada por cada núcleo de helio:

$$E = \Delta m \cdot c^2 = 4'25 \cdot 10^{-29} \cdot (3 \cdot 10^8)^2 = 3'83 \cdot 10^{-12} \dfrac{J}{núcleo}$$

* Energía para todos los átomos de helio:

$$E = 3'83 \cdot 10^{-12} \cdot 5 \cdot 10^{25} = \boxed{1'92 \cdot 10^{14} \text{ J}}$$

Comentario: en las reacciones nucleares, se conservan el número másico (A) y el número atómico (Z). La energía de las reacciones nucleares proviene del defecto de masa entre productos y reactivos, que se convierte en energía. El defecto de masa y la energía liberada son negativos, pero suelen tomarse en valor absoluto.

22) Una muestra de un organismo vivo presenta en el momento de morir una actividad radiactiva por cada gramo de carbono de 0'25 Bq, correspondiente al isótopo C-14. Sabiendo que dicho isótopo tiene un período de semidesintegración de 5730 años, determine: i) La constante de desintegración radiactiva del isótopo C-14. ii) La edad de una momia que en la actualidad presenta una actividad radiactiva correspondiente al isótopo C-14 de 0'163 Bq por cada gramo de carbono.

Datos:

$A_0 = 0'25$ Bq / g
$T_{1/2} = 5730$ a
¿λ?
¿t?
$A = 0'163$ Bq / g

Dibujo:

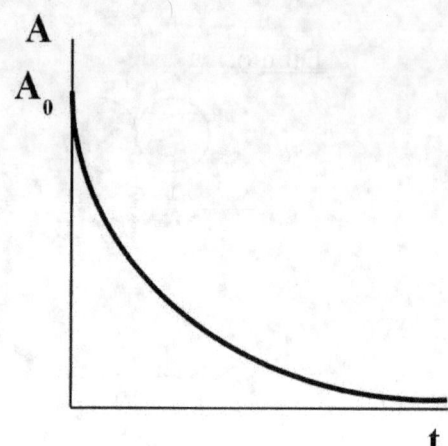

Principio físico: la radiactividad es la emisión natural o artificial de partículas y energía por parte de algunos núcleos inestables.

Método de resolución: calcularemos la constante de desintegración y utilizaremos la ley de desintegración radiactiva aplicada a las actividades.

Resolución: * Constante de desintegración radiactiva en a^{-1}: $\lambda = \dfrac{\ln 2}{T_{1/2}} = \dfrac{\ln 2}{5730} = 1'21 \cdot 10^{-4}\ a^{-1}$

* Constante de desintegración radiactiva en s^{-1}:

$$\lambda = 1'21 \cdot 10^{-4}\ a^{-1} \cdot \dfrac{1\,a}{365\,d} \cdot \dfrac{1\,d}{24\,h} \cdot \dfrac{1\,h}{3600\,s} = \boxed{3'84 \cdot 10^{-12}\ s^{-1}}$$

* Edad de la momia:

$A = A_0 \cdot e^{-\lambda \cdot t} \Rightarrow \dfrac{A}{A_0} = e^{-\lambda \cdot t} \Rightarrow \ln \dfrac{A}{A_0} = -\lambda \cdot t \Rightarrow \ln \dfrac{A_0}{A} = \lambda \cdot t \Rightarrow t = \dfrac{1}{\lambda} \cdot \ln \dfrac{A_0}{A} =$

$= \dfrac{1}{1'21 \cdot 10^{-4}} \cdot \ln \dfrac{0'25}{0'163} = \boxed{3535\ a}$

Comentario: el método del C-14 se utiliza para datar objetos antiguos con origen animal o vegetal. Cuando un ser vivo muere, deja de incorporar C de la atmósfera, así que su concentración de C-14, que es radiactivo, va decayendo.

23) Tras capturar un neutrón térmico, un núcleo de uranio-235 se fisiona en la forma:

$$^{235}_{92}U + ^{1}_{0}n \rightarrow ^{141}_{56}Ba + ^{92}_{36}Kr + 3\,^{1}_{0}n$$

Calcule: i) El defecto de masa de la reacción. ii) La energía desprendida por cada neutrón formado.
$c = 3\cdot 10^8$ m·s^{-1}, 1 u = 1'66·10^{-27} kg, m_n = 1'008665 u, m($^{235}_{92}U$) = 235'043930 u,
m($^{141}_{56}Ba$) = 140'914403 u, m($^{92}_{36}Kr$) = 91'926173 u.

Datos:

¿Δm?
¿E?
$c = 3\cdot 10^8$ m·s^{-1}
1 u = 1'66·10^{-27} kg
m_n = 1'008665 u
m($^{235}_{92}U$) = 235'043930 u
m($^{141}_{56}Ba$) = 140'914403 u
m($^{92}_{36}Kr$) = 91'926173 u

Dibujo:

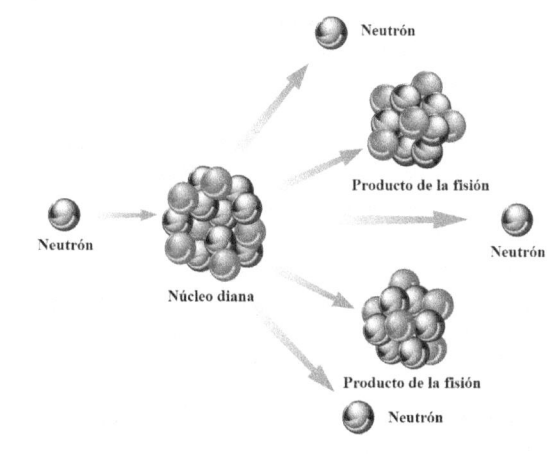

Principio físico: la fisión nuclear consiste en la escisión de un núcleo pesado en dos o más núcleos ligeros gracias al bombardeo de unas partículas, normalmente neutrones.

Método de resolución: calcularemos el defecto de masa y lo transformaremos en su equivalente en energía mediante la ecuación de Einstein.

Resolución: * Defecto de masa: $\Delta m = |\sum m_{productos} - \sum m_{reactivos}| =$

$= |140'914403 + 91'926173 + 3\cdot 1'008665 - 235'043930 - 1'008665| = 0'186$ u $\cdot \dfrac{1'66\cdot 10^{-27} kg}{1\,u} =$

$= 3'09\cdot 10^{-28}$ kg

* Energía liberada: $E = \Delta m \cdot c^2 = 3'09\cdot 10^{-28}\cdot (3\cdot 10^8)^2 = 2'78\cdot 10^{-11}$ J

* Energía liberada por cada neutrón: $\dfrac{E}{n^o\,neutrones} = \dfrac{2'78\cdot 10^{-11}}{3} = \boxed{9'27\cdot 10^{-12}\,\dfrac{J}{neutrón}}$

Comentario: en las reacciones nucleares, se conservan el número másico (A) y el número atómico (Z). La energía de las reacciones nucleares proviene del defecto de masa entre productos y reactivos, que se convierte en energía. El defecto de masa y la energía liberada son negativos, pero suelen tomarse en valor absoluto.

24) Se dispone inicialmente de una muestra radiactiva que contiene $6·10^{21}$ átomos de un isótopo de Co, cuyo periodo de semidesintegración es de 77'27 días. Calcule: i) La constante de desintegración radiactiva del isótopo de Co. ii) La actividad inicial de la muestra. iii) El número de átomos que se han desintegrado al cabo de 180 días.

Datos: Dibujo:

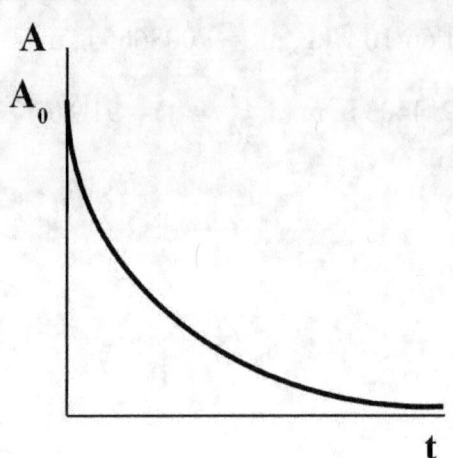

$N_0 = 6·10^{21}$ átomos
$T_{1/2} = 77'27$ día
¿λ?
¿A_0?
¿N?
$t = 180$ día

Principio físico: la radiactividad es la emisión natural o artificial de partículas y energía por parte de algunos núcleos inestables.

Método de resolución: calcularemos la constante de desintegración y usaremos la ley de desintegración radiactiva.

Resolución: i) * Constante de desintegración radiactiva:

$$T_{1/2} = \frac{\ln 2}{\lambda} \Rightarrow \lambda = \frac{\ln 2}{T_{1/2}} = \frac{\ln 2}{77'27} = 8'97·10^{-3} \text{ día}^{-1}· \frac{1\,día}{24\,h} · \frac{1\,h}{3600\,s} = \boxed{1'04·10^{-7} \text{ s}^{-1}}$$

ii) * Actividad inicial de la muestra:

$$A = -\frac{dN}{dt} = \lambda·N \;;\; A_0 = \lambda·N_0 = 1'04·10^{-7}·6·10^{21} = \boxed{6'24·10^{14} \text{ Bq}}$$

iii) * Número de átomos que quedan tras 180 días:

$$N = N_0·e^{-\lambda·t} = 6·10^{21}·\exp(-8'97·10^{-3}·180) = 1'19·10^{21}$$

* Número de átomos que se han desintegrado: $N' = N_0 - N = 6·10^{21} - 1'19·10^{21} = \boxed{4'81·10^{21} \text{ átomos}}$

Comentario: mediante la ley de desintegración se calcula el número de átomos que quedan en la muestra.

25) La masa atómica del isótopo $^{14}_{6}C$ es 14'003241 u.

Calcule: i) El defecto de masa. ii) La energía de enlace por nucleón.
$c = 3 \cdot 10^8$ m·s^{-1} ; 1 u = 1'66·10^{-27} kg ; m_p = 1'007276 u ; m_n = 1'008665 u.

Datos:

m_C = 14'003241 u
¿Δm?
¿E_n?
$c = 3 \cdot 10^8$ m·s^{-1}
1 u = 1'66·10^{-27} kg
m_p = 1'007276 u
m_n = 1'008665 u

Dibujo:

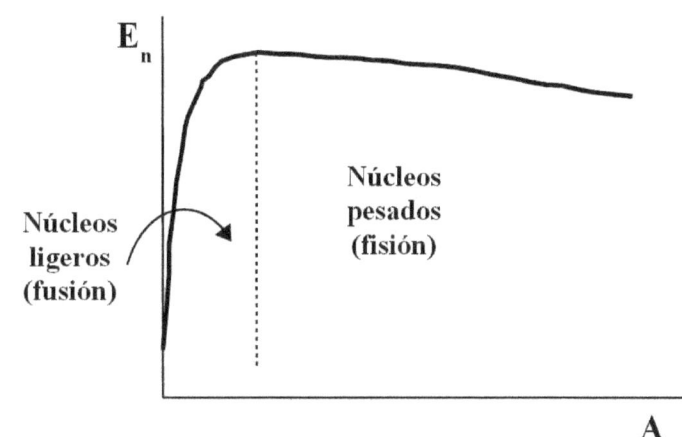

Principio físico: la radiactividad es la emisión natural o artificial de partículas y energía por parte de algunos núcleos inestables.

Método de resolución: restaremos las masas de reactivos y productos y transformaremos el defecto de masa en energía mediante la ecuación de Einstein.

Resolución: * Partículas del $^{14}_{6}C$: 6 protones y 14 – 6 = 8 neutrones.

* Defecto de masa: $\Delta m = | m_{núcleo} - \sum m_{partículas} | =$ 14'003241 – 6·1'007276 – 8·1'008665 =

= 0'109735 u · $\dfrac{1'66 \cdot 10^{-27} kg}{1 u}$ = $\boxed{1'82 \cdot 10^{-28} \text{ kg}}$

* Energía de enlace: $E_e = \Delta m \cdot c^2 = 1'82 \cdot 10^{-28} \cdot (3 \cdot 10^8)^2 = 1'64 \cdot 10^{-11}$ J

* Energía de enlace por nucleón: $E_n = \dfrac{E_e}{A} = \dfrac{1'64 \cdot 10^{-11}}{14} = \boxed{1'17 \cdot 10^{-12} \dfrac{J}{nucleón}}$

Comentario: aunque el defecto de masa es negativo, se suele tomar en valor absoluto. La energía de enlace por nucleón es una medida de la estabilidad del nucleón.

2019

26) Al someter a la prueba del ^{14}C una herramienta de madera encontrada en un yacimiento arqueológico, se detecta que la actividad de dicho isótopo es un 15% de la correspondiente a la de una muestra actual de la misma madera. Sabiendo que el periodo de semidesintegración del ^{14}C es de 5730 años, determine la constante de desintegración y calcule la antigüedad de dicha herramienta.

Datos: Dibujo:

$A = 0'15 \cdot A_0$
$T_{1/2} = 5730$ años
¿λ?
¿t?

Principio físico: la radiactividad es la emisión natural o artificial de partículas y energía por parte de algunos núcleos inestables.

Método de resolución: calcularemos la constante de desintegración y usaremos la ley de desintegración radiactiva.

Resolución: * Constante de desintegración: $T_{1/2} = \dfrac{\ln 2}{\lambda} \Rightarrow \lambda = \dfrac{\ln 2}{T_{1/2}} = \dfrac{\ln 2}{5730} = 1'21 \cdot 10^{-4}$ a^{-1}

$$\lambda = 1'21 \cdot 10^{-4} \text{ a}^{-1} \cdot \dfrac{1\,a}{365\,d} \cdot \dfrac{1\,d}{24\,h} \cdot \dfrac{1\,h}{3600\,s} = \boxed{3'84 \cdot 10^{-12} \text{ s}^{-1}}$$

* Antigüedad de la herramienta:

$$\ln \dfrac{A}{A_0} = -\lambda \cdot t \Rightarrow t = -\dfrac{1}{\lambda} \cdot \ln \dfrac{A}{A_0} = -\dfrac{1}{1'21 \cdot 10^{-4}} \cdot \ln 0'15 = \boxed{15.680 \text{ a}}$$

Comentario: el método del ^{14}C es un método de datación de restos orgánicos basado en la desintegración del ^{14}C. Midiendo las actividades o las proporciones de ^{12}C / ^{14}C se puede determinar la edad de la muestra.

27) Calcule la energía liberada en la fisión de 1 kg de $^{235}_{92}U$ según la reacción siguiente:

$$^{235}_{92}U + ^{1}_{0}n \rightarrow ^{141}_{56}Ba + ^{92}_{36}Kr + 3\,^{1}_{0}n$$

m($^{235}_{92}U$) = 235'043930 u, m($^{141}_{56}Ba$) = 140'914403 u; m($^{92}_{36}Kr$) = 91'926173 u;

m_n = 1'008665 u; 1 u = 1'66·10^{-27} kg; c = 3·10^8 m·s^{-1}

Datos:

¿E?
m = 1 kg U
m($^{235}_{92}U$) = 235'043930 u
m($^{141}_{56}Ba$) = 140'914403 u
m($^{92}_{36}Kr$) = 91'926173 u
m_n = 1'008665 u
1 u = 1'66·10^{-27} kg
c = 3·10^8 m·s^{-1}

Dibujo:

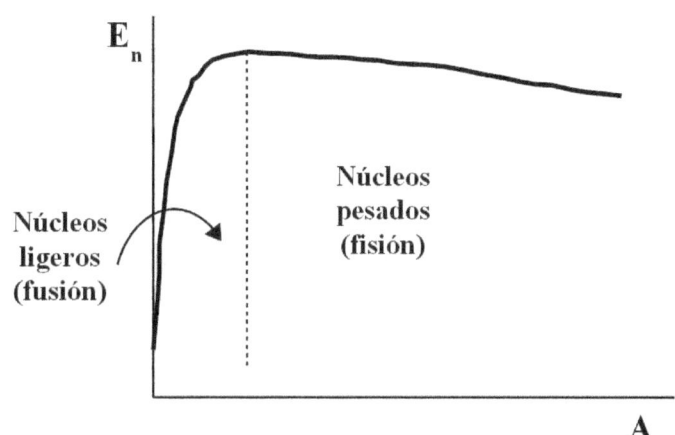

Principio físico: la radiactividad es la emisión natural o artificial de partículas y energía por parte de algunos núcleos inestables.

Método de resolución: calcularemos el defecto de masa y calcularemos la energía correspondiente mediante la ecuación de Einstein.

Resolución: * Defecto de masa: $\Delta m = | m_{Ba} + m_{Kr} + 3 \cdot m_n - m_U - m_n | =$

$= |140'914403 + 91'926173 + 3 \cdot 1'008665 - 235'043930 - 1'008665| = 0'186$ u$\cdot \dfrac{1'66 \cdot 10^{-27} kg}{1\,u} =$

$= 3'09 \cdot 10^{-28}$ kg

* Energía desprendida: $E = \Delta m \cdot c^2 = 3'09 \cdot 10^{-28} \cdot (3 \cdot 10^8)^2 = 2'78 \cdot 10^{-11}\ \dfrac{J}{\text{átomo }U}$

* Energía desprendida por cada kilogramo de U:

$E = 2'78 \cdot 10^{-11}\ \dfrac{J}{\text{átomo }U} \cdot \dfrac{1\,\text{átomo }U}{235'043930\,u} \cdot \dfrac{1\,u}{1'66 \cdot 10^{-27}\,kg\,U} \cdot 1\,kg\,U =$ $\boxed{7'13 \cdot 10^{13}\ J}$

Comentario: la fisión consiste en la rotura de núcleos pesados para obtener otros más ligeros. Aunque el defecto de masa es negativo, suele tomarse en valor absoluto.

28) El yodo-131 tiene un periodo de semidesintegración de 8'02 días y una masa atómica de 130'9061 u. Calcule la constante de desintegración, la actividad inicial de una muestra de 1'88 mg y el tiempo necesario para que su masa se reduzca a 0'47 mg. 1 u = 1'66·10⁻²⁷ kg.

Datos: Dibujo:

$T_{1/2}$ = 8'02 d
M = 130'9061 u
¿λ?
¿A_0?
m_0 = 1'88 mg
m = 0'47 mg
1 u = 1'66·10⁻²⁷ kg

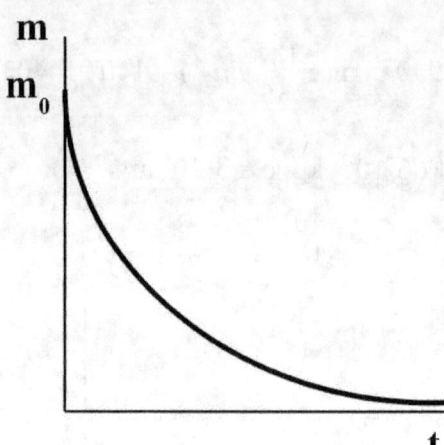

Principio físico: la radiactividad es la emisión natural o artificial de partículas y energía por parte de algunos núcleos inestables.

Método de resolución: escribiremos la reacción nuclear, usaremos la ley de desintegración radiactiva y el concepto de actividad.

Resolución: * Constante de desintegración: $T_{1/2} = \dfrac{\ln 2}{\lambda} \Rightarrow \lambda = \dfrac{\ln 2}{T_{1/2}} = \dfrac{\ln 2}{8'02} = 0'0864 \, d^{-1}$

$$\lambda = 0'0864 \, d^{-1} \cdot \dfrac{1 d}{24 h} \cdot \dfrac{1 h}{3600 s} = \boxed{10^{-6} \, s^{-1}}$$

* Actividad inicial: $A_0 = -\dfrac{dN}{dt} = \lambda \cdot N_0 = 10^{-6} \, s^{-1} \cdot 1'88 \cdot 10^{-6} \, kg \cdot \dfrac{1 u}{1'66 \cdot 10^{-27} kg} \cdot \dfrac{1 \, núcleo}{130'9061 \, u} =$

$= \boxed{8'65 \cdot 10^{12} \, Bq}$

* Tiempo necesario para que su masa se reduzca a 0'47 mg:

$$\ln \dfrac{m}{m_0} = -\lambda \cdot t \Rightarrow t = -\dfrac{1}{\lambda} \cdot \ln \dfrac{m}{m_0} = -\dfrac{1}{0'0864} \cdot \ln \dfrac{0'47}{1'88} = \boxed{16'1 \, d}$$

Comentario: el tiempo de semidesintegración es el tiempo necesario para que la masa inicial se reduzca a la mitad. Han transcurrido exactamente dos períodos de semidesintegreación, luego la masa inicial se ha reducido a la cuarta parte.

29) Los nucleidos $^{19}_{9}F$ y $^{131}_{53}I$ tienen una masa de 18'998403 u y 130'906126 u, respectivamente. Determine razonadamente cuál de ellos tiene mayor estabilidad nuclear.
m_p = 1'007276 u; m_n = 1'008665 u; 1 u = 1'66·10^{-27} kg; c = 3·10^8 m·s^{-1}.

Datos:

m($^{19}_{9}F$) = 18'998403 u

m($^{131}_{53}I$) = 130'906126 u

¿Más estable?
m_p = 1'007276 u
m_n = 1'008665 u
1 u = 1'66·10^{-27} kg
c = 3·10^8 m·s^{-1}

Dibujo:

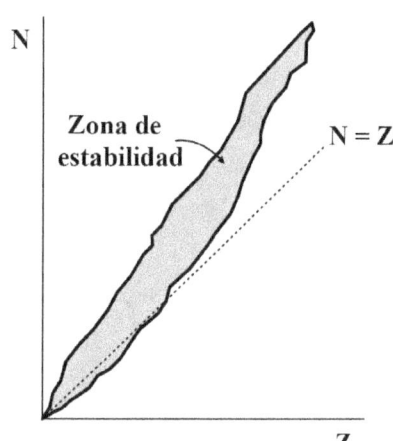

Principio físico: la radiactividad es la emisión natural o artificial de partículas y energía por parte de algunos núcleos inestables.

Método de resolución: para cada nucleido calcularemos el defecto de masa, la energía correspondiente y la energía de enlace por nucleón.

Resolución: * Número de partículas en cada núcleo:
F: 19 – 9 = 10 neutrones y 9 protones; I: 131 – 53 = 78 neutrones y 53 protones.

* Defectos de masa:
F: Δm = | m_F – 10·m_n – 9·m_p | = | 18'998403 – 10·1'008665 – 9·1'007276 | = 0'1537 u = 2'55·10^{-28} kg
I: Δm = | m_I – 78·m_n – 53·m_p | = | 130'906126 – 78·1'008665 – 53·1'007276 | = 1'155 u = 1'92·10^{-27} kg

* Energías de enlace:

$\quad$ F: $E_e = \Delta m \cdot c^2$ = 2'55·10^{-28}·$(3·10^8)^2$ = 2'3·10^{-11} J
$\quad$ I: $E_e = \Delta m \cdot c^2$ = 1'92·10^{-27}·$(3·10^8)^2$ = 1'73·10^{-10} J

* Energías de enlace por nucleón:

$\quad$ F: $E_n = \dfrac{E_e}{A} = \dfrac{2'3·10^{-11}}{19}$ = 1'21·10^{-12} $\dfrac{J}{nucleón}$

$\quad$ I: $E_n = \dfrac{E_e}{A} = \dfrac{1'73·10^{-10}}{131}$ = 1'32·10^{-12} $\dfrac{J}{nucleón}$

Comentario: de dos nucleidos, el de mayor estabilidad es el de mayor energía de enlace por nucleón en valor absoluto, pues emplea de esta forma más energía en cohesionar protones y neutrones. El de mayor estabilidad es el yodo.

30) Los períodos de semidesintegración del $^{210}_{83}Bi$ y $^{222}_{86}Rn$ son de 5 y 3'8 días, respectivamente. Disponemos de una muestra de 3 mg del $^{210}_{83}Bi$ y otra de 10 mg de $^{222}_{86}Rn$. Determine en cuál de ellos quedará más masa por desintegrarse pasados 15'2 días.

Datos:

$T_{1/2}$ = 5 días
$T_{1/2}$ = 3'8 días
m_0 = 3 mg $^{210}_{83}Bi$
m_0 = 10 mg $^{222}_{86}Rn$
¿m?
t = 15'2 días

Dibujo:

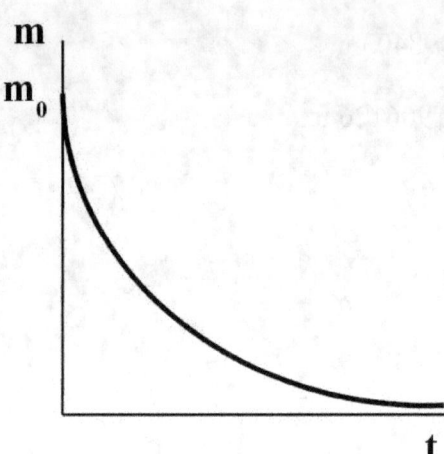

Principio físico: la radiactividad es la emisión natural o artificial de partículas y energía por parte de algunos núcleos inestables.

Método de resolución: calcularemos la constante de desintegración y usaremos la ley de desintegración radiactiva.

Resolución: * Constante de desintegración: $T_{1/2} = \dfrac{\ln 2}{\lambda} \Rightarrow \lambda = \dfrac{\ln 2}{T_{1/2}}$

Para el Bi: $\lambda = \dfrac{\ln 2}{T_{1/2}} = \dfrac{\ln 2}{5} = 0'139 \; d^{-1}$; Para el Rn: $\lambda = \dfrac{\ln 2}{T_{1/2}} = \dfrac{\ln 2}{3'8} = 0'182 \; d^{-1}$

* Masa por desintegrarse:

Para el Bi: $m = m_0 \cdot e^{-\lambda \cdot t} = 3 \cdot e^{-0'139 \cdot 15'2} = 0'363 \; mg = 3'63 \cdot 10^{-7} \; kg$

Para el Rn: $m = m_0 \cdot e^{-\lambda \cdot t} = 10 \cdot e^{-0'182 \cdot 15'2} = 0'629 \; mg = \boxed{6'29 \cdot 10^{-7} \; kg}$

Comentario: es el Rn el que tendrá más masa sin desintegrar pues, aunque su constante de desintegración es mayor, la cantidad inicial también lo es.

TEMA 8: FÍSICA CUÁNTICA

FORMULARIO DE FÍSICA CUÁNTICA

Efecto fotoeléctrico

* Balance de energía:

$$E_{fotón} = W_{extr.} + E_c \quad (J)$$

siendo: $E_{fotón}$: energía del fotón o de la luz incidente (J)
$W_{extr.}$: trabajo de extracción del metal (J)
E_c: energía cinética máxima de los electrones emitidos (J)

* Energía del fotón, $E_{fotón}$:

$$E_{fotón} = h \cdot f = h \cdot \frac{c}{\lambda} \quad (J)$$

siendo: $E_{fotón}$: energía del fotón o de la luz incidente (J)
h: constante de Planck = $6'63 \cdot 10^{-34}$ J·s
f: frecuencia de la luz (Hz o s^{-1})
c: velocidad de la luz = $3 \cdot 10^8$ m/s
λ: longitud de onda de la luz (m)

* Trabajo de extracción del metal, $W_{extr.}$:

$$W_{extr.} = h \cdot f_0 = h \cdot \frac{c}{\lambda_{máx.}} \quad (J)$$

siendo: $W_{extr.}$: trabajo de extracción del metal (J)
f_0: frecuencia umbral del metal (Hz o s^{-1})
c: velocidad de la luz = $3 \cdot 10^8$ m/s
$\lambda_{máx}$: longitud de onda máxima de la luz (m)

* Energía cinética máxima de los fotoelectrones emitidos, Ec:

$$E_c = \frac{1}{2} \cdot m \cdot v^2 = e \cdot V_0 \quad (J)$$

siendo: Ec: energía cinética máxima de los electrones (J)
m: masa del electrón = $9'11 \cdot 10^{-31}$ kg
v: velocidad de los electrones (m/s)
e: carga elemental = $1'602 \cdot 10^{-19}$ C
V_0: potencial de frenado (V)

Principio de incertidumbre de Heisenberg

$$\Delta x \cdot \Delta p \geq \frac{h}{4 \cdot \pi}$$

siendo:
- Δx: incertidumbre en la posición (m)
- Δp: incertidumbre en el momento (kg·m/s)
- h: constante de Planck = 6'63·10^{-34} J·s

Principio de De Broglie o dualidad onda-partícula

* Longitud de onda de De Broglie, λ:

$$\lambda = \frac{h}{m \cdot v} \quad (m)$$

siendo:
- λ: longitud de onda de De Broglie (m)
- h: constante de Planck = 6'63·10^{-34} J·s
- m: masa de la partícula (kg)
- v: velocidad de la partícula (kg)

Partícula moviéndose a velocidad cercana a la de la luz

* Energía total de la partícula: $E = \gamma \cdot m \cdot c^2$

siendo:
- E: energía total de la partícula (J)
- γ: factor de Lorentz (-)
- m: masa de la partícula (kg)
- c: velocidad de la luz en el vacío = 3·10^8 m/s

* Factor de Lorentz: $\gamma = \dfrac{1}{\sqrt{1-\left(\dfrac{v}{c}\right)^2}}$

siendo:
- v: velocidad de la partícula (m/s)

* Energía cinética de la partícula: $Ec = m \cdot c^2 \cdot (\gamma - 1)$

CUESTIONES DE FÍSICA CUÁNTICA

Cuestión genérica

1) Explique la conservación de la energía en el proceso de emisión de electrones por una superficie metálica al ser iluminada con luz adecuada.

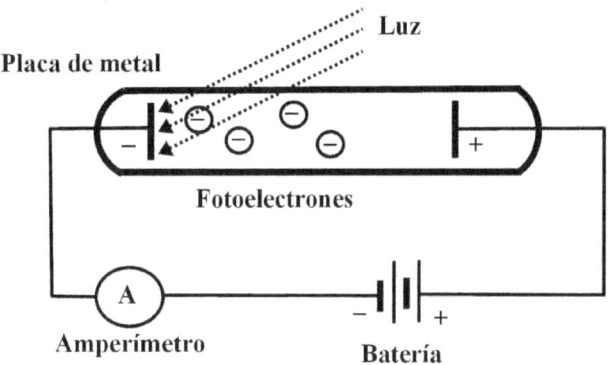

El efecto fotoeléctrico consiste en la emisión de fotoelectrones por parte de una lámina metálica cuando se ilumina con una luz de frecuencia igual o superior a la umbral. El que se produzca o no el efecto fotoeléctrico no depende de la intensidad de la luz incidente, sino de su frecuencia. Por debajo de la frecuencia umbral no hay efecto fotoeléctrico.

* Balance de energía del efecto fotoeléctrico:
Energía de la luz = trabajo para arrancar electrones + energía cinética de los electrones

* Fórmula de Einstein del efecto fotoeléctrico: $E_{fotón} = W_{extr.} + Ec$

siendo: $E_{fotón}$: energía del fotón de la luz incidente.
$W_{extr.}$: trabajo de extracción del metal.
Ec: energía cinética de los electrones.

La energía de la luz se invierte en arrancar electrones del metal y en darles energía cinética.

La energía del fotón es directamente proporcional a la frecuencia de la luz e inversamente proporcional a su longitud de onda: $E_{fotón} = n \cdot h \cdot f = n \cdot h \cdot \dfrac{c}{\lambda}$. Este es el postulado de Planck. La energía de la radiación electromagnética está cuantizada, es decir, no puede adoptar cualquier valor, sino que es un múltiplo entero de $h \cdot f$. Un fotón es un paquete de energía, es decir, es la cantidad más pequeña de una determinada onda electromagnética que puede transmitirse.

El trabajo de extracción es la energía mínima necesaria para arrancar los electrones del metal:

$$W_{extr.} = h \cdot f_0 = h \cdot \dfrac{c}{\lambda_{máx}}$$

f_0 es la frecuencia umbral, la frecuencia mínima necesaria para que tenga lugar el efecto fotoeléctrico; depende de cada metal. $\lambda_{máx}$ es la longitud de onda máxima para que ocurra el efecto fotoeléctrico.

La energía cinética es la energía que tienen los electrones gracias a su movimiento:

$$Ec = \dfrac{1}{2} \cdot m \cdot v^2 = e \cdot V_0$$

V_0 es el potencial de frenado. Es la diferencia de potencial mínima necesaria para frenar a los electrones. Los electrones se frenan al cambiar la polaridad de la batería del circuito.

Cuanto mayor sea la frecuencia de la luz por encima de la frecuencia umbral, mayor será la energía cinética de los electrones emitidos. Cuanto mayor sea la intensidad de la luz, más electrones saldrán de la lámina por unidad de tiempo.

2024

2) Dos partículas tienen la misma energía cinética. Deduzca de manera razonada la relación entre sus longitudes de onda de De Broglie si la masa de la primera es un tercio de la masa de la segunda.

* Relación entre las velocidades:

$Ec_1 = Ec_2$; $m_1 = \dfrac{m_2}{3}$ $\Rightarrow$ $\dfrac{1}{2} \cdot m_1 \cdot v_1^2 = \dfrac{1}{2} \cdot m_2 \cdot v_2^2$ $\Rightarrow$ $m_1 \cdot v_1^2 = m_2 \cdot v_2^2$ $\Rightarrow$

$\Rightarrow$ $\dfrac{m_2}{3} \cdot v_1^2 = m_2 \cdot v_2^2$ $\Rightarrow$ $\dfrac{v_1^2}{3} = v_2^2$ $\Rightarrow$ $v_1^2 = 3 \cdot v_2^2$ $\Rightarrow$ $v_1 = \sqrt{3} \cdot v_2$

* Relación entre las longitudes de onda de De Broglie:

$$\dfrac{\lambda_2}{\lambda_1} = \dfrac{\dfrac{h}{m_2 \cdot v_2}}{\dfrac{h}{m_1 \cdot v_1}} = \dfrac{m_1 \cdot v_1}{m_2 \cdot v_2} = \dfrac{m_1 \cdot \sqrt{3} \cdot v_2}{3 \cdot m_1 \cdot v_2} = \dfrac{\sqrt{3}}{3}$$

---

3) El estudio del efecto fotoeléctrico sobre un metal se realiza con dos fuentes luminosas diferentes: una fuente A de intensidad I y frecuencia 2·f, y otra B de intensidad 2·I y frecuencia f. Sabiendo que f es superior a la frecuencia umbral del metal, responda razonadamente: i) ¿Con qué fuente luminosa se emiten los electrones a mayor velocidad? ii) ¿Con qué fuente luminosa se emite mayor número de electrones?

i) Con la fuente A. El efecto fotoeléctrico consiste en la emisión de fotoelectrones por parte de la superficie de un metal cuando este es iluminado con una luz de frecuencia igual o superior a la umbral.

* Balance de energía del efecto fotoeléctrico: $E_{fotón} = W_{extr.} + Ec$

* Velocidad de los electrones emitidos:

$E_{fotón} = W_{extr.} + Ec$ $\Rightarrow$ $h \cdot f = h \cdot f_0 + \dfrac{1}{2} \cdot m \cdot v^2$ $\Rightarrow$ $h \cdot (f - f_0) = \dfrac{1}{2} \cdot m \cdot v^2$ $\Rightarrow$

$\Rightarrow$ $2 \cdot h \cdot (f - f_0) = m \cdot v^2$ $\Rightarrow$ $v^2 = \dfrac{2 \cdot h \cdot (f - f_0)}{m}$ $\Rightarrow$ $v = \sqrt{\dfrac{2 \cdot h \cdot (f - f_0)}{m}}$

Como la velocidad de los electrones es directamente proporcional a la frecuencia y no depende de la intensidad, tendrán mayor velocidad los electrones extraídos con la fuente A.

ii) Con la fuente B. El número de electrones emitidos por segundo es directamente proporcional a la intensidad de la luz incidente.

4) Dos partículas de masas m y 4·m tienen asociadas longitudes de onda de De Broglie 2·λ y λ, respectivamente. Deduzca razonadamente la relación entre sus energías cinéticas.

* Velocidad en función de la longitud de onda de De Broglie:

$$\lambda = \frac{h}{m \cdot v} \quad \Rightarrow \quad v = \frac{h}{m \cdot \lambda}$$

* Relación entre las velocidades: $\dfrac{v_2}{v_1} = \dfrac{\dfrac{h}{m_2 \cdot \lambda_2}}{\dfrac{h}{m_1 \cdot \lambda_1}} = \dfrac{m_1 \cdot \lambda_1}{m_2 \cdot \lambda_2} = \dfrac{m \cdot 2 \cdot \lambda}{4 \cdot m \cdot \lambda} = \dfrac{1}{2}$

* Relación entre las energías cinéticas:

$$\frac{Ec_2}{Ec_1} = \frac{\frac{1}{2} \cdot m_2 \cdot v_2^2}{\frac{1}{2} \cdot m_1 \cdot v_1^2} = \frac{m_2 \cdot v_2^2}{m_1 \cdot v_1^2} = \frac{m_2}{m_1} \cdot \left(\frac{v_2}{v_1}\right)^2 = \frac{4 \cdot m}{m} \cdot \left(\frac{1}{2}\right)^2 = \frac{4}{4} = 1 \quad \Rightarrow \quad Ec_1 = Ec_2$$

2023

5) Considere un núcleo de ^{28}Si y otro de ^{56}Fe. La masa del núcleo de hierro es el doble que la del núcleo de silicio. Determine, de forma justificada, la relación entre sus longitudes de onda de De Broglie en las siguientes situaciones: i) si el momento lineal o cantidad de movimiento es el mismo para los dos; ii) si los dos núcleos se mueven con la misma energía cinética.

i) Cantidad de movimiento: $P = m \cdot v$; longitud de onda de De Broglie: $\lambda = \dfrac{h}{m \cdot v}$

$$P_{Si} = P_{Fe} \quad \Rightarrow \quad m_{Si} \cdot v_{Si} = m_{Fe} \cdot v_{Fe} \quad \Rightarrow \quad \frac{m_{Fe}}{m_{Si}} = \frac{v_{Si}}{v_{Fe}} = 2$$

$$\frac{\lambda_{Fe}}{\lambda_{Si}} = \frac{\dfrac{h}{m_{Fe} \cdot v_{Fe}}}{\dfrac{h}{m_{Si} \cdot v_{Si}}} = \frac{m_{Si}}{m_{Fe}} \cdot \frac{v_{Si}}{v_{FE}} = \frac{1}{2} \cdot 2 = 1 \quad \Rightarrow \quad \lambda_{Fe} = \lambda_{Si}$$

Ambas longitudes de onda son iguales.

ii) $Ec_{Si} = Ec_{Fe} \quad \Rightarrow \quad \dfrac{1}{2} \cdot m_{Si} \cdot v_{Si}^2 = \dfrac{1}{2} \cdot m_{Fe} \cdot v_{Fe}^2 \quad \Rightarrow \quad m_{Si} \cdot v_{Si}^2 = m_{Fe} \cdot v_{Fe}^2 \quad \Rightarrow$

$$\Rightarrow \quad \frac{v_{Si}^2}{v_{Fe}^2} = \frac{m_{Fe}}{m_{Si}} = 2 \quad \Rightarrow \quad \frac{v_{Si}}{v_{Fe}} = \sqrt{2}$$

$$\frac{\lambda_{Fe}}{\lambda_{Si}} = \frac{\dfrac{h}{m_{Fe} \cdot v_{Fe}}}{\dfrac{h}{m_{Si} \cdot v_{Si}}} = \frac{m_{Si}}{m_{Fe}} \cdot \frac{v_{Si}}{v_{FE}} = \frac{1}{2} \cdot \sqrt{2} = \frac{\sqrt{2}}{2} \quad \Rightarrow \quad \lambda_{Fe} = \frac{\sqrt{2}}{2} \cdot \lambda_{Si}$$

La longitud de onda del núcleo de hierro es menor.

---

6) Una molécula de oxígeno y otra de nitrógeno tienen la misma energía cinética. Determine razonadamente la relación entre las longitudes de onda de estas dos moléculas sabiendo que la masa de la molécula de oxígeno es 1'14 veces mayor que la masa de la de nitrógeno.

$$Ec_{O2} = Ec_{N2} \Rightarrow \frac{1}{2} \cdot m_{O2} \cdot v_{O2}^2 = \frac{1}{2} \cdot m_{N2} \cdot v_{N2}^2 \Rightarrow m_{O2} \cdot v_{O2}^2 = m_{N2} \cdot v_{N2}^2 \Rightarrow$$

$$\Rightarrow \frac{v_{N2}^2}{v_{O2}^2} = \frac{m_{O2}}{m_{N2}} = 1'14 \Rightarrow \frac{v_{N2}}{v_{O2}} = \sqrt{1'14} = 1'068$$

$$\frac{\lambda_{O2}}{\lambda_{N2}} = \frac{\dfrac{h}{m_{O2} \cdot v_{O2}}}{\dfrac{h}{m_{N2} \cdot v_{N2}}} = \frac{m_{N2}}{m_{O2}} \cdot \frac{v_{N2}}{v_{O2}} = \frac{1}{1'14} \cdot 1'068 = 0'937 \Rightarrow \lambda_{O2} = 0'937 \cdot \lambda_{N2}$$

La longitud de onda del oxígeno es menor que la del nitrógeno.

---

7) i) Escriba la ecuación del efecto fotoeléctrico y explique qué significa cada uno de los términos de la misma. ii) Un haz luminoso produce efecto fotoeléctrico al incidir sobre un determinado metal. Si aumenta la longitud de onda de la luz incidente y se sigue produciendo el efecto fotoeléctrico, explique razonadamente cómo se modifica el número de fotoelectrones emitidos y su energía cinética.

i) * Ecuación del efecto fotoeléctrico: $E_{fotón} = W_{extr.} + Ec$

siendo: $E_{fotón}$: energía del fotón. Representa la energía de la luz incidente.
$W_{extr.}$: trabajo de extracción. Es la energía mínima necesaria para que se produzca el efecto fotoeléctrico.
Ec: energía cinética de los fotoelectrones emitidos. Es la energía que tienen los electrones gracias a su movimiento.

ii) La energía del fotón puede ponerse en función de su longitud de onda: $E_{fotón} = h \cdot \dfrac{c}{\lambda}$. Al aumentar la longitud de onda, disminuye la energía del fotón. Si se sigue produciendo el efecto fotoeléctrico, éso significa que: $E_{fotón} \geq W_{extr.}$. El trabajo de extracción es una constante para cada metal. Por consiguiente, si la energía del fotón disminuye, la energía cinética de los fotoelectrones emitidos también disminuye. El número de fotoelectrones emitidos por segundo no se modifica, pues ésto depende de la intensidad de la radiación incidente, no de su longitud de onda.

8) Un haz luminoso produce efecto fotoeléctrico al incidir sobre un determinado metal. Explique razonadamente cómo se modifica el número de fotoelectrones y su energía cinética máxima si aumenta la frecuencia de la luz incidente.

* Ecuación del efecto fotoeléctrico: $E_{fotón} = W_{extr.} + Ec$
siendo: $E_{fotón}$: energía del fotón.
    $W_{extr.}$: trabajo de extracción.
    Ec: energía cinética de los fotoelectrones emitidos.

La energía del fotón puede ponerse en función de su frecuencia: $E_{fotón} = h \cdot f$. Al aumentar la frecuencia, aumenta la energía del fotón incidente. El trabajo de extracción es una constante para cada metal, por lo que el aumento de la energía del fotón no le influye. Al aumentar la energía del fotón, aumenta la energía cinética de los fotoelectrones emitidos. El número de fotoelectrones emitidos por segundo no se altera, puesto que ésto no depende de la frecuencia de la luz, sino de su intensidad.

---

9) Un haz luminoso produce efecto fotoeléctrico al incidir sobre un determinado metal. Explique razonadamente cómo se modifica el número de fotoelectrones emitidos y su energía cinética si aumenta la intensidad del haz luminoso.

* Ecuación del efecto fotoeléctrico: $E_{fotón} = W_{extr.} + Ec$
siendo: $E_{fotón}$: energía del fotón.
    $W_{extr.}$: trabajo de extracción.
    Ec: energía cinética de los fotoelectrones emitidos.

El número de fotoelectrones emitidos por segundo aumenta, puesto que depende de la intensidad de la luz. La energía del fotón es independiente de la intensidad del haz luminoso. El trabajo de extracción es una constante para cada metal. Como la energía del fotón no se altera ni el trabajo de extracción tampoco, la energía cinética permanecerá constante.

---

10) i) Determine la relación entre las velocidades de dos partículas de igual masa sabiendo que la longitud de onda de una es el doble que la de la otra. ii) ¿Cuál es la relación entre sus energías cinéticas?

i) Según la expresión de la longitud de onda de De Broglie: $\lambda = \dfrac{h}{m \cdot v}$ $\Rightarrow$ $v = \dfrac{h}{m \cdot \lambda}$

* Relación entre las velocidades: si $\lambda_2 = 2 \cdot \lambda_1$ $\Rightarrow$ $\dfrac{v_2}{v_1} = \dfrac{\frac{h}{m \cdot \lambda_2}}{\frac{h}{m \cdot \lambda_1}} = \dfrac{\lambda_1}{\lambda_2} = \dfrac{\lambda_1}{2 \cdot \lambda_1} = \dfrac{1}{2}$

ii) * Relación entre sus energías cinéticas: $\dfrac{Ec_2}{Ec_1} = \dfrac{\frac{1}{2} \cdot m \cdot v_2^2}{\frac{1}{2} \cdot m \cdot v_1^2} = \dfrac{v_2^2}{v_1^2} = \left(\dfrac{v_2}{v_1}\right)^2 = \dfrac{1}{2^2} = \dfrac{1}{4}$

2022

11) En el efecto fotoeléctrico, la luz incidente sobre una superficie metálica provoca la emisión de electrones de la superficie. Discuta la veracidad de las siguientes afirmaciones: i) Se desprenden electrones sólo si la longitud de onda de la radiación incidente es superior a un valor mínimo. ii) La energía cinética máxima de los electrones es independiente del tipo de metal. iii) La energía cinética máxima de los electrones es independiente de la intensidad de la luz incidente.

i) Falso. Se desprenden electrones sólo si la longitud de onda de la radiación incidente es menor que un valor máximo. El balance de energía en el efecto fotoeléctrico es: $E_{fotón} = W_{extr.} + Ec$. Es decir, la energía del fotón incidente ($E_{fotón}$) se invierte en arrancar al electrón de la lámina ($W_{extr.}$) y en darle una energía cinética (Ec). Se desprenden electrones si:

$E_{fotón} \geq W_{extr.} \Rightarrow h \cdot \dfrac{c}{\lambda} \geq h \cdot f_0 = h \cdot \dfrac{c}{\lambda_{máx.}} \Rightarrow h \cdot \dfrac{c}{\lambda} \geq h \cdot \dfrac{c}{\lambda_{máx.}} \Rightarrow \dfrac{1}{\lambda} \geq \dfrac{1}{\lambda_{máx.}} \Rightarrow$

$\Rightarrow \lambda_{máx.} \geq \lambda$: la longitud de onda de la radiación incidente debe ser menor o igual que un valor máximo.

ii) Falso. El balance de energía en el efecto fotoeléctrico es: $E_{fotón} = W_{extr.} + Ec \Rightarrow Ec = E_{fotón} - W_{extr.}$

El trabajo de extracción es la mínima energía necesaria para arrancarle un electrón a un metal y es una propiedad característica del metal. Como la energía cinética depende del trabajo de extracción y el trabajo de extracción depende del metal, entonces la energía del fotón depende del metal.

iii) Verdadero. Según el balance de energía: $E_{fotón} = W_{extr.} + Ec \Rightarrow Ec = E_{fotón} - W_{extr.}$
La energía cinética máxima depende de la energía del fotón y ésta depende de la frecuencia del fotón o de la longitud de onda del fotón, pero no de su intensidad. La intensidad de la radiación incidente influye sobre el número de electrones que se arrancan por segundo, pero no sobre su energía cinética.

---

12) Dos partículas 1 y 2 tienen la misma longitud de onda de De Broglie. Si $m_1 = 2 \cdot m_2$, calcule razonadamente: i) La relación entre sus velocidades. ii) La relación entre sus energías cinéticas.

Según de Broglie: "A toda partícula en movimiento le corresponde una onda". La onda correspondiente tiene una longitud de onda dada por: $\lambda = \dfrac{h}{m \cdot v}$

i) $\lambda_1 = \lambda_2 \Rightarrow \dfrac{h}{m_1 \cdot v_1} = \dfrac{h}{m_2 \cdot v_2} \Rightarrow m_1 \cdot v_1 = m_2 \cdot v_2 \Rightarrow 2 \cdot m_2 \cdot v_1 = m_2 \cdot v_2 \Rightarrow 2 \cdot v_1 = v_2$

ii) $\dfrac{Ec_1}{Ec_2} = \dfrac{\frac{1}{2} \cdot m_1 \cdot v_1^2}{\frac{1}{2} \cdot m_2 \cdot v_2^2} = \dfrac{m_1 \cdot v_1^2}{m_2 \cdot v_2^2} = \dfrac{2 \cdot m_2 \cdot v_1^2}{m_2 \cdot 4 \cdot v_1^2} = \dfrac{1}{2} \Rightarrow Ec_1 = \dfrac{Ec_2}{2} \Rightarrow Ec_2 = 2 \cdot Ec_1$

---

13) Considere un electrón y un protón. Para los dos casos siguientes, explique razonadamente qué partícula tiene mayor longitud de onda: i) las dos partículas tienen la misma velocidad; ii) las dos partículas tienen la misma cantidad de movimiento o momento lineal.

Según de Broglie: "Toda partícula en movimiento lleva asociada una onda". Y su longitud de onda viene dada por: $\lambda = \dfrac{h}{m \cdot v} = \dfrac{h}{p}$

i) El electrón. Al ser h y v constantes, la diferencia está en la masa. Al ser la longitud de onda inversamente proporcional a la masa, el de menor masa tendrá mayor longitud de onda.

ii) Las dos tendrían la misma longitud de onda. Al ser h y p iguales para ambas partículas, la longitud de onda también lo es.

---

14) Explique razonadamente si las siguientes afirmaciones sobre el efecto fotoeléctrico en una superficie metálica son verdaderas o falsas: i) Toda la energía del fotón incidente pasa al electrón extraído del metal. ii) Sólo se produce efecto fotoeléctrico si la frecuencia de los fotones incidentes es inferior a la frecuencia de corte del metal.

i) Falso. El balance de energía para el efecto fotoeléctrico es: $E_{fotón} = W_{extr.} + Ec$

Es decir, la energía del fotón incidente se invierte en arrancar el electrón del metal (trabajo de extracción) y en suministrarle una determinada energía cinética.

ii) Falso. Para que se produzca el efecto fotoeléctrico, la energía de la radiación incidente debe ser mayor o igual que el trabajo de extracción. Por consiguiente, la frecuencia del fotón debe ser superior a la frecuencia umbral: $E_{fotón} \geq W_{extr.} \Rightarrow h \cdot f \geq h \cdot f_0 \Rightarrow f \geq f_0$

---

15) En un experimento sobre el efecto fotoeléctrico se investigan diversas superficies metálicas. Se dibuja, para cada metal, una gráfica de la máxima energía cinética de los fotoelectrones frente a la frecuencia de la luz incidente. Determine, razonando la respuesta, qué afirmación es correcta: i) Todas las gráficas tienen el mismo punto de corte con el eje de frecuencia. ii) Todas las gráficas tienen la misma pendiente.

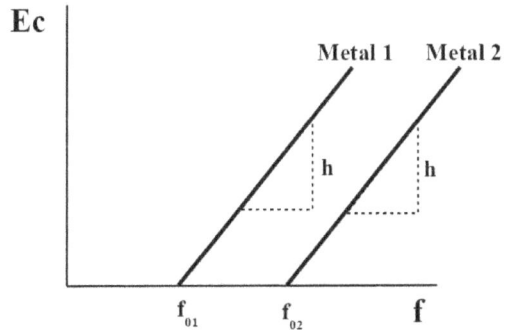

Energía cinética frente a frecuencia

Todas las gráficas tienen la misma pendiente.
Balance de energía del efecto fotoeléctrico:
$$E_{fotón} = W_{extr.} + Ec$$
$$Ec = E_{fotón} - W_{extr.}$$
$$Ec = h \cdot f - h \cdot f_0$$

Esta ecuación es del tipo: $y = m \cdot x + n$

Es decir, es una recta en la que Ec está en el eje de ordenadas, x sería la frecuencia de la radiación incidente, h sería la pendiente, el término "$- h \cdot f_0$" sería el término independiente y f_0 la frecuencia umbral, de la que parten las rectas.

---

16) Se tienen dos partículas 1 y 2 con la misma energía cinética. Se sabe, además, que la masa de la partícula 2 es igual a 1836 veces la masa de la partícula 1. Indique cuál de las dos partículas tiene una mayor longitud de onda de De broglie asociada y explique por qué.

Según de Broglie: "Toda partícula en movimiento lleva asociada una onda". Y su longitud de onda viene dada por: $\lambda = \dfrac{h}{m \cdot v} = \dfrac{h}{p}$

* Datos: $Ec_1 = Ec_2$; $m_2 = 1836 \cdot m_1$

* Velocidad en función de la energía cinética: $Ec = \dfrac{1}{2} \cdot m \cdot v^2 \Rightarrow v^2 = \dfrac{2 \cdot Ec}{m} \Rightarrow v = \sqrt{\dfrac{2 \cdot Ec}{m}}$

* Relación entre las longitudes de onda:

$$\dfrac{\lambda_2}{\lambda_1} = \dfrac{\dfrac{h}{m_2 \cdot v_2}}{\dfrac{h}{m_1 \cdot v_1}} = \dfrac{m_1 \cdot v_1}{m_2 \cdot v_2} = \dfrac{m_1}{m_2} \cdot \dfrac{\sqrt{\dfrac{2 \cdot Ec_1}{m_1}}}{\sqrt{\dfrac{2 \cdot Ec_2}{m_2}}} = \dfrac{m_1}{m_2} \cdot \sqrt{\dfrac{m_2}{m_1}} = \dfrac{m_1}{1836 \cdot m_1} \cdot \sqrt{\dfrac{1836 \cdot m_1}{m_1}} =$$

$$= \dfrac{\sqrt{1836}}{1836} = 0'0233 \Rightarrow \lambda_2 = 0'0233 \cdot \lambda_1 \Rightarrow \lambda_1 = \dfrac{\lambda_2}{0'0233} = 42'9 \cdot \lambda_2$$

La partícula más pequeña tiene una longitud de onda unas 43 veces mayor que la de la partícula más grande.

2021

17) Un protón y un electrón son acelerados por una misma diferencia de potencial en una cierta región del espacio. Indique de forma razonada, teniendo en cuenta que la masa del protón es mucho mayor que la del electrón, si las siguientes afirmaciones son verdaderas o falsas: i) "El protón y el electrón poseen la misma longitud de onda de De Broglie asociada". ii) "Ambos se mueven con la misma velocidad".

Según la hipótesis de De broglie o dualidad onda-partícula: "Toda partícula en movimiento lleva asociada una onda". Su longitud de onda es: $\lambda = \dfrac{h}{m \cdot v}$.

Como la fuerza eléctrica es conservativa, se conserva la energía mecánica.

* Velocidad adquirida:

$$\Delta Ep = -\Delta Ec \Rightarrow Q \cdot (V_A - V_B) = \dfrac{1}{2} \cdot m \cdot v^2 \Rightarrow v = \sqrt{\dfrac{2 \cdot e \cdot (V_A - V_B)}{m}}$$

* Longitud de onda de De Broglie: $\lambda = \dfrac{h}{m \cdot v} = \dfrac{h}{m \cdot \sqrt{\dfrac{2 \cdot e \cdot (V_A - V_B)}{m}}} = \dfrac{h}{\sqrt{2 \cdot e \cdot m \cdot (V_A - V_B)}}$

i) Falso. En la expresión de la longitud de onda, las magnitudes: h, e y $V_A - V_B$ son constantes para las dos partículas, pero la masa no. Luego las longitudes de onda serán distintas: $\lambda_{protón} \neq \lambda_{electrón}$

ii) Falso. En la expresión de la velocidad, las magnitudes e y $V_A - V_B$ son iguales para el protón y el electrón, pero la masa no. Luego las velocidades también serán distintas.

---

18) Enuncie la hipótesis de De Broglie y escriba su ecuación. Indique las magnitudes físicas involucradas y sus unidades en el Sistema Internacional.

* Enunciado: también se la conoce como dualidad onda-partícula: "Toda partícula en movimiento lleva asociada una onda".

* Ecuación de la longitud de onda de De Broglie: $\lambda = \dfrac{h}{m \cdot v}$

* Magnitudes física involucradas y unidades SI:

  λ: longitud de onda (m)

  h: constante de Planck = $6'62 \cdot 10^{-34}$ J·s

  m: masa de la partícula (kg)

  v: velocidad de la partícula (m/s)

* Deducción de la ecuación: Según Planck: $E = h \cdot f$; según Einstein: $E = m \cdot c^2$

Igualando ambas: $h \cdot f = m \cdot c^2 \Rightarrow h \cdot \dfrac{c}{\lambda} = m \cdot c^2 \Rightarrow \lambda = \dfrac{h}{m \cdot c} = \dfrac{h}{p}$

Generalizando para cualquier partícula, la longitud de De Broglie es: $\lambda = \dfrac{h}{m \cdot v}$

---

19) Al incidir un haz de luz de cierta frecuencia sobre un metal, se produce efecto fotoeléctrico. i) ¿Qué condición cumple la frecuencia de la luz para que se produzca dicho efecto? ii) ¿Qué ocurrirá si se aumenta la intensidad de dicho haz? Razone las respuestas.

i) El efecto fotoeléctrico consiste en la emisión de electrones por parte de una lámina metálica cuando se la ilumina con una luz de frecuencia igual o superior a la umbral. Si la frecuencia de la luz es igual o superior a la umbral, la luz tiene suficiente energía como para arrancarle electrones al metal.

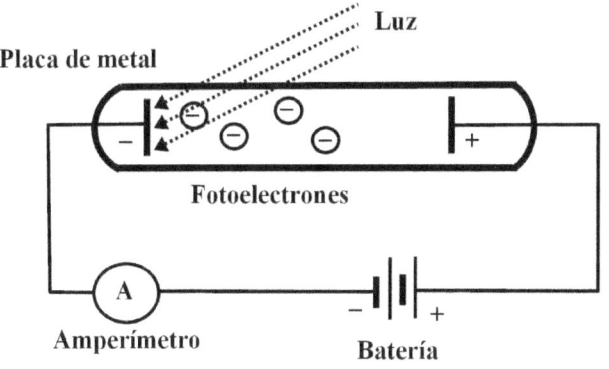

ii) Si se aumenta la intensidad del haz de luz incidente, salen más electrones por unidad de tiempo, pero con la misma velocidad máxima. Este mayor número de electrones por unidad de tiempo se puede registrar como una mayor intensidad en el amperímetro conectado al circuito.

Efecto fotoeléctrico

20) Indique, razonando la respuesta, si la siguiente afirmación es verdadera o falsa: "En el efecto fotoeléctrico, los electrones emitidos por el metal tienen la misma energía que los fotones incidentes".

No es correcto. El efecto fotoeléctrico consiste en la emisión de electrones por parte de una lámina metálica cuando se la ilumina con una luz de frecuencia igual o superior a la umbral.

El balance de energía en el efecto fotoeléctrico es: $E_{fotón} = W_{extr.} + E_c$. Es decir, la energía del fotón incidente ($E_{fotón}$) se invierte en arrancar al electrón de la lámina ($W_{extr.}$) y en darle una energía cinética (E_c). El trabajo de extracción es la mínima energía necesaria para arrancarle un electrón a un metal y es una propiedad característica del metal.

---

21) Un mesón π tiene una masa 275 veces mayor que la de un electrón. i) ¿Qué relación existe entre las longitudes de onda de De Broglie del mesón y el electrón si ambos se mueven con la misma velocidad? ii) ¿Y si se mueven de modo que poseen la misma energía cinética? Razone sus respuestas.

i) $m_m = 275 \cdot m_e$, $v_m = v_e$ $\Rightarrow$ $\dfrac{\lambda_m}{\lambda_e} = \dfrac{\dfrac{h}{m_m \cdot v_m}}{\dfrac{h}{m_e \cdot v_e}} = \dfrac{m_e \cdot v_e}{m_m \cdot v_m} = \dfrac{m_e \cdot v_e}{275 \cdot m_e \cdot v_e} = \dfrac{1}{275}$ $\Rightarrow$ $\lambda_m = \dfrac{\lambda_e}{275}$

Es decir, la longitud de onda del mesón es 275 veces menor que la del electrón.

ii) $Ec_m = Ec_e$ $\Rightarrow$ $\dfrac{1}{2} \cdot m_m \cdot v_m^2 = \dfrac{1}{2} \cdot m_e \cdot v_e^2$ $\Rightarrow$ $m_m \cdot v_m^2 = m_e \cdot v_e^2$ $\Rightarrow$ $v_m^2 = v_e^2 \cdot \dfrac{m_e}{m_m}$ $\Rightarrow$

$\Rightarrow$ $v_m = v_e \cdot \sqrt{\dfrac{m_e}{m_m}}$

$\dfrac{\lambda_m}{\lambda_e} = \dfrac{\dfrac{h}{m_m \cdot v_m}}{\dfrac{h}{m_e \cdot v_e}} = \dfrac{m_e \cdot v_e}{m_m \cdot v_m} = \dfrac{m_e \cdot v_e}{275 \cdot m_e \cdot v_e \cdot \sqrt{\dfrac{m_e}{m_m}}} = \dfrac{\sqrt{m_m}}{275 \cdot \sqrt{m_e}} = \dfrac{\sqrt{275 \cdot m_e}}{275 \cdot \sqrt{m_e}} = \dfrac{\sqrt{275}}{275} =$

$= \sqrt{\dfrac{275}{275^2}} = \dfrac{1}{\sqrt{275}}$ $\Rightarrow$ $\lambda_m = \dfrac{\lambda_e}{\sqrt{275}}$

Es decir, la longitud de onda del mesón es $\sqrt{275}$ veces menor que la del electrón.

2020

22) Analice las siguientes proposiciones razonando si son verdaderas o falsas: i) La energía cinética máxima de los electrones emitidos en el efecto fotoeléctrico varía linealmente con la frecuencia de la luz incidente. ii) El trabajo de extracción de un metal aumenta con la frecuencia de la luz incidente.

El efecto fotoeléctrico consiste en la emisión de fotoelectrones por parte de una lámina metálica cuando se ilumina con una luz de frecuencia igual o superior a la umbral.

* Balance de energía del efecto fotoeléctrico:

   Energía de la luz = trabajo para arrancar electrones + energía cinética de los electrones

* Fórmula de Einstein del efecto fotoeléctrico: $E_{fotón} = W_{extr.} + E_c$

i) Verdadero. Se dice que una magnitud varía linealmente con otra cuando están relacionadas con una expresión del tipo: y = m·x + n, siendo x e y las variables y m y n, coeficientes, es decir, constantes.

$$E_{fotón} = W_{extr.} + E_c \quad \Rightarrow \quad h \cdot f = W_{extr.} + E_c \quad \Rightarrow \quad f = \frac{W_{extr.}}{h} + \frac{1}{h} \cdot E_c$$

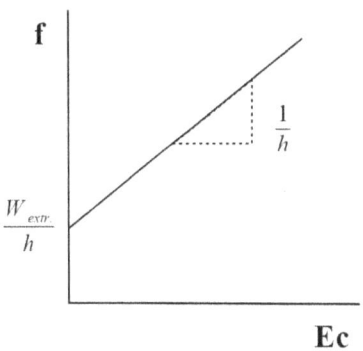

Se observa el parecido con la expresión:

$$y = m \cdot x + n$$

La magnitud f sería la y, $\frac{1}{h}$ sería la m, E_c sería la x y $\frac{W_{extr.}}{h}$ sería la n. m es la pendiente y n es la ordenada en el origen. La representación sería una línea recta.

ii) Falso. El trabajo de extracción es independiente de la frecuencia de la luz incidente, es una característica del metal: $W_{extr.} = h \cdot f_0$. h es la constante de Planck y f_0 es una constante que depende del metal.

---

23) Las partículas α son núcleos de helio, de masa cuatro veces la del protón y carga dos veces la del protón. Consideremos una partícula α y un protón que poseen la misma energía cinética. ¿Qué relación existe entre las longitudes de onda de De Broglie de ambas partículas?

* Longitud de onda de De Broglie: $\lambda = \dfrac{h}{m \cdot v}$

* Datos del enunciado: $m_\alpha = 4 \cdot m_p$; $Q_\alpha = 2 \cdot Q_p$; $Ec_\alpha = Ec_p$ $\Rightarrow$ $\dfrac{1}{2} \cdot m_\alpha \cdot v_\alpha^2 = \dfrac{1}{2} \cdot m_p \cdot v_p^2$ $\Rightarrow$

$\Rightarrow$ $m_\alpha \cdot v_\alpha^2 = m_p \cdot v_p^2$ $\Rightarrow$ $4 \cdot m_p \cdot v_\alpha^2 = m_p \cdot v_p^2$ $\Rightarrow$ $4 \cdot v_\alpha^2 = v_p^2$ $\Rightarrow$ $2 \cdot v_\alpha = v_p$

* Relación entre las longitudes de onda:

$$\frac{\lambda_\alpha}{\lambda_p} = \frac{\dfrac{h}{m_\alpha \cdot v_\alpha}}{\dfrac{h}{m_p \cdot v_p}} = \frac{m_p \cdot v_p}{m_\alpha \cdot v_\alpha} = \frac{m_p \cdot 2 \cdot v_\alpha}{4 \cdot m_p \cdot v_\alpha} = \frac{2}{4} = \frac{1}{2}$$

24) Dos partículas poseen la misma energía cinética. Sabiendo que la masa de una es 25 veces mayor que la masa de la otra, encuentre la relación entre sus longitudes de onda de De Broglie.

* Longitud de onda de De Broglie: $\lambda = \dfrac{h}{m \cdot v}$

* Datos del enunciado: $m_1 = 25 \cdot m_2$; $Ec_1 = Ec_2$ $\Rightarrow$ $\dfrac{1}{2} \cdot m_1 \cdot v_1^2 = \dfrac{1}{2} \cdot m_2 \cdot v_2^2$ $\Rightarrow$

$\Rightarrow$ $m_1 \cdot v_1^2 = m_2 \cdot v_2^2$ $\Rightarrow$ $25 \cdot m_2 \cdot v_1^2 = m_2 \cdot v_2^2$ $\Rightarrow$ $25 \cdot v_1^2 = v_2^2$ $\Rightarrow$ $5 \cdot v_1 = v_2$

* Relación entre las longitudes de onda:

$$\dfrac{\lambda_1}{\lambda_2} = \dfrac{\dfrac{h}{m_1 \cdot v_1}}{\dfrac{h}{m_2 \cdot v_2}} = \dfrac{m_2 \cdot v_2}{m_1 \cdot v_1} = \dfrac{m_2 \cdot 5 \cdot v_1}{25 \cdot m_2 \cdot v_1} = \dfrac{5}{25} = \dfrac{1}{5}$$

---

25) Dos partículas de diferente masa tienen asociada una misma longitud de onda de De Broglie. Sabiendo que la energía cinética de una de ellas es el doble que la otra, determine la relación entre sus masas.

Según la hipótesis de De Broglie o dualidad onda-partícula, toda partícula en movimiento lleva asociada una onda de longitud de onda: $\lambda = \dfrac{h}{m \cdot v}$

Como $Ec_1 = 2 \cdot Ec_2$ $\Rightarrow$ $\dfrac{1}{2} \cdot m_1 \cdot v_1^2 = 2 \cdot \dfrac{1}{2} \cdot m_2 \cdot v_2^2$ $\Rightarrow$ $m_1 \cdot v_1^2 = 2 \cdot m_2 \cdot v_2^2$ $\Rightarrow$

$\Rightarrow$ $\dfrac{m_1}{m_2} = \dfrac{2 \cdot v_2^2}{v_1^2} = 2 \cdot \left(\dfrac{v_2}{v_1}\right)^2$ (Ecuación 1)

Al ser: $\lambda_1 = \lambda_2$ $\Rightarrow$ $\dfrac{h}{m_1 \cdot v_1} = \dfrac{h}{m_2 \cdot v_2}$ $\Rightarrow$ $m_1 \cdot v_1 = m_2 \cdot v_2$ $\Rightarrow$ $\dfrac{v_2}{v_1} = \dfrac{m_1}{m_2}$ (Ecuación 2)

Sustituyendo la ecuación 2 en la 1: $\dfrac{m_1}{m_2} = 2 \cdot \left(\dfrac{v_2}{v_1}\right)^2 = 2 \cdot \left(\dfrac{m_1}{m_2}\right)^2$ $\Rightarrow$

$\Rightarrow$ $1 = 2 \cdot \dfrac{m_1}{m_2}$ $\Rightarrow$ $\dfrac{m_1}{m_2} = \dfrac{1}{2}$

---

26) Al incidir luz roja sobre un determinado metal, se produce efecto fotoeléctrico. Explique si son verdaderas o falsas las siguientes afirmaciones: i) Si se duplica la intensidad de dicha luz, se duplicará también la energía cinética máxima de los fotoelectrones emitidos. ii) Si se ilumina con luz azul, no se produce efecto fotoeléctrico.

El efecto fotoeléctrico consiste en la emisión de fotoelectrones por parte de una lámina metálica cuando se ilumina con una luz de frecuencia igual o superior a la umbral. El que se produzca o no el efecto fotoeléctrico no depende de la intensidad de la luz incidente, sino de su frecuencia. Por debajo de la frecuencia umbral no hay efecto fotoeléctrico.

* Fórmula de Einstein del efecto fotoeléctrico: $E_{fotón} = W_{extr.} + E_c$ ⇒ $h·\upsilon = W_{extr.} + E_c$

i) Falso. El efecto de la intensidad de la luz incidente no es el de aumentar la energía cinética de los fotoelectrones emitidos, sino el de aumentar el número de electrones emitidos por unidad de tiempo, sin alterar la velocidad ni la energía cinética medias.

ii) Falso. Sí se producirá. Si se ilumina la lámina con una luz con una frecuencia superior a la frecuencia umbral, se producirá el efecto fotoeléctrico. La frecuencia y la energía del fotón son directamente proporcionales. Por lo tanto, a mayor frecuencia, mayor energía y viceversa. La energía de la luz azul es mayor que la de la luz roja, pues este es el orden creciente de energía de los colores:
rojo < naranja < amarillo < verde < azul < añil < violeta

2019

27) Enuncie el principio de dualidad onda-corpúsculo y explique por qué no se considera dicha dualidad al estudiar los fenómenos macroscópicos.

También se conoce como hipótesis de De Broglie o dualidad onda-partícula. Dice así: "Toda partícula en movimiento lleva asociada una onda". Este comportamiento ondulatorio es sólo apreciable para partículas muy pequeñas, pues la longitud de onda de los objetos macroscópicos es tan pequeña que no es detectable ni siquiera por difracción.

De Broglie supuso que toda la materia tiene un comportamiento dual.

* Según Planck: $E = h·f$ 	* Según Einstein: $E = m·c^2$

Igualando ambas: $h·f = m·c^2$ ⇒ $h·\dfrac{c}{\lambda} = m·c^2$ ⇒ $\lambda = \dfrac{h}{m·c} = \dfrac{h}{p}$

Generalizando para cualquier partícula, la longitud de De broglie es: $\lambda = \dfrac{h}{m·v}$

Si la hipótesis de De Broglie es correcta, debe ser observable. La difracción es un fenómeno ondulatorio que consiste en que una onda se desvía al encontrarse con un obstáculo con un hueco semejante a la longitud de onda. Davidson y Germer observaron que, efectivamente, un haz de electrones se difracta en la red cristalina de una lámina de níquel.

No puede observarse el carácter ondulatorio de partículas macroscópicas, pues la longitud de onda asociada es de aproximadamente 10^{-35} m. No es posible la difracción con un tamaño inferior a las distancias entre átomos, que es del orden de 10^{-10} m.

Una consecuencia importante de la hipótesis de De Broglie es que las órbitas de los electrones en el átomo están cuantizadas. Esto es así porque el electrón girando en cada órbita sería una onda estacionaria. El tamaño de la órbita es un número entero de veces la longitud de onda del electrón correspondiente.

28) Explique el significado de los términos frecuencia umbral, trabajo de extracción y la relación entre ellos. ¿Cómo cambiarían dichas magnitudes si disminuyera la longitud de onda de una radiación que al incidir sobre un metal produce emisión de electrones?

La frecuencia umbral es la frecuencia mínima de la luz incidente necesaria para producir el efecto fotoeléctrico. El trabajo de extracción es la energía mínima necesaria para arrancar electrones de una lámina metálica en el efecto fotoeléctrico. Relación entre ambas: $W_{extr.} = h \cdot f_0$, siendo h la constante de Planck y f_0 la frecuencia umbral.

El efecto fotoeléctrico consiste en la emisión de fotoelectrones por parte de una lámina metálica cuando se ilumina con una luz de frecuencia igual o superior a la umbral. El que se produzca o no el efecto fotoeléctrico no depende de la intensidad de la luz incidente, sino de su frecuencia. Por debajo de la frecuencia umbral no hay efecto fotoeléctrico.

* Balance de energía del efecto fotoeléctrico:

Energía de la luz = trabajo para arrancar electrones + energía cinética de los electrones

* Fórmula de Einstein del efecto fotoeléctrico: $E_{fotón} = W_{extr.} + E_c$

$$\frac{h \cdot c}{\lambda} = W_{extr.} + E_c \quad ; \quad E_c = \frac{1}{2} \cdot m \cdot v^2$$

Al disminuir la longitud de onda de la luz incidente, aumenta la energía cinética máxima de los fotoelectrones emitidos y, por tanto, su velocidad. El trabajo de extracción no depende de la energía de la luz incidente, sino que es una propiedad característica del metal que se ilumina.

---

29) Justifique la veracidad o falsedad de las siguientes afirmaciones: i) Un electrón en movimiento puede ser estudiado como una onda o como una partícula. ii) Si se duplica la velocidad de una partícula se duplica también su longitud de onda asociada. iii) Si se reduce a la mitad la energía cinética de una partícula se reduce a la mitad su longitud de onda asociada.

i) Correcto. Según la hipótesis de De Broglie o dualidad onda-partícula: "Toda partícula en movimiento lleva asociada una onda". Este comportamiento ondulatorio es sólo apreciable para partículas muy pequeñas, como el electrón, pues la longitud de onda de los objetos macroscópicos es tan pequeña que no es detectable ni siquiera por difracción. La longitud de onda de De Broglie es: $\lambda = \dfrac{h}{m \cdot v}$, siendo h la constante de Planck.

ii) Falso.

$$\lambda_1 = \frac{h}{m \cdot v_1} \quad ; \quad \lambda_2 = \frac{h}{m \cdot v_2} = \frac{h}{m \cdot 2 \cdot v_1} \Rightarrow \frac{\lambda_2}{\lambda_1} = \frac{\dfrac{h}{m \cdot 2 \cdot v_1}}{\dfrac{h}{m \cdot v_1}} = \frac{1}{2} \Rightarrow \lambda_2 = \frac{\lambda_1}{2}$$

La longitud de onda se reduce a la mitad.

iii) $E_{c_1} = \dfrac{1}{2} \cdot m \cdot v_1^2 \quad ; \quad E_{c_2} = \dfrac{1}{2} \cdot m \cdot v_2^2 \quad ; \quad E_{c_2} = \dfrac{E_{c_1}}{2} \quad ; \quad \lambda_1 = \dfrac{h}{m \cdot v_1} \quad ; \quad \lambda_2 = \dfrac{h}{m \cdot v_2}$

$$\frac{Ec_2}{Ec_1} = \frac{\frac{m \cdot v_2^2}{2}}{\frac{m \cdot v_1^2}{2}} = \frac{v_2^2}{v_1^2} = \left(\frac{v_2}{v_1}\right)^2 = \frac{1}{2} \quad \Rightarrow \quad \frac{v_2}{v_1} = \frac{1}{\sqrt{2}}$$

$$\frac{\lambda_2}{\lambda_1} = \frac{\frac{h}{m \cdot v_2}}{\frac{h}{m \cdot v_1}} = \frac{v_1}{v_2} = \sqrt{2} \quad \Rightarrow \quad \lambda_2 = \sqrt{2} \cdot \lambda_1$$

La longitud de onda aumenta $\sqrt{2}$ veces.

---

30) Responda razonadamente a las siguientes cuestiones: i) ¿Se podría determinar simultáneamente, con exactitud, la posición y la cantidad de movimiento de una partícula? ii) ¿Se tiene en cuenta el principio de incertidumbre en el estudio de los fenómenos ordinarios?

i) No, porque según el principio de incertidumbre de Heisenberg: "No es posible medir simultáneamente el valor exacto de la posición y de la cantidad de movimiento (y por lo tanto, de la velocidad) de una partícula". Su formulación es: $\Delta x \cdot \Delta p \geq \frac{h}{4 \cdot \pi}$, siendo Δx la incertidumbre en la posición y Δp la incertidumbre en el momento. Se deduce que si una de las incertidumbres es pequeña (gran exactitud), la otra es grande (mucho error).

El propio hecho de medir altera el sistema que estamos midiendo y la medida ya no es el valor que era.

Supongamos el siguiente experimento imaginario, llamado microscopio de Böhr: queremos medir a la vez la posición y la velocidad de un electrón. Para poder ver al electrón necesitamos al menos un fotón que impresione nuestra retina; ese fotón vendría de chocar con el electrón y de rebotar con él. Al hacer esto, se altera el estado en el que se encontraba el electrón, luego la medida ya no es fiable. Esta dificultad no se resuelve con instrumentos de medida más exactos ni más precisos, pues es una dificultad intrínseca a la naturaleza. De este principio pueden extraerse estas consecuencias:
a) El conocimiento que podemos tener de la naturaleza está limitado. No todo es medible con exactitud.
b) No se puede hablar ya de posición ni de velocidad exactas de una partícula, únicamente de probabilidad de encontrar a una partícula en una región del espacio.

ii) La Física Cuántica es aplicable siempre, en todos los fenómenos, pero su empleo es tremendamente complicado a nivel macroscópico, dado el gran número de partículas que intervienen. Podemos aplicar la Física Clásica en aquellos casos en los que no sea apreciable el carácter ondulatorio de la materia, es decir, cuando la longitud de onda es despreciable en comparación con el tamaño del sistema estudiado. Como consecuencia, la Física Clásica será perfectamente aplicable a situaciones macroscópicas, mientras que la Física Cuántica debe ser forzosamente aplicada en el mundo microscópico.

PROBLEMAS DE FÍSICA CUÁNTICA

2024

1) Un protón se mueve con una velocidad de $3'8 \cdot 10^3$ m·s^{-1}. Determine razonadamente: i) la longitud de onda de De Broglie asociada de dicho protón; ii) la energía cinética de un electrón que tuviera igual momento lineal que el protón; iii) la velocidad del electrón.
$h = 6'63 \cdot 10^{-34}$ J·s; $m_e = 9'1 \cdot 10^{-31}$ kg; $m_p = 1'67 \cdot 10^{-27}$ kg.

Datos:

$v_p = 3'8 \cdot 10^3$ m/s
¿λ?
¿Ec?
¿v_e?
$h = 6'63 \cdot 10^{-34}$ J·s
$m_e = 9'1 \cdot 10^{-31}$ kg
$m_p = 1'67 \cdot 10^{-27}$ kg

Dibujo:

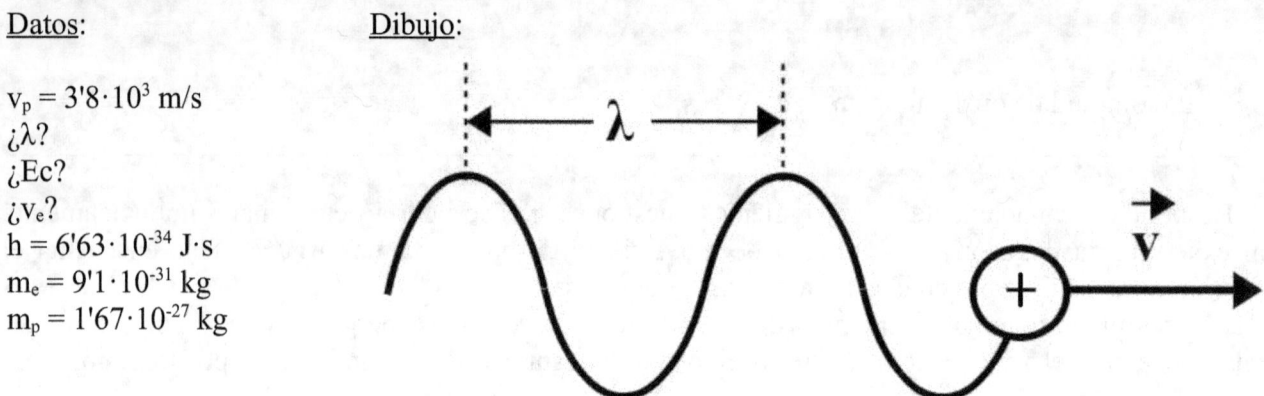

Principio físico: principio de De Broglie: "Toda partícula en movimiento lleva asociada una onda".

Método de resolución: usaremos la expresión de la longitud de onda de De Broglie, la de la energía cinética y la del momento lineal.

Resolución: * Longitud de onda de De Broglie del protón:

$$\lambda_p = \frac{h}{m_p \cdot v_p} = \frac{6'63 \cdot 10^{-34}}{1'67 \cdot 10^{-27} \cdot 3'8 \cdot 10^3} = \boxed{1'05 \cdot 10^{-10} \text{ m}}$$

* Velocidad del electrón:

$$L_p = L_e \Rightarrow m_p \cdot v_p = m_e \cdot v_e \Rightarrow v_e = \frac{m_p \cdot v_p}{m_e} = \frac{1'67 \cdot 10^{-27} \cdot 3'8 \cdot 10^3}{9'1 \cdot 10^{-31}} = \boxed{6'97 \cdot 10^6 \ \frac{m}{s}}$$

* Energía cinética del electrón:

$$Ec_e = \frac{1}{2} \cdot m_e \cdot v_e^2 = \frac{1}{2} \cdot 9'1 \cdot 10^{-31} \cdot (6'97 \cdot 10^6)^2 = \boxed{2'21 \cdot 10^{-17} \text{ J}}$$

Comentario: la velocidad del electrón es más de 1000 veces mayor que la del protón, debido a su pequeño tamaño. Despreciamos los efectos relativistas al calcular la energía cinética del electrón, pues su velocidad está lejos de la velocidad de la luz.

2) Al iluminar un metal con luz de longitud de onda en el vacío de $7·10^{-7}$ m, se emiten electrones con una energía cinética máxima de $7'21·10^{-20}$ J. Se cambia la longitud de onda de la luz incidente y se mide de nuevo la energía cinética máxima, obteniéndose un valor de $2'39·10^{-19}$ J. Calcule razonadamente: i) la frecuencia de la luz utilizada en la segunda medida; ii) la frecuencia a partir de la cual no se producirá el efecto fotoeléctrico en el metal. Datos: $c = 3·10^8$ m·s^{-1}; $h = 6'63·10^{-34}$ J·s.

Datos:

$\lambda_1 = 7·10^{-7}$ m
$Ec_1 = 7'21·10^{-20}$ J
$Ec_2 = 2'39·10^{-19}$ J
¿f_2?
¿f_0?
$c = 3·10^8$ m·s^{-1}
$h = 6'63·10^{-34}$ J·s

Dibujo:

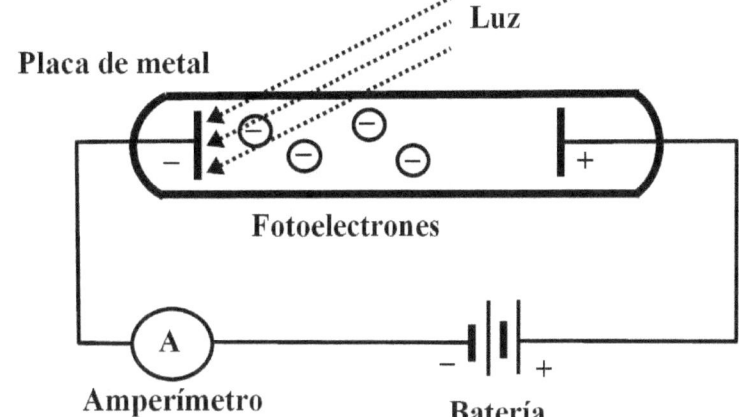

Principio físico: el efecto fotoeléctrico consiste en la emisión de fotoelectrones por parte de una lámina metálica cuando se la ilumina con luz de una frecuencia superior a la umbral.

Método de resolución: haremos un balance de energía en el efecto fotoeléctrico y escribiremos cada uno de sus términos en función de los datos suministrados.

Resolución: * Frecuencia de la luz de la segunda medida:

$$E_{fotón} = W_{extr.} + Ec \Rightarrow \frac{h·c}{\lambda_1} = W_{extr.} + Ec_1 \quad ; \quad h·f_2 = W_{extr.} + Ec_2$$

Restando ambas expresiones anteriores:

$$h·f_2 - \frac{h·c}{\lambda_1} = Ec_2 - Ec_1 \Rightarrow h·\left(f_2 - \frac{c}{\lambda_1}\right) = Ec_2 - Ec_1 \Rightarrow f_2 - \frac{c}{\lambda_1} = \frac{Ec_2 - Ec_1}{h} \Rightarrow$$

$$\Rightarrow f_2 = \frac{Ec_2 - Ec_1}{h} + \frac{c}{\lambda_1} = \frac{2'39·10^{-19} - 7'21·10^{-20}}{6'63·10^{-34}} + \frac{3·10^8}{7·10^{-7}} = \boxed{6'80·10^{14} \text{ Hz}}$$

* Trabajo de extracción: $W_{extr.} = h·f_2 - Ec_2 = 6'63·10^{-34}·6'80·10^{14} - 2'39·10^{-19} = 2'12·10^{-19}$ J

* Frecuencia umbral:

$$W_{extr.} = h·f_0 \Rightarrow f_0 = \frac{W_{extr.}}{h} = \frac{2'12·10^{-19}}{6'63·10^{-34}} = \boxed{3'20·10^{14} \text{ Hz}}$$

Comentario: por debajo de la frecuencia umbral, no se produce el efecto fotoeléctrico.

3) Un electrón se mueve a una velocidad de $1'5 \cdot 10^7$ m·s^{-1}. Determine razonadamente: i) la longitud de onda de De Broglie asociada al electrón y su energía cinética; ii) la velocidad y energía cinética que tendría un protón con la misma longitud de onda que el electrón.
$m_e = 9'1 \cdot 10^{-31}$ kg; $m_p = 1'67 \cdot 10^{-27}$ kg; $h = 6'63 \cdot 10^{-34}$ J·s.

Datos:

$v_e = 1'5 \cdot 10^7$ m/s
¿λ_e, Ec$_e$?
¿v_p, Ec$_p$?
$m_e = 9'1 \cdot 10^{-31}$ kg
$m_p = 1'67 \cdot 10^{-27}$ kg
$h = 6'63 \cdot 10^{-34}$ J·s

Dibujo:

Principio físico: principio de De Broglie: "Toda partícula en movimiento lleva asociada una onda".

Método de resolución: usaremos la expresión de la longitud de onda de De Broglie.

Resolución: * Longitud de onda del electrón:

$$\lambda_e = \frac{h}{m_e \cdot v_e} = \frac{6'63 \cdot 10^{-34}}{9'1 \cdot 10^{-31} \cdot 1'5 \cdot 10^7} = \boxed{4'86 \cdot 10^{-11} \text{ m}}$$

* Energía cinética del electrón: $\text{Ec}_e = \frac{1}{2} \cdot m_e \cdot v_e^2 = \frac{1}{2} \cdot 9'1 \cdot 10^{-31} \cdot (1'5 \cdot 10^7)^2 = \boxed{1'02 \cdot 10^{-16} \text{ J}}$

* Velocidad del protón:

$$\lambda_p = \lambda_e \Rightarrow \frac{h}{m_p \cdot v_p} = \frac{h}{m_e \cdot v_e} \Rightarrow m_e \cdot v_e = m_p \cdot v_p \Rightarrow v_p = \frac{m_e \cdot v_e}{m_p} =$$

$$= \frac{9'1 \cdot 10^{-31} \cdot 1'5 \cdot 10^7}{1'67 \cdot 10^{-27}} = \boxed{8174 \ \frac{m}{s}}$$

* Energía cinética del protón: $\text{Ec}_p = \frac{1}{2} \cdot m_p \cdot v_p^2 = \frac{1}{2} \cdot 1'67 \cdot 10^{-27} \cdot 8174^2 = \boxed{5'58 \cdot 10^{-20} \text{ J}}$

Comentario: para calcular la energía cinética, despreciamos los efectos relativistas pues las velocidades de ambas partículas son muy lejanas a la de la luz.

2023

4) Los neutrones que se emiten en un proceso de fisión nuclear tienen una energía cinética de $1'6 \cdot 10^{-13}$ J. i) Determine razonadamente su longitud de onda de De Broglie y su velocidad. ii) Calcule la longitud de onda de De Broglie cuando la velocidad de los neutrones se reduce a la mitad.
$h = 6'63 \cdot 10^{-34}$ J·s; $m_n = 1'67 \cdot 10^{-27}$ kg.

Datos:

$Ec = 1'6 \cdot 10^{-13}$ J
¿λ_1, v_1?
¿λ_2?
$v_2 = v_1/2$
$h = 6'63 \cdot 10^{-34}$ J·s
$m_n = 1'67 \cdot 10^{-27}$ kg

Dibujo:

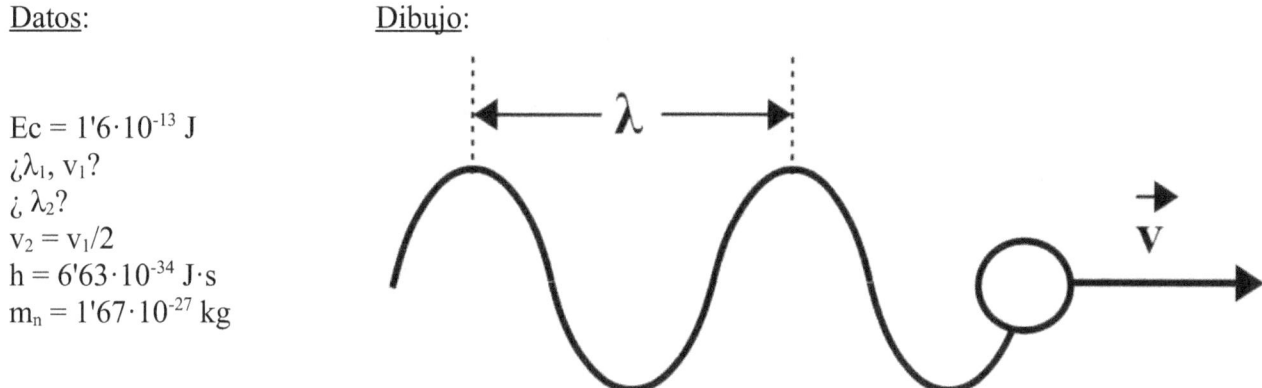

Principio físico: principio de De Broglie: "Toda partícula en movimiento lleva asociada una onda".

Método de resolución: usaremos la expresión de la longitud de onda de De Broglie.

Resolución: * Velocidad de los neutrones:

$$Ec = \frac{1}{2} \cdot m \cdot v_1^2 \Rightarrow v_1^2 = \frac{2 \cdot Ec}{m} \Rightarrow v_1 = \sqrt{\frac{2 \cdot Ec}{m}} = \sqrt{\frac{2 \cdot 1'6 \cdot 10^{-13}}{1'67 \cdot 10^{-27}}} = \boxed{1'38 \cdot 10^7 \frac{m}{s}}$$

* Longitud de onda de De Broglie: $\lambda = \dfrac{h}{m \cdot v_1} = \dfrac{6'63 \cdot 10^{-34}}{1'67 \cdot 10^{-27} \cdot 1'38 \cdot 10^7} = \boxed{2'88 \cdot 10^{-14} \text{ m}}$

* Nueva velocidad de los neutrones: $v_2 = \dfrac{v_1}{2} = \dfrac{1'38 \cdot 10^7}{2} = 6'9 \cdot 10^6 \dfrac{m}{s}$

* Nueva longitud de onda de De Broglie: $\lambda = \dfrac{h}{m \cdot v_2} = \dfrac{6'63 \cdot 10^{-34}}{1'67 \cdot 10^{-27} \cdot 6'9 \cdot 10^6} = \boxed{5'75 \cdot 10^{-14} \text{ m}}$

Comentario: como la longitud de onda es inversamente proporcional a la velocidad, al disminuir la velocidad a la mitad, la longitud de onda se hace el doble.

5) En un microscopio electrónico se aplica una diferencia de potencial de 3000 V a los electrones que inicialmente están en reposo. Determine razonadamente: i) la longitud de onda de De Broglie de los electrones; ii) la longitud de onda de De Broglie si la diferencia de potencial se reduce a 50 V.
h = 6'63·10⁻³⁴ J·s; e = 1'6·10⁻¹⁹ C; m_e = 9'1·10⁻³¹ kg.

Datos:

$V_A - V_B$ = 3000 V
v_0 = 0
¿λ_1?
¿λ_2?
$V_A - V_B$ = 50 V
h = 6'63·10⁻³⁴ J·s
e = 1'6·10⁻¹⁹ C
m_e = 9'1·10⁻³¹ kg

Dibujo:

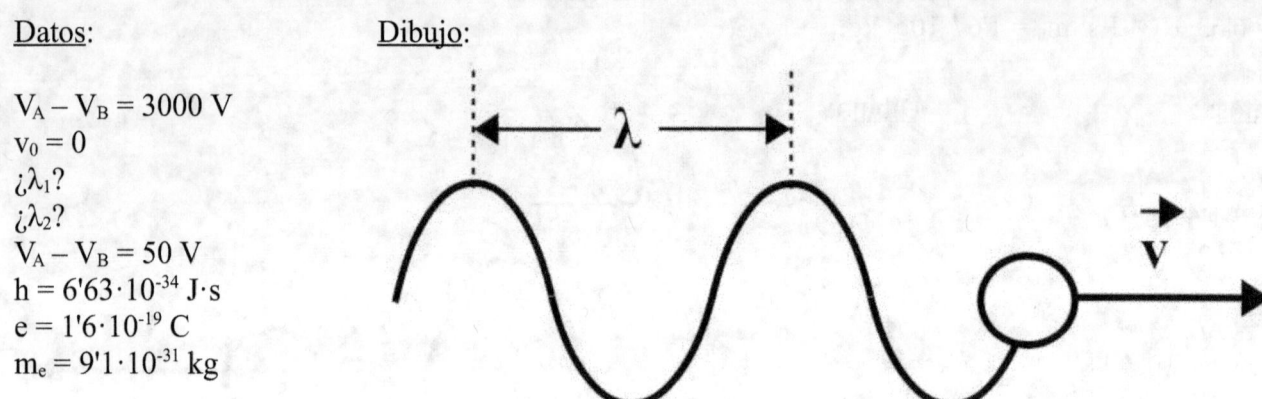

Principio físico: conservación de la energía mecánica: en un sistema en el que sólo actúan fuerzas conservativas, la energía mecánica se mantiene constante. Principio de De Broglie: "Toda partícula en movimiento lleva asociada una onda".

Método de resolución: usaremos la conservación de la energía mecánica y la expresión de la longitud de onda de De Broglie.

Resolución: * Velocidad de los electrones:

$$\Delta Ec = -\Delta Ep \Rightarrow \frac{1}{2} \cdot m \cdot v^2 = Q \cdot (V_A - V_B) \Rightarrow v^2 = \frac{2 \cdot Q \cdot (V_A - V_B)}{m} \Rightarrow$$

$$\Rightarrow v = \sqrt{\frac{2 \cdot Q \cdot (V_A - V_B)}{m}} = \sqrt{\frac{2 \cdot 1'6 \cdot 10^{-19} \cdot 3000}{9'1 \cdot 10^{-31}}} = 3'25 \cdot 10^7 \ \frac{m}{s}$$

* Longitud de onda de De Broglie: $\lambda = \frac{h}{m \cdot v} = \frac{6'63 \cdot 10^{-34}}{9'1 \cdot 10^{-31} \cdot 3'25 \cdot 10^7} = \boxed{2'24 \cdot 10^{-11} \ m}$

* Nueva velocidad de los electrones:

$$v' = \sqrt{\frac{2 \cdot Q \cdot (V'_A - V'_B)}{m}} = \sqrt{\frac{2 \cdot 1'6 \cdot 10^{-19} \cdot 50}{9'1 \cdot 10^{-31}}} = 4'19 \cdot 10^6 \ \frac{m}{s}$$

* Nueva longitud de onda de De Broglie: $\lambda' = \frac{h}{m \cdot v'} = \frac{6'63 \cdot 10^{-34}}{9'1 \cdot 10^{-31} \cdot 4'19 \cdot 10^6} = \boxed{1'74 \cdot 10^{-10} \ m}$

Comentario: a menor diferencia de potencial, menor velocidad. A menor velocidad, mayor longitud de onda.

6) Cuando se ilumina una célula fotoeléctrica con luz monocromática de frecuencia $1'2 \cdot 10^{15}$ Hz se observa el paso de una corriente eléctrica que se anula aplicando una diferencia de potencial de 2 V. i) Determine la frecuencia umbral. ii) A continuación se ilumina con luz monocromática de longitud de onda de $1'5 \cdot 10^{-7}$ m. ¿Con qué velocidad máxima se emiten los electrones?
$c = 3 \cdot 10^8$ m s^{-1}; $h = 6'63 \cdot 10^{-34}$ J s; $e = 1'6 \cdot 10^{-19}$ C; $m_e = 9'1 \cdot 10^{-31}$ kg

Datos:

$f = 1'2 \cdot 10^{15}$ Hz
$V_0 = 2$ V
¿f_0?
$\lambda = 1'5 \cdot 10^{-7}$ m
¿v?
$c = 3 \cdot 10^8$ m/s
$h = 6'63 \cdot 10^{-34}$ J·s
$e = 1'6 \cdot 10^{-19}$ C
$m_e = 9'1 \cdot 10^{-31}$ kg

Dibujo:

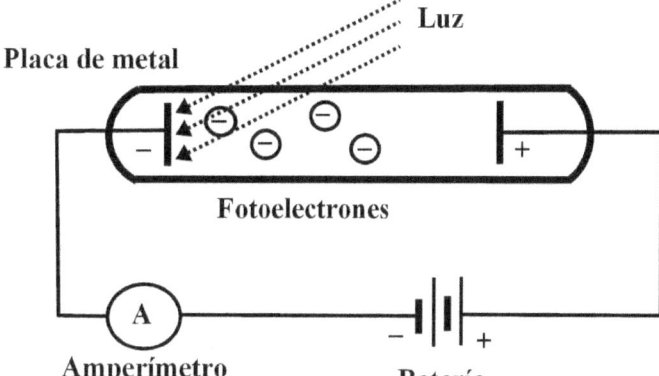

Principio físico: el efecto fotoeléctrico consiste en la emisión de fotoelectrones por parte de una lámina metálica cuando se la ilumina con luz de una frecuencia superior a la umbral.

Método de resolución: haremos un balance de energía en el efecto fotoeléctrico y escribiremos cada uno de sus términos en función de los datos suministrados.

Resolución: * Frecuencia umbral:

$E_{fotón} = W_{extr.} + E_c \Rightarrow h \cdot f = h \cdot f_0 + e \cdot V_0 \Rightarrow h \cdot f_0 = h \cdot f - e \cdot V_0 \Rightarrow$

$\Rightarrow f_0 = \dfrac{h \cdot f - e \cdot V_0}{h} = \dfrac{6'63 \cdot 10^{-34} \cdot 1'2 \cdot 10^{15} - 1'6 \cdot 10^{-19} \cdot 2}{6'63 \cdot 10^{-34}} = \boxed{7'17 \cdot 10^{14} \text{ Hz}}$

* Energía cinética de los electrones:

$E_{fotón} = W_{extr.} + E_c \Rightarrow h \cdot \dfrac{c}{\lambda} = h \cdot f_0 + E_c \Rightarrow E_c = h \cdot \dfrac{c}{\lambda} - h \cdot f_0 =$

$= 6'63 \cdot 10^{-34} \cdot \dfrac{3 \cdot 10^8}{1'5 \cdot 10^{-7}} - 6'63 \cdot 10^{-34} \cdot 7'17 \cdot 10^{14} = 8'51 \cdot 10^{-19}$ J

* Velocidad máxima de los electrones:

$E_c = \dfrac{1}{2} \cdot m \cdot v^2 \Rightarrow v^2 = \dfrac{2 \cdot E_c}{m} \Rightarrow v = \sqrt{\dfrac{2 \cdot E_c}{m}} = \sqrt{\dfrac{2 \cdot 8'51 \cdot 10^{-19}}{9'1 \cdot 10^{-31}}} = \boxed{1'37 \cdot 10^6 \; \dfrac{m}{s}}$

Comentario: el potencial de frenado es el potencial que debe tener una batería de polaridad y voltaje variables para frenar a los electrones.

7) Un metal es iluminado con luz de frecuencia $9 \cdot 10^{14}$ Hz emitiendo fotoelectrones que pueden ser detenidos con un potencial de frenado de 0'6 V. Por otro lado, si dicho metal se ilumina con luz de longitud de onda $2'38 \cdot 10^{-7}$ m el potencial de frenado pasa a ser de 2'1 V. Calcule de forma razonada: i) el valor de la constante de Planck; ii) el trabajo de extracción del metal.
$e = 1'6 \cdot 10^{-19}$ C; $c = 3 \cdot 10^{8}$ m s^{-1}

Datos:

$f_1 = 9 \cdot 10^{14}$ Hz
$V_{01} = 0'6$ V
$\lambda_2 = 2'38 \cdot 10^{-7}$ m
$V_{02} = 2'1$ V
¿h?
¿$W_{extr.}$?
$e = 1'6 \cdot 10^{-19}$ C
$c = 3 \cdot 10^{8}$ m/s

Dibujo:

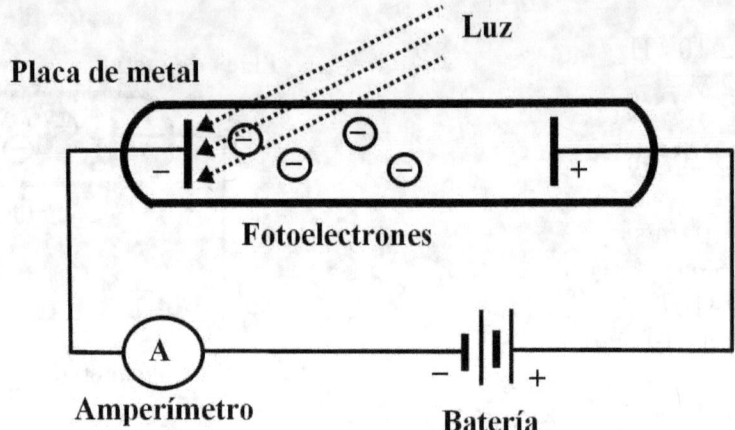

Principio físico: el efecto fotoeléctrico consiste en la emisión de fotoelectrones por parte de una lámina metálica cuando se la ilumina con luz de una frecuencia superior a la umbral.

Método de resolución: haremos un balance de energía en el efecto fotoeléctrico dos veces y resolveremos el sistema de dos ecuaciones con dos incógnitas para obtener las dos magnitudes pedidas.

Resolución: * Primer balance de energía: $E_{fotón} = W_{extr.} + E_c$ ⇒ $h \cdot f_1 = W_{extr.} + e \cdot V_{01}$ ⇒

⇒ $h \cdot 9 \cdot 10^{14} = W_{extr.} + 1'6 \cdot 10^{-19} \cdot 0'6$ ⇒ $9 \cdot 10^{14} \cdot h = W_{extr.} + 9'6 \cdot 10^{-20}$

* Segundo balance de energía: $E_{fotón} = W_{extr.} + E_c$ ⇒ $h \cdot \dfrac{c}{\lambda_2} = W_{extr.} + e \cdot V_{02}$ ⇒

⇒ $h \cdot \dfrac{3 \cdot 10^{8}}{2'38 \cdot 10^{-7}} = W_{extr.} + 1'6 \cdot 10^{-19} \cdot 2'1$ ⇒ $1'26 \cdot 10^{15} \cdot h = W_{extr.} + 3'36 \cdot 10^{-19}$

* Constante de Planck: $1'26 \cdot 10^{15} \cdot h - 9 \cdot 10^{14} \cdot h = 3'36 \cdot 10^{-19} - 9'6 \cdot 10^{-20}$ ⇒ $3'6 \cdot 10^{14} \cdot h = 2'4 \cdot 10^{-19}$ ⇒

⇒ $h = \dfrac{2'4 \cdot 10^{-19}}{3'6 \cdot 10^{14}} = \boxed{6'67 \cdot 10^{-34} \text{ J} \cdot \text{s}}$

* Trabajo de extracción: $9 \cdot 10^{14} \cdot h = W_{extr.} + 9'6 \cdot 10^{-20}$ ⇒

⇒ $W_{extr.} = 9 \cdot 10^{14} \cdot h - 9'6 \cdot 10^{-20} = 9 \cdot 10^{14} \cdot 6'67 \cdot 10^{-34} - 9'6 \cdot 10^{-20} = \boxed{5'04 \cdot 10^{-19} \text{ J}}$

Comentario: el trabajo de extracción también se podría haber obtenido a partir de la segunda ecuación, del segundo balance de energía.

8) Se ilumina un metal con radiación de una cierta longitud de onda. Sabiendo que el trabajo de extracción es de 4'8·10⁻¹⁹ J y la diferencia de potencial que hay que aplicar para detener los electrones es de 3'2 V, calcule razonadamente: i) la frecuencia umbral para extraer electrones de ese metal; ii) la velocidad máxima de los electrones emitidos; iii) la longitud de onda de la radiación incidente.
c = 3·10⁸ m s⁻¹; h = 6'63·10⁻³⁴ J s; m_e = 9'1·10⁻³¹ kg; e = 1'6·10⁻¹⁹ C

Datos:

$W_{extr.}$ = 4'8·10⁻¹⁹ J
V_0 = 3'2 V
¿f_0?
¿v?
¿λ?
c = 3·10⁸ m/s
h = 6'63·10⁻³⁴ J·s
m_e = 9'1·10⁻³¹ kg
e = 1'6·10⁻¹⁹ C

Dibujo:

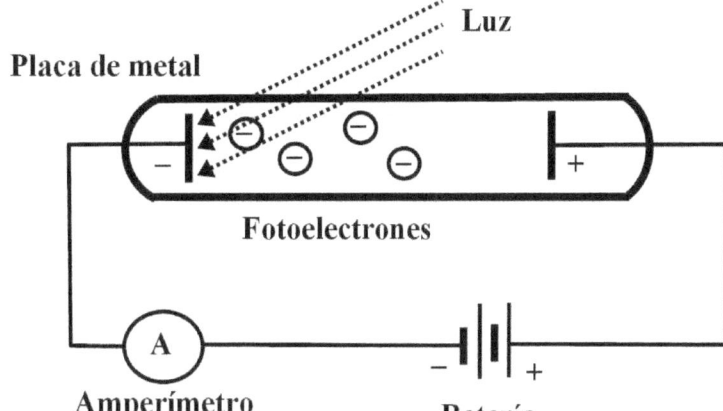

Principio físico: el efecto fotoeléctrico consiste en la emisión de fotoelectrones por parte de una lámina metálica cuando se la ilumina con luz de una frecuencia superior a la umbral.

Método de resolución: relacionaremos el trabajo de extracción con la frecuencia umbral, relacionaremos la energía cinética con el potencial de frenado y haremos un balance de energía en el efecto fotoeléctrico.

Resolución: * Frecuencia umbral: $W_{extr.} = h \cdot f_0$ ⇒ $f_0 = \dfrac{W_{extr.}}{h} = \dfrac{4'8 \cdot 10^{-19}}{6'63 \cdot 10^{-34}} = \boxed{7'24 \cdot 10^{14} \text{ Hz}}$

* Velocidad máxima de los electrones:

$$Ec = \dfrac{1}{2} \cdot m \cdot v^2 = e \cdot V_0 \Rightarrow v^2 = \dfrac{2 \cdot e \cdot V_0}{m} \Rightarrow$$

$$\Rightarrow v = \sqrt{\dfrac{2 \cdot e \cdot V_0}{m}} = \sqrt{\dfrac{2 \cdot 1'6 \cdot 10^{-19} \cdot 3'2}{9'1 \cdot 10^{-31}}} = \boxed{1'06 \cdot 10^6 \ \dfrac{m}{s}}$$

* Energía del fotón: $E_{fotón} = W_{extr.} + Ec = W_{extr.} + e \cdot V_0$ = 4'8·10⁻¹⁹ + 1'6·10⁻¹⁹·3'2 = 9'92·10⁻¹⁹ J

* Longitud de onda del fotón incidente:

$$E_{fotón} = h \cdot \dfrac{c}{\lambda} \Rightarrow \lambda = \dfrac{h \cdot c}{E_{fotón}} = \dfrac{6'63 \cdot 10^{-34} \cdot 3 \cdot 10^8}{9'92 \cdot 10^{-19}} = \boxed{2'01 \cdot 10^{-7} \text{ m}}$$

Comentario: el potencial de frenado es el potencial que debe tener una batería de polaridad y voltaje variables para frenar a los electrones.

9) Las partículas alfa empleadas en el experimento de Rutherford tenían una energía cinética de $8'2 \cdot 10^{-13}$ J. Calcule: i) la velocidad de las partículas alfa; ii) la longitud de onda de De Broglie de las partículas alfa; iii) la velocidad con la que tendría que moverse un protón para tener la misma longitud de onda. $h = 6'63 \cdot 10^{-34}$ J s; $m(^{4}_{2}He) = 6'65 \cdot 10^{-27}$ kg; $m_p = 1'67 \cdot 10^{-27}$ kg

Datos:

$Ec_{He} = 8'2 \cdot 10^{-13}$ J
¿v_{He}?
¿λ_{He}?
¿v_p?
$h = 6'63 \cdot 10^{-34}$ J·s
$m(^{4}_{2}He) = 6'65 \cdot 10^{-27}$ kg
$m_p = 1'67 \cdot 10^{-27}$ kg

Dibujo:

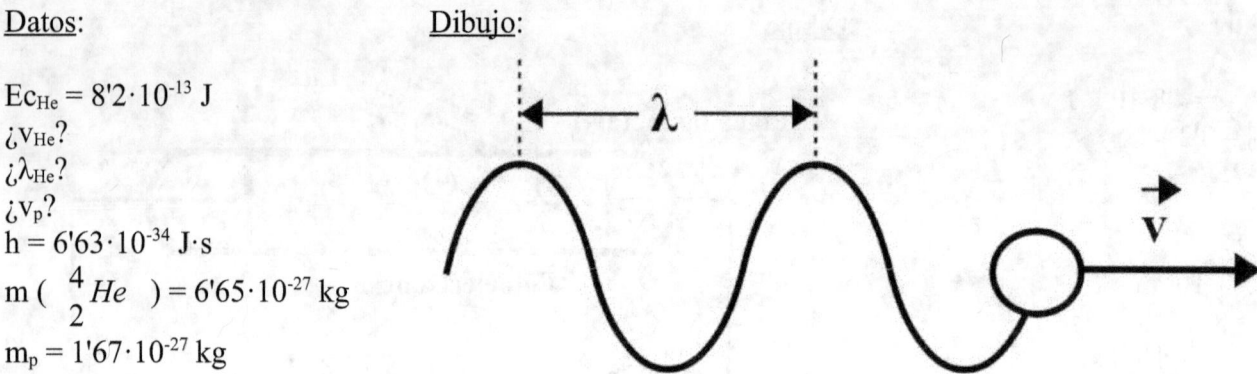

Principio físico: conservación de la energía mecánica: en un sistema en el que sólo actáun fuerzas conservativas, la energía mecánica permanece constante. Principio de De Broglie: "Toda partícula en movimiento lleva asociada una onda".

Método de resolución: obtendremos la velocidad de la energía cinética y utilizaremos la expresión de la longitud de onda de De Broglie.

Resolución: * Velocidad de las partículas alfa:

$$Ec_{He} = \frac{1}{2} \cdot m \cdot v_{He}^2 \Rightarrow v_{He}^2 = \frac{2 \cdot Ec_{He}}{m} \Rightarrow v_{He} = \sqrt{\frac{2 \cdot Ec_{He}}{m}} = \sqrt{\frac{2 \cdot 8'2 \cdot 10^{-13}}{6'65 \cdot 10^{-27}}} = \boxed{1'57 \cdot 10^7 \frac{m}{s}}$$

* Longitud de onda de De Broglie:

$$\lambda_{He} = \frac{h}{m_{He} \cdot v_{He}} = \frac{6'63 \cdot 10^{-34}}{6'65 \cdot 10^{-27} \cdot 1'57 \cdot 10^7} = \boxed{6'35 \cdot 10^{-15} \text{ m}}$$

* Velocidad del protón:

$$\lambda_p = \lambda_{He} \Rightarrow \frac{h}{m_p \cdot v_p} = \lambda_{He} \Rightarrow v_p = \frac{h}{m_p \cdot \lambda_{He}} = \frac{6'63 \cdot 10^{-34}}{1'67 \cdot 10^{-27} \cdot 6'35 \cdot 10^{-15}} = \boxed{6'25 \cdot 10^7 \frac{m}{s}}$$

Comentario: las partículas alfa son núcleos de helio. Si la velocidad de las partículas alfa hubiera estado cerca de la velocidad de la luz, tendríamos que haber tenido en cuenta los efectos relativistas en la fórmula de la velocidad y de la energía cinética.

2022

10) Los electrones emitidos por una superficie metálica tienen una energía cinética máxima de $4·10^{-19}$ J para una radiación incidente de $3'5·10^{-7}$ m de longitud de onda. Calcule: i) El trabajo de extracción de un electrón individual y de un mol de electrones, en julios. ii) La diferencia de potencial mínima requerida para frenar los electrones emitidos.
h = $6'63·10^{-34}$ J·s; N_A = $6'02·10^{23}$ mol^{-1}; c = $3·10^8$ m·s^{-1}; e = $1'6·10^{-19}$ C.

Datos:

E_c = $4·10^{-19}$ J
λ = $3'5·10^{-7}$ m
¿$W_{extr.}$?
N = 1 electrón
N = 1 mol de electrones
¿V_0?
h = $6'63·10^{-34}$ J·s
N_A = $6'02·10^{23}$ mol^{-1}
c = $3·10^8$ m·s^{-1}
e = $1'6·10^{-19}$ C

Dibujo:

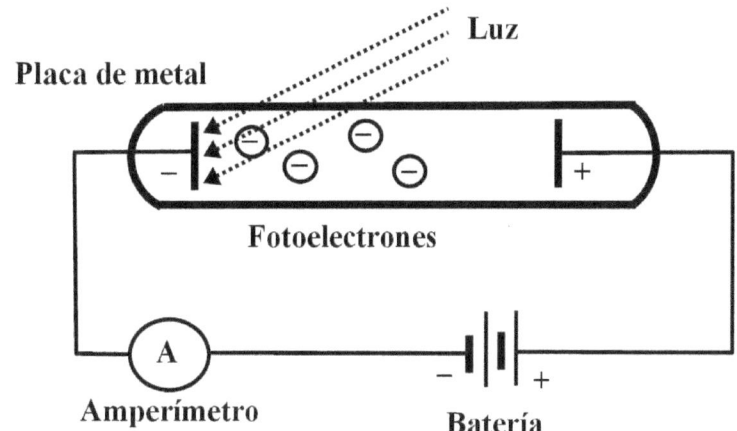

Principio físico: el efecto fotoeléctrico consiste en la emisión de fotoelectrones por parte de una lámina metálica cuando se la ilumina con luz de una frecuencia superior a la umbral.

Método de resolución: haremos un balance de energía en el efecto fotoeléctrico y usaremos la relación del potencial del frenado con la energía cinética.

Resolución: * Trabajo de extracción para un electrón:

$E_{fotón} = W_{extr.} + E_c \Rightarrow h·\dfrac{c}{\lambda} = W_{extr.} + E_c \Rightarrow$

$\Rightarrow W_{extr.} = h·\dfrac{c}{\lambda} - E_c = 6'63·10^{-34}·\dfrac{3·10^8}{3'5·10^{-7}} - 4·10^{-19} = 5'68·10^{-19} - 4·10^{-19} = \boxed{1'68·10^{-19} \text{ J}}$

* Trabajo de extracción para un mol de electrones:

$W_{extr.} = 1'68·10^{-19} \dfrac{J}{electrón} · \dfrac{6'02·10^{23} \, electrones}{1 \, mol \, electrones} = \boxed{1'01·10^5 \dfrac{J}{mol \, electrones}}$

* Potencial de frenado: $E_c = e·V_0 \Rightarrow V_0 = \dfrac{E_c}{e} = \dfrac{4·10^{-19}}{1'6·10^{-19}} = \boxed{2'5 \text{ V}}$

Comentario: el potencial de frenado es el potencial que debe tener una batería de polaridad variable para frenar a los electrones.

11) Un coche de 2000 kg y un átomo de helio ($^{4}_{2}He$) se mueven a 20 m·s⁻¹. i) Calcule la longitud de onda de De broglie del coche y del átomo de helio. ii) Si un instrumento de laboratorio sólo puede medir longitudes de onda mayores a $5 \cdot 10^{-11}$ m, comente razonadamente si es posible medir la longitud de onda de De Broglie del coche y del átomo de helio.
m_{He} = 4'002603 u; 1 u = 1'66·10⁻²⁷ kg; h = 6'63·10⁻³⁴ J·s

Datos:

m_{coche} = 2000 kg
m_{He} = 4'002603 u
v = 20 m/s
¿λ_{coche}, λ_{He}?
$\lambda > 5 \cdot 10^{-11}$ m
1 u = 1'66·10⁻²⁷ kg
h = 6'63·10⁻³⁴ J·s

Dibujo:

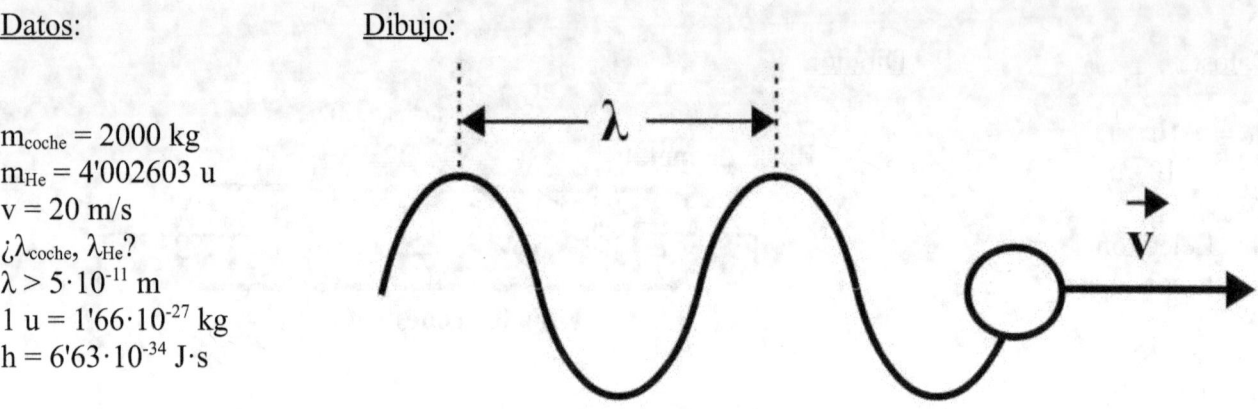

Principio físico: principio de De Broglie: "Toda partícula en movimiento lleva asociada una onda".

Método de resolución: usaremos la expresión de la longitud de onda de De Broglie.

Resolución: * Longitud de onda del coche:

$$\lambda_{coche} = \frac{h}{m_{coche} \cdot v_{coche}} = \frac{6'63 \cdot 10^{-34}}{2000 \cdot 20} = \boxed{1'66 \cdot 10^{-38} \text{ m}}$$

* Masa del helio en kg:

$$m_{He} = 4'002603 \text{ u} \cdot \frac{1'66 \cdot 10^{-27} kg}{1 u} = 6'64 \cdot 10^{-27} \text{ kg}$$

* Longitud de onda del átomo de helio:

$$\lambda_{He} = \frac{h}{m_{He} \cdot v_{He}} = \frac{6'63 \cdot 10^{-34}}{6'64 \cdot 10^{-27} \cdot 20} = \boxed{4'97 \cdot 10^{-9} \text{ m}}$$

Comentario: no es posible medir la longitud de onda del coche, pues es mucho menor que la mínima detectable. Sí es posible medir la longitud de onda del átomo de helio porque es unas 100 veces mayor que la mínima detectable.

12) Un fotón tiene una frecuencia de 4'5·10⁹ Hz. Calcule razonadamente: i) la velocidad de un electrón que tiene la misma energía cinética que el fotón; ii) la velocidad de un electrón que tiene la misma longitud de onda que el fotón. $m_e = 9'11·10^{-31}$ kg; $c = 3·10^8$ m/s; $h = 6'63·10^{-34}$ J·s

Datos:

$f_F = 4'5·10^9$ Hz
¿v_e?
$Ec_e = E_F$
¿v_e?
$\lambda_e = \lambda_F$
$m_e = 9'11·10^{-31}$ kg
$c = 3·10^8$ m/s
$h = 6'63·10^{-34}$ J·s

Dibujo:

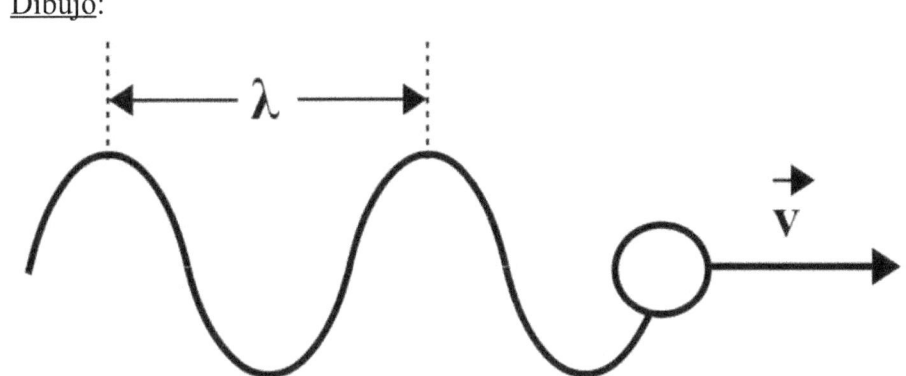

Principio físico: principio de De Broglie: "Toda partícula en movimiento lleva asociada una onda".

Método de resolución: usaremos la expresión de la longitud de onda de De Broglie.

Resolución: * Velocidad del electrón con la misma energía cinética:

$$Ec_E = E_F \Rightarrow \frac{1}{2}·m_e·v_e^2 = h·f \Rightarrow v_e^2 = \frac{2·h·f}{m_e} \Rightarrow v_e = \sqrt{\frac{2·h·f}{m_e}} =$$

$$= \sqrt{\frac{2·6'63·10^{-34}·4'5·10^9}{9'11·10^{-31}}} = \boxed{2559 \; \frac{m}{s}}$$

* Velocidad del electrón con la misma longitud de onda:

$$\lambda_e = \lambda_F \Rightarrow \frac{h}{m_e·v_e} = \frac{c}{f} \Rightarrow h·f = c·m_e·v_e \Rightarrow v_e = \frac{h·f}{c·m_e} = \frac{6'63·10^{-34}·4'5·10^9}{3·10^8·9'11·10^{-31}} =$$

$$= \boxed{0'0109 \; \frac{m}{s}}$$

Comentario: la energía del fotón viene dada por $E = h·f$. La relación entre la frecuencia y la longitud de onda es: $f = \frac{c}{\lambda}$

13) Un haz de fotones de frecuencia desconocida incide sobre una superficie de plata, cuyo trabajo de extracción vale 7'6·10⁻¹⁹ J y emite electrones con una velocidad máxima de 1'3·10⁶ m/s. Calcule razonadamente: i) el potencial de frenado y ii) la frecuencia de los fotones incidentes.
h = 6'63·10⁻³⁴ J·s; m_e = 9'11·10⁻³¹ kg; e = 1'6·10⁻¹⁹ C.

Datos: Dibujo:

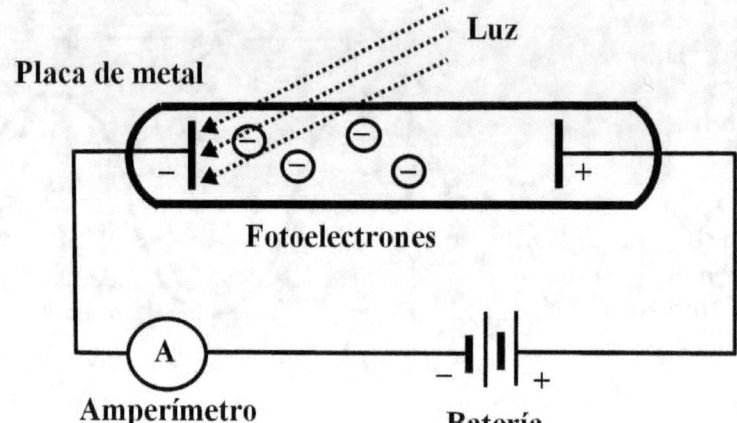

Placa de metal
Luz
Fotoelectrones
A
Amperímetro
Batería

$W_{extr.}$ = 7'6·10⁻¹⁹ J
v = 1'3·10⁶ m/s
¿V_0, f?
h = 6'63·10⁻³⁴ J·s
m_e = 9'11·10⁻³¹ kg
e = 1'6·10⁻¹⁹ C

Principio físico: el efecto fotoeléctrico consiste en la emisión de fotoelectrones por parte de una lámina metálica cuando se la ilumina con luz de una frecuencia superior a la umbral. A cada metal le corresponde una frecuencia umbral para producirse el efecto fotoeléctrico y una longitud de onda máxima.

Método de resolución: igualaremos la energía cinética con la energía que suministra la batería y haremos un balance de energía en el efecto fotoeléctrico.

Resolución: * Potencial de frenado:

$$\frac{1}{2} \cdot m \cdot v^2 = e \cdot V_0 \Rightarrow V_0 = \frac{m \cdot v^2}{2 \cdot e} = \frac{9'11 \cdot 10^{-31} \cdot (1'3 \cdot 10^6)^2}{2 \cdot 1'6 \cdot 10^{-19}} = \boxed{4'81 \text{ V}}$$

* Frecuencia de los fotones incidentes:

$$E_f = W_{extr.} + E_c \Rightarrow h \cdot f = W_{extr.} + \frac{1}{2} \cdot m \cdot v^2 \Rightarrow f = \frac{W_{extr.}}{h} + \frac{m \cdot v^2}{2 \cdot h} =$$

$$= \frac{7'6 \cdot 10^{-19}}{6'63 \cdot 10^{-34}} + \frac{9'11 \cdot 10^{-31} \cdot (1'3 \cdot 10^6)^2}{2 \cdot 6'63 \cdot 10^{-34}} = \boxed{2'31 \cdot 10^{15} \text{ Hz}}$$

Comentario: el potencial de frenado es el potencial que debe tener una batería de polaridad variable para frenar a los electrones.

14) Un metal se ilumina con radiación de una determinada longitud de onda. Sabiendo que el trabajo de extracción es de 4'8·10⁻¹⁹ J y la velocidad máxima de los electrones emitidos es de 8'4·10⁵ m/s, calcule: i) la longitud de onda de la radiación incidente; ii) la frecuencia umbral.
h = 6'63·10⁻³⁴ J·s; c = 3·10⁸ m/s; m_e = 9'11·10⁻³¹ kg.

Datos:

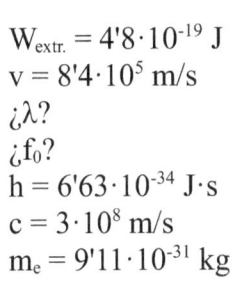

$W_{extr.}$ = 4'8·10⁻¹⁹ J
v = 8'4·10⁵ m/s
¿λ?
¿f_0?
h = 6'63·10⁻³⁴ J·s
c = 3·10⁸ m/s
m_e = 9'11·10⁻³¹ kg

Dibujo:

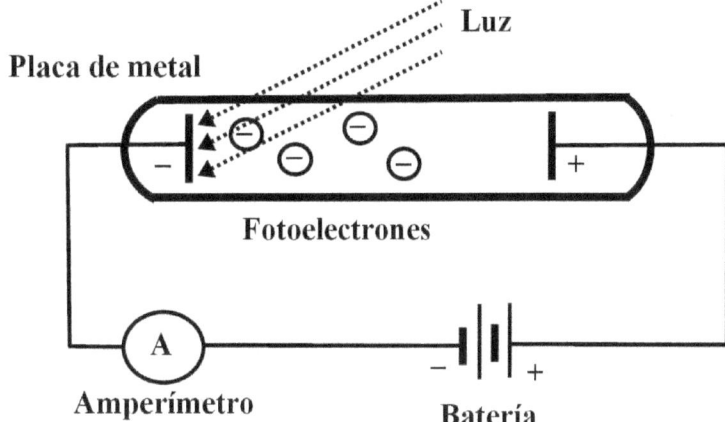

Principio físico: el efecto fotoeléctrico consiste en la emisión de fotoelectrones por parte de una lámina metálica cuando se la ilumina con luz de una frecuencia superior a la umbral. A cada metal le corresponde una frecuencia umbral para producirse el efecto fotoeléctrico y una longitud de onda máxima.

Método de resolución: haremos un balance de energía del efecto fotoeléctrico y obtendremos la frecuencia umbral a partir del trabajo de extracción.

Resolución: * Longitud de onda de la radiación incidente:

$$E_f = W_{extr.} + E_c \Rightarrow h \cdot \frac{c}{\lambda} = W_{extr.} + \frac{1}{2} \cdot m \cdot v^2 \Rightarrow \frac{\lambda}{h \cdot c} = \frac{1}{W_{extr.} + \frac{1}{2} \cdot m \cdot v^2} \Rightarrow$$

$$\Rightarrow \lambda = \frac{h \cdot c}{W_{extr.} + \frac{1}{2} \cdot m \cdot v^2} = \frac{6'63 \cdot 10^{-34} \cdot 3 \cdot 10^8}{4'8 \cdot 10^{-19} + \frac{1}{2} \cdot 9'11 \cdot 10^{-31} \cdot (8'4 \cdot 10^5)^2} = \boxed{2'48 \cdot 10^{-7} \text{ m}}$$

* Frecuencia umbral:

$$W_{extr.} = h \cdot f_0 \Rightarrow f_0 = \frac{W_{extr.}}{h} = \frac{4'8 \cdot 10^{-19}}{6'63 \cdot 10^{-34}} = \boxed{7'24 \cdot 10^{14} \text{ Hz}}$$

Comentario: la frecuencia umbral es la frecuencia mínima necesaria en la luz incidente para producir el efecto fotoeléctrico.

15) Calcule en los dos casos siguientes la diferencia de potencial con que debe ser acelerado un protón que parte del reposo para que i) el momento lineal del protón sea 10^{-21} kg·m/s; ii) la longitud de onda de De Broglie asociada al protón sea $5 \cdot 10^{-13}$ m. $m_p = 1'67 \cdot 10^{-27}$ kg; $e = 1'6 \cdot 10^{-19}$ C; $h = 6'63 \cdot 10^{-34}$ J·s.

Datos:

¿$V_A - V_B$?
$p = 10^{-21}$ kg·m/s
$\lambda = 5 \cdot 10^{-13}$ m
$m_p = 1'67 \cdot 10^{-27}$ kg
$e = 1'6 \cdot 10^{-19}$ C
$h = 6'63 \cdot 10^{-34}$ J·s

Dibujo:

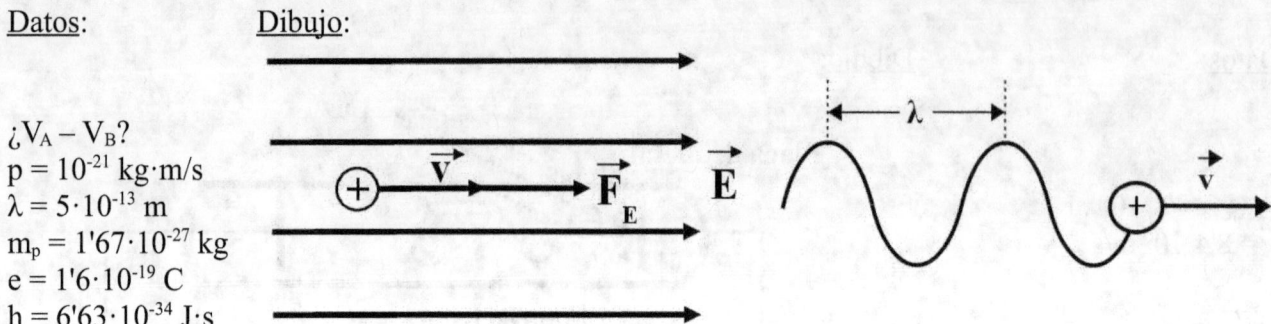

Principio físico: principio de De Broglie o dualidad onda-partícula: "Toda partícula en movimiento lleva asociada una onda". Conservación de la energía mecánica: "En un sistema en el que sólo hay fuerzas conservativas, la energía mecánica permanece constante".

Método de resolución: calcularemos primero la velocidad y, después, aplicaremos el principio de conservación de la energía mecánica.

Resolución: * Velocidad en el primer caso: $p = m \cdot v \Rightarrow v = \dfrac{p}{m} = \dfrac{10^{-21}}{1'67 \cdot 10^{-27}} = 5'99 \cdot 10^5 \ \dfrac{m}{s}$

* Diferencia de potencial: $-\Delta E_p = \Delta E_c \Rightarrow Q \cdot (V_A - V_B) = \dfrac{1}{2} \cdot m \cdot v^2 \Rightarrow$

$\Rightarrow V_A - V_B = \dfrac{m \cdot v^2}{2 \cdot Q} = \dfrac{1'67 \cdot 10^{-27} \cdot (5'99 \cdot 10^5)^2}{2 \cdot 1'6 \cdot 10^{-19}} = \boxed{1872 \ V}$

* Velocidad en el segundo caso:

$\lambda = \dfrac{h}{m \cdot v} \Rightarrow v = \dfrac{h}{m \cdot \lambda} = \dfrac{6'63 \cdot 10^{-34}}{1'67 \cdot 10^{-27} \cdot 5 \cdot 10^{-13}} = 7'94 \cdot 10^5 \ \dfrac{m}{s}$

* Diferencia de potencial: $V_A - V_B = \dfrac{m \cdot v^2}{2 \cdot Q} = \dfrac{1'67 \cdot 10^{-27} \cdot (7'94 \cdot 10^5)^2}{2 \cdot 1'6 \cdot 10^{-19}} = \boxed{3290 \ V}$

Comentario: cuando una carga positiva se coloca en el interior de un campo eléctrico uniforme, experimenta una fuerza y una aceleración en la misma dirección y en el mismo sentido que el campo eléctrico.

2021

16) Un electrón tiene una longitud de onda de De Broglie de 2'8·10⁻¹⁰ m. Calcule razonadamente: i) La velocidad con la que se mueve el electrón. ii) La energía cinética que posee.
m_e = 9'1·10⁻³¹ kg; h = 6'63·10⁻³⁴ J·s.

Datos: Dibujo:

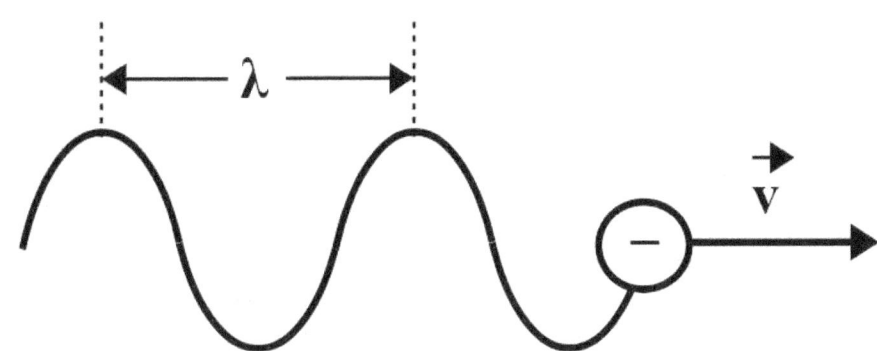

λ = 2'8·10⁻¹⁰ m
¿v?
¿Ec?
m_e = 9'1·10⁻³¹ kg
h = 6'63·10⁻³⁴ J·s

Principio físico: principio de De Broglie o dualidad onda-partícula: "Toda partícula en movimiento lleva asociada una onda".

Método de resolución: utilizaremos la expresión de la longitud de onda de De Broglie y la de la energía cinética.

Resolución: * Velocidad con la que se mueve:

$$\lambda = \frac{h}{m \cdot v} \Rightarrow v = \frac{h}{m \cdot \lambda} = \frac{6'63 \cdot 10^{-34}}{9'1 \cdot 10^{-31} \cdot 2'8 \cdot 10^{-10}} = \boxed{2'60 \cdot 10^6 \ \frac{m}{s}}$$

* Energía cinética que posee:

$$E_c = \frac{1}{2} \cdot m \cdot v^2 = \frac{1}{2} \cdot 9'1 \cdot 10^{-31} \cdot (2'60 \cdot 10^6)^2 = \boxed{3'08 \cdot 10^{-18} \ J}$$

Comentario: según De Broglie, todo cuerpo en movimiento es una partícula y es una onda.
Según la hipótesis de Planck: $E = h \cdot f = h \cdot \frac{c}{\lambda}$. Según Einstein: $E = m \cdot c^2$.

Igualando ambas:

$$h \cdot \frac{c}{\lambda} = m \cdot c^2 \Rightarrow \lambda = \frac{h}{m \cdot c}$$

Y si la velocidad no es la de la luz: $\lambda = \dfrac{h}{m \cdot v}$

17) Una partícula alfa (α) emitida en el decaimiento radiactivo del ^{238}U posee una energía cinética de $6'72 \cdot 10^{-13}$ J. i) ¿Cuánto vale su longitud de onda de De Broglie asociada? ii) ¿Qué diferencia de potencial debería existir en una región del espacio para detener por completo la partícula alfa? Indique mediante un esquema la dirección y sentido del campo necesario para ello. Razone todas las respuestas. $h = 6'63 \cdot 10^{-34}$ J·s, $m_\alpha = 6'64 \cdot 10^{-27}$ kg, $e = 1'6 \cdot 10^{-19}$ C.

Datos: Dibujo:

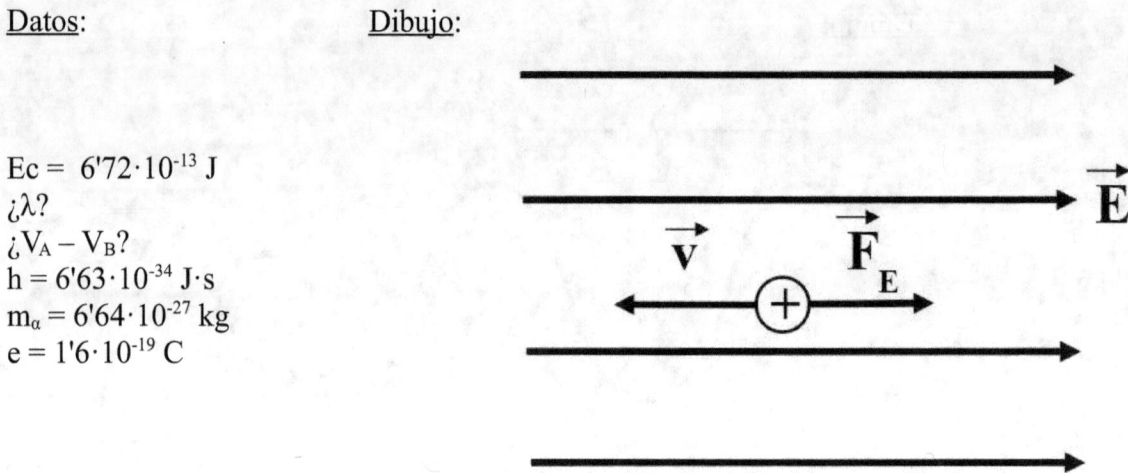

$Ec = 6'72 \cdot 10^{-13}$ J
¿λ?
¿$V_A - V_B$?
$h = 6'63 \cdot 10^{-34}$ J·s
$m_\alpha = 6'64 \cdot 10^{-27}$ kg
$e = 1'6 \cdot 10^{-19}$ C

Principio físico: principio de De Broglie o dualidad onda-partícula: "Toda partícula en movimiento lleva asociada una onda". Principio de conservación de la energía mecánica: "En un sistema aislado en el que sólo hay fuerzas conservativas, la energía mecánica permanece constante".

Método de resolución: calcularemos la velocidad a partir de la energía cinética, usaremos la longitud de onda de De Broglie y aplicaremos el principio de conservación de la energía mecánica.

Resolución: * Velocidad de la partícula:

$$Ec = \frac{1}{2} \cdot m \cdot v^2 \Rightarrow v = \sqrt{\frac{2 \cdot Ec}{m}} = \sqrt{\frac{2 \cdot 6'72 \cdot 10^{-13}}{6'64 \cdot 10^{-27}}} = 1'42 \cdot 10^7 \ \frac{m}{s}$$

* Longitud de onda de De Broglie:

$$\lambda = \frac{h}{m \cdot v} = \frac{6'63 \cdot 10^{-34}}{6'64 \cdot 10^{-27} \cdot 1'42 \cdot 10^7} = \boxed{7'03 \cdot 10^{-15} \text{ m}}$$

* Diferencia de potencial necesaria:

$$\Delta Ec = -\Delta Ep \Rightarrow \Delta Ec = Q \cdot (V_A - V_B) \Rightarrow V_A - V_B = \frac{\Delta Ec}{Q} = \frac{6'72 \cdot 10^{-13}}{2 \cdot 1'6 \cdot 10^{-19}} = \boxed{2'1 \cdot 10^6 \text{ V}}$$

Comentario: como la energía mecánica se conserva, la energía cinética se transforma en energía potencial. Para que la partícula se frene, el campo $\vec{E}$ tiene que tener sentido contrario a la velocidad $\vec{v}$. En una carga positiva, la fuerza electrostática y el campo tienen la misma dirección y el mismo sentido según la expresión: $\vec{F} = Q \cdot \vec{E}$. Las partículas alfa tienen dos cargas positivas.

18) La máxima longitud de onda con la que se produce el efecto fotoeléctrico en el calcio es de $4'62 \cdot 10^{-7}$ m. Calcule: i) La frecuencia umbral del calcio. ii) Su trabajo de extracción. iii) La energía cinética máxima de los electrones emitidos cuando se ilumina una lámina de calcio con luz ultravioleta de $2'5 \cdot 10^{-7}$ m. $h = 6'63 \cdot 10^{-34}$ J·s; $c = 3 \cdot 10^8$ m·s^{-1}.

Datos:

$\lambda_{máx.} = 4'62 \cdot 10^{-7}$ m
¿f_0?
¿$W_{extr.}$?
¿Ec?
$\lambda = 2'5 \cdot 10^{-7}$ m
$h = 6'63 \cdot 10^{-34}$ J·s
$c = 3 \cdot 10^8$ m/s

Dibujo:

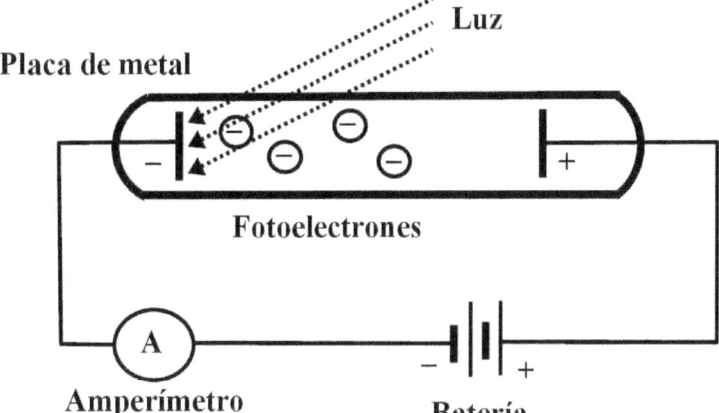

Principio físico: el efecto fotoeléctrico consiste en la emisión de fotoelectrones por parte de una lámina metálica cuando se la ilumina con luz de una frecuencia superior a la umbral. A cada metal le corresponde una frecuencia umbral para producirse el efecto fotoeléctrico y una longitud de onda máxima.

Método de resolución: usaremos la relación entre la longitud de onda y la frecuencia, la expresión del trabajo de extracción y haremos un balance de energía en el efecto fotoeléctrico.

Resolución: * Frecuencia umbral del calcio: $f_0 = \dfrac{c}{\lambda_{máx.}} = \dfrac{3 \cdot 10^8}{4'62 \cdot 10^{-7}} = \boxed{6'49 \cdot 10^{14} \text{ Hz}}$

* Trabajo de extracción: $W_{extr.} = h \cdot f_0 = 6'63 \cdot 10^{-34} \cdot 6'49 \cdot 10^{14} = \boxed{4'30 \cdot 10^{-19} \text{ J}}$

* Energía cinética máxima de los electrones emitidos:

$E_{fotón} = W_{extr.} + Ec \Rightarrow h \cdot \dfrac{c}{\lambda} = W_{extr.} + Ec \Rightarrow Ec = h \cdot \dfrac{c}{\lambda} - W_{extr.} =$

$= \dfrac{6'63 \cdot 10^{-34} \cdot 3 \cdot 10^8}{2'5 \cdot 10^{-7}} - 4'30 \cdot 10^{-19} = 7'96 \cdot 10^{-19} - 4'30 \cdot 10^{-19} = \boxed{3'66 \cdot 10^{-19} \text{ J}}$

Comentario: la frecuencia umbral es la mínima frecuencia necesaria en la luz incidente para producir el efecto fotoeléctrico. A cada frecuencia umbral le corresponde una longitud de onda máxima. A cada metal le corresponde una frecuencia umbral y una longitud de onda máxima.

19) Al iluminar un electrodo de platino con dos haces de luz monocromáticas de longitudes de onda $1'5 \cdot 10^{-7}$ m y $1 \cdot 10^{-7}$ m, se observa que la energía cinética máxima de los electrones emitidos es de 3'52 eV y 7'66 eV, respectivamente. Determine razonadamente: i) La constante de Planck. ii) La frecuencia umbral del platino. $c = 3 \cdot 10^8$ m·s^{-1}; $e = 1'6 \cdot 10^{-19}$ C.

Datos:

$\lambda_1 = 1'5 \cdot 10^{-7}$ m
$\lambda_2 = 1 \cdot 10^{-7}$ m
$Ec_1 = 3'52$ eV
$Ec_2 = 7'66$ eV
¿h?
¿f_0?
$c = 3 \cdot 10^8$ m/s
$e = 1'6 \cdot 10^{-19}$ C

Dibujo:

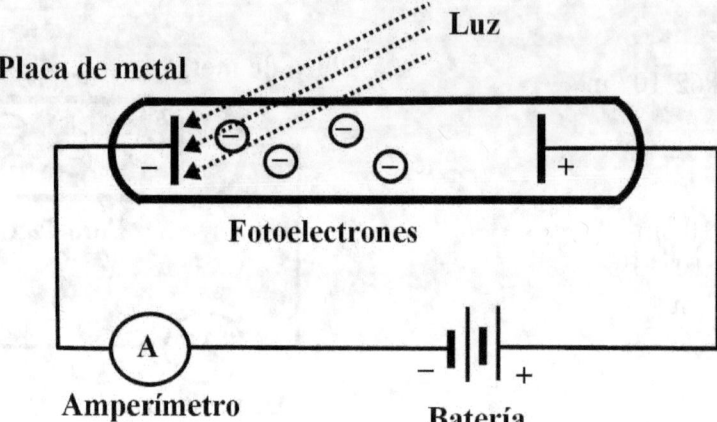

Principio físico: el efecto fotoeléctrico consiste en la emisión de fotoelectrones por parte de una lámina metálica cuando se la ilumina con luz de una frecuencia superior a la umbral. A cada metal le corresponde una frecuencia umbral para producirse el efecto fotoeléctrico y una longitud de onda máxima.

Método de resolución: haremos dos balances de energía en el efecto fotoeléctrico, calcularemos el trabajo de extracción y lo relacionaremos con la frecuencia umbral.

Resolución: * Energía cinéticas en julios:

$$Ec_1 = 3'52 \text{ eV} \cdot \frac{1'6 \cdot 10^{-19} J}{1 eV} = 5'63 \cdot 10^{-19} \text{ J} \quad ; \quad Ec_2 = 7'66 \text{ eV} \cdot \frac{1'6 \cdot 10^{-19} J}{1 eV} = 1'23 \cdot 10^{-18} \text{ J}$$

* Balances de energía:

$$E_{fotón} = W_{extr.} + Ec \Rightarrow h \cdot \frac{c}{\lambda} = W_{extr.} + Ec \Rightarrow \begin{cases} h \cdot \dfrac{3 \cdot 10^8}{1'5 \cdot 10^{-7}} = W_{extr.} + 5'63 \cdot 10^{-19} \\ \\ h \cdot \dfrac{3 \cdot 10^8}{1 \cdot 10^{-7}} = W_{extr.} + 1'23 \cdot 10^{-18} \end{cases} \Rightarrow$$

$$\Rightarrow \begin{cases} 2 \cdot 10^{15} \cdot h = W_{extr.} + 5'63 \cdot 10^{-19} \\ 3 \cdot 10^{15} \cdot h = W_{extr.} + 1'23 \cdot 10^{-18} \end{cases}$$

Si a la segunda le restamos la primera: $10^{15} \cdot h = 6'67 \cdot 10^{-19} \Rightarrow \boxed{h = 6'67 \cdot 10^{-34} \text{ J·s}}$

* Trabajo de extracción: a partir de la primera ecuación:

$2 \cdot 10^{15} \cdot h = W_{extr.} + 5'63 \cdot 10^{-19} \Rightarrow W_{extr.} = 2 \cdot 10^{15} \cdot h - 5'63 \cdot 10^{-19} =$

$= 2 \cdot 10^{15} \cdot 6'67 \cdot 10^{-34} - 5'63 \cdot 10^{-19} = 1'33 \cdot 10^{-18} - 5'63 \cdot 10^{-19} = 7'67 \cdot 10^{-19}$ J

* Frecuencia umbral del platino:

$$W_{extr.} = h \cdot f_0 \Rightarrow f_0 = \frac{W_{extr.}}{h} = \frac{7'67 \cdot 10^{-19}}{6'67 \cdot 10^{-34}} = \boxed{1'15 \cdot 10^{15} \text{ Hz}}$$

Comentario: el electronvoltio es la energía que adquiere un electrón cuando se le acelera con una diferencia de potencial de un voltio: $E = Q \cdot V \Rightarrow 1 \text{ eV} = 1'6 \cdot 10^{-19} \text{ C} \cdot 1 \text{ V} = 1'6 \cdot 10^{-19}$ J, puesto que:

1 julio = 1 culombio · 1 voltio

20) Para medir el trabajo de extracción de un metal, A, se hace incidir un haz de luz monocromática sobre dos muestras, una de dicho metal y otra de un metal, B, cuyo trabajo de extracción es de 4'14 eV. Los potenciales de frenado de los electrones producidos son 9'93 V y 8'28 V, respectivamente. Calcule razonadamente: i) La frecuencia de la luz utilizada. ii) El trabajo de extracción del metal A.
e = 1'6·10^{-19} C; h = 6'63·10^{-34} J·s.

Datos:

$W_{extr.,B}$ = 4'14 eV
V_{0A} = 9'93 eV
V_{0B} = 8'28 eV
¿f?
¿$W_{extr.,A}$?
e = 1'6·10^{-19} C
h = 6'63·10^{-34} J·s

Dibujo:

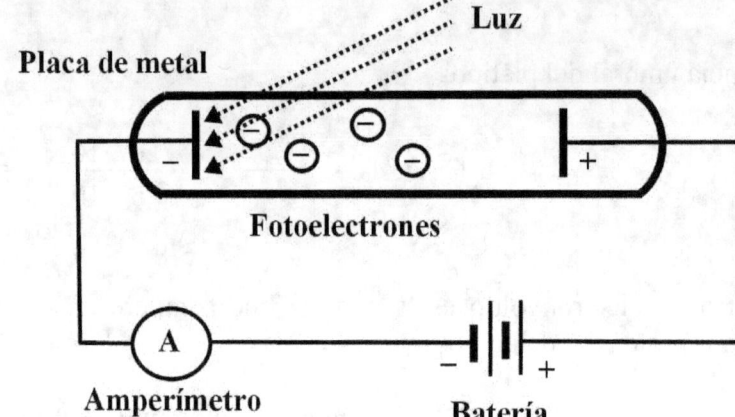

Principio físico: el efecto fotoeléctrico consiste en la emisión de fotoelectrones por parte de una lámina metálica cuando se la ilumina con luz de una frecuencia superior a la umbral. A cada metal le corresponde una frecuencia umbral para producirse el efecto fotoeléctrico y una longitud de onda máxima.

Método de resolución: transformaremos los eV en julios y haremos dos balances de energía en el efecto fotoeléctrico.

Resolución: * Energías en julios: $W_{extr.,B}$ = 4'14 eV · $\dfrac{1'6 \cdot 10^{-19} J}{1 eV}$ = 6'62·10^{-19} J

* Balance de energía para el metal B: $E_{fotón} = W_{extr.} + E_c \Rightarrow h \cdot f = W_{extr.,B} + e \cdot V_{0B} \Rightarrow$

$\Rightarrow$ 6'63·10^{-34}·f = 6'62·10^{-19} + 1'6·10^{-19}·8'28 $\Rightarrow$ f = $\dfrac{1'99 \cdot 10^{-18}}{6'63 \cdot 10^{-34}}$ = $\boxed{3 \cdot 10^{15} \text{ Hz}}$

* Balance de energía para el metal A: $E_{fotón} = W_{extr.} + E_c \Rightarrow h \cdot f = W_{extr.,A} + e \cdot V_{0A} \Rightarrow$

$\Rightarrow$ 6'63·10^{-34}·3·10^{15} = $W_{extr.,A}$ + 1'6·10^{-19}·9'93 $\Rightarrow$

$\Rightarrow W_{extr.,A}$ = 6'63·10^{-34}· 3·10^{15} – 1'6·10^{-19}·9'93 = $\boxed{4 \cdot 10^{-19} \text{ J}}$

Comentario: el electronvoltio es la energía que adquiere un electrón cuando se le acelera con una diferencia de potencial de un voltio: E = Q·V $\Rightarrow$ 1 eV = 1'6·10^{-19} C·1 V = 1'6·10^{-19} J, puesto que:

1 julio = 1 culombio · 1 voltio

21) Las moléculas de hidrógeno gaseoso (H₂), en condiciones estándar, se mueven a una velocidad promedio de 1846 m·s⁻¹. Resuelva los siguientes apartados razonadamente: i) ¿Cuánto vale la longitud de onda de De Broglie promedio de las moléculas de hidrógeno? ii) ¿A qué velocidad debería moverse un electrón para tener la misma longitud de onda que las moléculas de hidrógeno?
h = 6'63·10⁻³⁴ J·s; m(H₂) = 3'346·10⁻²⁷ kg; mₑ = 9'1·10⁻³¹ kg.

Datos:

v_{H2} = 1846 m/s
¿λ?
¿v_e?
h = 6'63·10⁻³⁴ J·s
m(H₂) = 3'346·10⁻²⁷ kg
mₑ = 9'1·10⁻³¹ kg

Dibujo:

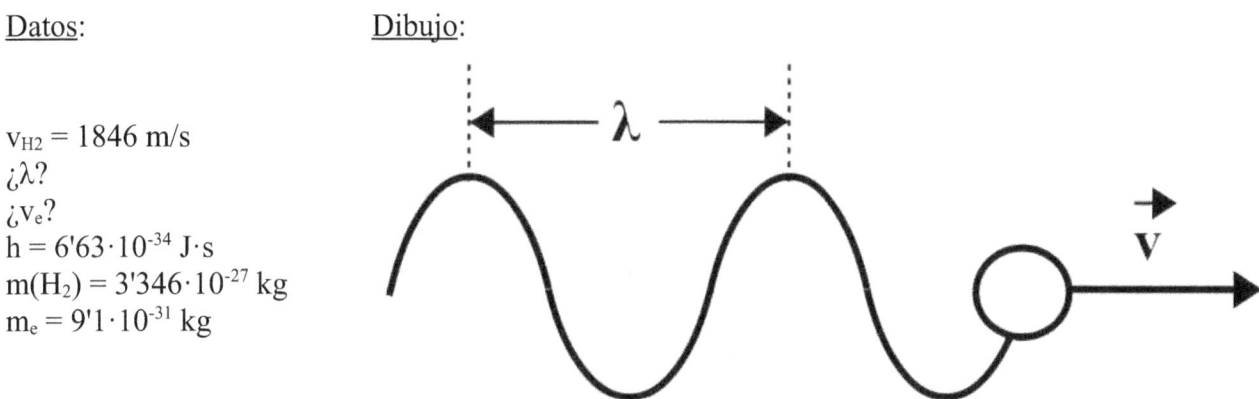

Principio físico: principio de De Broglie o dualidad onda-partícula: "Toda partícula en movimiento lleva asociada una onda".

Método de resolución: usaremos la expresión de la longitud de onda de De Broglie e igualaremos las longitudes de onda de De Broglie del electrón y del hidrógeno.

Resolución: * Longitud de onda de De Broglie de las moléculas de hidrógeno:

$$\lambda_{H2} = \frac{h}{m_{H2} \cdot v_{H2}} = \frac{6'63 \cdot 10^{-34}}{3'346 \cdot 10^{-27} \cdot 1846} = \boxed{1'07 \cdot 10^{-10} \text{ m}}$$

* Velocidad del electrón:

$$\lambda_e = \lambda_{H2} \Rightarrow \frac{h}{m_e \cdot v_e} = \frac{h}{m_{H2} \cdot v_{H2}} \Rightarrow m_{H2} \cdot v_{H2} = m_e \cdot v_e \Rightarrow v_e = \frac{m_{H2} \cdot v_{H2}}{m_e} =$$

$$= \frac{3'346 \cdot 10^{-27} \cdot 1846}{9'1 \cdot 10^{-31}} = \boxed{6'79 \cdot 10^6 \ \frac{m}{s}}$$

Comentario: la longitud de onda de De Broglie se puede obtener así:

Según Planck: E = h·f = $h \cdot \frac{c}{\lambda}$. Según Einstein: E = m·c²

Igualando ambas: $h \cdot \frac{c}{\lambda} = m \cdot c^2 \Rightarrow \frac{h}{\lambda} = m \cdot c \Rightarrow \lambda = \frac{h}{m \cdot c}$

Generalizando para cualquier partícula: $\lambda = \frac{h}{m \cdot v}$

2020

22) Al iluminar un metal con luz de frecuencia $2·10^{15}$ Hz se observa que los electrones emitidos pueden detenerse al aplicar un potencial de frenado de 5 V. Si la luz que se emplea con el mismo fin tiene una frecuencia de $3·10^{15}$ Hz, dicho potencial alcanza un valor de 9'125 V. Determine: i) El valor de la constante de Planck que se obtiene en esta experiencia. ii) La frecuencia umbral del metal.
$e = 1'6·10^{-19}$ C.

Datos: Dibujo:

$f_1 = 2·10^{15}$ Hz
$V_{01} = 5$ V
$f_2 = 3·10^{15}$ Hz
$V_{02} = 9'125$ V
¿h?
¿f_0?
$e = 1'6·10^{-19}$ C

Principio físico: el efecto fotoeléctrico consiste en la emisión de fotoelectrones por parte de una lámina metálica cuando se la ilumina con luz de una frecuencia superior a la umbral. A cada metal le corresponde una frecuencia umbral para producirse el efecto fotoeléctrico y una longitud de onda máxima.

Método de resolución: haremos un balance de energía en el efecto fotoeléctrico, usaremos la relación del potencial del frenado con la energía cinética y usaremos la expresión del trabajo de extracción.

Resolución: * Balance de energía: $E_{fotón} = W_{extr.} + E_c \Rightarrow h·f = W_{extr.} + e·V_0 \Rightarrow$

$\Rightarrow \begin{cases} h·f_1 = W_{extr.} + e·V_{01} \\ \\ h·f_2 = W_{extr.} + e·V_{02} \end{cases} \Rightarrow h·(f_1 - f_2) = e·(V_{01} - V_{02}) \Rightarrow h = \dfrac{e·(V_{01} - V_{02})}{f_1 - f_2} =$

$= \dfrac{1'6·10^{-19}·(5 - 9'125)}{2·10^{15} - 3·10^{15}} = \boxed{6'60·10^{-34} \text{ J·s}}$

* Trabajo de extracción: $W_{extr.} = h·f_1 - e·V_{01} = 6'60·10^{-34}·2·10^{15} - 1'6·10^{-19}·5 = 5'2·10^{-19}$ J

* Frecuencia umbral: $W_{extr.} = h·f_0 \Rightarrow f_0 = \dfrac{W_{extr.}}{h} = \dfrac{5'2·10^{-19}}{6'60·10^{-34}} = \boxed{7'88·10^{14} \text{ Hz}}$

Comentario: el potencial de frenado es la diferencia de potencial aplicada en la batería que detiene a los electrones.

23) Determine la diferencia de potencial con la que debe acelerarse una partícula α para que su longitud de onda asociada sea 10^{-13} m, teniendo en cuenta que las partículas α son núcleos de helio, de masa cuatro veces la del protón y carga dos veces la del protón.
$m_p = 1'7 \cdot 10^{-27}$ kg, $h = 6'63 \cdot 10^{-34}$ J·s, $e = 1'6 \cdot 10^{-19}$ C.

Datos:

¿$V_A - V_B$?
$\lambda = 10^{-13}$ m
$m_p = 1'7 \cdot 10^{-27}$ kg
$h = 6'63 \cdot 10^{-34}$ J·s
$e = 1'6 \cdot 10^{-19}$ C

Dibujo:

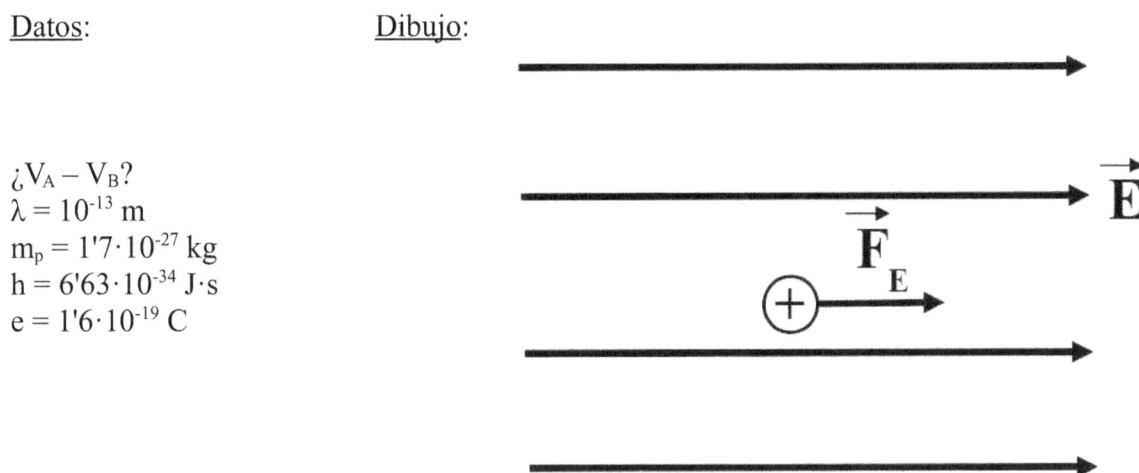

Principio físico: principio de De Broglie o dualidad onda-partícula: "Toda partícula en movimiento lleva asociada una onda". Principio de conservación de la energía mecánica: "En un sistema aislado en el que sólo hay fuerzas conservativas, la energía mecánica permanece constante".

Método de resolución: usaremos la longitud de onda de De Broglie para calcular la velocidad y usaremos el principio de conservación de la energía mecánica para calcular la diferencia de potencial necesaria.

Resolución: * Velocidad de la partícula alfa:

$$\lambda = \frac{h}{m \cdot v} \Rightarrow v = \frac{h}{m \cdot \lambda} = \frac{6'63 \cdot 10^{-34}}{4 \cdot 1'7 \cdot 10^{-27} \cdot 10^{-13}} = 9'75 \cdot 10^5 \ \frac{m}{s}$$

* Diferencia de potencial necesaria:

$$\Delta Ec = -\Delta Ep \Rightarrow \frac{1}{2} \cdot m \cdot v^2 = Q \cdot (V_A - V_B) \Rightarrow V_A - V_B = \frac{m \cdot v^2}{2 \cdot Q} =$$

$$= \frac{4 \cdot 1'7 \cdot 10^{-27} \cdot (9'75 \cdot 10^5)^2}{2 \cdot 2 \cdot 1'6 \cdot 10^{-19}} = \boxed{1'01 \cdot 10^4 \ V}$$

Comentario: como la energía mecánica se conserva, la energía cinética se transforma en energía potencial. En una carga positiva, la fuerza electrostática y el campo tienen la misma dirección y el mismo sentido según la expresión: $\vec{F}_E = Q \cdot \vec{E}$.

24) Si sobre un metal incide luz de longitud de onda $3 \cdot 10^{-7}$ m, se observa que se emiten electrones cuya velocidad máxima es de $8'4 \cdot 10^5$ m·s^{-1}. Determine: i) La energía de los fotones incidentes. ii) El trabajo de extracción del metal. iii) El potencial de frenado que habría que aplicar.
$h = 6'63 \cdot 10^{-34}$ J·s, $c = 3 \cdot 10^8$ m·s^{-1}, $m_e = 9'1 \cdot 10^{-31}$ kg, $e = 1'6 \cdot 10^{-19}$ C.

Datos:

$\lambda = 3 \cdot 10^{-7}$ m
$v = 8'4 \cdot 10^5$ m·s^{-1}
¿$E_{fotón}$?
¿W_R?
¿V_0?
$h = 6'63 \cdot 10^{-34}$ J·s
$c = 3 \cdot 10^8$ m·s^{-1}
$m_e = 9'1 \cdot 10^{-31}$ kg
$e = 1'6 \cdot 10^{-19}$ C

Dibujo:

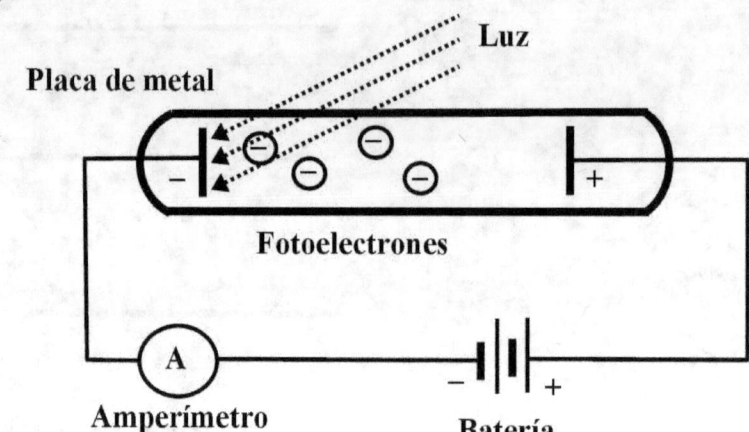

Principio físico: el efecto fotoeléctrico consiste en la emisión de fotoelectrones por parte de una lámina metálica cuando se la ilumina con luz de una frecuencia superior a la umbral. A cada metal le corresponde una frecuencia umbral para producirse el efecto fotoeléctrico y una longitud de onda máxima.

Método de resolución: haremos un balance de energía en el efecto fotoeléctrico, usaremos la relación del potencial del frenado con la energía cinética y usaremos la expresión del trabajo de extracción.

Resolución: * Energía de los fotones incidentes:

$$E_{fotón} = h \cdot \frac{c}{\lambda} = 6'63 \cdot 10^{-34} \cdot \frac{3 \cdot 10^8}{3 \cdot 10^{-7}} = \boxed{6'63 \cdot 10^{-19} \text{ J}}$$

* Energía cinética:

$$E_c = \frac{1}{2} \cdot m \cdot v^2 = \frac{1}{2} \cdot 9'1 \cdot 10^{-31} \cdot (8'4 \cdot 10^5)^2 = 3'21 \cdot 10^{-19} \text{ J}$$

* Trabajo de extracción:

$$E_{fotón} = W_{extr.} + E_c \Rightarrow W_{extr.} = E_{fotón} - E_c = 6'63 \cdot 10^{-19} - 3'21 \cdot 10^{-19} = \boxed{3'42 \cdot 10^{-19} \text{ J}}$$

* Potencial de frenado:

$$E_c = e \cdot V_0 \Rightarrow V_0 = \frac{E_c}{e} = \frac{3'21 \cdot 10^{-19}}{1'6 \cdot 10^{-19}} = \boxed{2 \text{ V}}$$

Comentario: el potencial de frenado es la diferencia de potencial aplicada en la batería que detiene a los electrones.

25) Determine la diferencia de potencial necesaria para acelerar un electrón desde el reposo y lograr que tenga asociada la misma longitud de onda de De Broglie que un neutrón de $8 \cdot 10^{-19}$ J de energía cinética. $m_e = 9'1 \cdot 10^{-31}$ kg, $m_n = 1'7 \cdot 10^{-27}$ kg, $h = 6'63 \cdot 10^{-34}$ J·s.

Datos: Dibujo:

¿$V_A - V_B$?
$v_0 = 0$
$Ec = 8 \cdot 10^{-19}$ J
$m_e = 9'1 \cdot 10^{-31}$ kg
$m_n = 1'7 \cdot 10^{-27}$ kg
$h = 6'63 \cdot 10^{-34}$ J·s

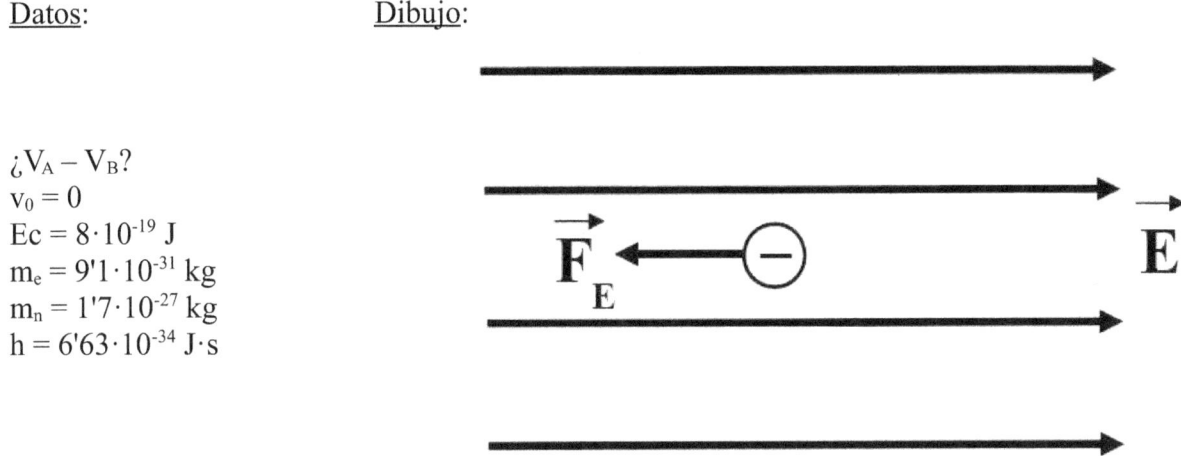

Principio físico: principio de De Broglie o dualidad onda-partícula: "Toda partícula en movimiento lleva asociada una onda". Principio de conservación de la energía mecánica: "En un sistema aislado en el que sólo hay fuerzas conservativas, la energía mecánica permanece constante".

Método de resolución: averiguaremos la velocidad del neutrón a partir de la energía cinética, calcularemos la velocidad del electrón sabiendo que su longitud de onda es la misma que la del neutrón y aplicaremos el principio de conservación de la energía mecánica.

Resolución: * Velocidad del neutrón:

$$Ec_n = \frac{1}{2} \cdot m_n \cdot v_n^2 \Rightarrow v_n = \sqrt{\frac{2 \cdot Ec_n}{m_n}} = \sqrt{\frac{2 \cdot 8 \cdot 10^{-19}}{1'7 \cdot 10^{-27}}} = 3'07 \cdot 10^4 \frac{m}{s}$$

* Velocidad del electrón: $\lambda_e = \lambda_n \Rightarrow \dfrac{h}{m_e \cdot v_e} = \dfrac{h}{m_n \cdot v_n} \Rightarrow$

$$\Rightarrow v_e = \frac{m_n \cdot v_n}{m_e} = \frac{1'7 \cdot 10^{-27} \cdot 3'07 \cdot 10^4}{9'1 \cdot 10^{-31}} = 5'74 \cdot 10^7 \frac{m}{s}$$

* Diferencia de potencial necesaria: $\Delta Ec = -\Delta Ep \Rightarrow \dfrac{1}{2} \cdot m \cdot v^2 = Q \cdot (V_A - V_B) \Rightarrow$

$$\Rightarrow V_A - V_B = \frac{m_e \cdot v_e^2}{2 \cdot Q} = \frac{9'1 \cdot 10^{-31} \cdot (5'74 \cdot 10^7)^2}{2 \cdot 1'6 \cdot 10^{-19}} = \boxed{9370 \text{ V}}$$

Comentario: como la energía mecánica se conserva, la energía cinética se transforma en energía potencial. En una carga negativa, la fuerza electrostática y el campo tienen la misma dirección y los sentidos opuestos según la expresión: $\vec{F}_E = Q \cdot \vec{E}$.

26) Se acelera un protón desde el reposo mediante una diferencia de potencial de 1000 V. Determine:
i) La velocidad que adquiere el protón. ii) Su longitud de onda de De Broglie.
$m_p = 1'7 \cdot 10^{-27}$ kg, $h = 6'63 \cdot 10^{-34}$ J·s, $e = 1'6 \cdot 10^{-19}$ C.

Datos: Dibujo:

$\Delta V = 1000$ V
¿v?
¿λ?
$m_p = 1'7 \cdot 10^{-27}$ kg
$h = 6'63 \cdot 10^{-34}$ J·s
$e = 1'6 \cdot 10^{-19}$ C

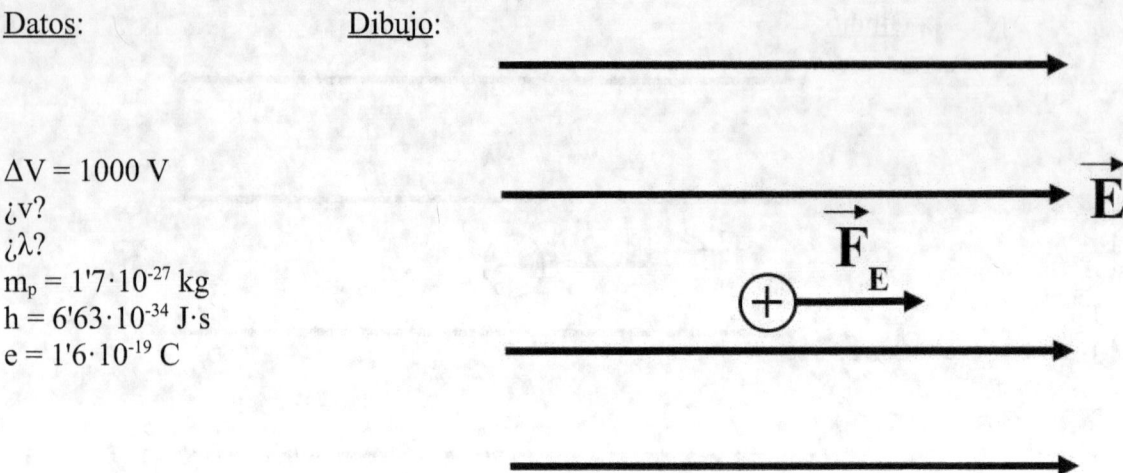

Principio físico: conservación de la energía e hipótesis de De Broglie, dualidad onda-partícula: toda partícula en movimiento lleva asociada una onda.

Método de resolución: calcularemos la velocidad por la conservación de la energía y luego aplicaremos la fórmula de la longitud de onda de De Broglie.

Resolución: * Velocidad del electrón: $-\Delta Ep = \Delta Ec \Rightarrow Q \cdot (V_A - V_B) = \dfrac{1}{2} \cdot m \cdot v^2 \Rightarrow$

$$\Rightarrow v = \sqrt{\dfrac{2 \cdot Q \cdot (V_A - V_B)}{m}} = \sqrt{\dfrac{2 \cdot 1'6 \cdot 10^{-19} \cdot 1000}{1'7 \cdot 10^{-27}}} = \boxed{4'34 \cdot 10^5 \ \dfrac{m}{s}}$$

* Longitud de onda del electrón:

$$\lambda = \dfrac{h}{m \cdot v} = \dfrac{6'63 \cdot 10^{-34}}{1'7 \cdot 10^{-27} \cdot 4'34 \cdot 10^5} = \boxed{8'99 \cdot 10^{-13} \ m}$$

Comentario: la energía se conserva en el sistema porque sólo hay fuerzas conservativas. La energía potencial eléctrica se convierte en energía cinética.

27) Un metal tiene una frecuencia umbral de $2 \cdot 10^{14}$ Hz para que se produzca el efecto fotoeléctrico. Si el metal se ilumina con una radiación de longitud de onda de $2 \cdot 10^{-7}$ m, calcule: i) La velocidad máxima de los fotoelectrones emitidos. ii) El potencial de frenado.
$c = 3 \cdot 10^{8}$ m·s^{-1} ; $h = 6'63 \cdot 10^{-34}$ J·s ; $m_e = 9'1 \cdot 10^{-31}$ kg ; $e = 1'6 \cdot 10^{-19}$ C.

Datos:

$f_0 = 2 \cdot 10^{14}$ Hz
$\lambda = 2 \cdot 10^{-7}$ m
¿$v_{máx.}$?
¿V_0?
$c = 3 \cdot 10^{8}$ m·s^{-1}
$h = 6'63 \cdot 10^{-34}$ J·s
$m_e = 9'1 \cdot 10^{-31}$ kg
$e = 1'6 \cdot 10^{-19}$ C

Dibujo:

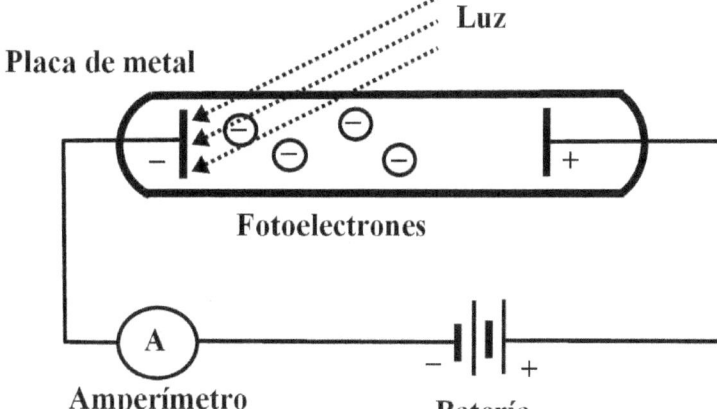

Principio físico: el efecto fotoeléctrico consiste en la emisión de fotoelectrones por parte de una lámina metálica cuando se la ilumina con luz de una frecuencia superior a la umbral. A cada metal le corresponde una frecuencia umbral para producirse el efecto fotoeléctrico y una longitud de onda máxima.

Método de resolución: haremos un balance de energía en el efecto fotoeléctrico y usaremos la relación del potencial del frenado con la energía cinética.

Resolución: * Velocidad máxima de los fotoelectrones:

$E_{fotón} = W_{extr.} + E_c \Rightarrow h \cdot \dfrac{c}{\lambda} = h \cdot f_0 + \dfrac{1}{2} \cdot m \cdot v^2 \Rightarrow 2 \cdot h \cdot c = 2 \cdot h \cdot f_0 \cdot \lambda + m \cdot \lambda \cdot v^2 \Rightarrow$

$\Rightarrow v^2 = \dfrac{2 \cdot h \cdot c - 2 \cdot h \cdot f_0 \cdot \lambda}{m \cdot \lambda} \Rightarrow v = \sqrt{\dfrac{2 \cdot h \cdot (c - f_0 \cdot \lambda)}{m \cdot \lambda}} =$

$= \sqrt{\dfrac{2 \cdot 6'63 \cdot 10^{-34} \cdot (3 \cdot 10^{8} - 2 \cdot 10^{14} \cdot 2 \cdot 10^{-7})}{9'1 \cdot 10^{-31} \cdot 2 \cdot 10^{-7}}} = \boxed{1'38 \cdot 10^{6} \ \dfrac{m}{s}}$

* Potencial de frenado: $\dfrac{1}{2} \cdot m \cdot v^2 = e \cdot V_0 \Rightarrow V_0 = \dfrac{m \cdot v^2}{2 \cdot e} = \dfrac{9'1 \cdot 10^{-31} \cdot (1'38 \cdot 10^{6})^2}{2 \cdot 1'6 \cdot 10^{-19}} =$

$= \boxed{5'42 \text{ V}}$

Comentario: el potencial de frenado es la diferencia de potencial que suministra una batería de potencial variable para poder frenar a los electrones. La energía que suministra la batería iguala a la energía cinética de los electrones.

2019

28) Al incidir luz de longitud de onda $2'7625 \cdot 10^{-7}$ m sobre un material, los electrones emitidos con una energía cinética máxima pueden ser frenados hasta detenerse aplicando una diferencia de potencial de 2 V. Calcule el trabajo de extracción del material. Determine la longitud de onda de De Broglie de los electrones emitidos con energía cinética máxima.
h = $6'63 \cdot 10^{-34}$ J·s; c = $3 \cdot 10^8$ m·s^{-1}; e = $1'6 \cdot 10^{-19}$ C; m$_e$ = $9'1 \cdot 10^{-31}$ kg.

Datos: Dibujo:

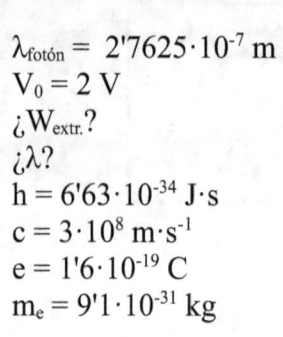

$\lambda_{\text{fotón}}$ = $2'7625 \cdot 10^{-7}$ m
V_0 = 2 V
¿$W_{\text{extr.}}$?
¿λ?
h = $6'63 \cdot 10^{-34}$ J·s
c = $3 \cdot 10^8$ m·s^{-1}
e = $1'6 \cdot 10^{-19}$ C
m$_e$ = $9'1 \cdot 10^{-31}$ kg

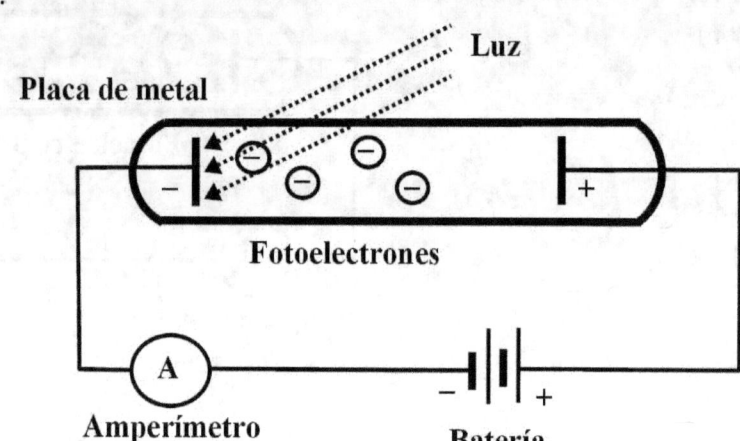

Principio físico: el efecto fotoeléctrico consiste en la emisión de fotoelectrones por parte de una lámina metálica cuando se la ilumina con luz de una frecuencia superior a la umbral. A cada metal le corresponde una frecuencia umbral para producirse el efecto fotoeléctrico y una longitud de onda máxima.

Método de resolución: haremos un balance de energía en el efecto fotoeléctrico y usaremos las fórmulas de la frecuencia y el trabajo de extracción.

Resolución: * Trabajo de extracción del metal:

$E_{\text{fotón}} = W_{\text{extr.}} + E_c \Rightarrow h \cdot \dfrac{c}{\lambda} = W_{\text{extr.}} + e \cdot V_0 \Rightarrow W_{\text{extr.}} = h \cdot \dfrac{c}{\lambda} - e \cdot V_0 =$

$= \dfrac{6'63 \cdot 10^{-34} \cdot 3 \cdot 10^8}{2'7625 \cdot 10^{-7}} - 1'6 \cdot 10^{-19} \cdot 2 = \boxed{4 \cdot 10^{-19} \text{ J}}$

* Velocidad de los electrones: $e \cdot V_0 = \dfrac{1}{2} \cdot m \cdot v^2 \Rightarrow v = \sqrt{\dfrac{2 \cdot e \cdot V_0}{m}} =$

$= \sqrt{\dfrac{2 \cdot 1'6 \cdot 10^{-19} \cdot 2}{9'1 \cdot 10^{-31}}} = 8'39 \cdot 10^5 \; \dfrac{m}{s}$

* Longitud de onda de De Broglie: $\lambda = \dfrac{h}{m \cdot v} = \dfrac{6'63 \cdot 10^{-34}}{9'1 \cdot 10^{-31} \cdot 8'39 \cdot 10^5} = \boxed{8'68 \cdot 10^{-10} \text{ m}}$

Comentario: la longitud de onda resultante es del orden de las distancias interatómicas.

29) Una lámina de sodio metálico cuyo trabajo de extracción es de 2'3 eV, es iluminada por una radiación de longitud de onda $4\cdot 10^{-7}$ m. ¿Cuál será la velocidad de los electrones emitidos? ¿Cuál sería la velocidad de los electrones si se ilumina con una radiación de longitud de onda $6\cdot 10^{-7}$ m?
$h = 6'63\cdot 10^{-34}$ J·s; $c = 3\cdot 10^{8}$ m·s^{-1}; $e = 1'6\cdot 10^{-19}$ C; $m_e = 9'1\cdot 10^{-31}$ kg.

Datos:

Dibujo:

$W_{extr.} = 3'68\cdot 10^{-19}$ J
$\lambda_1 = 4\cdot 10^{-7}$ m
¿v_1?
¿v_2?
$\lambda_2 = 6\cdot 10^{-7}$ m
$h = 6'63\cdot 10^{-34}$ J·s
$c = 3\cdot 10^{8}$ m·s^{-1}
$e = 1'6\cdot 10^{-19}$ C
$m_e = 9'1\cdot 10^{-31}$ kg

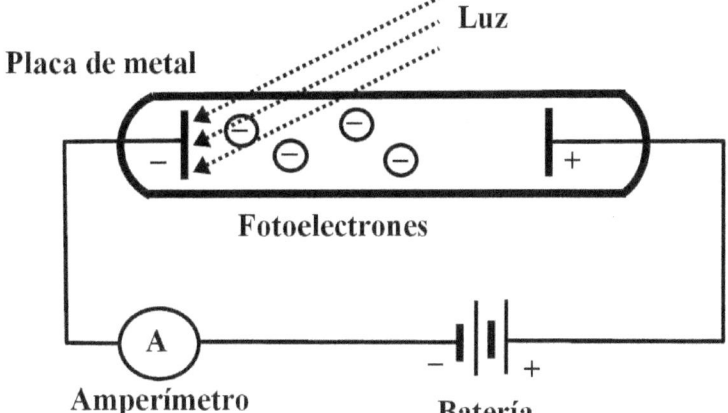

Principio físico: el efecto fotoeléctrico consiste en la emisión de fotoelectrones por parte de una lámina metálica cuando se la ilumina con luz de una frecuencia superior a la umbral. A cada metal le corresponde una frecuencia umbral para producirse el efecto fotoeléctrico y una longitud de onda máxima.

Método de resolución: haremos un balance de energía en el efecto fotoeléctrico y usaremos la fórmula del trabajo de extracción.

Resolución: * Trabajo de extracción: $W_{extr.} = 2'3$ eV $\cdot \dfrac{1'6\cdot 10^{-19}}{1\,eV} = 3'68\cdot 10^{-19}$ J

* Velocidad de los electrones emitidos: $E_{fotón} = W_{extr.} + E_c \Rightarrow$

$\Rightarrow h\cdot \dfrac{c}{\lambda} = W_{extr.} + \dfrac{1}{2}\cdot m\cdot v^2 \Rightarrow 2\cdot h\cdot c = 2\cdot \lambda\cdot W_{extr.} + m\cdot \lambda\cdot v^2 \Rightarrow$

$\Rightarrow v_1 = \sqrt{\dfrac{2\cdot h\cdot c - 2\cdot \lambda_1\cdot W_{extr.}}{m\cdot \lambda_1}} = \sqrt{\dfrac{2\cdot 6'63\cdot 10^{-34}\cdot 3\cdot 10^{8} - 2\cdot 4\cdot 10^{-7}\cdot 3'68\cdot 10^{-19}}{9'1\cdot 10^{-31}\cdot 4\cdot 10^{-7}}} = \boxed{5'33\cdot 10^{5}\ \dfrac{m}{s}}$

* Nueva velocidad de los electrones emitidos:

$v_2 = \sqrt{\dfrac{2\cdot h\cdot c - 2\cdot \lambda_2\cdot W_{extr.}}{m\cdot \lambda_2}} = \sqrt{\dfrac{2\cdot 6'63\cdot 10^{-34}\cdot 3\cdot 10^{8} - 2\cdot 6\cdot 10^{-7}\cdot 3'68\cdot 10^{-19}}{9'1\cdot 10^{-31}\cdot 6\cdot 10^{-7}}}$ = error matemático

Esto nos hace sospechar que no hay efecto fotoeléctrico.

$E_{fotón2} = h\cdot \dfrac{c}{\lambda_2} = \dfrac{6'63\cdot 10^{-34}\cdot 3\cdot 10^{8}}{6\cdot 10^{-7}} = 3'32\cdot 10^{-19}$ J $< W_{extr.} = 3'68\cdot 10^{-19}$ J $\Rightarrow$ Efectivamente, no se produce el efecto fotoeléctrico, luego para los fotoelectrones: $\boxed{v_2 = 0}$

Comentario: cuanto mayor la longitud de onda, menor la energía del fotón.

30) Determine la longitud de onda de un electrón que es acelerado desde el reposo aplicando una diferencia de potencial de 200 V. h = 6'63·10⁻³⁴ J·s; e = 1'6·10⁻¹⁹ C; m_e = 9'1·10⁻³¹ kg.

Datos: Dibujo:

¿λ?
$v_0 = 0$
$V_A - V_B = 200$ V
$h = 6'63 \cdot 10^{-34}$ J·s
$e = 1'6 \cdot 10^{-19}$ C
$m_e = 9'1 \cdot 10^{-31}$ kg

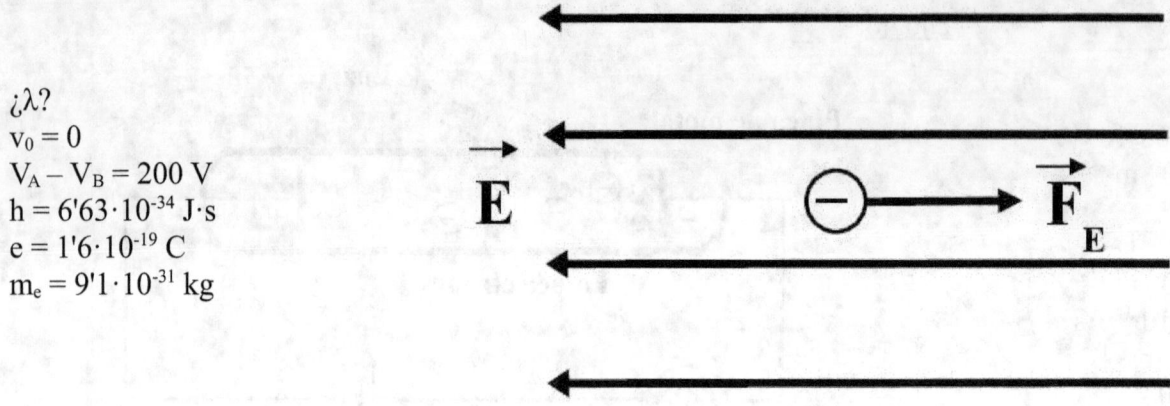

Principio físico: hipótesis de De Broglie, dualidad onda-partícula: toda partícula en movimiento lleva asociada una onda.

Método de resolución: calcularemos la velocidad por la conservación de la energía y luego aplicaremos la fórmula de la longitud de onda de De Broglie.

Resolución: * Velocidad del electrón:

$$-\Delta E_p = \Delta E_c \quad \Rightarrow \quad Q \cdot (V_A - V_B) = \frac{1}{2} \cdot m \cdot v^2 \quad \Rightarrow$$

$$\Rightarrow v = \sqrt{\frac{2 \cdot Q \cdot (V_A - V_B)}{m}} = \sqrt{\frac{2 \cdot 1'6 \cdot 10^{-19} \cdot 200}{9'1 \cdot 10^{-31}}} = 8'39 \cdot 10^6 \ \frac{m}{s}$$

* Longitud de onda del electrón:

$$\lambda = \frac{h}{m \cdot v} = \frac{6'63 \cdot 10^{-34}}{9'1 \cdot 10^{-31} \cdot 8'39 \cdot 10^6} = \boxed{8'68 \cdot 10^{-11} \text{ m}}$$

Comentario: la energía se conserva en el sistema porque sólo hay fuerzas conservativas.

FORMULARIO COMPLETO

Formulario de dinámica y energía

Cinemática

* Movimiento rectilíneo uniforme (MRU):
  - Velocidad, v: $v = \dfrac{e}{t}$ $\left(\dfrac{m}{s}\right)$

siendo: v: velocidad (m/s)
                e: espacio recorrido (m)
                t: tiempo (s)
  - Espacio, e: $e = v \cdot t$ (m)
  - Tiempo, t: $t = \dfrac{e}{v}$ (s)

* Movimientos acelerado y desacelerado:
  - Velocidad en función del tiempo, v: $v = v_0 \pm a \cdot t$ $\left(\dfrac{m}{s}\right)$

siendo: v: velocidad (m/s)
                v_0: velocidad inicial (m/s)
                a: aceleración (m/s^2)
                t: tiempo (s)
  - Velocidad en función del espacio, v: $v^2 = v_0^2 \pm 2 \cdot a \cdot e$ $\left(\dfrac{m}{s}\right)$

siendo: v: velocidad (m/s)
                v_0: velocidad inicial (m/s)
                a: aceleración (m/s^2)
                e: espacio recorrido (m)
  - Espacio, e: $e = v_0 \cdot t \pm \dfrac{1}{2} \cdot a \cdot t^2$ (m)

siendo: e: espacio recorrido (m)
                v_0: velocidad inicial (m/s)
                t: tiempo (s)
                a: aceleración (m/s^2)

Dinámica

* Plano inclinado:
  $P_x = m \cdot g \cdot \operatorname{sen} \alpha$ (N)
  $P_y = m \cdot g \cdot \cos \alpha$ (N)
  $F_R = \mu \cdot N = \mu \cdot m \cdot g \cdot \cos \alpha$ (N)
  $\operatorname{sen} \alpha = \dfrac{h}{e}$ (sin unidades)

siendo:
- P_x: componente x del peso (N)
- m: masa (kg)
- g: aceleración de la gravedad = 9'8 m/s^2
- α: ángulo del plano inclinado (grados)
- P_y: componente y del peso (N)
- F_R: fuerza de rozamiento (N)
- μ: coeficiente de rozamiento (sin unidades)
- N: normal (N)
- h: altura del plano inclinado (m)
- e: espacio recorrido en el plano inclinado (m)

Trabajo y energía

* Conservación de la energía mecánica: $Ec_A + Ep_A = Ec_B + Ep_B$

siendo:
- Ec_A: energía cinética en el punto inicial (J)
- Ep_A: energía potencial en el punto inicial (J)
- Ec_B: energía cinética en el punto final (J)
- Ep_B: energía potencial en el punto final (J)

* Conservación de la energía en sistemas con rozamiento: $Ec_A + Ep_A + W_{FNC} = Ec_B + Ep_B$

siendo: W_{FNC}: trabajo de las fuerzas no conservativas (J)

* Otras fórmulas:
- Fuerza de rozamiento, F_R: $F_R = \mu \cdot N$ (N)

siendo:
- F_R: fuerza de rozamiento (N)
- μ: coeficiente de rozamiento (sin unidades)
- N: normal (N)

- Aceleración normal o centrípeta, a_C: $a_C = \dfrac{v^2}{r}$ $\left(\dfrac{m}{s^2}\right)$

siendo:
- a_c: aceleración centrípeta o aceleración normal (m/s^2)
- v: velocidad (m/s)
- r: radio de la curva (m)

- Fuerza centrípeta, F_C: $F_C = \dfrac{m \cdot v^2}{r}$ (N)

siendo:
- F_C: fuerza centrípeta (N)
- m: masa (kg)
- v: velocidad (m/s)
- r: radio de la curva (m)

- Trabajo, W: $W = F \cdot e \cdot \cos \alpha$ (J)

siendo:
- W: trabajo (J)
- F: fuerza (N)
- e: espacio recorrido (m)
- α: ángulo entre la fuerza F y el sentido de desplazamiento (grados)

- Energía cinética, Ec: $Ec = \frac{1}{2} \cdot m \cdot v^2$ (J)

siendo:
- Ec: energía cinética (J)
- m: masa (kg)
- v: velocidad (m/s)

- Energía potencial gravitatoria, Ep: $Ep = m \cdot g \cdot h$ (J)

siendo:
- Ep: energía potencial gravitatoria (J)
- m: masa (kg)
- h: altura (m)

- Energía potencial elástica, Ep: $Ep = \frac{1}{2} \cdot k \cdot x^2$ (J)

siendo:
- Ep: energía potencial elástica (J)
- k: constante elástica del muelle (N/m)
- x: elongación (m)

- Trabajo de rozamiento, W_R: $W_R = F_R \cdot e \cdot \cos 180° = - F_R \cdot e$ (J)

siendo:
- W_R: trabajo de rozamiento (J)
- F_R: fuerza de rozamiento (N)
- e: espacio recorrido (m)

- Movimientos circulares: $\sum F = \frac{m \cdot v^2}{r}$

siendo:
- F: fuerza (N)
- m: masa (kg)
- v: velocidad (m/s)
- r: radio de la curva (m)

- Trabajo total, W_T: $W_T = W_{FC} + W_{FNC} = -\Delta Ep + W_{FNC} = \Delta Ec$ (J)

siendo:
- W_{FC}: trabajo de las fuerzas conservativas (J)
- W_{FNC}: trabajo de las fuerzas no conservativas (J)
- ΔEp: incremento de energía potencial (J)
- ΔEc: incremento de energía cinética (J)

- Trabajo de las fuerzas no conservativas, W_{FNC}: $W_{FNC} = \Delta E_M$ (J)

siendo:
- ΔE_M: incremento de energía mecánica (J)

Formulario de gravitación

* Tercera ley de Kepler: $\dfrac{T^2}{r^3}$ = constante

siendo: T: período de revolución (s)
r: radio de giro (m)

* Ley de Newton de la gravitación universal: $F_G = G \cdot \dfrac{M \cdot m}{r^2}$ (N)

siendo: F_G: fuerza de la gravedad (N)
G: constante de gravitación universal = $6'67 \cdot 10^{-11} \ \dfrac{N \cdot m^2}{kg^2}$
M, m: masas (kg)
r: distancia entre los centros de gravedad (m)

* Campo gravitatorio, g: $g = \dfrac{F_G}{m} = \dfrac{\frac{G \cdot M \cdot m}{r^2}}{m} = \dfrac{G \cdot M}{r^2} \quad \left(\dfrac{m}{s^2}\right)$

siendo: g: campo gravitatorio (m/s^2)
F_G: fuerza de la gravedad (N)
m: masa (kg)

* Energía potencial gravitatoria, Ep_G: $Ep_G = - \dfrac{G \cdot M \cdot m}{r}$ (J)

siendo: Ep_G: energía potencial gravitatoria (J)

* Potencial gravitatorio en un punto, V: $V = \dfrac{Ep_G}{m} = \dfrac{\frac{-G \cdot M \cdot m}{r}}{m} = -\dfrac{G \cdot M}{r} \quad \left(\dfrac{J}{kg}\right)$

siendo: V: potencial gravitatorio (J/kg)

* Principio de superposición:

  – Para la fuerza: $\vec{F} = \vec{F}_1 + \vec{F}_2 + \vec{F}_3 + ...$ (N)

siendo: F: fuerza total (N)
$F_1, F_2, ...$: fuerzas parciales (N)

  – Para el campo: $\vec{g} = \vec{g}_1 + \vec{g}_2 + \vec{g}_3 + ... \quad \left(\dfrac{m}{s^2}\right)$

siendo: g: campo gravitatorio total (m/s^2)
$g_1, g_2, g_3,...$: campos gravitatorios parciales (m/s^2)

- Para la energía potencial: $E_p = E_{p_1} + E_{p_2} + E_{p_3} + \ldots$ (J)

siendo:
E_p: energía potencial gravitatoria total (J)
$E_{p_1}, E_{p_2}, E_{p_3},\ldots$: energías potenciales gravitatorias (J)

- Para el potencial: $V = V_1 + V_2 + V_3 + \ldots$ $\left(\dfrac{J}{kg}\right)$

siendo: V: potencial gravitatorio total (J/kg)

* Energía mecánica de un satélite o planeta, E_M: $E_M = E_c + E_p = \dfrac{1}{2} \cdot m \cdot v^2 - \dfrac{G \cdot M \cdot m}{r}$ (J)

siendo:
E_M: energía mecánica del satélite (J)
E_c: energía cinética del satélite (J)
E_p: energía potencial gravitatoria del satélite (J)

* Fuerza centrípeta, F_C: $F_C = \dfrac{m \cdot v^2}{r}$ (N)

siendo: F_C: fuerza centrípeta (N)

* Velocidad orbital, $v_{orb.}$: $F_G = F_C$; $\dfrac{G \cdot M \cdot m}{r^2} = \dfrac{m \cdot v^2}{r}$ $\Rightarrow$ $v_{orb.} = \sqrt{\dfrac{G \cdot M}{r}}$ $\left(\dfrac{m}{s}\right)$

siendo:
F_G: fuerza de la gravedad (N)
F_C: fuerza centrípeta (N)
$v_{orb.}$: velocidad orbital (m/s)

* Velocidad orbital, $v_{orb.}$: $v_{orb} = \dfrac{2 \cdot \pi \cdot r}{T}$

siendo:
r: radio de la órbita (m)
T: período (s)

* Velocidad de escape, v_e: $E_{c_A} + E_{p_A} = E_{c_B} + E_{p_B}$ $\Rightarrow$ $\dfrac{1}{2} \cdot m \cdot v_e^2 - \dfrac{G \cdot M \cdot m}{R_T} = 0 + 0$ $\Rightarrow$

$\Rightarrow$ $v_e = \sqrt{\dfrac{2 \cdot G \cdot M_T}{R_T}}$ $\left(\dfrac{m}{s}\right)$

siendo:
v_e: velocidad de escape (m/s)
R_T: radio de la Tierra = $6'37 \cdot 10^6$ m
M_T: masa de la Tierra = $5'97 \cdot 10^{24}$ kg

* Momento angular: $\vec{L} = m \cdot \vec{r} \times \vec{v}$ (kg·m²/s)

Formulario de campo eléctrico

* Fuerza eléctrica (ley de Coulomb): $\quad F_E = \dfrac{K \cdot Q \cdot q}{r^2} \quad$ (N)

siendo:
$\qquad F_E$: fuerza eléctrica o fuerza electrostática (N)

$\qquad K$: constante electrostática $= 9 \cdot 10^9 \quad \left(\dfrac{N \cdot m^2}{C^2}\right)$

$\qquad Q, q$: cargas (C)
$\qquad r$: distancia entre las cargas (m)

* Campo eléctrico, E: $\quad E = \dfrac{F_E}{q} = \dfrac{\frac{K \cdot Q \cdot q}{r^2}}{q} = \dfrac{K \cdot Q}{r^2} \quad \left(\dfrac{N}{C}\right) \text{ o } \left(\dfrac{V}{m}\right)$

siendo:
$\qquad E$: campo eléctrico (N/C o V/m)
$\qquad F_E$: fuerza eléctrica (N)

* Relación entre la fuerza y el campo eléctrico: $\quad \vec{F} = Q \cdot \vec{E} \quad$ (N)

* Energía potencial eléctrica, Ep_E: $\quad Ep_E = \dfrac{K \cdot Q \cdot q}{r} \quad$ (J)

* Potencial eléctrico en un punto, V: $\quad V = \dfrac{Ep_E}{q} = \dfrac{\frac{K \cdot Q \cdot q}{r}}{q} = \dfrac{K \cdot Q}{r} \quad$ (V) o $\left(\dfrac{J}{C}\right)$

* Principio de superposición:

    − Para la fuerza: $\quad \vec{F} = \vec{F}_1 + \vec{F}_2 + \vec{F}_3 + \ldots \quad$ (N)

siendo:
$\qquad F$: fuerza total (N)
$\qquad F_1, F_2, \ldots$: fuerzas parciales (N)

    − Para el campo: $\quad \vec{E} = \vec{E}_1 + \vec{E}_2 + \vec{E}_3 + \ldots \quad \left(\dfrac{N}{C}\right)$

siendo:
$\qquad E$: campo eléctrico total (N/C o V/m)
$\qquad E_1, E_2, E_3, \ldots$: campos eléctricos parciales (N/C)

    − Para la energía potencial: $Ep = Ep_1 + Ep_2 + Ep_3 + \ldots \quad$ (J)

    − Para el potencial: $V = V_1 + V_2 + V_3 + \ldots \quad$ (V) o $\left(\dfrac{J}{C}\right)$

* Momento angular: $\quad \vec{L} = m \cdot \vec{r} \times \vec{v} \quad$ (kg·m²/s)

Formulario de campo magnético

Campo magnético y fuerza magnética

* Campo magnético producido por un hilo recto, B, (ley de Biot y Savart):

$$B = \frac{\mu_0 \cdot I}{2 \cdot \pi \cdot r} \quad (T)$$

siendo: B: campo magnético (T, teslas)

μ_0: permeabilidad magnética = $4 \cdot \pi \cdot 10^{-7}$ $\frac{T \cdot m}{A}$

r: distancia (m)

* Campo producido por varios campos magnéticos, B (principio de superposición):

$$\vec{B} = \vec{B}_1 + \vec{B}_2 + \vec{B}_3 + ... \quad (T)$$

siendo: B: campo magnético total (T)
$B_1, B_2, B_3,...$: campos magnéticos parciales (T)

* Fuerza que actúa sobre una carga en un campo magnético (ley de Lorentz), F:

$$\vec{F} = Q \cdot \vec{v} \times \vec{B} \quad (N)$$

siendo: F: fuerza magnética (N)
Q: carga (C)
v: velocidad de la partícula cargada (m/s)
B: campo magnético (T)

* Fuerza sobre un hilo conductor dentro de un campo magnético (ley de Laplace), F:

$$\vec{F} = I \cdot \vec{L} \times \vec{B} \quad (N)$$

siendo: F: fuerza magnética (N)
I: intensidad de corriente (A)
L: longitud del conductor (m)
B: campo magnético (T)

* Radio de giro de una carga que se mueve perpendicularmente a un campo magnético, r:

$$F_m = F_C \Rightarrow Q \cdot v \cdot B = \frac{m \cdot v^2}{r} \Rightarrow r = \frac{m \cdot v}{Q \cdot B} \quad (m)$$

siendo: F_m: fuerza magnética (N)
F_C: fuerza centrípeta (N)
Q: carga (C)
v: velocidad (m/s)
B: campo magnético (T)

* Fuerza de atracción o de repulsión entre dos hilos conductores paralelos, $\dfrac{F}{L}$:

$$\frac{F}{L} = \frac{F_{12}}{L} = \frac{F_{21}}{L} = \frac{\mu_0 \cdot I_1 \cdot I_2}{2 \cdot \pi \cdot d} \quad \left(\frac{N}{m}\right)$$

siendo:
- F: fuerza con la que se atraen o se repelen (N)
- F_{12}: fuerza que ejerce el conductor 1 sobre el 2 (N)
- F_{21}: fuerza que ejerce el conductor 2 sobre el 1 (N)
- L: longitud del conductor (m)
- μ_0: permeabilidad magnética = $4 \cdot \pi \cdot 10^{-7} \; \dfrac{T \cdot m}{A}$
- I_1: intensidad de corriente por el conductor 1 (A)
- I_2: intensidad de corriente por el conductor 2 (A)
- d: distancia entre los conductores (m)

<u>Inducción magnética</u>

* Flujo magnético, Φ:

$$\Phi = \vec{B} \cdot \vec{S} = B \cdot S \cdot \cos \alpha \quad (Wb)$$

siendo:
- Φ: flujo magnético (Wb, weber)
- B: campo magnético (T)
- S: superficie (m^2)
- α: ángulo entre los vectores $\vec{B}$ y $\vec{S}$

* Fuerza electromotriz inducida (f.e.m.), ley de Faraday-Lenz, ε:

$$\varepsilon = -\frac{d\Phi}{dt} \quad (V)$$

siendo:
- ε: fuerza electromotriz inducida (V)
- Φ: flujo magnético (Wb, weber)
- t: tiempo (s)

* Intensidad de corriente, I:

$$I = \frac{\varepsilon}{R}$$

siendo:
- I: intensidad de corriente (A)
- ε: fuerza electromotriz inducida (V)
- R: resistencia del conductor (Ω)

Formulario de movimiento armónico simple (MAS) y de ondas

Movimiento armónico simple (MAS)

* Fórmulas del M.A.S.:
- Ecuación del movimiento o elongación:
  $y = A \cdot \text{sen}(\omega \cdot t + \varphi_0)$ o bien: $y = A \cdot \cos(\omega \cdot t + \varphi_0)$ (m)
- Período, T: $T = \dfrac{2 \cdot \pi}{\omega}$ (s) ; $T = 2 \cdot \pi \cdot \sqrt{\dfrac{m}{k}}$ (s)
- Frecuencia, f (o ν): $f = \dfrac{1}{T} = \dfrac{\omega}{2 \cdot \pi}$ (Hz o s^{-1}) ; $f = \dfrac{1}{2 \cdot \pi} \cdot \sqrt{\dfrac{k}{m}}$ (Hz o s^{-1})
- Constante elástica, k: $k = m \cdot \omega^2 = m \cdot 4 \cdot \pi^2 \cdot f^2$ $\left(\dfrac{N}{m}\right)$
- Fase, φ : $\varphi = \omega \cdot t + \varphi_0$ (rad)
- Velocidad, v: $v = \dfrac{dy}{dt} = A \cdot \omega \cdot \cos(\omega \cdot t + \varphi_0)$ $\left(\dfrac{m}{s}\right)$
- Velocidad máxima, $v_{máx}$: $v_{max} = A \cdot \omega$ $\left(\dfrac{m}{s}\right)$
- Aceleración, a: $a = \dfrac{dv}{dt} = -A \cdot \omega^2 \cdot \text{sen}(\omega \cdot t + \varphi_0)$ $\left(\dfrac{m}{s^2}\right)$
- Aceleración máxima, a_{max} : $a_{max} = -A \cdot \omega^2$ $\left(\dfrac{m}{s^2}\right)$
- Energía mecánica, E_M : $E_M = \dfrac{1}{2} \cdot k \cdot A^2$ (J)

Ondas u ondas armónicas

- Expresión de la onda o elongación: $y = A \cdot \text{sen}(\pm \omega \cdot t \pm k \cdot x \pm \varphi_0)$ (m)

siendo:
  y: elongación (m)
  A: amplitud (m)
  ω: frecuencia angular (rad/s)
  t: tiempo (s)
  k: número de onda (rad/m)
  x: distancia en el eje OX (m)
  φ_0: fase inicial (rad)

- Frecuencia, f: $f = \dfrac{1}{T}$ (Hz o s^{-1})

siendo:
  f: frecuencia (Hz o s^{-1})
  T: período (s)

- Frecuencia angular, ω : $\omega = \dfrac{2 \cdot \pi}{T} = 2 \cdot \pi \cdot f$ $\left(\dfrac{rad}{s}\right)$

siendo:
        ω: frecuencia angular (rad/s)
        T: período (s)
        f: frecuencia (Hz o s^{-1})

- Número de onda, k: $k = \dfrac{2 \cdot \pi}{\lambda} \quad \left(\dfrac{rad}{m}\right)$

siendo:
        k: número de onda (rad/m)
        λ: longitud de onda (m)

- Velocidad de propagación, v: $v = \lambda \cdot f = \dfrac{\omega}{k} \quad \left(\dfrac{m}{s}\right)$

siendo:
        v: velocidad de propagación de la onda (m/s)
        λ: longitud de onda (m)
        f: frecuencia (Hz o s^{-1})

- Velocidad de vibración o de oscilación, v:

$$v = \dfrac{dy}{dt} = A \cdot \omega \cdot \cos(\pm \omega \cdot t \pm k \cdot x \pm \varphi_0) \quad \left(\dfrac{m}{s}\right)$$

siendo:
        v: velocidad de oscilación o de vibración (m/s)
        A: amplitud (m)
        ω: frecuencia angular (rad/s)
        t: tiempo (s)
        k: número de onda (rad/m)
        x: distancia en el eje OX (m)
        φ_0: fase inicial (rad)

- Velocidad máxima de vibración o de oscilación, $v_{máx}$: $v_{max} = A \cdot \omega \quad \left(\dfrac{m}{s}\right)$

siendo:
        A: amplitud (m)
        ω: frecuencia angular (rad/s)

- Aceleración, a: $a = \dfrac{dv}{dt} = -A \cdot \omega^2 \cdot \text{sen}(\pm \omega \cdot t \pm k \cdot x \pm \varphi_0) \quad \left(\dfrac{m}{s^2}\right)$

siendo:
        a: aceleración (m/s^2)
        A: amplitud (m)
        ω: frecuencia angular (rad/s)
        t: tiempo (s)
        k: número de onda (rad/m)
        x: distancia en el eje OX (m)
        φ_0: fase inicial (rad)

- Aceleración máxima, a_{max}: $a_{max} = A \cdot \omega^2 \quad \left(\dfrac{m}{s^2}\right)$

siendo:
        A: amplitud (m)
        ω: frecuencia angular (rad/s)

Ondas estacionarias

* Expresión de la onda o elongación:

$$y = 2 \cdot A \cdot \text{sen}(k \cdot x) \cdot \text{sen}(\omega \cdot t) \quad \text{(m)} \quad \text{(los dos extremos fijos)}$$
$$y = 2 \cdot A \cdot \text{sen}(k \cdot x) \cdot \cos(\omega \cdot t) \quad \text{(m)} \quad \text{(los dos extremos fijos)}$$
$$y = 2 \cdot A \cdot \cos(k \cdot x) \cdot \cos(\omega \cdot t) \quad \text{(m)} \quad \text{(los dos extremos móviles)}$$
$$y = 2 \cdot A \cdot \cos(k \cdot x) \cdot \text{sen}(\omega \cdot t) \quad \text{(m)} \quad \text{(los dos extremos móviles)}$$

siendo:
- y: elongación (m)
- A: amplitud (m)
- ω: frecuencia angular (rad/s)
- t: tiempo (s)
- k: número de onda (rad/m)
- x: distancia en el eje OX (m)
- φ_0: fase inicial (rad)

* Condición de nodos para las ondas estacionarias:
$$\text{sen}(k \cdot x) = 0 \text{ o } \cos(k \cdot x) = 0 \text{ (según la ecuación)}$$

* Condición de vientres para las ondas estacionarias:
$$\text{sen}(k \cdot x) = \pm 1 \text{ o } \cos(k \cdot x) = \pm 1 \text{ (según la ecuación)}$$

La condición $\text{sen}(k \cdot x) = 0$ es la misma que $\cos(k \cdot x) = \pm 1$ e implica que:

$$k \cdot x = 0, \pi, 2\cdot\pi, 3\cdot\pi, \ldots, n\cdot\pi \quad \text{Siendo } n = 0, 1, 2, \ldots \Rightarrow k \cdot x = n \cdot \pi \Rightarrow x = \frac{n \cdot \pi}{k} = \frac{n \cdot \pi}{\frac{2 \cdot \pi}{\lambda}} = n \cdot \frac{\lambda}{2}$$

La condición $\text{sen}(k \cdot x) = \pm 1$ es la misma que $\cos(k \cdot x) = 0$ e implica que:

$$k \cdot x = \frac{\pi}{2}, 3 \cdot \frac{\pi}{2}, \ldots, (2 \cdot n + 1) \cdot \frac{\pi}{2} \quad \text{Siendo } n = 0, 1, 2, \ldots \Rightarrow k \cdot x = (2 \cdot n + 1) \cdot \frac{\pi}{2} \Rightarrow$$

$$\Rightarrow x = \frac{(2 \cdot n + 1) \cdot \pi}{2 \cdot k} = \frac{(2 \cdot n + 1) \cdot \pi}{2 \cdot \frac{2 \cdot \pi}{\lambda}} = (2 \cdot n + 1) \cdot \frac{\lambda}{4}$$

Formulario de óptica

Refracción

* Índice de refracción de un medio, n:

$$n = \frac{c}{v} \quad \text{(sin unidades)}$$

siendo: n: índice de refracción (sin unidades)
c: velocidad de la luz en el vacío = $3 \cdot 10^8$ m/s
v: velocidad de la luz en un determinado medio transparente (m/s)

* Ley de Snell de la refracción:

$$n_1 \cdot \text{sen } \alpha_1 = n_2 \cdot \text{sen } \alpha_2$$

siendo: n_1: índice de refracción del medio 1 (sin unidades)
α_1: ángulo de incidencia (grados)
n_2: índice de refracción del medio 2 (sin unidades)
α_2: ángulo de refracción (grados)

* Longitudes de onda de los dos medios en la refracción:

$$n_1 \cdot \lambda_1 = n_2 \cdot \lambda_2$$

* Ángulo límite, α_L:

$$\text{sen } \alpha_L = \frac{n_2}{n_1} \quad \text{(sin unidades)}$$

siendo: α_L: ángulo límite (grados)
n_2: índice de refracción del medio 2 (sin unidades)
n_1: índice de refracción del medio 1 (sin unidades)

* Profundidad aparente, d_{ap}:

$$d_{ap} = d_{real} \cdot \frac{n_{observador}}{n_{objeto}} = d_{real} \cdot \frac{sen\,\alpha_2}{sen\,\alpha_1} \quad \text{(m)}$$

siendo: d_{ap}: profundidad aparente (m)
d_{real}: profundidad real (m)
$n_{observador}$: índice de refracción del medio en el que está el observador
n_{objeto}: índice de refracción en el que está el objeto observado
α_1: ángulo del medio 1 (grados)
α_2: ángulo del medio 2 (grados)

Lentes

* Fórmula de Gauss de las lentes delgadas:

$$\frac{1}{s'} - \frac{1}{s} = \frac{1}{f'}$$

siendo: s' : distancia imagen (m)
s: distancia objeto (m)
f' : distancia focal (m)

* Aumento lateral, A_L:

$$A_L = \frac{y'}{y} = \frac{s'}{s} \quad \text{(sin unidades)}$$

siendo: A_L: aumento lateral (sin unidades)

* Potencia de una lente, P:

$$P = \frac{1}{f'} \quad \text{(D, dioptrías)}$$

* Relación entre los focos:

$$f = -f' \quad (m)$$

* Criterios de signos, normas DIN: las distancias hacia la derecha y hacia arriba son positivas. Las distancias hacia la izquierda y hacia abajo son negativas.

Magnitud	Signo	
	+	−
s	No se da el caso	Objeto derecho
s'	Imagen real	Imagen virtual
f'	Lente convergente	Lente divergente
y	Objeto derecho	No se da el caso
y'	Imagen derecha	Imagen invertida
A_L	Imagen derecha	Imagen invertida

* Formación de imágenes en lentes:

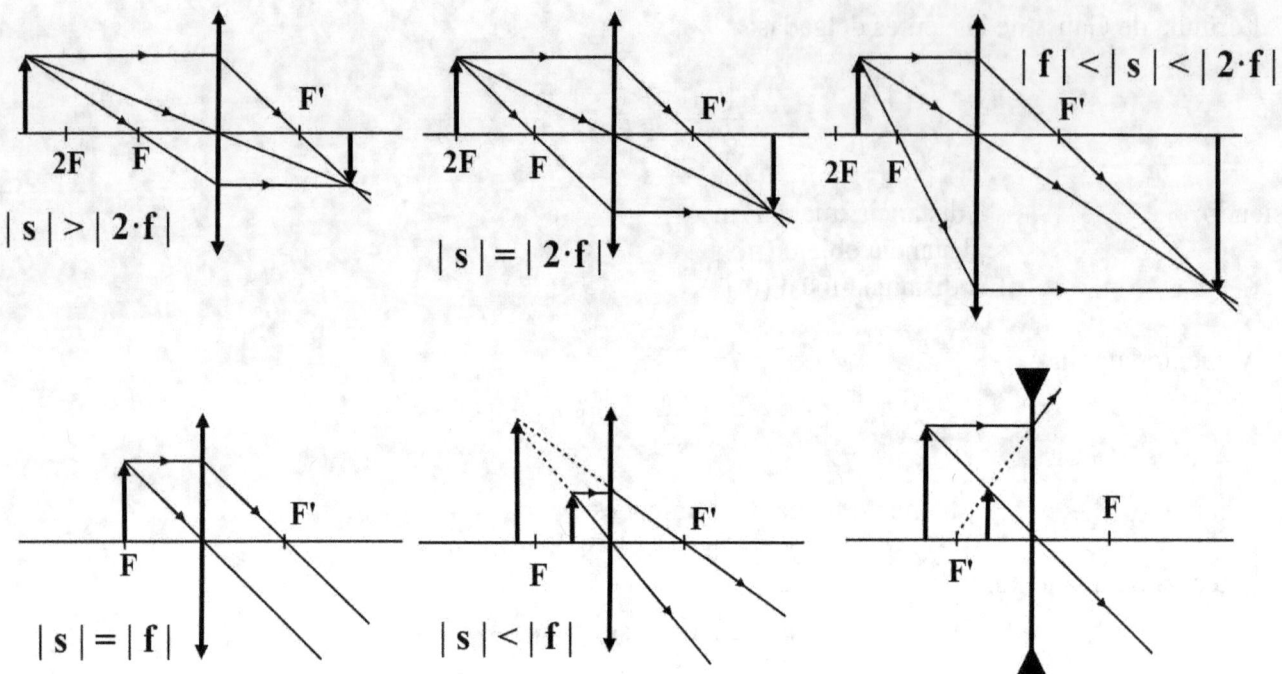

* Características de la imagen formada:

Tipo de lente	Distancia objeto	Características de la imagen
Convergente	$\|s\| > \|2 \cdot f\|$	Invertida, menor y real
Convergente	$\|s\| = \|2 \cdot f\|$	Invertida, igual y real
Convergente	$\|2 \cdot f\| > \|s\| > \|f\|$	Invertida, mayor y real
Convergente	$\|s\| = \|f\|$	No se forma imagen
Convergente	$\|s\| < \|f\|$	Derecha, mayor y virtual
Divergente	Cualquiera	Derecha, menor y virtual

Espejos esféricos

* Ecuación principal: $\dfrac{1}{s} + \dfrac{1}{s'} = \dfrac{1}{f'}$

* Relación entre el radio de curvatura y la distancia focal: $R = |2 \cdot f'|$

* Aumento lateral: $A_L = \dfrac{y'}{y} = -\dfrac{s'}{s}$

* Criterio de signos en espejos esféricos:

Magnitud	Positiva	Negativa
Distancia focal, f'	Espejo convexo	Espejo cóncavo
Distancia imagen, s'	Imagen real	Imagen virtual
Altura de la imagen, y'	Imagen derecha	Imagen invertida
Aumento lateral, A_L	Imagen derecha	Imagen invertida

* Tamaño de la imagen:

	Igual a 1	> 1	< 1
Valor absoluto del aumento lateral, $|A_L|$	Igual	Mayor	Menor

* Formación de imágenes en espejos esféricos:

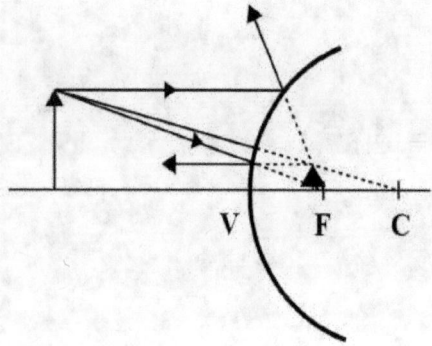

Convexo. Objeto entre el infinito y el punto V

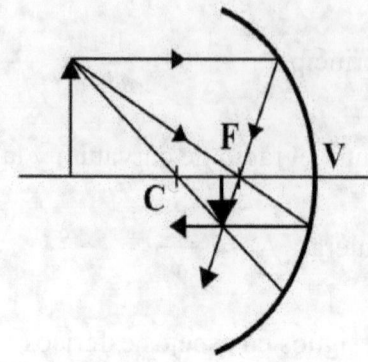

Cóncavo. Objeto entre el infinito y el punto C

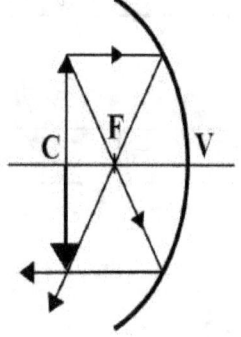

Cóncavo. Objeto en el punto C

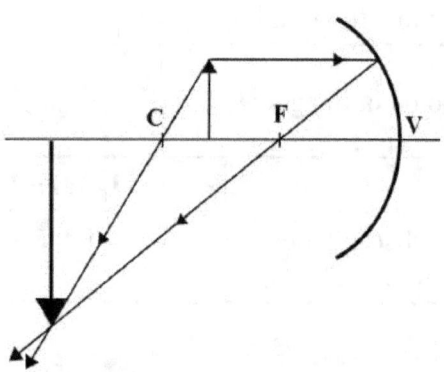

Cóncavo. Objeto entre los puntos C y F

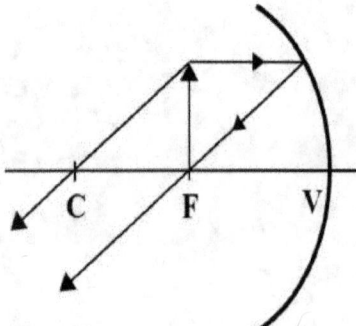

Cóncavo. Objeto en el punto F

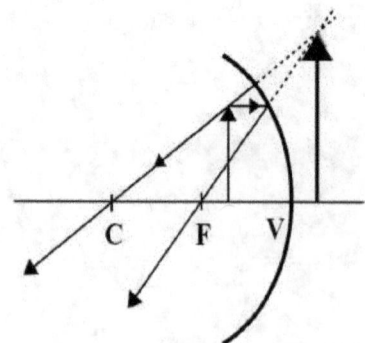

Cóncavo. Objeto entre los puntos F y V

Formulario de Física nuclear

* Energía emitida en las reacciones nucleares, E:

$$E = \Delta m \cdot c^2 \quad \text{(J o MeV, megaelectronvoltio)}$$

siendo: E: energía desprendida o emitida (J)
Δm: defecto de masas (kg)
c: velocidad de la luz en el vacío = $3 \cdot 10^8$ m/s

* Equivalencia de energías: 1 MeV = $1'602 \cdot 10^{-13}$ J

* Defecto másico, Δm:

$$\Delta m = \left| \sum m_{productos} - \sum m_{reactivos} \right| \quad \text{(kg)}$$

siendo: Δm: defecto de masa (kg)
$m_{productos}$: masa de los productos obtenidos (kg)
$m_{reactivos}$: masa de los reactivos (kg)

* Energía de enlace, E_e:

$$E_e = \Delta m \cdot c^2 \quad \text{(J)}$$

* Defecto másico de un núcleo, Δm:

$$\Delta m = \left| m_{núcleo} - \sum m_{partículas\ que\ lo\ forman} \right| = \left| m_{núcleo} - Z \cdot m_p - (A - Z) \cdot m_n \right| \quad \text{(kg)}$$

* Energía de enlace por nucleón, E_n:

$$E_n = \frac{E_e}{A} \quad \text{(J o MeV)}$$

siendo: E_e: energía de enlace (J)
A: número másico = nº neutrones + nº protones

* Actividad, A:

$$A = -\frac{dN}{dt} = \lambda \cdot N \quad \text{(Bq)}$$

siendo: A: actividad (Bq, bequerel)
λ: constante de desintegración (s^{-1})
N: número de núcleos (núcleos)

* Número de átomos que hay en un momento dado, N:

$$N = N_0 \cdot e^{-\lambda \cdot t} \quad \text{(núcleos)}$$

siendo:
N: número de núcleos tras el tiempo t (núcleos)
N_0: número de núcleos iniciales (núcleos)
λ: constante de desintegración (s^{-1})
t: tiempo (s)

* Masa de sustancia radiactiva en un momento dado, m:

$$m = m_0 \cdot e^{-\lambda \cdot t} \quad \text{(kg)}$$

* Número de moles de sustancia radiactiva en un momento dado, n:

$$n = n_0 \cdot e^{-\lambda \cdot t} \quad \text{(kg)}$$

* Actividad de sustancia radiactiva en un momento dado, A:

$$A = A_0 \cdot e^{-\lambda \cdot t} \quad \text{(Bq)}$$

* Constante de desintegración, λ:

$$\lambda = \frac{\ln 2}{T_{1/2}} \quad (s^{-1})$$

siendo:
λ: constante de desintegración (s^{-1})
$T_{1/2}$: período de semidesintegración (s)

Formulario de Física cuántica

Efecto fotoeléctrico

* Balance de energía:

$$E_{fotón} = W_{extr.} + E_c \quad (J)$$

siendo:
$E_{fotón}$: energía del fotón o de la luz incidente (J)
$W_{extr.}$: trabajo de extracción del metal (J)
E_c: energía cinética máxima de los electrones emitidos (J)

* Energía del fotón, $E_{fotón}$:

$$E_{fotón} = h \cdot f = h \cdot \frac{c}{\lambda} \quad (J)$$

siendo:
$E_{fotón}$: energía del fotón o de la luz incidente (J)
h: constante de Planck = $6'63 \cdot 10^{-34}$ J·s
f: frecuencia de la luz (Hz o s^{-1})
c: velocidad de la luz = $3 \cdot 10^8$ m/s
λ: longitud de onda de la luz (m)

* Trabajo de extracción del metal, $W_{extr.}$:

$$W_{extr.} = h \cdot f_0 = h \cdot \frac{c}{\lambda_{máx.}} \quad (J)$$

siendo:
$W_{extr.}$: trabajo de extracción del metal (J)
f_0: frecuencia umbral del metal (Hz o s^{-1})
c: velocidad de la luz = $3 \cdot 10^8$ m/s
$\lambda_{máx}$: longitud de onda máxima de la luz (m)

* Energía cinética máxima de los fotoelectrones emitidos, E_c:

$$E_c = \frac{1}{2} \cdot m \cdot v^2 = e \cdot V_0 \quad (J)$$

siendo:
E_c: energía cinética máxima de los electrones (J)
m: masa del electrón = $9'11 \cdot 10^{-31}$ kg
v: velocidad de los electrones (m/s)
e: carga elemental = $1'602 \cdot 10^{-19}$ C
V_0: potencial de frenado (V)

Principio de incertidumbre de Heisenberg

$$\Delta x \cdot \Delta p \geq \frac{h}{4 \cdot \pi}$$

siendo:
Δx: incertidumbre en la posición (m)
Δp: incertidumbre en el momento (kg·m/s)
h: constante de Planck = $6'63 \cdot 10^{-34}$ J·s

Principio de De Broglie o dualidad onda-partícula

* Longitud de onda de De Broglie, λ:

$$\lambda = \frac{h}{m \cdot v} \quad (m)$$

siendo:
λ: longitud de onda de De Broglie (m)
h: constante de Planck = $6'63 \cdot 10^{-34}$ J·s
m: masa de la partícula (kg)
v: velocidad de la partícula (kg)

Partícula moviéndose a velocidad cercana a la de la luz

* Energía total de la partícula: $E = \gamma \cdot m \cdot c^2$

siendo:
E: energía total de la partícula (J)
γ: factor de Lorentz (-)
m: masa de la partícula (kg)
c: velocidad de la luz en el vacío = $3 \cdot 10^8$ m/s

* Factor de Lorentz: $\gamma = \dfrac{1}{\sqrt{1 - \left(\dfrac{v}{c}\right)^2}}$

siendo: v: velocidad de la partícula (m/s)

* Energía cinética de la partícula: $Ec = m \cdot c^2 \cdot (\gamma - 1)$

www.ingramcontent.com/pod-product-compliance
Lightning Source LLC
Chambersburg PA
CBHW062211220526
45471CB00009B/3155